科学出版社“十四五”普通高等教育本科规划教材
科学出版社普通高等教育药学类系列教材

物理化学

第2版

主　编　姜　茹　张占欣
副主编　邓　萍　成日青　王　宁　高　慧　王海波
编　者（以姓氏笔画为序）
王　宁（山西医科大学）
王海波（空军军医大学）
尹　璐（成都大学）
邓　萍（重庆医科大学）
成日青（内蒙古医科大学）
刘熙秋（华中科技大学）
张占欣（兰州大学）
张光辉（陕西中医药大学）
赵蔡斌（陕西理工大学）
姜　茹（空军军医大学）
贺艳斌（长治医学院）
高　慧（云南中医药大学）
梁旭华（商洛学院）
隋小宇（齐齐哈尔医学院）
惠华英（湖南中医药大学）

科学出版社
北　京

内 容 简 介

本教材内容包括绪论、热力学第一定律、热力学第二定律与化学平衡、相平衡、电化学基础、化学动力学、表面现象、胶体分散系统、大分子溶液，系统阐述了物理化学的基本概念、基本原理、基本方法以及重要应用。每章均附有学习基本要求、关键词、本章内容小结、知识扩展、思考题与习题，重要章节附有不同形式的思维导图，在帮助学生梳理知识脉络的同时，提升自主学习能力。每章均提供了数字化教学资源，包括能力提升练习题、思考题答案，以及本章习题参考答案、微课等，帮助学生加深对课程内容的理解和掌握。教材采用以国际单位制（SI）为基础的“中华人民共和国法定计量单位”和国家标准（GB 3100～3102—1993）所规定的符号。

本教材遵循科学、严谨、系统、简明、实用的原则，可作为高等医药院校，综合性大学药学、中药学、药物制剂、制药工程和临床药学等专业的物理化学课程教材，也可作为相关专业的学生或教师的参考书。

图书在版编目（CIP）数据

物理化学 / 姜茹，张占欣主编. —2 版. —北京：科学出版社，2023.11

科学出版社“十四五”普通高等教育本科规划教材 · 科学出版社普通高等教育药学类系列教材

ISBN 978-7-03-076958-9

Ⅰ. ①物… Ⅱ. ①姜… ②张… Ⅲ. ①物理化学–高等学校–教材 Ⅳ. ①O64

中国国家版本馆 CIP 数据核字（2023）第 208617 号

责任编辑：钟　慧 / 责任校对：宁辉彩

责任印制：张　伟 / 封面设计：陈　敬

科学出版社 出版

北京东黄城根北街 16 号

邮政编码：100717

http://www.sciencep.com

北京凌奇印刷有限责任公司 印刷

科学出版社发行　各地新华书店经销

*

2017 年 1 月第 一 版　开本：787×1092　1/16

2023 年 11 月第 二 版　印张：19

2023 年 11 月第六次印刷　字数：562 000

定价：79.80 元

（如有印装质量问题，我社负责调换）

科学出版社普通高等教育药学类系列教材
编审委员会

前　　言

物理化学与无机化学、有机化学、分析化学合称为“四大化学”，是高等医药院校药学类相关专业的重要基础课，是培养药学类专业人才整体知识结构和能力结构的重要组成部分。与其他三门化学课程不同，物理化学是以物理、化学、数学三大学科作为支柱，从物质的化学现象和物理现象之间的相互联系入手，借助物理学及数学的理论、实验手段，从而探求化学体系行为最普遍规律和理论的一门课程。物理化学涉及知识面广、理论性强，是历届学生公认的最难学的课程之一。本教材的编写遵循科学、严谨、系统、简明、实用的原则，突出“三基”（基本理论、基本知识、基本技能），从基础概念、能力培养和综合应用三个层次构建物理化学知识框架体系，体现教材内容的思想性、科学性、先进性、启发性和适用性。同时，本教材也加强物理化学与药学其他课程的交叉融合，增加课程的人文性，融入思政内容，充分贯彻党的二十大报告中关于教育、科技、人才是全面建设社会主义现代化国家的基础性、战略性支撑思想，帮助学生树立正确的世界观、人生观和价值观。

本教材在每章后均附有本章内容小结，简明扼要地概括了本章的重要知识点，重要章节附有不同形式的思维导图，在帮助学生梳理知识脉络的同时，提升自主学习能力。为了彰显本学科的重要性及先进性，每章还引入了知识扩展模块，介绍物理化学在生命科学、药学实践、医学临床以及生产实际中的重要应用，以及相关研究的新进展，进而激发学生的学习兴趣，培养其创新意识。

本教材在编写过程中得到了科学出版社和参编老师及其参编院校的大力支持和帮助，在此谨致以诚挚的谢意!

由于编者水平有限，书中难免有疏漏及不足之处，敬请读者批评指正。

编　者

2023 年 6 月

目　　录

绪　　论

0.1　物理化学的任务和研究内容

物理化学（physical chemistry）是从物质的物理现象和化学现象的联系入手，应用物理学的原理和方法，探求化学反应基本规律的一门学科，是化学学科的理论基础。化学变化过程千差万别，但大多遵循一定的规律，物理化学的任务就是揭示化学变化的本质和规律，解决人们生产、生活中向化学提出的理论问题，指导人们正确地认识客观世界，改造客观世界。

一方面，化学变化从微观上看是原子、分子之间的相互结合或分离，产生新的物质，宏观上则伴有热、光、声、电等物理现象发生，并引起温度、压力、体积等的改变。例如，日常生活中常见的燃烧反应，伴随产生了大量的光和热。另一方面，物理条件的改变也会影响化学反应的发生，例如，加热、光照、通电等都可能引发、加快化学反应的进行。总之，化学变化与物理现象存在密切的联系。物理化学正是以化学变化和物理现象之间的相互联系为切入点，借助物理学的原理和方法，研究化学变化中的普遍规律。

物理化学主要研究以下三个方面的内容：

（1）化学热力学：以热力学第一定律和热力学第二定律为理论基础，研究化学体系在气态、液态、固态、溶解态及高分散状态的宏观平衡性质，主要包括化学变化过程的能量转化、方向及限度等问题。平衡态热力学理论已经比较成熟，是很多科学技术的基础。非平衡态热力学研究的是敞开系统，是当前非常活跃的研究领域。

（2）化学动力学：研究化学体系的动态性质，包括化学变化的速率、反应机制，以及外界条件的变化对反应速率的影响等问题。由于受实验条件及手段的限制，目前的研究主要集中于宏观动力学阶段，其理论也不够成熟。随着现代分析技术及实验手段的迅速发展，对分子反应动力学的研究非常活跃，促进了化学动力学的研究和发展。

（3）结构化学：以量子理论为基础，主要研究物质的结构与性能的关系。从本质上看，物质的微观结构决定其性质，深入研究物质的内在结构，才能真正揭示化学反应的内在规律。限于篇幅，本教材不包含此部分内容。

以上三方面的内容即为物理化学研究化学变化的三大本源性问题，即：一个化学反应能否发生？向哪个方向进行？反应进行到什么限度？反应的机制是什么，速率如何？反应为什么会发生？因此，物理化学研究的是化学变化的基本规律，研究范围广泛，研究内容丰富，具有高度的理论性、系统性和逻辑性。

物理化学已经发展成为一个非常庞大的学科，除了使用一般自然科学的研究方法之外，还逐渐形成了具有学科特色的研究方法，即热力学研究方法、量子力学研究方法和统计力学研究方法，这三种方法相互补充，相互促进。

热力学研究方法是一种宏观的研究方法，以大量质点的集合体作为研究对象，以热力学第一定律和热力学第二定律为基础，通过严密的逻辑推理建立了一系列热力学函数，用以判断变化的方向和限度，并得出相平衡和化学平衡条件。

量子力学研究方法是一种微观的研究方法，以微观质点为研究对象，研究微粒（分子、原子、电子等）的运动规律，以及结构和性能之间的关系

统计力学研究方法是一种介于宏观和微观的研究方法，沟通了宏观和微观领域，用统计学的原

理和方法，从微观质点的运动规律推导出系统的宏观性质，是量子力学与热力学之间的一座桥梁。

0.2 物理化学的发展及其在医药领域中的应用

物理化学的建立要追溯到18世纪中叶，俄国科学家罗蒙诺索夫（Lomonosov）最早提出了“物理化学”这个概念，但物理化学作为一门学科正式确立，是从1877年德国化学家奥斯特瓦尔德（Ostwald）和荷兰化学家范托夫（van’t Hoff）创办《物理化学杂志》开始的。从这一时期到20世纪初，化学热力学研究进入了蓬勃发展的阶段，热力学第一定律和热力学第二定律被广泛应用于各种化学体系。在工业生产和化学研究中，物理化学发挥了重要的指导作用。此后，量子力学研究的兴起，促进了结构化学的迅速发展，物理化学研究深入到微观的原子和分子水平。随着新的测试技术和数据处理方式不断涌现，由此产生了许多分支学科，电化学、胶体化学、表面化学、量子化学等。进入到21世纪，在多学科交叉融合的背景下，物理化学进入了一个崭新的发展时期，体现出从宏观到微观，从体相到表相，从平衡态到非平衡态的发展趋势。

0.3 物理化学在药学中的应用

物理化学是药学类专业学生的重要基础课程，将来学习专业课如药剂学、药理学、药物化学等都需要物理化学的基础知识。随着学科之间的相互渗透和相互关系越来越紧密，医药与物理化学的结合也越来越多。

在药物制剂领域，剂型的表面性能对药物的吸收、药理作用等产生重要影响，在选择不同剂型、研制药物新剂型时需要表面现象的相关知识作指导，如纳米技术的发展对药物新剂型的研发起了重要作用。

在天然药物的研究中，提取、分离有效成分，常用到蒸馏、萃取、吸附、乳化等基本操作，这些操作依据的是相平衡、表面现象、胶体化学等方面的物理化学原理。

在制药工业中，选择工艺路线，以最佳反应条件进行反应，需要化学动力学、化学热力学等相关知识。制药工业中常用的冷冻干燥、喷雾干燥等工艺，应用了相平衡、表面现象等方面的物理化学原理。

同样，在药物合成研究中，合成路线及合成条件的选择，需要结构化学、化学动力学等方面的知识。

总之，物理化学作为一门研究化学变化基本规律的学科，正日益深入、广泛地渗透到医药领域，成为支撑医药学发展的重要基础。

0.4 物理化学的学习方法

就药学类专业的学生来说，学习物理化学，可以拓宽知识面，打好专业基础，培养物理化学思维，目的是应用物理化学基本理论、知识学好专业课，将来有更扎实的基础知识解决药学专业的理论和实践问题。

如何学好物理化学，可谓见仁见智，适合自己的学习方法就是最好的。下面针对物理化学学科的特殊性提出一些学习建议，仅供参考。

物理化学理论性、逻辑性强，前后概念联系紧密，这一点在热力学中尤其明显。学习中一定要一步一个脚印，扎实推进，避免由于前面的知识没学好导致后面的知识没法学，从而丧失学习信心，甚至最终放弃。课前预习是事半功倍的好习惯，可以在每次课前花少量时间预习，便于把握听课节奏，理解授课内容。课后要及时复习、巩固。

物理化学是应用物理学的原理和方法解决化学问题，所以它的研究语言不再以化学方程式为主，而注重是状态函数、能量、热、功等物理量，其思维方式更多的是物理学的思维和数学的思维，所以要重视基本概念的理解、掌握，并具备一定的高等数学知识，如积分、微分等。学习中，可弱化数学推导过程，重在理解和应用。

重视公式的适用条件，重视习题。物理化学中公式较多，公式的适用条件是初学者容易忽略的问题，通过演算习题理解公式、学会应用公式是一个有效途径，所以要舍得花时间、精力，独立思考做习题。

学会总结、归纳。比如，第 1 章、第 2 章化学热力学学完后，总结、归纳各状态函数的性质、计算、相互联系，区分不同判据的适用条件等，理清脉络，这样才会条理清晰，避免相互混淆。

重视实验。物理化学是理论与实验并重的学科，实验前要重视预习，理解实验内容与理论课程内容的联系，做到心中有数，通过实验深化、升华理论知识的学习。

总之，作为药学类专业的学生，学习物理化学是为了解决药学问题，能够熟练应用物理化学理论知识解决实际问题也就达到学习目的了。

（姜　茹）

第 1 章　热力学第一定律

学习基本要求

1.掌握　系统与环境、强度性质与广度性质、状态与状态函数、热和功、热力学能、焓、等压热容、等容热容等基本概念；准静态过程与可逆过程的概念及其特性；热力学第一定律及其在理想气体简单状态变化过程、相变化过程中的应用。

2.熟悉　反应热、反应进度、标准摩尔生成焓、标准摩尔燃烧焓等热化学基本概念；反应热与温度的关系——基尔霍夫定律。

3.了解　盖斯定律，化学反应热效应的测定以及等压热和等容热之间的关系；溶解热及稀释热的定义。

热力学（thermodynamics）的形成经过了一个漫长的过程，古希腊时期人们便对热的本质展开了争论。18 世纪前热质说风行一时，直到 1798 年汤普森（Thompson）通过实验否定了热质的存在。1850 年英国物理学家焦耳（Joule）通过电热当量和热功当量实验确立了热力学第一定律。几乎同时，开尔文（Kelvin）和克劳修斯（Clausius）各自确立了热力学第二定律。这两个基本定律为热力学的应用和发展奠定了理论基础。而后，20 世纪初的热力学第三定律和热力学第零定律，进一步完善了热力学。这是热力学发展的第一阶段，即平衡态热力学（经典热力学）发展阶段，主要是运用热力学定律研究状态参数在可逆过程中对封闭系统的影响。这一阶段历经百年之久，取得了丰硕成果。之后为热力学发展的第二阶段，研究从平衡态的封闭系统推广到非平衡态的敞开系统，建立了非平衡态热力学及非线性[非平衡态]热力学，做出卓越贡献的是昂萨格（Onsager）和普利高津（Prigogine）等人，这一阶段也是当今热力学研究的前沿领域。本章内容主要在平衡态或可逆过程热力学范畴内讨论。

1.1　热力学概论

1.1.1　热力学研究的基本内容

热力学研究宏观系统的热和其他形式能量之间的转化关系，它包含了系统变化时所引起的物理量的变化，换言之，系统某些物理量发生变化时，也将引起系统状态的变化。广义地说，热力学是研究系统宏观性质变化之间关系的科学。研究中，热力学从公认的热力学定律出发，运用严密的数理逻辑推理，推导出指定条件下热力学系统的相关结论，为人们的生产实践活动提供理论指导。

将热力学基本原理用来研究化学现象以及和化学现象有关的物理现象就形成了化学热力学。化学热力学的主要内容包括：①利用热力学第一定律解决化学变化的热效应问题；②利用热力学第二定律解决指定的化学及物理变化实现的可能性、方向和限度问题；③利用热力学第三定律，根据热力学的数据解决有关化学平衡的计算问题。

化学热力学对解决实际问题发挥着非常重要的作用，只有在明确知道存在反应的可能性时，才能考虑能量合理利用、反应的速率及催化剂的选用等具体问题。19 世纪末，人们试图用石墨制造金刚石，但无数次的试验均以失败告终。最后经过化学热力学的计算获悉，只有当压力超过大气压力 15 000 倍时，石墨才有可能转变成金刚石。人造金刚石制造的成功也表明了热力学预见性的巨大威力。近年来，在非平衡态热力学理论指导下，通过化学气相沉积、放电等离子烧结等方法，人们在低压条件下也制得了金刚石。

化学热力学对于药学领域的应用更是有着不可忽视的实际价值。例如，在新药合成中，可以通过热力学的研究结论指导我们确定药物合成路线，控制合成工艺条件（如温度、压力等）以及预测反应的最高产率。另外，各种制剂剂型的研制、溶剂的合理选择、分馏与结晶等纯化方法的确定等均需要运用热力学的基本理论和方法。

1.1.2　热力学研究的方法和局限性

热力学研究方法以热力学第一定律和热力学第二定律为基础，采用严谨的数学演绎及逻辑推理，推导出指定条件下热力学系统的相关结论。该方法具有如下特点：①热力学研究的是大量微观粒子集合体所表现出的宏观性质，所得结论具有统计性，不适合于个别分子、原子等微观粒子的微观性质；②热力学方法只考虑平衡问题，只计算变化前后的净结果，不考虑物质的微观结构和反应历程；③热力学不涉及时间变量，不考虑变化过程的快慢。上述特点决定了热力学方法的优点和局限性。尽管如此，它仍为一种非常有用的理论工具，因为热力学第一定律和热力学第二定律都是大量实验事实的归纳，具有高度的普遍性和可靠性。

1.2　热力学基本概念

1.2.1　系统与环境

物质世界在空间和时间上是无限的，但是我们用观察、实验等方法进行科学研究时，必须先确定所要研究的对象，把研究对象与其他部分分开，这种作为研究对象的物质及空间称为系统（system），又称为体系或物系。系统以外与系统密切相关且影响所能及的部分，称为环境（surrounding）。需要注意的是：①系统和环境并无本质上的差别，只是根据研究需要而人为划分的，不是固定不变的；②系统和环境间的界面可以是实际存在的，也可以是假想的。例如，将密闭容器中的水作为研究对象时，系统与环境间的界面就是实际存在的；将敞口烧杯中的水以及烧杯中的蒸气作为研究对象时，烧杯中蒸气与环境间的界面就是假想的。

根据系统和环境之间的关系，可以将系统分为三类：

（1）敞开系统（open system）：系统与环境之间既有物质的交换，又有能量的交换。

（2）封闭系统（closed system）：系统与环境之间没有物质的交换，但有能量的交换。

（3）孤立系统（isolated system）：又称隔离系统，指系统完全不受环境的影响，和环境之间没有物质和能量的交换。

例如，将一个保温瓶中的热水作为研究对象，若保温瓶敞口，则保温瓶会蒸发出水蒸气，同时向环境传热，此时是一个敞开系统；若将保温瓶塞好瓶塞，则和环境之间没有物质的交换，但保温效果不佳，依然会向外传热，此时是一个封闭系统；若假设保温瓶绝热效果好，此时没有物质的交换，也不会向外传热，没有能量的交换，就视为一个孤立系统。

事实上自然界中一切事物总是相互关联、相互影响的，不可能有绝对的孤立系统，但在适当的条件下可以近似地把一个系统看成是孤立系统。为了研究的方便，常常把系统与环境合在一起作为孤立系统。

1.2.2　系统的性质

描述系统状态的物理量（如温度、压力、体积、黏度、电导率、折光率、表面张力等）反映的是系统的性质，它们又可称为系统的热力学变量。根据它们与系统中所含物质数量的关系不同，可以分为两类：

(1) 广度性质（extensive property）：又称容量性质，其数值大小与系统中物质的量成正比，如质量、体积、热容、热力学能、熵等。在一定条件下具有加和性，整个系统的广度性质是系统中各部分该性质的总和。

(2) 强度性质（intensive property）：其数值取决于系统的特性而与系统中物质的量无关，不具有加和性，如温度、压力、密度、黏度等。例如，将两杯温度为 300 K 的水混合在一起，混合后水的温度仍然是 300 K。

一般来说，系统的广度性质与强度性质的乘积仍为广度性质。例如，$V\times\rho=m$，其中，V 为物质的体积，m 为物质的质量，ρ 为物质的密度。

1.2.3 状态与状态函数

系统的状态是系统一切性质的综合表现。当系统处在某一确定的状态时，其性质都有确定的值。反之，若系统的所有性质（如温度、压力、体积、组成等）都确定时，系统就处在确定的状态。描述系统状态的这些热力学性质称为系统的热力学状态函数（thermodynamic state function），它们之间是相互关联和制约的，通常只需要指定其中几个，其余的就随之确定了。换句话说，这些性质中只有部分是独立变化的。例如，一定量的单组分理想气体，通常只需要确定压力、体积和温度中的任意两个性质，就可确定其状态。

状态函数有如下特征：

(1) 系统的状态函数只取决于它所处的状态，状态确定后，状态函数就具有单一的确定值。

(2) 状态函数的改变量只取决于系统的始态和终态，与变化的具体途径无关。当系统经过一个循环过程又回到了始态，所有的状态函数也复原，其改变量为零。状态函数此重要特征可以用“异途同归，值变相等；周而复始，数值还原”来概括。

例如，在图 1-1 中，Z 为系统任一状态函数，若系统经过途径 1 或途径 2 由状态 A 变化为状态 B，则

$$\Delta Z=Z_B-Z_A=\Delta Z_1=\Delta Z_2$$

若系统经过途径 1 由状态 A 变化为状态 B 后，又经过途径 3 回到状态 A，则该循环过程中 $\Delta Z=Z_A-Z_A=0$。

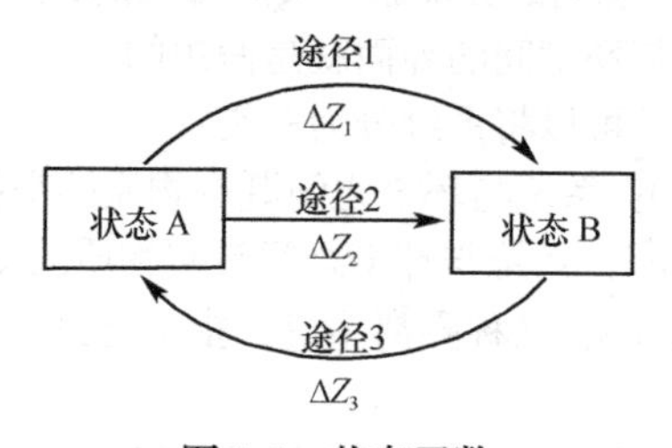

图 1-1　状态函数

(3) 不同状态函数的集合（和、差、积、商）也是状态函数。

此外，状态函数在数学上具有全微分的性质，微小变量用 dZ 表示。若 $Z=f(x,y)$，状态函数 Z 的微小变化由 x 和 y 两个状态函数的微小变化所引起，即：

$$\mathrm{d}Z=\left(\frac{\partial Z}{\partial x}\right)_y\mathrm{d}x+\left(\frac{\partial Z}{\partial y}\right)_x\mathrm{d}y \quad (1\text{-}1)$$

状态函数之间的定量关系式称为状态方程（state equation），对于单组分均相系统，状态函数 p、T 和 V 之间有如下关系：

$$V=f(n,p,T) \quad (1\text{-}2)$$

例如，理想气体状态方程 $pV=nRT$，只要确定了物质的量 n、压力 p 和温度 T，那么体积 V 也就确定了，整个系统的状态也随之确定。这里的 R 是摩尔气体常数，在国际单位制（SI）中，$R=8.314\ \text{J}\cdot\text{K}^{-1}\cdot\text{mol}^{-1}$。

对于多组分均相系统，系统的状态还与组成有关。

$$V=f(p,T,n_1,n_2,n_3,\cdots) \tag{1-3}$$

式中，n_1，n_2，n_3，…是各组分的物质的量。

1.2.4　热力学平衡状态

当系统的各种性质不随时间改变而变化时，系统就处于热力学平衡状态（thermodynamic equilibrium state）。处于热力学平衡状态的系统必须同时满足以下四个平衡条件，否则为非平衡状态的系统。

（1）热平衡（thermal equilibrium）：系统的各个部分温度相等。

（2）力学平衡（mechanical equilibrium）：系统各部分之间及系统与环境之间没有不平衡的力存在。即在不考虑重力的影响下，系统内部各处的压力相等，且等于环境的压力。宏观地看，系统的界面不发生相对移动。如果两个均匀系统被一个固定的器壁隔开，即使两边压力不等，也能保持力学平衡。

（3）相平衡（phase equilibrium）：当系统不止一相时，各相的数量和组成不随时间而变化。相平衡是物质在各相之间分布的平衡。

（4）化学平衡（chemical equilibrium）：各物质之间发生化学反应，达到平衡后，系统的组成不随时间而变化。

热力学中所研究的是热力学平衡状态的系统，简称热力学系统。只有对这样的系统，才能用统一的宏观性质来描述其状态。

1.2.5　过程与途径

当外界条件改变时，系统由一个平衡状态变到另一个平衡状态，称系统发生了一个热力学过程，简称过程（process）。通常有简单状态变化过程、相变化过程和化学变化过程等，需要分别进行讨论。简单状态变化过程也称为单纯状态变化过程，是只有系统的 p、T、V 变化的过程，热力学中常见的简单状态变化过程有：

（1）等温过程（isothermal process）：系统在变化过程中始态和终态的温度相等，且等于环境的温度，即 $T_1=T_2=T_{环}$。

（2）等压过程（isobaric process）：系统在变化过程中始态和终态的压力相等，且等于环境的压力（外压），即 $p_1=p_2=p_{环}$。

（3）等容过程（isochoric process）：系统在变化过程中保持体积不变，即 V=固定常数。在刚性容器中发生的变化一般认为是等容过程。

（4）绝热过程（adiabatic process）：系统与环境之间没有热量的传递。例如，爆炸反应发生瞬间由于变化太快，系统与环境之间来不及进行热交换，可以近似认为是绝热过程。

（5）循环过程（cyclic process）：系统从始态出发，经过一系列变化后又回到了原来状态。经过该循环过程的所有状态函数的变化值都等于零。

完成某一状态变化所经历的具体步骤称为途径（path）。系统由始态到终态的变化可以经由一个或多个不同的途径来完成。但状态函数的变量与具体经历的变化途径无关，仅取决于系统的始态和终态。

1.2.6 热与功

历史上，热是人类生活中较早接触到的现象，17 世纪开始盛行的“热质说”，随着蒸汽机的出现退出了历史舞台，量热学的建立与发展，逐渐让人们对热的本质有了正确的认识。人们认识到非孤立系统的状态发生变化时，系统与环境之间有能量的传递或交换，而热和功是能量传递的两种形式。

热（heat）是系统与环境之间由于存在温度差而传递的能量，用符号 Q 表示，单位为焦耳（J）。若系统吸热，$Q>0$；若系统放热，$Q<0$。

功（work）是系统与环境之间除热以外能量传递或交换的另一种形式，用符号 W 表示，单位为焦耳（J）。若系统对环境做功，系统失去能量，$W<0$；若环境对系统做功，系统得到能量，$W>0$。物理化学中的功有体积功（或称膨胀功）和非体积功，在热力学中讨论的体积功仅指系统的体积变化时反抗外力所做的功，除体积功以外的其他形式的功称为非体积功，通常用符号 W' 表示，如机械功、电功、表面功等。

应当指出，热和功不是系统的状态函数，它们的数值与系统状态变化的具体途径有关，因此不存在全微分性质，它们的微小变化通常采用 δQ 和 δW 来表示。

1.2.7 热力学能

热力学能（thermodynamic energy）又称内能（internal energy），是系统内部能量的总和，包括系统内分子运动的平动能、转动能、振动能和电子与核的能量以及分子间相互作用的势能等，用符号 U 表示，单位为焦耳（J）。热力学能具有如下特征：

（1）热力学能是系统的状态函数，系统的状态一旦确定，热力学能的数值就确定了。且热力学能是系统的广度性质，与系统内物质的量成正比。

（2）系统热力学能的绝对值尚无法确定，但我们在解决实际问题时只需知道其变化值即可。

对于已经确定物质的量 n 的单组分封闭系统，其热力学能可以表示为温度和体积的函数，即 $U=f(T,V)$

其全微分为：

$$\mathrm{d}U=\left(\frac{\partial U}{\partial T}\right)_V\mathrm{d}T+\left(\frac{\partial U}{\partial V}\right)_T\mathrm{d}V \tag{1-4}$$

同理，系统的热力学能也可以表示为温度和压力的函数 $U=f(T,p)$，则：

$$\mathrm{d}U=\left(\frac{\partial U}{\partial T}\right)_p\mathrm{d}T+\left(\frac{\partial U}{\partial p}\right)_T\mathrm{d}p \tag{1-5}$$

此处值得注意的是：

$$\left(\frac{\partial U}{\partial T}\right)_V\neq\left(\frac{\partial U}{\partial T}\right)_p$$

【思考题 1-1】

思考题 1-1 参考答案

1. 有一定量的水由海洋蒸发为云，云进入高山、内陆后变为雨、雪、冰雹，落下为水流入江河，汇入海洋。在此过程中，若将这一定量的水作为研究对象，可否获得其热力学能的变化值。

2. 有人说：“状态函数改变后，系统的状态一定改变；反之，系统的状态改变后，所有的状态函数也一定随之变化”，这种说法对吗？

知识梳理 1-1 热力学基本概念

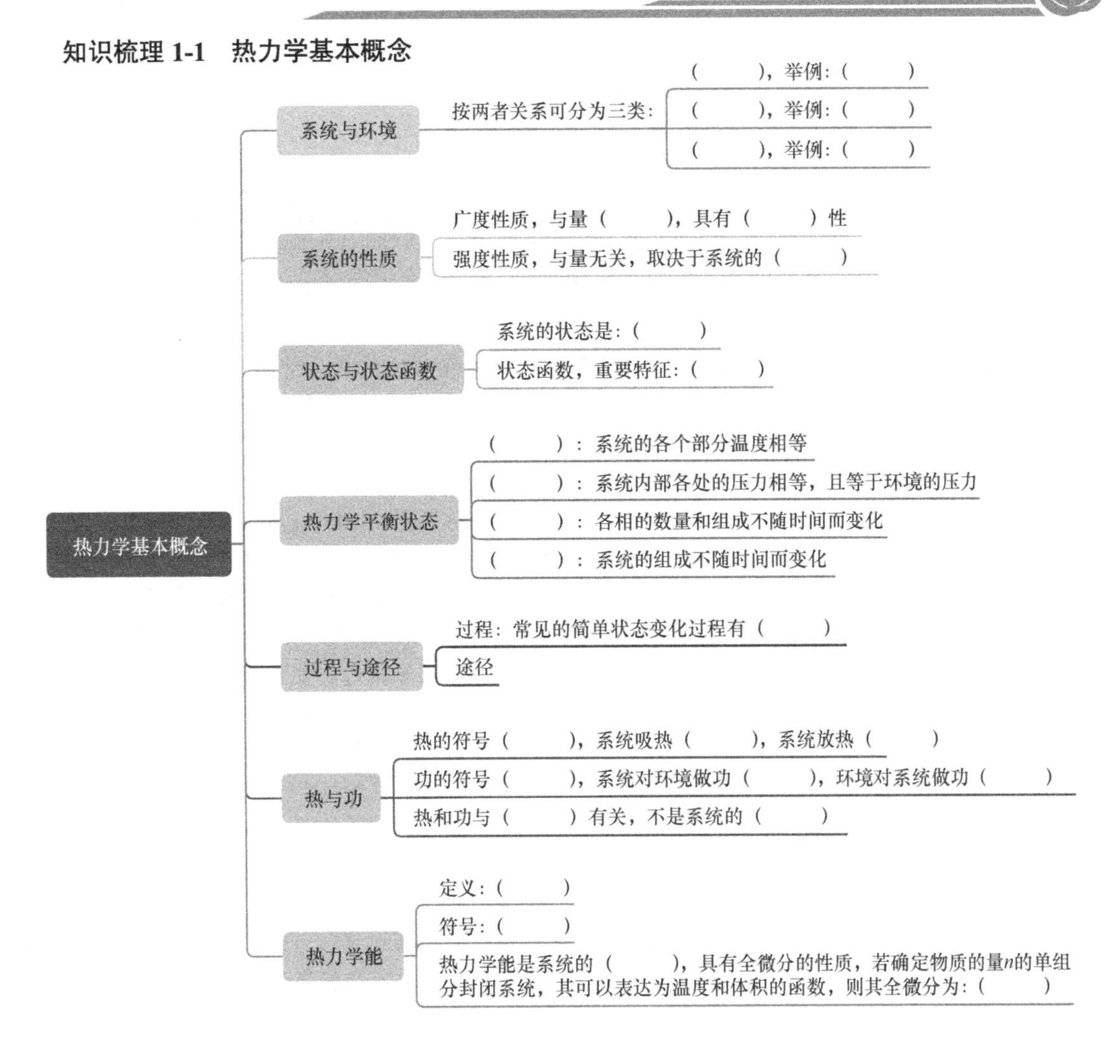

1.3 热力学第一定律

随着人类社会对自然规律的逐步认识，1850 年科学界已经公认了能量守恒定律是自然界的普遍规律之一。焦耳和迈尔也通过各种不同的实验方式，证明了热和功之间有一定的转换关系，即著名的热功当量：1 cal = 4.1840 J，从而为能量守恒定律提供了科学依据，形成了热力学第一定律（first law of thermodynamics）。热力学第一定律有多种文字表述，常见的表述如下：

（1）自然界一切物质均具有能量，能量有各种不同的形式，能够从一种形式转化为另一种形式，但在转化过程中，能量的总值不变。

（2）不依靠外界供给能量，本身能量也不减少，却能连续不断对外做功的第一类永动机是不可能制成的。

热力学第一定律是人类经验的归纳，到目前为止还没有发现其与实践相矛盾的地方，从 19 世纪早期至今第一类永动机制造的失败更证明了该定律的正确性。

对一封闭系统，在无其他外力（如电磁场、离心力场等）的作用下，由同一始态经过不同的途径变到相同的终态，虽然不同的途径对应的 Q 和 W 都有各自的数值，但实验结果表明，不论经历何种途径，它们的（$Q+W$）却有相同的数值。这就表明：有一状态函数，在数值上对应着（$Q+W$）的变化，它仅取决于系统的始态和终态，与实现变化的途径无关，而这一状态函数正是热力学能。

即：

$$\Delta U = U_2 - U_1 = Q + W \tag{1-6}$$

若系统发生的是一无限小的变化，则：

$$dU = \delta Q + \delta W \tag{1-7}$$

以上两式是封闭系统的热力学第一定律的数学表达式，它表明了封闭系统的热力学能、热和功之间相互转化时的数量关系。据此可以得出以下结论：

（1）绝热条件下，$Q=0$，则 $\Delta U=W$，即系统的热力学能改变量等于绝热过程中环境对系统做的功；

（2）对于封闭系统的循环过程，$\Delta U=Q+W=0$，即系统吸收的热全部用于对环境做功；

（3）对于孤立系统，$Q=W=0$，则 $\Delta U=0$，即孤立系统的热力学能始终不变，为常数。

【知识扩展】

德国医生、物理学家尤利乌斯·罗伯特·迈尔（Julius Robert Mayer，1814～1878）是历史上第一个提出能量守恒定律并计算出热功当量的人（图 1-2）。1840 年在驶往印度尼西亚的航行中，迈尔发现在热带海域船员的静脉血颜色比在欧洲时更红一些，此奇怪现象引发了他的深思。他推断：肌肉的机械能、食物的化学能、热能都是等价的，能够相互转换。1842 年，迈尔发表《论无机界的力》论文，表达了物理、化学过程中的力（即能量）的守恒思想，并算出了热功当量。由于观点过于新颖，且欠缺精确的实验论证，一开始迈尔的理论没有得到科学界的认可，甚至遭到了嘲讽，但迈尔并没有停下对能量守恒问题的探索。1845 年，迈尔考察了运动力、下落力、热、电磁力、化学力五种不同形式的力，提出“力的转化与守恒定律是支配宇宙的普遍规律”。1848 年，迈尔发表关于守恒问题的论文，把能量守恒和转换的思想扩大到电学、磁学和化学等现象，从此该理论成为了普遍规律。科学发现往往经历曲折，由潜科学发展为显科学，迈尔敏锐的观察力、丰富的联想力、缜密的逻辑能力以及面对逆境百折不挠的意志力使其成为将热学观点用于有机世界研究的第一人。恩格斯对迈尔的工作给予了很高的评价。

图 1-2 Julius Robert Mayer

思考题 1-2 参考答案

【思考题 1-2】

1. 有人说“绝热刚性容器一定是孤立系统”，这种说法对吗？

2. 近年来，随着全球气候变暖，夏季极端天气频频出现，有人提出若没有空调，可以在隔热良好的封闭房间内打开运行中的冰箱门，通过冰箱中溢出的凉气来降低室内温度。你觉得此法可行吗？

1.4 可逆过程

微课 1-1

1.4.1 体积功

系统经历某化学或物理变化，通常伴有体积改变。由系统体积变化而引起系统与环境间交换的功称为体积功，体积功在热力学中具有重要的意义。

将一定量的气体置于横截面积为 A 的气缸中（图 1-3），假设活塞的质量、活塞与缸壁之间的摩擦力均忽略不计。气缸内气体压力为 p_i，外压为 p_e，如果 $p_i>p_e$，则气体膨胀，设气体使活塞向

上移动了 dl。由于系统膨胀时反抗外压做功，系统失去能量，其数值为负，则

$$\delta W = -f_e dl = -p_e A dl = -p_e dV \tag{1-8}$$

或

$$W = -\int_{V_1}^{V_2} p_e dV \tag{1-9}$$

式中，f_e 为外力，$f_e = p_e A$；V_1、V_2 分别为系统始态和终态的体积，dV 为系统的微小体积变化。值得注意的是，在计算系统的体积功时，以 $\delta W = -p_e dV$ 计算，所采用的一定是外压。例如，气体向真空膨胀，又称为自由膨胀（free expansion），由于 $p_e = 0$，则不论系统始态时的 p_i 有多大，其所做体积功恒为零。

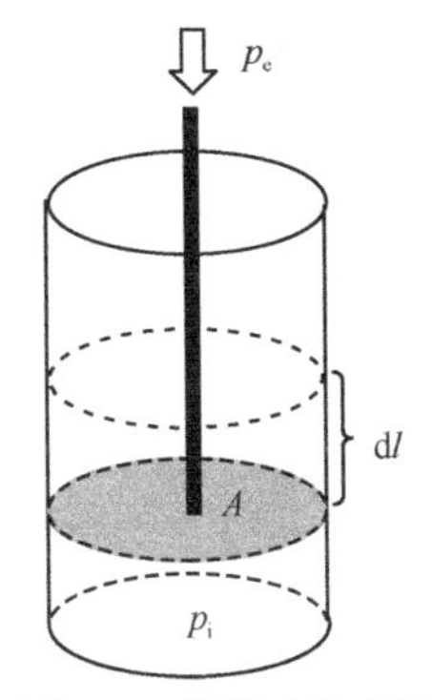

图 1-3　体积功示意图

例 1-1　在 298.15 K 下，有 1 mol、1 MPa 理想气体沿下列两种途径进行等温膨胀，直到终态压力为 0.1 MPa。试求两种途径系统所做的体积功各为多少？两种途径为：

（1）保持外压为 0.1 MPa。

（2）先保持外压为 0.5 MPa 达到平衡态，然后保持外压为 0.1 MPa 膨胀到终态。

解： 根据已知条件可以分析得到两种变化途径，如图所示：

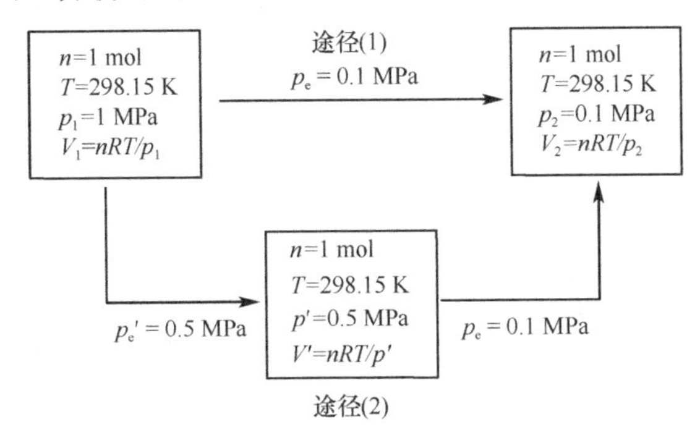

由已知条件可知，

$$V_1 = \frac{nRT}{p_1} = \frac{1\times 8.314\times 298.15}{1\times 10^6} = 2.48\times 10^{-3}\ (\text{m}^3)$$

对于途径（1）：

由于是理想气体等温过程，因此

$$V_2 = \frac{p_1 V_1}{p_2} = \frac{nRT}{p_2} = \frac{1\times 8.314\times 298.15}{0.1\times 10^6} = 24.79\times 10^{-3}\ (\text{m}^3)$$

$$W = -p_e(V_2 - V_1) = -0.1\times 10^6 \times (24.79 - 2.48)\times 10^{-3} = -2.23\times 10^3\ (\text{J})$$

对于途径（2）：

$$V' = \frac{nRT}{p'} = \frac{1\times 8.314\times 298.15}{0.5\times 10^6} = 4.96\ \times 10^{-3}\ (\text{m}^3)$$

$$\begin{aligned} W = W_1 + W_2 &= -p_e'(V' - V_1) - p_e(V_2 - V') \\ &= -0.5\times 10^6 \times (4.96 - 2.48)\times 10^{-3} - 0.1\times 10^6 \times (24.79 - 4.96)\times 10^{-3} \\ &= -3.22\times 10^3\ (\text{J}) \end{aligned}$$

计算结果表明：系统分别处在相同的始态与终态，由于两种具体途径中气体膨胀反抗的环境压力不同，两种途径体积功的数值不同。说明功是与途径有关的量，不是状态函数。这是个很重要的结论。

1.4.2 不同过程的体积功

功的数值与途径有关，所经历的途径不同，所做的功也不同。现设在定温下，一定量理想气体在活塞筒中克服外压 p_e 对外膨胀，经历以下不同途径，系统体积由 V_1 膨胀到 V_2，气体不同膨胀过程如图 1-4 所示。

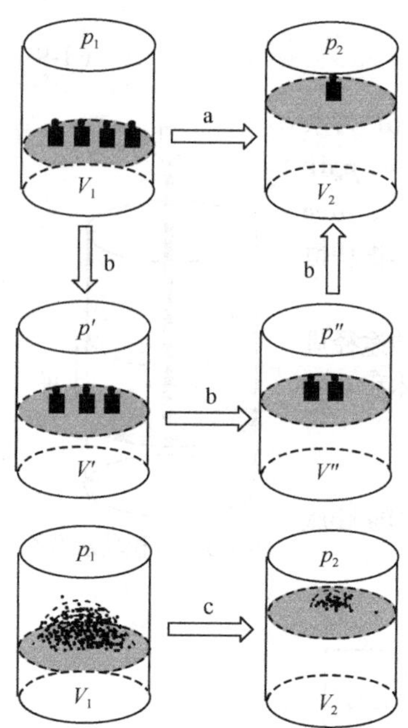

图 1-4 气体膨胀过程示意图

（1）自由膨胀：外压 p_e 为零的膨胀过程称为自由膨胀，前面讨论过其 $W_1 = 0$，所以系统对外不做功。

（2）一次等外压膨胀：若外压保持恒定不变，假定保持在活塞筒上放置与外压相同的砝码（图 1-4 a 过程），系统压力由 p_1 减小到 p_2，体积由 V_1 膨胀到 V_2，则：

$$W_2 = -p_2(V_2 - V_1)$$

W_2 的绝对值相当于图 1-5（a）中阴影部分的面积。

（3）多次等外压膨胀：若系统体积由 V_1 膨胀到 V_2 是由几个等外压膨胀过程所组成，假设系统由三个等外压过程组成：第一步，在 p' 下，体积由 V_1 膨胀到 V'；第二步，在 p'' 下，体积由 V' 膨胀到 V''；第三步，在 p_2 下，体积由 V'' 膨胀到 V_2。整个过程（图 1-4 b 过程）的功为这三步等外压过程所做功的代数和：

$$W_3 = -p'(V' - V_1) - p''(V'' - V') - p_2(V_2 - V'')$$

所做功 W_3 的绝对值相当于图 1-5（b）中阴影部分的面积。

显然，$|W_3|>|W_2|$。依此类推，在相同的始、终态之间等外压分布越多，系统对外所做的功就越大。

（4）外压 p_e 总是比内压 p_i 小一个无限小值的膨胀。

在整个膨胀过程中[图 1-4（c）过程]，始终保持 $p_i - p_e = dp$。可以设想将活塞上的砝码换成细砂，始态时细砂的质量与内压为 p_i 的理想气体达到平衡，然后一粒一粒取走细砂，每取一粒细砂，外压减少 dp，体积膨胀 dV，不断重复，直至系统达到终态体积 V_2，则该过程所做的功为：

$$W_4 = -\sum p_e dV = -\sum (p_i - dp)dV$$

略去二级无限小值 $dpdV$，即可用 p_i 近似代替 p_e，同时理想气体是在等温下膨胀，则：

$$W_4 = -\int_{V_1}^{V_2} p_i dV = -\int_{V_1}^{V_2} \frac{nRT}{V} dV = -nRT\ln\frac{V_2}{V_1} \quad (1\text{-}10)$$

该过程所做功 W_4 的绝对值相当于图 1-5（c）中阴影部分的面积。很明显，$|W_4|>|W_3|>|W_2|$，系统在此过程对环境做功最大。

由以上讨论可见，系统始、终态相同，若途径不同，系统对环境所做的功就不同，即功是过程量，与具体途径紧密相关。

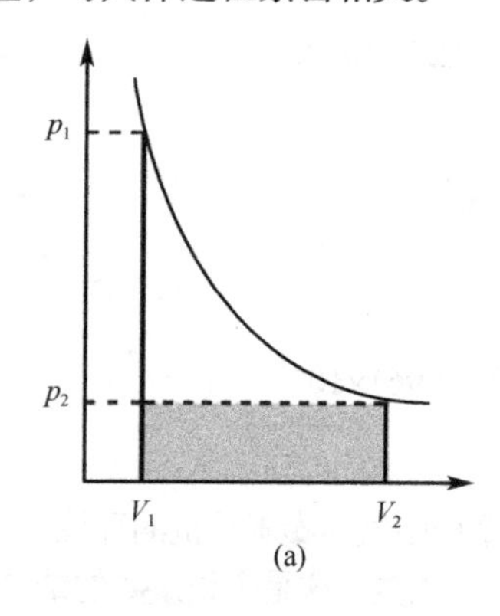

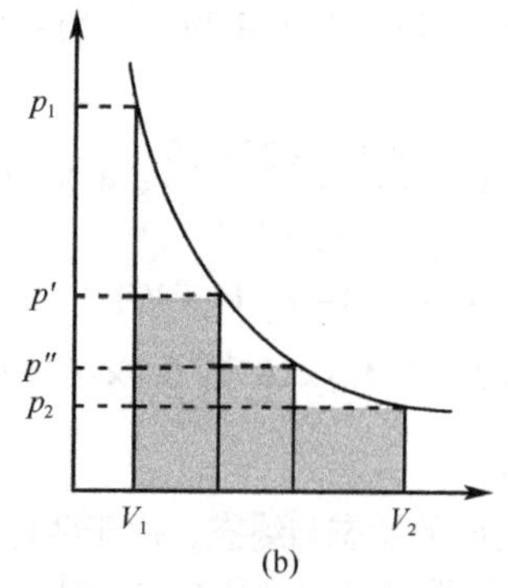

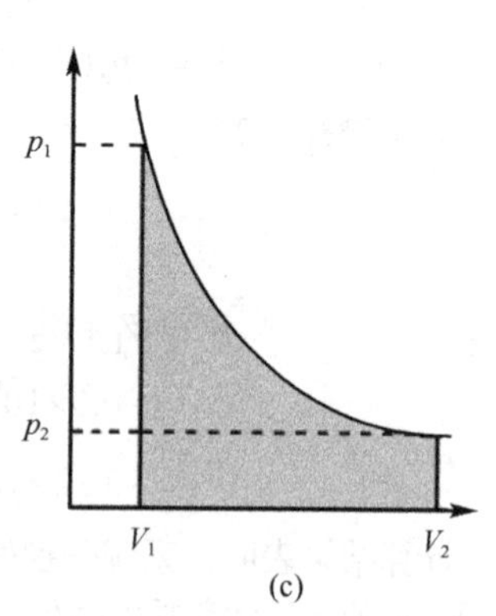

图 1-5 不同过程的体积功

上述外压 p_e 总是比内压 p_i 小一个无限小值的膨胀过程，活塞的移动非常慢，慢到以零为极限，这样就有足够的时间使气体的压力由微小的不均匀变为均匀，使系统由不平衡回到平衡。系统在任一瞬间的状态都极接近平衡状态，整个过程可以看作是由一系列极接近平衡的状态所构成，此类过程被称为准静态过程（quasi-static process）。

准静态过程是一个理想过程，实际不存在，但是当系统发生一个可以被实验察觉的微小变化的时间极短，以至于在任何时间进行观察，系统都有时间达到平衡时，这样的过程可作为准静态过程处理。完成这个过程的时间当然很长，但这无关紧要，因为在经典热力学中是不考虑时间的，在它的变量中没有时间这个因素。

若现在采取与图 1-5 各体积功相反的步骤，将膨胀后的气体压缩到始态，那么同样由于过程不同，环境对系统所做的功也有所不同。

（1）一次等外压压缩：在恒定外压 p_1 下，将气体由 p_2、V_2 压缩到原来的状态 p_1、V_1，则环境对系统所做的功为：

$$W_2' = -p_1(V_1 - V_2)$$

显然，W_2'为正值，表示系统得到功，功的大小相当于图 1-6（a′）中阴影部分的面积。

（2）多次等外压压缩：设该过程由三步等外压压缩过程构成：第一步，在外压 p''下把系统从 V_2 压缩到 V''；第二步，在外压 p'下把系统从 V''压缩到 V'；第三步，在压力 p_1 下把系统从 V'压缩到 V_1，则：

$$W_3' = -p''(V'' - V_2) - p'(V' - V'') - p_1(V_1 - V')$$

W_3'也为正值，环境对系统所做功的大小相当于图 1-6（b′）中阴影部分的面积，显然 $W_3' < W_2'$。依此类推，系统在相同的始态与终态间压缩时，等外压压缩分布越多，环境对系统所做的功就越少。

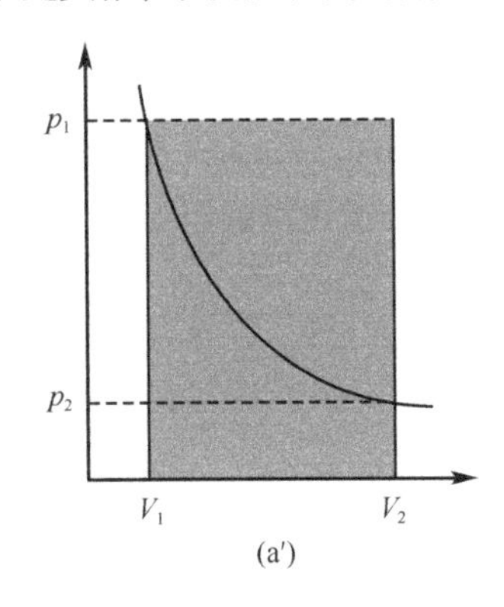

(a′)

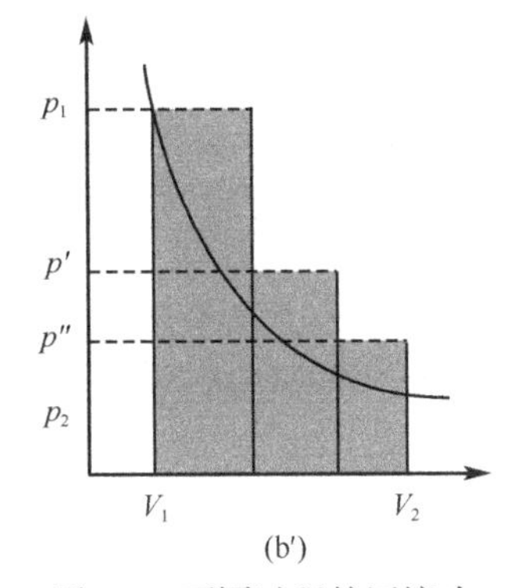

(b′)

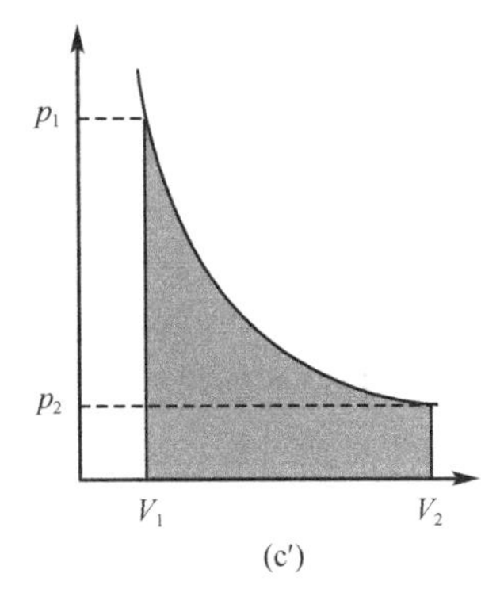

(c′)

图 1-6　不同过程的压缩功

（3）外压 p_e 总是比内压 p_i 大一个无限小值的压缩：若将取下的细砂再一粒一粒重新加到活塞上，使外压 p_e 总是比气体内压 p_i 大一个无限小的值 dp，每一步均为一个等外压压缩过程，重复操作，使系统由 V_2 压缩到 V_1，则：

$$W_4' = -\int_{V_2}^{V_1} p_e \mathrm{d}V = -\int_{V_2}^{V_1} (p_i + \mathrm{d}p)\mathrm{d}V$$

略去二级无限小值 dpdV，即可用 p_i 近似代替 p_e，同时理想气体是在等温下压缩，那么：

$$W_4' = -\int_{V_2}^{V_1} p_i \mathrm{d}V = -\int_{V_2}^{V_1} \frac{nRT}{V}\mathrm{d}V = nRT\ln\frac{V_2}{V_1}$$

此过程也为准静态过程，W_4'的大小相当于 1-6（c′）中阴影部分的面积。可见，$W_4' < W_3' < W_2'$，说明压缩时分布越多，环境对系统所做的功越少，在准静态压缩过程中环境对系统所做的功最小。

1.4.3　可逆过程

系统经一过程由始态 1 变为终态 2，如果能使系统由终态 2 复原为始态 1 的同时环境也复原，这样的过程就称为可逆过程（reversible process）。上述的准静态膨胀和准静态压缩过程在没有任何能量耗散（如没有因摩擦等造成的能量散失）的情况下就是可逆过程。通过比较可知，准静态膨胀功 W_4 与准静态压缩功 W_4' 大小相等，符号相反。由此可见，当系统恢复到始态时，系统与环境均没有功的得失，又由于系统 $\Delta U=0$，则 $Q=-W$，说明系统与环境也无热的得失，即系统与环境均复原，没有留下任何的影响，这样就是一个可逆过程。由此，可逆过程为无限缓慢过程，每一步都由平衡状态构成，且每一步均可向相反的方向进行，系统经历一次可逆循环过程，系统和环境都恢复到原态，没留下任何影响。

总结起来，可逆过程有以下几个特点：

（1）可逆过程是以无限小的变化进行的，整个过程是由一连串无限接近于平衡的状态所构成。

（2）在反向的过程中，在相似条件下，循着原来过程的逆过程，可以使系统和环境都完全恢复到原来的状态。

（3）在等温可逆膨胀过程中系统做最大功，在等温可逆压缩过程中环境对系统做最小功，即可逆过程效率最高。

可逆过程是一种理想过程，是一种科学抽象，在自然界中并不存在，但是有许多实际变化可以无限接近可逆过程，因此将这类过程近似处理成可逆过程，例如，液体在其沸点蒸发、固体在其熔点熔化、可逆电池在电流无限小时的充电和放电等。

经一过程后，如果不能使系统和环境都完全复原，这样的过程就是不可逆过程（irreversible process）。值得注意的是，不要把不可逆过程理解为根本不能向相反的方向进行。一个不可逆过程发生后，也可以向相反方向进行使系统恢复原态，但当系统回到原来的状态后，环境必定发生了某些变化而未恢复原态。例如，前面图 1-5 中的（a）和（b）膨胀就是不可逆过程，系统可以通过图 1-6 中的（a′）和（b′）压缩恢复到原态，但是环境失去了功，得到了热，也就是说环境没有复原，留下了影响。

可逆过程的概念非常重要，一些重要的热力学函数的变化量，只有通过可逆过程才能求得。此外，因为可逆过程效率最高，如果将实际过程与理想的可逆过程进行比较，就可以确定提高实际过程效率的可能性及目标。

例 1-2 现有 1 mol 理想气体，始态压力和体积分别为 101.325 kPa 及 11.2 L，在等温条件下经过以下过程压缩到终态压力为 202.65 kPa，求系统所做的功。

（1）可逆过程。

（2）一次等外压压缩过程。

解：（1）等温可逆过程，则：

$$p_1V_1=p_2V_2$$

$$V_2=\frac{p_1V_1}{p_2}=\frac{101.325\times 11.2}{202.65}=5.6\ (\text{L})$$

$$W=-\int_{V_1}^{V_2}p_\text{e}\text{d}V=-\int_{V_1}^{V_2}p\text{d}V=-\int_{V_1}^{V_2}\frac{p_1V_1}{V}\text{d}V$$

$$=-p_1V_1\ln\frac{V_2}{V_1}=-101.325\times 11.2\times\ln\frac{5.6}{11.2}=786.61\ (\text{J})$$

（2）等温等外压压缩过程，最终达到平衡状态，则外压等于终态压力：

$$W=-\int_{V_1}^{V_2}p_\text{e}\text{d}V=-p_\text{e}(V_2-V_1)=-p_2(V_2-V_1)$$

$$=-202.65\times(5.6-11.2)=1134.84\ (\text{J})$$

以上计算说明等温可逆压缩过程环境对系统做最小功，比一次等外压压缩过程做的功小。

例 1-3 在正常沸点 373.15 K 时，2 mol H_2O（l）汽化为相同压力的 2 mol H_2O（g）。H_2O（l）和 H_2O（g）的摩尔体积分别为 18.80 $\text{cm}^3\cdot\text{mol}^{-1}$ 和 3.014×10^4 $\text{cm}^3\cdot\text{mol}^{-1}$。求下列过程中的体积功：

（1）外压为 101.325 kPa。

（2）外压为零。

解：（1）该过程为等温等压下的可逆相变过程。

$$W=-p_e\Delta V=-p_e(V_g-V_l)$$
$$=-101.325\times10^3\times2\times(3.014\times10^4-18.80)\times10^{-6}=-6104.06\ (J)$$

若忽略液体体积，则：

$$W=-p_e\Delta V=-p_e(V_g-V_l)=-p_eV_g$$
$$=-101.325\times10^3\times2\times3.014\times10^4\times10^{-6}=-6107.87\ (J)$$

两个计算结果进行比较可见，液体体积与气体体积相比可以忽略不计，对计算结果无太大影响。其产生的相对误差为：

$$\frac{6107.87-6104.06}{6104.06}\times100\%=0.06\%$$

若假设水蒸气遵循理想气体性质，则：

$$W=-p_e(V_g-V_l)=-p_eV_g=-p_iV_g=-nRT$$
$$=-2\times8.314\times373.15=-6204.74\ (J)$$

此时产生的相对误差为：

$$\frac{6204.74-6104.06}{6104.06}\times100\%=1.65\%$$

可见，在压力不太高时可将气体视为理想气体。

（2）该过程为不可逆相变过程。

由于 $p_e=0$，所以该过程的体积功 $W=-p_e\Delta V=0$

1.5　焓和热容

1.5.1　等容热

系统与环境之间传递的热不是状态函数，但在某些特定条件下，某些过程的热仅取决于系统的始态和终态而成为定值。例如：

对于某封闭系统，若系统的变化在等容条件下进行，系统不做非体积功，那么 $\Delta V=0$，因此 $W=0$，则：

$$\Delta U=Q_V \tag{1-11}$$

对于微小变化：

$$dU=\delta Q_V \tag{1-12}$$

式中，Q_V 为等容过程的热效应（即等容热），热力学能是状态函数，说明 Q_V 在此过程中仅取决于系统的始态和终态。式（1-11）和式（1-12）表明，在不做非体积功的条件下，封闭系统经一等容过程，所吸收的热全部用来增加系统的热力学能。

1.5.2　等压热和焓

对于某封闭系统，若系统的变化在等压条件下进行，系统不做非功体积，由于该过程 $p_1=p_2=p_e$，根据热力学第一定律可得：

$$\Delta U=U_2-U_1=Q_p-p_e(V_2-V_1)$$
$$U_2-U_1=Q_p-p_2V_2+p_1V_1$$

$$Q_p = (U_2 + p_2V_2) - (U_1 + p_1V_1)$$

由于U、p、V均为状态函数，所以若将（$U+pV$）合并考虑，其组合也应是系统的状态函数，故定义：

$$H \equiv U + pV$$

H为焓（enthalpy），为系统的广度性质，单位为焦耳（J）。值得注意的是，焓虽然是具有能量的单位，但没有确切的物理意义，它是人为规定的，当然也不能把它误解为是“系统中所含的热量”。

有了焓的定义，在等压、系统不做非体积功的条件下，有：

$$\Delta H = Q_p \qquad (1\text{-}13)$$

对于微小变化：

$$\mathrm{d}H = \delta Q_p \qquad (1\text{-}14)$$

式中，Q_p为等压过程的热效应（即等压热），焓是状态函数，说明Q_p在此过程中仅取决于系统的始态和终态。式（1-13）和式（1-14）表明，在不做非体积功的条件下，封闭系统经一等压过程，所吸收的热全部用于增加系统的焓。因为一般的化学反应都是在等压下进行，所以焓具有更加实用的价值。

1.5.3 热容

对于没有相变化和化学变化且不做非体积功的均相封闭系统，温度升高1 K所吸收的热称为该系统的热容（heat capacity），用符号C表示，单位为$\mathrm{J\cdot K^{-1}}$。其定义式为：

$$C \equiv \frac{\delta Q}{\mathrm{d}T} \qquad (1\text{-}15)$$

由于热容与系统所含的物质的量有关，故给出摩尔热容C_m（单位为$\mathrm{J\cdot K^{-1}\cdot mol^{-1}}$）的定义

$$C_\mathrm{m} \equiv \frac{C}{n} = \frac{\delta Q}{n\mathrm{d}T} \qquad (1\text{-}16)$$

因为热与途径有关，所以系统的热容也与途径有关。封闭系统等容过程的热容称为等容热容，用符号C_V表示；等压过程的热容称为等压热容，用符号C_p表示。根据式（1-11）和式（1-13），有：

$$C_V = \frac{\delta Q_V}{\mathrm{d}T} = \left(\frac{\partial U}{\partial T}\right)_V; \quad \Delta U = Q_V = \int_{T_1}^{T_2} C_V \mathrm{d}T \qquad (1\text{-}17)$$

$$C_p = \frac{\delta Q_p}{\mathrm{d}T} = \left(\frac{\partial U}{\partial T}\right)_p; \quad \Delta H = Q_p = \int_{T_1}^{T_2} C_p \mathrm{d}T \qquad (1\text{-}18)$$

利用式（1-17）和式（1-18）可以计算无相变化和化学变化且不做非体积功的封闭系统的热力学能和焓的变化值。

系统的热容是温度的函数，具体的函数关系式随物质的种类、聚集状态、温度范围的不同而异，热力学数据手册中$C_{p,\mathrm{m}}$的两种类型的经验式如下：

$$C_{p,\mathrm{m}} = a + bT + cT^2 + \cdots$$

$$C_{p,\mathrm{m}} = a + bT + c'/T^2 + \cdots$$

式中，a、b、c、c'为物质在温度变化范围的经验常数，可以通过实验求得。常用物质的摩尔等压热容及热力学数据参见附录1～附录3。

例1-4 将100 kPa、298.15 K的某气体在压缩缸内极快地压缩为200 kPa、350 K，已知在该温度范围内$C_{V,\mathrm{m}} = 25.29\ \mathrm{J\cdot K^{-1}\cdot mol^{-1}}$，$C_{p,\mathrm{m}} = 33.60\ \mathrm{J\cdot K^{-1}\cdot mol^{-1}}$，试求1 mol该气体在此压缩过程中的$W$、$Q$、$\Delta U$和$\Delta H$。

解： 极快速压缩时，系统和环境之间来不及进行热量交换，可近似处理为绝热过程，因此$Q=0$，$\Delta U = W$。因为U为状态函数，ΔU只取决于系统的始态和终态，与变化途径无关，故ΔU可通过Q_V计算。

$$\Delta U = n\int C_{V,\mathrm{m}}\mathrm{d}T = nC_{V,\mathrm{m}}(T_2 - T_1)$$
$$= 25.29\times(350-298.15) = 1311.29\ (\mathrm{J})$$
$$W = \Delta U = 1311.29\ (\mathrm{J})$$
$$\Delta H = n\int C_{p,\mathrm{m}}\mathrm{d}T = nC_{p,\mathrm{m}}(T_2 - T_1)$$
$$= 33.60\times(350-298.15) = 1742.16\ (\mathrm{J})$$

1.6　热力学第一定律在理想气体简单状态变化过程中的应用

微课 1-2

1.6.1　理想气体的热力学能和焓

盖吕萨克（Gay-Lussac）在 1807 年，焦耳在 1843 年，分别设计了如下实验（图 1-7）：将两个容量相等的容器浸在有绝热壁的水浴中，两容器之间由带有活塞的管子连接起来，其中一个容器抽成真空，另一个容器中装有一定温度和压力的气体，水浴中有温度计测定其温度的变化。打开活塞，气体由装满气体的容器自由膨胀到抽成真空的容器中，系统最后达到平衡状态，此过程中并未观察到水温的变化。由此表明：①系统（气体）与环境（水浴）之间没有热量的交换，$Q=0$；②气体向真空膨胀，系统对环境所做的功为零，即 $W=0$。因此 $\Delta U=Q+W=0$，说明气体在该过程中热力学能不变。

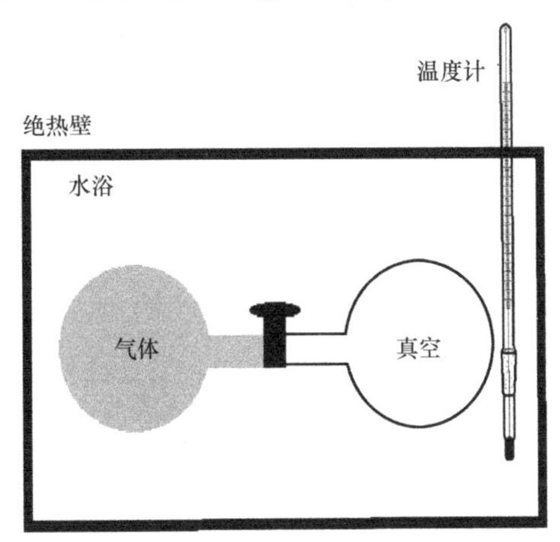

图 1-7　盖吕萨克-焦耳实验示意图

对于一定量均相纯物质，通常可以在 p、V、T 中任选两个独立变量来确定热力学能，现以 V、T 为独立变量，$U=f(T,V)$，则：

$$\mathrm{d}U = \left(\frac{\partial U}{\partial T}\right)_V \mathrm{d}T + \left(\frac{\partial U}{\partial V}\right)_T \mathrm{d}V$$

温度不变，$\mathrm{d}T=0$；又因为 $\mathrm{d}U=0$，因此：

$$\left(\frac{\partial U}{\partial V}\right)_T \mathrm{d}V = 0$$

显然，$\mathrm{d}V\neq 0$，所以

$$\left(\frac{\partial U}{\partial V}\right)_T = 0 \qquad (1\text{-}19)$$

此式表明在等温时，改变体积，气体的热力学能不变。

同理可以证明：

$$\left(\frac{\partial U}{\partial p}\right)_T = 0 \qquad (1\text{-}20)$$

此式表明在等温时，改变压力，气体的热力学能不变。综合以上两式可得：气体的热力学能仅是温度的函数，与体积、压力无关，即：

$$U = f(T)$$

严格说来，盖吕萨克-焦耳实验（惯称焦耳实验）是不够精确的，因为水的热容很大，即使气体膨胀时吸收了一点热量，放入水浴中的温度计也未必能够测定出温度的变化。进一步的实验表明，实际气体向真空膨胀时，温度会发生微小变化，而且这种温度的变化随着气体起始压力的降低而变小。由此可以推论，只有当气体的起始压力趋近于零，即气体趋近为理想气体时，上述实验才是完全正确的。这点也可以由理想气体的特性说明，因为理想气体分子之间没有相互作用力，分子本身也为无体积的质点，因此体积和压力的变化并不影响它的热力学能。最后可以得出结论：理想气体的热力学能仅是温度的函数，与体积和压力无关。

理想气体焓的变化为：

$$\Delta H = \Delta U + \Delta(pV) = \Delta U + p_2V_2 - p_1V_1$$

在等温条件下 $p_2V_2 = p_1V_1$，因为 $\Delta U = 0$，所以

$$\Delta H = 0$$

微小变化时，$\mathrm{d}H = 0$。

对于一定量均相纯物质理想气体，$H = f(T, V)$。

$$\mathrm{d}H = \left(\frac{\partial H}{\partial T}\right)_V \mathrm{d}T + \left(\frac{\partial H}{\partial V}\right)_T \mathrm{d}V$$

已证明等温条件下 $\mathrm{d}T = 0$，$\mathrm{d}H = 0$；又因为 $\mathrm{d}V \neq 0$，所以

$$\left(\frac{\partial H}{\partial V}\right)_T = 0 \tag{1-21}$$

同理可证明：$\left(\frac{\partial H}{\partial p}\right)_T = 0$，即理想气体的焓与热力学能一样，仅是温度的函数。

$$H = f(T)$$

根据

$$C_V = \left(\frac{\partial U}{\partial T}\right)_V, \quad C_p = \left(\frac{\partial H}{\partial T}\right)_p$$

所以，理想气体的 C_V 和 C_p 也仅是温度的函数。

例 1-5 1 mol N_2（可视为理想气体）由 300.15 K、100 kPa 等温可逆压缩到 1000 kPa，求该过程的 Q、W、ΔU 和 ΔH。

解：理想气体等温过程中：

$$\Delta U = \Delta H = 0$$

等温可逆过程：

$$Q = -W = nRT\ln\frac{V_2}{V_1} = nRT\ln\frac{p_1}{p_2}$$

$$= 1\times 8.314\times 300.15\times \ln\frac{100}{1000} = -5745.98\ (\mathrm{J})$$

$$W = 5745.98\ (\mathrm{J})$$

1.6.2 理想气体的 $C_{p,\mathrm{m}}$ 与 $C_{V,\mathrm{m}}$ 的关系

加热一个组成不变的均相封闭系统，若不做非体积功，升高同样的温度，等压加热和等容加热系统所吸收的热量不同。这是因为等容过程中，系统不做体积功，升高温度时，它从环境吸收的热全部用来增加热力学能；而在等压过程中，升高温度时，系统除了增加热力学能外，还要有一部分

热用于对外做体积功，$\Delta H = \Delta U + p_e\Delta V$。因此，一般情况下气体的 C_p 恒大于 C_V。

对于任意没有相变化和化学变化且不做非体积功的封闭系统，其 C_p 与 C_V 的关系为：

$$C_p - C_V = \left(\frac{\partial H}{\partial T}\right)_p - \left(\frac{\partial U}{\partial T}\right)_V$$

将 $H = U + pV$ 代入上式，得：

$$\begin{aligned} C_p - C_V &= \left[\frac{\partial(U+pV)}{\partial T}\right]_p - \left(\frac{\partial U}{\partial T}\right)_V \\ &= \left(\frac{\partial U}{\partial T}\right)_p + p\left(\frac{\partial V}{\partial T}\right)_p - \left(\frac{\partial U}{\partial T}\right)_V \end{aligned} \tag{1-22}$$

根据复合函数的偏微商公式：

$$\left(\frac{\partial U}{\partial T}\right)_p = \left(\frac{\partial U}{\partial T}\right)_V + \left(\frac{\partial U}{\partial V}\right)_T\left(\frac{\partial V}{\partial T}\right)_p \tag{1-23}$$

将式（1-23）代入式（1-22），得：

$$C_p - C_V = \left(\frac{\partial U}{\partial V}\right)_T\left(\frac{\partial V}{\partial T}\right)_p + p\left(\frac{\partial V}{\partial T}\right)_p = \left[\left(\frac{\partial U}{\partial V}\right)_T + p\right]\left(\frac{\partial V}{\partial T}\right)_p \tag{1-24}$$

上式推导中没有引进任何条件，所以它适用于任意纯物质的均相系统。

对于固相或液相系统，由于体积随温度的变化很小，$\left(\frac{\partial V}{\partial T}\right)_p$ 近似等于零，故 $C_p \approx C_V$。

对于理想气体，因为：

$$\left(\frac{\partial U}{\partial V}\right)_T = 0, \quad \left(\frac{\partial V}{\partial T}\right)_p = \frac{nR}{p}$$

代入式（1-24），可得：

$$C_p - C_V = nR \quad 或 \quad C_{p,\mathrm{m}} - C_{V,\mathrm{m}} = R \tag{1-25}$$

可见，任何理想气体的摩尔等压热容和摩尔等容热容的差值均为摩尔气体常数 R。

在温度不太高的情况下，理想气体的 $C_{p,\mathrm{m}}$、$C_{V,\mathrm{m}}$ 是与 T 无关的常数，也与物质的本性无关：单原子分子理想气体，$C_{V,\mathrm{m}} = \frac{3}{2}R$，$C_{p,\mathrm{m}} = \frac{5}{2}R$；双原子分子理想气体，$C_{V,\mathrm{m}} = \frac{5}{2}R$，$C_{p,\mathrm{m}} = \frac{7}{2}R$；多原子分子理想气体（非线性），$C_{V,\mathrm{m}} = 3R$，$C_{p,\mathrm{m}} = 4R$。

另外，有一个重要的物理量 $\gamma = C_p/C_V = C_{p,\mathrm{m}}/C_{V,\mathrm{m}}$，$\gamma$ 也是温度的函数，随气体分子的复杂性增加而减小。例如，对单原子分子气体 $\gamma = 1.67$，双原子分子气体 $\gamma = 1.40$，三原子分子气体 $\gamma = 1.37$。

例 1-6 1 mol 理想气体，在 100 kPa 等压下由 293.15 K 加热至 370.15 K，已知该理想气体 $C_{V,\mathrm{m}} = (25.29 + 11.4\times10^{-3}T)\,\mathrm{J\cdot K^{-1}\cdot mol^{-1}}$，计算此过程的 ΔU 和 ΔH。

解： 此题为无相变化和化学变化且不做非体积功的封闭系统，因此可得：

$$\begin{aligned} \Delta U &= \int_{T_1}^{T_2} nC_{V,\mathrm{m}}\mathrm{d}T \\ &= \int_{T_1}^{T_2} n(25.29 + 11.4\times10^{-3}T)\,\mathrm{d}T \\ &= 1\times25.29\times(T_2 - T_1) + \frac{1}{2}\times11.4\times10^{-3}(T_2^2 - T_1^2) = 2238.45\ (\mathrm{J}) \end{aligned}$$

$$\Delta H=\int_{T_1}^{T_2} nC_{p,\mathrm{m}}\mathrm{d}T=\int_{T_1}^{T_2} n(C_{V,\mathrm{m}}+R)\mathrm{d}T$$
$$=\int_{T_1}^{T_2} n(33.604+11.4\times10^{-3}T)\,\mathrm{d}T$$
$$=1\times33.604\times(T_2-T_1)+\frac{1}{2}\times11.4\times10^{-3}(T_2^2-T_1^2)=2878.63\ (\mathrm{J})$$

1.6.3 理想气体绝热过程

1. 理想气体绝热可逆过程方程式 若系统和环境之间在变化过程中没有热量的交换，即 $Q=0$，该过程称为绝热过程。根据热力学第一定律可得：

$$\mathrm{d}U=\delta W$$

如果系统仅做体积功，又因为 $\mathrm{d}U=C_V\mathrm{d}T$，则：

$$C_V\mathrm{d}T=-p_\mathrm{e}\mathrm{d}V$$

对于理想气体的绝热可逆过程：

$$C_V\mathrm{d}T=-p_\mathrm{i}\mathrm{d}V=-p\mathrm{d}V=-\frac{nRT}{V}\mathrm{d}V$$

即：

$$\frac{C_V}{T}\mathrm{d}T=-\frac{nR}{V}\mathrm{d}V$$

若体积从 V_1 变为 V_2，温度从 T_1 变为 T_2，对上式积分可得：

$$\int_{T_1}^{T_2}\frac{C_V}{T}\mathrm{d}T=-\int_{V_1}^{V_2}\frac{nR}{V}\mathrm{d}V$$

因为理想气体 $C_p-C_V=nR$，所以

$$C_V\ln\frac{T_2}{T_1}=-nR\ln\frac{V_2}{V_1}=-(C_p-C_V)\ln\frac{V_2}{V_1}$$

两边除以 C_V，同时因为 $C_p/C_V=\gamma$，整理上式可得：

$$\ln\frac{T_2}{T_1}=(\gamma-1)\ln\frac{V_1}{V_2}$$

$$T_1V_1^{\gamma-1}=T_2V_2^{\gamma-1}\quad 即\quad TV^{\gamma-1}=K \tag{1-26}$$

式中，K 为常数。结合 $pV=nRT$，可推得：

$$pV^{\gamma}=K' \tag{1-27}$$

$$T^{\gamma}p^{1-\gamma}=K'' \tag{1-28}$$

K'和 K''也为常数。式（1-26）、式（1-27）及式（1-28）称为理想气体不做非体积功时的绝热可逆过程方程式。

2. 理想气体绝热过程的体积功 对于绝热过程而言：

$$W=\int\delta W=\int\mathrm{d}U$$

$$W=\int_{T_1}^{T_2}C_V\mathrm{d}T=C_V(T_2-T_1) \tag{1-29}$$

由于 $C_p-C_V=nR$，两边同时除以 C_V，则：

$$\frac{C_p-C_V}{C_V}=\gamma-1=\frac{nR}{C_V}$$

$$C_V=\frac{nR}{\gamma-1} \tag{1-30}$$

将式（1-30）代入式（1-29）可得：

$$W=\frac{nR(T_2-T_1)}{\gamma-1}=\frac{p_2V_2-p_1V_1}{\gamma-1} \tag{1-31}$$

式（1-31）可用于计算理想气体的绝热体积功。若为可逆过程，则理想气体绝热可逆过程的体积功为：

$$W=-\int_{V_1}^{V_2}p\mathrm{d}V=-\int_{V_1}^{V_2}\frac{K'}{V^\gamma}\mathrm{d}V$$

$$=\frac{K'}{\gamma-1}\left(\frac{1}{V_2^{\gamma-1}}-\frac{1}{V_1^{\gamma-1}}\right)=\frac{1}{\gamma-1}\left(\frac{p_2V_2^\gamma}{V_2^{\gamma-1}}-\frac{p_1V_1^\gamma}{V_1^{\gamma-1}}\right)$$

$$=\frac{p_2V_2-p_1V_1}{\gamma-1}=\frac{nR(T_2-T_1)}{\gamma-1}$$

可见与式（1-31）相同，说明该式对理想气体的绝热可逆过程及绝热不可逆过程均适用，但自同一始态经历两种过程达到相应终态的体积功却不相同，如例 1-7。

例 1-7 1 mol 理想气体，从 300.15 K、1 L，经：①绝热可逆膨胀，②恒外压下经过绝热不可逆过程一次膨胀，均达到终态压力为 100 kPa。分别求出两过程终态的体积和温度，以及 Q、W、ΔU、ΔH 的值。已知气体 $C_{V,\mathrm{m}}=12.55\ \mathrm{J\cdot K^{-1}\cdot mol^{-1}}$，$C_{p,\mathrm{m}}=20.92\ \mathrm{J\cdot K^{-1}\cdot mol^{-1}}$。

解：（1）绝热可逆膨胀过程

始态	过程	终态
$n=1$ mol $p_1=nRT_1/V_1$ $T_1=300.15$ K $V_1=1$ L	绝热可逆膨胀 →	$n=1$ mol $p_2=100$ kPa $T_2=?$ $V_2=?$

由式（1-27）$p_2V_2^\gamma=p_1V_1^\gamma$ 求出 V_2，

$$\gamma=\frac{C_{p,\mathrm{m}}}{C_{V,\mathrm{m}}}=\frac{20.92}{12.55}=1.67$$

$$p_1=\frac{nRT_1}{V_1}=\frac{1\times8.314\times300.15}{10^{-3}}=2.495\times10^6\ (\mathrm{Pa})=2495.45\ (\mathrm{kPa})$$

因此可得 $V_2=6.86$ L

$$T_2=\frac{p_2V_2}{nR}=\frac{100\times6.86}{1\times8.314}=82.51\ (\mathrm{K})$$

热力学函数变量如下：

因为绝热 $Q=0$

$$W=nC_{V,\mathrm{m}}(T_2-T_1)=1\times12.55\times(82.51-300.15)=-2731.38\ (\mathrm{J})$$

$$\Delta U=W=-2731.38\ (\mathrm{J})$$

$$\Delta H=nC_{p,\mathrm{m}}(T_2-T_1)=1\times20.92\times(82.51-300.15)=-4553.03\ (\mathrm{J})$$

（2）绝热不可逆膨胀，反抗恒定外压 100 kPa 一次膨胀过程

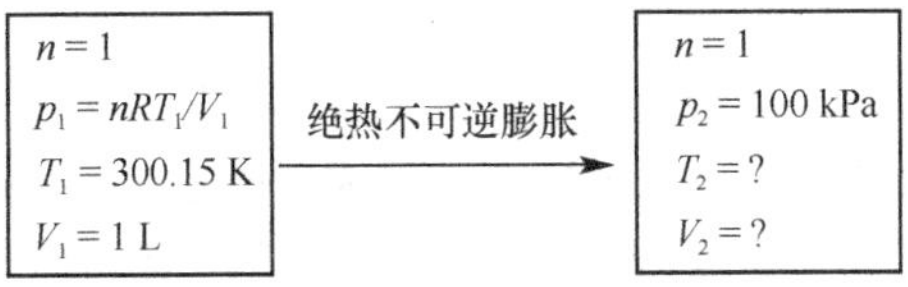

始态	过程	终态
$n=1$ $p_1=nRT_1/V_1$ $T_1=300.15$ K $V_1=1$ L	绝热不可逆膨胀 →	$n=1$ $p_2=100$ kPa $T_2=?$ $V_2=?$

因为是绝热过程，故 $Q=0$，$\Delta U=W$，又因为：

$$W=-p_\mathrm{e}(V_2-V_1)$$

$$\Delta U=nC_{V,\mathrm{m}}(T_2-T_1)$$

所以 $$nC_{V,\mathrm{m}}(T_2-T_1)=-p_{\mathrm{e}}(V_2-V_1)=-p_2\left(\frac{nRT_2}{p_2}-V_1\right)$$

解该式可得 $$T_2=185.34\ \mathrm{K}$$

$$V_2=\frac{nRT_2}{p_2}=\frac{1\times8.314\times185.34}{100}=15.41\ (\mathrm{L})$$

其他热力学变量为:

$$W=nC_{V,\mathrm{m}}(T_2-T_1)=1\times12.55\times(185.34-300.15)=-1440.87\ (\mathrm{J})$$

$$\Delta U=W=-1440.87\ (\mathrm{J})$$

$$\Delta H=nC_{p,\mathrm{m}}(T_2-T_1)=1\times20.92\times(185.34-300.15)=-2401.83\ (\mathrm{J})$$

以上计算结果表明，自同一始态经绝热可逆与绝热不可逆过程是不能达到同一终态的。从同样始态压力到相同的终态压力，由于过程不同，终态的温度不同，所做的功也不同，系统在绝热可逆膨胀过程中对环境做功较大，系统在绝热不可逆膨胀过程中对环境做功较小。

3. 理想气体绝热可逆过程与等温可逆过程 等温可逆过程和绝热可逆过程中的功如图 1-8 所示。图中 AB 线下的面积代表理想气体等温可逆过程所做的功，AC 线下的面积代表理想气体绝热可逆过程所做的功。由相同的始态出发，体积均由 V_1 变化到 V_2，对绝热可逆过程的 $pV^{\gamma}=K'$ 微分可得：

$$\left(\frac{\partial p}{\partial V}\right)_S=-\gamma\frac{K}{V^{\gamma+1}}=-\gamma\frac{pV^{\gamma}}{V^{\gamma+1}}=-\gamma\frac{p}{V} \tag{1-32}$$

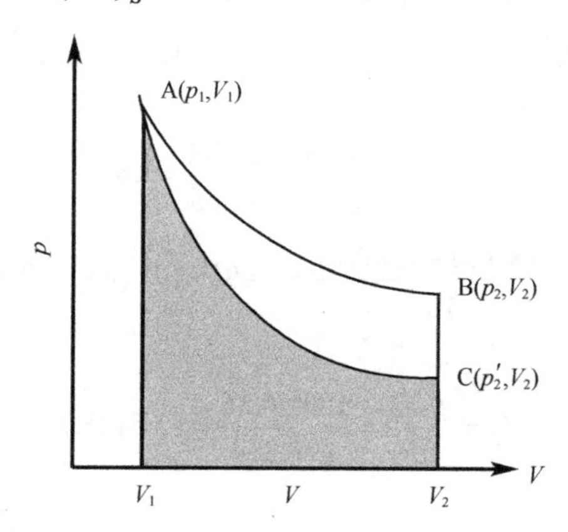

图 1-8 等温可逆过程与绝热可逆过程示意图

由于绝热可逆过程是等熵过程（见热力学第二定律），所以用下标 S 表示。同样，对等温可逆过程 $pV=C$（这里 C 也是常数，为了区别不再用 K），微分可得：

$$\left(\frac{\partial p}{\partial V}\right)_T=-\frac{C}{V^2}=-\frac{pV}{V^2}=-\frac{p}{V} \tag{1-33}$$

因为 $\gamma>1$，所以在绝热可逆膨胀过程中气体压力的降低要比等温可逆膨胀过程中更为显著，即绝热可逆膨胀过程的 AC 线斜率的绝对值比等温可逆膨胀过程的 AB 线斜率的绝对值大。这是因为在等温可逆膨胀过程中，气体的压力仅随体积的增大而减小；而在绝热可逆膨胀过程中，则有气体的体积增大和温度降低两个因素使压力降低，所以气体的压力降低得更快。自同一始态经绝热可逆与等温可逆过程是不能到达同一终态的。

在实际过程中不可能实现完全理想的绝热或完全理想的热交换，一切过程都不是严格的绝热或严格的等温，而是介于两者之间。因此采用多方过程（polytropic process）描述系统实际过程，其方程式可用 $pV^n=$ 常数，$\gamma>n>1$。当 $n=\gamma$ 就是绝热可逆过程，当 $n=1$ 时就是等温可逆过程。

【知识扩展】

1852 年，焦耳和汤姆孙（Thomson）设计了研究实际气体膨胀过程温度变化的焦耳-汤姆孙实验。如图 1-9 所示，在圆形绝热筒的中部放置一刚性多孔塞，使气体不能快速通过，且维持活塞两侧保持一定的压力差。维持 $p_2 < p_1$，连续将左侧某种气体（p_1，T_1）缓慢地压过多孔塞，达到平衡后维持右侧该气体稳定在（p_2，T_2）。这种维持一定压力差的绝热膨胀过程称为节流膨胀（throttling expansion）。该实验发现，大多数气体经过节流膨胀后，温度都将发生变化，且该过程不仅是绝热过程，通过推导发现该过程也为等焓过程，即 $\Delta H = 0$（你能证明节流膨胀为等焓过程吗？）。

知识拓展
参考答案

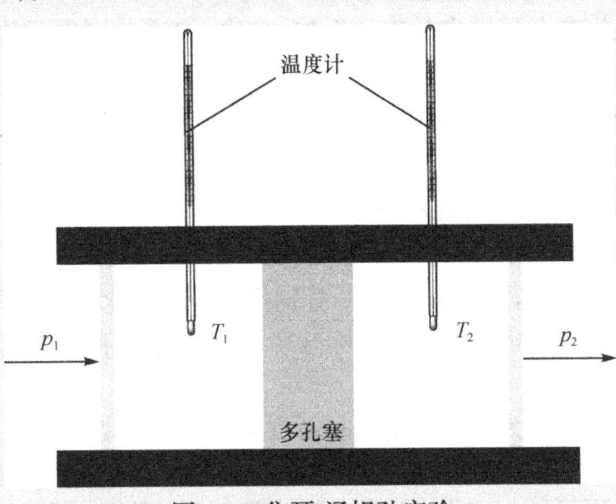

图 1-9　焦耳-汤姆孙实验

对于实际气体，通过节流膨胀后，焓值不变，但温度却发生了变化，说明实际气体的焓不仅取决于温度，还与气体的压力或体积有关。实际气体的温度随压力的变化率称为焦耳-汤姆孙系数（Joule-Thomson coefficient），用 $\mu_{\text{J-T}}$ 表示：

$$\mu_{\text{J-T}} = \left(\frac{\partial T}{\partial p}\right)_H$$

当 $\mu_{\text{J-T}}$ 是正数时，节流膨胀后气体降温，反之则升温。常温下，焦耳-汤姆孙效应中少数气体如氦气和氢气通常为升温性质的气体，而大多数气体则是降温性质的气体。对于理想气体，焦耳-汤姆孙系数为零，在焦耳-汤姆孙效应中既不升温也不降温。工业上，常利用节流膨胀原理进行制冷及气态物质的液化，例如，工业制氧一般是深冷法制取，将空气经净化后压缩冷却，再利用节流膨胀降温液化为液体，最后分馏得到高纯的氧气。

1.7　热力学第一定律在相变化过程中的应用

物质具有气体、液体和固体三种主要的聚集状态，分别用符号 g、l、s 表示。相是指系统中化学性质和物理性质完全均匀的部分。通常，对纯物质而言，气相或液相只有一相，少数情况下有两种液相，如液氦Ⅰ和液氦Ⅱ；而纯物质的固体可以有多个相，如高压下的冰有六种晶型固体，硫有单斜硫和正交硫两种晶型固体。注意，不要将聚集状态与相的概念混淆。例如，碳酸钙分解达平衡时：

$$CaCO_3(s) \longrightarrow CaO(s) + CO_2(g)$$

是一个固相 $CaCO_3$、固相 CaO 和气相 CO_2 平衡共存的三相系统，而非仅两个相。

物质从一个相转变为到另一个相的过程称为相变化。相变化若没有特别指明，一般看作等温过程，如蒸发、冷凝、熔化、结晶、升华、凝华、晶型转变等。在相变化过程中往往有体积的变化，因此存在体积功。物质蒸发、熔化、升华等由于分子间距增加，为了克服分子间力，必须供给能量，因此为吸热过程；冷凝、结晶、凝华等则相反，为放热过程。晶型转变过程中也有能量变化，要根据具体情况判断为吸热还是放热过程。

标准相变焓是指相变化前后物质温度相同且处于标准状态时的焓差，常用单位为 $kJ\cdot mol^{-1}$。需要说明的是物质的标准状态：纯固体或纯液体的标准状态为指定温度 T 下，压力为标准压力 $p^{\ominus}$ 时的纯固体或纯液体；气体物质的标准状态为指定温度 T 下，压力为 $p^{\ominus}$ 时具有理想气体性质的纯气体；溶液中的溶质的标准状态是指在压力为 $p^{\ominus}$ 时无限稀释溶液中的溶质。$p^{\ominus}$ 表示标准压力，为 100 kPa。上标 $^{\ominus}$ 表示标准状态，例如，$U_m^{\ominus}$、$V_m^{\ominus}$ 分别表示物质的标准摩尔热力学能和标准摩尔体积。

标准摩尔蒸发焓：$\Delta_{vap}H_m^{\ominus} = H_m^{\ominus}(g) - H_m^{\ominus}(l)$

标准摩尔熔化焓：$\Delta_{fus}H_m^{\ominus} = H_m^{\ominus}(l) - H_m^{\ominus}(s)$

标准摩尔升华焓：$\Delta_{sub}H_m^{\ominus} = H_m^{\ominus}(g) - H_m^{\ominus}(s)$

标准摩尔转变焓：$\Delta_{trs}H_m^{\ominus} = H_m^{\ominus}(cr2) - H_m^{\ominus}(cr1)$

上面各式中下标“vap”“fus”“sub”“trs”分别指蒸发、熔化、升华和晶型转变，cr1、cr2 指第一种和第二种晶型。显然，标准摩尔冷凝焓、标准摩尔结晶焓和标准摩尔凝华焓分别为 $-\Delta_{vap}H_m^{\ominus}$、$-\Delta_{fus}H_m^{\ominus}$ 和 $-\Delta_{sub}H_m^{\ominus}$。

相变化根据条件不同，可分为可逆相变化和不可逆相变化。液体在其沸点时的蒸发、固体在其熔点时的熔化等都是在平衡可逆条件下进行的，是可逆相变。在实际生产和科学研究中，遇到的相变常常偏离平衡条件，是不可逆相变化，虽然多数情况也是在等温、等压下进行，但是并非正常相变化，有时也会在变温、等压的条件下进行。对于这种不可逆相变化过程，计算时需要应用状态函数的特征设计变化途径。

若系统在等温、等压的条件下，物质由相态 1 转移至相态 2，则过程的体积功为：

$$W = -p_e\Delta V = -p_e(V_2 - V_1)$$

若相态 1 为凝聚相（液相或固相），相态 2 为气相且视为理想气体，则 $V_2 \gg V_1$，因此：

$$W = -p_e(V_2 - V_1) \approx -p_eV_2 = -nRT$$

$$\Delta U = Q + W = \Delta H - nRT$$

例 1-8 在 100 kPa、373.15 K 下，1 mol 液态水变为水蒸气（可视为理想气体），试计算此相变化过程中的 ΔU、ΔH、Q 和 W。已知在 100 kPa、373.15 K 下，液态水变为水蒸气的相变热为 40.67 $kJ\cdot mol^{-1}$。

解： 水蒸气按理想气体处理，由于是等温、等压条件下，则：

$$\Delta H = Q_p = 40.67\ (kJ\cdot mol^{-1})$$

$$W = -p_e(V_g - V_1) \approx -p_eV_g = -nRT = -1\times 8.314\times 373.15 = -3.10\ (kJ\cdot mol^{-1})$$

$$\Delta U = Q_p + W = 40.67 - 3.10 = 37.57\ (kJ\cdot mol^{-1})$$

例 1-9 在 100 kPa、378.15 K 下，4 mol 液态水变为水蒸气，试计算此相变化过程中的反应焓变。已知液态水和水蒸气的平均摩尔等压热容分别为 75.31 $J\cdot K^{-1}\cdot mol^{-1}$ 和 33.47 $J\cdot K^{-1}\cdot mol^{-1}$，在 100 kPa、373.15 K 下液态水变为水蒸气的相变热为 40.67 $kJ\cdot mol^{-1}$。

解： 分析题意可知此相变化过程为不可逆相变化，因此设计反应途径：

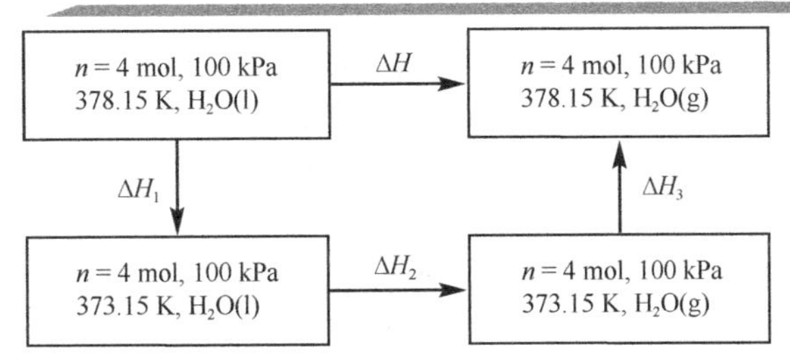

因为焓是状态函数，因此所求的不可逆相变焓变

$$\Delta H = \Delta H_1 + \Delta H_2 + \Delta H_3$$

$$\Delta H_1 = n\int_{378.15\text{K}}^{373.15\text{K}} C_{p,\text{m}}(\text{H}_2\text{O,l})\text{d}T$$

$$= 4\times 75.31\times(373.15-378.15) = -1506.20\ (\text{J})$$

$$\Delta H_2 = nQ_p = 4\times 40.67 = 162.68\ (\text{kJ}) = 162680\ (\text{J})$$

$$\Delta H_3 = n\int_{373.15\text{K}}^{378.15\text{K}} C_{p,\text{m}}(\text{H}_2\text{O,g})\text{d}T$$

$$= 4\times 33.47\times(378.15-373.15) = 669.40\ (\text{J})$$

$$\Delta H = \Delta H_1 + \Delta H_2 + \Delta H_3$$

$$= -1506.20 + 162680 + 669.40 = 1.62\times 10^5\ (\text{J})$$

1.8 热力学第一定律在化学变化中的应用

1.8.1 热化学中的基本概念

1. 反应热 化学反应常常伴有吸热或放热现象，系统在不做非体积功的等温过程所吸收或放出的热称为化学反应热效应，简称反应热。研究化学反应热效应的学科称为热化学（thermochemistry），它是热力学第一定律在化学变化中的具体应用。在热化学中，热的符号与热力学第一定律的规定一致，即系统吸热，反应热为正；系统放热，反应热为负。热化学在科学研究和生产中有着十分重要的作用，化工生产设备的设计、生产条件的控制，需要有关热化学数据；化学平衡常数的计算、反应速率的估算，也需要有关热化学数据；药物的剂型调配、药物稳定性分析、药物及营养物质在人体内的代谢过程等都需要利用热化学规律来进行研究。

任一化学反应既可以在等温、等压下进行，也可以在等温、等容下进行，得到的产物相同，但是所处的状态不同。因此，两个过程的热效应 Q_p 和 Q_V 也不相同，前者称为等压反应热，后者称为等容反应热，两者的关系为：

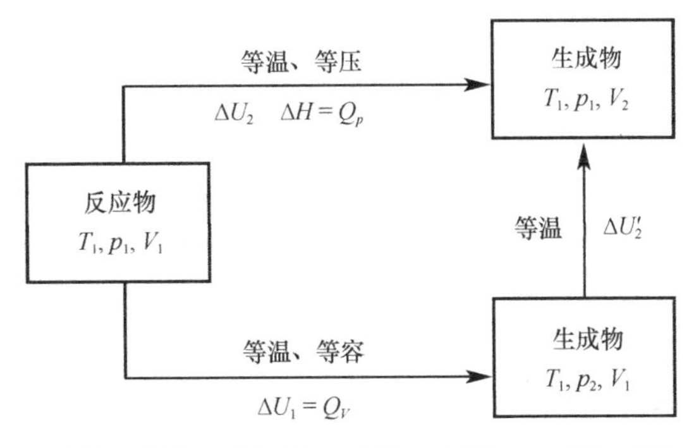

所以
$$\Delta H = \Delta U_2 + \Delta(pV) = \Delta U_1 + \Delta U_2' + p_1(V_2 - V_1)$$

式中，$\Delta U_2'$ 是生成物在等温变化中热力学能的变化值。若反应系统的生成物为液体或固体，当压力

变化不太大时，$\Delta U_1 \gg \Delta U_2'$，$\Delta U_2'$ 可以忽略；若生成物为理想气体，则理想气体的热力学能仅仅是温度的函数，因此 $\Delta U_2' = 0$。两种情况下，均可以得到：

$$\Delta H = \Delta U_1 + \Delta(pV)$$

$$Q_p = Q_V + \Delta(pV)$$

对于固体或液体的反应系统（又称凝聚系统），$\Delta(pV)$值很小，可以忽略，所以对于该类系统

$$Q_p \approx Q_V \tag{1-34}$$

对于理想气体的反应系统，若 n_P、n_R 分别代表生成物气体和反应物气体组分的物质的量，则：

$$\Delta(pV) = p_1(V_2 - V_1) = n_P RT - n_R RT = (\Delta n)RT$$

$$Q_p = Q_V + (\Delta n)RT$$

或

$$\Delta_r H = \Delta_r U + (\Delta n)RT \tag{1-35}$$

式中，Δn 是指反应前后气体组分物质的量的差值。若反应系统中既有理想气体又有固体或液体参与，因为固体或液体相对气体来说其体积可以忽略不计，仍可以用式（1-35）进行计算。

2. 反应进度 对于任一化学反应：

$$a\text{A} + d\text{D} \longrightarrow g\text{G} + h\text{H}$$

它的化学计量方程式的通式为：

$$\sum_{\text{B}} \nu_{\text{B}} \text{B} = 0$$

式中，B 表示化学计量方程式中的任一物质，ν_B 为物质 B 的化学计量系数，并规定反应物的化学计量系数为负，生成物的化学计量系数为正，它们都是无量纲的量。

显然，在化学反应中，各物质量的变化是彼此相关的，它们受各物质的化学计量系数所制约，也就是说用不同物质描述反应情况时，所得到的变化速率有所不同。因此，我们在讨论化学反应时，需要引入一个重要的物理量——反应进度（extent of reaction），用符号 ξ 表示。

$$n_B(\xi) \equiv n_B(0) + \nu_B \xi$$

即

$$\xi \equiv \frac{n_B(\xi) - n_B(0)}{\nu_B} \tag{1-36}$$

式中，$n_B(0)$表示反应进度 $\xi = 0$ 时物质 B 的物质的量，$n_B(\xi)$表示反应进度 $\xi = \xi$ 时物质 B 的物质的量。上式的微分式为：

$$\text{d}\xi = \frac{\text{d}n_B}{\nu_B}$$

由上式可知，反应进度 ξ 的单位为 mol。

引入反应进度 ξ 的优点在于，可以用任一反应物或生成物来描述反应进行的程度，其数值均相同。对于上述反应：

$$a\text{A} + d\text{D} \longrightarrow g\text{G} + h\text{H}$$

$$\text{d}\xi = \frac{\text{d}n_A}{\nu_A} = \frac{\text{d}n_D}{\nu_D} = \frac{\text{d}n_G}{\nu_G} = \frac{\text{d}n_H}{\nu_H}$$

在使用反应进度时应注意：①反应进度虽然具有物质的量的单位，但不是物质的量，两者有本质的区别；②反应进度必须与化学计量方程式对应，它描述的是反应按所给反应式的化学计量系数比进行了一个单位的化学反应，此时 ξ=1 mol。

例 1-10 氢气和氧气生成液态水的反应

（1）$H_2(g) + \frac{1}{2}O_2(g) \longrightarrow H_2O(l)$

（2）$2H_2(g) + O_2(g) \longrightarrow 2H_2O(l)$

设初始时氢气和氧气分别为 2 mol、1 mol，最后有 0.5 mol 液态水生成，试计算两个反应方程

式的反应进度。

解： 根据反应（1），计算反应进度 ξ：

$$\xi = \frac{\Delta n_{H_2(g)}}{-1} = \frac{\Delta n_{O_2(g)}}{-\frac{1}{2}} = \frac{\Delta n_{H_2O(l)}}{1} = \frac{-0.5}{-1} = \frac{-0.25}{-\frac{1}{2}} = \frac{0.5}{1} = 0.5(\text{mol})$$

同理，根据反应（2），计算反应进度 ξ

$$\xi = \frac{\Delta n_{H_2(g)}}{-2} = \frac{\Delta n_{O_2(g)}}{-1} = \frac{\Delta n_{H_2O(l)}}{2} = \frac{-0.5}{-2} = \frac{-0.25}{-1} = \frac{0.5}{2} = 0.25(\text{mol})$$

此例题也说明了反应进度的数值与化学计量方程式的书写有关，计量系数比例不同，反应进度具有不同的数值，但 ξ=1 mol 均表示完成一个单位的化学反应。

3. 摩尔反应焓变、摩尔反应热力学能变 反应进度为 1 mol 时系统的焓变和热力学能变分别称为摩尔反应焓变和摩尔反应热力学能变，分别用 $\Delta_r H_m$ 和 $\Delta_r U_m$ 表示，即：

$$\Delta_r H_m = \frac{\Delta_r H}{\xi},\quad \Delta_r U_m = \frac{\Delta_r U}{\xi} \tag{1-37}$$

这里 $\Delta_r H_m$ 和 $\Delta_r U_m$ 与所给化学计量方程式有关，表示完成一个单位化学反应所产生的焓变和热力学能变。

4. 热化学方程式 表示化学反应与热效应关系的方程式称为热化学方程式。反应的热效应主要取决于反应物和生成物的性质，同时与物质的状态、温度、压力等有关，因此需要在热化学方程式中标明。通常用 g 表示气态，用 l 表示液态，用 s 表示固态。若固态的晶型不同应注明具体晶型，如 C(石墨)、C(金刚石)。

例如，298.15 K 时，同样是氢气和氧气反应生成水：

$$H_2(g) + \frac{1}{2}O_2(g) \longrightarrow H_2O(g) \qquad \Delta_r H_m^\ominus = -241.8\ \text{kJ}\cdot\text{mol}^{-1}$$

$$H_2(g) + \frac{1}{2}O_2(g) \longrightarrow H_2O(l) \qquad \Delta_r H_m^\ominus = -285.83\ \text{kJ}\cdot\text{mol}^{-1}$$

$$2H_2(g) + O_2(g) \longrightarrow 2H_2O(l) \qquad \Delta_r H_m^\ominus = -571.6\ \text{kJ}\cdot\text{mol}^{-1}$$

如果某反应物或产物是有大量水存在的溶液，则用 aq 表示，表示水溶液进一步稀释时，不再有热效应，如 298.15 K 时：

$$KCl(s) \xrightarrow{H_2O} K^+(aq) + Cl^-(aq) \qquad \Delta_r H_m^\ominus = -17.18\ \text{kJ}\cdot\text{mol}^{-1}$$

最后需要指出，热化学方程式中的热效应是指反应完成后，温度回到初始时刻温度时的热效应。不论反应能否真正进行完全，反应热都是指按反应的化学计量方程完全反应的热效应。

1.8.2 反应热的计算

1. 盖斯定律 1840 年盖斯（Hess）通过分析定压下反应热效应的实验结果，总结出了一个重要的定律：无论化学反应是一步完成的，还是分几步完成的，该反应的热效应相同。也就是说，反应的热效应只与系统的始态和终态有关，而与反应所经历的途径无关，这就是盖斯定律（Hess's law），也称为热效应总值一定定律。显然，由前面知识可知，盖斯定律只是对不做非体积功的等容反应或等压反应才成立，因为在热力学第一定律建立后，不做非体积功条件下的等容过程的热效应等于热力学能的变化值，不做非体积功条件下的等压过程的热效应等于焓的变化值，而系统的热力学能和焓都是状态函数。因此，任一反应，不论其反应途径如何，只要始态和终态相同，则 ΔU、ΔH 必定相同，也就是 Q_V、Q_p 与反应的途径无关。

盖斯定律是热化学的基本定律，有很多用处。对于某些进行得很慢的化学反应，或者直接测定反应热比较困难或不准确的反应，就可以应用该定律将化学方程式像代数式一样进行计算，从而间接得到化学反应的热效应。

例 1-11 C(石墨)和O_2生成CO的反应，由于CO不可避免地生成CO_2，因此生成CO的反应热不能直接测得，试用盖斯定律进行计算，间接得到$C(石墨)+\frac{1}{2}O_2 \longrightarrow CO$反应的等压热效应$\Delta_r H_m^\ominus$。

已知 (1) $C(石墨)+O_2(g) \longrightarrow CO_2(g)$　　$\Delta_r H_m^\ominus(1) = -393.51\ kJ \cdot mol^{-1}$

(2) $CO(g)+\frac{1}{2}O_2(g) \longrightarrow CO_2(g)$　　$\Delta_r H_m^\ominus(2) = -282.98\ kJ \cdot mol^{-1}$

解： (3) $C(石墨)+\frac{1}{2}O_2(g) \longrightarrow CO(g)$

因为（1）–（2）就可以得到反应（3）

所以
$$\Delta_r H_m^\ominus(3) = \Delta_r H_m^\ominus(1) - \Delta_r H_m^\ominus(2)$$
$$= -393.51-(-282.98) = -110.53\ (kJ \cdot mol^{-1})$$

2. 标准摩尔生成焓 等温、等压下化学反应的焓变$\Delta_r H$等于生成物焓的总和减去反应物焓的总和：

$$\Delta_r H = Q_p = (\sum H)_{生成物} - (\sum H)_{反应物}$$

如果能够获得各种物质焓的绝对值，对于任何反应都可以利用上式计算得到反应焓变，这种方法最为简便。但实际上，焓的绝对值是不知道的，为了解决这一问题，人们采用了一个相对标准。规定在标准压力$p^\ominus$和一定温度T下，由最稳定的单质生成标准状态下1摩尔化合物的焓变称为该化合物在此温度下的标准摩尔生成焓（standard molar enthalpy of formation），用符号$\Delta_f H_m^\ominus(B,相态,T)$表示。注意：有些单质并不一定是最稳定的单质。例如，碳的最稳定单质是石墨而非金刚石，磷的最稳定单质是白磷而非红磷，溴的最稳定单质是液态溴等。

例如，在298.15 K时，HCl(g)的标准摩尔生成焓的计算如下：

已知　$\frac{1}{2}H_2(g)+\frac{1}{2}Cl_2(g) \longrightarrow HCl(g)$　　$\Delta_r H_m^\ominus = -92.31\ kJ \cdot mol^{-1}$

显然该反应$\Delta_f H_m^\ominus(HCl,g,298.15\ K) = \Delta_r H_m^\ominus = -92.31\ kJ \cdot mol^{-1}$。

根据上述生成焓的定义，最稳定单质的标准摩尔生成焓等于零，即：$\Delta_f H_m^\ominus(T,最稳定单质)=0$。值得注意的是，对于标准摩尔生成焓指定了压力为标准压力$p^\ominus$，但是并没有指定温度，所以不同的反应温度下都对应有不同的值，但通常在没有注明温度时均是指反应温度为298.15 K时的数值。

若一个反应中的各个物质的生成焓都已知，则可求得整个反应的标准摩尔反应焓。例如，对于任一反应：

$$aA + dD \longrightarrow gG + hH$$

可以设计如下反应途径：

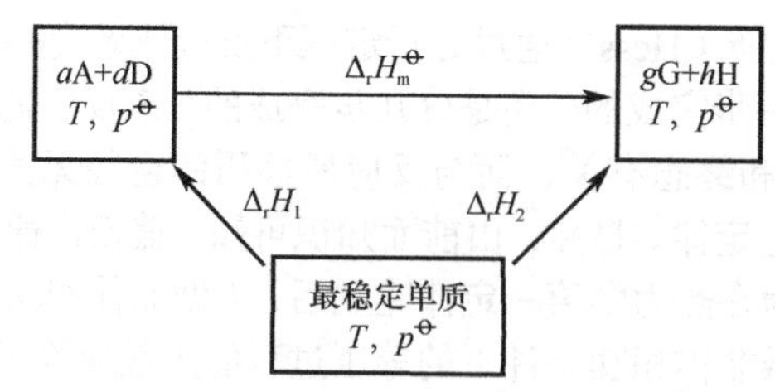

由于焓是系统的状态函数，反应的始、终态一致时，焓的变化值相等，则

$$\Delta_r H_1 + \Delta_r H_m^\ominus = \Delta_r H_2$$
$$\Delta_r H_m^\ominus = \Delta_r H_2 - \Delta_r H_1$$

而
$$\Delta_r H_1 = a\Delta_f H^{\ominus}_{m,A} + d\Delta_f H^{\ominus}_{m,D}$$
$$\Delta_r H_2 = g\Delta_f H^{\ominus}_{m,G} + h\Delta_f H^{\ominus}_{m,H}$$

则可得
$$\Delta_r H^{\ominus}_m = g\Delta_f H^{\ominus}_{m,G} + h\Delta_f H^{\ominus}_{m,H} - (a\Delta_f H^{\ominus}_{m,A} + d\Delta_f H^{\ominus}_{m,D}) = \sum_B \nu_B \Delta_f H^{\ominus}_m(B) \quad (1\text{-}38)$$

例 1-12　已知，反应 $C_2H_5OH(l)+3O_2(g) \longrightarrow 2CO_2(g)+3H_2O(l)$ 的反应热为–1367 kJ，试根据 $CO_2(g)$和 $H_2O(l)$的 $\Delta_f H^{\ominus}_m$ 计算 $C_2H_5OH(l)$在 298.15 K 时的标准摩尔生成焓。

解：根据题意分析可得

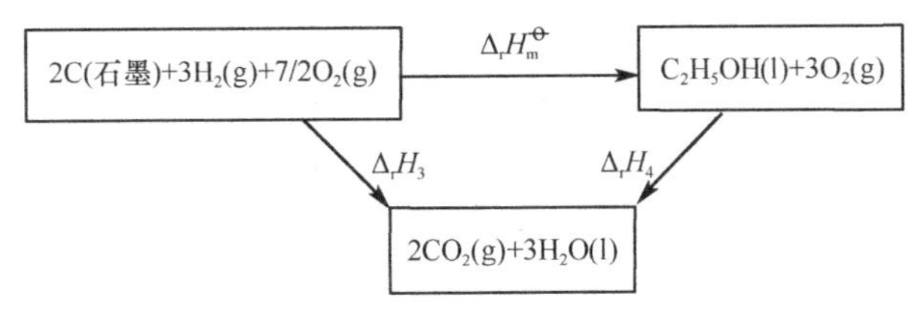

(1) $C(石墨) + O_2(g) \longrightarrow CO_2(g)$　　$\Delta_r H^{\ominus}_{m,1} = -393.51\ kJ \cdot mol^{-1}$

(2) $H_2(g) + \frac{1}{2}O_2(g) \longrightarrow H_2O(l)$　　$\Delta_r H^{\ominus}_{m,2} = -285.83\ kJ \cdot mol^{-1}$

反应（1）×2＋ 反应（2）×3 可得：

(3) $2C(石墨) + 3H_2(g) + \frac{7}{2}O_2(g) \longrightarrow 2CO_2(g) + 3H_2O(l)$　　$\Delta_r H_3$

$$\Delta_r H_3 = 2\times\Delta_r H^{\ominus}_{m,1} + 3\times\Delta_r H^{\ominus}_{m,2} = 2\times(-393.51) + 3\times(-285.83) = -1644.51\ (kJ \cdot mol^{-1})$$

反应（4）为
$$C_2H_5OH(l) + 3O_2(g) \longrightarrow 2CO_2(g) + 3H_2O(l) \qquad \Delta_r H_4 = -1367\ kJ \cdot mol^{-1}$$

反应（3）–反应（4）可得：
$$2C(石墨) + 3H_2(g) + \frac{1}{2}O_2(g) \longrightarrow C_2H_5OH(l) \qquad \Delta_r H^{\ominus}_m$$
$$\Delta_f H^{\ominus}_m(C_2H_5OH,l) = \Delta_r H^{\ominus}_m = \Delta_r H_3 - \Delta_r H_4 = -1644.51 - (-1367) = -277.51\ (kJ \cdot mol^{-1})$$

3. 标准摩尔燃烧焓　绝大部分有机化合物不能由稳定单质直接生成，故其标准摩尔生成焓无法直接测得。但是有机化合物易燃烧，可以通过实验测定其燃烧反应的热效应。因此规定：在标准压力 $p^{\ominus}$ 和反应温度 T 下，1 摩尔物质完全燃烧为同温度下稳定产物时的标准摩尔焓变，称为该物质的标准摩尔燃烧焓（standard molar enthalpy of combustion），用符号 $\Delta_c H^{\ominus}_m(B,相态,T)$ 表示。

定义中的完全燃烧是指被燃烧的物质变成最稳定的指定产物。例如，化合物中的 C 变为 $CO_2(g)$，H 变为 $H_2O(l)$，N 变为 $N_2(g)$，S 变为 $SO_2(g)$，Cl 变为 HCl(aq)，金属如 Ag 等都变为游离状态。根据以上定义，稳定产物的标准摩尔燃烧焓为零。

例如，在 298.15 K 及 $p^{\ominus}$ 下
$$CH_3COOH(l) + 2O_2(g) \longrightarrow 2CO_2(g) + 2H_2O(l) \qquad \Delta_r H^{\ominus}_m = -874.54\ kJ \cdot mol^{-1}$$

显然，该反应的产物均为标准摩尔燃烧焓定义中的指定产物，因此：
$$\Delta_c H^{\ominus}_m(CH_3COOH, l, 298.15\ K) = \Delta_r H^{\ominus}_m = -874.54\ kJ \cdot mol^{-1}$$

标准摩尔燃烧焓指定了压力为标准压力 $p^{\ominus}$，但是并没有指定温度，所以不同的反应温度下都对应有不同的值，但通常在没有注明温度时均是指反应温度为 298.15 K 时的数值。

由已知物质的标准摩尔燃烧焓可以求得化学反应的热效应。对化学反应：

$$aA + dD \longrightarrow gG + hH$$

可以设计如下反应途径：

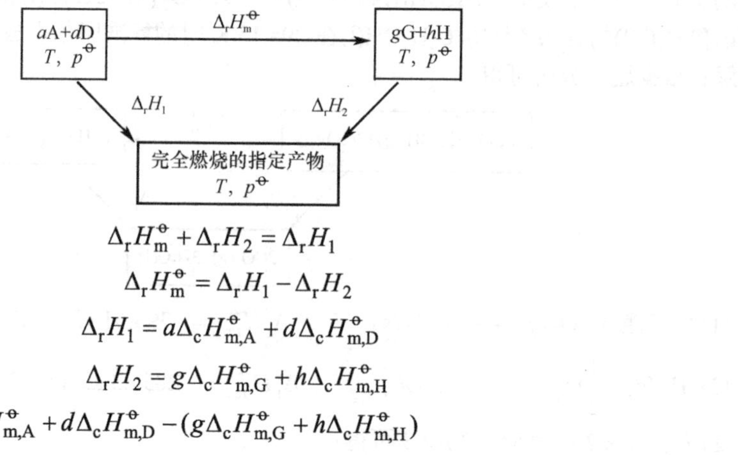

显然

$$\Delta_r H_m^{\ominus} + \Delta_r H_2 = \Delta_r H_1$$

$$\Delta_r H_m^{\ominus} = \Delta_r H_1 - \Delta_r H_2$$

而

$$\Delta_r H_1 = a\Delta_c H_{m,A}^{\ominus} + d\Delta_c H_{m,D}^{\ominus}$$

$$\Delta_r H_2 = g\Delta_c H_{m,G}^{\ominus} + h\Delta_c H_{m,H}^{\ominus}$$

则可得

$$\Delta_r H_m^{\ominus} = a\Delta_c H_{m,A}^{\ominus} + d\Delta_c H_{m,D}^{\ominus} - (g\Delta_c H_{m,G}^{\ominus} + h\Delta_c H_{m,H}^{\ominus})$$

$$= -\sum_B \nu_B \Delta_c H_m^{\ominus}(B) \tag{1-39}$$

从燃烧焓也可以求生成焓，特别是一些不能直接由单质合成的有机化合物。例如，求如下反应在 298.15 K 时，产物的标准摩尔生成焓。

$$C(s) + 2H_2(g) + \frac{1}{2}O_2(g) \longrightarrow CH_3OH(l)$$

该反应的焓变就是 $CH_3OH(l)$的标准摩尔生成焓，因此

$$\Delta_r H_m^{\ominus} = \Delta_f H_m^{\ominus}(CH_3OH, l)$$

$$= \Delta_c H_m^{\ominus}(C, s) + 2\Delta_c H_m^{\ominus}(H_2, g) - \Delta_c H_m^{\ominus}(CH_3OH, l)$$

4. 离子标准摩尔生成焓 对于有离子参加的化学反应，若已知每种离子的标准摩尔生成焓，则能计算出这类反应的热效应。由于溶液是电中性的，正负离子总是同时存在，因此无法直接测得某种离子的标准摩尔生成焓。这样，必须建立新的相对标准作为参考点，通常规定：H^+在无限稀释时的标准摩尔生成焓为零，即：

$$\frac{1}{2}H_2(g) \longrightarrow H^+(\infty, aq) + e^- \longrightarrow \Delta_f H_m^{\ominus}(H^+, aq, \infty) = 0$$

由此可求得其他各种离子在无限稀释时的离子标准摩尔生成焓。

例 1-13 已知 298.15 K 的化学反应：

(1) $HCl(g) \xrightarrow{H_2O} H^+(aq, \infty) + Cl^-(aq, \infty)$ $\qquad \Delta_r H_m^{\ominus} = -75.14\ kJ \cdot mol^{-1}$

(2) $\frac{1}{2}H_2(g) + \frac{1}{2}Cl_2(g) \longrightarrow HCl(g)$ $\qquad \Delta_r H_m^{\ominus} = -92.31\ kJ \cdot mol^{-1}$

求 Cl^-在无限稀释时的标准摩尔生成焓。

解：因为反应（1）+（2）可得：

$$\frac{1}{2}H_2(g) + \frac{1}{2}Cl_2(g) \longrightarrow H^+(aq, \infty) + Cl^-(aq, \infty) \qquad \Delta_r H_m^{\ominus}$$

所以

$$\Delta_r H_m^{\ominus} = -75.14 + (-92.31) = -167.45\ (kJ \cdot mol^{-1})$$

而

$$\Delta_r H_m^\ominus = \Delta_f H_m^\ominus(H^+, aq, \infty) + \Delta_f H_m^\ominus(Cl^-, aq, \infty) - [\frac{1}{2}\Delta_f H_m^\ominus(H_2, g) + \frac{1}{2}\Delta_f H_m^\ominus(Cl_2, g)$$

$$= 0 + \Delta_f H_m^\ominus(Cl^-, aq, \infty) + 0 + 0 = -167.45\ (kJ \cdot mol^{-1})$$

可得　　　　$\Delta_f H_m^\ominus(Cl^-, aq, \infty) = -167.45\ (kJ \cdot mol^{-1})$

同理，可以得到其他各种离子的标准摩尔生成焓。

5. 溶解热与稀释热

（1）溶解热：是指在一定温度及压力下溶质溶解在一定量的溶剂中时所产生的热效应。在等压条件下，溶解热等同于焓值的变化，因此也被称为溶解焓。

溶解热又分为积分溶解热和微分溶解热。在等温等压不做非体积功的条件下，将物质的量为 n_B 的溶质 B 溶解于一定体积的溶剂 A 中形成一定浓度的溶液，若该过程的焓变为 $\Delta_{isol}H$，则溶质形成此浓度溶液的摩尔积分溶解热定义为：

$$\Delta_{isol}H_m = \frac{\Delta_{isol}H}{n_B} \tag{1-40}$$

通常积分溶解热可由实验直接测定。

微分溶解热则指维持 T、p 恒定的条件下，在给定浓度的溶液里加入 dn_B 溶质时产生的微量热效应。因为加入的溶质为极微量，影响很小，故此时溶液浓度可视为不变，溶质 B 在该浓度的摩尔微分溶解热定义为：

$$\Delta_{dsol}H_m = \left(\frac{\partial H}{\partial n_B}\right)_{T,p,n_A} = \left(\frac{\partial Q_p}{\partial n_B}\right)_{T,p,n_A} \tag{1-41}$$

（2）稀释热：也可分为积分稀释热和微分稀释热。积分稀释热是指把一定量的溶剂 A 加到一定量的溶液中的稀释过程产生的热效应，可用符号 $\Delta_{idil}H$ 表示。若加入的溶剂的物质的量为 n_A，则摩尔积分稀释热定义为：

$$\Delta_{idil}H_m = \frac{\Delta_{idil}H}{n_A} \tag{1-42}$$

其值可由积分溶解热获得

$$\Delta_{idil}H_m = \Delta_{isol}H_m(c_2) - \Delta_{isol}H_m(c_1) \tag{1-43}$$

式中，c_1、c_2 分别为始态和终态溶液的浓度。

微分稀释热指在一定浓度的溶液中加入 dn_A 溶剂时产生的微量热效应，此时溶剂改变量很微小，故溶液浓度也视为不变化。则摩尔微分稀释热定义为

$$\Delta_{ddil}H_m = \left(\frac{\partial H}{\partial n_A}\right)_{T,p,n_B} = \left(\frac{\partial Q_p}{\partial n_A}\right)_{T,p,n_B} \tag{1-44}$$

6. 热性质数据的测定　热容、相变热及燃烧热均可以通过实验测定，专门测定变化过程中产生的热效应，进而研究物理和化学变化中普遍规律的学科称为量热学。图 1-10（a）是测定燃烧热的氧弹量热计，弹性反应器 A 置于水浴 B 中，水浴外为绝热装置，整个过程在等容与绝热的条件下进行，测出的热效应为 Q_V。图 1-10（b）为火焰量热计，被测物质与氧气同时流入并燃烧，整个仪器置于流动水浴中，测量水进出口温差，测出的热效应为 Q_p。图 1-10（c）为热容测定仪，先用标准物测定仪器的热容，再测定待测物的热容。

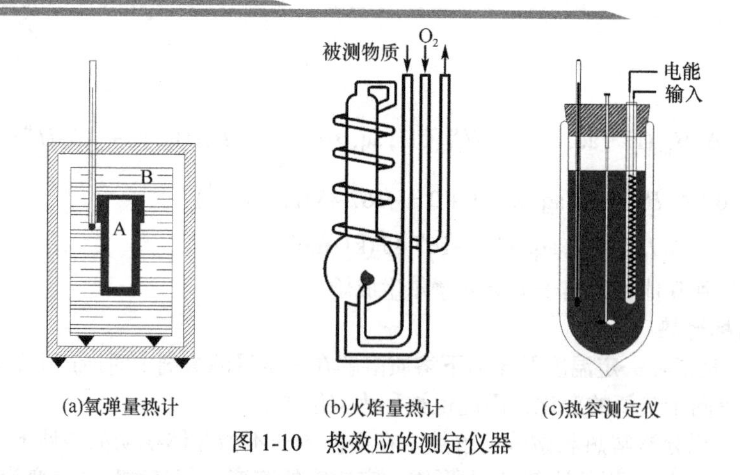

图 1-10 热效应的测定仪器

1.8.3 反应热与温度的关系——基尔霍夫定律

一般热力学手册上给出的均是 298.15 K 时的数据，实际上大多数的化学反应并非在 298.15 K 时进行。因此，需要找到反应热效应与温度的关系，才能从已知温度的热效应求得该反应在其他温度时的热效应。

设等压条件下有一化学反应，如果已知温度 T_1（通常指 $T_1 = 298.15\ \text{K}$）时的反应热效应 $\Delta_r H_m^\ominus(T_1)$，求该反应在温度 T_2 时的反应热效应 $\Delta_r H_m^\ominus(T_2)$，设计反应途径如下：

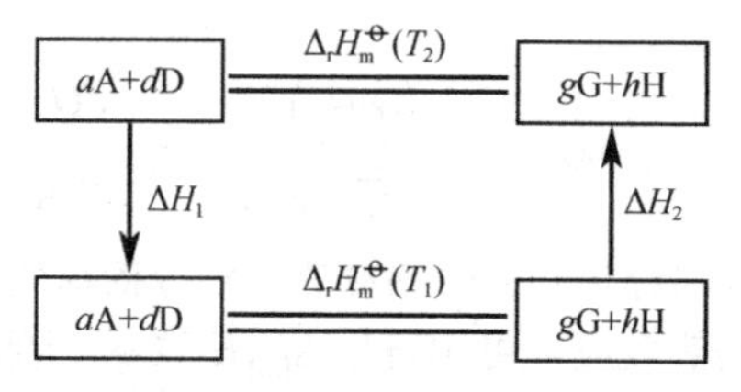

反应物温度由 T_2 变到 T_1，若该温度区间反应物没有相变化发生，则

$$\Delta H_1 = \int_{T_2}^{T_1} [aC_{p,m}(A) + dC_{p,m}(D)] dT \tag{1-45}$$

产物温度由 T_1 变到 T_2，若该温度区间产物没有相变化发生，则

$$\Delta H_2 = \int_{T_1}^{T_2} [gC_{p,m}(G) + hC_{p,m}(H)] dT \tag{1-46}$$

由于焓是状态函数，与反应的途径无关，只要系统的始、终态相同，则焓的变化值相等。

$$\Delta_r H_m^\ominus(T_2) = \Delta H_1 + \Delta_r H_m^\ominus(T_1) + \Delta H_2$$

将式（1-45）和式（1-46）代入上式中，可得

$$\begin{aligned}\Delta_r H_m^\ominus(T_2) &= \int_{T_2}^{T_1} [aC_{p,m}(A) + dC_{p,m}(D)] dT + \Delta_r H_m^\ominus(T_1) + \int_{T_1}^{T_2} [gC_{p,m}(G) + hC_{p,m}(H)] dT \\ &= \Delta_r H_m^\ominus(T_1) + \int_{T_1}^{T_2} \Delta C_p dT\end{aligned} \tag{1-47}$$

式中，ΔC_p 为产物等压热容总和与反应物等压热容总和之差，即：

$$\Delta C_p = [gC_{p,m}(G) + hC_{p.m}(H)] - [aC_{p,m}(A) + dC_{p,m}(D)] = \sum_B \nu_B C_{p,m}(B)$$

式（1-47）是定积分的形式，也可以写成不定积分形式：

$$\Delta_r H_m^\ominus(T) = \int \Delta C_p dT + \text{常数} \tag{1-48}$$

式（1-47）和式（1-48）均称为基尔霍夫定律（Kirchhoff's law）。利用该定律可以由化学反应某温度下的反应焓变计算该反应另一温度下的反应焓变；同时利用该定律可以判断反应热效应随温

度的变化情况：若 $\Delta C_p=0$，则反应热不随温度而变；若 $\Delta C_p<0$，则反应热随温度升高而减小；若 $\Delta C_p>0$，则反应热随温度升高而增大。

当温度变化范围不大时，ΔC_p 可视为常数，则式（1-47）可写成

$$\Delta_r H_m^{\ominus}(T_2)=\Delta_r H_m^{\ominus}(T_1)+\Delta C_p(T_2-T_1) \tag{1-49}$$

此时，各物质的等压热容是 T_1 到 T_2 温度区间内的平均值。

当温度变化范围较大时，因为 $C_{p,m}=a+bT+cT^2+\cdots$，则 ΔC_p 是与温度有关的函数

$$\Delta C_p=\Delta a+\Delta bT+\Delta cT^2+\cdots$$

式中，$\Delta a=\sum_B \nu_B a(B)$，$\Delta b=\sum_B \nu_B b(B)$，$\Delta c=\sum_B \nu_B c(B)$，…

倘若 T_1 到 T_2 温度区间内，反应物或产物有相变化发生，则由于等压热容与温度的关系不再是连续的函数关系，因此要在相变化前后进行分段积分，并加上相变热。

例 1-14 试求 1 kg 石墨在 400.15 K、$p^{\ominus}$ 下与过量 $CO_2(g)$ 反应，完全生成 $CO(g)$ 的反应热。已知：石墨、$CO_2(g)$、$CO(g)$ 在 298.15 K 时的标准摩尔生成焓分别为 0 kJ·mol^{-1}、−393.5 kJ·mol^{-1}、−110.5 kJ·mol^{-1}，平均标准摩尔等压热容分别为 8.6 J·K^{-1}·mol^{-1}、37.1 J·K^{-1}·mol^{-11}、29.1 J·K^{-1}·mol^{-1}。

解：根据已知数据可得反应

$$C(石墨)+CO_2(g)\longrightarrow 2CO(g)$$

在 298.15 K 时的标准摩尔反应焓：

$$\Delta_r H_m^{\ominus}(298.15\ K)=\sum_B \nu_B \Delta_f H_{m,B}^{\ominus}$$

$$=2\times(-110.5)-(-393.5)-0=172.5\ (kJ\cdot mol^{-1})$$

$$\Delta C_p=\sum_B \nu_B C_{p,m}(B)$$

$$=2\times 29.1-37.1-8.6=12.5\ (J\cdot K^{-1}\cdot mol^{-1})$$

应用基尔霍夫定律，可得该反应在 400.15 K 时的反应焓：

$$\Delta_r H_m^{\ominus}(400.15K)=\Delta_r H_m^{\ominus}(298.15\ K)+\Delta C_p(T_2-T_1)$$

$$=172.5\times 10^3+12.5\times(400.15-298.15)\ =17.4\ (kJ\cdot mol^{-1})$$

1 kg 石墨完全反应的反应热为

$$Q_p=\Delta_r H=\frac{1000}{12}\times 17.4\ =1450.0\ (kJ)$$

【知识扩展】

热力学第一定律的实质就是能量守恒定律，生命系统涉及的一切生命活动必须遵循其定律，因此不论是单细胞动植物还是多细胞复杂的人类，其一切生命活动均不能凭空创造能量。生物能学（bioenergetics）就是专门研究生命系统内能量流动和能量转换规律的一门科学，生物能学完全是建立在热力学基础上的。

但与经典热力学不同的是，生物体是一个非常复杂的敞开系统。例如，人体通过其呼吸和消化系统不断与环境进行物质和能量的交换，因此适用于人体的热力学第一定律应表示为：

$$\Delta U=Q+W+U_m$$

式中，U_m 表示物质带入或带出人体时相应的能量。

生物体在能量代谢过程中，一部分能量合成高能量的三磷酸腺苷（ATP）储能于生物体内，另一部分能量以热的形式散发成为代谢热以及用于做功（如心脏不断做功以维持体内血液循环，为维持神经信号传递做电功，劳作或锻炼时做机械功等）。生物体内物质的浓度很低，所以生化反应的热效应也很小，因此，一般的绝热式量热计无法测量其值，只能运用微量量热技

术，采用高灵敏度的精密微量热计，以热电偶功率补偿法准确测量系统与环境之间的温差，再由补偿功率随时间的变化得出热谱图，最后根据图解积分法求得生化反应过程的热量。因此热谱图的形状可提供生物体新陈代谢的重要信息。例如，采用微量量热法连续测量细菌生长过程中的热效应的变化，可获得细菌生长的热谱图，为细菌代谢和生长特性的研究提供有用的数据；研究药物与肿瘤细胞作用的热效应变化，获得的热谱图可以为抗肿瘤药物的筛选提供重要依据。随着精密微量量热技术的发展，人类将探知更多的机体生理活动机制，解释更多的生命现象之谜。

知识梳理 1-2　热力学第一定律

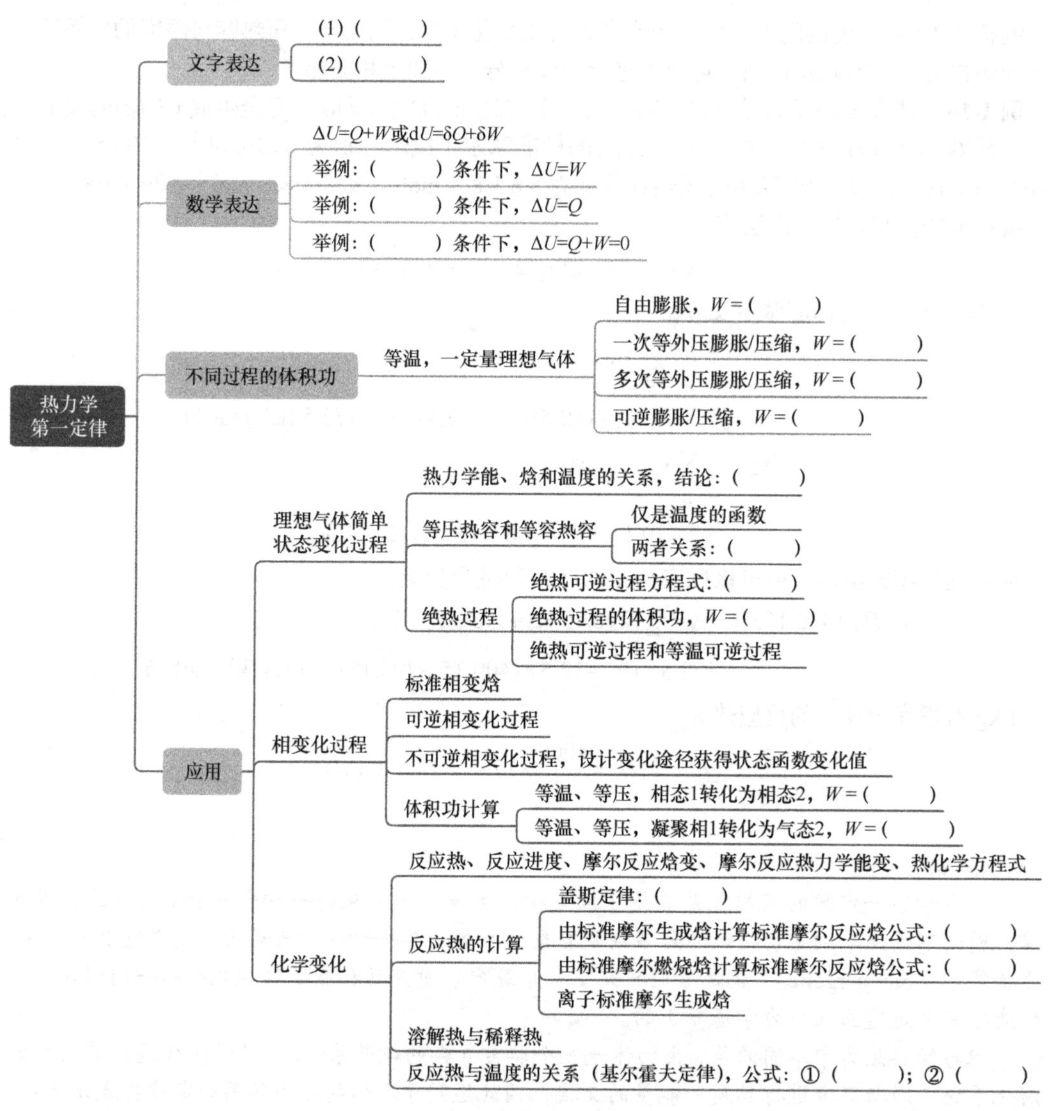

关　键　词

标准摩尔燃烧焓　standard molar enthalpy of combustion　　敞开系统　open system

标准摩尔生成焓　standard molar enthalpy of formation　　等容过程　isochoric process

等温过程 isothermal process
等压过程 isobaric process
反应进度 extent of reaction
封闭系统 closed system
盖斯定律 Hess's law
功 work
广度性质 extensive property
孤立系统 isolated system
过程 process
焓 enthalpy
环境 surrounding
基尔霍夫定律 Kirchhoff's law
绝热过程 adiabatic process
可逆过程 reversible process
强度性质 intensive property
热 heat
热力学 thermodynamics
热力学第一定律 first law of thermodynamics
热力学能 thermodynamic energy
热力学平衡状态 thermodynamic equilibrium state
热容 heat capacity
途径 path
系统 system
循环过程 cyclic process
状态函数 state function
状态方程 state equation
准静态过程 quasi-static process
自由膨胀 free expansion

本章内容小结

热力学第一定律就是能量守恒定律，对于封闭系统 $\Delta U = Q + W$，微小变化则为 $dU = \delta Q + \delta W$。这里要注意热力学能 U 为状态函数，满足状态函数的特征，但 W 和 Q 不是状态函数，与系统变化的途径有关。所以 Q 和 W 的计算必须依照实际过程进行，Q 由热容计算或由热力学第一定律求得，体积功使用公式 $W = -\int_{V_1}^{V_2} p_e dV$ 求得。

热力学第一定律应用于封闭系统的等容过程，在不做非体积功（即 $W' = 0$）的情况下有：$Q_V = \Delta U$；热力学第一定律应用于封闭系统的等压过程，在不做非体积功（即 $W' = 0$）的情况下有：$Q_p = \Delta H$（H 的定义：$H = U + pV$）。

热力学第一定律在理想气体简单状态变化过程中的应用：①盖吕萨克-焦耳实验证明理想气体的热力学能和焓仅仅是温度的函数；②理想气体 $C_p - C_V = nR$；③理想气体不做非体积功的绝热可逆过程运用绝热可逆过程方程式进行讨论。

热力学第一定律对于相变过程的应用要区分可逆相变和不可逆相变，对于不可逆相变过程，可运用状态函数与途径无关的原则设计途径求得相关量。

热力学第一定律对于化学变化过程的应用，可利用标准摩尔生成焓、标准摩尔燃烧焓等计算标准摩尔反应焓及标准摩尔反应热力学能变，对于非 298.15 K 下的反应可运用基尔霍夫定律求得其他温度下的标准摩尔反应焓变。

本章习题

本章习题参考答案

一、选择题

1. 将 $H_2(g)$ 与 $O_2(g)$ 以 2∶1 的比例在绝热刚性密闭容器中完全反应生成 $H_2O(l)$，则该过程中应有（　　）。

A. $\Delta U = 0$　　B. $\Delta H = 0$

C. $\Delta T = 0$　　D. $\Delta p = 0$

2. 以下描述中，不属于可逆过程特征的是（　　）。

A. 过程的每一步都接近平衡态，故进行得无限缓慢

B. 过程的初态和终态必定相同

C. 沿原途径反向进行时，每一步系统与环境均能复原

D. 过程中，若做功则作最大功，若消耗功则消耗最小功

3. 对于热力学能是系统状态的单值函数概念，错误理解是（　　）。

A. 系统处于一定的状态，具有一定的热力学能

B. 对应于某一状态，热力学能只能有一数值，不能有两个以上的数值

C. 状态发生变化，热力学能也一定跟着变化

D. 对应于一个热力学能值，可以有多个状态

4. 下述说法中，哪一种不正确（　　）。

A. 焓是系统能与环境进行交换的能量

B. 焓是人为定义的一种具有能量量纲的热力学量

C. 焓是系统状态函数

D. 焓只有在某些特定条件下，其值才与系统的热相等

5. 热力学第一定律仅适用于什么途径（　　）。

A. 同一过程的任何途径　　B. 同一过程的可逆途径

C. 同一过程的不可逆途径　　D. 不同过程的任何途径

6. 下列过程中，系统热力学能的变化不为零的是（　　）。

A. 焦耳实验中理想气体的膨胀　　B. 液体水在真空中的蒸发

C. 可逆循环过程　　D. 不可逆循环过程

7. 在标准压力下，1 mol 石墨与氧气反应生成 1 mol 二氧化碳气体的反应热为 ΔH，下列哪种说法是错误的?（　　）

A. ΔH 是 $CO_2(g)$的标准生成热　　B. $\Delta H = \Delta U$

C. ΔH 是石墨的燃烧热　　D. $\Delta U < \Delta H$

8. 下列函数中为强度性质的是（　　）。

A. U　　B. T

C. V　　D. C_V

9. 公式 $dU = (C_p - nR)dT$ 可以计算下列哪个过程（　　）。

A. 实际气体冷却过程　　B. 理想气体绝热可逆膨胀

C. 恒容搅拌某液体以升高温度　　D. 量热弹中的燃烧过程

10. 若以 B 代表化学反应中任一组分，$n(B, 0)$和 $n(B, \xi)$分别表示任一组分 B 在 $\xi = 0$ 及 $\xi = \xi$ 时的物质的量，ν_B 为 B 组分的化学计量系数, 则定义反应进度为（　　）。

A. $\xi = n(B, 0) - n(B, \xi)$　　B. $\xi = [n(B, 0) - n(B, \xi)]/\nu_B$

C. $\xi = n(B, \xi) - n(B, 0)$　　D. $\xi = [n(B, \xi) - n(B, 0)]/\nu_B$

二、填空题

1. 一定温度和压力下，在容器中进行如下反应：

$$2Na(s) + 2H_2O(aq) \longrightarrow 2NaOH(aq) + H_2(g)$$

若按质量守恒定律，则反应系统为__________系统；若将系统与环境的分界面设在容器中液体的表面上，则反应系统为__________系统。

2. 由标准状态下元素的______________完全反应生成 1 mol 纯物质的焓变叫作物质的______________。

3. 某化学反应，不做非体积功且满足等容或等压条件，则反应的热效应只由__________决定，而与________无关。

4. 如下图所示，在一个具有导热器的容器上部装有一可移动的活塞；当在容器中同时放入金属钠块及盐酸令其发生化学反应，以钠块与盐酸为系统时，系统的 Q______0，W______0，ΔU______0。

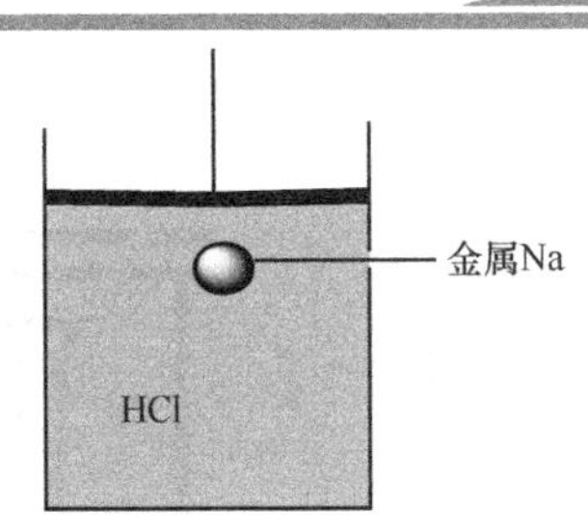

5. $pV^{\gamma}=K'$适合于____________________ 过程。

6. 我国对于标准压力新的规定值为 $p^{\ominus}=$ ______。热力学规定了物质的标准态:对气体物质是____________________；对液体和固体物质分别是____________________。

7. 氢气和氧气在一定条件下发生爆炸反应，此爆炸反应系统可看作是___________系统。

8. 化学反应热随反应温度改变而改变的原因是____________________；基尔霍夫定律可以直接使用的条件是____________________。

9. 有两个相同容积的绝热容器，分别盛有氦气和氮气（都可看作刚性分子），保持两容器内的压强和温度都相等。先将 50 J 的热量传给氮气，使氮气的温度升高，如果使氦气也升高同样的温度，那么氦气应吸收___________热量。

10. 已知纯物质 A(g)、B(l)、C(g)在 298.15 K 的 $\Delta_c H_m^{\ominus}$ 分别为 a、b、c kJ·mol^{-1}，反应 2A(g) + B(l) = 2C(g) 在 298.15 K 的 $\Delta_r H_m^{\ominus}=$___________kJ·mol^{-1}，$\Delta_r U_m^{\ominus}=$___________kJ·mol^{-1}。

三、判断题

1. 某理想气体向真空膨胀，则此过程 $\Delta U=\Delta H$。(　　)

2. 绝热刚性容器一定是孤立系统。(　　)

3. 因为 $\Delta U=Q_V$，$\Delta H=Q_p$，所以 Q_V，Q_p 是特定条件下的状态函数。(　　)

4. 盖斯定律说明反应的热效应只与系统的始态和终态有关，而与反应所经历的途径无关，说明 Q 也是状态函数。(　　)

5. 对于一封闭系统，其热与功的和只与系统始态、终态有关。(　　)

6. 凡是系统的温度升高时就一定吸热，而温度不变时，系统既不吸热也不放热。(　　)

7. 对于理想气体，公式 $\Delta U=\int_{T_1}^{T_2} C_{V,\mathrm{m}}\mathrm{d}T$ 可用来计算任意变温过程的 ΔU 并不受定容条件的限制。(　)

8. 判断下列说法是否正确：

（1）理想气体真空膨胀是可逆过程。(　　)

（2）–5℃过冷水在 101.325 kPa 下蒸发为同温同压下水蒸气不是可逆过程。(　　)

（3）液态水在其冰点凝结为同温同压下固体冰可视为可逆过程。(　　)

（4）在 25℃将等物质的量的氮气和氢气混合是可逆过程。(　　)

9. 液态水的标准摩尔生成焓，在数值上等于同温度下氢气的标准摩尔燃烧焓。(　　)

10. 氢气和氮气在绝热钢瓶内反应生成氨气（钢瓶及内部物质为系统），系统的 $\Delta U>0$，$\Delta H=0$。(　　)

四、简答题

1. 在 100 kPa、373 K 下，水向真空蒸发为同温度和同压力下的水蒸气（此过程环境温度保持不变），假设水蒸气可以视为理想气体，可否推得该过程为等温过程，其 $\Delta U=0$?

2. 试证明理想气体：① $\left(\dfrac{\partial C_V}{\partial V}\right)_T=0$；② $\left(\dfrac{\partial C_p}{\partial p}\right)_T=0$

3. 如下图（a）所示，在绝热装置的水浴中放入盛有 NaOH 的烧杯，打破烧杯中装有稀盐酸液体的小玻璃瓶，温度计是否有变化？如下图（b）所示，若烧杯外装上绝热装置，则温度计又如何变化？

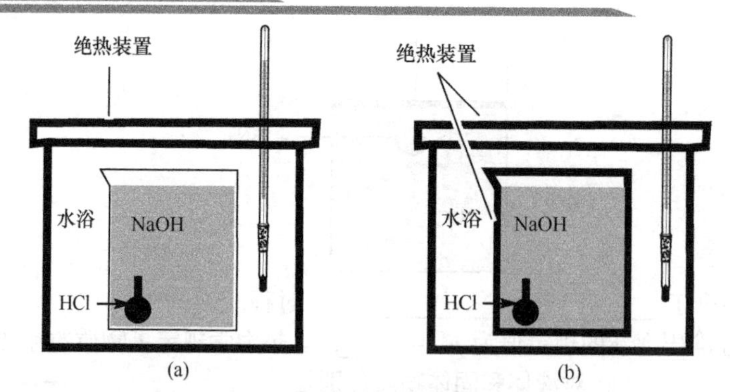

4. 一定量理想气体置于一绝热的带活塞气缸中，气体由 298.15 K，26.31 L 经过绝热可逆过程膨胀至 273.15 K，30 L，试判断该理想气体是何种理想气体？

五、计算题

1. 1 mol 理想气体从 60℃、0.02 m^3 经过下述四个过程变为 60℃、0.1 m^3：①等温可逆膨胀；②自由膨胀；③等外压为终态压力下膨胀；④等温下先等外压膨胀至 0.05 m^3 平衡后，再等外压膨胀至 0.1 m^3。求各过程系统所做的体积功。

2. 1 mol 双原子分子理想气体由 273.15 K、202.65 kPa，沿 $PT=C$（C 为常数）可逆途径压缩到终态压力为 405.3 kPa，求此过程的 Q、W、ΔU、ΔH。

3. 在 1127.15 K 和 101.325 kPa 下，1 mol $Na_2O(s)$向真空升华为同温同压的蒸气，求此过程的 Q、W、ΔU、ΔH。若已知在该条件下 $Na_2O(s)$的汽化热为 9858 $kJ\cdot mol^{-1}$，同时其蒸气可视为理想气体。

4. 已知苯在 101.325 kPa 下的熔点为 5℃，若已知在 5℃时，$\Delta_{sub}H_m^\ominus = 9916\ J\cdot mol^{-1}$，液态苯和固态苯的标准摩尔等压热容（$C_{p,m}^\ominus$）分别为 126.78 $J\cdot K^{-1}\cdot mol^{-1}$ 和 122.56 $J\cdot K^{-1}\cdot mol^{-1}$，试计算在 101.325 kPa、0℃下苯的 $\Delta_{sub}H_m^\ominus$。

5. 在 298.15 K 及标准压力下，下列反应的热效应分别为

(1) $CH_4(g)+2O_2(g)\longrightarrow CO_2(g)+2H_2O(l)$　　$\Delta_r H_{m,1}^\ominus = -890.31\ kJ\cdot mol^{-1}$

(2) $H_2(g)+\frac{1}{2}O_2(g)\longrightarrow H_2O(l)$　　$\Delta_r H_{m,2}^\ominus = -285.83\ kJ\cdot mol^{-1}$

(3) $\frac{1}{2}H_2(g)+\frac{1}{2}Cl_2(g)\longrightarrow HCl(g)$　　$\Delta_r H_{m,3}^\ominus = -92.31\ kJ\cdot mol^{-1}$

(4) $CH_3Cl(g)+\frac{3}{2}O_2(g)\longrightarrow CO_2(g)+H_2O(l)+HCl(g)$　　$\Delta_r H_{m,4}^\ominus = -686.20\ kJ\cdot mol^{-1}$

试计算下列反应的 $\Delta_r H_{m,s}^\ominus$。

(5) $CH_4(g)+Cl_2(g)\longrightarrow CH_3Cl(g)+HCl(g)$

6. 已知下列反应在 298.15 K 时的热效应

(1) $Na(s)+\frac{1}{2}Cl_2(g)\longrightarrow NaCl(s)$　　$\Delta_r H_{m,1}^\ominus = -411.153\ kJ\cdot mol^{-1}$

(2) $H_2(g)+S$(正交硫)$+2O_2(g)\longrightarrow H_2SO_4(l)$　　$\Delta_r H_{m,2}^\ominus = -813.989\ kJ\cdot mol^{-1}$

(3) $2Na(s)+S$(正交硫)$+2O_2(g)\longrightarrow Na_2SO_4(s)$　　$\Delta_r H_{m,3}^\ominus = -1387.08\ kJ\cdot mol^{-1}$

(4) $\frac{1}{2}H_2(g)+\frac{1}{2}Cl_2(g)\longrightarrow HCl(g)$　　$\Delta_r H_{m,4}^\ominus = -92.307\ kJ\cdot mol^{-1}$

求反应 $2NaCl(s)+H_2SO_4(l)\longrightarrow Na_2SO_4(s)+2HCl(g)$ 在 298.15 K 时的 $\Delta_r H_m^\ominus$ 和 $\Delta_r U_m^\ominus$。

第1章能力提升练习题及其参考答案

（邓　萍　尹　璐）

第 2 章　热力学第二定律与化学平衡

学习基本要求

1. 掌握　热力学第二定律的本质，热力学判据（熵判据、亥姆霍兹自由能判据和吉布斯自由能判据）及其应用；多组分系统偏摩尔量及化学势的定义及应用；化学反应的平衡条件、化学平衡的影响因素及相关计算。

2. 熟悉　热力学基本方程式及麦克斯韦关系式。

3. 了解　热力学第三定律以及熵的物理意义，不同反应系统中标准平衡常数的各种表示方法。

自然界所发生的一切过程都必须遵循热力学第一定律，即能量守恒定律。但遵循了热力学第一定律的过程是否都能发生呢？人们在长期实践中发现，不违背能量守恒定律的很多过程在自然条件下并不能够发生。例如，热可以自动地从高温物体传向低温物体，直至两物体的温度相等，而其逆过程即热从低温物体传向高温物体的过程却不能够自动进行，虽然该过程也并不违反热力学第一定律。事实表明，自然界中发生的一切过程都具有方向性和限度。热力学第一定律只能指出变化过程中能量的守恒和转换关系，但不能指出变化的方向和限度。对于像上述热传导的简单例子可以通过常识进行判断，但对于复杂的变化过程，如某个化学反应在给定条件下向着正反应方向进行还是向着逆反应方向进行，以及进行到什么程度，需由热力学第二定律来解决。

将热力学第二定律的基本原理应用于化学反应，即可解决化学反应进行的方向和限度、平衡条件，以及影响化学平衡的因素等问题。这些研究对于优化反应条件、降低生产成本等方面具有重大的现实意义。

2.1 自发过程

在一定条件下，无需借助任何外力就能自动发生的过程即为自发过程（spontaneous process）。相反，系统必须通过外力介入才能发生的过程为非自发过程。自发过程具有以下特点：

1. 一切自发过程都具有确定的方向和限度　水自发地从高处流向低处，直到两处水位高度相等；气体自发地从高压区向低压区运动，直到各处压力相等；溶液中的溶质分子自发地从高浓度区向低浓度区扩散，直到各处浓度相等；电流自发地从高电势端流向低电势端，直到导体两端的电势相等。这些自发过程都具有确定的、单一的方向和限度，而其限度即为在该条件下系统的平衡状态。自发过程的逆过程为非自发过程，必须借助外力才可能发生。

2. 一切自发过程都是热力学的不可逆过程　自发过程具有不可逆性，一个自发过程发生后，可以借助外力使变化逆向进行，从而使系统恢复原状。例如，热传递过程发生后，通过制冷机可以使热反向流动，从而使系统复原；水流过程发生后，可借助水泵将水由低水位转移至高水位，从而使系统复原；理想气体向真空膨胀后，经过等温压缩可以使气体恢复原状。在以上各例中，虽然系统都恢复了原状，但对于环境来说，都是付出了功，得到了等量的热。若要使环境也恢复到原状，则取决于能否将环境得到的热不付代价地全部转化为功。实践表明，所有自发过程热力学可逆与否的问题，最终都可以归结为“在不付出任何代价的情况下，热能否全部转变为功”这一共同问题。人类经验证明，功和热的转换具有方向性，功可以自发地不付代价地全部转化为热，而热却不能不付代价地全部转化为功。换言之，要使热全部转化为功，必然引起其他变化。由此可以得出结论，一切自发变化都是热力学的不可逆过程，这是自发过程的共同特征，而其本质是功与热转化的不可逆性。

3. 一切自发过程均具有做功的能力 水从高水位向低水位的自发流动过程可用来水力发电；高温热源向低温热源的自发热传导过程可使热机做功；高浓度向低浓度自发扩散过程可用于制备浓差电池做电功；自发进行的化学反应也可以做成原电池而做电功。随着自发过程的进行，高度差、温度差、浓度差等逐渐减小，系统做功能力亦逐渐降低，直至达到平衡，此时系统丧失做功能力。

思考题 2-1
参考答案

【思考题 2-1】 自发过程有哪些特点？

2.2 热力学第二定律

热力学第二定律（second law of thermodynamics）是人们在研究自发过程不可逆性本质的过程中提出的关于自发过程的方向和限度的规律。热力学第二定律有多种表述，其中最具代表性的是克劳修斯（Clausius）和开尔文（Kelvin）的表述。

1850 年，克劳修斯从热传导的不可逆性角度阐述了热力学第二定律，即“不可能把热从低温物体传到高温物体而不引起其他变化”。此处需要注意的是，并不是说不能将热从低温物体传到高温物体，而是说如果要发生这样的过程，必定会以引起某种变化作为代价。制冷机就是将热从低温物体传到高温物体的设备，其工作原理示意见图 2-1。在制冷机的一次工作循环过程中，环境对制冷机做功 W，制冷机从低温物体吸取热量 Q_1，传递给高温物体（环境）热量 Q_2，而 $Q_2 = Q_1 + W$，即制冷机经过一次循环后，将 Q_1 的热量从低温物体传给高温物体，而对于环境而言，失去了 W 的功而得到了等量的热。这就是热从低温物体传到高温物体所“引起的其他变化”。

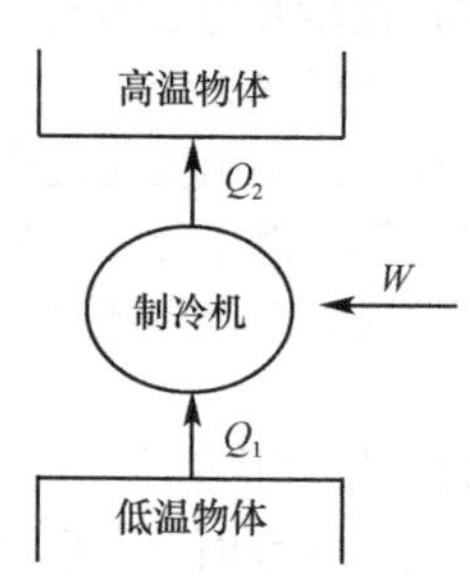

图 2-1 制冷机工作原理

1851 年，开尔文从热功转换的不可逆性角度阐述了热力学第二定律，即“不可能从单一热源取出热使之完全变成功，而不发生其他变化”。此说法的重点依然是“不发生其他变化”，即不可简单片面地理解为“功可以完全变成热，而热不能完全变为功”。这里并不是说热不能完全转变为功，而是指在不产生任何变化的条件下，热不能完全转变为功。如理想气体的等温膨胀过程就是将从单一热源吸收的热全部转化成了功，但其结果是气体的体积变大了，这就是该过程“发生的其他变化”。开尔文的说法也可表述为“第二类永动机是不可能造成的”。第二类永动机是指一种能够从单一热源吸热并使之不付代价地全部转变为功的机器。这种机器并不违反能量守恒与转化定律，但实践证明是这种机器永远都造不出来。

热力学第二定律的各种表述均是从不同角度表达某一过程的不可逆性和单向性，尽管内容有所差别，但各种表述的实质是等效的。自发过程伴随着系统做功能力的降低，能量蜕变为更分散、更无序的形式，虽然过程中总能量是守恒的，但能量的形式发生了变化，质量降低了。

思考题 2-2
参考答案

【思考题 2-2】 能否将热力学第二定律表述为“热不能从低温物体传到高温物体”？为什么？

2.3 熵函数及热力学第二定律的数学表达式

2.3.1 卡诺循环和卡诺定理

1. 卡诺循环 热机是指将热能（热）转变为机械能（功）的装置。19 世纪初，热机的效率还很低，大部分的能量被浪费，工程师们竞相研究可提高热机效率的方法，但一直没能找到提高热机效率的根本途径以及热机效率的极限是多少。直到 1824 年，法国工程师卡诺（Carnot）从理论上回答了这一问题。卡诺在论文《论火的动力》中提出，热机即便是在最理想的情况下，也不可能把吸收的热全部转化为功，即热机效率不能无限制地提高，存在一个极限。

热机必须在两个热源之间循环工作，卡诺将此循环理想化，设计了一个理想热机，即以理想气体为工作介质的由四步可逆过程构成的循环，人们称之为卡诺循环（Carnot cycle）。如图 2-2 所示，卡诺循环包括：①等温（T_2）可逆膨胀（A→B）；②绝热可逆膨胀，温度由 T_2 降为 T_1（B→C）；③等温（T_1）可逆压缩（C→D）；④绝热可逆压缩，温度由 T_1 变为 T_2（D→A）。在此循环过程中，理想气体从高温热源（T_2）吸收热量 Q_2，一部分用于做功 W，一部分放热 Q_1 给低温热源（T_1）。

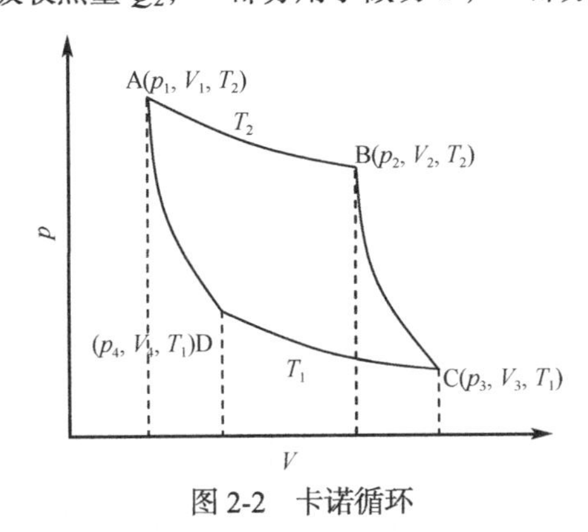

图 2-2 卡诺循环

接下来分析卡诺热机的效率问题。卡诺热机的效率是指循环完成后热机所做的功与其从高温热源所吸收的热量之比。

（1）A→B 等温可逆膨胀：状态为 A 的理想气体，与高温热源（T_2）接触，经等温可逆膨胀到状态 B，系统从高温热源吸热 Q_2，对环境做功 W_1。因理想气体的等温变化过程，$\Delta U_1 = 0$，故可得：

$$Q_2 = -W_1 = \int_{V_1}^{V_2} p\mathrm{d}V = nRT_2 \ln\frac{V_2}{V_1}$$

W_1 的值为曲线 AB 下方的面积。

（2）B→C 绝热可逆膨胀：系统由状态 B 经绝热可逆膨胀到状态 C，温度由 T_2 降至 T_1，系统对环境做功 W_2。因绝热过程 $Q = 0$，则：

$$W_2 = \Delta U_2 = \int_{T_2}^{T_1} C_V \mathrm{d}T$$

W_2 的值为曲线 BC 下方的面积。

（3）C→D 等温可逆压缩：系统与低温热源（T_1）接触，由状态 C 经等温可逆压缩到状态 D，系统向低温热源（T_1）放热 Q_1，同时接受环境做的功 W_3。因理想气体的等温变化过程，$\Delta U_3 = 0$，故：

$$Q_1 = -W_3 = \int_{V_3}^{V_4} p\mathrm{d}V = nRT_1 \ln\frac{V_4}{V_3}$$

环境对系统所做的功 W_3 为曲线 CD 下方的面积。

（4）D→A 绝热可逆压缩：系统由状态 D 经绝热可逆压缩回到状态 A，温度由 T_1 升回至 T_2，因该过程 $Q = 0$，环境所做的功 W_4 全部用于增加系统的热力学能，即：

$$W_4 = \Delta U_4 = \int_{T_1}^{T_2} C_V \mathrm{d}T$$

W_4 的值为曲线 DA 下方的面积。

以上四步过程构成一可逆循环，系统回到始态，$\Delta U = 0$。整个过程系统对环境所做的总功 W，即图 2-2 中四条曲线围成的面积 ABCD，与传递的总热之间存在如下关系：

$$-W = Q_1 + Q_2 \tag{2-1}$$

系统所做的总功为

$$
\begin{aligned}
W &= W_1+W_2+W_3+W_4 \\
&= -nRT_2\ln\frac{V_2}{V_1}+\int_{T_2}^{T_1}C_V\mathrm{d}T-nRT_1\ln\frac{V_4}{V_3}+\int_{T_1}^{T_2}C_V\mathrm{d}T \\
&= -nRT_2\ln\frac{V_2}{V_1}-nRT_1\ln\frac{V_4}{V_3}
\end{aligned}
\tag{2-2}
$$

因过程（2）和（4）都是理想气体的绝热可逆过程，故有

$$T_2V_2^{\gamma-1}=T_1V_3^{\gamma-1}$$

$$T_2V_1^{\gamma-1}=T_1V_4^{\gamma-1}$$

两式相除，得

$$\frac{V_2}{V_1}=\frac{V_3}{V_4}$$

代入式（2-2），得

$$W=-nRT_2\ln\frac{V_2}{V_1}+nRT_1\ln\frac{V_2}{V_1}=-nR(T_2-T_1)\ln\frac{V_2}{V_1}$$

热机效率指热机对环境所做的功（取绝对值）与热机从高温热源吸收的热（Q_2）之比，用η表示。即：

$$\eta=\frac{-W}{Q_2}=\frac{Q_2+Q_1}{Q_2}=1+\frac{Q_1}{Q_2}\qquad (Q_1<0) \tag{2-3}$$

因此，卡诺热机的效率为

$$\eta_{\mathrm{r}}=\frac{-W}{Q_2}=\frac{nR(T_2-T_1)\ln\dfrac{V_2}{V_1}}{nRT_2\ln\dfrac{V_2}{V_1}}=\frac{T_2-T_1}{T_2}=1-\frac{T_1}{T_2} \tag{2-4}$$

由此可知，卡诺热机的效率只与两热源的温度相关，两热源的温差越大，热机效率越高，热量的利用越完全，这就从理论上为提高热机效率指明了方向。当 $T_1=T_2$ 时，热机的效率为 0，即热不能转化为功，表明热机必须工作于两个不同温度的热源之间；由于绝对零度不可能达到，即 T_1 不可能为 0，因此热机效率总是小于 1，想使热机效率达到 100%的做法注定是徒劳的。

2. 卡诺定理 在设计了卡诺循环之后，卡诺又提出了著名的卡诺定理：在同一组高温热源和低温热源之间工作的所有热机中，可逆热机的效率最高。卡诺定理解决了热机所能达到的最高效率问题。卡诺定理虽发表于热力学第二定律确立之前，但要证明其正确性还需用到热力学第二定律。采用反证法证明卡诺定理如下：

假设在两个热源之间有两台热机在工作，一台为可逆热机，用 r 表示；另一台为任意热机，用 i 表示。调节两个热机，使它们所做的功相等，即 $W_{\mathrm{r}}=W_{\mathrm{i}}=W$。在完成一次循环的过程中，可逆热机 r 从高温热源吸热 Q_{r}，做功 W，放热（$Q_{\mathrm{r}}-W$）到低温热源，其热机效率 $\eta_{\mathrm{r}}=W/Q_{\mathrm{r}}$（$W$ 取绝对值）；任意热机 i 从高温热源吸热 Q_{i}，做功 W，放热（$Q_{\mathrm{i}}-W$）到低温热源，其热机效率 $\eta_{\mathrm{i}}=W/Q_{\mathrm{i}}$。

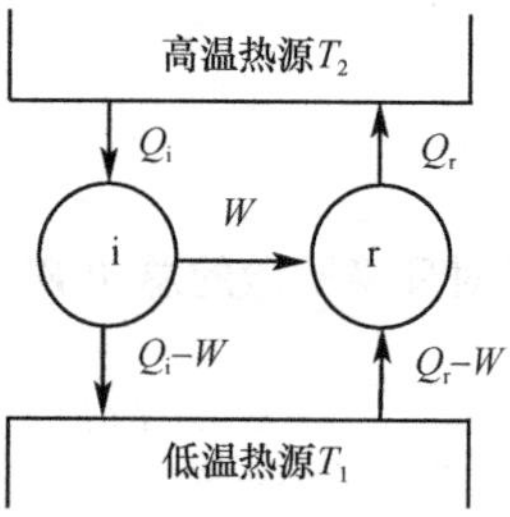

图 2-3 卡诺定理的证明

现假设任意热机的效率大于可逆热机，即

$$\eta_{\mathrm{i}}>\eta_{\mathrm{r}}\quad 或\quad \frac{W}{Q_{\mathrm{i}}}>\frac{W}{Q_{\mathrm{r}}}$$

由此可得 $Q_{\mathrm{r}}>Q_{\mathrm{i}}$。

现以任意热机 i 带动可逆热机 r，使可逆热机逆向运转，运转所需之功 W 由热机 i 提供（图 2-3）。可逆热机 r 接受 W 的功，从低温热源吸热（$Q_{\mathrm{r}}-W$），放热 Q_{r} 到高温热源。两热机组合完成一次循环后，两机均复原，

除了在两热源之间有热量交换外，没有引起其他变化。

从低温热源吸收的热为：$(Q_r - W) - (Q_i - W) = Q_r - Q_i > 0$

高温热源所得到的热为：$Q_r - Q_i > 0$

即，净结果是热从低温热源传到高温热源而没有发生其他变化，这有悖于热力学第二定律的克劳修斯说法，所以假设 $\eta_i > \eta_r$ 不能成立。因此有

$$\eta_i \leqslant \eta_r \tag{2-5}$$

这就证明了卡诺定理的正确性。

根据卡诺定理还可以得出以下推论：工作于同温高温热源和同温低温热源之间的所有可逆热机效率相等，且与热机中的工作介质无关。可证明如下：假设Ⅰ和Ⅱ是工作于同一组热源之间的两个可逆热机，其中的工作介质不同。采用证明卡诺定理的相同方法，先用可逆机Ⅰ带动可逆机Ⅱ，可得 $\eta_{\mathrm{I}} \leqslant \eta_{\mathrm{II}}$；反之，若用可逆机Ⅱ带动可逆机Ⅰ，则可得 $\eta_{\mathrm{I}} \geqslant \eta_{\mathrm{II}}$。要使两个不等式同时成立，则必有 $\eta_{\mathrm{I}} = \eta_{\mathrm{II}}$。

据此，以理想气体为工作介质的卡诺热机（可逆热机）的效率公式 $\eta_r = (T_2 - T_1)/T_2$ 可以推广到任意的可逆热机。因此由卡诺定理和式（2-3）可得：

$$\frac{T_2 - T_1}{T_2} \geqslant \frac{Q_2 + Q_1}{Q_2} \tag{2-6}$$

式中，不等号适用于不可逆热机，等号适用于可逆热机。

卡诺定理虽然讨论的是热机效率的问题，但它对热力学的发展起到了非常重要的作用，定理中的不等号定量地区分了可逆循环与不可逆循环，从而为熵函数的导出奠定了基础，而由熵函数得出的熵判据是自发过程方向和限度的最基本判据。

2.3.2　熵函数

克劳修斯从卡诺定理出发，经过严格的数学推导，得出了一个十分重要的物理量——熵函数。

对于卡诺循环过程，有：

$$\frac{T_2 - T_1}{T_2} = \frac{Q_2 + Q_1}{Q_2}$$

整理可得：

$$\frac{Q_1}{T_1} + \frac{Q_2}{T_2} = 0 \tag{2-7}$$

式中，$\dfrac{Q}{T}$ 称为“热温商”。式（2-7）说明，卡诺循环过程的热温商之和等于零。

对于有多个热源的任意可逆循环，情况又会是怎样的呢？下面来讨论一个任意的可逆循环过程。

如图 2-4 所示，一个任意可逆循环 A-B-A，可以用若干极为接近的可逆等温线和可逆绝热线，把整个封闭曲线分成许多个小的卡诺循环。图中虚线部分是两个相邻的小卡诺循环共同的部分。如图中虚线 cd，对于右边的小卡诺循环是绝热可逆压缩线，而相对于左边的小卡诺循环是绝热可逆膨胀线，过程中的功刚好相互抵消。这样图中的小卡诺循环就构成了一条封闭折线，当小卡诺循环趋于无穷多个时，这些小卡诺循环的总效应与封闭曲线相当，即可以用众多的小卡诺循环来代替任意可逆循环。

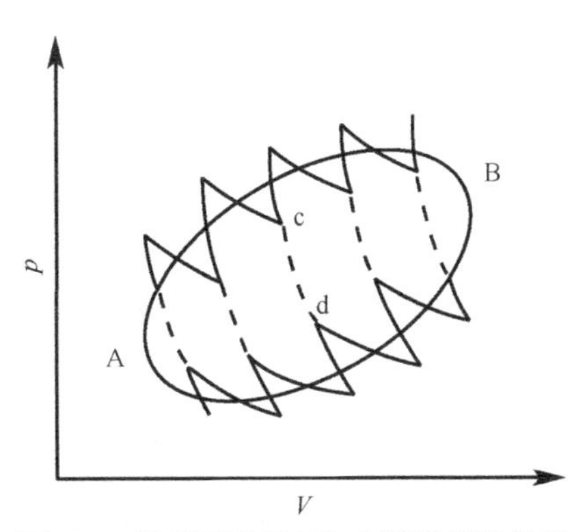

图 2-4　任意可逆循环与卡诺循环的关系

对于每一个小卡诺循环，其热温商之和等于零，即

$$\frac{(\delta Q_1)_\mathrm{r}}{T_1}+\frac{(\delta Q_2)_\mathrm{r}}{T_2}=0\,,\quad \frac{(\delta Q_3)_\mathrm{r}}{T_3}+\frac{(\delta Q_4)_\mathrm{r}}{T_4}=0\,,\quad \cdots\cdots$$

式中，δQ_r表示无限小的可逆过程的热交换量；T为热源温度，即环境温度，在可逆过程中可用系统温度代替。将上列各式相加，得

$$\frac{(\delta Q_1)_\mathrm{r}}{T_1}+\frac{(\delta Q_2)_\mathrm{r}}{T_2}+\frac{(\delta Q_3)_\mathrm{r}}{T_3}+\frac{(\delta Q_4)_\mathrm{r}}{T_4}+\cdots\cdots=0$$

即

$$\sum\frac{(\delta Q_i)_\mathrm{r}}{T_i}=0$$

或

$$\oint\frac{(\delta Q_i)_\mathrm{r}}{T_i}=0 \qquad (2\text{-}8)$$

由此可见，任意可逆循环过程的热温商之和为零。

现假设有一任意可逆循环，如图 2-5 所示。从封闭曲线上任取两点 A、B，此时整个可逆循环可看作由 A→B 的可逆过程Ⅰ和 B→A 的可逆过程Ⅱ构成。因任意可逆循环过程的热温商之和为零，故可得

$$\int_\mathrm{A}^\mathrm{B}\left(\frac{\delta Q_\mathrm{r}}{T}\right)_\mathrm{I}+\int_\mathrm{B}^\mathrm{A}\left(\frac{\delta Q_\mathrm{r}}{T}\right)_\mathrm{II}=0$$

或

$$\int_\mathrm{A}^\mathrm{B}\left(\frac{\delta Q_\mathrm{r}}{T}\right)_\mathrm{I}=-\int_\mathrm{B}^\mathrm{A}\left(\frac{\delta Q_\mathrm{r}}{T}\right)_\mathrm{II}=\int_\mathrm{A}^\mathrm{B}\left(\frac{\delta Q_\mathrm{r}}{T}\right)_\mathrm{II}$$

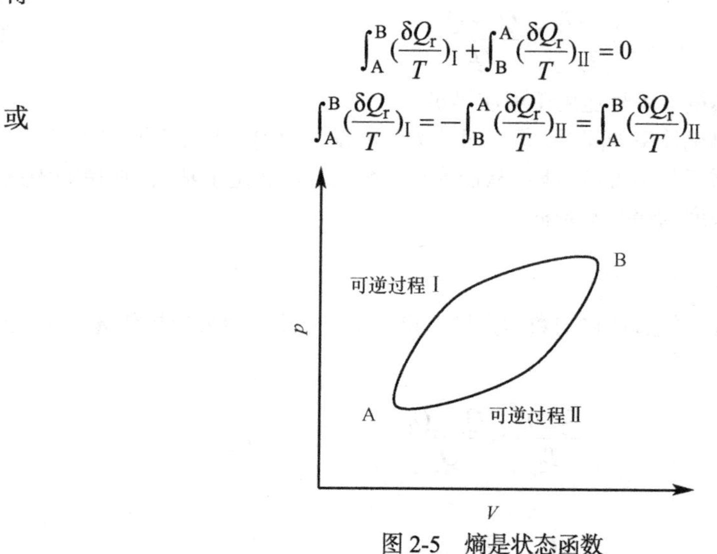

图 2-5　熵是状态函数

上式表明，从状态 A 到状态 B，沿途径Ⅰ和途径Ⅱ的热温商积分值相等。说明，可逆过程的热温商$\dfrac{\delta Q_\mathrm{r}}{T}$只与系统的始态和终态有关，而与途径无关。这完全符合某一状态函数的特征，克劳修斯将此状态函数定义为熵（entropy），用符号S表示，单位为$\mathrm{J{\cdot}K^{-1}}$。

若用S_A和S_B分别表示状态 A 和状态 B 的熵，则：

$$\Delta S=S_\mathrm{B}-S_\mathrm{A}=\int_\mathrm{A}^\mathrm{B}\frac{\delta Q_\mathrm{r}}{T}\quad 或\quad \Delta S=\sum_i\left(\frac{\delta Q_i}{T_i}\right)_\mathrm{r} \qquad (2\text{-}9)$$

上式表明，系统由状态 A 变化到状态 B，ΔS具有确定的值，即等于可逆过程的热温商之和。对于微小变化过程，可表示为

$$\mathrm{d}S=\frac{\delta Q_\mathrm{r}}{T} \qquad (2\text{-}10)$$

式（2-10）是熵函数全微分的定义式。熵是状态函数，是系统的广度性质，具有加和性。

2.3.3　热力学第二定律的数学表达式

由卡诺定理可知，对于不可逆循环，式（2-6）应取大于符号，即：

$$\frac{T_2-T_1}{T_2}>\frac{Q_1+Q_2}{Q_1}$$

变形可得

$$\frac{Q_1}{T_1}+\frac{Q_2}{T_2}<0 \tag{2-11}$$

同理，推广至任意的不可逆循环，式（2-11）可以表示为：

$$\sum\left(\frac{\delta Q_{\mathrm{i}}}{T_{\mathrm{i}}}\right)_{\mathrm{i}}<0 \tag{2-12}$$

式中，括号外下标“i”表示不可逆，T_{i} 表示热源温度即环境的温度（对于不可逆过程，不能用系统温度代替环境温度）。上式表明，对于任意的不可逆循环，其热温商之和小于零。

现假设有一循环过程由可逆过程 r 和不可逆过程 i 组成，见图 2-6。由于循环中存在不可逆步骤，因此，整个循环属于不可逆循环过程。根据式（2-12）可得

$$\left(\sum_{\mathrm{A}}^{\mathrm{B}}\frac{\delta Q}{T}\right)_{\mathrm{i}}+\left(\sum_{\mathrm{B}}^{\mathrm{A}}\frac{\delta Q}{T}\right)_{\mathrm{r}}<0$$

因

$$\left(\sum_{\mathrm{B}}^{\mathrm{A}}\frac{\delta Q}{T}\right)_{\mathrm{r}}=S_{\mathrm{A}}-S_{\mathrm{B}}$$

可得

$$\Delta S=S_{\mathrm{B}}-S_{\mathrm{A}}>\left(\sum_{\mathrm{A}}^{\mathrm{B}}\frac{\delta Q}{T}\right)_{\mathrm{i}} \tag{2-13}$$

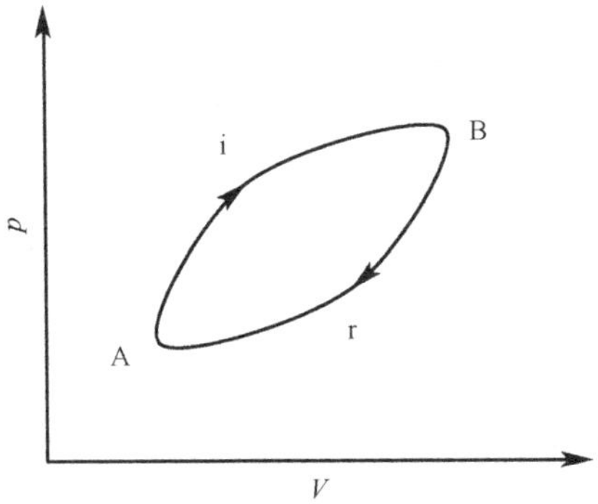

图 2-6　不可逆循环过程

由上式可知，不可逆过程的热温商之和小于过程的熵变。在相同的始态和终态之间，将式（2-9）与式（2-13）合并，可得

$$\Delta S_{\mathrm{A}\to\mathrm{B}}-\sum_{\mathrm{A}}^{\mathrm{B}}\left(\frac{\delta Q}{T}\right)_{\mathrm{i}}\geqslant 0 \quad 或 \quad \mathrm{d}S-\frac{\delta Q}{T}\geqslant 0 \tag{2-14}$$

式（2-14）称为克劳修斯不等式（Clausius inequality），也是热力学第二定律的数学表达式。δQ 是实际过程中的热效应，T 是环境的温度。式中的等号适用于可逆过程，此时环境的温度等于系统的温度；不等号适用于不可逆过程。系统发生某一状态变化，只要始、终态确定，则系统的熵变 ΔS 确定。而变化过程可分为可逆过程和不可逆过程，系统熵变 ΔS 在数值上等于可逆过程的热温商之和，而大于不可逆过程的热温商之和。换言之，将 ΔS 与实际过程的热温商之和相比较，即可判别过程的可逆与否。

2.3.4　熵增加原理和熵判据

将克劳修斯不等式应用于绝热封闭系统和孤立系统，可得出著名的熵增加原理以及自发过程方向和限度的重要判据——熵判据。

1. 绝热系统 对于绝热封闭系统中所发生的任何过程，由于 $\delta Q=0$，所以根据克劳修斯不等式有：

$$\Delta S_{绝热} \geqslant 0 \tag{2-15}$$

显然，对于封闭系统中的绝热过程，若过程可逆，则熵不变，$\Delta S=0$；若过程不可逆，则系统的熵增加，$\Delta S>0$。总之，在封闭系统的绝热过程中，系统的熵不可能减少，这就是熵增加原理（principle of entropy increase）。

必须指出的是，自发过程一定是不可逆过程，但不可逆过程却未必一定是自发过程，既可能自发，也可能非自发。因绝热系统与环境虽无热量交换，但却可以通过做功交换能量，所以式（2-15）只能判断绝热系统中发生的某过程是否可逆，但不能判断过程是否自发。

2. 孤立系统 对于孤立系统，系统与环境之间既无物质交换也无能量交换，排除了环境对系统任何形式的干扰和影响。因此，孤立系统中发生的不可逆过程必然是自发过程。而孤立系统也必然是绝热的，式（2-15）依然适用，可表示为

$$\Delta S_{孤立} \geqslant 0 \tag{2-16}$$

上式表明，孤立系统中的自发过程总是朝着熵值增大的方向进行，直到在该条件下系统熵值达到最大，此时系统达到平衡，即孤立系统中自发过程的限度就是系统熵值达到最大。孤立系统的熵永不减少，这是熵增加原理在孤立系统中的推广。

将克劳修斯不等式运用到孤立系统，通过熵变就解决了孤立系统中过程的方向和限度的判断问题。然而，世界是物质的，物质是普遍联系的。在实际生活中，几乎无法找到绝对的孤立系统，这使得孤立系统熵增加原理的实际运用十分困难。为了解决这个问题，人们把系统和与系统密切相关的环境作为一个整体，当成一个大的孤立系统来处理。显然此时大的孤立系统依然服从熵增加原理，且熵具有广度性质，因此，该孤立系统的熵变等于系统的熵变加上环境的熵变，即

$$\Delta S_{孤立}=\Delta S_{系统}+\Delta S_{环境} \geqslant 0 \tag{2-17}$$

式（2-17）可作为判断自发过程方向和限度的依据，称为熵判据（entropy criterion）。对于任意系统，通过计算系统的熵变 $\Delta S_{系统}$ 和环境的熵变 $\Delta S_{环境}$ 便可判断过程的方向和限度。至此，用熵增加原理判别过程方向和限度的问题得以解决。

2.3.5 熵的物理意义

热力学是研究热现象的宏观理论，其研究对象是由大量分子组成的集合体。热力学理论以实验为基础，具有高度的可靠性和普遍性，但由于其并不关注研究对象的微观状态和微观结构，因此对一些热力学性质的微观意义并不能给出很好的解释，而这些对深入理解热力学函数的物理意义却是十分有益的。例如熵函数，虽然在热力学上给出了严格的定义，但它的本质是什么呢？经典热力学从宏观角度并不能给出答案，只有从微观角度，采用统计力学的方法才能给予回答，从而更深刻地理解热力学第二定律的本质。接下来我们将探讨从微观角度如何看待熵函数的物理意义。

1. 熵是系统混乱程度的量度 前已述及，凡是自发过程都是不可逆的，而一切不可逆过程都与热功转换的不等价性相联系，即功可以自发地全部转化为热，但在不引起其他变化的条件下热不能全部转化为功。如果从微观的角度来研究热功转化的问题，我们会发现，热是分子混乱运动的一种表现，分子相互碰撞的结果导致混乱程度增加；而功则与有方向的运动相联系，是有序的运动，因此功转变为热的过程是规则运动转化成无规则的运动，是向混乱度增加的方向进行。有序的运动可自发地向着无序的运动转变；反之，无序的运动却不会自动变为有序的运动，这就是不可逆过程的本质，即一切不可逆过程都是向着混乱度增加的方向进行，直至达到该条件下最混乱的状态。

当物质温度升高时，分子热运动加剧，分子的有序性减小，混乱度增加；对于气体的混合过程，混合后每种气体分子的运动范围扩大，分子的空间分布更加无序，系统混乱度增加；物质从固态经液态到气态，系统中大量分子的有序性降低，分子运动的混乱程度依次增加。这些混乱程度增加的过程，经计算表明也都是熵值增加的过程。通过更多类似的例子可以得出结论：熵是系统混乱程度

的量度，这也正是熵的物理意义。

自发过程的方向是从熵值较小的有序状态向着熵值较大的无序状态进行，直至达到该条件下系统混乱度最大，即熵值最大的状态。这也是热力学第二定律所阐述的自发过程的本质。

2. 熵与热力学概率的关系——玻尔兹曼公式　熵是系统混乱程度的量度，但要进一步了解熵与混乱度之间的关系，就需要先了解热力学概率的概念。

大量分子构成的孤立系统，处于热力学平衡的宏观状态，由于分子运动的微观状态瞬息万变，对应于某一确定的热力学平衡状态，可能出现许多的微观状态。通常把与某宏观状态所对应的微观状态数称作热力学概率（thermodynamic probability），用符号 Ω 表示。为了说明宏观状态与微观的热力学概率之间的关系，我们可做如下假设：将 4 个不同颜色的小球 a、b、c、d 分别放入两个体积相同的容器（Ⅰ、Ⅱ）中，有如表 2-1 所示的放入法。

若将 4 个小球的每一种放入法看作一个微观状态，则由表 2-1 可知，该小球共有 16 种微观状态数，每一种微观状态出现的概率均相等，为 1/16，但由于 16 种微观状态所对应的宏观状态是 5 种，且每一种宏观状态对应的微观状态数并不相同，如宏观状态（2,2）这种均匀分布所具有的微观状态数最多，则这种均匀分布的宏观状态出现的概率分布最大，为 6/16。换言之，微观状态数越多，即热力学概率越大，其宏观状态出现的概率也越大。

若将以上小球换成 L（阿伏伽德罗常数）个气体分子，则其总的微观状态数就有 2^L 种。同小球的情况类似，全部分子集中在某一个容器中的状态只有一种，其概率为 $\left(\frac{1}{2}\right)^L$，其值非常小，从宏观上看就是气体全部集中于某一个容器的概率实际近似为零。而两个容器均匀分布的微观状态数最多，其概率接近于 1。这样如果最初所有气体分子都集中于容器Ⅰ，当抽掉容器Ⅰ和Ⅱ中间的隔板后，气体会逐渐地从概率趋近于 0 的状态变化到概率趋近于 1 的均匀分布状态，这是一自发过程。

表 2-1　小球的概率分布

宏观分配方式	微观分配状态		热力学概率（Ω）	概率分布
	Ⅰ	Ⅱ		
（4,0）	abcd		1	1/16
（3,1）	abc	d	4	4/16
	abd	c		
	acd	b		
	bcd	a		
（2,2）	ab	cd	6	6/16
	ac	bd		
	ad	bc		
	bc	ad		
	bd	ac		
	cd	ab		
（1,3）	d	abc	4	4/16
	c	abd		
	b	acd		
	a	bcd		
（0,4）		abcd	1	1/16

由此可见，在孤立系统中，自发过程总是由热力学概率小的状态向着热力学概率大的状态变化，直至热力学概率最大即平衡状态。这与孤立系统中的熵增加原理一致，系统的热力学概率 Ω 和系统的熵 S 有着相同的变化方向，可以推知两者之间存在某种函数关系，即 $S=f(\Omega)$。

设某一系统由A、B两部分组成，热力学概率分别为Ω_A、Ω_B，相应的熵为$S_A=f(\Omega_A)$、$S_B=f(\Omega_B)$，根据概率定理，系统的总概率等于各个部分概率的乘积，即$\Omega=\Omega_A\cdot\Omega_B$。整个系统的熵等于各部分的熵之和，即

$$S=S_A+S_B=f(\Omega_A)+f(\Omega_B)=f(\Omega_A\cdot\Omega_B)=f(\Omega)$$

能够满足上述函数关系的只有对数函数，即

$$S=k\ln\Omega \tag{2-18}$$

这就是著名的玻尔兹曼（Boltzmann）公式，式中k为玻尔兹曼常数。玻尔兹曼公式是将系统的宏观物理量S与微观物理量Ω联系起来的重要桥梁。

思考题2-3 参考答案

【思考题 2-3】 为什么在应用熵判据时，对绝热系统只能判断过程可逆或不可逆，而对孤立系统却可以判断过程是否自发？

2.4 熵变的计算

根据前面推导出的熵判据，对一任意系统，可以通过计算系统熵变和环境熵变来判断自发过程的方向和限度。接下来就是熵变的计算问题。

1. 环境熵变的计算 与系统相比，环境很大，相当于一个巨大的储热器。当系统状态发生变化时，其吸收和放出的热量对环境的影响极其微小，可近似地认为环境的温度、压力等均不发生变化，过程交换的热量对环境来说可视为可逆热，记作$Q_{环境}$，且$Q_{环境}=-Q_{系统}$。因此，环境熵变的计算公式为：

$$\Delta S_{环境}=\frac{Q_{环境}}{T_{环境}}=-\frac{Q_{系统}}{T_{环境}} \tag{2-19}$$

2. 系统熵变的计算 与环境熵变的计算相比，系统熵变的计算就相对复杂一些。我们知道，熵是状态函数，其变化值只与始终态有关，与变化途径无关。根据克劳修斯不等式，熵变等于可逆过程的热温商之和。因此，某一系统由状态A变化到状态B，无论其实际过程是否可逆，我们都可以假设一种可逆过程来计算过程的热温商之和，其值就是该状态变化过程中的熵变。计算公式为：

$$\Delta S_{系统}=S_B-S_A=\int_A^B\frac{\delta Q_r}{T} \tag{2-20}$$

2.4.1 理想气体简单状态变化过程系统熵变的计算

设n mol理想气体，由状态A(p_1, V_1, T_1)变化到状态B(p_2, V_2, T_2)，根据式（2-20），其熵变为：

$$\Delta S=\int_A^B\frac{\delta Q_r}{T}=\int_A^B\frac{dU-\delta W_{max}}{T}=\int_A^B\frac{dU+pdV}{T}=\int_{T_1}^{T_2}\frac{nC_{V,m}}{T}dT+\int_{V_1}^{V_2}\frac{nR}{V}dV \tag{2-21}$$

若在温度T_1到T_2的变化过程中，$C_{V,m}$和$C_{p,m}$可视为常数，则上式可表示为：

$$\Delta S=nC_{V,m}\ln\frac{T_2}{T_1}+nR\ln\frac{V_2}{V_1} \tag{2-22}$$

由理想气体状态方程$V=\dfrac{nRT}{p}$和$C_{p,m}-C_{V,m}=R$，上式可变为：

$$\Delta S=nC_{p,m}\ln\frac{T_2}{T_1}-nR\ln\frac{p_2}{p_1} \tag{2-23}$$

式（2-22）和式（2-23）即为理想气体简单状态变化过程熵变的计算公式。

1. 理想气体等温过程的熵变计算 对于等温过程，$T_1=T_2$，则式（2-22）和式（2-23）可简化为

$$\Delta S=nR\ln\frac{V_2}{V_1}=-nR\ln\frac{p_2}{p_1} \tag{2-24}$$

例 2-1　1 mol 理想气体，在 298.15 K 下，从 110 kPa 膨胀至 11 kPa ，试分别求算下列两个不同过程的熵变，并判断过程的可逆性：①$p_e = 11$ kPa，②$p_e = 0$。

解：① $\Delta S_{系统} = -nR\ln\dfrac{p_2}{p_1} = -1\times 8.314\ln\dfrac{11}{110} = 19.14(\mathrm{J\cdot K^{-1}})$

因理想气体的等温变化过程 $\Delta U = 0$，故：

$$Q = -W = p_e(V_2 - V_1) = p_e\left(\frac{RT}{p_2} - \frac{RT}{p_1}\right) = RTp_e\left(\frac{1}{p_2} - \frac{1}{p_1}\right)$$

$$= 8.314\times 298.15\times 11000\times\left(\frac{1}{11000} - \frac{1}{110000}\right) = 2230.9(\mathrm{J})$$

$$\Delta S_{环境} = -\frac{Q}{T_{环境}} = -\frac{2230.9}{298.15} = -7.48(\mathrm{J\cdot K^{-1}})$$

$$\Delta S_{孤立} = \Delta S_{系统} + \Delta S_{环境} = 19.14 - 7.48 = 11.66(\mathrm{J\cdot K^{-1}}) > 0$$

②因始、终态与①相同，所以过程②中所有状态函数的变化量与①相同，即 $\Delta U = 0$，$\Delta S_{系统} = 19.14\ \mathrm{J\cdot K^{-1}}$。又因 $p_e = 0$，$W = 0$，故 $Q = -W = 0$，即 $\Delta S_{环境} = 0$

$$\Delta S_{孤立} = \Delta S_{系统} + \Delta S_{环境} = 19.14(\mathrm{J\cdot K^{-1}}) > 0$$

以上计算表明，过程①和过程②均是自发的不可逆过程。

2. 理想气体变温过程的熵变计算　对于等容变温过程，$V_1 = V_2$，则由式（2-22）可得

$$\Delta S = nC_{V,\mathrm{m}}\ln\frac{T_2}{T_1} \tag{2-25}$$

对于等压变温过程，$p_1 = p_2$，则由式（2-23）可得

$$\Delta S = nC_{p,\mathrm{m}}\ln\frac{T_2}{T_1} \tag{2-26}$$

对于 p、V、T 同时变化的过程，可直接由式（2-22）或式（2-23）进行计算。

例 2-2　若 2 mol 某理想气体在等容条件下由 298.15 K 加热到 348.15 K，计算过程的熵变。已知，在该温度范围内，该理想气体的 $C_{V,\mathrm{m}} = 19.5\ \mathrm{J\cdot K^{-1}\cdot mol^{-1}}$ 。

解：该过程为理想气体的等容变温过程，因此有

$$\Delta S = nC_{V,\mathrm{m}}\ln\frac{T_2}{T_1} = 2\times 19.5\times\ln\frac{348.15}{298.15} = 6.05(\mathrm{J\cdot K^{-1}})$$

例 2-3　将 8 mol H_2 由 273.15 K、10^5 Pa 绝热压缩到 587.15 K、10^6 Pa，设 H_2 是理想气体。试求过程的熵变，并判断过程的可逆性。

解：这是理想气体 p、V、T 同时变化的过程，因已知始、终态的压力，故代入式（2-23）可得：

$$\Delta S = nC_{p,\mathrm{m}}\ln\frac{T_2}{T_1} - nR\ln\frac{p_2}{p_1} = 8\times\frac{7}{2}\times 8.314\ln\frac{587.15}{273.15} - 8\times 8.314\ln\frac{10^6}{10^5} = 25.00(\mathrm{J\cdot K^{-1}})$$

在绝热过程中系统熵增加，根据熵增加原理，该过程不可逆。

3. 理想气体混合过程的熵变计算　混合过程是十分常见的一种物理过程，如不同浓度溶液的混合、不同气体的混合等。下面讨论最简单的一种混合过程，即理想气体在等温等压下的混合。理想气体的等温等压混合过程，ΔU、Q 及 W 都等于零，且过程自发，混合熵大于零。由于理想气体分子间无相互作用，可分别计算不同理想气体在混合过程的熵变，再进行加和，即得混合过程的总熵变。

例 2-4　在 273.15 K，用隔板将一密闭容器分隔为两部分，一边装有 1.5 mol、10^5 Pa 的 H_2，另一边装有 3 mol、10^5 Pa 的 N_2。抽去隔板后，两种气体混合均匀，试求混合熵，并判断过程是否自发。

解：混合气体中，H_2 和 N_2 的分压分别为：

$$p_{H_2}=px_{H_2} \qquad p_{N_2}=px_{N_2}$$

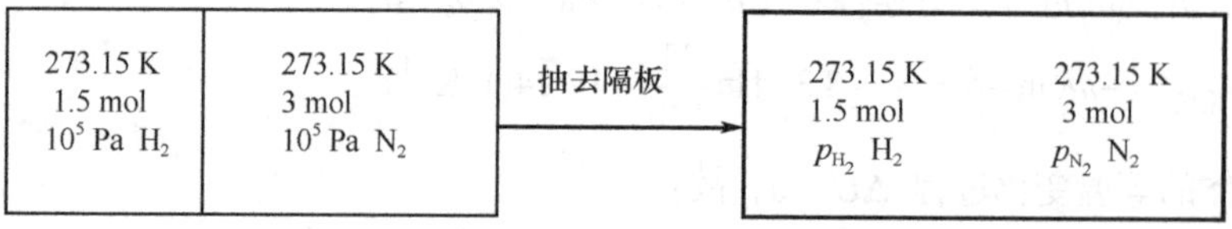

273.15 K 1.5 mol 10^5 Pa H_2	273.15 K 3 mol 10^5 Pa N_2	抽去隔板 →	273.15 K 1.5 mol p_{H_2} H_2	273.15 K 3 mol p_{N_2} N_2

两种气体混合后的系统总压力与混合前 H_2 和 N_2 的压力相同，即均为 10^5 Pa，用 p 表示。H_2 在混合过程中经膨胀，压力由 p 变化到 p_{H_2}，这是理想气体的等温变化过程，因此有：

$$\Delta S_{H_2}=-n_{H_2}R\ln\frac{p_{H_2}}{p}=-n_{H_2}R\ln x_{H_2}=-1.5\times8.314\ln\frac{1.5}{1.5+3}=13.70(\mathrm{J\cdot K^{-1}})$$

同法，求算 N_2 的熵变可得：

$$\Delta S_{N_2}=-n_{N_2}R\ln\frac{p_{N_2}}{p}=-n_{N_2}R\ln x_{N_2}=-3\times8.314\ln\frac{3}{1.5+3}=10.11(\mathrm{J\cdot K^{-1}})$$

熵是广度性质，系统的总熵变是 H_2 和 N_2 的熵变之和，因此有：

$$\Delta S_{系统}=\Delta S_{H_2}+\Delta S_{N_2}=13.70+10.11=23.81(\mathrm{J\cdot K^{-1}})$$

因 $Q=0$，故 $\Delta S_{环境}=0$。

$$\Delta S_{孤立}=\Delta S_{系统}+\Delta S_{环境}=23.81+0=23.81(\mathrm{J\cdot K^{-1}})>0$$

计算结果表明，上述混合过程总熵增加，是自发过程。

将例 2-4 的结果推广至多种理想气体在等温等压下的混合过程，即每种气体单独存在时的压力都相等且等于混合后气体的总压力，则混合过程熵变的计算通式可表示为：

$$\Delta_{mix}S=-R\sum_{B}n_B\ln x_B$$

式中，x_B 表示气体 B 的摩尔分数。对于实际气体，由于分子间存在相互作用，不能应用以上公式。

2.4.2 纯物质变温过程的熵变计算

熵是温度的函数，温度变化会引起系统熵的改变。等容条件下，纯物质变温过程的熵变为：

$$\mathrm{d}S=\frac{\delta Q_r}{T}=\frac{C_V\mathrm{d}T}{T} \quad 即 \quad \Delta S=\int_{T_1}^{T_2}\frac{C_V}{T}\mathrm{d}T$$

同理，等压条件下纯物质变温过程的熵变为：

$$\mathrm{d}S=\frac{\delta Q_r}{T}=\frac{C_p\mathrm{d}T}{T} \quad 即 \quad \Delta S=\int_{T_1}^{T_2}\frac{C_p}{T}\mathrm{d}T$$

例 2-5 2 mol 金属银在等容下由 288.15 K 升温至 308.15 K，求系统的 ΔS。已知在该温度范围内银的 $C_{V,m}=24.48\ \mathrm{J\cdot K^{-1}\cdot mol^{-1}}$。

解：此为纯物质在等容条件下的变温过程，因此有：

$$\Delta S=\int_{T_1}^{T_2}\frac{C_V}{T}\mathrm{d}T=\int_{T_1}^{T_2}\frac{nC_{V,m}}{T}\mathrm{d}T=nC_{V,m}\ln\frac{T_2}{T_1}=2\times24.48\times\ln\frac{308.15}{288.15}=3.29(\mathrm{J\cdot K^{-1}})$$

2.4.3 相变过程的熵变计算

相变可分为可逆相变和不可逆相变。若在某一温度和压力下两相可以平衡共存，则在此条件下发生的相变即为可逆相变；若两相不能平衡共存，则在此条件下发生的相变为不可逆相变。对于等温、等压下的可逆相变过程，如 101.325 kPa 下 0℃的水凝固成 0℃的冰，或 100℃的水蒸发为 100℃的水蒸气等，过程的熵变等于相变热除以相变温度，即：

$$\Delta S=\frac{Q_r}{T}=\frac{Q_p}{T}=\frac{\Delta H}{T} \tag{2-27}$$

对于不可逆相变过程，不能直接用式（2-27）进行计算，而需在始、终态之间设计一可逆变化过程再进行计算。

例 2-6 在 101325 Pa 下，有 0.5 mol 的水分别在 273.15 K 和 258.15 K 下凝结成冰。已知冰和水的平均摩尔等压热容分别为 $36.4\ \mathrm{J \cdot K^{-1} \cdot mol^{-1}}$ 和 $75.3\ \mathrm{J \cdot K^{-1} \cdot mol^{-1}}$；在正常冰点下水的摩尔凝固热为 $-6.0\ \mathrm{kJ \cdot mol^{-1}}$，试分别求算上述两个过程的熵变。

解：（1）水在 101325 Pa 、273.15 K 下凝结成冰，此过程为等温、等压下的可逆相变过程，故由式（2-27）可得：

$$\Delta S = \frac{\Delta H}{T} = -\frac{0.5 \times 6.0 \times 10^3}{273.15} = -11.0(\mathrm{J \cdot K^{-1}})$$

（2）水在 101325 Pa、258.15 K 下凝结成冰，此过程为等温、等压下的不可逆相变过程，不能直接用式（2-27）计算熵变，需要设计一可逆过程来计算每一步的熵变，最后求和。可逆过程见下：

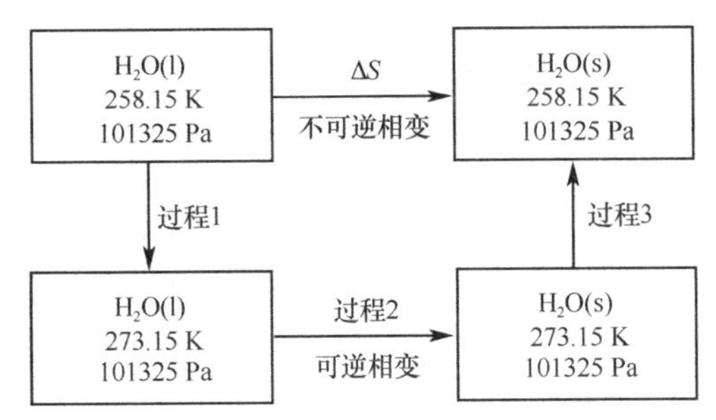

过程 1 为 $H_2O(l)$的等压可逆变温过程，过程熵变为：

$$\Delta S_1 = nC_{p,\mathrm{m,(l)}} \ln\frac{T_2}{T_1} = 0.5 \times 75.3 \times \ln\frac{273.15}{258.15} = 2.13(\mathrm{J \cdot K^{-1}})$$

过程 2 为可逆相变，过程熵变与本题（1）所得结果相同，即：

$$\Delta S_2 = -11.0\ (\mathrm{J \cdot K^{-1}})$$

过程 3 为 $H_2O(s)$的等压可逆变温过程，过程熵变为：

$$\Delta S_3 = nC_{p,\mathrm{m,(s)}} \ln\frac{T_1}{T_2} = 0.5 \times 36.4 \times \ln\frac{258.15}{273.15} = -1.03(\mathrm{J \cdot K^{-1}})$$

因此，该不可逆相变过程的熵变为

$$\Delta S = \Delta S_1 + \Delta S_2 + \Delta S_3 = 2.13 - 11.0 - 1.03 = -9.9(\mathrm{J \cdot K^{-1}})$$

2.4.4 化学反应的熵变计算——热力学第三定律

热力学第二定律和克劳修斯不等式告诉我们系统状态变化过程中熵变的计算方法，但不能给出某状态下熵的绝对值。于是为了表示熵的大小，人们规定了熵的零点值，并以此来求相对熵值。这个相对的熵值我们称为规定熵，而零点值的规定就是热力学第三定律讨论的问题。

1. 热力学第三定律 至今人们并不能获知熵的绝对值，因此需要一个熵值的相对标准。这个相对标准的确定经过了一个不短的过程。1906 年，能斯特（Nernst）在研究凝聚系统化学反应时发现，低温下，等温过程的熵变随温度降低越来越趋近于零。遂提出假设：在温度趋近于 0 K 时，一切等温过程的熵变为零，即：

$$\lim_{T \to 0\mathrm{K}} (\Delta S)_T = 0$$

在以上假设的启发下，1911 年普朗克（Planck）提出进一步假设：在 0 K 时，一切物质的熵均等于零，即

$$\lim_{T \to 0\mathrm{K}} S = 0 \qquad (2\text{-}28)$$

1920年，路易斯（Lewis）和吉布森（Gibson）对普朗克假设进行了限定，即：在0 K时，一切纯物质的完美晶体的熵等于零，这便是热力学第三定律（third law of thermodynamics）。定律中的完美晶体指晶体中的原子或分子只有一种排列方式，例如HCl，当只有H—Cl或Cl—H一种排列方式时才是完美晶体，两种排列方式同时存在则不是完美晶体。这就为确定任意状态下物质的熵提供了相对标准。热力学第三定律的另一种表述是能斯特于1912年提出的绝对零度达不到原理，即"不可能通过有限步骤达到热力学温度的零度"。

2. 规定熵 根据纯物质系统熵值与温度的关系知道，在等压条件下，当系统由0 K变温到T K时，系统的熵变为：

$$\Delta S = S_T - S_0 = \int_0^T \mathrm{d}S = \int_0^T \frac{C_p}{T}\mathrm{d}T$$

根据热力学第三定律，0 K时，一切完美晶体的熵为零，即$S_0 = 0$，故上式可表示为：

$$S_T = \int_0^T \frac{C_p}{T}\mathrm{d}T = \int_0^T C_p \mathrm{d}\ln T \tag{2-29}$$

由式（2-29）可求得某一纯物质在T K时的熵值S_T，但这样求得的是依据热力学第三定律得到的相对熵，故将S_T称为该物质在此状态下的规定熵（conventional entropy）。

若在0 K→T K的过程中，物质有相变，则必须考虑相变熵，进行分段计算，并采用相应状态及温度下的C_p值。10 K以下的极低温度范围内物质的热容难以测定，此时可利用德拜（Debye）立方定律进行估算，即$C_{p,\mathrm{m}} = \alpha T^3$，$\alpha$为物质的特性常数，$T$为热力学温度。

纯物质在温度T下的规定熵可由下列步骤求得

$$S_{\mathrm{m}}^{\ominus} = \int_0^{10} \frac{\alpha T^3}{T}\mathrm{d}T + \int_{10}^{T_{\mathrm{fus}}} \frac{C_{p,\mathrm{m(s)}}^{\ominus}}{T}\mathrm{d}T + \frac{\Delta_{\mathrm{fus}}H_{\mathrm{m}}^{\ominus}}{T_{\mathrm{fus}}} + \int_{T_{\mathrm{fus}}}^{T_{\mathrm{vap}}} \frac{C_{p,\mathrm{m(l)}}^{\ominus}}{T}\mathrm{d}T + \frac{\Delta_{\mathrm{vap}}H_{\mathrm{m}}^{\ominus}}{T_{\mathrm{vap}}} + \int_{T_{\mathrm{vap}}}^{T} \frac{C_{p,\mathrm{m(g)}}^{\ominus}}{T}\mathrm{d}T$$

1 mol物质B在标准状态（T，$p^{\ominus} = 100$ kPa）下的规定熵称为物质B在温度T时的标准摩尔熵（standard molar entropy），用符号$S_{\mathrm{m,B}}^{\ominus}$表示。通常应用较多的是标准压力$p^{\ominus}$和298.15 K时的标准摩尔熵。

3. 化学反应的熵变计算 熵是状态函数，其变化量只与始、终态有关。因此对于化学反应，只要知道反应条件下各组分的规定熵，即可通过计算产物与反应物的熵之差得到化学反应的熵变。

对于在标准压力下进行的任意化学反应，反应的标准摩尔熵变$\Delta_{\mathrm{r}}S_{\mathrm{m}}^{\ominus}$可用下式计算：

$$\Delta_{\mathrm{r}}S_{\mathrm{m}}^{\ominus} = \sum_{\mathrm{B}} \nu_{\mathrm{B}} S_{\mathrm{m,B}}^{\ominus} \tag{2-30}$$

式中，$S_{\mathrm{m,B}}^{\ominus}$为物质B的标准摩尔熵，$\nu_{\mathrm{B}}$为反应计量方程式中物质B的计量系数，并规定反应物的化学计量系数为负，生成物的化学计量系数为正。通常在化学手册中所列出的标准摩尔熵是298.15 K时的值，因此，通过查表求得的$\Delta_{\mathrm{r}}S_{\mathrm{m}}^{\ominus}$是反应在298.15 K下的标准摩尔熵变。而对于标准压力$p^{\ominus}$和任意温度T下进行的化学反应，其标准摩尔熵变$\Delta_{\mathrm{r}}S_{\mathrm{m}}^{\ominus}(T)$可用下式进行计算

$$\Delta_{\mathrm{r}}S_{\mathrm{m}}^{\ominus}(T) = \Delta_{\mathrm{r}}S_{\mathrm{m}}^{\ominus}(298.15\ \mathrm{K}) + \int_{298.15\ \mathrm{K}}^{T} \frac{\sum_{\mathrm{B}} \nu_{\mathrm{B}} C_{p,\mathrm{m}}(\mathrm{B})}{T}\mathrm{d}T \tag{2-31}$$

式中，$C_{p,\mathrm{m}}(\mathrm{B})$为物质B的摩尔等压摩尔热容。在计算任意温度下的化学反应熵变时，需要注意的是，如果温度变化过程中伴随相变化，则需分段积分，且应考虑相变熵。

例 2-7 在298.15 K及$p^{\ominus}$下，1 mol蔗糖发生氧化反应。各物质在298.15 K时的标准摩尔熵如表所示，试计算该化学反应的熵变。

$$C_{12}H_{22}O_{11}(s) + 12O_2(g) = 12CO_2(g) + 11H_2O(l)$$

	$C_{12}H_{22}O_{11}(s)$	$O_2(g)$	$CO_2(g)$	$H_2O(l)$
$S_{\mathrm{m}}^{\ominus}$（$\mathrm{J \cdot K^{-1} \cdot mol^{-1}}$）	360.24	205.03	213.6	69.91

解：根据式（2-30）可得：

$$\Delta_r S_m^\ominus = \sum_B \nu_B S_{m,B}^\ominus = 11\times 69.91 + 12\times 213.6 - 1\times 360.24 - 12\times 205.03$$
$$= 511.61(\mathrm{J\cdot K^{-1}\cdot mol^{-1}})$$

2.5　亥姆霍兹自由能与吉布斯自由能

通过前面的学习，我们知道运用克劳修斯不等式导出的熵判据可以判断孤立系统变化过程的方向和限度，但实际过程中几乎见不到真正的孤立系统，因此在运用熵判据时，除了需要计算系统熵变外，还需计算环境的熵变，十分不便。实际发生的化学反应、相变、混合等变化过程，大多是在等温等压或等温等容条件下进行的，是否有在这些特殊条件下过程方向和限度的更为直接简单的判断方法呢？根据这个思路，亥姆霍兹（Helmholtz）和吉布斯（Gibbs）分别导出了两个新的状态函数，定义为亥姆霍兹自由能和吉布斯自由能。根据系统的这两个函数的变化值便可直接判断在等温等容或等温等压条件下过程的方向和限度，而不用再考虑环境的熵变。

2.5.1　热力学第一定律与热力学第二定律的联合表达式

由热力学第二定律（克劳修斯不等式）：$\mathrm{d}S \geqslant \dfrac{\delta Q}{T_{环}}$

即
$$T_{环}\mathrm{d}S \geqslant \delta Q$$

而根据热力学第一定律：
$$\delta Q = \mathrm{d}U - \delta W$$

式中，δW 表示总功，包括非体积功 $\delta W'$ 和体积功 $-p_e \mathrm{d}V$ 。

将两式联合表示，得：

$$T_{环}\mathrm{d}S - \mathrm{d}U \geqslant -\delta W \tag{2-32}$$

式（2-32）称为热力学第一定律和热力学第二定律的联合表达式，式中的等号表示可逆过程，不等号表示不可逆过程。该联合表达式可应用于封闭系统的任何过程。由式（2-32）出发，引入等温等容或等温等压条件，则可导出两个新的状态函数——亥姆霍兹自由能和吉布斯自由能。

2.5.2　亥姆霍兹自由能与吉布斯自由能

1. 亥姆霍兹自由能　封闭系统经过一个等温过程由始态变化到终态，由于过程等温，故 $T_1 = T_2 = T_{环} = T$，且 $T\mathrm{d}S = \mathrm{d}(TS)$，式（2-32）可表示为

$$\mathrm{d}(TS) - \mathrm{d}U \geqslant -\delta W$$

或
$$-\mathrm{d}(U - TS) \geqslant -\delta W \tag{2-33}$$

定义
$$F \equiv U - TS \tag{2-34}$$

F 称为亥姆霍兹自由能（Helmholtz free energy）。因 U、T、S 均为状态函数，推知 F 也是状态函数。将式（2-34）代入式（2-33）得

$$-\mathrm{d}F \geqslant -\delta W \quad 或 \quad -\Delta F \geqslant -W \tag{2-35}$$

由于该式是由热力学第一、第二定律联合表达式推导而来，式中的符号意义不变，即等号表示可逆过程，不等号表示不可逆过程。式（2-35）表明，对于封闭系统的等温过程，亥姆霍兹自由能的减少等于系统所做的最大功，由此可知亥姆霍兹自由能也可看作等温条件下系统做功的能力，由此人们也常把 F 称作功函。亥姆霍兹自由能是系统的性质，是状态函数，其变化值 ΔF 只与系统的始、终态有关，与变化途径无关，而只有在等温可逆过程中系统对外所做的最大功才等于亥姆霍兹能自由能的减少。

系统在等温等容且非体积功为零的条件下，式（2-35）可表示为

$$dF_{T,V,W'=0} \leqslant 0 \quad 或 \quad \Delta F_{T,V,W'=0} \leqslant 0 \tag{2-36}$$

式（2-36）表明，在等温等容且非体积功为零的条件下，封闭系统中的自发过程总是向着亥姆霍兹自由能减小的方向进行，直至达到该条件下所允许的最小值，此时系统达到平衡，这就是最小亥姆霍兹自由能原理（principle of minimization of Helmholtz free energy）。显然，封闭系统在等温等容且不做非体积功的条件下，不可能自发发生亥姆霍兹自由能增加的过程。式（2-36）可作为封闭系统等温等容且非体积功为零的条件下自发过程方向和限度的判据，称为亥姆霍兹自由能判据（Helmholtz free energy criterion）。

2. 吉布斯自由能 对于封闭系统的等温、等压过程，有 $T_1 = T_2 = T_{环} = T$，$p_1 = p_2 = p_e = p$，在此条件下，将式（2-32）中的 δW 分为体积功和非体积功两项表示，可得

$$T_{环}dS - dU \geqslant p_e dV - \delta W'$$

$$-d(U + pV - TS) \geqslant -\delta W'$$

即

$$-d(H - TS) \geqslant -\delta W' \tag{2-37}$$

定义

$$G \equiv H - TS \tag{2-38}$$

G 称为吉布斯自由能（Gibbs free energy）。因 H、T、S 均为状态函数，所以 G 也是状态函数。将式（2-38）代入式（2-37）得：

$$-dG_{T,p} \geqslant -\delta W' \quad 或 \quad -\Delta G_{T,p} \geqslant -W' \tag{2-39}$$

式中，等号表示可逆过程，不等号表示不可逆过程。式（2-39）表明，在等温等压条件下，封闭系统可逆过程所做的最大非体积功等于吉布斯自由能的减少；若是不可逆过程，则系统所做的非体积功小于吉布斯自由能的减少。吉布斯自由能也是一个状态函数，其变化值 ΔG 只与始、终态有关，与变化途径无关，而只有在等温等压下的可逆过程中系统对外所做最大非体积功才等于吉布斯自由能的减少。

在等温等压且非体积功为零的条件下，式（2-39）可表示为

$$dG_{T,p,W'=0} \leqslant 0 \quad 或 \quad \Delta G_{T,p,W'=0} \leqslant 0 \tag{2-40}$$

式（2-40）表示，在等温等压且非体积功为零的条件下，封闭系统中的自发过程总是向着吉布斯自由能减小的方向进行，直至达到该条件下所允许的最小值，此时系统达到平衡，这就是最小吉布斯自由能原理（principle of minimization of Gibbs free energy）。显然，封闭系统在等温等压且非体积功为零的条件下，不能自发发生亥姆霍兹自由能增加的过程。式（2-40）可作为封闭系统等温等压且非体积功为零的条件下自发过程方向和限度的判据，称为吉布斯自由能判据（Gibbs free energy criterion）。因化学反应通常是在上述条件下进行的，所以式（2-40）也是最常用的判据。

2.5.3 过程方向和限度的判据——热力学判据

热力学第二定律的核心便是解决自发过程进行的方向和限度问题。至此，基于不同的适用条件，得出了三个热力学判据，即熵判据、亥姆霍兹自由能判据和吉布斯自由能判据，其中熵判据是基本判据，而吉布斯自由能判据是最常用判据。

熵判据适用于孤立系统，在孤立系统中自发过程总是向着熵值增大的方向进行，直至达到该条件下熵最大，此时系统处于平衡态。孤立系统中不可能发生熵值减小的过程。

亥姆霍兹自由能判据适用于等温等容且无非体积功的封闭系统，此时系统中的变化过程向着亥姆霍兹自由能减小的方向自发进行，直至该条件下亥姆霍兹自由能降到最小，系统达到平衡。

吉布斯自由能判据适用于等温等压且无非体积功的封闭系统，此时系统中的变化过程向着吉布斯自由能减小的方向自发进行，直至该条件下吉布斯自由能降到最小，系统达到平衡。

上述三个热力学判据的相关内容，总结于表 2-2 中。

表 2-2 自发过程方向和限度的判据

熵判据		亥姆霍兹自由能判据		吉布斯自由能判据	
孤立系统		封闭系统：等温等容、$W'=0$		封闭系统：等温等压、$W'=0$	
$dS\geqslant 0$	＞自发 ＝可逆	$dF\leqslant 0$	＜自发 ＝可逆	$dG\leqslant 0$	＜自发 ＝可逆
自发过程向熵增加的方向进行		自发过程向亥姆霍兹自由能减少的方向进行		自发过程向吉布斯自由能减少的方向进行	

当然，这里所指的过程的自发方向，仅仅指"有可能发生"，至于实际是否能够发生以及发生的速率大小等问题就不是热力学研究的内容，这些问题将留待动力学部分解决。

思考题 2-4 参考答案

【思考题 2-4】 热力学中常用的自发性判据有几种？各自的适用条件是什么？

知识梳理 2-1 热力学第二定律及热力学判据

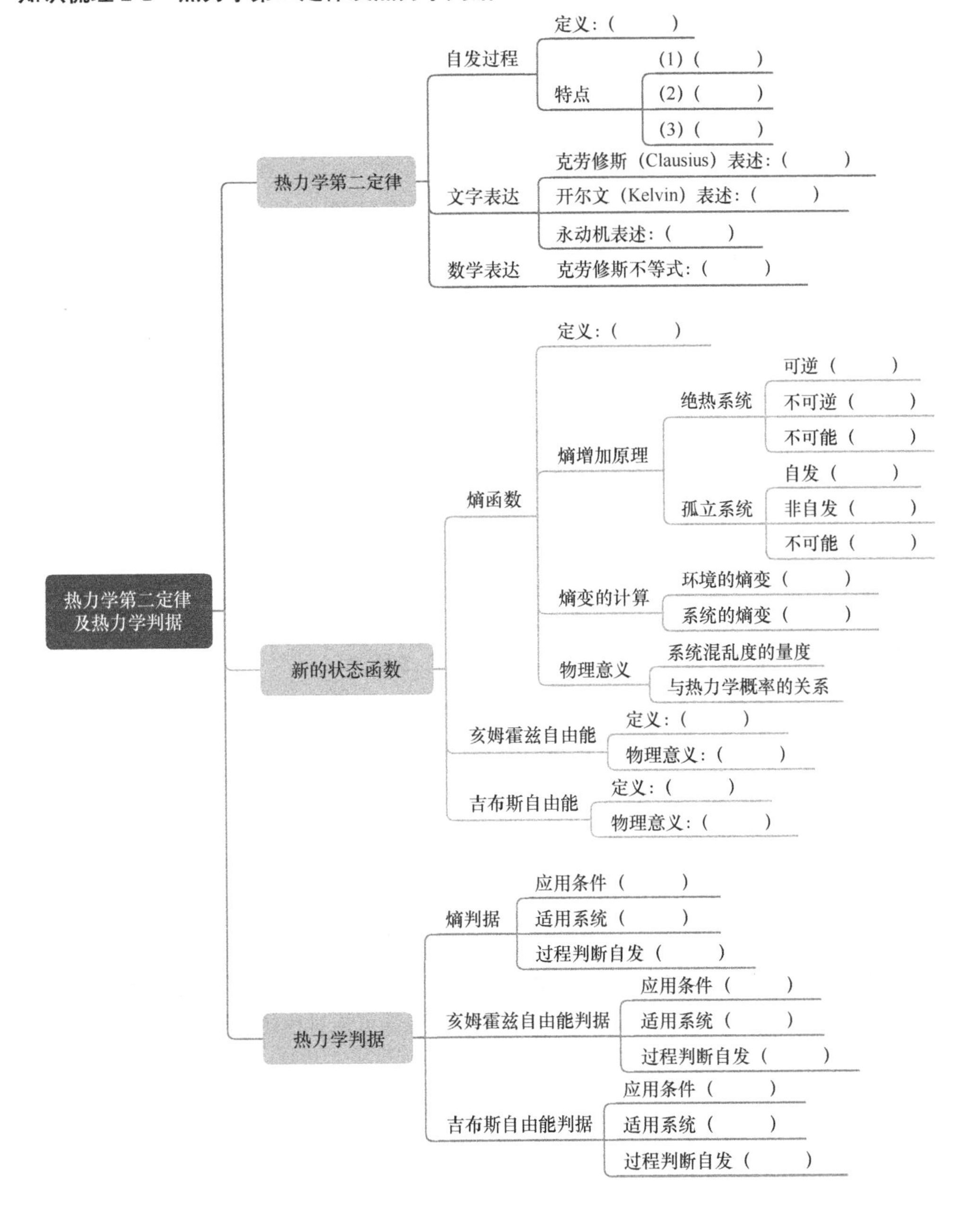

2.6 吉布斯自由能变的计算

等温、等压是适用吉布斯自由能判据的前提条件，因此在绝大多数化学变化和相变中，计算 ΔG 的数值就具有十分重要的意义。由于 G 属于状态函数，因此在计算 ΔG 时，对于不可逆过程，则可以在始态和终态间通过设计可逆过程来完成计算。

2.6.1 等温过程的吉布斯自由能变

根据吉布斯自由能的定义：

$$G = H - TS$$

因为等温，所以可以得到：

$$\Delta G = \Delta H - T\Delta S \tag{2-41}$$

从上式可看出，只要能够计算出 ΔH 和 ΔS，就可得到 ΔG。

同样根据吉布斯自由能的定义 $G = H - TS$ ，当系统发生一个微小变化，则：

$$\mathrm{d}G = \mathrm{d}H - T\mathrm{d}S - S\mathrm{d}T$$

结合焓的定义：

$$\mathrm{d}G = \mathrm{d}U + p\mathrm{d}V + V\mathrm{d}p - T\mathrm{d}S - S\mathrm{d}T$$

若过程可逆且系统只做体积功，则热力学第一定律可表示为：

$$\mathrm{d}U = \delta Q - p\mathrm{d}V = T\mathrm{d}S - p\mathrm{d}V$$

代入上式，得：

$$\mathrm{d}G = -S\mathrm{d}T + V\mathrm{d}p \tag{2-42}$$

在等温条件下，有：

$$\mathrm{d}G = V\mathrm{d}p \tag{2-43}$$

若系统为理想气体，则将理想气体状态方程式代入式（2-43），可得

$$\Delta G = \int_{p_1}^{p_2} V\mathrm{d}p = \int_{p_1}^{p_2} \frac{nRT}{p}\mathrm{d}p = nRT\ln\frac{p_2}{p_1} \tag{2-44}$$

例 2-8 298.15 K 时，将 2 mol N_2 从 100 kPa 等温可逆压缩到 300 kPa，求 Q、W、ΔU、ΔH、ΔS、ΔF、ΔG。若始终以 300 kPa 的外压等温压缩至终态，计算上述热力学量的变化值。

解： 视 N_2 为理想气体，因过程等温，因此 $\Delta U = 0$，$\Delta H = 0$。

$$Q = -W = nRT\ln\frac{p_1}{p_2} = 2\times 8.314\times 298.15\times \ln\frac{100}{300} = -5446.52(\mathrm{J})$$

$$\Delta S = \frac{Q}{T} = \frac{-5446.52}{298.15} = -18.27(\mathrm{J\cdot K^{-1}})$$

$$\Delta F = \Delta U - T\Delta S = \Delta U - T\frac{Q}{T} = \Delta U - Q = W = 5446.52(\mathrm{J})$$

$$\Delta G = nRT\ln\frac{p_2}{p_1} = 2\times 8.314\times 298.15\times \ln\frac{300}{100} = 5546.52(\mathrm{J})$$

若始终以 300 kPa 的外压等温压缩至终态，由于始、终态与上述等温可逆变化过程相同，因此所有状态函数的变化值，即 ΔU、ΔH、ΔS、ΔF、ΔG 与等温可逆过程的计算结果相同。

$$Q = -W = p_{\mathrm{e}}\Delta V = p_{\mathrm{e}}\left(\frac{nRT}{p_2} - \frac{nRT}{p_1}\right) = p_{\mathrm{e}}nRT\left(\frac{1}{p_2} - \frac{1}{p_1}\right)$$

$$= 300\times10^3\times2\times8.314\times298.15\times\left(\frac{1}{300\times10^3} - \frac{1}{100\times10^3}\right)$$

$$= -9.92(\mathrm{kJ})$$

2.6.2 相变过程的吉布斯自由能变

1. 等温等压下的可逆相变 根据 2.4 一节中关于相变过程中熵变的计算式（2-27）:

$$\Delta S = \frac{Q_{\mathrm{r}}}{T} = \frac{Q_p}{T} = \frac{\Delta H}{T}$$

在等温等压可逆相变中有:

$$T\Delta S = \Delta H$$

根据:

$$\Delta G = \Delta H - T\Delta S$$

在等温等压下的可逆相变过程中:

$$\Delta G = 0$$

2. 等温等压下的不可逆相变 对于等温等压下的不可逆相变过程，在计算 ΔG 时需要通过设计可逆过程加以计算。

例 2-9 在 293.15 K、101.325 kPa 下将 1 mol $H_2O(g)$变为同温同压下的 $H_2O(l)$,求此过程的 ΔG。已知，293.15 K 时 $H_2O(l)$的饱和蒸气压为 2.338 kPa，水的平均密度为 1.0×10^3 $\mathrm{kg\cdot m^{-3}}$。

解: 此为不可逆相变过程，设计可逆过程如下:

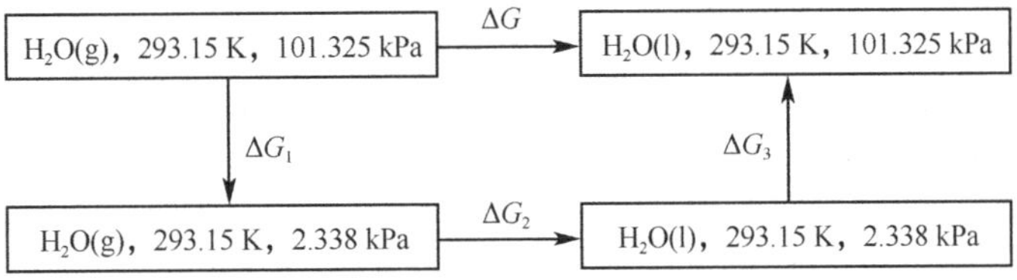

$H_2O(g)$，293.15 K，101.325 kPa —ΔG→ $H_2O(l)$，293.15 K，101.325 kPa

↓ ΔG_1 ↑ ΔG_3

$H_2O(g)$，293.15 K，2.338 kPa —ΔG_2→ $H_2O(l)$，293.15 K，2.338 kPa

$$\Delta G = \Delta G_1 + \Delta G_2 + \Delta G_3$$

$$= \int_{p_1}^{p_2} V_{\mathrm{g}}\mathrm{d}p + \Delta G_2 + \int_{p_2}^{p_1} V_{\mathrm{l}}\mathrm{d}p$$

$$= nRT\ln\frac{p_2}{p_1} + 0 + \frac{m}{\rho}(p_1 - p_2)$$

$$= 1\times8.314\times293.15\ln\frac{2338}{101325} + \frac{0.018}{1.0\times10^3}\times(101325 - 2338)$$

$$= -9186.11 + 1.78$$

$$= -9184.33(\mathrm{J})$$

计算结果表明，由于液体为凝聚相，体积较气体体积要小很多，等温时压力引起的吉布斯自由能变化很小，通常情况下可以忽略不计。

2.6.3 化学反应过程的吉布斯自由能变

化学反应过程的吉布斯自由能变化用 $\Delta_{\mathrm{r}}G$ 表示，$\Delta_{\mathrm{r}}G$ 的计算通常有两种方法。

1. 通过 $\Delta_{\mathrm{r}}H$ 和 $\Delta_{\mathrm{r}}S$ 计算 $\Delta_{\mathrm{r}}G$ 根据 G 的定义可知

$$\Delta_{\mathrm{r}}G = \Delta_{\mathrm{r}}H - T\Delta_{\mathrm{r}}S$$

因此只需算出该化学反应的 $\Delta_r H$ 与 $\Delta_r S$ 即可求得 $\Delta_r G$。

例 2-10 计算下列反应在 298.15 K 时的 $\Delta_r G_m^\ominus$。

$$CH_3CH_2OH(g) \longrightarrow CH_3CHO(g) + H_2(g)$$

解：查表得到下列热力学数据

	$CH_3CH_2OH(g)$	$CH_3CHO(g)$	$H_2(g)$
$\Delta_f H_m^\ominus(kJ \cdot mol^{-1})$	–235.10	–166.19	0
$S_m^\ominus(J \cdot K^{-1} \cdot mol^{-1})$	282.70	250.3	130.684

$$\begin{aligned}\Delta_r H_m^\ominus &= \Delta_f H_m^\ominus(H_2,g) + \Delta_f H_m^\ominus(CH_3CHO,g) - \Delta_f H_m^\ominus(CH_3CH_2OH,g)\\ &= 0 + (-166.19) - (-235.10)\\ &= 68.91(kJ \cdot mol^{-1})\end{aligned}$$

$$\begin{aligned}\Delta_r S_m^\ominus &= S_m^\ominus(H_2,g) + S_m^\ominus(CH_3CHO,g) - S_m^\ominus(CH_3CH_2OH,g)\\ &= 130.684 + 250.3 - 282.70\\ &= 98.284(J \cdot K^{-1} \cdot mol^{-1})\end{aligned}$$

$$\begin{aligned}\Delta_r G_m^\ominus &= \Delta_r H_m^\ominus - T\Delta_r S_m^\ominus\\ &= 68.91 - 298.15 \times 98.284 \times 10^{-3}\\ &= 39.61(kJ \cdot mol^{-1})\end{aligned}$$

从计算结果可以看出，该反应的 $\Delta_r G_m^\ominus > 0$，说明乙醇脱氢产生乙醛的反应在 298.15 K 和标准压力下不能自发进行，若提高温度达到 $\Delta_r G_m^\ominus < 0$ 则可使反应进行。

2. 通过 $\Delta_f G^\ominus$ 计算 $\Delta_r G$ 根据吉布斯自由能的定义式可知其绝对值无法获得，但因 G 是状态函数，在热力学研究中只需得到吉布斯自由能的变化值即可，故参照标准生成焓的应用，规定在标准压力下，最稳定单质的吉布斯自由能为 0。由稳定单质生成 1 mol 某化合物时，该生成反应的摩尔吉布斯自由能的变化值就可以定义为该化合物的标准摩尔生成吉布斯自由能（standard molar Gibbs free energy of formation），用符号 $\Delta_f G_m^\ominus$ 表示。

一些常见化合物在 298.15 K 时的 $\Delta_f G_m^\ominus$ 可以在本书附录 2 中查到，用以计算化学反应的 $\Delta_r G$。与前面介绍的通过化合物标准摩尔生成焓计算反应的焓变的方法类似，对于任意的化学反应

$$dD + eE \longrightarrow gG + hH$$

$$\Delta_r G_m^\ominus = (g\Delta_f G_{m,G}^\ominus + h\Delta_f G_{m,H}^\ominus) - (d\Delta_f G_{m,D}^\ominus + e\Delta_f G_{m,E}^\ominus)$$

或表示为

$$\Delta_r G_m^\ominus = \sum_B \nu_B \Delta_f G_{m,B}^\ominus$$

对于例 2-10，也可通过上式进行计算，即

查表可得到下列热力学数据

	$CH_3CH_2OH(g)$	$CH_3CHO(g)$	$H_2(g)$
$\Delta_f G_m^\ominus(kJ \cdot mol^{-1})$	–168.49	–128.86	0

$$\begin{aligned}\Delta_r G_m^\ominus &= \Delta_f G_m^\ominus(H_2,g) + \Delta_f G_m^\ominus(CH_3CHO,g) - \Delta_f G_m^\ominus(CH_3CH_2OH,g)\\ &= 0 + (-128.86) - (-168.49)\\ &= 39.63(kJ \cdot mol^{-1})\end{aligned}$$

2.6.4 吉布斯自由能随温度的变化——吉布斯-亥姆霍兹公式

由于实际发生的反应并非都在 298.15 K 下进行，而且手册上所能查到的数据有限，因此需要

找到吉布斯自由能变化与温度之间的关系，这样就可以通过温度 T_1 时的 $\Delta_r G_1$ 来计算温度 T_2 下的 $\Delta_r G_2$ 了。

根据式（2-42）$\mathrm{d}G = -S\mathrm{d}T + V\mathrm{d}p$ ，在等压条件下，可得

$$S = -\left(\frac{\partial G}{\partial T}\right)_p$$

即

$$-\Delta S = \left(\frac{\partial \Delta G}{\partial T}\right)_p \tag{2-45}$$

在温度 T 时，$\Delta G = \Delta H - T\Delta S$ ，即：

$$-\Delta S = \frac{\Delta G - \Delta H}{T}$$

代入式（2-45），可得：

$$\left(\frac{\partial \Delta G}{\partial T}\right)_p = \frac{\Delta G - \Delta H}{T} \tag{2-46}$$

将式（2-46）进行变形，使之可以进行积分：

$$\frac{1}{T}\left(\frac{\partial \Delta G}{\partial T}\right)_p - \frac{\Delta G}{T^2} = -\frac{\Delta H}{T^2}$$

显然上式等号左边为$\left(\frac{\Delta G}{T}\right)$对 T 的微分，因此：

$$\left(\frac{\partial\left(\frac{\Delta G}{T}\right)}{\partial T}\right)_p = -\frac{\Delta H}{T^2} \tag{2-47}$$

对式（2-47）做不定积分，可得：

$$\frac{\Delta G}{T} = -\int \frac{\Delta H}{T^2}\mathrm{d}T + I \tag{2-48}$$

如果温度变化范围不大，则 ΔH 可近似看作常数，对式（2-47）进行定积分，可得：

$$\frac{\Delta G_2}{T_2} - \frac{\Delta G_1}{T_1} = \Delta H\left(\frac{1}{T_2} - \frac{1}{T_1}\right) \tag{2-49}$$

式（2-47）、式（2-48）、式（2-49）均可称为吉布斯-亥姆霍兹公式，利用这些公式可计算不同温度下的 ΔG。

2.7　热力学函数间的关系

到目前为止，我们已经通过热力学第一、第二定律学习了五个状态函数 U、H、S、F 和 G，其中 U 和 S 是基本函数，而 H、F 和 G 则是由基本函数导出的。这些热力学函数定义各不相同，但是它们都与系统的 p、V、T 性质有关，说明它们之间应当存在着某些关联，若能够找到它们之间的关系，那么对更好地认识理解热力学，在理论研究及解决实际问题的过程中将提供很大的帮助，因此这些关系具有重要的意义。

2.7.1　热力学基本关系式

2.5.1 中介绍了热力学第一定律与热力学第二定律的联合表达式，即：

$$T_{\text{环}}\mathrm{d}S - \mathrm{d}U \geqslant -\delta W$$

若过程可逆且不做非体积功，则上式可写为：

$$dU = TdS - pdV \tag{2-50}$$

由焓的定义 $H = U + pV$，微分可得：

$$dH = dU + pdV + Vdp$$

将式（2-50）代入可得：

$$dH = TdS + Vdp \tag{2-51}$$

对 F 和 G 的定义 $F = U - TS$，$G = H - TS$ 采用相同处理方法，可得：

$$dF = -SdT - pdV \tag{2-52}$$

$$dG = -SdT + Vdp \tag{2-53}$$

式（2-50）至式（2-53）称为热力学基本关系式，适用于组成不变、不做非体积功的均相封闭系统。基本关系式的推导过程中虽然引用了可逆过程的条件，但由于上述物理量均为状态函数，在始、终态一定时，其变化量为定值，所以热力学基本关系式与过程可逆与否无关。

通过四个基本关系式，又可以进一步推导出其他的热力学关系式，例如由式（2-50）和式（2-51）可得：

$$T = \left(\frac{\partial U}{\partial S}\right)_V = \left(\frac{\partial H}{\partial S}\right)_p \tag{2-54}$$

由基本关系式还可以得到：

$$p = -\left(\frac{\partial U}{\partial V}\right)_S = -\left(\frac{\partial F}{\partial V}\right)_T \tag{2-55}$$

$$V = \left(\frac{\partial H}{\partial p}\right)_S = \left(\frac{\partial G}{\partial p}\right)_T \tag{2-56}$$

$$S = -\left(\frac{\partial F}{\partial T}\right)_V = -\left(\frac{\partial G}{\partial T}\right)_p \tag{2-57}$$

式（2-54）至式（2-57）的意义在于可以通过一个已知的热力学函数去求得另一个未知的热力学函数。

2.7.2 麦克斯韦关系式

假设系统的任一性质 Z 是变量 x 和 y 的函数，即 $Z=f(x, y)$，则 Z 的全微分为：

$$dZ = \left(\frac{\partial Z}{\partial x}\right)_y dx + \left(\frac{\partial Z}{\partial y}\right)_x dy$$

令 $M = \left(\frac{\partial Z}{\partial x}\right)_y$，$N = \left(\frac{\partial Z}{\partial y}\right)_x$，则 Z 的全微分可表示为：

$$dZ = Mdx + Ndy$$

M、N 都是 x 和 y 的函数，将 M 在 x 不变的前提下，对 y 偏微分可以得到

$$\left(\frac{\partial M}{\partial y}\right)_x = \left[\frac{\partial}{\partial y}\left(\frac{\partial Z}{\partial x}\right)_y\right]_x = \frac{\partial^2 Z}{\partial y \partial x}$$

同样，N 在 y 不变的前提下，对 x 偏微分可以得到：

$$\left(\frac{\partial N}{\partial x}\right)_y = \left[\frac{\partial}{\partial x}\left(\frac{\partial Z}{\partial y}\right)_x\right]_y = \frac{\partial^2 Z}{\partial x \partial y}$$

因二阶导数与求导次序无关，所以可得：

$$\left(\frac{\partial M}{\partial y}\right)_x=\left(\frac{\partial N}{\partial x}\right)_y$$

上式在数学中又称为全微分的欧拉倒易关系，将该式应用于热力学基本关系式 $dU=TdS-pdV$ 中，对照 $dZ=Mdx+Ndy$，可得 $M=T$，$N=-p$，$x=S$，$y=V$，因此有：

$$\left(\frac{\partial T}{\partial V}\right)_S=-\left(\frac{\partial p}{\partial S}\right)_V \tag{2-58}$$

同理，将该关系分别用于其他三个基本关系式式（2-51）、式（2-52）和式（2-53），则可以得到：

$$\left(\frac{\partial T}{\partial p}\right)_S=\left(\frac{\partial V}{\partial S}\right)_p \tag{2-59}$$

$$\left(\frac{\partial S}{\partial V}\right)_T=\left(\frac{\partial p}{\partial T}\right)_V \tag{2-60}$$

$$\left(\frac{\partial S}{\partial p}\right)_T=-\left(\frac{\partial V}{\partial T}\right)_p \tag{2-61}$$

式（2-58）至式（2-61）称为麦克斯韦（Maxwell）关系式。通过这些式子我们可以将不可测量或不便测量的物理量换成等号另一侧容易测量的物理量，如式（2-61）中熵的偏微商$\left(\frac{\partial S}{\partial p}\right)_T$不易测量，因此可以通过测量$\left(\frac{\partial V}{\partial T}\right)_p$来代替。

除此之外，麦克斯韦关系式在理论推导或阐明各函数之间关系时也十分有用，例如我们前面介绍过理想气体的 U、H 只是温度 T 的函数，现在可以通过麦克斯韦关系式加以论证了。

例 2-11 表示出等温条件下热力学能 U 随体积 V 的变化关系，并证明理想气体的 U 只是温度的函数。

解：已知 $dU=TdS-pdV$，等温时对 V 求偏微分得：

$$\left(\frac{\partial U}{\partial V}\right)_T=T\left(\frac{\partial S}{\partial V}\right)_V-p$$

由于式中的$\left(\frac{\partial S}{\partial V}\right)_T$不易测定，将麦克斯韦关系式$\left(\frac{\partial S}{\partial V}\right)_T=\left(\frac{\partial p}{\partial T}\right)_V$代入可得：

$$\left(\frac{\partial U}{\partial V}\right)_T=T\left(\frac{\partial p}{\partial T}\right)_V-p$$

式中等号右侧的分别为容易测定的物理量 p、V、T，根据状态方程式就可以得知等温条件下 U 随 V 的变化关系。

对于理想气体，$p=\frac{nRT}{V}$，由此可得：

$$\left(\frac{\partial p}{\partial T}\right)_V=\frac{nR}{V}$$

根据等温条件下 U 随 V 的变化关系式可得：

$$\left(\frac{\partial U}{\partial V}\right)_T=T\cdot\frac{nR}{V}-p=0$$

由此证明理想气体的热力学能 U 只是温度的函数。

思考题 2-5 参考答案

【思考题 2-5】 写出四个热力学基本关系式及适用条件。

2.8 多组分系统热力学

多组分系统（multicomponent system）是由两种或两种以上组分组成的热力学系统，它可以是单相的，也可以是多相的，本节主要讨论多组分单相封闭系统。多组分系统主要分为两大类：混合物和溶液。

混合物（mixture）是指组分之间性质相似，具有相同的标准态，服从相同的经验规律，可以任意比例混合，任一组分都可以用相同的热力学方法处理的一类多组分系统。按聚集状态，混合物可分为气态混合物、液态混合物和固态混合物。混合物还可分为理想混合物与非理想混合物，理想混合物完全服从某些经验定律，混合时没有热效应且无体积变化；非理想混合物中各组分不完全服从经验定律，混合时发生偏差，需要加以修正。

溶液（solution）是指多组分均相系统中各组分标准态不同，遵守不同的经验规律，例如气体、固体或少量液体（溶质）溶入液体（溶剂）中所形成的一类多组分均相系统，任一组分都必须用不同的热力学方法处理。按聚集状态，溶液可分为液态溶液（如电解质溶液、非电解质溶液）和固态溶液（如合金）。本节主要讨论的溶液是非电解质溶液。

溶液一般还可分为浓溶液和稀溶液，稀溶液包括理想稀溶液和非理想稀溶液，理想稀溶液中，溶剂符合拉乌尔（Raoult）定律，溶质符合亨利（Henry）定律；非理想稀溶液溶质、溶剂均对上述经验定律发生偏差，因此也需要修正。

前面热力学中所涉及的都是纯物质或组成不变的均相封闭系统，即系统中的广度性质与物质的量成正比，具有加和性，因此只要确定两个变量，就可以确定系统所处的状态。而在多组分系统中，除了理想混合物之外，任一广度性质一般都不会等于混合前各纯物质所具有广度性质的简单加和，之所以如此是因为系统的组成也成为了决定系统状态的一个变量。因此在多组分系统的研究中，则需要引入两个重要的概念，即偏摩尔量和化学势。

2.8.1 偏摩尔量

1. 偏摩尔量的定义 设有一均相多组分系统由组分 1、2、3、…、k 所组成，系统中的任一广度性质 X（如 V、U、H、S、F 和 G 等）除了与温度 T 和压力 p 有关外，还与系统中各组分的物质的量 n_1、n_2、n_3、…、n_k 有关，函数形式可表示为

$$X = f(T, p, n_1, n_2, \cdots, n_k)$$

当自变量（T, p, n）发生了微小变化时，X 也会发生相应的变化，其全微分可表示为

$$\begin{aligned}\mathrm{d}X &= \left(\frac{\partial X}{\partial T}\right)_{p,n}\mathrm{d}T + \left(\frac{\partial X}{\partial p}\right)_{T,n}\mathrm{d}p + \left(\frac{\partial X}{\partial n_1}\right)_{T,p,n_j(j\neq 1)}\mathrm{d}n_1 + \left(\frac{\partial X}{\partial n_2}\right)_{T,p,n_j(j\neq 2)}\mathrm{d}n_2 + \cdots \\ &= \left(\frac{\partial X}{\partial T}\right)_{p,n}\mathrm{d}T + \left(\frac{\partial X}{\partial p}\right)_{T,n}\mathrm{d}p + \sum_{\mathrm{B}=1}^{\mathrm{k}}\left(\frac{\partial X}{\partial n_{\mathrm{B}}}\right)_{T,p,n_j(j\neq \mathrm{B})}\mathrm{d}n_{\mathrm{B}}\end{aligned} \quad (2\text{-}62)$$

上式中，前两项的下角标 n 表示系统中所有组分的物质的量均保持不变，后面各项中的下角标 n_{j} 表示除 B 物质以外的其他组分的物质的量保持不变。令：

$$X_{\mathrm{B,m}} = \left(\frac{\partial X}{\partial n_{\mathrm{B}}}\right)_{T,p,n_j(j\neq \mathrm{B})} \quad (2\text{-}63)$$

$X_{\mathrm{B,m}}$ 称为多组分系统中 B 物质的广度性质 X 的偏摩尔量（partial molar quantity）。则式（2-62）可表示为：

$$dX=\left(\frac{\partial X}{\partial T}\right)_{p,n}dT+\left(\frac{\partial X}{\partial p}\right)_{T,n}dp+\sum_{B=1}^{k}X_{B,m}dn_B \quad (2\text{-}64)$$

等温、等压条件下，则：

$$dX=X_{1,m}dn_1+X_{2,m}dn_2+\cdots=\sum_{B=1}^{k}X_{B,m}dn_B \quad (2\text{-}65)$$

偏摩尔量的物理意义为：在等温、等压条件下，保持 B 以外的其他组分 n_j 不变，只有 B 组分物质的量 n_B 发生微小变化所引起的系统广度性质 X 的变化率；也相当于在一个足够大的且组成保持不变的多组分系统中，加入单位物质的量的 B 组分所引起的系统广度性质 X 的变化。

X 表示均相系统任意的广度性质，因此系统的广度性质都可以写出有相应的偏摩尔量，即

偏摩尔体积 $V_{B,m}=\left(\frac{\partial V}{\partial n_B}\right)_{T,p,n_j(j\neq B)}$　　偏摩尔热力学能 $U_{B,m}=\left(\frac{\partial U}{\partial n_B}\right)_{T,p,n_j(j\neq B)}$

偏摩尔焓 $H_{B,m}=\left(\frac{\partial H}{\partial n_B}\right)_{T,p,n_j(j\neq B)}$　　偏摩尔亥姆霍兹自由能 $F_{B,m}=\left(\frac{\partial F}{\partial n_B}\right)_{T,p,n_j(j\neq B)}$

偏摩尔熵 $S_{B,m}=\left(\frac{\partial S}{\partial n_B}\right)_{T,p,n_j(j\neq B)}$　　偏摩尔吉布斯自由能 $G_{B,m}=\left(\frac{\partial G}{\partial n_B}\right)_{T,p,n_j(j\neq B)}$

使用偏摩尔量时应当注意：①只有多组分系统的广度性质才具有偏摩尔量，例如多组分系统的偏摩尔体积；对应单一组分的系统的广度性质，则是摩尔量，例如纯物质的摩尔体积；②与摩尔量一样，偏摩尔量属于强度性质，在等温等压下偏摩尔量只与系统的组成有关，与系统的量无关；③只有在等温、等压且其他组分的量不变的情况下，一个广度性质对组分 B 的物质的量的偏微分才称为偏摩尔量，故偏摩尔量的下角标均为 T, p, n_j，如偏微商 $\left(\frac{\partial X}{\partial n_B}\right)_{T,V,n_j(j\neq B)}$ 就不能称为偏摩尔量。

2. 偏摩尔量的加和公式 由于偏摩尔量属于强度性质，在等温等压下只与系统的组成有关，与系统的量无关，因此在等温等压且保持系统组成不变的条件下，按照一定的比例向系统中加入各组分，则各组分的偏摩尔量均保持不变。对式（2-65）积分可得：

$$\begin{aligned}X&=X_{1,m}\int_0^{n_1}dn_1+X_{2,m}\int_0^{n_2}dn_2+\cdots+X_{k,m}\int_0^{n_k}dn_k\\&=n_1X_{1,m}+n_2X_{2,m}+\cdots+n_kX_{k,m}\end{aligned}$$

即

$$X=\sum_{B=1}^{k}n_BX_{B,m} \quad (2\text{-}66)$$

式（2-66）称为偏摩尔量的加和公式，也称为偏摩尔量的集合公式。从加和公式可以看出，均相系统的广度性质 X 等于各组分物质的量与相应偏摩尔量乘积之和。例如，由两个组分 1 和 2 组成的均相系统，其体积为：

$$V=n_1V_{1,m}+n_2V_{2,m}$$

2.8.2 化学势

在多组分均相系统中，系统的任何热力学性质不仅仅与两个独立变量有关，同时也与系统组成 n_B 有关，因此在热力学基本公式中要添加变量 n_B 作为考虑因素，即

$$U = f(S, V, n_1, n_2, \cdots, n_k)$$
$$H = f(S, p, n_1, n_2, \cdots, n_k)$$
$$F = f(T, V, n_1, n_2, \cdots, n_k)$$
$$G = f(T, p, n_1, n_2, \cdots, n_k)$$

全微分形式为

$$\mathrm{d}U = \left(\frac{\partial U}{\partial S}\right)_{V,n} \mathrm{d}S + \left(\frac{\partial U}{\partial V}\right)_{S,n} \mathrm{d}V + \sum_{\mathrm{B}=1}^{k}\left(\frac{\partial U}{\partial n_{\mathrm{B}}}\right)_{S,V,n_j(j\neq \mathrm{B})} \mathrm{d}n_{\mathrm{B}}$$

$$\mathrm{d}H = \left(\frac{\partial H}{\partial S}\right)_{p,n} \mathrm{d}S + \left(\frac{\partial H}{\partial p}\right)_{S,n} \mathrm{d}p + \sum_{\mathrm{B}=1}^{k}\left(\frac{\partial H}{\partial n_{\mathrm{B}}}\right)_{S,p,n_j(j\neq \mathrm{B})} \mathrm{d}n_{\mathrm{B}}$$

$$\mathrm{d}F = \left(\frac{\partial F}{\partial T}\right)_{V,n} \mathrm{d}T + \left(\frac{\partial F}{\partial V}\right)_{T,n} \mathrm{d}V + \sum_{\mathrm{B}=1}^{k}\left(\frac{\partial F}{\partial n_{\mathrm{B}}}\right)_{T,V,n_j(j\neq \mathrm{B})} \mathrm{d}n_{\mathrm{B}}$$

$$\mathrm{d}G = \left(\frac{\partial G}{\partial T}\right)_{p,n} \mathrm{d}T + \left(\frac{\partial G}{\partial p}\right)_{T,n} \mathrm{d}p + \sum_{\mathrm{B}=1}^{k}\left(\frac{\partial G}{\partial n_{\mathrm{B}}}\right)_{T,p,n_j(j\neq \mathrm{B})} \mathrm{d}n_{\mathrm{B}}$$

上面四个全微分式中，每一个式子的前两项与单组分系统的热力学基本公式相符，因此可以引入单组分系统热力学基本公式将四个微分式变为：

$$\mathrm{d}U = T\mathrm{d}S - p\mathrm{d}V + \sum_{\mathrm{B}=1}^{k}\left(\frac{\partial U}{\partial n_{\mathrm{B}}}\right)_{S,V,n_j(j\neq \mathrm{B})} \mathrm{d}n_{\mathrm{B}} \quad (\text{I})$$

$$\mathrm{d}H = T\mathrm{d}S + V\mathrm{d}p + \sum_{\mathrm{B}=1}^{k}\left(\frac{\partial H}{\partial n_{\mathrm{B}}}\right)_{S,p,n_j(j\neq \mathrm{B})} \mathrm{d}n_{\mathrm{B}} \quad (\text{II})$$

$$\mathrm{d}F = -S\mathrm{d}T - p\mathrm{d}V + \sum_{\mathrm{B}=1}^{k}\left(\frac{\partial F}{\partial n_{\mathrm{B}}}\right)_{T,V,n_j(j\neq \mathrm{B})} \mathrm{d}n_{\mathrm{B}} \quad (\text{III}) \qquad (2\text{-}67)$$

$$\mathrm{d}G = -S\mathrm{d}T + V\mathrm{d}p + \sum_{\mathrm{B}=1}^{k}\left(\frac{\partial G}{\partial n_{\mathrm{B}}}\right)_{T,p,n_j(j\neq \mathrm{B})} \mathrm{d}n_{\mathrm{B}} \quad (\text{IV})$$

从式（2-67）可以看出，多组分系统与单组分系统的热力学基本公式是相似的，不同之处仅仅在于后面加上了一个偏微商，特别要注意的是由于每个热力学函数所选择的独立变量各不相同，因此四个偏微商的下标都是不同的。

在热力学中我们将以下这四个偏微商$\left(\frac{\partial U}{\partial n_{\mathrm{B}}}\right)_{S,V,n_j(j\neq \mathrm{B})}$、$\left(\frac{\partial H}{\partial n_{\mathrm{B}}}\right)_{S,p,n_j(j\neq \mathrm{B})}$、$\left(\frac{\partial F}{\partial n_{\mathrm{B}}}\right)_{T,V,n_j(j\neq \mathrm{B})}$和$\left(\frac{\partial G}{\partial n_{\mathrm{B}}}\right)_{T,p,n_j(j\neq \mathrm{B})}$定义为化学势（chemical potential），用μ_{B}表示，通过证明（证明过程略）可以得知这四个偏微商是等价的，即：

$$\mu_{\mathrm{B}} = \left(\frac{\partial U}{\partial n_{\mathrm{B}}}\right)_{S,V,n_j(j\neq \mathrm{B})} = \left(\frac{\partial H}{\partial n_{\mathrm{B}}}\right)_{S,p,n_j(j\neq \mathrm{B})} = \left(\frac{\partial F}{\partial n_{\mathrm{B}}}\right)_{T,V,n_j(j\neq \mathrm{B})} = \left(\frac{\partial G}{\partial n_{\mathrm{B}}}\right)_{T,p,n_j(j\neq \mathrm{B})} \qquad (2\text{-}68)$$

式（2-68）中的四个偏微商称为化学势的广义定义，将式（2-68）分别带入式（2-67）可得到多组分系统的热力学基本公式：

$$dU = TdS - pdV + \sum_B \mu_B dn_B$$

$$dH = TdS + Vdp + \sum_B \mu_B dn_B$$

$$dF = -SdT - pdV + \sum_B \mu_B dn_B$$

$$dG = -SdT + Vdp + \sum_B \mu_B dn_B$$

在这四个化学势的定义中，$\mu_B = \left(\frac{\partial G}{\partial n_B}\right)_{T,p,n_j(j\neq B)}$ 恰好与偏摩尔吉布斯自由能的形式一样，考虑到大多数反应又是在等温等压下进行，因此该化学势应用最广、最为重要。不做特殊说明的情况下，化学势 μ_B 一般就是指偏摩尔吉布斯自由能，又称为化学势的狭义定义。在判断相变化和化学变化时，化学势十分有用，因为在变化过程中物质 B 总是从化学势高的相转入到化学势低的相，直至平衡。

2.8.3　多组分系统中的化学势

对于多组分系统，$dG = -SdT + Vdp + \sum_B \mu_B dn_B$，在等温等压条件下，该式可表示为 $dG = \sum_B \mu_B dn_B$。

已知等温等压且不做非体积功的条件下，过程的自发性判据为

$$dG_{T,P,W'=0} \leqslant 0 \begin{cases} <0 & \text{不可逆，自发} \\ =0 & \text{可逆，系统到达平衡} \end{cases}$$

因此可以在相同条件下，利用化学势作为多组分系统过程方向与限度的判据，即

$$\sum_B \mu_B dn_B \leqslant 0 \begin{cases} <0 & \text{不可逆，自发} \\ =0 & \text{可逆，系统到达平衡} \end{cases}$$

1. 化学变化和相变化中的化学势

（1）化学变化中的化学势：对于一个化学反应

$$dD + eE \longrightarrow gG + hH$$

在等温等压下，当有 d mol 的 D 发生反应时，则必然有 e mol 的 E 发生反应，同时也就有 g mol 的 G 和 h mol 的 H 生成，反应的吉布斯自由能变化为：

$$\begin{aligned} dG &= \sum_B \mu_B dn_B \\ &= g\mu_G dn + h\mu_H dn - d\mu_D dn - e\mu_E dn \\ &= (g\mu_G + h\mu_H - d\mu_D - e\mu_E)dn \end{aligned}$$

由于 dn 为正，因此若反应物的化学势之和大于产物的化学势之和，则 $dG<0$，说明反应可以正向自发进行，直至反应物的化学势之和等于产物的化学势之和，此时反应就达到了平衡。反之，反应则逆向自发进行，直至平衡。

（2）相变化中的化学势：设有一多组分系统由 α、β 两相组成，在等温、等压条件下，有 dn_B 的 B 组分从 α 相转移至 β 相，此时系统的吉布斯自由能变化为：

$$\begin{aligned} dG &= dG^{\alpha} + dG^{\beta} \\ &= -\mu_B^{\alpha} dn_B + \mu_B^{\beta} dn_B \\ &= \left(\mu_B^{\beta} - \mu_B^{\alpha}\right) dn_B \end{aligned}$$

由于 dn_B 为正，因此若 $\mu_B^{\beta} - \mu_B^{\alpha} < 0$，则 $dG < 0$，说明 B 组分可以自发地从化学势高的 α 相转移至化学势低的 β 相，直至在两相中的化学势相等，即 $dG = 0$，此时 B 组分在两相中的分配将达到平衡。

通过以上研究可知，如同电势决定了电流的方向与限度、水势决定水流的方向与限度一样，化学势是物质传递过程方向和限度的判据。

2. 理想气体和非理想气体的化学势

（1）单组分理想气体的化学势：对于单组分理想气体而言，化学势就是其摩尔吉布斯自由能 G_m，则有：

$$dG_m = d\mu = -S_m dT + V_m dp$$

对于理想气体的等温过程，上式可以写为：

$$d\mu = V_m dp$$

代入理想气体状态方程式，得：

$$d\mu = RT d\ln p$$

如果压力从 $p^{\ominus}$ 变至 p，则化学势就从 $\mu^{\ominus}$ 变成 μ，对上式积分，可得：

$$\mu = \mu^{\ominus}(T) + RT\ln\frac{p}{p^{\ominus}} \tag{2-69}$$

若将处于标准压力 $p^{\ominus}$ 及一定温度时的状态规定为理想气体的标准态，则式（2-69）中 $\mu^{\ominus}(T)$ 就是理想气体的标准化学势，因为压力规定为标准压力，所以 $\mu^{\ominus}(T)$ 仅是温度的函数。

（2）混合理想气体的化学势：对于混合理想气体而言，其微观模型与单一理想气体是一致的，即分子体积和分子之间的相互作用均可忽略，因此混合理想气体中组分 B 的行为与该气体单独存在时的状态相同，故可以在单种理想气体化学势表示式的基础上，将压力 p 改为混合物中 B 气体的分压 p_B 从而得到其化学势的表达式，即：

$$\mu_B = \mu_B^{\ominus}(T) + RT\ln\frac{p_B}{p^{\ominus}} \tag{2-70}$$

上式中，$\mu_B^{\ominus}(T)$ 是组分 B 的标准化学势，其状态等于 B 单独处于混合理想气体所处温度和标准压力下的状态。

（3）非理想（实际）气体的化学势：非理想气体的化学势与理想气体的化学势表示类似，区别在于需要通过对实际气体的压力的修正来表示，即采用逸度（fugacity）代替，实际气体的化学势可以表示为：

$$\mu_B = \mu_B^{\ominus}(T) + RT\ln\frac{f_B}{p_B^{\ominus}} \tag{2-71}$$

上式中的 f_B 称为气体的逸度，也称为有效压力或校正压力，它是对压力的修正，即 $f = \gamma p$，其中 γ 称为逸度因子（fugacity factor）或逸度系数。逸度因子的大小反映实际气体与理想气体性质的偏差程度，当 γ 趋近于 1 时，说明实际气体的行为趋近于理想气体，此时，即逸度趋近于压力。

由于实际气体的化学势是通过对理想气体表示式中压力的修正来表示的，所以式（2-71）中的 $\mu_B^{\ominus}(T)$ 仍是理想气体的标准化学势。由此可知，不论是纯气体还是混合气体，不论是理想气体还是实际气体，其标准态化学势都是指当 $p_B = p^{\ominus}$ 时，具有理想气体性质的纯气体的化学势。

3. 液态混合物和溶液的化学势

（1）稀溶液的两个经验定律：在稀溶液中，溶剂服从拉乌尔定律（Raoult's law）。法国化学家

拉乌尔通过大量研究关于加入非挥发性溶质所引起溶剂蒸气压下降的实验结果，于 1887 年总结出一个重要的经验定律，称为拉乌尔定律。即：一定温度下，稀溶液中溶剂 A 的蒸气压 p_A 等于纯溶剂的蒸气压 p_A^* 乘以溶液中溶剂的摩尔分数 x_A。数学表达式为

$$p_A = p_A^* x_A \tag{2-72}$$

式（2-72）表明，溶剂的蒸气压只与 p_A^* 和 x_A 有关，而与溶质种类无关。若溶液中只有一种溶质 B，则 $x_A + x_B = 1$，则上式可写为

$$p_A^* - p_A = p_A^* x_B$$

上式说明溶剂的蒸气压下降与溶质在溶液中的摩尔分数成正比。

与溶剂不同，稀溶液中的溶质则服从亨利定律（Henry's law）。通过大量实验研究，英国化学家亨利于 1803 年总结出一个重要的经验定律，称为亨利定律。即：在一定温度、压力的平衡状态下，气体或挥发性溶质在溶剂中的溶解度（x_B，m_B 或 c_B）与该溶质的平衡分压 p_B 成正比。数学表达式为

$$\begin{aligned} p_B &= k_{x,B} \cdot x_B \quad (\text{I}) \\ p_B &= k_{m,B} \cdot m_B \quad (\text{II}) \\ p_B &= k_{c,B} \cdot c_B \quad (\text{III}) \end{aligned} \tag{2-73}$$

上式中，x_B，m_B 和 c_B 分别是溶质 B 的摩尔分数、质量摩尔浓度和物质的量浓度；$k_{x,B}$，$k_{m,B}$ 和 $k_{c,B}$ 分别是与相应浓度所对应的比例系数，亦称为亨利系数，显然由于浓度表示法不相同，因此三种亨利系数的单位也不一样，但是三者之间可以相互换算。

（2）理想液态混合物的化学势：所谓理想液态混合物是指在一定温度和压力下，任一组分在全部浓度范围内均服从拉乌尔定律的多组分液态系统。理想液态混合物中，各组分分子体积相同、分子间作用力相同，各组分混合后无体积变化和热效应，构成混合物时各组分之间只有稀释作用。

事实上，自然界中并不存在真正的理想液态混合物，但是某些物质的混合物如：二甲苯的三种异构体的混合物、苯和甲苯的混合物等是可以近似当作理想液态混合物的。理想液态混合物服从的规律比较简单，特别是适用于理想液态混合物的公式稍加修正就可用于研究实际溶液，因此研究理想液态混合物是十分必要的。

若一定温度和压力下，某理想液态混合物达到处于气液两相平衡的状态，则混合物中某一组分 B 在两相中的化学势必然相等，即：

$$\mu_{B,l} = \mu_{B,g} = \mu_B^\ominus(T) + RT\ln\frac{p_B}{p^\ominus} \tag{2-74}$$

由于每一组分均遵守拉乌尔定律，即 $p_B = p_B^* x_B$，代入式（2-74），得：

$$\mu_B = \mu_B^\ominus(T) + RT\ln\frac{p_B^*}{p^\ominus} + RT\ln x_B$$

将上式等号右侧前两项合并表示为：

$$\mu_B^\ominus(T) + RT\ln\frac{p_B^*}{p^\ominus} = \mu_B^*(T,p) \tag{2-75}$$

$\mu_B^*(T,p)$ 表示 $x_B = 1$，即纯液体 B 在温度 T 和压力 p 时的化学势。因此可得到：

$$\mu_B = \mu_B^*(T,p) + RT\ln x_B \tag{2-76}$$

式（2-76）即为理想液态混合物中任一组分 B 的化学势表示式。

（3）理想稀溶液的化学势：理想稀溶液中溶剂服从拉乌尔定律，参照理想液态混合物中化学势的表示方法，即根据式（2-76），可得到溶剂 A 的化学势表示式

$$\mu_A = \mu_A^*(T,p) + RT\ln x_A \tag{2-77}$$

式中，$\mu_A^*(T,p)$ 是指当 $x_A=1$，即纯液体 A 在温度 T 和压力 p 时的化学势。

理想稀溶液中的溶质服从亨利定律。则在一定温度下，当气液两相达到平衡时，溶质 B 的化学势也符合式（2-74），即：

$$\mu_{B,l}=\mu_{B,g}=\mu_B^{\ominus}(T)+RT\ln\frac{p_B}{p^{\ominus}}$$

若将亨利定律的三个表达式分别代入上式可得：

$$\begin{aligned}\mu_B&=\mu_B^{\ominus}(T)+RT\ln\frac{k_{x,B}}{p^{\ominus}}+RT\ln x_B &\text{(I)}\\ \mu_B&=\mu_B^{\ominus}(T)+RT\ln\frac{k_{m,B}m^{\ominus}}{p^{\ominus}}+RT\ln\frac{m_B}{m^{\ominus}} &\text{(II)}\\ \mu_B&=\mu_B^{\ominus}(T)+RT\ln\frac{k_{c,B}c^{\ominus}}{p^{\ominus}}+RT\ln\frac{c_B}{c^{\ominus}} &\text{(III)}\end{aligned} \tag{2-78}$$

合并等号右侧前两项，分别用 $\mu_B^*(T,p)$、$\mu_{B,m}^*(T,p)$ 和 $\mu_{B,c}^*(T,p)$ 表示，可得：

$$\begin{aligned}\mu_B&=\mu_B^*(T,p)+RT\ln x_B &\text{(I)}\\ \mu_B&=\mu_{B,m}^*(T,p)+RT\ln m_r &\text{(II)}\\ \mu_B&=\mu_{B,c}^*(T,p)+RT\ln c_r &\text{(III)}\end{aligned} \tag{2-79}$$

上式中，$\mu_B^*(T,p)$ 是 $x_B=1$ 且仍服从亨利定律的假想状态的化学势，$\mu_{B,m}^*(T,p)$ 和 $\mu_{B,c}^*(T,p)$ 分别是当 $m_B=1\ \text{mol}\cdot\text{kg}^{-1}$ 和 $c_B=1\ \text{mol}\cdot\text{L}^{-1}$ 时仍服从亨利定律的溶质 B 的化学势，是一种假想状态；m_r 和 c_r 表示相对浓度。

（4）非理想（实际）溶液的化学势：非理想溶液是指溶剂不完全服从拉乌尔定律，溶质也不完全服从亨利定律的实际溶液。为简便起见，人们参考实际气体的研究方法，引入了活度的概念，即在保持标准态不变的前提下，将实际溶液对理想态的偏差，全部反映在对实际溶液浓度的修正上。

实际溶液中溶剂 A 的活度可表示为：

$$a_{A,x}=\gamma_x x_A$$

上式中，$a_{A,x}$ 是用摩尔分数表示的 A 组分的活度（activity），亦称为 A 的有效浓度；γ_x 称为活度因子（activity factor）或活度系数，活度因子的大小反映了实际溶液与液态混合物的偏差程度。当 x_A 趋近于 1 时，γ_x 也趋近于 1，则活度近似等于浓度，表示溶液趋近于理想溶液。引入活度概念后，实际溶液中溶剂 A 的化学势可表示为：

$$\mu_A=\mu_A^*(T,p)+RT\ln\gamma_x x_A=\mu_A^*(T,p)+RT\ln a_{A,x} \tag{2-80}$$

对于实际溶液中溶质 B 的化学势，则有：

$$\mu_B=\mu_B^*(T,p)+RT\ln a_{B,x}$$

$$\mu_B=\mu_{B,m}^*(T,p)+RT\ln a_{B,m}$$

$$\mu_B=\mu_{B,c}^*(T,p)+RT\ln a_{B,c}$$

上式中，$\mu_B^*(T,p)$、$\mu_{B,m}^*(T,p)$ 和 $\mu_{B,c}^*(T,p)$ 的意义与理想稀溶液中的溶质 B 一样，且：

$$a_{B,x}=\gamma_x x_B$$

$$a_{B,m}=\gamma_m m_B$$

$$a_{B,c}=\gamma_c c_B$$

其中 γ_x、γ_m 和 γ_c 为对应不同浓度表示法的活度因子。

思考题 2-6 参考答案

【思考题 2-6】 溶液中既含有溶质，也含有溶剂，因此说溶液的化学势就等于溶液中溶质和溶剂的化学势之和，这种说法是否正确？

知识梳理 2-2 多组分系统热力学

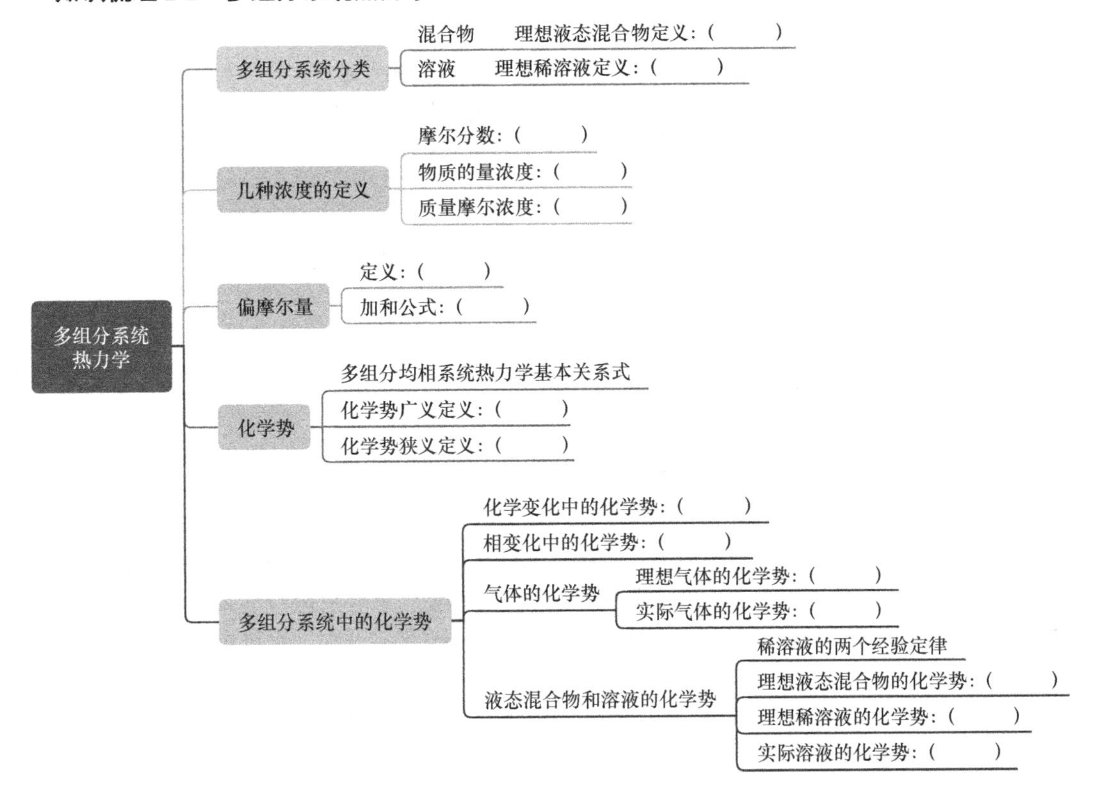

2.9 化学平衡

化学反应都是向正、反两个方向同时进行的，但有些反应正向进行的程度非常大，而逆向进行的程度非常小，有的逆向反应甚至可以忽略不计，像这种进行得“彻底”的反应我们称之为单向反应；而大多数化学反应正、反两个方向进行得都很明显，这类反应称为可逆反应。当可逆反应中正、反两个方向的反应速率相等时，化学反应就达到平衡。平衡后若外界条件不变，则系统中各组分的数量和种类就不再随时间发生变化，而当外界条件发生改变时，平衡状态也会随之改变，直至达到新的平衡状态。化学平衡是化学反应在一定条件下的限度，也反映出化学反应的可能性问题，因此研究化学平衡是十分必要的。

2.9.1 化学反应方向和平衡的热力学条件

假设任意封闭系统中发生一化学反应：

$$d\mathrm{D} + e\mathrm{E} \rightleftharpoons g\mathrm{G} + h\mathrm{H}$$

当其发生一微小变化时，系统吉布斯自由能的变化为：

$$\mathrm{d}G = -S\mathrm{d}T + V\mathrm{d}p + \sum_{\mathrm{B}} \mu_{\mathrm{B}} \mathrm{d}n_{\mathrm{B}}$$

若变化在等温、等压条件下进行，则有：

$$\begin{aligned} \mathrm{d}G_{T,p} &= \sum_{\mathrm{B}} \mu_{\mathrm{B}} \mathrm{d}n_{\mathrm{B}} \\ &= \mu_{\mathrm{D}} \mathrm{d}n_{\mathrm{D}} + \mu_{\mathrm{E}} \mathrm{d}n_{\mathrm{E}} + \mu_{\mathrm{G}} \mathrm{d}n_{\mathrm{G}} + \mu_{\mathrm{H}} \mathrm{d}n_{\mathrm{H}} \end{aligned}$$

根据反应进度 ξ 的定义 $\mathrm{d}n_{\mathrm{B}}=\nu_{\mathrm{B}}\mathrm{d}\xi$

则：

$$\begin{aligned}\mathrm{d}G_{T,p}&=\mu_{\mathrm{D}}\mathrm{d}n_{\mathrm{D}}+\mu_{\mathrm{E}}\mathrm{d}n_{\mathrm{E}}+\mu_{\mathrm{G}}\mathrm{d}n_{\mathrm{G}}+\mu_{\mathrm{H}}\mathrm{d}n_{\mathrm{H}}\\&=-d\mu_{\mathrm{D}}\mathrm{d}\xi-e\mu_{\mathrm{E}}\mathrm{d}\xi+g\mu_{\mathrm{G}}\mathrm{d}\xi+h\mu_{\mathrm{H}}\mathrm{d}\xi\\&=(-d\mu_{\mathrm{D}}-e\mu_{\mathrm{E}}+g\mu_{\mathrm{G}}+h\mu_{\mathrm{H}})\mathrm{d}\xi\end{aligned}$$

即：

$$\mathrm{d}G_{T,p}=\sum_{\mathrm{B}}\nu_{\mathrm{B}}\mu_{\mathrm{B}}\mathrm{d}\xi \tag{2-81}$$

将式（2-81）表示为偏微商形式，得：

$$\left(\frac{\partial G}{\partial \xi}\right)_{T,p}=\sum_{\mathrm{B}}\nu_{\mathrm{B}}\mu_{\mathrm{B}} \tag{2-82}$$

若 $\xi=1\ \mathrm{mol}$，则上式又可表示为

$$(\Delta_{\mathrm{r}}G_{\mathrm{m}})_{T,p}=\sum_{\mathrm{B}}\nu_{\mathrm{B}}\mu_{\mathrm{B}} \tag{2-83}$$

式（2-82）和式（2-83）适用于等温、等压且不做非体积功的化学反应。在反应中各物质的化学势 μ_{B} 保持不变的前提是各物质的浓度应当保持不变。因此，若在有限量的系统中发生一个微小的变化，即 ξ 很小，或者是在大量的系统中发生进度为 1 mol 的变化时，系统中各物质的浓度均可视为保持不变，因而各物质的化学势 μ_{B} 亦可视为不变。

对于一定量的反应系统，在 ξ 从 0～1 mol 的变化过程中，系统中各物质的组成、μ_{B} 及系统总的吉布斯自由能 G 也随之变化，这种变化可通过图 2-7 来表示。

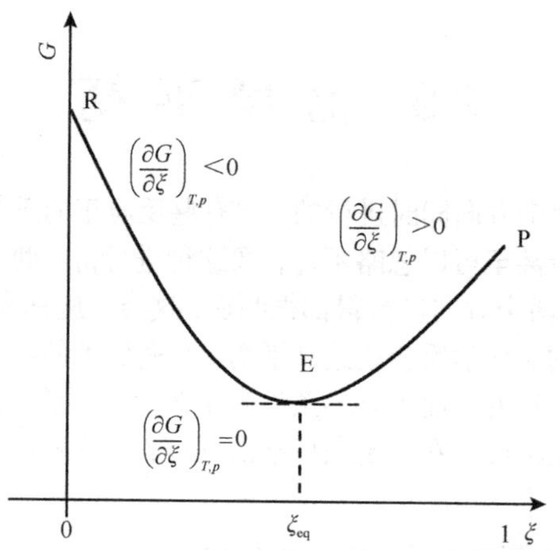

图 2-7 化学反应中系统吉布斯自由能与反应进度的关系

图中纵坐标为 G，横坐标为 ξ，R 点是反应物的吉布斯自由能，P 点是产物的吉布斯自由能，曲线表示反应中 G 随 ξ 的变化情况。曲线上每一点都代表了系统在反应中所处的状态，且曲线上每一点的切线的斜率为偏微商 $\left(\frac{\partial G}{\partial \xi}\right)_{T,p}$。

反应开始后的 R→E 段，有：

$$(\Delta_{\mathrm{r}}G_{\mathrm{m}})_{T,p}=\left(\frac{\partial G}{\partial \xi}\right)_{T,p}<0 \quad 或 \quad \sum_{\mathrm{B}}\nu_{\mathrm{B}}\mu_{\mathrm{B}}<0 \tag{2-84}$$

表示反应可以正向自发进行。

曲线的 E→P 段，有：

$$(\Delta_r G_m)_{T,p} = \left(\frac{\partial G}{\partial \xi}\right)_{T,p} > 0 \text{ 或} \sum_B \nu_B \mu_B > 0 \tag{2-85}$$

表示反应不能正向自发进行，即表示反应逆向自发进行。

在曲线的 E 点处，有：

$$(\Delta_r G_m)_{T,p} = \left(\frac{\partial G}{\partial \xi}\right)_{T,p} = 0 \text{ 或} \sum_B \nu_B \mu_B = 0 \tag{2-86}$$

表示反应达到了平衡。从图 2-7 中可以看出，此时系统吉布斯自由能达到了最低点，反应物与产物不论是种类还是数量，从整体上看不再发生变化。由此可以明确，达到化学平衡就是化学反应的最终限度，而式（2-86）就是化学平衡的热力学条件。

2.9.2 化学反应等温式及标准平衡常数

1. 化学反应等温式 设在等温、等压条件下，发生一理想气体化学反应

$$d\text{D} + e\text{E} \rightleftharpoons g\text{G} + h\text{H}$$

系统的吉布斯自由能变为：

$$\Delta_r G_m = \sum_B \nu_B \mu_B$$

将理想气体化学势表示式 $\mu_B = \mu_B^\ominus(T) + RT\ln\frac{p_B}{p^\ominus}$ 代入上式，可得：

$$\Delta_r G_m = \sum_B \nu_B \left(\mu_B^\ominus(T) + RT\ln\frac{p_B}{p^\ominus}\right)$$

$$= \sum_B \nu_B \mu_B^\ominus(T) + \sum_B \nu_B RT\ln\frac{p_B}{p^\ominus}$$

即：

$$\Delta_r G_m = g\mu_G^\ominus + h\mu_H^\ominus - d\mu_D^\ominus - e\mu_E^\ominus + RT\ln\frac{\left(\frac{p_G}{p^\ominus}\right)^g \left(\frac{p_H}{p^\ominus}\right)^h}{\left(\frac{p_D}{p^\ominus}\right)^d \left(\frac{p_E}{p^\ominus}\right)^e} \tag{2-87}$$

令：

$$\Delta_r G_m^\ominus = g\mu_G^\ominus + h\mu_H^\ominus - d\mu_D^\ominus - e\mu_E^\ominus \tag{2-88}$$

式中，$\Delta_r G_m^\ominus$ 称为反应的标准吉布斯自由能变。

令：

$$Q_p = \frac{\left(\frac{p_G}{p^\ominus}\right)^g \left(\frac{p_H}{p^\ominus}\right)^h}{\left(\frac{p_D}{p^\ominus}\right)^d \left(\frac{p_E}{p^\ominus}\right)^e} \tag{2-89}$$

Q_p 称为压力商，为产物压力与标准压力之比的相应系数次方的乘积除以反应物压力与标准压力之比的相应系数次方的乘积。

因此，式（2-87）可以表示为：

$$\Delta_r G_m = \Delta_r G_m^{\ominus} + RT\ln Q_p \tag{2-90}$$

上式就称为化学反应等温式（chemical reaction isotherm）。根据式（2-90）可以看出：只要知道了一定温度下的$\Delta_r G_m^{\ominus}$，代入反应中各物质的压力，即可求得$\Delta_r G_m$，从而判断出化学反应的方向和限度。对于任意的化学反应，若将压力商换为相应的逸度商Q_f、浓度商Q_c或活度商Q_a（以上均称为反应商Q）就可以得到实际气体、理想稀溶液或实际溶液反应的等温式。

2. 化学反应标准平衡常数 对于上述理想气体反应，当反应达到平衡时$\Delta_r G_m = 0$，因此有

$$\Delta_r G_m^{\ominus}(T) = -RT\ln\frac{\left(\frac{p_G}{p^{\ominus}}\right)_{eq}^{g}\left(\frac{p_H}{p^{\ominus}}\right)_{eq}^{h}}{\left(\frac{p_D}{p^{\ominus}}\right)_{eq}^{d}\left(\frac{p_E}{p^{\ominus}}\right)_{eq}^{e}} \tag{2-91}$$

由于一定温度下，$\mu_B^{\ominus}$为一定值，因此$\Delta_r G_m^{\ominus}$也为定值，因而式（2-91）中等号右侧对数项亦为定值。将此定值用$K_p^{\ominus}$（平衡常数）表示。

$$K_p^{\ominus} = \frac{\left(\frac{p_G}{p^{\ominus}}\right)_{eq}^{g}\left(\frac{p_H}{p^{\ominus}}\right)_{eq}^{h}}{\left(\frac{p_D}{p^{\ominus}}\right)_{eq}^{d}\left(\frac{p_E}{p^{\ominus}}\right)_{eq}^{e}} \tag{2-92}$$

$\mu_B^{\ominus}$对应反应中各物质的标准态，因此，$K_p^{\ominus}$称为化学反应的标准平衡常数（standard equilibrium constant），或热力学平衡常数。由于$\mu_B^{\ominus}$只是温度的函数，因此$K_p^{\ominus}$亦只是温度的函数，且量纲为1。为简化书写，式（2-91）和式（2-92）中的“eq”可以被省略。将$K_p^{\ominus}$代入后，式（2-91）可以表示为：

$$\Delta_r G_m^{\ominus}(T) = -RT\ln K_p^{\ominus} \tag{2-93}$$

同理，将$K_p^{\ominus}$代入后，式（2-90）可以表示为：

$$\Delta_r G_m = -RT\ln K_p^{\ominus} + RT\ln Q_p \tag{2-94}$$

式（2-94）是化学反应等温式的另一表示式。推广到理想气体之外的任意化学反应，式（2-93）和式（2-94）可用如下通式表示

$$\Delta_r G_m^{\ominus}(T) = -RT\ln K_a^{\ominus} \tag{2-95}$$

$$\Delta_r G_m = -RT\ln K_a^{\ominus} + RT\ln Q_a \tag{2-96}$$

其中，a为广义活度，对于气体代表压力（或逸度），对于溶液则代表浓度（或活度）。从式（2-96）可以看出，当$K_a^{\ominus} > Q_a$时，$\Delta_r G_m < 0$，反应正向自发进行；当$K_a^{\ominus} < Q_a$时，$\Delta_r G_m > 0$，反应逆向自发进行；当$K_a^{\ominus} = Q_a$时，$\Delta_r G_m = 0$，反应达到平衡。

3. 平衡常数的表示方法 由于不同系统中反应物、产物的浓度表示方法及化学势的表示方法不同，因此气相反应、液相反应和多相反应中$K^{\ominus}$的表示方法也不相同。总的来说只要能够正确表示出各组分的化学势即可求得相应的反应平衡常数。

（1）理想气体反应的平衡常数：式（2-92）即为理想气体反应的平衡常数表达式，即：

$$K_p^{\ominus} = \frac{\left(\frac{p_G}{p^{\ominus}}\right)_{eq}^{g}\left(\frac{p_H}{p^{\ominus}}\right)_{eq}^{h}}{\left(\frac{p_D}{p^{\ominus}}\right)_{eq}^{d}\left(\frac{p_E}{p^{\ominus}}\right)_{cq}^{e}}$$

当理想气体反应达到平衡时，其压力商就是平衡常数。特别要注意的是，反应方程式的计量数不同，平衡常数的值亦不相同。

（2）非理想（实际）气体反应的平衡常数：对于实际气体反应可参照理想气体反应的平衡常数表达式，用实际气体的逸度 f_B 代替 p_B，即：

$$K_f^{\ominus} = \frac{\left(\frac{f_G}{p^{\ominus}}\right)_{eq}^{g}\left(\frac{f_H}{p^{\ominus}}\right)_{eq}^{h}}{\left(\frac{f_D}{p^{\ominus}}\right)_{eq}^{d}\left(\frac{f_E}{p^{\ominus}}\right)_{eq}^{e}} \tag{2-97}$$

根据 $f_B = \gamma_B p_B$，则上式可改写为

$$K_f^{\ominus} = \frac{\left(\frac{\gamma_G p_G}{p^{\ominus}}\right)_{eq}^{g}\left(\frac{\gamma_H p_H}{p^{\ominus}}\right)_{eq}^{h}}{\left(\frac{\gamma_D p_D}{p^{\ominus}}\right)_{eq}^{d}\left(\frac{\gamma_E p_E}{p^{\ominus}}\right)_{eq}^{e}} = K_p^{\ominus} K_\gamma \tag{2-98}$$

通过上式可以看出，当压力趋近于 0 时，K_γ 趋近于 1，则 $K_f^{\ominus} = K_p^{\ominus}$，实际气体趋近于理想气体。此外，由于气体的逸度因子与温度和压力有关，故 $K_f^{\ominus}$ 也与温度和压力有关。

（3）理想液态混合物反应的平衡常数：对于理想液态混合物，反应商 Q 用摩尔分数表示，当反应达到平衡时根据等温式有

$$\Delta_r G_m = -RT\ln K_x^{\ominus} + RT\ln Q_x = 0 \tag{2-99}$$

由此可以得到理想液态混合物反应的平衡常数表达式

$$K_x^{\ominus} = \left(\frac{x_G^g x_H^h}{x_D^d x_E^e}\right)_{eq} \tag{2-100}$$

（4）理想稀溶液反应的平衡常数：对于理想稀溶液的反应系统，忽略压力对系统的影响，且溶剂不参与反应的前提下，溶质的化学势为：

$$\mu_B = \mu_B^* + RT\ln c_{r,B}$$

参照气体反应平衡常数的推导过程，同理可得出

$$K_c^{\ominus} = \left(\frac{c_{r,G}^g \cdot c_{r,H}^h}{c_{r,D}^d \cdot c_{r,E}^e}\right)_{eq} \tag{2-101}$$

上式中，$K_c^{\ominus}$ 为理想稀溶液的反应系统中，溶质浓度用物质的量浓度表示的标准平衡常数，下角标为“c”。

若溶质浓度用质量摩尔浓度表示，则标准平衡常数应表示为：

$$K_m^{\ominus} = \left(\frac{m_{r,G}^g \cdot m_{r,H}^h}{m_{r,D}^d \cdot m_{r,E}^e}\right)_{eq} \tag{2-102}$$

上式中，$K_m^{\ominus}$ 为理想稀溶液的反应系统中，溶质浓度用质量摩尔浓度表示的标准平衡常数，故下角标为“m”。

（5）非理想（实际）溶液反应的平衡常数：对于浓度较大的实际溶液，一般采用活度来替代浓度，即：

$$a_{B,c}=\gamma_c c_B$$

$$a_{B,m}=\gamma_m m_B$$

$$a_{B,x}=\gamma_x x_B$$

因此实际溶液反应的标准平衡常数分别为：

$$K_{a,c}^{\ominus}=\left(\frac{(c_{r,G}\cdot\gamma_{c,G})^{g}(c_{r,H}\cdot\gamma_{c,H})^{h}}{(c_{r,D}\cdot\gamma_{c,D})^{d}(c_{r,E}\cdot\gamma_{c,E})^{e}}\right)_{eq}=K_{c}^{\ominus}K_{\gamma,c} \tag{2-103}$$

$$K_{a,m}^{\ominus}=\left(\frac{(m_{r,G}\cdot\gamma_{m,G})^{g}(m_{r,H}\cdot\gamma_{m,H})^{h}}{(m_{r,D}\cdot\gamma_{m,D})^{d}(m_{r,E}\cdot\gamma_{m,E})^{e}}\right)_{eq}=K_{m}^{\ominus}K_{\gamma,m} \tag{2-104}$$

$$K_{a,x}^{\ominus}=\left(\frac{(x_{G}\cdot\gamma_{x,G})^{g}(x_{H}\cdot\gamma_{x,H})^{h}}{(x_{D}\cdot\gamma_{x,D})^{d}(x_{E}\cdot\gamma_{x,E})^{e}}\right)_{eq}=K_{x}^{\ominus}K_{\gamma,x} \tag{2-105}$$

注意，由于浓度表示方法不同，活度亦不同，因此$K_{a,c}^{\ominus}$、$K_{a,m}^{\ominus}$和$K_{a,x}^{\ominus}$数值上不相等，但它们均只是温度的函数（因液态物质属于凝聚相，其化学势受压力影响很小，可以忽略不计），且量纲均为1。在实际应用时，可根据实际情况选择相应的标准平衡常数。

（6）多相反应的平衡常数：反应系统中各物质存在于不止一个相中，而是多个相中的反应称为多相反应（heterogeneous reaction），也称为非均相反应。

为了研究的方便，通常设定一些前提，即多相反应系统中的凝聚相（液相或固相）应当处于纯态，且忽略压力的影响，因此凝聚相的化学势近似等于其标准态的化学势；同时规定气相为单种理想气体或混合理想气体，因此这种反应的标准平衡常数就只与气相物质的压力有关。例如一个多相反应：

$$d\mathrm{D}(\mathrm{g})+e\mathrm{E}(\mathrm{l})\longrightarrow g\mathrm{G}(\mathrm{g})+h\mathrm{H}(\mathrm{s})$$

反应的标准平衡常数只与系统中的气态物质有关，与凝聚相物质无关，因此可以表示为：

$$K^{\ominus}=\frac{\left(\dfrac{p_G}{p^{\ominus}}\right)_{eq}^{g}}{\left(\dfrac{p_D}{p^{\ominus}}\right)_{eq}^{d}} \tag{2-106}$$

2.9.3 平衡常数的计算

标准平衡常数是人们认识、研究、利用化学反应的重要依据，因此获得平衡常数的数值在生产实践中具有重要意义。通常若要得到标准平衡常数，可以通过实验测量反应平衡状态时各组分的分压或浓度计算而得，亦可通过热力学方法计算得到。

1. 通过测定实验数据计算平衡常数 标准平衡常数的数值可以通过实验测量得到，即需要测量反应系统在化学平衡状态下的各组分平衡压力或平衡浓度。测定的前提是一定要确定反应达到了平衡，判断平衡的方法如下：

（1）在反应条件不变的前提下，系统组成宏观上不再发生变化。

（2）在一定反应条件下，反应无论是从正向还是从逆向开始，最终都达到同一状态下的平衡。

（3）在相同反应条件下，虽然改变了参与反应各物质的起始浓度，但平衡常数均不发生改变。

测定平衡系统中各物质浓度或压力的方法通常有以下两种：

（1）物理分析方法：通过测定与浓度或压力呈线性相关的一些物理量（如密度、体积、旋光度、折光率、吸光度、电导率、电动势、定量色谱或定量磁共振谱等），求出平衡系统中各组分的浓度。

（2）化学分析方法：采用一定手段（如骤冷、稀释、清除催化剂等）使反应保持一定平衡状态下，进而通过相应的化学分析方法得到平衡系统的物质组成。

上述两种方法在实际应用时必须确认反应已达平衡，还要确保分析过程中不能干扰平衡，因此虽然由实验测定平衡常数较为直接，在实际应用中完全做到这两点还是有一定困难的，因此通过实验数据测定计算平衡常数是有一定局限性的，有些反应从实际操作角度来讲甚至根本无法测量。

2. 通过 $\Delta_r G_m^\ominus$ 的计算求得平衡常数　根据化学反应的标准摩尔吉布斯自由能变与标准平衡常数之间的关系，即：

$$\Delta_r G_m^\ominus = -RT\ln K^\ominus$$

可以看出，只要通过热力学方法计算出 $\Delta_r G_m^\ominus$，就可以求得 $K^\ominus$。

（1）利用标准生成摩尔吉布斯自由能 $\Delta_f G_m^\ominus$ 计算 $\Delta_r G_m^\ominus$：在 2.6 部分我们已经介绍了通过 $\Delta_f G_m^\ominus$ 来计算 $\Delta_r G_m^\ominus$ 的方法，即通过热力学数据表查到参与反应各物质的 $\Delta_f G_m^\ominus$，进而计算 $\Delta_r G_m^\ominus$。

例 2-12　计算 298.15 K 时乙醇脱氢为乙醛反应的 $K^\ominus$。

$$CH_3CH_2OH(g) \longrightarrow CH_3CHO(g) + H_2(g)$$

解：在例 2-10 中已经计算出 $\Delta_r G_m^\ominus = 39.61(kJ)$

由 $\Delta_r G_m^\ominus = -RT\ln K^\ominus$，得：

$$K^\ominus = 1.15\times10^{-7}$$

（2）利用 $\Delta_r H_m^\ominus$ 和 $\Delta_r S_m^\ominus$ 计算 $\Delta_r G_m^\ominus$：当反应发生于标准状态下，且反应进度为 1 mol 时，有

$$\Delta_r G_m^\ominus = \Delta_r H_m^\ominus - T\Delta_r S_m^\ominus$$

因此，只要查到热力学数据表中的 $\Delta_f H_m^\ominus$ 或 $\Delta_c H_m^\ominus$ 便可以计算出 $\Delta_r H_m^\ominus$，同样利用标准摩尔熵 $S_m^\ominus$ 可以计算出 $\Delta_r S_m^\ominus$，从而可以求得 $\Delta_r G_m^\ominus$，并通过进一步计算得到 $K^\ominus$。

例 2-13　已知化学反应

$$C_6H_{12}O_6(\text{葡萄糖，s}) \longrightarrow 2C_2H_6O(\text{乙醇，l}) + 2CO_2(g)$$

其相关热力学数据分别为：

$\Delta_f H_m^\ominus$(葡萄糖，s) = $-1274.5\ kJ\cdot mol^{-1}$，$\Delta_f H_m^\ominus$(乙醇，l) = $-227.6\ kJ\cdot mol^{-1}$，

$\Delta_f H_m^\ominus$(CO_2，g) = $-393.5\ kJ\cdot mol^{-1}$；$S_m^\ominus$(葡萄糖，s) = $212.1\ J\cdot K^{-1}\cdot mol^{-1}$，

$S_m^\ominus$(乙醇，l) = $160.7\ J\cdot K^{-1}\cdot mol^{-1}$，$S_m^\ominus$($CO_2$，g) = $213.8\ J\cdot K^{-1}\cdot mol^{-1}$，

试计算该反应在 298.15K 时的 $K^\ominus$。

解：根据已知条件可求得

$$\begin{aligned}\Delta_r H_m^\ominus &= 2\Delta_f H_m^\ominus(\text{乙醇}) + 2\Delta_f H_m^\ominus(CO_2) - \Delta_f H_m^\ominus(\text{葡萄糖})\\ &= 2\times(-227.6) + 2\times(-293.5) - (-1274.5)\\ &= -232.3(kJ\cdot mol^{-1})\end{aligned}$$

$$\begin{aligned}\Delta_r S_m^\ominus &= 2S_m^\ominus(\text{乙醇}) + 2S_m^\ominus(CO_2) - S_m^\ominus(\text{葡萄糖})\\ &= 2\times160.7 + 2\times213.8 - 212.1\\ &= 536.9(J\cdot K^{-1}\cdot mol^{-1})\end{aligned}$$

根据 $\Delta_r G_m^\ominus = \Delta_r H_m^\ominus - T\Delta_r S_m^\ominus$ 得：

$$\begin{aligned}\Delta_r G_m^\ominus &= \Delta_r H_m^\ominus - T\Delta_r S_m^\ominus\\ &= -232.3 - 298.15\times536.87\times10^{-3}\\ &= -72.2(kJ\cdot mol^{-1})\end{aligned}$$

由 $\Delta_r G_m^\ominus = -RT\ln K^\ominus$，得 $K^\ominus = 6.3\times10^{-13}$。

（3）利用已知反应的 $\Delta_r G_m^\ominus$ 求算未知反应的 $\Delta_r G_m^\ominus$：由于吉布斯自由能为状态函数，反应方程

式的加减与状态函数的变化值的加减一致，因此可以利用一些容易测定反应的$\Delta_r G_m^\ominus$，通过加减关系来推算一些不容易测定反应的$\Delta_r G_m^\ominus$。

例 2-14 求 298.15 K 和标准压力下，化学反应（1）的 $\Delta_r G_m^\ominus$ 和$K^\ominus$ 。

（1）$C(s)+\frac{1}{2}O_2(g) \longrightarrow CO(g)$

已知：

（2）$C(s)+O_2(g) \longrightarrow CO_2(g)$　　$\Delta_r G_m^\ominus(2) = -394.4 kJ \cdot mol^{-1}$

（3）$CO(g)+\frac{1}{2}O_2(g) \longrightarrow CO_2(g)$　　$\Delta_r G_m^\ominus(3) = -257.1 kJ \cdot mol^{-1}$

解： 由于（2）-（3）=（1）

所以$\Delta_r G_m^\ominus = \Delta_r G_m^\ominus(2) - \Delta_r G_m^\ominus(3) = -394.4-(-257.1) = -137.3(kJ \cdot mol^{-1})$

由$\Delta_r G_m^\ominus = -RT\ln K^\ominus$，得$K^\ominus = 1.14\times 10^{24}$。

3. 平衡转化率 用平衡常数描述反应进行的限度往往不够直观，人们通常使用平衡转化率来表示反应限度。平衡转化率是指当反应系统达到平衡后，某种反应物被消耗的量与起始投入的量之比，用α来表示。即：

$$\alpha = \frac{\text{某反应物被消耗的物质的量}}{\text{该反应物起始的物质的量}}\times 100\% \quad (2\text{-}107)$$

根据平衡常数可以计算反应平衡时各物质的浓度，进而求得平衡转化率。平衡转化率又称理论转化率或最高转化率，是利用原料的消耗量来衡量反应限度的一种方法。此外，工业上还习惯用平衡产率来衡量反应的限度，平衡产率是指产品的物质的量与投入反应物按化学反应计量式计算得到产品的理论值之比，即

$$\text{平衡产率} = \frac{\text{产品的物质的量}}{\text{投入反应物按计算得到产品的理论值}}\times 100\%$$

由于副反应的存在或反应未完全达到平衡，因此工业上的实际产率往往比平衡产率要小得多。

2.9.4 化学平衡的影响因素

微课 2-1

很多因素会使化学平衡发生移动，从而达到新的平衡。这些影响因素包括温度、压力、惰性气体以及浓度，其中，温度对化学平衡的影响最为显著，因为温度的变化会引起平衡常数的改变；压力、惰性气体和浓度一般只影响平衡的组成，而不改变平衡常数。

1. 温度对化学平衡的影响 根据吉布斯-亥姆霍兹公式，若参加反应各物质均处于标准态，则有：

$$\left(\frac{\partial\left(\frac{\Delta_r G_m^\ominus}{T}\right)}{\partial T}\right)_p = -\frac{\Delta_r H_m^\ominus}{T^2} \quad (2\text{-}108)$$

将$\Delta_r G_m^\ominus = -RT\ln K^\ominus$代入，可得：

$$\left(\frac{\partial \ln K^\ominus}{\partial T}\right)_p = \frac{\Delta_r H_m^\ominus}{RT^2} \quad (2\text{-}109)$$

式（2-109）称为范托夫方程式（van't Hoff equation），又称化学反应等压方程式。从该方程式可以看出温度对平衡常数的影响，即：对于吸热反应，$\Delta_r H_m^\ominus>0$，$\frac{d\ln K^\ominus}{dT}>0$，$K^\ominus$随着温度的升高而增大，即升高温度对吸热反应是有利的；对于放热反应，$\Delta_r H_m^\ominus<0$，$\frac{d\ln K^\ominus}{dT}<0$，$K^\ominus$随着温度的升高而减小，说明升高温度对放热反应是不利的。

若 $\Delta_r H_m^\ominus$ 与温度无关或 T_1 至 T_2 的温度变化范围不大，则可将 $\Delta_r H_m^\ominus$ 视为常数处理，对式（2-109）进行定积分，即：

$$\int_{K_1^\ominus}^{K_2^\ominus} \mathrm{d}\ln K^\ominus = \int_{T_1}^{T_2} \frac{\Delta_r H_m^\ominus}{RT^2}\mathrm{d}T$$

可得：

$$\ln\frac{K_2^\ominus}{K_1^\ominus} = \frac{\Delta_r H_m^\ominus}{R}\left(\frac{1}{T_1} - \frac{1}{T_2}\right) \tag{2-110}$$

式（2-110）称为范托夫定积分方程式。根据该方程式，在 $\Delta_r H_m^\ominus$ 已知的前提下，可以利用一个温度下的平衡常数去求得另一个温度下的平衡常数，或者通过两个温度下的已知平衡常数求得 $\Delta_r H_m^\ominus$。

例 2-15　高温制备水煤气的反应为 $C(s)+H_2O(g) \rightleftharpoons H_2(s)+CO(g)$

已知反应的 $K_{1000K}^\ominus = 2.472$，$K_{1200K}^\ominus = 37.58$。试求：

（1）该反应在 1000 ~ 1200 K 的 $\Delta_r H_m^\ominus$（设 $\Delta_r H_m^\ominus$ 在此温度范围内为常数）。

（2）在 1150 K 时的标准平衡常数 $K_{1150K}^\ominus$。

解：（1）根据范托夫定积分方程式：

$$\ln\frac{K_2^\ominus}{K_1^\ominus} = \frac{\Delta_r H_m^\ominus}{R}\left(\frac{1}{T_1} - \frac{1}{T_2}\right)$$

$$\ln\frac{37.58}{2.472} = \frac{\Delta_r H_m^\ominus}{8.314}\left(\frac{1}{1000} - \frac{1}{1200}\right)$$

解得 $\Delta_r H_m^\ominus = 135.8(\mathrm{kJ \cdot mol^{-1}})$。

（2）根据范托夫定积分方程式：

$$\ln\frac{K_{1200K}^\ominus}{K_{1150K}^\ominus} = \frac{\Delta_r H_m^\ominus}{R}\left(\frac{1}{1150} - \frac{1}{1200}\right)$$

代入相关数据，得：

$$\ln\frac{37.58}{K_{1150K}^\ominus} = \frac{135.8\times 10^3}{8.314}\left(\frac{1}{1150} - \frac{1}{1200}\right)$$

解得 $K_{1150K}^\ominus = 20.95$。

2. 压力对化学平衡的影响　由于标准平衡常数仅是温度的函数，因此改变反应系统的总压力对 $K^\ominus$ 无影响，但是会改变平衡的组成。由于固相和液相对压力不敏感，因此通常可以忽略压力对凝聚相反应平衡的影响，因此这里只讨论压力对理想气体反应平衡的影响。

微课 2-2

对于一个理想气体反应：

$$d\mathrm{D} + e\mathrm{E} \longrightarrow g\mathrm{G} + h\mathrm{H}$$

$$K_p^\ominus = \frac{\left(\dfrac{p_G}{p^\ominus}\right)_{eq}^{g}\left(\dfrac{p_H}{p^\ominus}\right)_{eq}^{h}}{\left(\dfrac{p_D}{p^\ominus}\right)_{eq}^{d}\left(\dfrac{p_E}{p^\ominus}\right)_{eq}^{e}} = \prod_B\left(\frac{p_B}{p^\ominus}\right)^{\nu_B} \tag{2-111}$$

将道尔顿分压定律 $p_B = px_B$（p 为总压）代入上式，可得：

$$K_p^\ominus = \prod_B\left(\frac{p_B}{p^\ominus}\right)^{\nu_B} = \prod_B\left(\frac{p\cdot x_B}{p^\ominus}\right)^{\nu_B} = \prod_B x_B{}^{\nu_B}\left(\frac{p}{p^\ominus}\right)^{\nu_B} = K_x\left(\frac{p}{p^\ominus}\right)^{\Delta\nu}$$

即：

$$K_p^\ominus = K_x \left(\frac{p}{p^\ominus}\right)^{\Delta\nu} \tag{2-112}$$

上式中，K_x 为用摩尔分数表示的平衡常数。当温度一定时，$K_p^\ominus$ 为常数，而 K_x 则与温度、压力均有关，当压力 p 发生变化时，K_x 也相应发生变化。

当 $\Delta\nu > 0$ 时，说明反应气体分子数增加，当增大总压 p 时，$\left(\frac{p}{p^\ominus}\right)^{\Delta\nu}$ 变大，由于 $K_p^\ominus$ 不变，因此 K_x 变小，即产物在反应混合物中所占比例下降，因此增加总压对气体分子数增加的反应不利。

若 $\Delta\nu < 0$，反应气体分子数减小，当增大总压 p 时，K_x 变大，即产物在反应混合物中所占比例增大，因此增加总压对气体分子数减小的反应有利。

若 $\Delta\nu = 0$，反应前后气体分子数不变，总压 p 对平衡组成无影响。

例 2-16 在温度 T 和 100 kPa 压力下，反应 $N_2O_4(g) \rightleftharpoons 2NO_2(g)$ 的解离度为 0.62。试计算温度不变，压力增大 5 倍后此反应的解离度。

解：设解离度为 α。

	$N_2O_4(g) \rightleftharpoons$	$2NO_2(g)$	
初始	1	0	
平衡	$1-\alpha$	2α	总量为 $1+\alpha$

$$K_p^\ominus = \prod_B \left(\frac{p_B}{p^\ominus}\right)^{\nu_B} = \frac{\left(\frac{p_{NO_2}}{p^\ominus}\right)^2}{\left(\frac{p_{N_2O_4}}{p^\ominus}\right)} = \frac{\left(\frac{2\alpha}{1+\alpha}\right)^2\left(\frac{p}{p^\ominus}\right)^2}{\left(\frac{1-\alpha}{1+\alpha}\right)\left(\frac{p}{p^\ominus}\right)} = \frac{4\alpha^2 p}{\left(1-\alpha^2\right)p^\ominus}$$

代入 $\alpha = 0.62$，解得 $K_p^\ominus = 2.50$。

当压力增大 5 倍后：

$$K_p^\ominus = \frac{4\alpha^2(5p)}{\left(1-\alpha^2\right)p^\ominus} = 2.50$$

解得 $\alpha = 0.33$

该反应气体分子数增加，当增大总压 p 时，解离度减小，说明增压不利于反应进行。

3. 惰性气体对化学平衡的影响 惰性气体指在反应系统中不参与反应的气态物质。惰性气体对平衡常数无影响，但同样能影响系统平衡的组成，从而使化学平衡发生移动。例如将空气通入 SO_2 中并将其氧化为 SO_3 的反应中，空气中 O_2 参与了反应，而 N_2 并未参与，因此 N_2 属于惰性气体。从效果上来看，当总压一定时，由于惰性气体只起到了稀释作用，因此与减少反应气体总压 p 等效。

根据 $p_B = px_B$，由于 $x_B = \frac{n_B}{\sum_B n_B}$。

因此 $p_B = p\frac{n_B}{\sum_B n_B}$，代入 $K_p^\ominus = K_x\left(\frac{p}{p^\ominus}\right)^{\Delta\nu}$ 中可得：

$$K_{\mathrm{p}}^{\ominus}=\prod_{\mathrm{B}}\left(n_{\mathrm{B}}\right)^{\nu_{\mathrm{B}}}\left(\frac{p}{p^{\ominus}\sum_{\mathrm{B}}n_{\mathrm{B}}}\right)^{\Delta\nu} \tag{2-113}$$

当 $\Delta\nu>0$ 时，反应气体分子数增加，当加入惰性气体后，$\sum_{\mathrm{B}}n_{\mathrm{B}}$ 变大，$\left(\frac{p}{p^{\ominus}\sum_{\mathrm{B}}n_{\mathrm{B}}}\right)^{\Delta\nu}$ 变小，由于 $K_{\mathrm{p}}^{\ominus}$ 不变，因此 $\prod_{\mathrm{B}}\left(n_{\mathrm{B}}\right)^{\nu_{\mathrm{B}}}$ 变大，即产物在反应混合物中所占比例增加，因此加入惰性气体对气体分子数增加的反应有利。

若 $\Delta\nu<0$，反应气体分子数减少，当加入惰性气体后，$\sum_{\mathrm{B}}n_{\mathrm{B}}$ 变大，$\left(\frac{p}{p^{\ominus}\sum_{\mathrm{B}}n_{\mathrm{B}}}\right)^{\Delta\nu}$ 变大，由于 $K_{\mathrm{p}}^{\ominus}$ 不变，因此 $\prod_{\mathrm{B}}\left(n_{\mathrm{B}}\right)^{\nu_{\mathrm{B}}}$ 变小，即产物在反应混合物中所占比例减小，因此加入惰性气体对气体分子数减少的反应不利。

若 $\Delta\nu_{\mathrm{B}}=0$，反应前后气体分子数不变，惰性气体对平衡组成无影响。

4. 浓度对化学平衡的影响 除了温度、压力、惰性气体影响化学平衡之外，浓度的变化也会使化学平衡发生移动。由化学反应等温式 $\Delta_{\mathrm{r}}G_{\mathrm{m}}=-RT\ln K_{\mathrm{a}}^{\ominus}+RT\ln Q_{\mathrm{a}}$ 可知，若增加反应物浓度或减少生成物浓度，则 $K_{\mathrm{a}}^{\ominus}>Q_{\mathrm{a}}$，从而使 $\Delta_{\mathrm{r}}G_{\mathrm{m}}<0$，平衡将向正反应方向移动；反之，若减小反应物浓度或增加生成物浓度，则 $K_{\mathrm{a}}^{\ominus}<Q_{\mathrm{a}}$，使 $\Delta_{\mathrm{r}}G_{\mathrm{m}}>0$，平衡将向逆反应方向移动，直至达到新的平衡。

【思考题 2-7】 反应达到平衡时,宏观和微观特征有何区别?

思考题 2-7
参考答案

【知识扩展】 **非平衡态热力学简介**

到目前为止，我们所讨论的都是平衡态热力学，即所涉及热力学过程为可逆过程，即使过程不可逆，也只讨论系统始、终态是平衡态的不可逆过程。平衡态热力学基于热力学三个定律，前提为系统处于宏观上不再随时间变化的平衡态，因为在这样的条件下讨论状态函数才有意义，一般在平衡态热力学理论框架下所得到的结论，均未违背客观事实，因而平衡态热力学又称为经典热力学，也是我们重点学习的物理化学内容之一。

事实上自然界中所发生的一切实际过程例如热的传导、物质扩散、化学反应等，都是在非平衡状态下进行的不可逆过程。由此从 20 世纪 50 年代开始逐渐形成了热力学研究的一个新的分支——非平衡态热力学（non-equilibrium thermodynamics），普利高津（Prigogine）在该研究领域做出了突出贡献，因而获得了 1977 年的诺贝尔化学奖。

平衡态热力学认为孤立系统中实际发生的过程总是趋向于熵增加，即实际发生的过程总是从有序到无序，但是自然界中某些变化或生命过程却是从无序的平衡态转变为有序的非平衡态，例如，植物通过光合作用以及汲取养料可以开出鲜艳的花朵、结出丰硕的果实，或生物体内利用氨基酸形成蛋白质等。这些问题只能通过非平衡态热力学的观点加以认识和理解。

普利高津把自然界和生命体中从无序到有序的时空结构称为耗散结构（dissipative structure），即生命体是敞开系统，与环境之间既有能量交换又有物质交换，在不断的交换过程中，不可逆过程所导致的无序性增加幅度出现差异，而这种差异被放大至系统本身却会通过能量的耗散形成某些有序的状态。这种非平衡稳定状态的自发产生是需要条件的，即存在敞开系统和负熵流。

敞开系统的熵变由两部分组成，即系统内部不可逆过程引起的熵变 $\mathrm{d}S_{\mathrm{i}}$ 和系统与外界环境交换物质、能量引起的熵变 $\mathrm{d}S_{\mathrm{e}}$，可以表示为：

$$dS = dS_i + dS_e$$

由于系统的 $dS_i \geqslant 0$，则系统要维持非平衡稳定状态，就需要 dS_e 为负值，且 $-dS_e > dS_i$，即系统输出的熵要不少于系统输入的熵，也就是说要有足够的负熵流才能维持系统的有序。对于生命体而言，摄入高度有序的低熵大分子物质如蛋白质、淀粉等，经消化吸收排出相对分子质量小、无序性大的高熵排泄物，从而保证了负熵流，形成了非平衡的有序。

耗散理论的建立，为人们更好地认识自然世界和生命现象提供了理论基础，并展现了广阔的发展前景。但该理论目前仍不完善，需要我们不断地去探索。

知识梳理 2-3　化学平衡

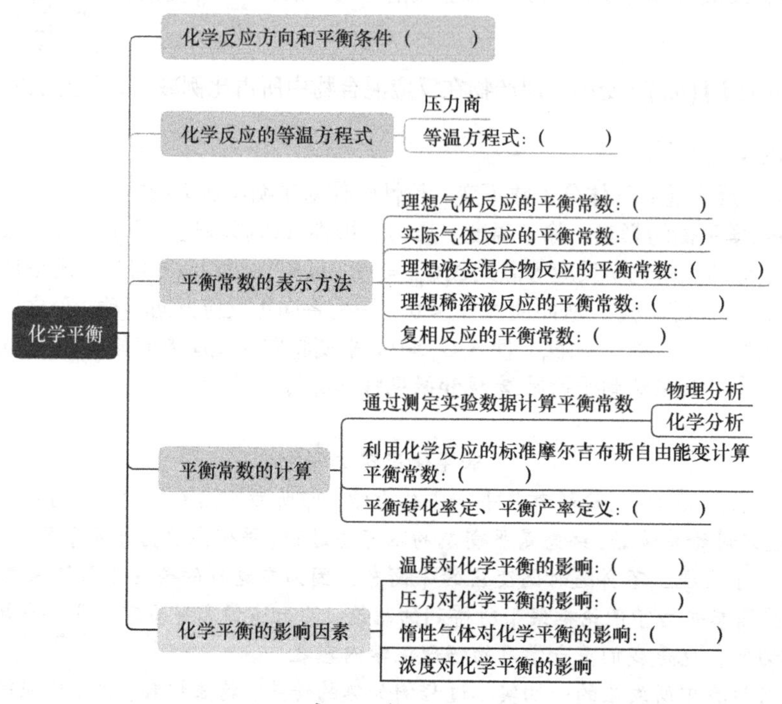

关　键　词

标准摩尔熵 standard molar entropy
标准摩尔生成吉布斯自由能 standard molar Gibbs free energy
标准平衡常数 standard equilibrium constant
范托夫方程式 van't Hoff equation
亥姆霍兹自由能 Helmholtz free energy
亥姆霍兹自由能判据 Helmholtz free energy criterion
化学反应等温式 chemical reaction isotherm
化学势 chemical potential
吉布斯自由能 Gibbs free energy
吉布斯自由能判据 Gibbs free energy criterion
规定熵 conventional entropy
卡诺循环 Carnot cycle
克劳修斯不等式 Clausius inequality
偏摩尔量 partial molar quantity
熵 entropy
熵判据 entropy criterion
熵增加原理 principle of entropy increase
自发过程 spontaneous process

本章内容小结

热力学第二定律的核心是解决自发过程进行的方向和限度问题，可通过三个著名的热力学判据：熵判据、亥姆霍兹自由能判据和吉布斯自由能判据进行。熵判据适用于孤立系统，在孤立系统中自发过程总是向着熵值增大的方向进行，直至达到该条件下熵最大，此时系统处于平衡态。亥姆霍兹自由能判据适用于等温、等容且无非体积功的封闭系统，此时系统向着亥姆霍兹自由能减小的方向自发进行，直至该条件下亥姆霍兹自由能降到最小，系统达到平衡。吉布斯自由能判据适用于等温、等压且无非体积功的封闭系统，此时系统向着吉布斯自由能减小的方向自发进行，直至该条件下吉布斯自由能降到最小，系统达到平衡。

熵是克劳修斯在卡诺定理启发下得出一个十分重要的状态函数，是系统混乱程度的量度，在 0 K 时，一切纯物质完美晶体的熵为零，这就是热力学第三定律。

热力学第一、第二定律主要涉及八个状态函数 U、H、S、F、G、p、V、T，它们之间的关系可通过四个热力学基本公式以及麦克斯韦关系式相关联。

在多组分系统中，偏摩尔量和化学势是两个重要的概念。多组分均相系统的广度性质 X 等于各组分物质的量与相应偏摩尔量乘积之和。化学势 μ_B 通常是指偏摩尔吉布斯自由能，可利用化学势判断相变和化学反应自发进行的方向和限度：物质 B 总是从化学势高的一边转化成化学势低的一边，直至平衡。

研究化学平衡的主要目的是判断化学反应的方向和限度，可通过比较反应商 Q_a 与的平衡常数 $K_a^\ominus$ 大小来判断，当 $K_a^\ominus > Q_a$ 时，反应正向自发进行；当 $K_a^\ominus < Q_a$ 时，反应逆向自发进行；当 $K_a^\ominus = Q_a$ 时，反应达到平衡。平衡常数一般通过化学反应吉布斯自由能变求得（$\Delta_r G_m^\ominus = -RT\ln K^\ominus$），计算式应当注意要与化学计量方程式相对应。

温度会改变平衡常数的数值，因而是影响反应平衡的最主要因素，压力、惰性气体及浓度也会影响反应平衡，但与温度不同，它们主要是通过改变平衡组成从而影响反应平衡。

本章习题

本章习题参考答案

一、选择题

1. 298 K 时，HCl(g)溶解在甲苯中的亨利常数为 245 kPa·kg·mol^{-1}，当 HCl(g)在甲苯溶液中的浓度为 0.04 mol·kg^{-1}时，HCl(g)在气相中的平衡压力为（　　）。

A. 4.9 kPa　　B. 9.8 kPa　　C. 5.0 kPa　　D. 10.0 kPa

2. 2 mol 液态苯在其正常沸点（353.2 K）和 100kPa 下蒸发为同温同压下苯蒸气过程的 $\Delta_{vap}F$ 等于（　　）。

A. 3.485 kJ　　B. 2.937 kJ　　C. 5.873 kJ　　D. 1.468 kJ

3. 等温、等压下，在 A 和 B 组成的均相体系中，当 A 的偏摩尔体积随温度的改变而增大时，则相应的 B 的偏摩尔体积随浓度的改变一定将是（　　）。

A. 减小　　B. 增大　　C. 不变　　D. 不确定

4. 在 25℃和 150℃之间工作的所有热机中，其效率最大为（　　）。

A. 75.8%　　B. 83.3%　　C. 16.7%　　D. 30.7%

5. 系统经历一个不可逆循环过程后（　　）。

A. 系统的熵值一定增加　　B. 系统吸收的热大于对环境做的功

C. 环境的熵值一定增加　　D. 环境的热力学能一定减少

6. 固体碘化银（AgI）有 α 和 β 两种晶型，这两种晶型的平衡转化温度为 419.7 K，由 α 型转化为 β 型时，转化热等于 6462 J·mol^{-1}，由 α 型转化为 β 型时的 ΔS 应为（　　）。

A. 44.1 J　　B. 15.4 J　　C. −44.1 J　　D. −15.4 J

7. 理想气体在等温条件下反抗恒定外压膨胀，该变化过程中体系统的熵变 $\Delta S_{系统}$ 及环境的熵变 $\Delta S_{环境}$ 应为（　　）。

A. $\Delta S_{系统}>0$，$\Delta S_{环境}=0$　　B. $\Delta S_{系统}<0$，$\Delta S_{环境}=0$

C. $\Delta S_{系统}>0$，$\Delta S_{环境}<0$　　D. $\Delta S_{系统}<0$，$\Delta S_{环境}>0$

8. 已知理想气体反应 $CO(g)+2H_2(g) = CH_3OH(g)$ 的 $\Delta_r G_m^\ominus$ 与温度 T 的关系为：$\Delta_r G_m^\ominus/J\cdot mol^{-1} = -21\,660+52.92T\ (T/K)$，若欲使反应在标准状态下的向右进行，则应控制反应的温度（　）。

A. 必须高于 409.3 K　　B. 必须低于 409.3 K

C. 必须高于 409.3℃　　D. 必须低于 409.3℃

9. 影响任意一个化学反应的标准平衡常数值的因素为（　　）。

A. 反应温度　　B. 参与反应各物质的活度

C. 使用的催化剂　　D. 总压力

10. 反应 $C(s)+H_2O(g)=CO(g)+H_2(g)$ 达到平衡时，若等温等压下通入 $N_2(g)$，则 C(s)的转化率将(　　)。

A. 减小　　B. 不变　　C. 无法确定　　D. 增大

二、填空题

1. 2 mol 双原子理想气体从 100 kPa、298 K 的初态变化为 300 kPa、298 K 的末态时，体系的熵变 $\Delta S_{体}=$__________。

2. 一切自发变化都有一定的____________，并且都是不会__________进行的，这就是自发变化的共同特征。

3. 热力学第三定律可以表述为____________________________。

4. 吉布斯自由能判据的适用条件是____________________________。

5. 已知 50℃时水的饱和蒸气压为 12.34 kPa，则质量浓度为 10%的葡萄糖（$C_6H_{12}O_6$）注射液的蒸气压为________。

6. 0.5 mol 的水和 0.5 mol 的乙醇混合溶液总体积 $V=39.370\ dm^3$，已知给定条件下，水的偏摩尔体积 $V_{H_2O}=18.067\ dm^3\cdot mol^{-1}$，则该条件下乙醇的偏摩尔体积 $V_{C_2H_5OH}=$__________。

7. 根据卡诺定理所述，可逆热机的效率只与____________和____________有关，而与____________无关。

8. 已知某一温度时，$NH_4Cl(s)$分解反应标准平衡常数 $K^\ominus$ 为 0.25，则该温度下 $NH_4Cl(s)$的分解压力为__________。

9. 假设反应 $CO(g)+2H_2(g) = CH_3OH(g)$ 在 300℃，10 MPa 反应的标准平衡常数 $K^\ominus=0.1$，则同一条件下反应 $2CO(g)+4H_2(g) = 2CH_3OH(g)$的标准平衡常数为____________。

10. 25℃时，纯水的饱和蒸气压为 3.133 kPa，已知水蒸气的标准生成自由能为$-228.60\ kJ\cdot mol^{-1}$，则液态水的标准生成自由能为____________。

三、判断题

1. 凡是体系熵值增加的过程都是自发过程。(　　)

2. 冷冻机可以从低温热源处吸热并释放给高温热源，这与热力学第二定律的克劳修斯说法不符。(　　)

3. 等压下升高温度时，纯物质的吉布斯自由能将减小。(　　)

4. 平衡常数改变了，平衡一定会移动；反之，平衡移动了，平衡常数也一定会改变。(　　)

5. 在一定的温度和压力下，若某反应的 $\Delta_r G_m>0$，说明必须寻找合适的催化剂才能使反应顺利进行。(　　)

6. 对物质的量为 n 的理想气体，偏导数$(\partial T/\partial p)_S$总是大于零。(　　)

7. 溶液中每一种广度性质都有偏摩尔量，而且都不等于其摩尔量。(　　)

8. 化学反应的标准平衡常数不仅是温度的函数，也与计量方程的写法有关。(　　)

9. 在 KCl 重结晶过程中，析出的 KCl 固体化学势小于母液中 KCl 的化学势。(　　)

10. 根据熵函数的定义，只要体系与环境之间无热交换，体系的熵值就保持不变。(　　)

四、简答题

1. 什么是自发过程？自发过程有什么特征？
2. 热力学第二定律的克劳修斯说法和开尔文说法分别是什么？
3. 什么是卡诺定理？
4. 什么是熵增加原理？熵增加原理的适用条件是什么？
5. 什么是拉乌尔定律？什么是亨利定律？
6. 影响化学平衡的因素有哪些？

五、计算题

1. 已知 25℃时二氯甲烷的饱和蒸气压为 57.26 kPa，现在 1.0 kg 的二氯甲烷中加入某不挥发性有机物 0.1 kg，发现二氯甲烷的蒸气压降低到 55.16 kPa，试计算该有机物的相对分子质量。已知二氯甲烷的相对分子质量为 84.93 $g{\cdot}mol^{-1}$。

2. 乙醇（A）和甲醇（B）组成的溶液可以看作理想液体混合物，在 293 K 时纯乙醇的饱和蒸气压 p_A^* 为 5933 Pa, 纯甲醇的饱和蒸气压 p_B^* 为 11826 Pa。

（1）计算甲醇和乙醇各 100 g 所组成的溶液中两种物质的摩尔分数 x_A 和 x_B；

（2）求溶液的总蒸气压 p 与两物质的分压 p_A 和 p_B；

（3）甲醇在气相中的摩尔分数 y_B。

已知甲醇和乙醇的相对分子质量分别为 32.04 和 46.07。

3. 将 2 mol 的 N_2(视为理想气体)从 298.15 K、100 kPa 的初态经绝热可逆压缩到体积为 25 dm^3 的末态，计算终态的温度 T_2、压力 p_2 和过程的 Q、W、ΔU、ΔS、ΔG、ΔF。已知 298.15 K 时，N_2 的摩尔熵 $S_m^\ominus = 191.61\ J\cdot mol^{-1}\cdot K^{-1}$。

4. 已知 600 K 和 100 kPa 条件下，乙苯分解反应方程式如下：$C_6H_5C_2H_5(g) = C_6H_5C_2H_3(g) + H_2(g)$

已知该温度下标准平衡常数 $K_p^\ominus = 0.03$，设气体均为理想气体，计算：

（1）该反应在 600 K 和 100 kPa 条件下反应的 $\Delta_r G_m^\ominus$。

（2）该反应在 600 K 和 100 kPa 条件下反应时，乙苯的转化率。

（3）若想提高乙苯的转化率，可能的办法有哪些？

5. 设 2 mol 单原子理想气体从温度为 300 K，压力为 500 kPa 的初态等温膨胀到压力为 100 kPa 的终态。试计算过程的 Q、W、ΔU、ΔH、$\Delta S_{系统}$、$\Delta S_{环境}$ 并判断过程的自发性。

6. 工业上合成氨的反应式如下：$3H_2(g) + N_2(g) = 2NH_3(g)$

已知开始时反应物氢气和氮气的摩尔比为 3∶1，在温度为 650 K 和压力为 1500 kPa 的条件下达到平衡时，平衡产物中氨的摩尔分数为 0.04，设气体可按理想气体处理，试计算：

（1）反应在温度 650 K 和压力 1500 kPa 条件下的标准平衡常数 $K_p^\ominus$ 和 $\Delta_r G_m^\ominus$。

（2）若想提高产物的数量，可以采取哪些措施？

7. 已知 298.15 K 和 100 kPa 时下列热力学数据，试计算：

	$CaCO_3(s)$	$CaO(s)$	$CO_2(g)$
$\Delta_f H_m^\ominus(kJ\cdot mol^{-1})$	−1206.92	−635.09	−393.51
$S_m^\ominus(J\cdot K^{-1}\cdot mol^{-1})$	92.9	39.75	213.74

（1）反应 $CaCO_3(s) = CaO(s) + CO_2(g)$在 298.15 K 和 100 kPa 下进行时的 $\Delta_r H_m^\ominus$、$\Delta_r S_m^\ominus$ 和 $\Delta_r G_m^\ominus$，并判断反应能否自发进行。

（2）若反应在 298.15 K 和 100 kPa 下不能进行，计算 100 kPa 下至少需要将体系温度升高至多少℃，$CaCO_3(s)$ 才能分解（假设 $\Delta_r H_m^\ominus$、$\Delta_r S_m^\ominus$ 与反应温度无关）。

第2章能力提升练习题及其参考答案

（王　宁　赵蔡斌）

第 3 章 相 平 衡

学习基本要求

1. 掌握 相、组分数和自由度的概念及相律的应用；各种相图中点、线及面的意义；根据相图分析系统在一定条件下发生相变化的方向和限度。

2. 熟悉 应用克拉佩龙-克劳修斯方程、杠杆规则进行相关计算。

3. 了解 蒸馏、精馏、水蒸气蒸馏、冷冻干燥、萃取、结晶等基本原理。

物质在系统中从一个相转移到另一个相的过程称为相变（phase transition）过程，它一般情况下是一种物理变化过程。例如，实验室或制药生产过程中的蒸发、冷凝、升华、溶解、结晶等都涉及相变过程。这类过程达到平衡后就称为相平衡（phase equilibrium）。在热力学基本原理指导下，运用吉布斯相律（Gibbs phase rule）研究系统中相态与温度、压力、组分等参数间的关系。相图（phase diagram）是直观地展示系统中相态与温度、压力、组分间关系的图形，是理解纯物质和混合物行为的重要工具。

复杂混合物的分离是工业生产的常规任务。相图中包含了制定有效分离方法所需要的信息。例如，在制药工业和化工生产中，常利用蒸馏、冷冻干燥、结晶、萃取等操作来提纯和分离所需的组分。此外，药剂学中的增溶、剂型、药物配伍等研究也需要相平衡的理论指导。相平衡原理在制药、化工、材料等生产中有着重要的实际意义。

微课 3-1

3.1 相 律

相律是相平衡所遵循的普遍规律，由吉布斯于 1875 年根据热力学原理建立。相律讨论的是平衡系统中相数、独立组分数与自由度之间的关系。在引出相律的数学表达式之前，首先介绍几个基本概念。

3.1.1 相与相数

相（phase）是系统中物理性质和化学性质完全均匀的部分。物质通常有固相、液相和气相。多相系统中，相与相之间存在明显的分界面，越过界面时，物理性质和化学性质发生突变。系统中，相的数目称为相数（number of phase），用符号Φ 表示。通常任何气体都能无限混合，故对于多种气体混合物，$\Phi=1$。液体间按照互溶程度不同，可以是一个相，也可以是多个相，如果互溶则为一个相，否则是一个液层一个相，一般不会超过三个液相。对于固体，通常是一种固体一个相。例如，氯化钠与碳酸钠固体粉末无论混合得多么均匀，仍为两个相。同一种物质若以不同的晶型共存，由于不同晶型的物理性质不同，所以有几种晶型就有几个相，如金刚石和石墨混合物，$\Phi=2$。但若几种固体之间能达到分子程度的均匀混合，我们称之为固态混合物，$\Phi=1$。

3.1.2 物种数和组分数

一个系统通常包含多种物质，系统中所含化学物质的种类数称为物种数（number of chemical species），用符号 S 表示。应注意，一种物质以不同聚集状态共存，也只能算作是一个物种。例如，水、水蒸气、冰共存的系统，$S=1$。

足以表示系统中各相组成所需的最少物种数称为独立组分数，简称组分数（number of

component），用符号 K 表示。组分数是相平衡中一个非常重要的概念，它与物种数不同，二者存在如下关系：

（1）如果系统中没有化学反应发生，系统的物种数与组分数是相同的。例如苯和甲苯的混合溶液，$S=K=2$。

（2）如果系统中的某些物种之间存在化学反应，如 HI(g)、H_2(g)、I_2(g)三种物质构成的系统，由于存在下列化学平衡：

$$2HI(g) \rightleftharpoons H_2(g)+I_2(g)$$

虽然 $S=3$，但因为只要任意两种物质确定了，第三种物质就必然随之确定，而且其组成可由化学反应的平衡常数来确定，此时，表示系统中各相组成的最少独立物种数可减少一个，即 $K=2$。同理，系统中若有 R 个独立的化学平衡数，则：

$$组分数 = 物种数-独立化学平衡数$$

即：

$$K=S-R$$

（3）某些情况下，还有一些特殊的浓度限制条件。假设上述系统中起始并不存在 H_2(g)和 I_2(g)，二者是由 HI(g)分解得到的。很显然，当系统达到平衡后，H_2(g)和 I_2(g)的物质的量之比为 1∶1，这时就存在一定浓度关系的限制条件。因此系统的组分数 K 为 1，即为单组分系统。如果系统中存在 R'个独立的浓度限制条件，则组分数与物种数有下列关系：

$$组分数 = 物种数-独立化学平衡数-独立的浓度限制条件数$$

即：

$$K=S-R-R'$$

应注意：浓度限制条件要在同一相中方能应用，不同相间不存在浓度限制条件。例如碳酸钙的分解反应：

$$CaCO_3(s) \rightleftharpoons CaO(s)+O_2(g)$$

虽然分解反应产生的 CaO(s)和 CO_2(g)的物质的量相同，但由于一个是固相，另一个是气相，其间不存在浓度限制关系，故组分数应是 2 而不是 1。

例 3-1 系统中有 CO_2(g)、CO(g)、C(s)、O_2(g)四种物质，其间有化学反应，求系统在平衡后的组分数。

解：系统中同时存在三个化学平衡式：

（1）$O_2(g)+C(s) \rightleftharpoons CO_2(g)$

（2）$CO_2(g)+C(s) \rightleftharpoons 2CO(g)$

（3）$O_2(g)+2C(s) \rightleftharpoons 2CO(g)$

显然，其中只有两个反应是独立的，第三个反应可通过其他两个反应获得，如（1）+（2）=（3），所以 $R=2$。系统中各种物质间无浓度限制条件，$R'=0$。

所以 $K=S-R-R'=4-2-0=2$。

例 3-2 在一抽空的容器中放有过量的 NH_4HS(s)，加热时可发生下列反应，求该系统的组分数。

$$NH_4HS(s) \rightleftharpoons NH_3(g)+H_2S(g)$$

解：因为 $S=3$，$R=1$，$R'=1$，$p(NH_3,g)=p(H_2S,g)$

故 $K=S-R-R'=3-1-1=1$。

在相平衡中引入组分数的概念是十分必要的，一个系统的物种数 S 可以随着人们考虑问题的角度不同而不同，但系统的组分数 K 始终为一个定值。例如，在 25℃ NaCl 饱和溶液系统中，如果只考虑相平衡，$S=K=2$（即 NaCl 和 H_2O）；若考虑 NaCl(s)的解离，系统中存在的物种有 NaCl(s)、Na^+、Cl^-、H_2O，因此 $S=4$，但是这 4 个物种间存在一个独立的化学（离子）平衡，即 NaCl(s)$\rightleftharpoons$

$Na^+ + Cl^-$，还存在一个浓度限制条件：$c(Na^+) = c(Cl^-)$，因此 $K = S - R - R'$=4－1－1=2；若再考虑 H_2O 的解离，系统中存在的物种有 NaCl(s)、Na^+、Cl^-、H_2O、H_3O^+、OH^-，因此 $S = 6$，但是这 6 个物种间存在两个独立的化学（离子）平衡，即 $2H_2O(l) \rightleftharpoons H_3O^+ + OH^-$ 和 $NaCl(s) \rightleftharpoons Na^+ + Cl^-$，还存在两个浓度限制条件：$c(Na^+) = c(Cl^-)$ 与 $c(H_3O^+) = c(OH^-)$，因此 $K = S - R - R'$=6－2－2=2，故 K 始终为 2，不受影响。

3.1.3 自由度

平衡系统中，在不引起旧相消失和新相形成的前提下，可以在有限范围内独立变动的强度性质的数目，称为系统的自由度（degree of freedom），用符号 f 表示。例如，液态水可以在一定范围内同时任意改变温度和压力，仍能保持为液态，此时 $f = 2$。当将液态水加热至沸腾时，达到气-液两相平衡，若要不引起旧相消失和新相形成，系统的压力必须是所处温度下水的饱和蒸气压，此时，温度和压力之间存在一定的函数关系，只有一个可以独立变动，即 $f = 1$。自由度是由组分数和相数决定的，它们之间的关系可用相律描述。

3.1.4 相律

相律是描述多相平衡系统中的自由度（f）与组分数（K）、相数（Φ）之间关系的规律。对于一多组分多相平衡系统，系统达到平衡时必须同时满足：

（1）热平衡：各相间的温度相等，即 $T^\alpha = T^\beta = T^\gamma \cdots = T^\Phi$；

（2）力平衡：各相间的压力相等，即 $p^\alpha = p^\beta = p^\gamma \cdots = p^\Phi$；

（3）相平衡：每种物质在各相中的化学势相等，即 $\mu_B^\alpha = \mu_B^\beta = \mu_B^\gamma \cdots\cdots = \mu_B^\Phi$。

由于满足上述平衡，故指定一个温度和压力就确定了整个系统的温度和压力，即温度和压力为系统的两个基本变量。

假设系统共有 Φ 个相，系统中 K 种物质分布于每个相中。若用 1、2、3、…、K 代表各种物质，用 α、β、γ、…、Φ 代表各个相。每一相中都有 K 个组分，因 $\sum x_i = 1$，则每一相中有（K–1）个组分的组成是独立变量。在 Φ 个相中就需要确定 $\Phi(K-1)$ 个组分的组成，再加 T、p 两个变量，则总变量数为 $[\Phi(K-1)+2]$。

但是在多相平衡系统中这些组分的浓度变量并不全是独立的。由于系统达到相平衡时，各物质在各相中的化学势相等，即

$$\mu_1^\alpha = \mu_1^\beta = \mu_1^\gamma \cdots = \mu_1^\Phi$$
$$\mu_2^\alpha = \mu_2^\beta = \mu_2^\gamma \cdots = \mu_2^\Phi$$
$$\mu_K^\alpha = \mu_K^\beta = \mu_K^\gamma \cdots = \mu_K^\Phi$$

根据 $\mu_B(T,p) = \mu_B^*(T) + RT\ln x_B$ 可知，化学势是温度、压力和组成（x_B）的函数。每一个组分在 Φ 个相中，就有（Φ–1）个化学势相等的关系式，系统共有 $K(\Phi-1)$ 个化学势相等的关系式。有一个等式就有一个变量不独立，所以系统共有 $K(\Phi-1)$ 个变量不独立。因此，描述系统状态所需的独立变量数 f 为：

$$f = [\Phi(K-1)+2] - K(\Phi-1)$$

则：

$$f = K - \Phi + 2 \qquad (3\text{-}1)$$

这就是相律的数学表示式。式中，f 为自由度数，K 为组分数，Φ 为相数，2 是指温度和压力。如果系统指定了温度或压力，则上式改为：

$$f^* = K - \Phi + 1 \qquad (3\text{-}2)$$

如果系统温度和压力均已指定，则改为：

$$f^{**} = K - \Phi \tag{3-3}$$

式中，f^* 或 f^{**} 称为条件自由度。在有些情况下，除温度和压力外，平衡系统还受到电场、磁场、重力场等其他因素的影响，这时相律中的 2 应根据具体影响因素写成 n，即：

$$f = K - \Phi + n \tag{3-4}$$

应该指出，在推导相律数学表达式时，曾设定 K 种组分分布于 Φ 个相中，实际上即使某一相的组分数少于 K 个，也并不影响上述推导的结论。如果某一相中少了一种组分，则该相的浓度变量也就少了一个。而在考虑相平衡时，也相应地少了一个化学势相等的关系式，即在 $\Phi(K-1)$ 中减去 1 时，同时在 $K(\Phi-1)$ 中也必然减去 1，因此结论 $f = K - \Phi + 2$ 仍然成立。

相律是一切相平衡系统均遵循和适用的普遍规律，但不涉及相平衡系统的细节。例如，相律只能确定平衡系统中有几个相和几个自由度，但不能指出这些数目具体代表什么相（气相、液相或固相）和哪些独立变量，也不能确定温度、压力或各相的质量数值。

例 3-3 碳酸钠与水可组成下列几种化合物：$Na_2CO_3 \cdot H_2O$，$Na_2CO_3 \cdot 7H_2O$，$Na_2CO_3 \cdot 10H_2O$，试说明：

（1）标准压力下，与碳酸钠水溶液和冰共存的含水盐最多有几种？

（2）30℃时，可与水蒸气共存的含水盐最多有几种？

解： 此系统由 $NaCO_3$ 与 H_2O 构成，$K=2$。虽然可有多种含水盐固体存在，但物种数每增加 1，同时增加 1 个化学平衡关系式，故其组分数总为 2。

（1）在标准压力下，有：

$$f^* = K - \Phi + 1 = 3 - \Phi$$

当自由度最少时相数最多，即 $f^* = 0$ 时，有：

$$\Phi_{max} = 3$$

碳酸钠水溶液和冰共存，表明已存在 1 个固相和 1 个液相，故最多只能共存 1 种含水盐。

（2）在指定 30℃时，有：

$$f^* = K - \Phi + 1 = 3 - \Phi$$

同理，当 $f^* = 0$ 时，有：

$$\Phi_{max} = 3$$

与水蒸气共存，表明已存在一个气相，所以含水盐最多只能有 2 种。

例 3-4 试指出下列平衡系统的自由度数：

（1）25℃及标准压力下，KCl(s)与其水溶液平衡共存；

（2）$I_2(g)$与 $I_2(s)$呈平衡；

（3）开始时用任意的 HCl(g)和 $NH_3(g)$组成的系统中，下列反应达到平衡：

$$HCl(g) + NH_3(g) \rightleftharpoons NH_4Cl(s)$$

解：（1）$K=2$；$f^{**} = 2-2=0$

指定温度、压力下，饱和 KCl 水溶液的浓度为定值，系统已无自由度。

（2）$K=1$；$f = 1-2+2=1$

纯物质气-固平衡时，温度和压力之间有函数关系，仅有一个可独立变动。

（3）$S=3$，$R=1$，$R'=0$，$K=3-1=2$；$f=2-2+2=2$

温度、总压及任一气体的浓度中有两个可独立变动。

【思考题 3-1】 盐溶于水时，系统中物种数与组分数是何关系？

思考题 3-1
参考答案

知识梳理 3-1　相律

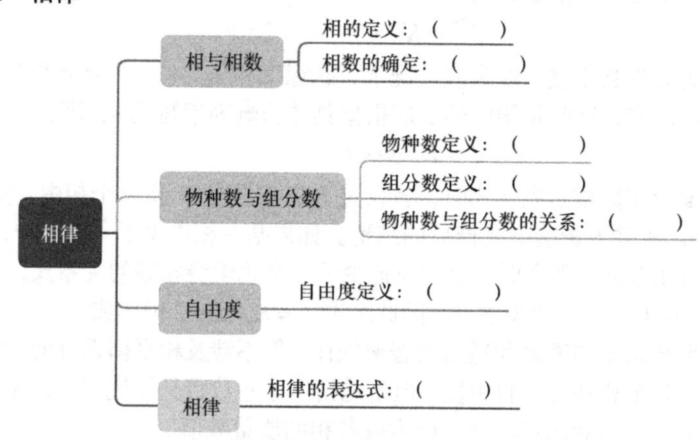

微课 3-2

3.2　单组分系统

组分数 $K=1$ 的系统称为单组分系统，这时相律的一般表达式为

$$f=1-\Phi+2=3-\Phi$$

上式表明，当系统只有一个相时，$\Phi=1$，$f=2$，即可随意改变两种强度性质（通常是温度和压力），系统的相态保持不变；若为两相平衡系统，$\Phi=2$，$f=1$，温度和压力只有一个可独立变化；当系统为三相共存时，$\Phi=3$，$f=0$，系统的温度和压力值是一定的，都不能变化。

3.2.1　克拉佩龙-克劳修斯方程

研究纯物质单组分系统时，最常见的是气-液、气-固、液-固两相平衡。当系统 $\Phi=2$ 时，$f=1$，温度和压力只有一个是独立可变的，二者之间存在着一定的函数关系，该关系可用克拉佩龙方程（Clapeyron equation）来描述。

1. 克拉佩龙方程　在一定温度和压力下，系统内纯物质的 α 相与 β 相呈平衡，对纯物质而言，$\mu=G_{\mathrm{m}}$，由相平衡条件可知：

$$G_{\mathrm{m}}^{\alpha}=G_{\mathrm{m}}^{\beta}$$

当温度改变 $\mathrm{d}T$ 时，为建立新的平衡，系统内压力也相应改变 $\mathrm{d}p$。该物质在温度 $T+\mathrm{d}T$ 和压力 $p+\mathrm{d}p$ 下又达到新的平衡，即有

$$G_{\mathrm{m}}^{\alpha}+\mathrm{d}G_{\mathrm{m}}^{\alpha}=G_{\mathrm{m}}^{\beta}+\mathrm{d}G_{\mathrm{m}}^{\beta}$$

则

$$\mathrm{d}G_{\mathrm{m}}^{\alpha}=\mathrm{d}G_{\mathrm{m}}^{\beta}$$

根据

$$\mathrm{d}G=-S\mathrm{d}T+V\mathrm{d}p$$

所以有

$$-S_{\mathrm{m}}^{\alpha}\mathrm{d}T+V_{\mathrm{m}}^{\alpha}\mathrm{d}p=-S_{\mathrm{m}}^{\beta}\mathrm{d}T+V_{\mathrm{m}}^{\beta}\mathrm{d}p$$

移项得

$$(V_{\mathrm{m}}^{\beta}-V_{\mathrm{m}}^{\alpha})\mathrm{d}p=(S_{\mathrm{m}}^{\beta}-S_{\mathrm{m}}^{\alpha})\mathrm{d}T$$

或

$$\frac{\mathrm{d}p}{\mathrm{d}T}=\frac{S_{\mathrm{m}}^{\beta}-S_{\mathrm{m}}^{\alpha}}{V_{\mathrm{m}}^{\beta}-V_{\mathrm{m}}^{\alpha}}=\frac{\Delta S_{\mathrm{m}}}{\Delta V_{\mathrm{m}}}\tag{3-5}$$

式中，ΔS_{m} 和 ΔV_{m} 分别为 1 mol 纯物质由α相变到β相时的熵变和体积变化。对可逆相变来说：

$$\Delta S_{\mathrm{m}}=\frac{\Delta H_{\mathrm{m}}}{T}\quad(\Delta H_{\mathrm{m}}\text{ 为摩尔相变焓})$$

代入式（3-5）得：

$$\frac{\mathrm{d}p}{\mathrm{d}T}=\frac{\Delta H_{\mathrm{m}}}{T\Delta V_{\mathrm{m}}}\tag{3-6}$$

式（3-6）即为克拉佩龙方程，它给出了两相平衡系统中 T 和 p 之间的函数关系。由于推导过程中未引入任何假设，故该方程适用于纯物质的任何两相平衡。

2. 克拉佩龙-克劳修斯方程 将克拉佩龙方程应用到气-液平衡系统，$\mathrm{d}p/\mathrm{d}T$ 表示液体的饱和蒸气压随温度的变化率，ΔH_{m} 为摩尔气化焓 $\Delta_{\mathrm{vap}}H_{\mathrm{m}}$，$\Delta V_{\mathrm{m}}=V_{\mathrm{m}}(\mathrm{g})-V_{\mathrm{m}}(\mathrm{l})$，即气、液两相摩尔体积之差。通常温度下，$V_{\mathrm{m}}(\mathrm{g})\gg V_{\mathrm{m}}(\mathrm{l})$，故 $V_{\mathrm{m}}(\mathrm{l})$ 可忽略不计。若再假设蒸气为理想气体，则 $\Delta V_{\mathrm{m}}\approx V_{\mathrm{m}}(\mathrm{g})=\frac{RT}{p}$，于是式（3-6）可写为：

$$\frac{\mathrm{d}p}{\mathrm{d}T}=\frac{p\Delta_{\mathrm{vap}}H_{\mathrm{m}}}{RT^2}$$

或

$$\frac{\mathrm{d}\ln p}{\mathrm{d}T}=\frac{\Delta_{\mathrm{vap}}H_{\mathrm{m}}}{RT^2}\tag{3-7}$$

式中，p 为液体在温度 T 时的饱和蒸气压。式（3-7）称为克拉佩龙-克劳修斯方程（Clapeyron- Clausius equation），曾称克-克方程，它定量给出了温度对纯物质饱和蒸气压的影响。当温度变化范围不大时，$\Delta_{\mathrm{vap}}H_{\mathrm{m}}$ 可近似地看作是一常数，将式（3-7）积分，可得：

$$\ln p=-\frac{\Delta_{\mathrm{vap}}H_{\mathrm{m}}}{RT}+C\tag{3-8}$$

式中，C 为积分常数。上式表明，将 $\ln p$ 对 $1/T$ 作图应为一直线，此直线的斜率为（$-\Delta_{\mathrm{vap}}H_{\mathrm{m}}/R$），根据斜率即可求算液体的 $\Delta_{\mathrm{vap}}H_{\mathrm{m}}$。

将式（3-7）在 T_1 和 T_2 之间作定积分，可得：

$$\ln\frac{p_2}{p_1}=\frac{\Delta_{\mathrm{vap}}H_{\mathrm{m}}(T_2-T_1)}{RT_1T_2}\tag{3-9}$$

上式表明，只要知道 $\Delta_{\mathrm{vap}}H_{\mathrm{m}}$，就可以根据某温度 T_1 时该液体的饱和蒸气压 p_1 求算温度 T_2 时液体的饱和蒸气压 p_2，或者由一个蒸气压 p_1 下的沸点 T_1 求算另一蒸气压 p_2 下的沸点 T_2。

当缺乏液体摩尔气化焓 $\Delta_{\mathrm{vap}}H_{\mathrm{m}}$ 数据时，可通过特鲁顿规则（Trouton rule）进行估算。对于非极性的、分子不缔合的液体，有：

$$\frac{\Delta_{\mathrm{vap}}H_{\mathrm{m}}}{T_{\mathrm{b}}}=88\ \mathrm{J\cdot K^{-1}\cdot mol^{-1}}\tag{3-10}$$

式中，T_{b} 为正常沸点（指外压力为 101.325 kPa 时液体的沸点），此规则不能用于极性较强的液体。

例 3-5 已知水在 373 K 时的饱和蒸气压为 101.325 kPa，摩尔气化焓为 $\Delta_{\mathrm{vap}}H_{\mathrm{m}}=40.7\ \mathrm{kJ\cdot mol^{-1}}$，试计算：

（1）水在 363 K 时的饱和蒸气压。

（2）当外压为 85 kPa 时水的沸点。

解：根据式（3-9）

$$\ln\frac{p_2}{p_1}=\frac{\Delta_{\mathrm{vap}}H_{\mathrm{m}}(T_2-T_1)}{RT_1T_2}$$

（1）

$$\ln\frac{p_2}{101.325}=\frac{40700\times(363-373)}{8.314\times373\times363}$$

$$p_2 = 70.58\ \text{kPa}$$

（2）
$$\ln\frac{85}{101.325} = \frac{40700\times(T_2-373)}{8.314\times373\times T_2}$$

$$T_2 = 368.1\ \text{K}$$

3.2.2 单组分系统的相图

温度、压力等对多相系统相变化的影响是一个十分复杂的问题，其规律一般不易用函数形式表达，通常使用简单直观的几何图形——“相图”（phase diagram）来描述。所谓相图是根据实验所得数据绘制的系统状态与温度、压力、组成之间相互关系的图形，直观地反映了给定条件下相变化的方向和限度。单组分系统的相图最简单。根据相律，单组分系统的自由度数最大为2，所以单组分系统的相平衡关系通常用 *p-T* 平面图来描述。以水的相图为例加以说明。

1. 水的相图 根据水的相平衡实验数据绘制成 *p-T* 图，即为水的相图（图 3-1）。图中 OA、OB、OC 三条曲线相交于 O 点，将整个平面分成了三个区域 AOB、AOC 及 BOC。整个相图由三个区、三条线和一个点构成。

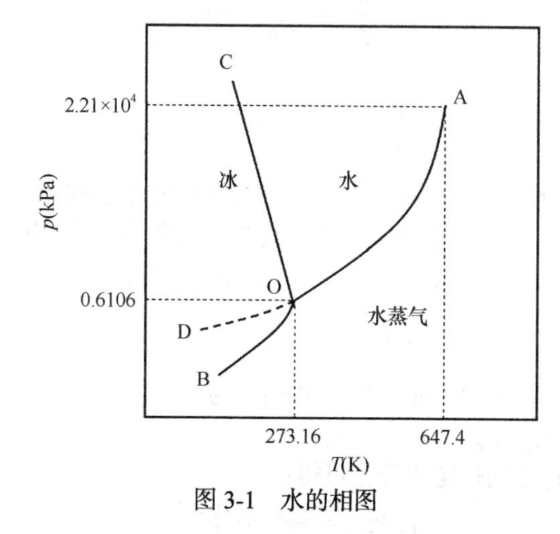

图 3-1 水的相图

（1）三个区：即 AOB 区、AOC 区及 BOC 区，这三个区域分别代表气、液、固三个单相区。每个单相区内，$\Phi=1$，$f=2$。在该区域内，温度和压力可以同时独立改变而无新相的生成或旧相的消失。要确定系统的状态，必须同时指定温度和压力两个变量。这种具有两个自由度的系统称为双变量系统。

（2）三条线：即 OA、OB 及 OC 三条实线，分别代表气-液、气-固、液-固两相平衡，称为两相平衡线。在这些线上，$f=1$，即温度和压力两个变量中，只有一个是能独立改变的。例如，若指定了温度，则系统的平衡压力就是曲线上该温度所对应的压力。这种只有一个自由度的系统称为单变量系统。

OA 线称为水的饱和蒸气压曲线或平衡蒸发曲线，表示水和水蒸气的平衡。线上每一点代表一定温度下水的饱和蒸气压或一定压力下水的沸点。若在等温下对此两相平衡系统加压，或在等压下对其降温，都可以使水蒸气凝结为水；反之，等温下减压或等压下升温，则可使水蒸发为水蒸气。故 OA 线以上的区域为液态水的相区，OA 线以下的区域为水蒸气的相区。OA 线止于水的临界点（critical point）A。A 点对应的温度是 647.4 K，对应的压力为 2.21×10^4 kPa，此时气液二相的密度趋向相同，气液二相的界面消失，水的这种状态称为超临界状态（supercritical state）。超临界状态是系统另一种特殊状态，是目前一个十分活跃的研究领域，从认识自然现象到实际应用（如超临界流体萃取）都有广阔的发展前景。

OB 线称为冰的饱和蒸气压曲线或升华曲线，表示冰和水蒸气的平衡，理论上可延长到绝对零度附近。同理可知，OB 线以上的区域为冰的相区，OB 线以下的区域为水蒸气的相区。在此曲线对应的压力下，冰可直接变为水蒸气，此过程称为升华（sublimation）。

OC 线称为冰的熔点曲线，表示冰与水的平衡。OC 线的斜率为负值，表明冰的熔点随压力的升高而降低。这与其他大多数物质的熔点不同，是因为冰的密度比水小，当冰融化成水时，体积缩小。根据平衡移动原理，增加压力，有利于体积减小的过程进行，即有利于冰的融化。这也可以由克拉佩龙方程看出。OC 线不能任意延长，大约从 2.03×10^5 kPa、–20℃开始，相图变得比较复杂，有不同晶型的冰生成。

OD 线是 AO 线的延长线，是过冷水的饱和蒸气压与温度的关系曲线。如果沿着 AO 线控制实验条件，使水缓慢冷却，可在 0℃以下而不结冰，这就是水的过冷现象，这种状态下的水称为过冷水。OD 线落在冰的相区，说明在相应的温度和压力下冰是稳定的。相同温度下，过冷水的饱和蒸气压大于冰的饱和蒸气压，可知过冷水的化学势大于冰的化学势，过冷水能自发地转变成冰，故过冷水是一个不稳定的亚稳系统，因此将 OD 线以虚线表示。

（3）一个点：图中 OA、OB、OC 三条线交于 O 点，称为三相点（triple point）。在该点气、液、固三相共存，$f=0$，系统的温度和压力均一定（273.16 K，0.6106 kPa），是个无变量系统。1967 年第十三届国际计量大会（CGPM）将热力学温度的单位“1 K”定义为水的三相点温度的 1/273.16。

需要说明的是，水的三相点与通常所说的水的冰点（freezing point）是不同的。冰点所对应的温度为 273.15 K。三相点是严格的单组分系统，而冰点是在水中溶有空气和外压为 101.325 kPa 时测得的实验数据。冰点温度低于三相点温度是由两种因素造成的：①外压增加，使水的凝固点下降 0.00747 K；②水中溶有空气，使凝固点下降 0.00242 K。所以水的冰点温度比三相点下降了 $0.00242+0.00747\approx0.01$ K，即等于 273.15 K。

从水的相图可以看出，当温度低于三相点时，如将系统的压力降至 OB 线以下，固态冰可直接升华为水蒸气，这也是冷冻干燥技术（freeze drying technique）的原理。该技术广泛应用于药品和食品的生产。例如，一些生物制品或抗生素在水溶液中不稳定，可通过冷冻干燥技术将其制成粉针注射剂。先将盛有这类药物水溶液的敞口安瓿，快速深度冷冻，在短时间内全部凝结成冰，然后将系统压力降至冰的饱和蒸气压以下，使冰直接升华为水蒸气，从而获得干燥的制品，封口后便得到可以长时间储存的粉针剂。由于整个操作都在低温下进行，药物不致受热分解，并能使药品变成疏松的海绵固体，有利于使用时快速溶解。

由于冷冻干燥在低温低压下进行，在食品生产及加工中，也可以保持新鲜食品的色、香、味、形，此外，维生素和蛋白质等营养物质的损失也少。

2. 二氧化碳的相图 是另一类重要的单组分系统相图（图 3-2）。与水的相图相似，三条两相平衡线 OA、OB、OC 线相交于 O 点，将平面分成 AOB、BOC 和 AOC 三个单相区，分别是液相区、固相区和气相区。OA 线是气-液平衡线，OB 线是固-液平衡线，OC 线是固-气平衡线。但与水的相图不同之处是，二氧化碳的三条两相平衡线的斜率都大于零，这是由于 CO_2 固态的密度大于液态的密度。

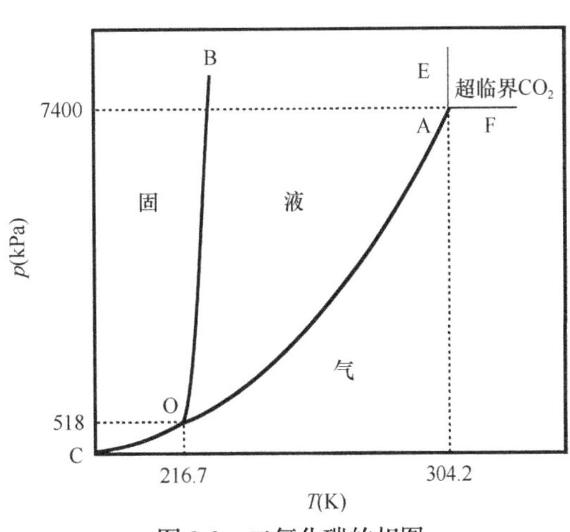

图 3-2 二氧化碳的相图

O 点是 CO_2 的三相点，温度为 216.7 K，压力为 518 kPa。由于该三相点的温度低于常温，而压力又高于标准大气压（101.325 kPa），因此在常温、常压下，二氧化碳以气态存在。而在低温下，我们只能看到固态二氧化碳，很难看到它的液态，除非加压到 518 kPa 以上。固态 CO_2 又称为干冰，在 101.325 kPa 下，干冰升华温度为 194.65 K。因此，干冰常用于低温冷冻。

A 点是 CO_2 的临界点，温度为 304.2 K，压力为 7400 kPa。该温度和压力在工业上很容易达到，所以 CO_2 超临界流体较容易制备。CO_2 超临界流体具有溶解能力强、选择性好、毒性低、环境友好、可在接近室温下操作等优点，在实际工作中被广泛用作超临界萃取剂，可用于萃取一些中草药有效成分、有机物等。

【知识扩展】

超临界流体（supercritical fluid）是指温度及压力均处于临界点以上的流体。例如，二氧化碳相图中，EAF 区为超临界流体区。超临界流体兼有气体和液体的优点，其黏度小，扩散系数大，密度大，具有良好的溶解特性和传质特性。一种溶剂在超临界状态的萃取能力比在常温、常压条件下可提高几十倍，甚至几百倍。超临界流体萃取（supercritical fluid extraction，SFE）技术正是利用此原理，控制超临界流体在高于临界温度和临界压力的条件下，从目标物中萃取成分，再恢复到常温和常压，溶解在超临界流体中的成分即与超临界流体分开。该技术具有流程简单、操作方便、萃取效率高且能耗少、无溶剂残留等优势，为中药生产提供了一种高效的提取与分离方法。

在超临界流体中进行化学反应，可使传统的多相反应转化为均相反应，从而消除了各反应物之间以及反应物与催化剂之间的扩散限制，提高了反应速度。此外，在超临界状态下，压力对反应速度常数也有较大的影响，微小的压力变化可使反应速度常数发生几个数量级的变化。再加上反应中不使用有机溶剂、环境污染小、产物易分离等优点，超临界流体的化学反应技术日益受到人们的重视。

思考题 3-2
参考答案

【思考题 3-2】 若将克拉佩龙方程应用于气-固平衡，请推导平衡时升华温度和蒸气压间关系式。

知识梳理 3-2 单组分系统

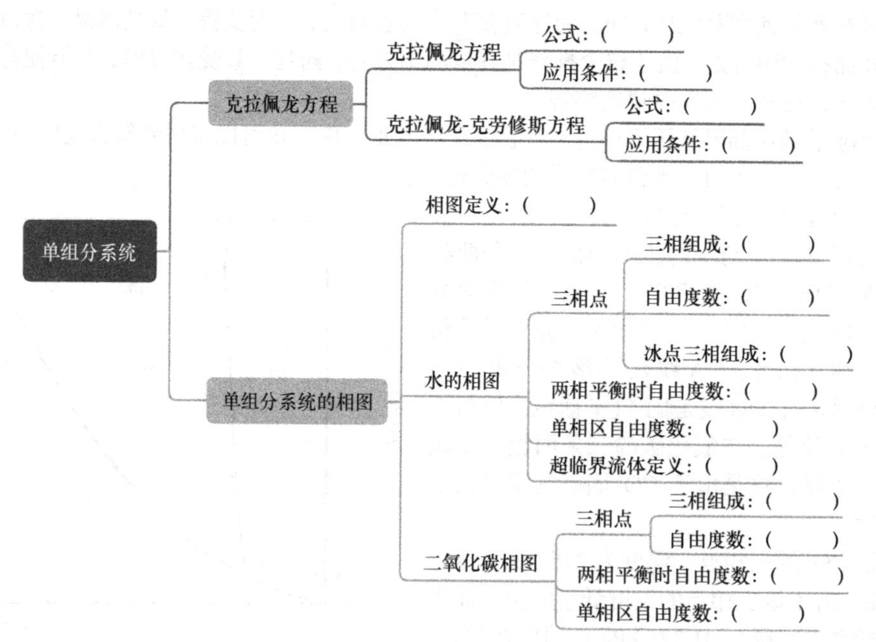

3.3 二组分系统

二组分系统的组分数 $K=2$，这时相律的一般表达式为：

$$f=2-\Phi+2=4-\Phi$$

当 $f=0$ 时，$\Phi_{\max}=4$，说明二组分系统最多可有四相共存。例如，NaCl 与水构成的系统，最多可出现 NaCl 固体、冰、溶液和水蒸气四相平衡。

当 $\Phi=1$ 时，$f_{\max}=3$，即二组分系统最多可有三个独立变量，通常为温度 T、压力 p 和组成 x。因此，要描述二组分系统的相平衡关系，须用以这三个变量为坐标的立体相图。

如果保持一个因素为常量，则相图仍可以用平面图来表示，这相当于立体图中的一个截面。这种平面图有三种类型：在恒定压力下研究温度与组成之间的关系，其图形称为温度-组成图（T-x 图，或称为等压相图）；在恒定温度下研究压力与组成之间的关系，其图形称为压力-组成图（p-x 图，或称为等温相图）；在组成恒定时研究温度与压力之间的关系，则可得压力-温度图（p-T 图，或称为等浓度相图），其中前两种较为常用。由于已固定了压力或温度，则相律为 $f^*=K-\Phi+1=3-\Phi$。

在二组分系统中，双液系统较为重要。按两液体之间相互溶解程度的不同，可将二组分双液系统分为完全互溶、部分互溶及完全不互溶三种类型。完全互溶双液系统又分为理想液态混合物和真实液态混合物。理想液态混合物的气-液平衡相图是气-液平衡相图中最有规律、最重要的相图，是讨论其他气-液平衡相图的基础。

3.3.1 完全互溶的理想液态混合物

1. 理想液态混合物的压力-组成图 设一定温度下，液体 A 与液体 B 形成理想液态混合物，则 A 和 B 应在全部组成范围内均符合拉乌尔定律

$$p_A=p_A^*x_A$$

$$p_B=p_B^*x_B$$

则与理想液态混合物呈平衡的蒸气总压 p 为：

$$p=p_A+p_B=p_A^*(1-x_B)+p_B^*x_B$$

$$=p_A^*+(p_B^*-p_A^*)x_B \tag{3-11}$$

式中，p_A^* 和 p_B^* 分别为温度 T 时纯 A 和纯 B 的饱和蒸气压；p_A 和 p_B 分别为与液相成平衡的蒸气中 A 和 B 的分压；x_A 和 x_B 分别为液相中 A 和 B 的摩尔分数。

若在等温下，以 x_B 为横坐标，蒸气压 p 为纵坐标作图（图 3-3），分压 p_A、p_B 及总压 p 都与 x_B 呈直线关系，这是理想液态混合物的特点。图中横坐标两端的点分别表示纯 A、纯 B。由图可知，理想液态混合物的蒸气压总是介于两纯液体的饱和蒸气压之间，即：

$$p_A^*<p<p_B^*$$

p-x_B 线表示系统的压力（即蒸气总压）与其液相组成之间的关系，称为液相线。由液相线可以找出不同液相组成时的蒸气压，或不同气相总压所对应的液相组成。

一般情况下，理想液态混合物的蒸气压可看作遵从道尔顿（Dalton）分压定律的理想混合气体，则：

$$p_A=py_A$$

$$p_B=py_B$$

式中，y_A、y_B 分别为 A、B 在气相中的摩尔分数。以拉乌尔定律代入，得：

$$p_A^* x_A = p y_A \qquad p_B^* x_B = p y_B$$

或

$$\frac{y_A}{x_A} = \frac{p_A^*}{p} \qquad \frac{y_B}{x_B} = \frac{p_B^*}{p}$$

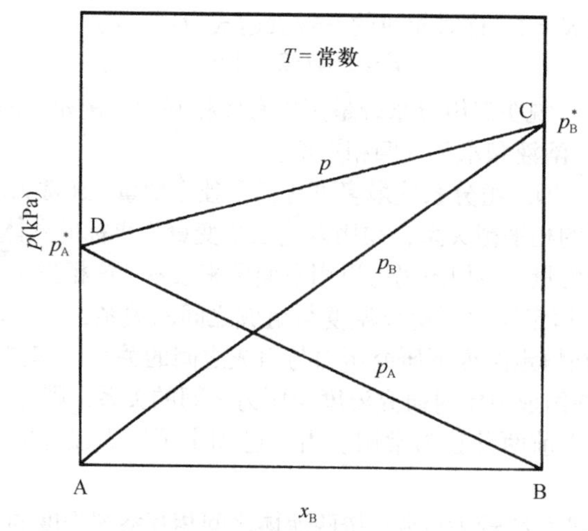

图 3-3　理想液态混合物蒸气压图

若 $p_B^* > p_A^*$，即纯液体 B 比 A 容易挥发，另因 $p_B^* > p > p_A^*$，可得：$y_A < x_A$，$y_B > x_B$。这说明，定温下饱和蒸气压不同的两种液体形成理想液态混合物成气液平衡时，两相的组成并不相同，易挥发组分 B 在气相中的相对含量要大于其在液相中的相对含量，对于难挥发组分 A 则相反。此结论具有普遍性。

将上式代入式（3-11）中，整理得：

$$y_B = \frac{p_B}{p} = \frac{p_B^* x_B}{p_A^* + (p_B^* - p_A^*) x_B} \tag{3-12}$$

式（3-12）说明，若已知一定温度下纯 A 和纯 B 的 p_A^* 和 p_B^*，就能从液相组成 x_B 求出相应的气相组成 y_B。如果要全面描述液态混合物蒸气压与气、液两相平衡组成的关系，可先根据式（3-11）在 p-x 图上画出液相线，然后从液相线上取不同的 x_B 值代入式（3-12），求出相应的气相组成 y_B 值，把他们连接起来即构成气相线，如图 3-4 所示。气相线是表示蒸气总压与气相组成关系的曲线。

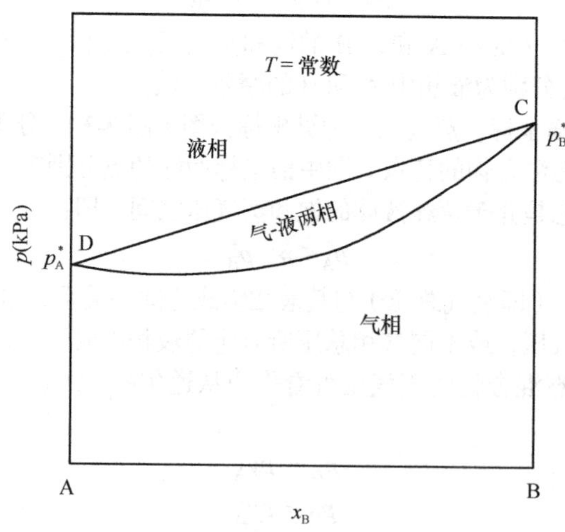

图 3-4　理想液态混合物的 p-x 图

图 3-4 上方的直线为液相线，下方的曲线为气相线。液相线以上的区域，系统压力高于溶液的饱和蒸气压，气相不可能存在，所以是液相（单相）区；气相线以下的区域，系统的压力低于溶液的饱和蒸气压，液相不可能存在，因此为气相（单相）区；液相线和气相线之间的区域是气、液两相平衡共存区。由温度恒定下，单相区系统的自由度 $f^* = 2-1+1 = 2$ 可知，系统的压力和浓度可以在一定范围内独立改变，为双变量区。在气、液平衡两相区，系统的自由度 $f^* = 2-2+1 = 1$，表明系统的压力和组成 x_B（或 y_B）之间存在着依赖关系，只有一个可以独立改变，如果指定了压力，平衡时的气相组成和液相组成也就随之确定了，因此为单变量区。

2. 理想液态混合物的温度-组成图 在等压下，二组分系统气液平衡时的沸点 T 与组成 x 关系图，称为 T-x 图，该相图对讨论蒸馏非常重要。

T-x 图可通过实验测定气液平衡时的温度及气相和液相的组成直接绘制。对理想液态混合物，若已知两个纯液体在不同温度下的蒸气压数据，可通过计算获得其温度-组成图。在外压为 101.325 kPa 下，对于每一个纯液体组分 A 和 B，代表气液平衡的点是它们的正常沸点，分别标在 T-x 图上（图 3-5）。图中 $T_{b,A}^*$ 是纯 A 的沸点，$T_{b,B}^*$ 是纯 B 的沸点，A 和 B 组成的液态混合物的沸点介于 $T_{b,A}^*$ 与 $T_{b,B}^*$ 之间。

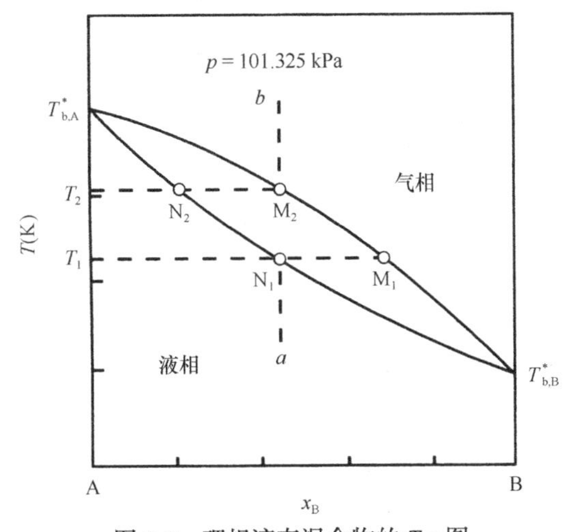

图 3-5 理想液态混合物的 T-x 图

将状态为 a 的液态混合物等压升温至 T_1 到达所对应的液相点 N_1 时，液相开始起泡沸腾，故 N_1 称为该液相的泡点（bubble point），将不同组成的泡点连接而成的线即为液相线（或称为泡点曲线）。若将状态为 b 的蒸气等压降温至 T_2 所对应的气相点 M_2 时，气相开始凝结出如露水的小液滴，因此 M_2 称为露点（dew point），不同组成的露点连接而成的线为气相线（或称为露点曲线）。液相线下方为液相单相区，气相线上方为气相单相区，气相线和液相线之间是气、液两相平衡共存区。液体 a 加热到泡点 N_1 产生的气泡的状态点为 M_1，气体 b 冷却至露点 M_2 析出的液滴的状态点为 N_2。

3.3.2 杠杆规则

我们把相图中表示系统温度、压力和总组成状态的点称为物系点（point of system），而表示某一相状态的点称为相点（phase point）。当物系点处于单相区时，系统的总组成与该相的组成相同，物系点与相点重合；当物系点处于两相区时（如图 3-6 中的 O 点），系统呈两相平衡，形成液相点 M 和气相点 N，此时物系点与相点不重合。两个平衡相点的连线 MN 称为连接线。气相和液相的组成可由连接线在气、液相线上的交点决定（在图中为 x_2、x_1）。

在图 3-6 中，假设液相点 M 的物质的量为 $n_{液}$，所含组分 B 的摩尔分数为 x_1，气相点 N 的物质的量为 $n_{气}$，所含组分 B 的摩尔分数为 x_2。

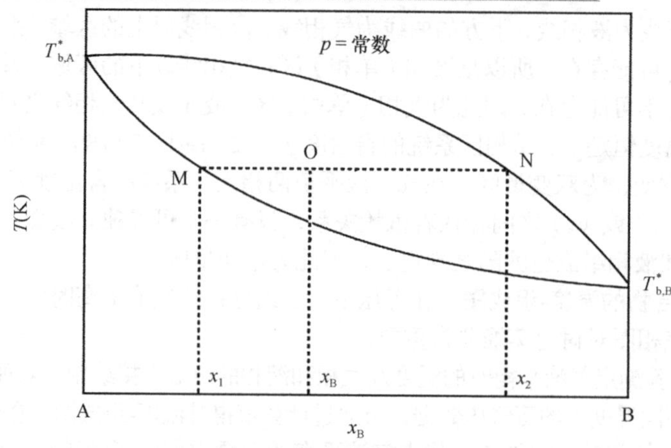

图 3-6 杠杆规则示意图

根据质量守恒定律得：

$$n_{总} = n_{液} + n_{气}$$

组分 B 的物质的量等于分配在气相和液相中的物质的量之和：

$$(n_{液} + n_{气})x_B = n_{液}x_1 + n_{气}x_2$$

整理得

$$n_{液}(x_B - x_1) = n_{气}(x_2 - x_B)$$

即：

$$n_{液} \times \overline{MO} = n_{气} \times \overline{ON} \qquad (3\text{-}13)$$

上述关系称为杠杆规则（lever rule）。连接线 MN 好似一个以物系点 O 为支点的杠杆，两相点 M 和 N 为力的作用点，分别挂着重物 $n_{液}$ 和 $n_{气}$，$\overline{MO}$ 和 $\overline{ON}$ 相当于力臂。若相图的横坐标用质量分数表示时，杠杆规则中物质的量可带入对应质量 m，得：

$$m_{液} \times \overline{MO} = m_{气} \times \overline{ON} \qquad (3\text{-}14)$$

杠杆规则是物料衡算的必然结果，具有普遍性，可适用于包括固-液、气-液、液-液、固-固等在内的任何两相平衡区。

例 3-6 将 6 mol A 和 4 mol B 混合组成二组分理想液态混合物，在某温度下达到两相平衡。B 在液相的摩尔分数 $x_B = 0.20$，在气相的摩尔分数 $y_B = 0.70$。试求气、液两相物质的量。

解：B 在混合物中的摩尔分数为：$x_{B,总} = \dfrac{4}{6+4} = 0.40$

根据杠杆规则：　$n_{液} \times \overline{MO} = n_{气} \times \overline{ON}$

即：

$$n_{液} \times (0.40 - 0.20) = n_{气} \times (0.70 - 0.40)$$

$$n_{液} + n_{气} = 10\ \text{mol}$$

解得　　$n_{液} = 6\ \text{mol}$　　$n_{气} = 4\ \text{mol}$

3.3.3 非理想的完全互溶双液系统

能处理为理想液态混合物的系统是极少的，大多数液态混合物的蒸气压和浓度之间不符合拉乌尔定律，我们称之为非理想液态混合物，它们与拉乌尔定律存在各种偏差，即其组分的蒸气压对拉乌尔定律所预示值之间的偏差，因而蒸气总压与组成并不呈直线关系。若组分实测的蒸气压大于按拉乌尔定律所计算的值，称为正偏差；反之，则称为负偏差。实际上二组分互溶系统以正偏差居多。当二组分极性差别很大时，蒸气压出现更大的正偏差，甚至变成部分互溶或完全不互溶的系统。

1. 蒸气压-液相组成图

（1）正（负）偏差较小的系统：液态混合物和两种组分的蒸气压对拉乌尔定律产生正（负）偏差，但在全部组成范围内，混合物的蒸气压均介于两个纯组分的饱和蒸气压之间。如图 3-7 所示，苯-丙酮混合溶液和 1,4-二氧杂环己烷-氯仿混合溶液的蒸气压-液相组成关系图就属于这种类型。图中虚线为使用拉乌尔定律计算得到的蒸气压对组成的关系曲线，实线为实际测量的结果。图形显示，苯-丙酮为一般正偏差系统，而 1,4-二氧杂环己烷-氯仿为一般负偏差系统。液态混合物产生偏差是两个组分之间的分子相互作用的结果。在理想混合物模型中，任一组分在混合物中所处的环境与其在纯组分中所处的环境相同。若两种不同组分分子间的吸引力小于各纯组分分子间的吸引力，形成液态混合物后，分子就易于逸出液面而产生正偏差；或纯组分有缔合作用，在形成液态混合物时发生解离，因分子数增多而产生正偏差。

若两种不同组分分子间的吸引力大于各纯组分分子间的吸引力，形成液态混合物后，分子难以逸出液面而产生负偏差；或形成混合物后，两种液体分子间发生缔合作用，因分子数减少而产生负偏差。例如，氯仿和丙酮分子间因形成氢键而发生负偏差。

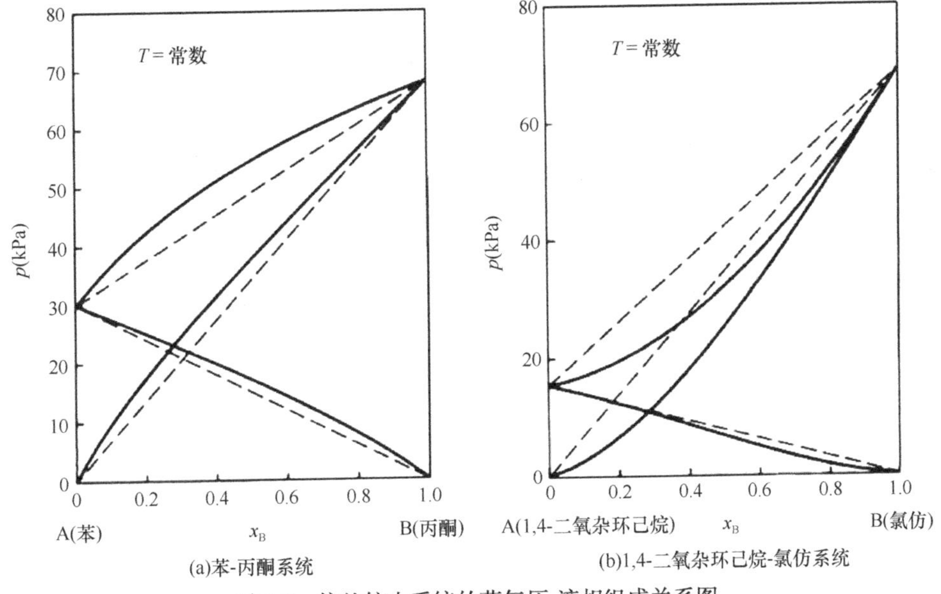

图 3-7 偏差较小系统的蒸气压-液相组成关系图

（2）正偏差很大的系统：液态混合物的蒸气压及两种组分的蒸气压对拉乌尔定律产生正偏差，且在某一组成范围内，混合物的蒸气压比易挥发组分的饱和蒸气压还大，因而混合物蒸气压出现极大值。如图 3-8 所示，苯-乙醇液态混合物为具有较大正偏差的系统。在苯-乙醇液态混合物中，乙醇是极性化合物，分子间有一定的缔合作用，当加入非极性的苯分子后，乙醇分子缔合体发生解离使分子数增加，而产生较大的正偏差。

（3）负偏差很大的系统：液态混合物的蒸气压和两种组分的蒸气压对拉乌尔定律产生负偏差，且在某一组成范围内，混合物的蒸气压比难挥发组分的饱和蒸气压还低，因而混合物蒸气压出现极小值。如图 3-9 所示，硝酸-水液态混合物为具有较大负偏差的系统。硝酸和水混合后，硝酸溶解于水中，并且产生电离作用，其结果使硝酸与水分子都减少了，因此产生较大的负偏差，HCl、甲酸等和水混合后与此情况相同。一般形成这类溶液时常伴有温度升高和体积缩小的效应。

2. 压力-组成图 前面介绍的二组分真实液态混合物的压力-组成图中，只画出了液相线（蒸气总压与液相组成关系线），而完整的气-液平衡相图还应有气相线（蒸气压与气相组成关系线）。在二组分完全互溶的液态混合物 p-x 图中，气相线总是位于液相线的下方。

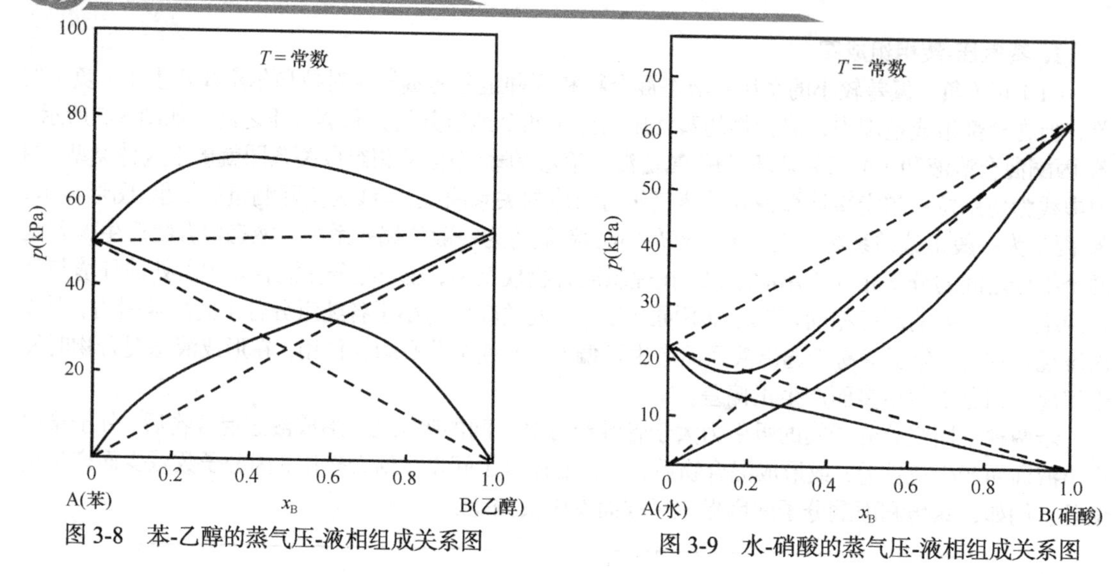

图 3-8 苯-乙醇的蒸气压-液相组成关系图

图 3-9 水-硝酸的蒸气压-液相组成关系图

具有较小偏差系统的压力-组成图与理想液态混合物系统的相似（图 3-4），主要差别是液相线并非直线，而是略向上凸或者下凹的曲线。

苯-乙醇系统具有较大的正偏差，其压力-组成图如图 3-10（a）所示。此类系统的气相线与液相线在最高点（C）处相切。最高点将气、液两相平衡区分成左、右两部分。在苯-乙醇系统中，乙醇是易挥发组分。在最高点右侧，易挥发组分在气相中的含量（指相对含量，下同）小于其在液相中的含量（$y_B<x_B$）；在最高点左侧，难挥发组分在气相中的含量小于其在液相中的含量（$y_A<x_A$）；在最高点处，气相组成与液相组成相同。

水-硝酸系统具有较大的负偏差，其压力-组成图如图 3-10（b）所示。此类系统的气相线与液相线在最低点（D）处相切。最低点右侧，易挥发组分在气相中的含量大于其在液相中的含量（$y_B>x_B$）；在最低点左侧，难挥发组分在气相中的含量大于其在液相中的含量（$y_A>x_A$）；在最低点处，气相组成与液相组成相同。

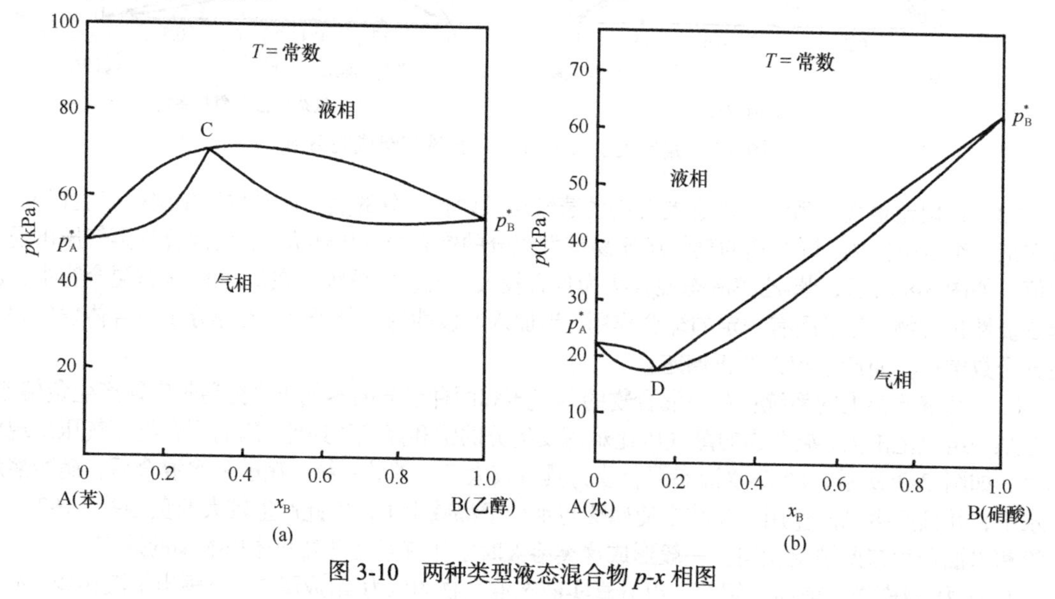

图 3-10 两种类型液态混合物 p-x 相图

1881 年，柯诺华洛夫在大量实验工作的基础上，总结出联系蒸气组成（y_B）和溶液组成（x_B）之间关系的两条定性规则：

（1）在二组分溶液中，如果加入某一组分而使溶液的总蒸气压增加（即在一定压力下使溶液的沸点下降），那么，该组分在平衡气相中的相对含量将大于它在平衡液相中的相对含量。

（2）在溶液的蒸气压-液相组成图中，如果有极大值点或极小值点存在，则在极大值点或极小值点时气相和液相的组成相同。

3. 温度-组成图 通常蒸馏和精馏都是在等压下进行的，所以双液系统的等压相图（T-x 图）对讨论蒸馏和精馏非常重要。

偏差较小系统的温度-组成图与理想液态混合物系统（图 3-5）的相似。

正偏差很大系统的 p-x 图出现最高点，而这类系统的 T-x 图则出现最低点。在最低点处，气相线和液相线相交。对应于最低点处组成的液相在该指定压力下沸腾时形成的气相组成与液相组成相同，此时系统的自由度 $f = 0$，故沸腾时温度恒定，且这一温度又是液态混合物沸腾的最低温度，因此称之为最低恒沸点（minimum azeotropic point），对应于该点组成的混合物称为最低恒沸混合物（minimum azeotropic mixture）。苯-乙醇二组分液态混合物就是具有最低恒沸点的混合物，如图 3-11（a）所示。负偏差很大系统的 p-x 图出现最低点，则这类混合物的 T-x 图出现最高点，该点所对应的温度称为最高恒沸点（maximum azeotropic point），对应于最高点组成的混合物称为最高恒沸混合物（maximum azeotropic mixture）。硝酸-水二组分液态混合物就是具有最高恒沸点的混合物，如图 3-11（b）所示。

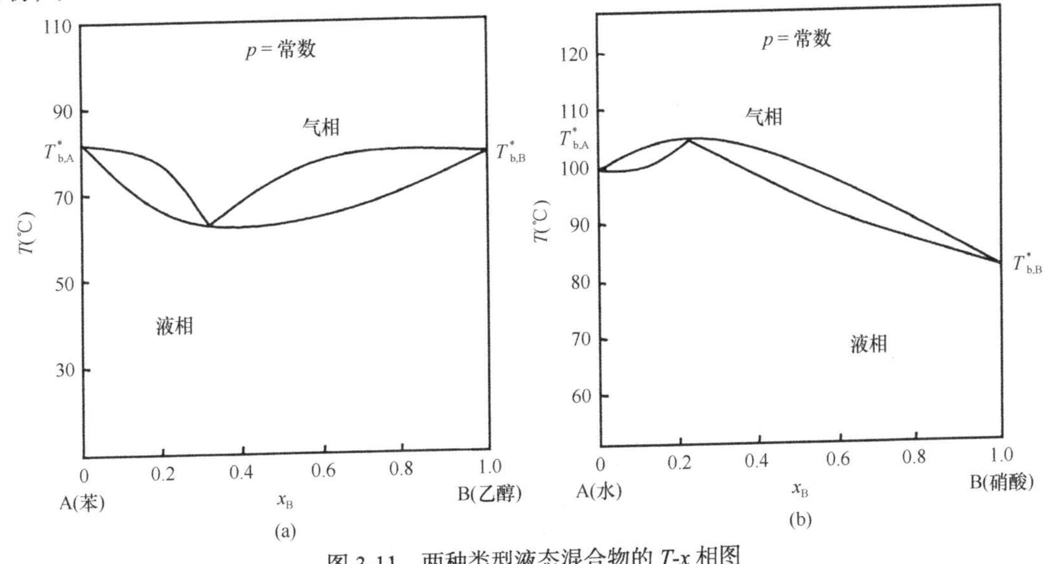

图 3-11 两种类型液态混合物的 T-x 相图

在恒定压力下，实验测定一系列不同组成液体的沸腾温度及平衡时气、液两相的组成，即可做出该压力下的 T-x 图。比较图 3-10 和图 3-11 可知，T-x 图的形状与 p-x 图呈“倒转”关系，即 p-x 图上 $p_B^* > p_A^*$，而 T-x 图上 $T_{b,B}^* < T_{b,A}^*$（蒸气压高的组分沸点低）；当 p-x 图上出现最高点时，T-x 图上则有最低点；当 p-x 图上出现最低点时，T-x 图上则有最高点。在等压相图上，液相线位于气相线的下方。

3.3.4 蒸馏与精馏

蒸馏和精馏是工业生产及科学研究中分离液体混合物常用的方法，其原理及用途可通过相图加以说明。

蒸馏（distillation）是一种热力学分离工艺，它利用混合液体中各组分沸点不同，让低沸点组分先蒸发，再冷凝，使其从整个组分中分离的过程，是蒸发和冷凝两种操作的联合。将组成为 x_1 的液态混合物置于烧瓶中加热，其温度和组成的变化关系如图 3-12 所示。当温度升高至 T_1 时液态混合物开始沸腾，此时产生的蒸气组成为 y_1，液相组成仍为 x_1。继续升高温度，系统进入两相区，当温度升高至 T_2 时，液相组成和气相组成分别为 x_2 和 y_2。若温度升高至 T_3 时蒸馏结束，此时液相和气相的组成分别为 x_3 和 y_3。显然，随着温度的不断升高，气相组成及液相组成分别沿着气相线和液相线移动。

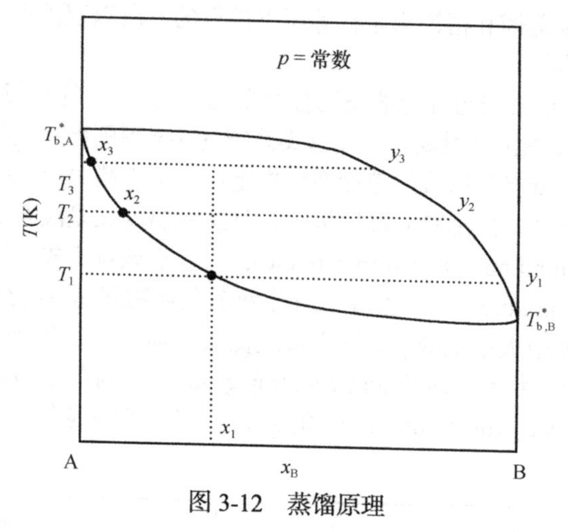

图 3-12　蒸馏原理

在整个蒸馏过程中，气相通过冷凝管被冷凝而进入接收瓶中，从第一滴馏出液的组成 y_1，到蒸馏结束最后一滴馏出液的组成 y_3，接收瓶中馏出液的总组成约为 y_1 和 y_3 之间的平均值，而蒸馏瓶中剩余的液相组成是 x_3。由此可见，蒸馏后，蒸馏瓶内剩余液相中难挥发组分 A 的含量比原混合物中增多，馏出液中易挥发组分 B 的含量比原混合物中增加。因此，蒸馏只能把混合系统进行粗略的分离，而不能完全彻底地分离得到两个纯组分。若要使液态混合物获得较为完全的分离，需要采用精馏的方法。

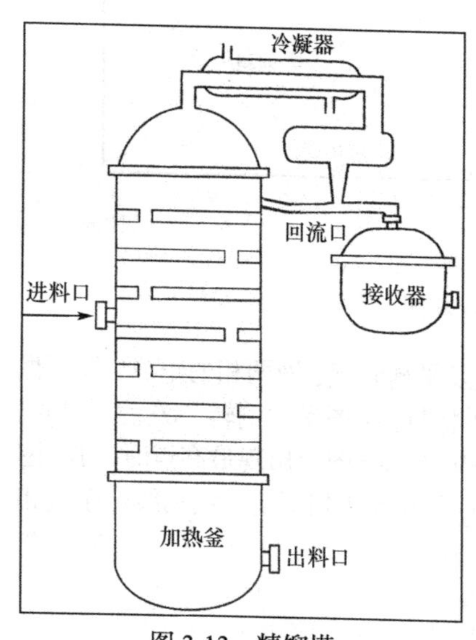

图 3-13　精馏塔

将液态混合物同时经多次部分气化和部分冷凝而使之分离的操作称为精馏（rectification），也称分级蒸馏（fractional distillation，简称分馏）。实际上，工厂和实验室应用精馏操作是在精馏塔中连续进行的。精馏塔主要由塔釜（或塔底）、塔身和塔顶三部分组成(图 3-13)。精馏塔的底部装有加热釜，一般用蒸气对加热釜中物料进行加热，使之沸腾气化。塔身外壳用隔热材料保温，塔身内部装有多块带有小孔的塔板，每块塔板上的温度是恒定的，且自下而上温度逐渐降低。塔顶装有冷凝器和回流阀，到达塔顶的低沸点蒸气进入冷凝器中，冷凝液部分回流入塔内以保持精馏塔的稳定操作，其余部分被收集。进料口则在塔身中间某处。

精馏原理如图 3-14 所示，不同的温度 T_1、T_2、T_3、T_4、T_5 对应于精馏塔中相应塔板上的温度。根据精馏塔的构造，温度越高的塔板离塔釜越近，温度越低的塔板离塔顶越近。将组成为 x 的欲分离的液态混合物进料后加热到 M 点，在温度 T_3 下混合液达到气、液两相平衡，气相组成和液相组成分别为 y_3 和 x_3。其中组成为 y_3 的气相继续上升到达温度为 T_2（降温）的塔板，在此塔板上与温度较低的回流液相遇，进行传热传质，气体被部分冷凝，液体被部分气化，达到新的两相平衡后，离开此板上升的气相组成为 y_2。组成为 y_2 的气相再上升到达温度为 T_1（降温）的塔板时，经过同样的传热传质过程，形成组成为 y_1 的气相。如此反复多次地对气相进行部分冷凝，气相中 B 的含量越来越高，最终在塔顶得到易挥发（低沸点）的纯 B。同理，组成为 x_3 的液相向下流至温度为 T_4（升温）的塔板，遇到上升的高温蒸气，发生传热传质，达到新的两相平衡后，留下的液相组成为 x_4。组成为 x_4 的液体再向下流至温度为 T_5（升温）的塔板，经过同样的传热传质过程，平衡液相组成为 x_5。如此反复多次对液相的部分蒸发，使液相中 A 的含量越来越高，最终在塔釜得到难挥发（高沸点）的纯 A。

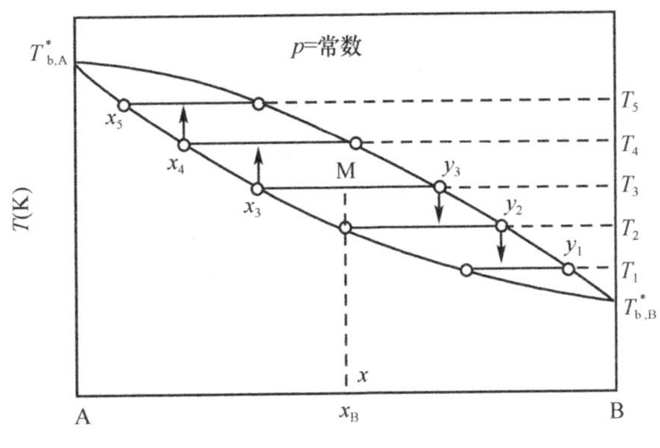

图 3-14　精馏原理

具有最高恒沸点和最低恒沸点的二组分系统，采用精馏只能得到一个纯组分和恒沸混合物。具有恒沸点的二组分系统的相图，可以看成是以恒沸混合物为分界的左、右两个相图的组合。由于恒沸点时，气相组成与液相组成相同，部分气化或部分液化均不能改变混合物的组成，故在指定压力下具有恒沸点的二组分液态混合物经过精馏后不能同时得到两个纯组分。

3.3.5　部分互溶的双液系统

两种液体间互溶程度的多少与它们的性质有关。当两种液体性质相差较大时，两者不能完全互溶，而是彼此间存在一定的互溶度，这种系统称为部分互溶的双液系统。

1. 具有最高临界溶解温度的类型　将具有两个液层的部分互溶双液系统升温到某一温度时，两个液相的界面消失而成为一个液相，这时的温度就称为临界共溶温度（critical solution temperature），又称会溶温度（consolute temperature）。水-苯酚系统就属于具有最高临界共溶温度的部分互溶双液系统，其相图如图 3-15 所示。

图中 DC 为苯酚在水中的溶解度曲线，EC 是水在苯酚中的溶解度曲线。随着温度升高，苯酚在水中的溶解度和水在苯酚中的溶解度均增大，以致可以完全互溶，两条溶解度曲线交汇于 C 点。在曲线 DCE 以外为单相区，曲线以内为液-液平衡两相区。C 点所对应的温度 T_C 称为最高临界共溶温度（upper critical solution temperature）。温度高于 T_C 时，水和苯酚可按任意比例完全互溶；温度低于 T_C 时，水和苯酚只能部分互溶。

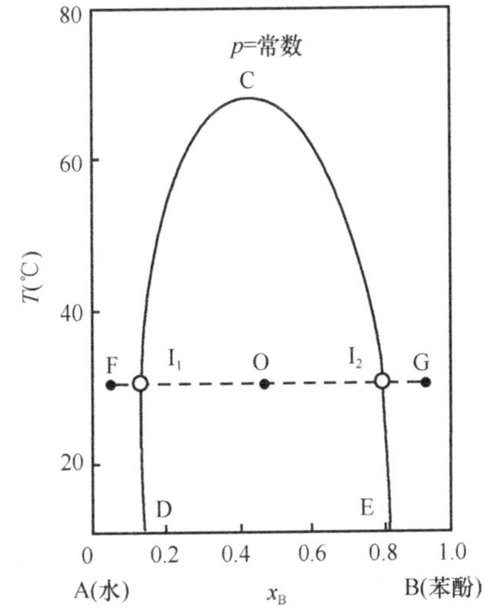

图 3-15　水-苯酚系统的温度-组成图

图 3-15 也可描述系统状态变化的过程。例如，在指定温度和压力下，将少量的苯酚加入到水中，苯酚完全溶解，系统为单相，如物系点 F 点，此时，系统为苯酚在水中的不饱和溶液。向系统中继续加入苯酚，物系点将沿着 FG 水平线向右移动。随着所加苯酚的量增多，物系点到达 I_1 点时，苯酚在水中的溶解达到饱和。若继续加入苯酚，溶液将出现两个液层，量多的层是苯酚在水中的饱和溶液，量少的层是水在

苯酚中的饱和溶液。这两个平衡共存的液相互称为共轭相（conjugate phase），相点分别为 I_1 和 I_2，它们的组成是该温度下水和苯酚的相互溶解度。根据相律，在定温定压下，$f^{**}=K-\Phi+0=2-2=0$，即共轭溶液的组成为定值。这说明，不论物系点在 I_1I_2 水平线上如何移动，两共轭相的组成均不变，只是两相的相对量有增减，即随着苯酚不断地增加，I_1 相的量相对减少，而 I_2 相的量相对增加，两相的相对量可由杠杆规则求得。当物系点到达点 I_2 时，液相 I_1 消失，系统呈单一液相，为水在苯酚中的饱和溶液。继续加入苯酚时，系统变为水在苯酚中的不饱和溶液，如 G 点所示。

临界共溶温度的高低反映了一对液体间相互溶解能力的强弱。临界共溶温度越低，两液体间的互溶性越好。因此，可利用临界共溶温度的数据来选择优良的萃取剂。

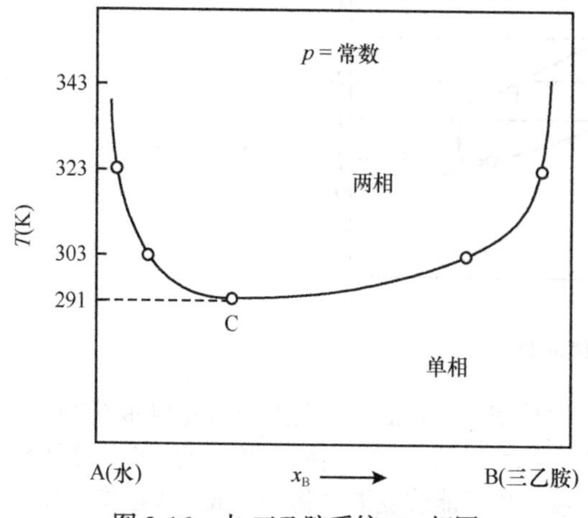

图 3-16　水-三乙胺系统 T-x 相图

2. 具有最低临界共溶温度的类型　一些系统具有最低临界共溶温度（lower critical solution temperature），即低于该温度，两个组分可以任意比例互溶，高于该温度则形成两相。水-三乙胺系统即属于该种类型，如图 3-16 所示。

图中点 C 所对应的温度 T_C 为最低临界共溶温度。系统温度低于 T_C 时，水和三乙胺完全互溶；系统温度高于 T_C 时，水和三乙胺只能部分互溶。溶解度曲线下方为单相区，溶解度曲线上方为液-液两相平衡区。

3. 同时具有最高、最低临界共溶温度的类型　某些部分互溶双液系统，既具有最高临界溶解温度，又具有最低临界共溶温度。这类系统具有完全封闭的溶解度曲线，如图 3-17 所示的水-烟碱系统。封闭曲线内为液-液两相平衡区，封闭曲线外为单相区。

4. 不具有临界共溶温度的类型　还有部分互溶双液系统没有临界共溶温度，两种液体在它们存在的温度范围内，不论以何种比例混合，一直是彼此部分互溶的。例如，水-乙醚系统就属于这种类型，如图 3-18 所示。

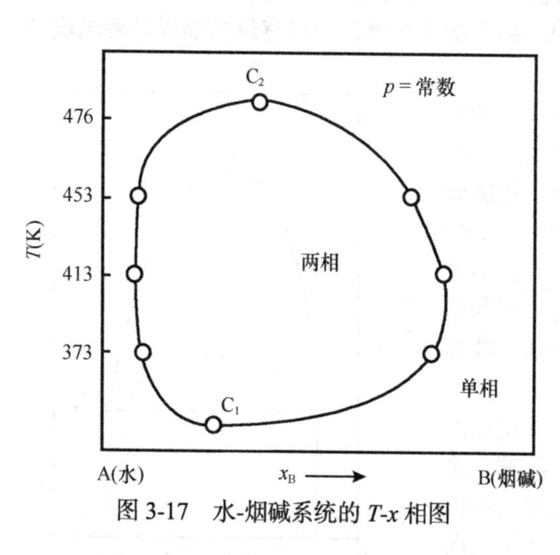

图 3-17　水-烟碱系统的 T-x 相图

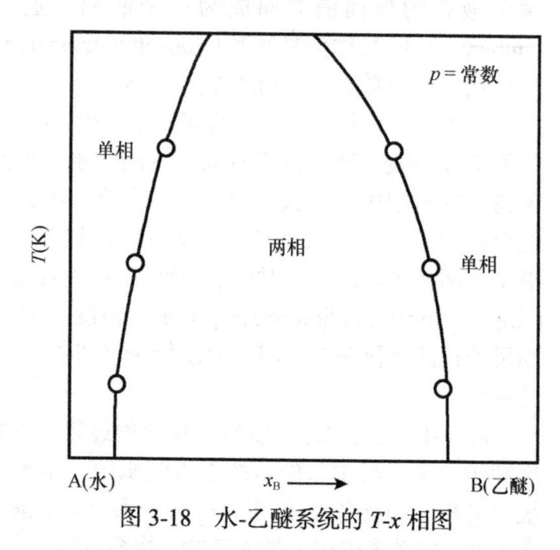

图 3-18　水-乙醚系统的 T-x 相图

药学上常利用部分互溶双液系统相图中的单相区配制澄清透明的药液；利用临界共溶温度的数据来选择优良的萃取剂。

3.3.6 完全不互溶的双液系统

如果两种液体在性质上差别很大，彼此互溶程度很小，以致可忽略不计，如水与汞、水与氯苯等，两种液体间可被近似认为完全不互溶。这种系统中各组分间可看作互不影响，各组分的蒸气压与同温度下单独存在时一样，分别等于它们的饱和蒸气压，系统液面上总的蒸气压等于两种纯组分的饱和蒸气压之和。例如，当液体 A 和 B 组成上述系统，系统的总蒸气压 $p = p_A^* + p_B^*$。

在这种系统中，两种组分不管其相对数量如何，系统的蒸气压恒大于任一纯组分的饱和蒸气压，因此混合液体的沸点低于任一纯组分的沸点。

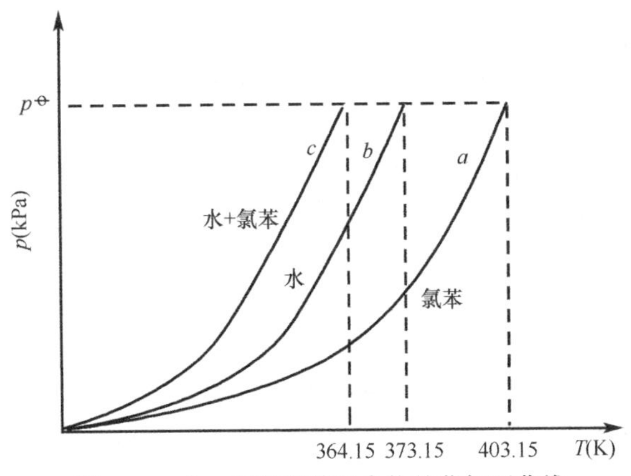

图 3-19　水、氯苯及其混合物的蒸气压曲线

如图 3-19 所示，a、b、c 三条曲线分别表示氯苯、水以及氯苯和水混合系统的 p-T 曲线。由图 3-19 可以看出，c 线上每个温度下的压力均等于该温度下 $p_{水}^*$ 和 $p_{氯苯}^*$ 之和。当外压为 $p^\ominus$ 时，水的正常沸点是 373.15 K，氯苯的正常沸点是 403.15 K，而氯苯与水混合系统的沸点为 364.15 K，比水和氯苯的沸点都低。因此，将水蒸气通入氯苯，加热到 364.15 K 时，系统即开始沸腾，此时氯苯与水同时馏出。由于氯苯和水不互溶，所以很容易从馏出物中将它们分开，这种蒸馏法称为水蒸气蒸馏（steam distillation）。利用水蒸气蒸馏可以将那些沸点高、在高温提取时易分解的物质在低于 100℃的温度下蒸馏出来，避免发生热分解。

若把蒸出的蒸气看作理想气体，则气相中水与高沸点物质 B 的物质的量比为：

$$\frac{n(H_2O)}{n_B} = \frac{p_{H_2O}^*}{p_B^*} = \frac{m(H_2O)/M(H_2O)}{m_B/M_B}$$

$$\frac{m(H_2O)}{m_B} = \frac{p_{H_2O}^*}{p_B^*} \cdot \frac{M(H_2O)}{M_B} \tag{3-15}$$

式中，m 和 M 分别代表质量和摩尔质量；$m(H_2O)/m_B$ 称为水蒸气消耗系数，即蒸出单位质量有机物所需水蒸气的量。虽然高沸点物质的蒸气压 p_B^* 较小，但它的摩尔质量 M_B 比水的摩尔质量 $M(H_2O)$大很多，因此馏出物中高沸点物质 B 的质量 m_B 并不低，即水蒸气消耗系数不会太大。

由于水蒸气蒸馏具有设备简单、操作方便等特点，常用于中药材中挥发性成分的提取。例如，丁香、小茴香、薄荷等药材中挥发油的提取。

例 3-7　某有机液体用水蒸气蒸馏时，在标准压力下于 90℃沸腾。馏出物中水的质量分数为 0.24。已知 90℃时水的饱和蒸气压为 7.01×10^4 Pa，试求此有机液体的摩尔质量。

解：设馏出物总质量为 100 g，则其中：

$$m(H_2O) = 24\text{ g}, \quad m_B = 76\text{ g}$$

已知：$p_{H_2O}^* + p_B^* = p^\ominus$，$p_B^* = p^\ominus - 7.01\times10^4 = 2.99\times10^4$ Pa

根据式（3-16）得：

$$M_B = M(H_2O)\frac{p_{H_2O}^* m_B}{p_B^* m(H_2O)} = 18.0 \times \frac{7.01\times10^4\times76}{2.99\times10^4\times24} = 133.63\ g\cdot mol^{-1}$$

微课 3-3

3.3.7 二组分固液平衡系统

在研究固体和液体平衡时，如果外压大于平衡蒸气压，实际上系统的蒸气饱和相是不存在的，所以将只有固体和液体存在的系统称为“凝聚系统”。做实验时，通常将系统放置在大气中即可。应当知道，这时系统的压力并不是平衡压力，而是由于压力对凝聚系统的影响很小，所以常不考虑压力的影响，这类系统相律可写为 $f^* = K - \Phi + 1$。对于二组分固液平衡系统，自由度最大为 2，故只需用温度和组成两个变量来描述系统所处的状态。水-盐系统、某些固体制剂中两种主药或主药与辅料构成的混合系统等都属于这类系统。二组分固-液平衡系统的相图类型很多，也比较复杂。但不论相图如何复杂，都是由若干基本类型的相图构成，只要掌握基本类型相图的知识，就能看懂复杂相图的含义。最简单的是液相完全互溶而固相完全不互溶的二组分系统相图，此类相图中最常见的是简单低共熔混合物和生成化合物的相图。

1. 简单低共熔混合物的相图 凝聚系统相图是根据实验数据绘制的。对金属或晶体系统相图的绘制通常使用热分析法，对水-盐系统一般采用溶解度法（实验都是在等压下进行的）。

（1）热分析法绘制相图：热分析（thermal analysis）法是绘制相图常用的基本方法之一。其基本原理是，当将系统缓慢而均匀地冷却（或加热）时，根据温度随时间的变化情况来判断系统是否发生了相变化。通常是先将样品加热至全部熔融状态，然后令其缓慢而均匀地冷却，记录冷却过程中系统在不同时刻的温度，然后以温度为纵坐标，时间为横坐标，绘制成温度-时间曲线，称为冷却曲线（cooling curve），又称步冷曲线。如果系统内不发生相变化，则温度随时间均匀地变化，步冷曲线近似为直线；当系统内发生相变化时，由于相变时伴随着吸热或放热现象，步冷曲线出现转折或水平线段（前者表示温度随时间的变化率发生了变化，后者表示在水平线段内，温度不随时间而变化）。由若干条组成不同的系统的步冷曲线就可以绘制出相图。

以邻硝基氯苯（A）和对硝基氯苯（B）系统相图的绘制为例，具体说明如何由步冷曲线绘制相图。常压下，将对硝基氯苯质量分数 w_B 为 0.00、0.20、0.33、0.70 和 1.00 的五种样品加热至熔融，然后在一定条件下使其自然冷却，每隔一定时间记录一次样品温度。根据所得数据以温度为纵坐标，时间为横坐标，绘制各个样品的步冷曲线，得到图 3-20（a）。其中曲线 1、2、3、4、5 分别对应于 w_B 为 0.00、0.20、0.33、0.70 和 1.00 的五种样品的步冷曲线。

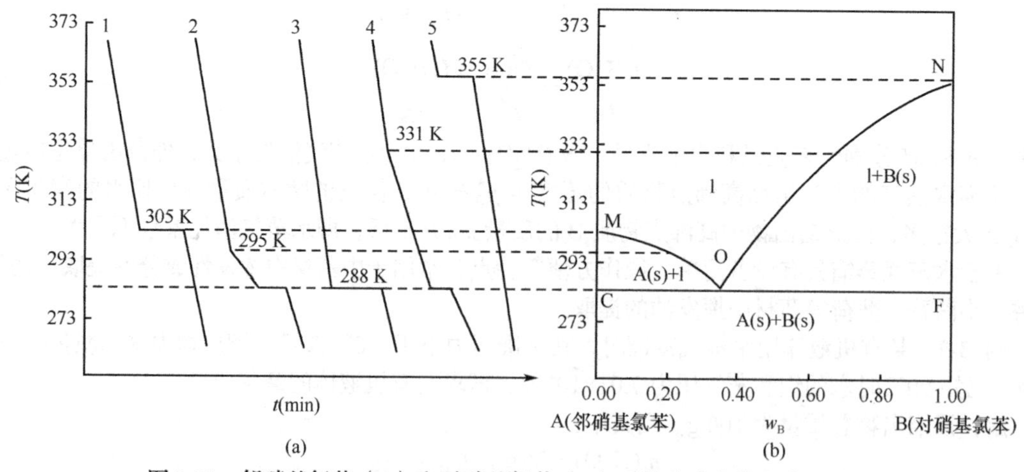

图 3-20 邻硝基氯苯（A）和对硝基氯苯（B）系统步冷曲线和液-固相图

曲线 1 和 5 分别是纯邻硝基氯苯（A）及纯对硝基氯苯（B）的步冷曲线。熔融状态时为单组分均相，$f^* = K - \Phi + 1 = 1 - 1 + 1 = 1$，系统的温度随着放热过程的进行而均匀降低，因此曲线 1 和 5 的上部均为直线。当温度降至纯 A 的熔点（305 K）和纯 B 的熔点（355 K）时分别析出纯 A 和纯 B。此时 $\Phi = 2$，$f^* = 1 - 2 + 1 = 0$，表明平衡条件下温度恒定不变，因此步冷曲线上出现水平线段。当液相全部转变为固体时，$\Phi = 1$，$f^* = 1 - 1 + 1 = 1$，系统温度又继续均匀降低，因此在曲线 1 和 5 的下部也出现直线。

曲线 2 和 4 分别为 $w_B = 0.20$ 和 $w_B = 0.70$ 的样品的步冷曲线。对此二组分混合物熔融液进行冷却，由相律可知，$f^* = 2 - 1 + 1 = 2$，温度随时间均匀下降，曲线上部为直线。当 $w_B = 0.20$ 的样品降温至 295 K（低于纯 A 的熔点 305 K）时，熔融液中 A 达到饱和，开始有固体析出，此时系统中固体 A 和熔融液呈两相平衡，$\Phi = 2$，$f^* = 1 - 1 + 1 = 1$，即在固体 A 析出的过程中系统温度可继续降低。由于固体 A 析出过程中释放出凝固热，使系统冷却速度变慢，所以步冷曲线的斜率发生了改变，出现转折点。继续冷却，固体 A 不断析出，与之平衡的液相中 B 的含量不断增加，当温度降低至 288 K 时，熔融液不仅对固体 A 达到饱和，对固体 B 也达到饱和，此时 B 也同时析出，系统呈三相平衡。根据相律，$f^* = 2 - 3 + 1 = 0$，说明此时温度不再改变，曲线出现水平线段，同时液相组成也不变。由于该线段所对应的温度为熔融液可能存在的最低温度，故此温度称为低共熔点（eutectic point），此时析出的 A 和 B 的混晶称为简单低共熔混合物（eutectic mixture）。这里的“低”是指混合物的熔点比两种纯物质的熔点均低，“共熔”是指对该混晶加热，二者可同时熔化。当所有的液体都凝固成固体后，$f^* = 2 - 2 + 1 = 1$，系统温度继续下降，此后是对固体 A 和 B 的降温过程。4 号样品的步冷曲线与曲线 2 相似，不同点是当温度降至 331 K（低于纯 B 的熔点 355 K）时，先析出的是固体 B。

曲线 3 为 $w_B = 0.33$ 的样品的步冷曲线，其组成恰好为最低共熔混合物的组成。它与曲线 2 和 4 的不同之处是步冷曲线只有一个转折点。系统在温度降至 288 K 之前都只有一个相，温度随时间变化是均匀的，步冷曲线表现为直线，斜率不变；当温度降至 288 K 时，固体 A 和 B 同时结晶析出，系统呈三相共存状态，$f^* = 2 - 3 + 1 = 0$，温度不变，步冷曲线上出现水平线段。当所有的液体都凝固成固体后，温度再继续下降。

将 5 条曲线上的转折点、水平线段所对应的温度对组成作图即得到邻硝基氯苯（A）-对硝基氯苯（B）系统的相图（具有简单低共熔混合物的相图），如图 3-20（b）所示。图中 MO 线代表纯 A 与熔融液平衡时，液相组成与温度的关系曲线，亦可理解为当 A 中含有 B 时 A 的熔点降低曲线；NO 线为纯 B 与熔融液平衡时液相组成与温度的关系曲线，亦称为 B 的熔点降低曲线。水平线 CF 是三相线，在三相线上固体 A、B 和熔融液三相平衡共存。在三相线以下是固体 A 和固体 B 共存的区域。

该相图能够提供以下信息：

1）MON 线以上区域为熔融液的单相区，物系点落于该区域时，$\Phi = 2$，$f^* = 2$，温度和组成可同时任意改变，系统的相态不变；

2）MO 线为纯固体 A 与熔融液呈平衡时，熔融液的组成与温度的关系曲线，简称液相线。NO 线为纯固体 B 与熔融液呈平衡时的液相线；

3）MOC 区域为固体 A 和熔融液的两相平衡区，物系点落于该区域时，$\Phi = 2$，$f^* = 1$，温度和组成两个变量中只有一个可以任意改变；

4）NOF 区域为固体 B 和熔融液的两相平衡区，物系点落于该区域时，$\Phi = 2$，$f^* = 1$，温度和组成两个变量中只有一个可以任意改变；

5）CF 线是固体 A、固体 B 和熔融液三相共存线，物系点落于该线上时（C、F 点除外），$\Phi = 3$，$f^* = 0$，温度和熔融液的组成都不能任意改变。O 点对应的温度为低共熔点；

6）CF 线以下是固体 A 和 B 的两相共存区，物系点落于该区域时，$\Phi = 2$，$f^* = 1$，温度可任意改变而仍保持两个固相。两固相的数量比可用杠杆规则计算；

7）M、N分别表示纯A和纯B的熔点。

（2）溶解度法绘制相图：对于水-盐系统常使用溶解度法绘制相图。由经验可知，将某一种盐溶于水中时，会使水的凝固点降低，究竟凝固点降低多少，与盐在溶液中的浓度有关。若将盐的稀溶液降温，则在零度以下某个温度，将析出纯冰。但当盐在水中的浓度足够大时，在溶液冷却的过程中先析出的固体不是冰而是盐，此时的溶液称为盐的饱和溶液，盐的浓度即为该温度下盐在水中的溶解度。等压下，测出盐的水溶液在不同浓度时水的凝固点和不同温度下盐在水中的溶解度数据，以温度为纵坐标，浓度为横坐标作图，即得到水-盐系统的温度-组成图。我们以常压下H_2O-$(NH_4)_2SO_4$系统的相图为例加以说明，如图3-21所示。

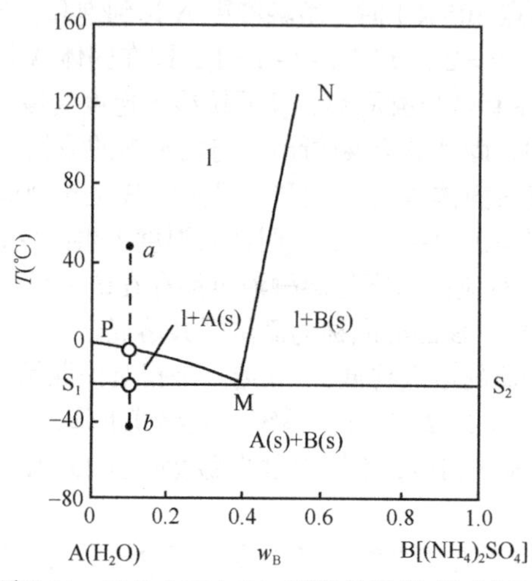

图3-21　H_2O-$(NH_4)_2SO_4$系统的温度-组成相图

图3-21中，曲线PM为水的凝固点降低曲线，P点对应的温度是纯水的凝固点；曲线MN是$(NH_4)_2SO_4$的溶解度曲线，N点对应的温度是外压为101.325 kPa下$(NH_4)_2SO_4$饱和溶液可能存在的最高温度，温度超过N点所对应的温度时，液相消失而成为水蒸气和$(NH_4)_2SO_4$晶体，但如果增大外压，曲线MN还可以向上延长。当物系点处于M点时，冰和$(NH_4)_2SO_4$晶体同时析出形成低共熔混合物，因此，M点所对应的温度称为低共熔点。水平线S_1S_2是三相线，当物系点处于这条线上时，冰、$(NH_4)_2SO_4$晶体和$(NH_4)_2SO_4$溶液三相平衡共存。曲线PMN以上是$(NH_4)_2SO_4$不饱和溶液的单相区，PMS_1区域是冰和$(NH_4)_2SO_4$溶液的两相平衡区，NMS_2区域是$(NH_4)_2SO_4$晶体和$(NH_4)_2SO_4$溶液的两相平衡区，三相线S_1S_2以下是冰和$(NH_4)_2SO_4$晶体两相平衡区。

水-盐系统的相图对于用结晶法分离或提纯盐类具有重要的指导意义（表3-1）。例如，欲从质量分数为0.1的$(NH_4)_2SO_4$溶液中获得纯$(NH_4)_2SO_4$晶体，由图3-21（物系点从*a*到*b*的过程）可以看出，只用冷却方法得不到纯的$(NH_4)_2SO_4$晶体，因为冷却过程中先析出冰，冷却到−18.50℃（低共熔温度）时，$(NH_4)_2SO_4$晶体与冰同时析出。因此，应先将溶液蒸发浓缩，使$(NH_4)_2SO_4$的质量分数大于点M所对应的质量分数0.398，再将浓缩后的溶液冷却至低共熔点以上，即可得到纯$(NH_4)_2SO_4$晶体。$(NH_4)_2SO_4$的量可使用杠杆规则进行计算。

表3-1　一些水-盐系统的低共熔点

盐	低共熔点（℃）	低共熔点时盐的质量分数
NaCl	−21.1	0.233
NaBr	−28.0	0.403
NaI	−31.5	0.390
KCl	−10.7	0.197
KBr	−12.6	0.313

续表

盐	低共熔点（℃）	低共熔点时盐的质量分数
KI	–23.0	0.523
$(NH_4)_2SO_4$	–18.3	0.398
$MgSO_4$	–3.9	0.165
Na_2SO_4	–1.1	0.038
KNO_3	–3.0	0.112
$CaCl_2$	–55	0.299
$FeCl_3$	–55	0.331

（3）低共熔混合物相图的应用

1）利用熔点变化判断样品的纯度：测定熔点可以评估样品的纯度。大多数情况下，熔点偏低越多含杂质就越多。当样品与标准品的熔点相同时，要验证二者是否为同一物质，可将样品与标准品混合后测熔点，若熔点不变则证明样品和标准品是同一物质，否则熔点将大幅度降低，这种鉴别方法称为混合熔点法。

2）改良药物的剂型：在金相显微镜下，观察到低共熔温度时析出的低共熔混合物是以细小的微晶形式均匀分散在固体载体中。微晶具有很高的分散度，可使药物的溶解度增加。例如，将难溶的氯霉素与尿素共熔，用快速冷却方法制成低共熔混合物。因低共熔混合物中的尿素在胃液中很快溶解，剩下高分散度的药物，其溶解速度和溶解度都比大颗粒高，改善了氯霉素的吸收。

3）固体药物的配伍：若两种固体药物的低共熔点接近室温或在室温以下，则不宜混合在一起配方，以防止形成糊状物或呈液态，这是固体药物在配伍中应注意的问题。

2. 生成化合物的相图 一些二组分固-液平衡系统，在一定的温度和组成下，两个组分能以一定的比例发生反应，生成新的化合物。每生成一种化合物，各组分间就存在一个化学反应平衡关系，所以系统的组分数仍为 2。根据生成化合物的稳定性，这种系统的相图又分为生成稳定化合物和生成不稳定化合物两种类型。

（1）生成稳定化合物的相图：如果系统中两个纯组分生成一种化合物，这种化合物一直到其熔点以下都是稳定的，化合物熔化时所生成的熔融液与其固相的组成相同，则此化合物称为稳定化合物，其熔点称为“相合熔点”。生成稳定化合物的系统中最简单的是两物质之间只生成一种化合物，且该化合物与两物质在固态时完全不互溶。例如，Mg(A)和 Ca(B)能形成化合物 Mg·Ca(AB)，其 *T-x* 图如图 3-22 所示，图中 C 点为化合物 Mg·Ca(AB)的熔点。

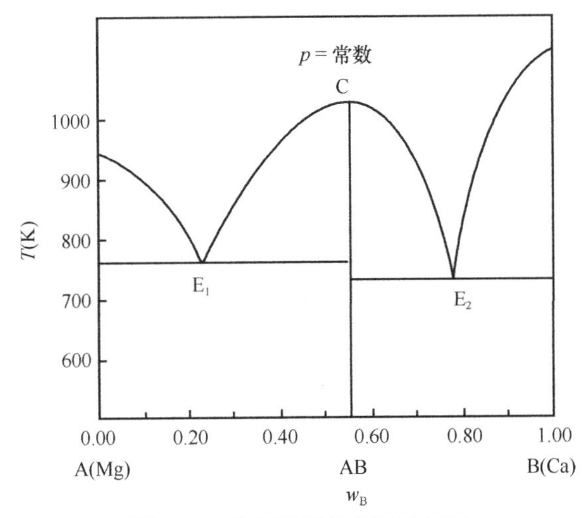

图 3-22 生成稳定化合物的相图

图 3-22 可看作是由两个简单低共熔混合物的相图组合而成。左侧可看成是化合物 AB 和 A 所构成的相图，E_1是 AB 与 A 的低共熔点。右侧可看成是化合物 AB 和 B 所构成的相图，E_2是 AB 和 B 的低共熔点。在两个低共熔点 E_1和 E_2之间有一极大点 C。C 点溶液的组成与化合物 AB 的组成相同，C 点即为化合物 AB 的“相合熔点”。需要注意的是，在 C 点时，两种物质正好全部形成化合物 AB，此时系统实际上为单组分系统，其步冷曲线的形式与纯物质相同，即温度到达 C 点所对应的温度时曲线将出现一水平线段。

退热镇痛药复方氨基比林就属于这种类型。它先由氨基比林和巴比妥按摩尔比 2∶1 加热熔融，生成 1∶1 的 AB 型化合物，此化合物再与剩余的氨基比林共熔。熔融处理后显著提高了药物的镇痛效果。

（2）生成不稳定化合物的相图：若 A、B 两个组分形成的化合物 C_1在升温过程中不稳定，在达到熔点之前便分解为一个新固体 C_2（也可能是 A 或 B）和一个与原来固相组成不同的熔融液，则化合物 C_1称为不稳定化合物，此反应可表示如下：

$$C_1(s) \rightleftharpoons C_2(s) + \text{熔融液}(l)$$

由于不稳定化合物分解后产生的液相与原来固态化合物的组成不同，因此它具有不相合熔点，即不稳定化合物 C_1的分解温度，这种反应称为转熔反应。转熔反应基本上是可逆的，即在加热时反应向右进行，冷却时反应向左进行。

图 3-23 是 CaF_2(A)和 $CaCl_2$(B)生成了不稳定化合物 $CaF_2 \cdot CaCl_2$ (C)的相图。当加热到 1010 K 时，该不稳定化合物便分解为固体 CaF_2 和 $CaCl_2$ 摩尔分数为 0.6 的熔融液，即：

$$n\mathrm{CaF_2 \cdot CaCl_2(s)} \rightleftharpoons m\mathrm{CaF_2(s)} + \text{熔融液}(l)$$

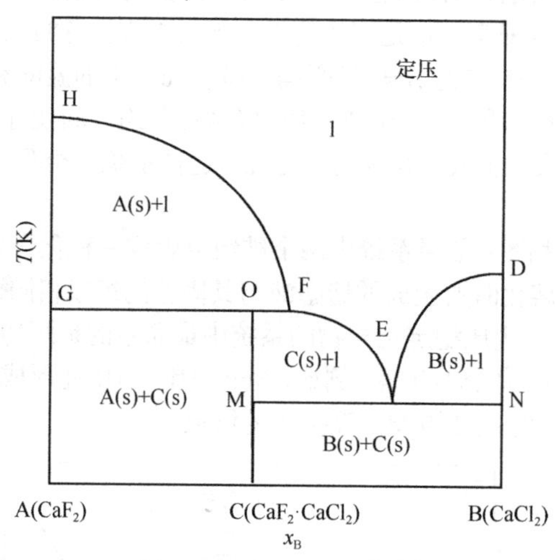

图 3-23 CaF_2-$CaCl_2$ 相图

该相图可提供以下信息：

1）OC 线是 $CaF_2 \cdot CaCl_2$ 固相物质的单相线。

2）GOF 线和 MEN 线均为三相线（端点除外）。物系点处于 GOF 线上时，系统为 CaF_2(s) - $CaF_2 \cdot CaCl_2$(s) - 熔融液(l) 三相平衡态；处于 MEN 线上时，系统为 $CaF_2 \cdot CaCl_2$(s) - $CaCl_2$(s) - 熔融液(l) 三相平衡态。直线上 G、O、F 点分别是 CaF_2(s)、$CaF_2 \cdot CaCl_2$(s)和熔融液(l)三个相的相点。

3）HFED 以上区域：熔融液(l)单相区。

4）HFG 区域：CaF_2(s)-熔融液(l)两相区。

5）OFEM 区域：$CaF_2 \cdot CaCl_2$(s)-熔融液(l)两相区。

6）DEN 区域：$CaCl_2$(s)-熔融液(l)两相区。

7）GOCA 区域：CaF_2(s)- $CaF_2 \cdot CaCl_2$(s)两相区。

8）MNBC 区域：$CaF_2 \cdot CaCl_2$(s)- $CaCl_2$(s)两相区。

这类相图在实际工作中具有重要的指导意义。例如，若 CaF_2 和 $CaCl_2$ 液态组成落在 F 点左侧，冷却时，首先析出的是 CaF_2 固体；若落在 F 点右侧（E 点左侧），冷却时首先得到 $CaF_2 \cdot CaCl_2$ 固体；只有组成在 E 点右侧时，才可能得到较多的 $CaCl_2$ 固体。

3. 有固溶体生成的固-液系统相图 有一些二组分固-液平衡系统，在加热熔化后冷却成固体时，如果一种组分能均匀分散在另一种组分中，便构成固体混合物，又称为固溶体（solid solution）。根据两种组分在固相中互溶的程度不同，一般分为“完全互溶”和“部分互溶”两种情况。

（1）固相完全互溶系统的相图：当系统中的两个组分不仅能在液相中完全互溶，而且在固相中也能完全互溶时，其 *T-x* 图与完全互溶双液系统的 *T-x* 图形状相似。在这种系统中，析出的固体只能有一个相，所以系统中最多只有液相和固相两个相共存。在压力恒定时，根据相律 $f^* = 2-2+1=1$，系统的自由度最少为 1。因此，这种系统的步冷曲线上不可能出现水平线段。图 3-24 的 Bi-Sb 系统的相图及步冷曲线即为一例。

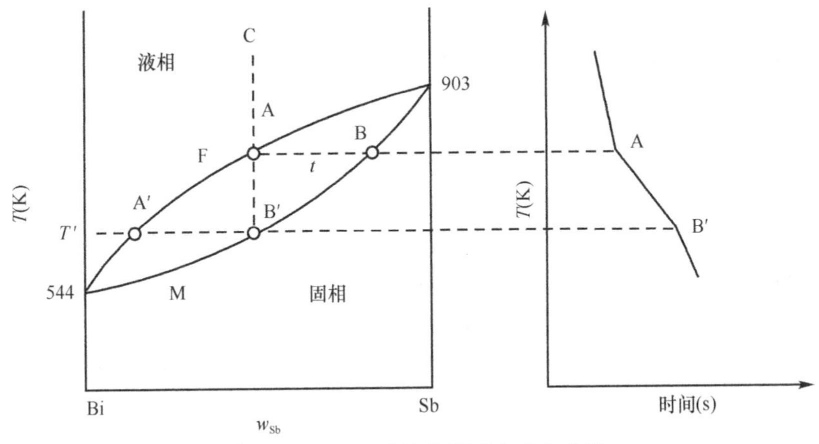

图 3-24 Bi-Sb 系统的相图和步冷曲线

图中，F 线为液相冷却时开始析出固体的“凝点线”，M 线为固相加热时开始熔化的“熔点线”。F 线以上的区域为液相区，M 线以下的区域为固相区，F 线和 M 线之间的区域为液-固两相平衡共存区。由图 3-24 可以看出，平衡液相的组成与固相的组成是不同的。平衡液相中熔点较低的组分的质量分数要大于固相中该组分的质量分数。例如，与组成为 A 的液相成平衡的固相组成为 B。

将 C 点所代表的液相冷却，当冷却到 A 点时，将有组成为 B 的固相析出。如果在降温过程中始终能保持固、液两相的平衡，则随着固相的析出，液相组成沿 AA′方向移动，与液相平衡的固相组成就沿 BB′方向移动。当液相组成到达 A′时，固相组成就到达 B′，这时固相组成与原先液相的组成相同，即液相全部固化了。在冷却过程中，为了使液相和固相始终保持平衡，必须具备两个条件：①要使析出的固相与液相保持接触；②为了保持固相组成均匀一致，固相中的扩散速度必须大于固相析出的速度。以上两个条件只有在冷却过程很慢时方能满足。如果冷却速度比较快，固相析出的速度超过了固相内部扩散的速度，这时液相只能与固相的表面达到平衡，固相内部还保持着最初析出的固相组成，其中含有较多的高熔点组分，此时固相析出的温度范围将要扩大。因为当温度达到 *T*′时，固相只有表面的组成为 B′，整个固相组成在 B 和 B′之间，此时液相不会全部消失，而且固相和液相亦不成平衡。所以随着温度的降低，继续有固相析出，直到液相组成与固相表面组成相同时为止。这就是说，可一直冷却到低熔点组分 Bi 的熔点时液相方能全部固化。在上述冷却过程中，所析出的固相的组成是不均匀的，先析出者含高熔点组分较多，越往后析出的固相中含高熔点组分就越少，最后析出的一点固相则几乎是纯 Bi 了。根据该原理，可用此法提纯金属。在制备合金时，快速冷却会因固相组成不均匀而造成合金性能上的缺陷，为了使固相组成均匀一致，可将固相温度升高到接近于熔化的温度，在此温度保持一相当长的时间，让固相扩散达到组成均匀一致，将这种方法称为"淬火"。

与液气平衡的 T-x 图类似，有时在生成固溶体的相图中出现最高熔点或最低熔点。最高熔点或最低熔点处，液相组成和固相组成相同，此时的步冷曲线应出现水平线段。这种类型的相图如图 3-25 所示。不过，具有最高熔点的相图还发现得很少。

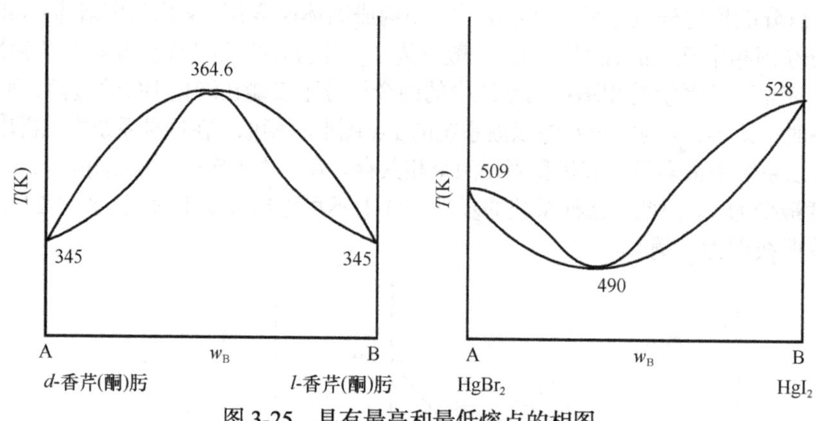

图 3-25　具有最高和最低熔点的相图

（2）固相部分互溶系统的相图：固体部分互溶的现象与液体部分互溶的现象很相似，也是一种物质在另一种物质中有一定的溶解度，超过此浓度将有另一个固溶体产生。两物质的互溶程度往往与温度有关。对这种固相部分互溶的系统来说，系统中可以有三个相（两个固溶体和一个液相）共存，根据相律 $f^* = 2-3+1=0$，此时在步冷曲线上可能出现水平线段。

KNO_3-$TlNO_3$ 属于这类系统，其相图如图 3-26 所示。$TlNO_3$ 溶于 KNO_3 的固溶体用 α 表示，KNO_3 溶于 $TlNO_3$ 的固溶体用 β 表示。AEB 线以上区域为熔融液的单相区。曲线 AE 和曲线 BE 分别为不同组成熔融液的"凝点线"，曲线 AC 和曲线 BD 分别为 α 相和 β 相的"熔点线"。ACG 线的左边是 α 相的单相区，BDH 线的右边是 β 相的单相区。AEC 区域为熔融液与 α 相的两相平衡区，BED 区域为熔融液与 β 相的两相平衡区。GCDH 区域内是 α 相和 β 相共存的两相区。E 点是组成为 C 的 α 相和组成为 D 的 β 相的低共熔点。因此，它是两种固溶体的低共熔点，并非两种纯物质的低共熔点。

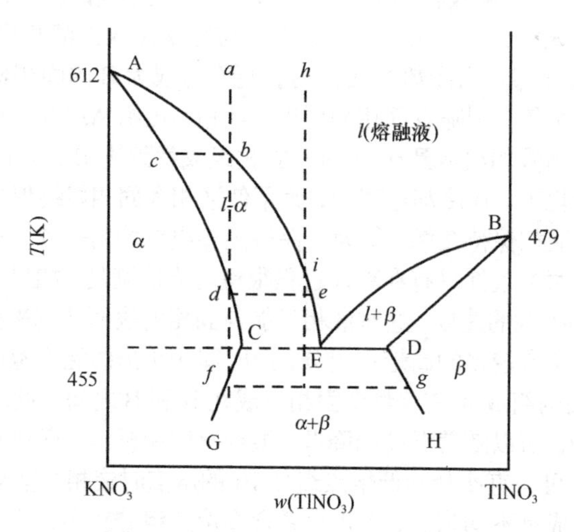

图 3-26　KNO_3-$TlNO_3$ 系统的相图

现在讨论物系点为 a、h 的熔融液冷却过程的相变化过程：

1）熔融液 a 的冷却：当冷却至 b 点时，开始析出固溶体 α，其组成为 c。此后液相组成沿 AE 线向 e 点移动，同时与之平衡的固溶体的组成沿 AC 线向 d 点移动，平衡两相的相对量符合杠杆规则。当冷却到 d 点时，液相 e 消失，剩下组成为 d 的固溶体 α，其组成保持不变直到 f 点。冷却到 f 点时，在此温度下固溶体 β 达到饱和，开始分离出组成为 g 的固溶体 β。此后两种固溶体的组成分别沿 CG 和 DH 线向 G 点和 H 点移动。

2）熔融液 h 的冷却：当冷却至 i 点时，有固溶体 α 析出。继续冷却至 j 点时，固溶体 α 的组成变为 C，液相组成变为 E，同时组成为 D 的固溶体 β 也开始析出。此时三相共存，自由度等于 0，温度和各相组成都保持不变，直至液相消失。此后两个固溶体的组成分别沿 CG 和 DH 线变化。

【思考题 3-3】 在中药成分提取研究中所使用的低共熔溶剂与本节中描述的简单低共熔系统的低共熔混合物有何区别？

思考题 3-3
参考答案

知识梳理 3-3　二组分系统

- 二组分系统
  - 完全互溶的理想液态混合物
    - A和B形成的理想液态混合物相图
      - 压力-组成示意图（　　）
      - 温度-组成示意图（　　）
    - 基本概念
      - 气相线表示（　　）
      - 液相线表示（　　）
      - 相点表示（　　）
      - 物系点表示（　　）
  - 杠杆规则
    - 杠杆规则使用范围：（　　）
    - 杠杆规则表达式：（　　）
  - 非理想的完全互溶双液系统
    - 易挥发组分B在气相中含量（　　），液相中含量（　　）
    - 恒沸点是指（　　）
    - 恒沸混合物组成随外压改变而（　　）
  - 蒸馏与精馏
    - 蒸馏原理（　　）
    - 精馏原理（　　）
  - 部分互溶的双液系统
    - 共轭相是指（　　）
    - 临界溶解温度指（　　）
  - 完全不互溶的双液系统
    - 完全不互溶双液系蒸气压比任一纯组分饱和蒸气压（　　）
    - 水蒸气蒸馏原理是（　　）
    - 水蒸气消耗系数指（　　）
  - 二组分固-液平衡系统
    - 简单低共熔混合物相图
      - 当系统发生相变化时，步冷曲线会出现转折点或（　　）
      - 熔融液可能存在的最低温度称为（　　）
      - 物系点落于三相线时，$f^* =$（　　）
      - 物系点落在三相线之下时，$f^* =$（　　）
      - 水盐体系相图中三条线分别为（　　）曲线、（　　）曲线和（　　）线
      - 液-固两相共存区，可由（　　）规则求得两相相对量
    - 生成化合物的相图
      - 生成（　　）化合物的相图
        - 相合熔点是指（　　）
        - 此类相图可以看成是由两个（　　）相图合并而成
      - 生成（　　）化合物的相图
        - 分解反应所对应的温度称为（　　）温度
      - 有固溶体生成的固-液系统相图
        - 固相（　　）互溶系统的相图，存在两条曲线，分别为（　　）线和（　　）线
        - 固相（　　）互溶系统的相图，含有固溶体区域

3.4 三组分系统

三组分系统的$K=3$，依据相律$f=3-\Phi+2=5-\Phi$。当$\Phi=1$时，$f=4$，表明三组分系统最多可有4个独立变量（温度、压力和两个浓度），因此需用四维坐标才能完整地表达三组分系统的相图。但在实际研究中为了方便，通常固定温度和压力，此时$f^{**}=2$（两个浓度），则三组分系统的相图只需用平面图就可表示。

3.4.1 等边三角形组成表示法

由于三组分系统有两个浓度变量，因此不能像只有一个浓度变量的二组分系统那样在一条直线上表示。三组分系统相图通常用等边三角形表示法，如图3-27所示。图中三角形的三个顶点分别表示纯组分A、B和C，三条边上的点代表相应两个组分形成的系统，其刻度为相应组分的质量分数w，三角形内任意一点都表示三组分系统的组成。通过三角形内任意一点D，作三条边的平行线，交三条边于a、b、c三点，根据几何知识可知，Da+Db+Dc=AB=BC=CA=1，则Da=A%，Db=B%，Dc=C%。也可用各边上的截距Cb、Ac、Ba分别代表对应顶点A、B、C组分的含量。

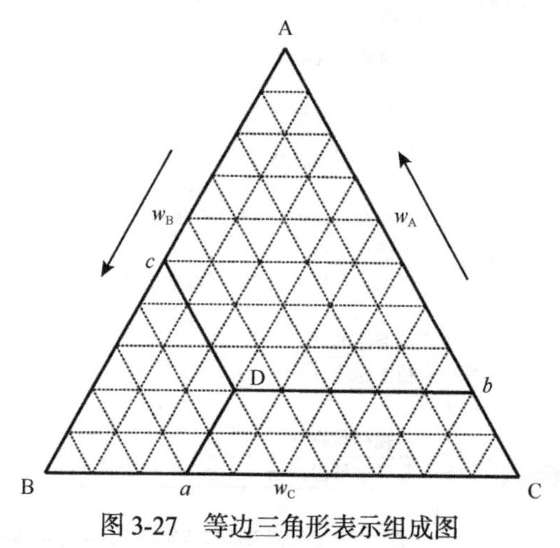

图3-27 等边三角形表示组成图

用等边三角形表示组成，具有下列几个规律：

（1）如果有一组系统，其组成位于平行于三角形某一边的直线上，则这组系统中所含顶角组分的量相等。例如，图3-28中的ee'线上各点所含组分A的量都相等。

（2）位于过顶点的任一条线上的系统，离顶点越近的系统含顶点组分的量越多，但所含其他两组分的量之比都相等。例如，图3-28中M点比N点离顶点A近，则M点中组分A的含量比N点多，但组分B与C的含量之比相等。

（3）若将两个三组分系统混合，则新系统的物系点一定位于这两个三组分系统物系点的连线上，并靠近量多的物系点，可用杠杆规则求算其具体位置。例如，图3-29中新物系点O在两旧物系点M和N的连线上，可用杠杆规则求算其位置。

（4）由三个三组分系统D、F和Q混合形成的新系统，其物系点是三角形DFQ的重心H，如图3-29所示。也可通过两次利用杠杆规则求算其位置。即用杠杆规则先求出D、Q两个系统混合后的位置E，再用同法求出E与F混合后的物系点H的位置。

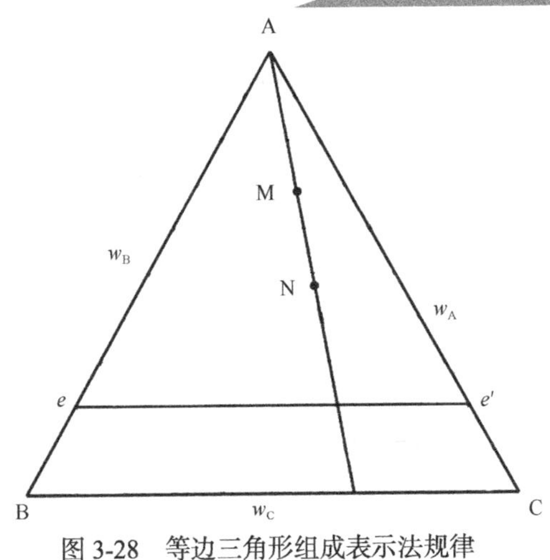

图 3-28 等边三角形组成表示法规律

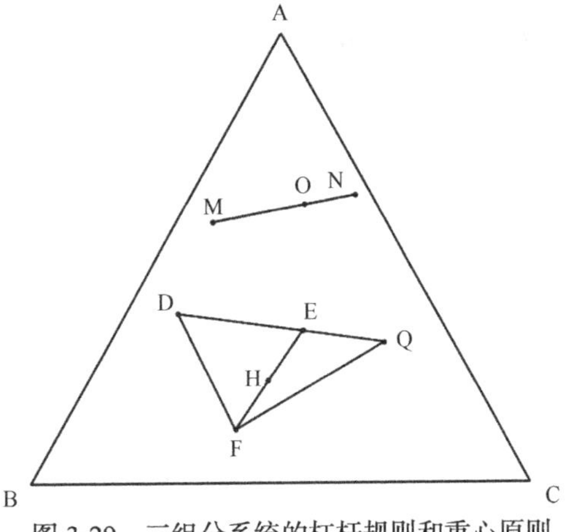

图 3-29 三组分系统的杠杆规则和重心原则

3.4.2 三组分系统的液-液平衡相图

1. 部分互溶的三液系统 在三组分系统中，若 A、B、C 均为液体组分，则三对液体 A-B、B-C 和 A-C 间部分互溶可分为三种情况：一对液体部分互溶、两对液体部分互溶和三对液体部分互溶。图 3-30、图 3-31 和图 3-32 分别是它们典型的相图。

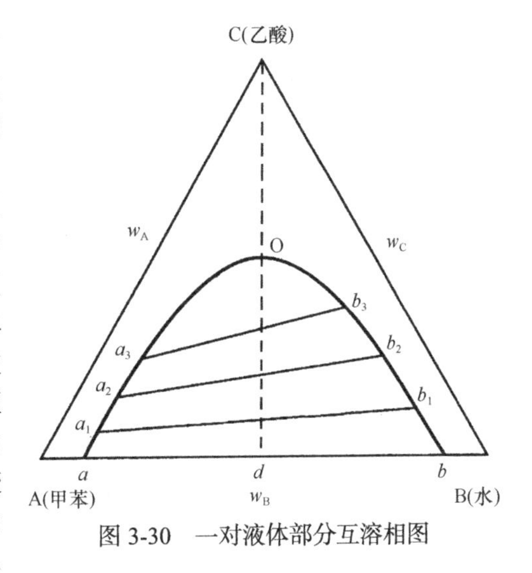

图 3-30 一对液体部分互溶相图

图 3-30 是由甲苯、水和乙酸三种液体组成的三组分系统，甲苯与水只能部分互溶，而甲苯与乙酸、水与乙酸都完全互溶。三角坐标图的底边代表甲苯-水二组分系统。当甲苯中含少量水或水中含少量甲苯时均为单相溶液。*a* 代表水在甲苯中的饱和溶液，*b* 代表甲苯在水中的饱和溶液，*a*、*b* 组成一对共轭溶液。等温等压下，向物系点为 *d* 的溶液中不断加入乙酸，物系点将由 *d* 沿虚线向 O 点移动，共轭溶液的组成也逐渐发生变化。每加入一定量的乙酸，测定一次两液层的组成，由杠杆规则依次确定相点 a_1 和 b_1、a_2 和 b_2、a_3 和 b_3……。依次连接各相点可得到一条平滑的帽形曲线。帽形线外为单相区，帽形线内为两相共存区。实验结果表明，随着乙酸的加入，甲苯在水中的溶解度和水在甲苯中的溶解度都逐渐有所增加，即两液层的组成逐渐接近，最终在 O 点合并成为单相。又由于平衡共存的两液层中乙酸的浓度并不一样，所以各对共轭溶液对应相点的连接线（a_1b_1、a_2b_2、a_3b_3）与二组分系统不同，通常三组分系统的连接线与三角形的底边不平行。

同理也可以通过实验绘制两对或三对液体部分互溶的三组分系统相图，如图 3-31 和图 3-32 所示。图中所有的帽形区内均为两相共存，帽形区外为单相区。这些相图对配制药物具有重要的指导意义。若需配制透明的药液，物系点需要落在帽形区外的单相区。物系点落在帽形区内的系统都能发生分层，可利用分液漏斗进行萃取分离。

2. 萃取 现以图 3-33 来说明萃取的原理。若想利用萃取剂 S 将所需的组分 B 从 A（稀释剂）、B 混合物中提取出来，三组分 A、B、S 需要满足条件：A 和 B、B 和 S 都完全互溶，而 A 和 S 的相互溶解度很小。在实验室中，将组成为 M 的 A、B 混合物装入分液漏斗，加入萃取剂 S，物系点将沿 MS 线向 S 移动，到达 N_1 点时，静置分层后，两液相组成分别为 x_1（萃余相，主含稀释剂

A 的一相）和 y_1（萃取相，主含萃取剂 S 的一相）。将萃余相 x_1 分离后第二次加入萃取剂 S，新物系点为 N_2，达到新的两相平衡后分离出萃余相 x_2。如此反复多次，萃余相的组成将接近纯组分 A。合并各次萃取相，蒸去萃取剂 S，剩余物的组成将接近纯组分 B。

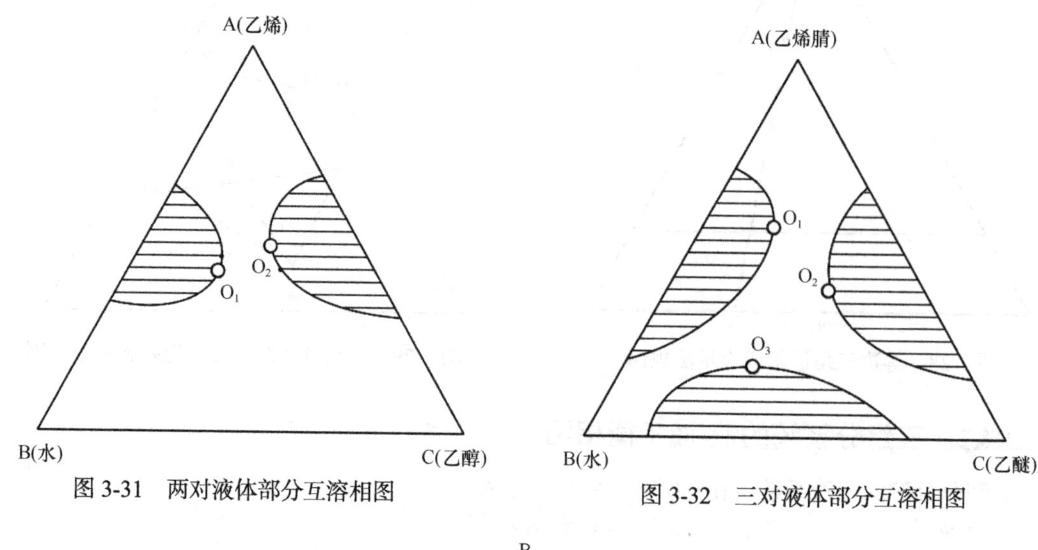

图 3-31　两对液体部分互溶相图

图 3-32　三对液体部分互溶相图

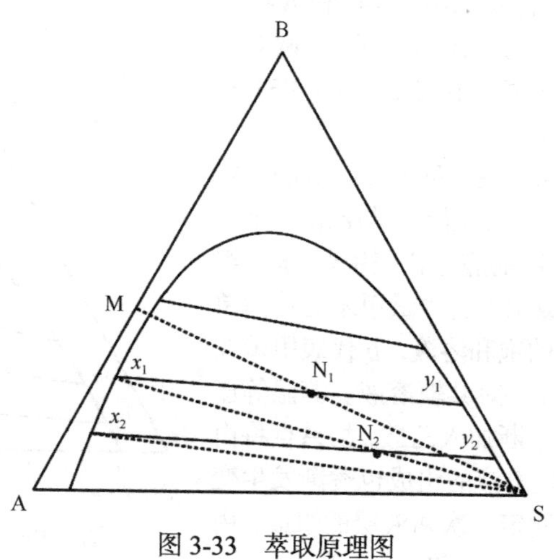

图 3-33　萃取原理图

在工业生产中，萃取操作是在萃取塔中连续进行的。萃取塔内有多层筛板，萃取剂从塔顶加入，混合原料从塔下部输入。依靠密度不同，在上升与下降的过程中充分混合，达到反复萃取的目的。

3.4.3　三组分系统的固-液平衡相图

此类系统相图类型很多，但目前只对含一相同离子的两种盐和水组成的三组分系统研究得比较多。

1. 固相是纯盐的系统　图 3-34 是 H_2O-NH_4NO_3-NH_4Cl 三组分在 298.15 K 时的相图。图中，D 和 E 点分别代表 298.15 K 时 NH_4Cl 和 NH_4NO_3 在水中的溶解度，即盐在水中的饱和溶液的组成。若在已经饱和了 NH_4Cl 的水溶液中加入 NH_4NO_3，则饱和溶液的浓度沿 DF 线改变。同样在已经饱和了 NH_4NO_3 的水溶液中加入 NH_4Cl，则饱和溶液的浓度沿 EF 线改变。因此 DF 线是 NH_4Cl 在含有不同量 NH_4NO_3 的水溶液中的溶解度曲线，EF 线是 NH_4NO_3 在含有不同量 NH_4Cl 的水溶液中的溶解度曲线。F 点是 DF 线和 EF 线的交点，此组成的溶液中同时饱和了 NH_4NO_3 与 NH_4Cl。DFEA 是不饱和的单相区。BDF 区域是 $NH_4Cl(s)$与其饱和溶液的二相平衡区，亦即 NH_4Cl 的结晶区。设物系点为 G，作 BG 连线交 DF 于 G_1，G_1 表示与固体 NH_4Cl 相平衡的饱和溶液组成，按杠杆规则，$NH_4Cl(s)$与溶液 G_1 量之比为 $\overline{GG_1}:\overline{BG}$ 。

同理，CEF 区是 NH_4NO_3 的结晶区。BFC 区域是 $NH_4Cl(s)$、$NH_4NO_3(s)$和组成为 F 的饱和溶液三相共存区域，所以此区域内系统的自由度为 0。

2. 生成水合物的系统 Na_2SO_4 与 H_2O 能生成 $Na_2SO_4\cdot10H_2O(s)$，该水合物的组成在图 3-35 中可用 B 表示，因此 E 点是水合物在纯水中的溶解度，而 EF 线是水合物在含有 NaCl 溶液中的溶解度曲线，其他情况与图 3-34 相似。唯在 BS_1S_2 区域中为三种固态 Na_2SO_4、NaCl、$Na_2SO_4\cdot10H_2O$ 共存。

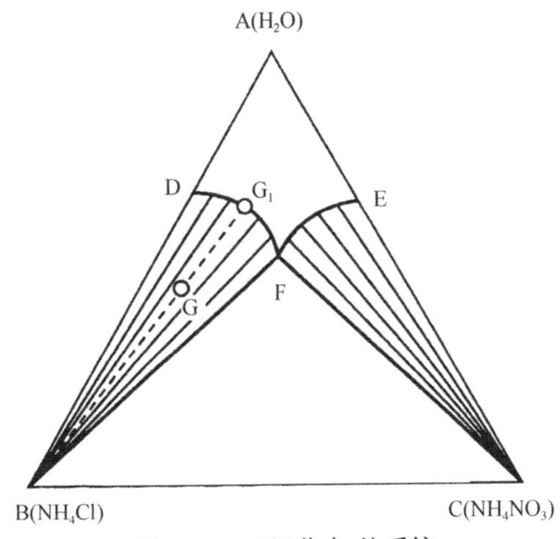

图 3-34 三组分水-盐系统

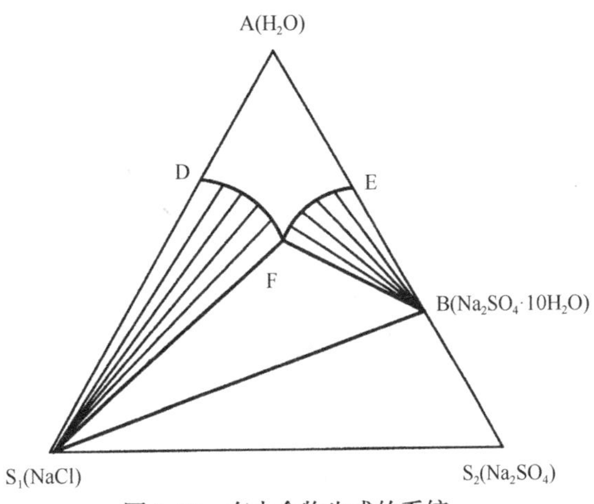

图 3-35 有水合物生成的系统

3. 生成复盐的系统 如果两种盐能生成复盐，其相图如图 3-36 所示。图中 M 点为复盐的组成，曲线 FG 为复盐的饱和溶解度曲线。F 点为同时饱和了 NH_4NO_3 和复盐（M）的溶液组成。G 点为同时饱和了 $AgNO_3$ 和复盐（M）的溶液组成。G 点和 F 点都是三相点。

FS_1M 为 S_1、复盐和组成为 F 的溶液的三相区，GMS_2 为 S_2、复盐和组成为 G 的溶液的三相区，FMG 是饱和溶液与复盐成平衡的两相区。其他曲线与区域的含义与前述相同。

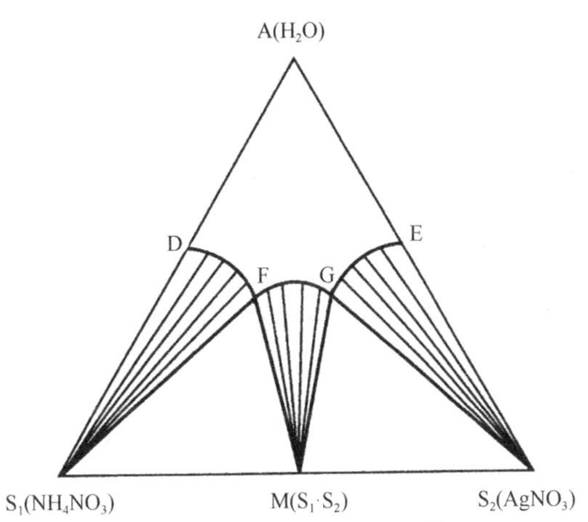

图 3-36 有复盐生成的系统

3.4.4 具有低共熔点的三组分系统相图

图 3-37 是 Bi-Sn-Pb 组成的三组分相图，纵坐标是温度。这个棱柱体的三个竖直面，各代表一个二组分的简单低共熔系统的相图。例如，左前方代表 Bi-Sn 组成的二组分相图，它有一个低共熔点 l_1；右前方代表 Sn-Pb 组成的二组分相图，其低共熔点为 l_2；后面代表 Bi-Pb 组成的相图，其低共熔点 l_3。

若开始时 Sn-Pb 系统已在 l_2 点，当加入第三组分 Bi 后，系统成为三组分系统，低共熔点将沿 l_2l_4 线下降，达到 l_4 点时开始有固态 Bi 析出。同理，在 Bi-Pb 二组分系统的 l_3 点，当加入 Sn 后，低共熔点将沿 l_3l_4 线下降，到达 l_4 点时，开始有固体 Sn 析出。在 Bi-Sn 二组分系统的 l_1 点，当加入 Pb 后，低共熔点将沿 l_1l_4 线下降。l_2l_4、l_3l_4、l_1l_4 三条线汇聚于 l_4 点，在该点 Sn(s)-Pb(s)-Bi(s)-熔融液四相共存，l_4 点又称为三组分低共熔点。

三条线 l_1l_4、l_2l_4、l_3l_4 和三条纵轴在空间中构成三个曲面。在曲面 Bi-$l_3l_4l_1$ 上，熔融液和 Bi(s) 平衡；在曲面 Pb-$l_2l_4l_3$ 上，熔融液和 Pb(s)平衡；在曲面 Sn-$l_1l_4l_2$ 上，熔融液和 Sn(s)平衡。

设系统开始时是任一熔融液，当冷却后，根据相图就知道它在什么温度开始有什么固体析出。通常使用立体图在底面上的投影图更为方便，如图 3-38 是图 3-37 的等温截面图在底面上的投影图。设合金的最初组成相当于图上的 A 点。当从高温冷却时，在大约 490 K 时碰到 Bi-$l_1l_4l_3$ 曲面，开始析出 Bi 的晶体，由于晶体 Bi 的析出，剩下的液态熔融液的组成将发生变化，但它所含的 Sn 和 Pb 的相对比例不变，所以熔融液的组成将沿 Bi-A 的延长线移动，直至到达 E 点，E 点在 l_1l_4 线上，开始析出 Sn。再继续冷却，Bi 和 Sn 的晶体将同时析出，熔融液的组成沿 l_1l_4 线下降，直至到达三组分低共熔点 l_4，又开始析出 Pb。此时系统是四相平衡。若继续冷却，系统就在 l_4 点全部凝固。上述冷却路线在图中用箭头表示。

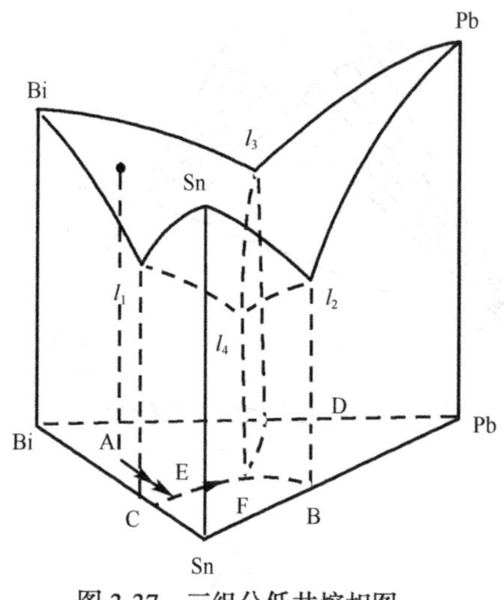

图 3-37　三组分低共熔相图

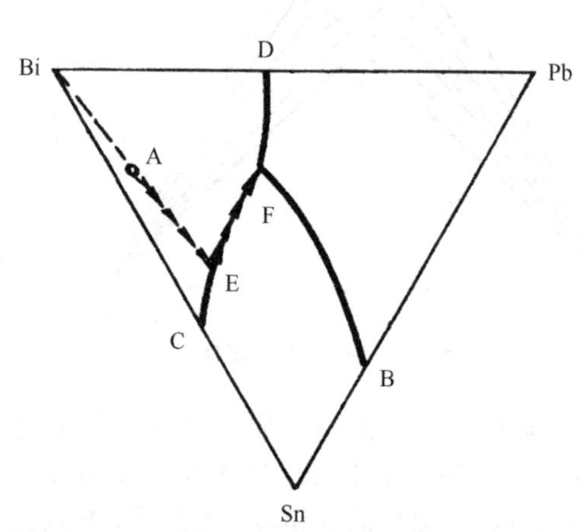

图 3-38　简单三组分系统的三角形状态图

思考题 3-4
参考答案

【思考题 3-4】

1. 对于等边三角形相图中的一个物系点，如何确定其组成？
2. 为何把萃取剂分成数份作多次萃取比一次萃取的效果好？

知识梳理 3-4　三组分系统

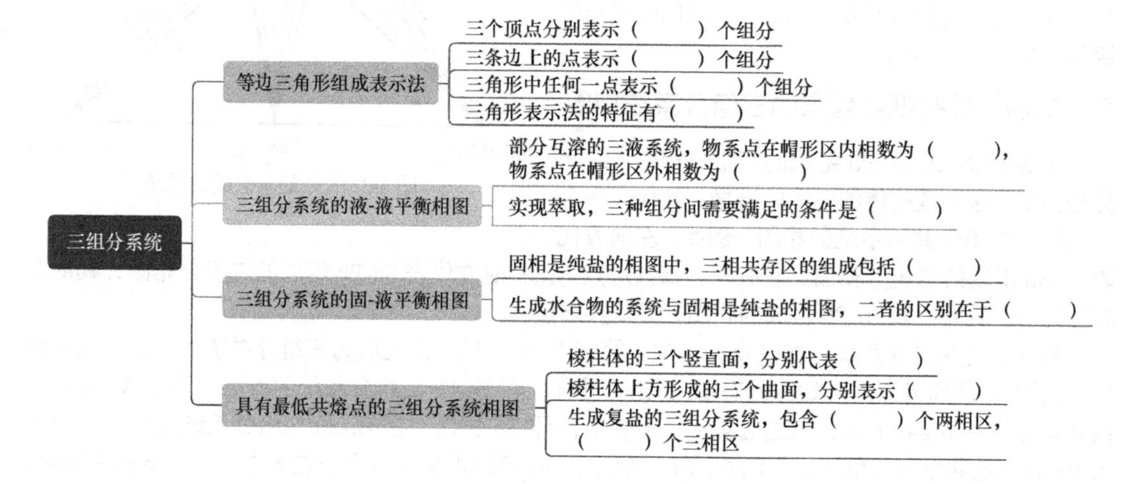

关 键 词

冰点 freezing point

超临界流体 supercritical fluid

超临界状态 supercritical state

杠杆规则 lever rule

共轭相 conjugate phase

精馏 rectification

克拉佩龙-克劳修斯方程 Clapeyron-Glausius equation

临界点 critical point

临界共溶温度 critical solution temperature

三相点 triple point

物系点 point of system

物种数 number of chemical species

相 phase

相点 phase point

相律 phase rule

相数 number of phase

相图 phase diagram

最低恒沸点 minimum azeotropic point

最低恒沸混合物 minimum azeotropic mixture

最高恒沸点 maximum azeotropic point

最高恒沸混合物 maximum azeotropic mixture

组分数 number of component

蒸馏 distillation

自由度 degree of freedom

本章内容小结

相平衡热力学是利用热力学原理研究多相系统中相变化方向和限度的规律,解决的中心问题是物系在各个相中的温度、压力、组成间的关系，重点内容包括相律和相图两方面。

相律是各种相平衡系统所遵守的共同规律，根据相律可确定：①影响相平衡系统因素的数目；②在一定条件下相平衡系统中最多可共存的相数。

相图是根据实验数据绘制的多相系统状态与温度、压力、组成之间的关系图，可直观反映一定条件下相变的方向和限度。

单组分系统相图的基本特征为 3 个面、3 条线、1 个点。其中 3 个面代表 3 个单相区，物系点位于单相区时，T 和 p 在一定范围内可自由变化而不引起相变。3 条线代表三个两相平衡线，物系点位于线上时，T 和 p 中只有一个独立可变，二者的定量关系式遵循克拉佩龙方程。1 个点即三相点，无独立变量，为定态。

二组分系统相图常用 p-x 图和 T-x 图表示,其中以完全互溶的二组分系统气-液平衡相图最重要。该类相图存在单相区（气相区、液相区）和气-液两相共存区。在单相区，p 和 x（或 T 和 x）在一定范围内可自由变化而不引起相变。在两相区，气、液两相的相对数量可通过杠杆规则计算。

三组分系统相图，当等温和等压时，用平面等边三角形表示三组分凝聚系统中各平衡系统的状态。简单三组分水-盐系统的相图对指导实际应用较为重要，当形成复盐、水合物或两者同时存在时，相图较复杂些。三组分部分互溶系统的相图对液相组分的萃取分离有指导意义。

本章习题参考答案

本 章 习 题

一、选择题

1. $H_2O(l)$与 $H_2O(g)$呈平衡的系统的自由度是（　　）。

A. 1　　B. 2　　C. 3　　D. 0

2. $NH_4HS(s)$和任意量的 $NH_3(g)$及 $H_2S(g)$达平衡时，有（　　）。

A. $K=2$，$\Phi=2$，$f=2$　　B. $K=1$，$\Phi=2$，$f=1$

C. $K=2$，$\Phi=3$，$f=2$　　D. $K=3$，$\Phi=2$，$f=3$

3. 液体 A 与 B 混合形成非理想混合物，当 A 与 B 分子之间作用力大于同种分子之间作用力时，该混合物对拉乌尔定律而言（　　）。

A. 产生正偏差　B. 产生负偏差　C. 不产生偏差　D. 无法确定

4. 二组分理想溶液的沸点的论述正确的是（　　）。

A. 沸点与溶液组成无关　B. 沸点在两纯组分的沸点之间

C. 小于任一纯组分的沸点　D. 大于任一纯组分的沸点

5. 在相同温度下，有较高蒸气压的易挥发组分 A 在液相中的浓度为 x_A，在气相中的浓度为 y_A，则有（　　）。

A. $x_A > y_A$　B. $x_A < y_A$　C. $x_A = y_A$　D. $x_A = 0$

6. 二元恒沸混合物的组成（　　）。

A. 固定　B. 随温度而变

C. 随压力而变　D. 无法确定

7. 在相图上，当物系处于哪一个点时只有一个相（　　）。

A. 恒沸点　B. 熔点

C. 临界点　D. 低共熔点

8. 一定压力下，不发生反应的二组分固-液系统最多可平衡共存的相数为（　　）。

A. 2　B. 3

C. 4　D. 5

9. 在标准压力下，用水蒸气蒸馏法提纯某不溶于水的有机物时，系统的沸点（　　）。

A. 必低于 373.15 K　B. 必高于 373.15 K

C. 取决于有机物的相对数量　D. 取决于有机物的摩尔质量大小

10. 在三组分系统的正三角形表示法中，与三角形某边平行的任意一条直线上的各点所代表的三组分系统中，与此线相对顶点的含量（　　）。

A. 各不相同　B. 有部分相同

C. 都相同　D. 无法确定

二、填空题

1. 吉布斯相律适用于__________系统。

2. 当外压改变时，恒沸混合物的组成__________。

3. 不互溶的液体混合物系统中，每种组分的蒸气压与单独存在时________。

4. 相律：$f = K - \Phi + 2$，式中“2”代表________。

5. 杠杆规则可以用在任何________区。

6. 在等边三角形表示的三组分系统的相图中，物系点落在两相平衡共存区的系统的自由度为________。

7. 精馏的原理是__________。

8. 两个平衡共存的液相互称为__________。

9. 发生较大正偏差的系统的 p-x 图出现 __________。

10. 克拉佩龙方程使用条件是__________。

三、判断题

1. 在一给定的系统中，独立组分数是一个确定的数。（　　）

2. 单组分系统的物种数一定等于 1。（　　）

3. 相律适用于任何相平衡系统。（　　）

4. 在相平衡系统中，如果每一相中的物种数不相等，则相律不成立。（　　）

5. 根据相律，单组分系统相图只能有唯一的一个三相共存点。（　　）

6. 在相图中总可以利用杠杆规则判断两相平衡时两相的相对的量。（　　）

7. 二组分简单低共熔物相图中，三相线上的任何一个系统点（两端点除外）的液相组成都相同。(　　)

8. 水蒸气蒸馏可以保证高沸点液体不致因温度过高而分解。(　　)

9. 对沸点-组成图上有最高恒沸点的溶液进行精馏，最后可将A和B两组分完全分离开来。(　　)

10. 恒沸混合物具有恒定组成。(　　)

四、简答题

1. 相点与物系点有什么区别?

2. 试求下述系统的自由度并指出变量是什么?

（1）在一定压力下，液体水与水蒸气达平衡。

（2）液体水与水蒸气达平衡。

（3）25℃和一定压力下，固体NaCl与其水溶液成平衡。

（4）固态NH_4HS与任意比例的H_2S及NH_3气混合物达化学平衡。

（5）$I_2(s)$与$I_2(g)$成平衡。

3. HAc(A)及C_6H_6(B)的相图如下图所示。

（1）指出各区域所在的相和自由度数；

（2）从图中可以看出最低共熔温度为265 K，最低共熔混合物中含C_6H_6的质量分数为0.64，试叙述将含有C_6H_6质量分数分别为0.75和0.25的溶液，冷却至263 K时所经历的相变化。

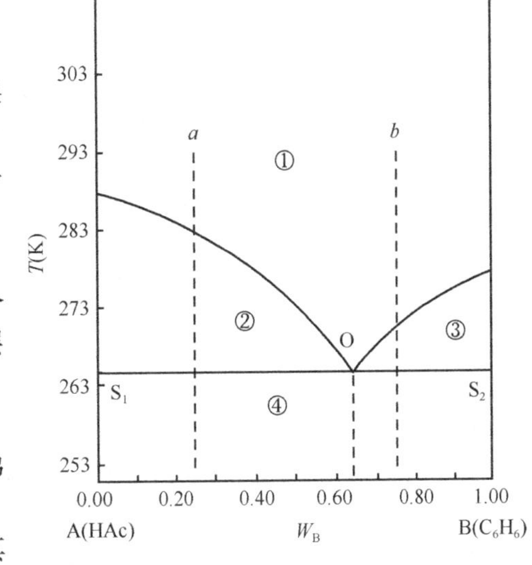

4. 低共熔物能不能看作是化合物?

5. 在实验中常用冰盐混合物作为制冷剂，试解释当把食盐放入0℃的冰水平衡系统中时，为什么会自动降温?降温的程度是否有限制，为什么?这种制冷系统最多有几相?

五、计算题

1. 30℃时，以60 g水、40 g酚混合，此时系统分两层，酚层含酚70%，水层含水92%，求酚层、水层各多少克?

2. 已知100℃时水的饱和蒸气压为101.325 kPa，市售民用高压锅内的压力可达233 kPa，问此时水的沸点为多少度?已知水的蒸发焓为2259.4 $kJ\cdot kg^{-1}$。

3. 乙酰乙酸乙酯是有机合成的重要试剂，已知其饱和蒸气压公式可表达为：

$$\lg(p/\text{kPa}) = -\frac{2588}{T/\text{K}} + \text{B}$$

此试剂在正常沸点181℃时部分分解，但在70℃时是稳定的，用减压蒸馏法提纯时，压力应减少到多少?并求该试剂在正常沸点下的摩尔蒸发焓和摩尔蒸发熵。

4. 在温度T时，纯A(l)和纯B(l)的饱和蒸气压分别为40 kPa和120 kPa。已知A、B两组分可形成理想液态混合物。

第3章能力提升练习题及其参考答案

（1）在温度T下，将$y_B = 0.6$的A、B混合气体于气缸中进行等温缓慢压缩。求凝结出第一滴微小液滴（不改变气相组成）时系统的总压力及小液滴的组成x_B各为多少?

（2）若A、B液态混合物恰好在温度T、100 kPa下沸腾，此混合物的组成x_B及沸腾时蒸气的组成y_B各为多少?

（惠华英　隋小宇）

第 4 章　电化学基础

学习基本要求

1. 掌握　电化学的基本概念；浓度对电导率和摩尔电导率的影响；可逆电池的条件，电池的书写方式，电池电动势的重要应用；能斯特方程的相关计算。

2. 熟悉　电导的测定及其应用；离子独立运动定律和摩尔电导率的相关计算；可逆电极类型及电池电动势的产生机制和测定原理。

3. 了解　膜电势的概念及电化学在生物学中的应用。

电化学（electrochemistry）是物理化学中一门重要的分支学科，是研究电能和化学能之间相互转化及转化过程中相关规律的科学。随着电化学理论的不断发展，其应用领域越来越广泛，如电化学分析、化学电源、电解、电镀、光电化学等。尤其是近年来，电化学方法与技术，如电泳、电势滴定、极谱分析、离子选择性电极、电导滴定、电化学传感等，在生命科学、医学、药学等研究中发挥了越来越重要的作用。同时，随着电化学与生物学、固体物理、催化、生命科学等领域的相互促进与渗透，不断催生了许多新的前沿交叉学科。

微课 4-1

4.1　电化学基本概念

4.1.1　原电池和电解池

能够导电的物质被称为导体（conductor）。根据导电方式的不同，导体可分为电子导体和离子导体。电子导体（electronic conductor）也称第一类导体，它依靠物质内自由电子的定向运动（迁移）而导电，包括金属（如 Cu、Zn）、部分非金属（如石墨）、一些金属氧化物（如 PbO_2、Fe_3O_4）和少数金属碳化物（如碳化钨 WC）等。电子导体的特点是：①电流通过导体时，导体本身不发生化学反应；②当温度升高时，由于导体内部质点的热运动加剧，阻碍自由电子的定向运动，因而电阻增大，导电能力降低。离子导体（ionic conductor），也称第二类导体，它依靠正、负离子的定向运动（迁移）而导电，包括电解质溶液（如 NaOH 溶液）、固体电解质（如 PbI_2）和熔融状态的电解质等。离子导体的特点是：①电流通过导体时，会导致导体本身发生化学变化；②当温度升高时，由于溶液黏度降低，离子运动速度加快，在水溶液中离子水化作用减弱等原因，使得离子导体的导电能力增强。

电能和化学能之间的相互转化需借助适当的电化学装置来完成。电化学装置通常包括两类，即原电池和电解池，统称为电化学池。原电池（primary cell）是能够将化学能转变为电能的装置，见图 4-1（a）。电解池（electrolytic cell）则是将电能转变为化学能的装置，见图 4-1（b）。

原电池和电解池都是由电解质溶液和电极（electrode）两部分组成，在电化学中规定：发生氧化反应的电极为阳极（anode），发生还原反应的电极为阴极（cathode）。此外，也可根据电极上电位的高低分为正极（positive electrode）和负极（negative electrode），正极的电位高，负极的电位低。一般习惯上原电池中的电极常用正负极命名，电解池常用阴阳极命名，但在不少场合下，不论原电池还是电解池都需要既提及正/负极，又提及阴/阳极，二者的对应关系见表 4-1。

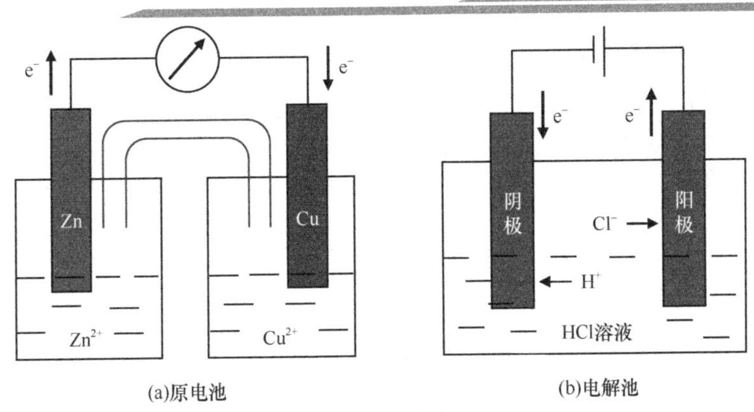

(a)原电池 (b)电解池

图 4-1 电化学装置

表 4-1 原电池和电解池电极名称对照表

原电池	电解池
正极 阴极（还原极）	正极 阳极（氧化极）
负极 阳极（氧化极）	负极 阴极（还原极）

例如，在图 4-1（a）所示的铜锌原电池中，于两个容器中分别盛放 $ZnSO_4$溶液和 $CuSO_4$溶液，将金属锌片置于 $ZnSO_4$溶液，金属 Cu 片置于 $CuSO_4$溶液，将两种电解质溶液用盐桥连接起来，此时在 Cu 片和 Zn 片上通过导线串联检流计可发现检流计指针向 Cu 电极偏转。在该原电池中，Zn 电极上发生氧化反应，金属 Zn 被氧化成 Zn^{2+}进入溶液，留在该电极极板上的电子使得此电极具有较低的电势，因此 Zn 电极是负极也是阳极。在 Cu 电极上，溶液中的 Cu^{2+}得到电子，生成金属铜沉积在 Cu 电极上，发生还原反应，此电极由于得电子而具有较高的电势，因此 Cu 电极是正极也是阴极。在电极上发生的氧化或还原反应统称为电极反应（electrode reaction），两个电极反应的总结果则称为电池反应（cell reaction）。

铜锌原电池中的电极反应和电池反应可分别表示如下：

正极反应：$Cu^{2+}(aq) + 2e^- \longrightarrow Cu(s)$

负极反应：$Zn(s) - 2e^- \longrightarrow Zn^{2+}(aq)$

电池反应：$Zn(s) + Cu^{2+}(aq) \longrightarrow Cu(s) + Zn^{2+}(aq)$

如图 4-1（b）所示，将与外加直流电源相连接的两个金属铂片插入 HCl 溶液中，即构成电解池。当外加电源对两个铂电极施加一定电压时，与外加电源的负极相连的电极聚集了较多负电荷，此电极为阴极（负极），而与外加电源正极相连的电极为阳极（正极）。在电场作用下，HCl 溶液中的正离子（H^+）向电解池的阴极迁移，从电极表面夺取电子发生还原反应；溶液中的负离子（Cl^-）向电解池的阳极迁移，在电极表面释放电子发生氧化反应，即：

阴极反应：$2H^+(aq) + 2e^- \longrightarrow H_2(g)$

阳极反应：$2Cl^-(aq) - 2e^- \longrightarrow Cl_2(g)$

电池反应：$2HCl(aq) \longrightarrow H_2(g) + Cl_2(g)$

化学电池的导电机制：

（1）电解质溶液中的正、负离子向两电极定向迁移，实现了电流在溶液内部的传导。

（2）两电极上彼此独立进行的氧化和还原反应所产生的电子得失，实现了电流在电解质溶液与电极界面处的连续传递。

上述两个过程的同时进行，使得在原电池或电解池中形成了闭合回路，从而实现了电能和化学能之间的相互转化。

4.1.2 法拉第电解定律

1834 年，法拉第（Faraday）在归纳大量电解实验的基础上，总结出了通过电解质溶液的电量与参与电极反应物质的量之间的定量关系规律，称为法拉第电解定律(Faraday's law of electrolysis)：

（1）电解时，在任意一电极上发生化学反应的物质的量与通过溶液的电量成正比。

（2）若在几个串联的电解池中通入一定的电量，不同电解池中各电极上发生反应的物质的量均相同，析出物质的质量与其摩尔质量成正比。即：等量的电流通过不同的电解质溶液时，在各电极上发生变化的物质具有相同的物质的量。

电化学中，以含有单位元电荷 e 的物质作为物质的量的基本单元，例如 H^+，$\frac{1}{2}Cu^{2+}$，$\frac{1}{3}PO_4^{3-}$ 等，所以 1 mol 电子的电量通过某电极时，电极上得失电子的物质的量也为 1 mol。

1 mol 电子所带电量的绝对值称为法拉第常数（Faraday constant），以符号 F 表示：

$$F = e\times L$$

$$= 1.6022\times10^{-19}\times6.0221\times10^{23}\approx96486.09\approx96500(\mathrm{C\cdot mol^{-1}})$$

式中 e 为电子所带电荷，L 为阿伏伽德罗常数。因此，当电解池中通过的电量为 Q 时，在电极上参与反应的物质的量 n 为：

$$n=\frac{Q}{zF} \quad 或 \quad Q=nzF \tag{4-1}$$

上式为法拉第电解定律的数学表达式，其中 z 为电极反应中电子转移的计量系数。

法拉第电解定律虽然是法拉第在研究电解作用时从实验结果中归纳出来的，但实际上该定律无论是对电解池还是原电池中的化学反应都是适用的。该定律不存在限制使用条件，不受电解质溶液浓度的影响，在任何温度和压力下均适用，是自然界中为数不多的最准确的定律之一。

例 4-1 在 273.15 K 及 101.325 kPa 下，电解水制取 1 m^3 的干燥 H_2，需要消耗多少电量？

解： 电解时电极反应为 $2H^+(aq)+2e^-\longrightarrow H_2(g)$

设制备的干燥 H_2 为理想气体，则 H_2 的物质的量为：

$$n(H_2)=\frac{pV}{RT}=\frac{101.325\times10^3\times1}{8.314\times273.15}=44.618(\mathrm{mol})$$

根据法拉第电解定律计算消耗的电量为

$$Q=nzF=44.618\times2\times96500=8.611\times10^6(\mathrm{C})$$

例 4-2 在装有 $CuSO_4$ 溶液的电解池中通过 1 A 直流电 1928 s，阴极上有多少克铜析出？

解： 阴极的电极反应为 $Cu^{2+}(aq)+2e^-\longrightarrow Cu(s)$

由式（4-1）可算得电极上参加反应的 Cu^{2+} 物质的量 n 为：

$$n=\frac{Q}{zF}=\frac{It}{zF}=\frac{1\times1928}{2\times96500}\approx0.01(\mathrm{mol})$$

在阴极上析出铜的质量 m 为：

$$m=nM=0.01\times64=0.64(\mathrm{g})$$

依据法拉第电解定律，可通过分析测定电解过程中电极反应的反应物或产物的物质的量的变化来计算电路中通过的电量，相应的测量装置称为电量计或库仑计，最常用的有银电量计、铜电量计、气体电量计等。

4.1.3 离子的电迁移现象

微课 4-2

电化学中，将溶液中正、负离子在外电场作用下向阴极和阳极作定向运动的现象称为离子的电迁移现象（electromigration phenomena）。

如前所述，当电流通过电解质溶液时，溶液中承担导电任务的正、负离子将分别向阴极和阳极进行移动,并在相应的电极界面上发生氧化或还原反应,从而使阴阳两极附近溶液的浓度发生变化。下面以电解 1-1 价型的电解质溶液为例，讨论离子的电迁移现象。

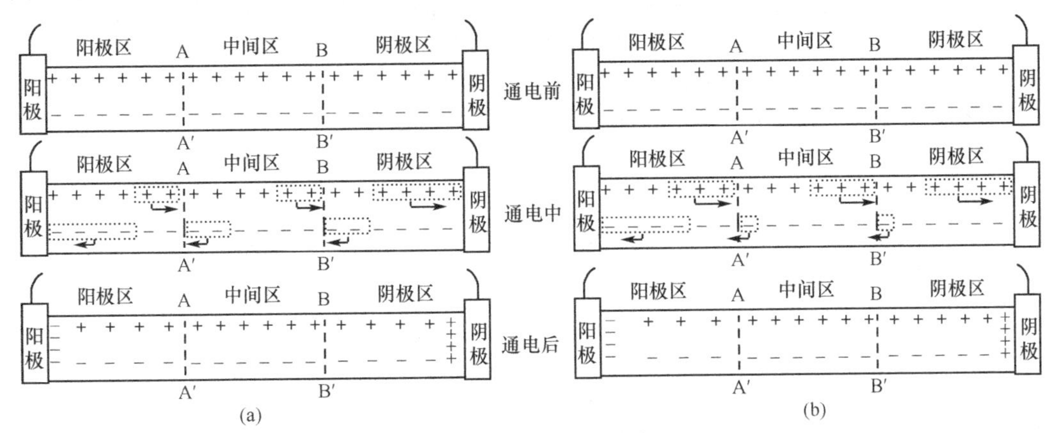

图 4-2 离子电迁移现象

如图 4-2 所示，用两个假想的平面 AA′和 BB′把电解池分为三个相等的区域，靠近阳极的区域为阳极区，靠近阴极的区域为阴极区，中间部分为中间区。分别用“+”和“–”的数量表示电解质溶液正、负离子的物质的量,假定在电解前各区域溶液中正、负离子的物质的量相同,均为 6 mol。若向该电解池通过 4 mol 电子的电量，根据法拉第电解定律，则在阳极上有 4 mol 负离子被氧化，阴极上有 4 mol 正离子被还原。下面，我们来看看通电后溶液中正、负离子的迁移情况以及各区域离子浓度的变化情况。

（1）正、负离子迁移速率相同 $r_+ = r_-$，如图 4-2（a）所示。通电时，AA′ 面上有 2 mol 正离子携带 2 mol 的电量从阳极区迁入中间区,同时也有 2 mol 负离子携带相同电量从中间区迁入阳极区，BB′面上也是如此，有 2 mol 正离子从中间区迁入阴极区，同时也有 2 mol 负离子从阴极区迁入中间区。通电完毕后，阳极区和阴极区都剩下 4 mol 电解质，中间区因迁入和迁出的正负离子数相等，电解质浓度不发生变化，仍为 6 mol。由此可见，当 $r_+ = r_-$时，通电结束后，中间区电解质浓度保持不变，两极区电解质浓度发生变化且变化量相同，相比于原溶液，两极区电解质均减少了 2 mol。

（2）正、负离子迁移速率不相同，例如，正离子迁移速率是负离子迁移速率的 3 倍，即 $r_+ = 3r_-$，如图 4-2（b）所示。通过电解质溶液的总电量仍是 4 mol 电子的电量，当在 AA′面上有 1 mol 负离子从中间区迁入阳极区，同时就有 3 mol 正离子从阳极区迁入中间区，BB′面上也是如此，有 1 mol 负离子从阴极区迁入中间区的同时，也有 3 mol 正离子从中间区迁入阴极区。通电完毕后，中间区电解质浓度不发生变化，阳极区剩下 3 mol 电解质，阴极区剩下 5 mol 电解质。由此可见，当正、负离子迁移速率不相同时，$r_+ = 3r_-$，正、负离子迁移的电量也不相同。通电结束后，中间区电解质浓度保持不变，两极区电解质浓度发生变化且变化量不同，相比于原溶液，阳极区电解质浓度减少了 3 mol，阴极区减少了 1 mol。

对上述离子电迁移过程进行分析可得出如下结论：

（1）电解质溶液中的正、负离子共同分担了导电任务，通过溶液的总电量 Q 等于正、负离子迁移的电量之和，即：

$$Q = Q_+ + Q_- \tag{4-2}$$

（2）正、负离子运动速率不相同时，其迁移的电量也不相同，两种离子迁移的电量之比等于运动速率之比，也等于两极区离子浓度的变化之比：

$$\frac{\text{阳极区减少的物质的量}}{\text{阴极区减少的物质的量}} = \frac{\text{正离子迁移的电量}Q_+}{\text{负离子迁移的电量}Q_-} = \frac{\text{正离子的迁移速率}r_+}{\text{负离子的迁移速率}r_-} \tag{4-3}$$

4.1.4 离子迁移数及测定

当电流通过电解质溶液时，每一种离子都承担着一定的导电任务。但由于正、负离子的迁移速率不同，所带的电荷也不一定相等，故它们在迁移时所输送的电量是不相等的。将某种离子 B 所迁移的电量与通过溶液的总电量的比值称为该离子迁移数（transference number），用符号 t_B 表示。对于只含有一种正离子和一种负离子的电解质溶液，则可将正离子的迁移数 t_+ 和负离子的迁移数 t_- 分别表示为：

$$t_+ = \frac{Q_+}{Q_{总}} = \frac{Q_+}{Q_+ + Q_-} \qquad t_- = \frac{Q_-}{Q_{总}} = \frac{Q_-}{Q_+ + Q_-} \tag{4-4}$$

根据式（4-3），可得：

$$t_+ = \frac{r_+}{r_+ + r_-} \qquad t_- = \frac{r_-}{r_+ + r_-} \tag{4-5}$$

显然，$t_+ + t_- = 1$。由式（4-5）可见，离子迁移数与溶液中正、负离子的迁移速率有关。此外，影响离子迁移速率的因素还包括电解质的种类、浓度、温度等。表 4-2 列出了 298.15 K 时，一些正离子在不同浓度和不同电解质中的迁移数 t_+。

表 4-2　298.15 K 时，一些正离子在不同浓度和不同电解质中的迁移数 t_+

电解质	c（$mol \cdot L^{-1}$）				
	0.01	0.02	0.05	0.10	0.20
HCl	0.8215	0.8266	0.8292	0.8314	0.8337
LiCl	0.3299	0.3261	0.3211	0.3166	0.3112
NaCl	0.3918	0.3902	0.3876	0.3854	0.3621
KCl	0.4902	0.4901	0.4899	0.4898	0.4894
KBr	0.4833	0.4832	0.4831	0.4833	0.4841
KI	0.4884	0.4883	0.4882	0.4883	0.4887
KNO_3	0.5084	0.5087	0.5093	0.5103	0.5120
K_2SO_4	0.5084	0.5087	0.5093	0.5103	0.5120
$BaCl_2$	0.4403	0.4368	0.4317	0.4253	0.4185
$CaCl_2$	0.4264	0.4220	0.4140	0.4060	0.3953

由表 4-2 可以看出，同一种离子在不同电解质中的迁移速率不同，浓度对离子的迁移速率也有不同程度的影响。同价离子在水溶液中，随离子半径的减小，水化离子半径逐渐增大，在溶液中的运动阻力增大，迁移数随之下降，如 $t(Li^+) < t(Na^+) < t(K^+)$。若价数不同，高价离子受浓度的影响较大。此外，温度对离子的迁移数也有影响，一般温度升高，正、负离子的迁移数趋于相等。

离子迁移数的测定主要有三种方法，即：希托夫（Hittorf）法、界面移动法和电动势法。其中希托夫法最为经典和简便，界面移动法可得到较精确的数据，电动势法适用于较宽的浓度和温度范围。这里仅介绍前面两种最常用的方法，电动势法将在 4.3.7 电池电动势测定的应用中再做相关讨论。

1. 希托夫法　希托夫法的实验装置如图 4-3 所示。在希托夫法迁移管内装有已知浓度的电解质溶液，如 $Cu(NO_3)_2$ 溶液，阳极是 Cu 电极，阴极是惰性电极。接通电源，使很小的电流通过电解质溶液，此时正、负离子分别向阴、阳极迁移，同时在电极上发生反应使电极附近的溶液浓度不断改变，而中部溶液的浓度基本不变。通电一段时间后，将阴极区（或阳极区）溶液放出进行称量和分析，从而根据阴极区（或阳极区）溶液中电解质含量的变化及串联在电路中的电量计测出的通电量，即可计算出离子迁移数。

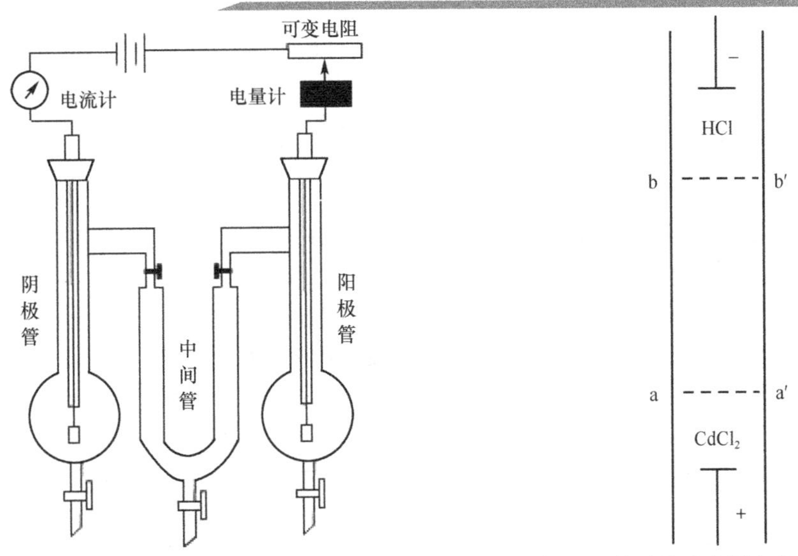

图 4-3　希托夫法测定离子迁移数装置　　　　图 4-4　界面移动法测定离子迁移数原理

2. 界面移动法　界面移动法测迁移数的原理如图 4-4 所示。将含有一种共同离子的两种电解质（如 HCl 和 $CdCl_2$）溶液小心地放入细长迁移管中，使两种溶液之间形成一明显的 aa'界面。在通电过程中，Cd 从阳极溶解下来，$H_2(g)$从阴极释放出，通常 Cd^{2+}总是跟在 H^+后面向阴极迁移，因而不会产生新的界面。通电一段时间后，aa'界面上移至 bb'界面。根据管子的截面面积、在通电时间内界面移动的距离及通过该电解池的电量来求出离子迁移数。

例 4-3　用银电极电解 $AgNO_3$溶液，通电后，阴极上有 1.15×10^{-3} kg 银析出，阴极区 $AgNO_3$的总量减少了 9.53×10^{-4} kg，求 Ag^+和 NO_3^-的迁移数。

解：阴极区发生的还原反应为：

$$Ag^+(aq) + e^- \longrightarrow Ag(s)$$

由阴极析出银的质量可以得出发生电解的银的物质的量：

$$n_{电解} = \frac{1.15\times10^{-3}}{107.87\times10^{-3}} = 0.01066(\text{mol})$$

NO_3^-不参加电极反应，电解前后阴极区 NO_3^-浓度的变化是由 NO_3^-的迁出造成的，故 NO_3^-在阴极区物质的量的变化为：

$$n_{电解后} = n_{电解前} - n_{迁移}$$

$$n_{迁移} = n_{电解前} - n_{电解后} = \frac{9.53\times10^{-4}}{169.87\times10^{-3}} = 5.61\times10^{-3}(\text{mol})$$

$$t_{NO_3^-} = \frac{n_{迁移}}{n_{电解}} = \frac{5.61\times10^{-3}}{0.01066} = 0.526$$

$$t_{Ag^+} = 1 - 0.526 = 0.474$$

例 4-4　用 10 mol·m^{-3} 的 LiCl 做界面移动实验，所用迁移管的截面积为 1.25×10^{-5} m^2，当以 1.80×10^{-3} A 的电流通电 1490 s 后，界面从 aa'移动到 bb'，移动了 7.30×10^{-2} m，试求 Li^+的迁移数。

解：在 aa'bb'区间内的 Li^+均通过 bb'界面而上移，设这个区间的体积为 V，通过 bb'界面的 Li^+物质的量 n 等于 cV，它所传导的电量为

$$nF = z_+ cVF$$

经历时间 t 后通入的总电量为 It，根据迁移数的定义有

$$t_{Li^+}=\frac{Li^+\text{所迁移的电量}}{\text{通过的总电量}}=\frac{z_+cVF}{It}$$

$$=\frac{1\times10\times1.25\times10^{-5}\times7.30\times10^{-2}\times96500}{1.80\times10^{-3}\times1490}=0.328$$

【知识拓展】 **电解池的发展与工业应用**

电解池的应用在现代工业上起着重要作用，如电解工业、废水处理、金属加工处理与防护等领域均需用到电解池原理。电解池是用于电解的装置，一般由电解液和两个电极组成，其中，电解液可以是盐类水溶液也可以是熔融的盐类。当在电极上加上外加电场时，电解液中的离子会被带相反电荷的电极所吸引，靠近该电极，进而在该电极上发生得电子或失去电子的还原或氧化反应。

例如，在氯碱工业中，电解池应用非常广泛，常用的有三种电解池：汞电解池、隔板电解池、离子选择性电解池，通过电解食盐水来制取氯气和苛性钠。由于氯的腐蚀力和电极本身的氧化，传统碳棒或石墨阳极已经被 RuO_2 涂层的钛电极所取代，RuO_2 涂层中含有一定量的过渡金属氧化物，如 Co_3O_4 等。这类阳极几乎不被腐蚀，它的超电势为 4～5mV。同时该方法还使得析氧副反应的程度降低很多。汞电解池的生产能力较高，但是存在汞的毒性问题，目前该类电池在工业上已逐渐被淘汰。隔板电解池的缺点是使用寿命短，阻力大，而且可以允许所有组分通过，且氢氧化钠的浓度不能超过 10%，否则将有大量的氢氧根离子扩散到阳极区而产生氯酸盐，从而降低电解效率。选择性膜电解池与隔板电解池组成类似，不同的是隔离物是具有选择性的隔膜，它只允许特定离子通过，用它来代替隔板。用这种方法获得的苛性钠要比上一种机械膜电池浓度高的多。这种电解池消耗是这三种过程中最低的，产物纯度也是最高的，目前在世界范围内都倾向于使用选择性隔膜电解池。

知识梳理 4-1 电化学基本概念

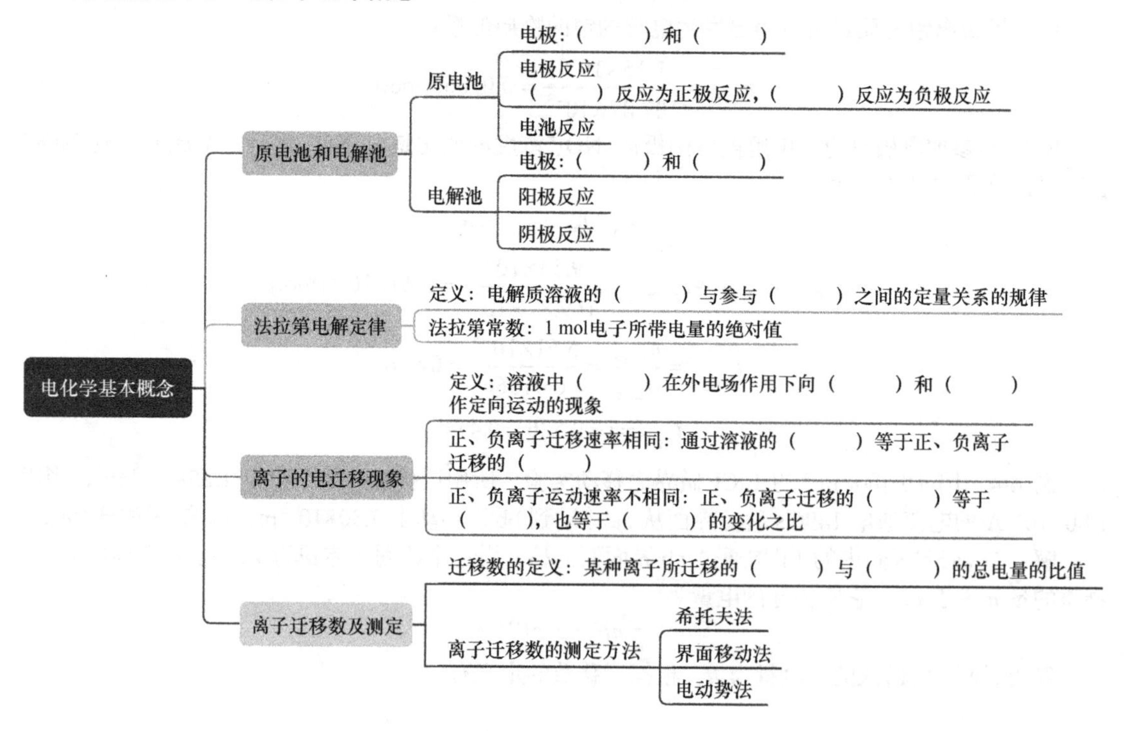

4.2　电解质溶液的电导

本节讨论电解质溶液导电能力的表示方式、测量方法及其影响因素。

4.2.1　电导、电导率及摩尔电导率

电解质溶液的导电能力常用电导表示。电导（conductance）是电阻的倒数，用 G 表示。即：

$$G=\frac{1}{R}=\frac{I}{U} \tag{4-6}$$

式中，U 为外加电压（单位：伏特，V），I 为通过溶液的电流（单位：安培，A），电导的单位为 S（单位：西门子，Siemens）或 Ω^{-1}。

实验表明，电解质溶液的电导与两极间的距离 l 成反比，与电极面积 A 成正比，即：

$$G=\kappa\frac{A}{l} \tag{4-7}$$

式中，κ（读作"卡帕"）为比例常数，称为电导率（conductivity）或比电导，单位为 $S\cdot m^{-1}$。对于电解质溶液而言，电导率是指两电极间相距为 1 m，两极面积均为 1 m^2，两极间放置 1 m^3 的电解质溶液的电导（图 4-5）。

由于电解质溶液的电导率与溶液的浓度、温度、电解质的种类等诸多因素有关，因此不能用电导率来衡量不同电解质的导电能力，对比不同电解质的导电能力需要引入摩尔电导率的概念。

在相距为 1 m 的两平行电极间放置 1 mol 电解质溶液所具有的电导，称为摩尔电导率（molar conductivity），用符号 Λ_m 表示。因电解质的物质的量规定为 1 mol，故电解质溶液的摩尔体积将随其浓度的变化而改变。设 c 为电解质溶液的物质的量浓度，其单位为 $mol\cdot m^{-3}$，则 1 mol 该电解质溶液的摩尔体积 $V_m=1/c$，V_m 的单位为 $m^3\cdot mol^{-1}$。由于电导率 κ 是两平行电极间距离为 1 m 时 1 m^3 溶液的电导，所以摩尔电导率 Λ_m 与电导率 κ 的关系（图 4-6）为

$$\Lambda_m=\kappa\cdot V_m=\frac{\kappa}{c} \tag{4-8}$$

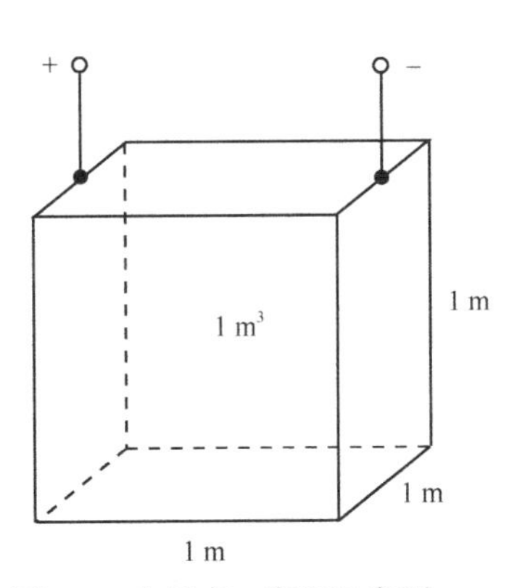

图 4-5　电导率 κ 定义示意图

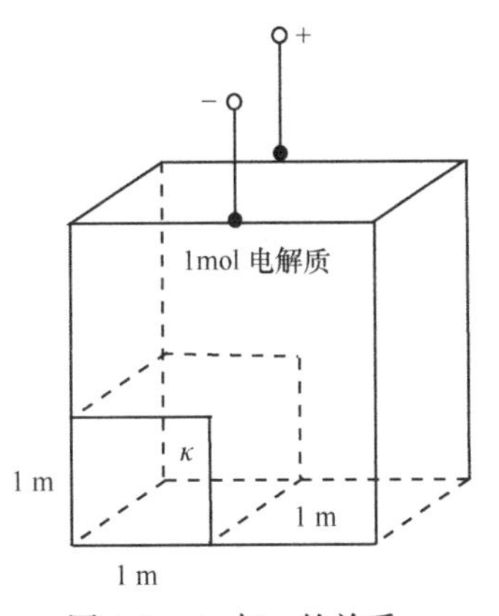

图 4-6　Λ_m 与 κ 的关系

摩尔电导率 Λ_m 的单位为 $S\cdot m^2\cdot mol^{-1}$。利用 Λ_m 可以方便地比较不同类型电解质的导电能力，但是必须在电荷量相同的基础上进行比较，如 $\Lambda_m(KCl)$，$\Lambda_m\left(\frac{1}{2}MgCl_2\right)$ 和 $\Lambda_m\left(\frac{1}{3}H_3PO_4\right)$，因基本单元所带电荷量相同，可用 Λ_m 直接比较其导电能力。

例 4-5 298.15 K时，0.10 $mol \cdot dm^{-3}$的H_2SO_4溶液的电导率$\kappa = 2.50\ S \cdot m^{-1}$，求$H_2SO_4$及$\frac{1}{2}H_2SO_4$的摩尔电导率$\Lambda_m$。

解：由式（4-8）可得：

$$\Lambda_m(H_2SO_4) = \frac{\kappa}{c} = \frac{2.50}{0.1 \times 10^3} = 0.025\ (S \cdot m^2 \cdot mol^{-1})$$

$$\Lambda_m\left(\frac{1}{2}H_2SO_4\right) = \frac{1}{2}\Lambda_m(H_2SO_4) = 0.125\ (S \cdot m^2 \cdot mol^{-1})$$

例 4-5 的计算结果表明，$\Lambda_m\left(\frac{1}{2}H_2SO_4\right)$和$\Lambda_m(H_2SO_4)$基本单元所带电荷量不同，二者的关系为$\Lambda_m(H_2SO_4) = 2\Lambda_m\left(\frac{1}{2}H_2SO_4\right)$。

4.2.2 电导率、摩尔电导率与浓度的关系

电导率和摩尔电导率均受电解质溶液浓度的影响，但影响规律并不相同。

1. 电导率与溶液浓度的关系 电解质溶液的电导率随电解质的性质及溶液浓度的不同而不同，298.15 K 时，一些电解质水溶液的电导率与浓度的关系曲线如图 4-7 所示，其变化的一般规律为：

（1）强酸和强碱的电导率最大，盐类次之，弱电解质最小。

（2）强电解质的电导率随溶液浓度的增加而增大，达到一极值后，又随浓度的增加而减小。这主要是由于随着强电解质溶液浓度增大，离子数目增加，导电能力增强，电导率也随之增大。但当浓度增大到一定程度，溶液中正、负离子之间的相互作用增强，离子的运动速度减慢，导电能力降低，电导率反而减小。

（3）弱电解质的电导率随溶液浓度的变化并不显著，电导率曲线较为平坦。这是由于，随着溶液浓度增大，弱电解质的电离度降低，离子数目的增加受到限制，故电导率增加不显著。

2. 摩尔电导率与溶液浓度的关系 在一定温度下，电解质溶液的摩尔电导率Λ_m总是随着溶液浓度的降低而增大，但强、弱电解质摩尔电导率变化的规律仍有所不同（图 4-8）。由于摩尔电导率Λ_m规定了电解质的物质的量为 1 mol，对于强电解质而言，由于完全电离，随着浓度的降低，溶液中可导电的离子数并没有改变，但是离子间的距离增加了，从而削弱了离子间的相互作用，导致离子的迁移速度增加，摩尔电导率也随之增加。当溶液浓度降低到一定程度后，离子间相互作用力减小到极限，从而使摩尔电导率接近一定值。

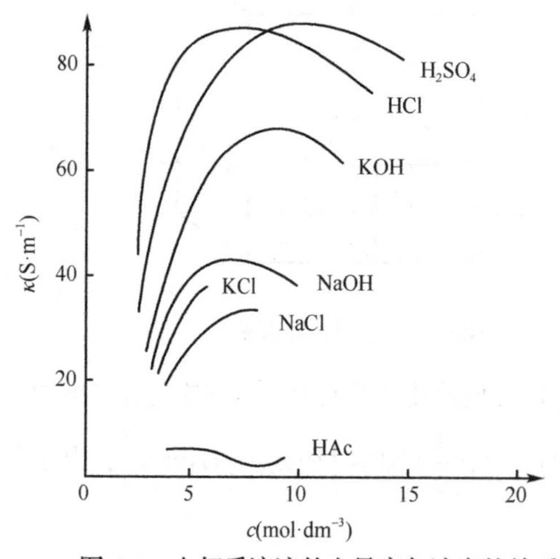

图 4-7 电解质溶液的电导率与浓度的关系

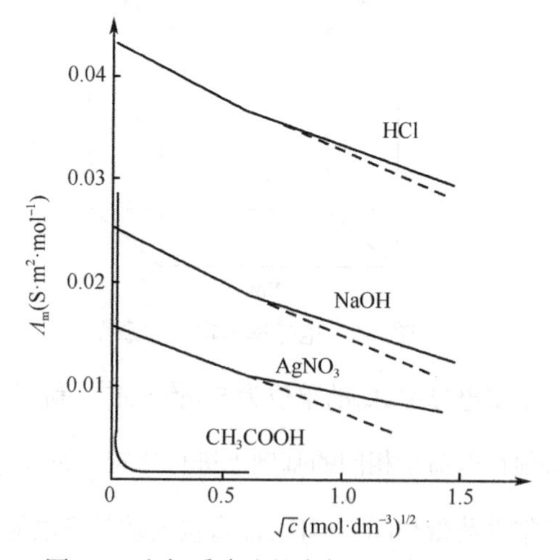

图 4-8 电解质溶液的摩尔电导率与浓度的关系

德国化学家、物理学家科尔劳施（Kohlrausch）总结大量实验结果，归纳得出结论：对于浓度小于 0.001 $mol \cdot L^{-1}$ 的极稀强电解质溶液，其摩尔电导率 Λ_m 与溶液浓度的平方根呈线性关系，即：

$$\Lambda_m = \Lambda_m^{\infty}(1-\beta\sqrt{c}) \tag{4-9}$$

式（4-9）中，Λ_m^{∞} 为电解质溶液在无限稀释时的摩尔电导率，称为无限稀释摩尔电导率，也叫极限摩尔电导率（limiting molar conductivity），可用直线外推法作图求得。β 在一定温度下，对于一定的电解质和溶剂而言是一个常数。

对于弱电解质而言，在溶液稀释过程中虽然电极之间电解质的物质的量未变，但电离度增大，电离后产生的离子数目增加，同时离子间的间距增加，相互作用减小，也使摩尔电导率增大，而且浓度越低其摩尔电导率增加越快。当溶液浓度极稀时，几乎完全电离，离子数目剧增，同时，离子相互作用也可忽略不计，因此，摩尔电导率急剧增大。但 Λ_m 与 c 之间不存在类似于式（4-9）的简单关系，即在浓度极稀时，Λ_m 与 Λ_m^{∞} 还是相差甚远，故弱电解质的极限摩尔电导率 Λ_m^{∞} 无法用外推法求得。但科尔劳施提出的离子独立运动定律，解决了弱电解质 Λ_m^{∞} 的计算问题。

4.2.3　离子独立运动定律

科尔劳施在研究了大量电解质在无限稀释溶液中的摩尔电导率的实验数据后发现：在相同温度下，具有相同阳离子（或阴离子）的一对电解质，它们的无限稀释溶液的摩尔电导率的差值为一定值，而与共存的阴离子（或阳离子）无关。表 4-3 列出了一些强电解质在 298.15 K 时的极限摩尔电导率。

表 4-3　一些强电解质在 298.15 K 时的极限摩尔电导率

电解质	$\Lambda_m^{\infty}(S \cdot m^2 \cdot mol^{-1})$	差值	电解质	$\Lambda_m^{\infty}(S \cdot m^2 \cdot mol^{-1})$	差值
KCl	0.01499	3.49×10^{-3}	HCl	0.04262	0.49×10^{-3}
LiCl	0.01150		HNO_3	0.04213	
KNO_3	0.01450	3.49×10^{-3}	KCl	0.01499	0.49×10^{-3}
$LiNO_3$	0.01101		KNO_3	0.01450	
KOH	0.02715	3.49×10^{-3}	LiCl	0.01150	0.49×10^{-3}
LiOH	0.02367		$LiNO_3$	0.01101	

由表 4-3 中的数据可以得出以下几点规律：

（1）在无限稀释溶液中，具有相同阴离子的三组钾盐和锂盐溶液，其 Λ_m^{∞} 的差值相等（$3.49\times 10^{-3}\ S \cdot m^2 \cdot mol^{-1}$），与阴离子的性质（$Cl^-$、$NO_3^-$、$OH^-$）无关。

（2）具有相同阳离子的三组氯化物和硝酸盐溶液，其 Λ_m^{∞} 之差也相等（$0.49\times10^{-3}\ S \cdot m^2 \cdot mol^{-1}$），而与阳离子的性质（$H^+$、$K^+$、$Li^+$）无关。

由此说明，在无限稀释的溶液中，可以认为电解质已全部电离，离子间彼此独立运动，互不影响，每一种离子对电解质溶液的导电都有恒定的贡献，即极限摩尔电导率 Λ_m^{∞} 反应的是离子间没有相互作用力时电解质所具有的导电能力。因此，科尔劳施提出了离子独立运动定律（law of independent migration of ions），即：在无限稀释时，电解质的极限摩尔电导率 Λ_m^{∞} 是正、负离子的极限摩尔电导率之和。对 1-1 价型电解质用公式表示为：

$$\Lambda_m^{\infty} = \lambda_{m,+}^{\infty} + \lambda_{m,-}^{\infty} \tag{4-10}$$

式中 $\lambda_{m,+}^{\infty}$ 及 $\lambda_{m,-}^{\infty}$ 分别为无限稀释时正、负离子的摩尔电导率。

由此可知，若能得知各种离子的极限摩尔电导率，就可利用离子独立运动定律计算任意电解质的极限摩尔电导率，或由已知强电解质的 Λ_m^{∞} 来间接计算弱电解质的 Λ_m^{∞}。表 4-4 列出了 298.15 K 时一些常见离子的极限摩尔电导率。

表 4-4　298.15 K 时一些常见离子在无限稀释水溶液中的摩尔电导率

正离子	$\lambda_{m,+}^{\infty}\times10^4$(S·m²·mol⁻¹)	负离子	$\lambda_{m,+}^{\infty}\times10^4$(S·m²·mol⁻¹)
	349.8	OH^-	198.3
Li^+	38.69	F^-	55.4
Na^+	50.11	Cl^-	76.3
K^+	73.5	Br^-	78.4
NH_4^+	73.5	I^-	76.8
Ag^+	61.92	CN^-	82
$\frac{1}{2}Mg^{2+}$	53.06	NO_3^-	71.5
$\frac{1}{2}Ca^{2+}$	59.5	HCO_3^-	44.5
$\frac{1}{2}Fe^{2+}$	54	HSO_4^-	52
$\frac{1}{2}Cu^{2+}$	54	ClO_3^-	64.6
$\frac{1}{2}Zn^{2+}$	54	$HCOO^-$	54.6
$\frac{1}{2}Ba^{2+}$	63.64	MnO_4^-	61
$\frac{1}{2}Hg^{2+}$	63.6	CH_3COO^-	40.9
$\frac{1}{2}Pb^{2+}$	59.4	$C_2H_5COO^-$	35.8
$\frac{1}{2}Ni^{2+}$	53	$\frac{1}{2}CO_3^{2-}$	69.8
$\frac{1}{3}Al^{3+}$	63	$\frac{1}{2}SO_4^{2-}$	79.8
$\frac{1}{3}Fe^{3+}$	63	$\frac{1}{2}PO_4^{3-}$	80
$\frac{1}{3}La^{3+}$	69.6	$\frac{1}{3}Fe(CN)_6^{3-}$	101

例 4-6　已知 25℃时，盐酸的 $\Lambda_m^{\infty}(HCl)=426.2\times10^{-4}\ S\cdot m^2\cdot mol^{-1}$，氯化钾的 $\Lambda_m^{\infty}(KCl)=149.9\times10^{-4}S\cdot m^2\cdot mol^{-1}$，醋酸钾的 $\Lambda_m^{\infty}(KAc)=114.42\times10^{-4}S\cdot m^2\cdot mol^{-1}$。求：HAc 无限稀释时的摩尔电导 $\Lambda_m^{\infty}(HAc)$。

解：

$$
\begin{aligned}
\Lambda_m^{\infty}(HAc)&=\lambda_m^{\infty}(H^+)+\lambda_m^{\infty}(Ac^-)\\
&=[\lambda_m^{\infty}(H^+)+\lambda_m^{\infty}(Cl^-)]+[\lambda_m^{\infty}(K^+)+\lambda_m^{\infty}(Ac^-)]-[\lambda_m^{\infty}(K^+)+\lambda_m^{\infty}(Cl^-)]\\
&=\Lambda_m^{\infty}(HCl)+\Lambda_m^{\infty}(KAc)-\Lambda_m^{\infty}(KCl)\\
&=426.2\times10^{-4}+114.42\times10^{-4}-149.9\times10^{-4}\\
&=390.72(S\cdot m^2\cdot mol^{-1})
\end{aligned}
$$

例 4-7　已知苯巴比妥钠的 $\Lambda_m^{\infty}(NaP)=7.35\times10^{-3}\ S\cdot m^2\cdot mol^{-1}$，盐酸的 $\Lambda_m^{\infty}(HCl)=4.262\times10^{-2}\ S\cdot m^2\cdot mol^{-1}$，氯化钠 $\Lambda_m^{\infty}(NaCl)=1.265\times10^{-2}\ S\cdot m^2\cdot mol^{-1}$，求苯巴比妥溶液的极限摩尔电导率 $\Lambda_m^{\infty}(HP)$。

解：根据式（4-10）

$$
\begin{aligned}
\Lambda_m^{\infty}(HP)&=\lambda_m^{\infty}(H^+)+\lambda_m^{\infty}(P^-)\\
&=\Lambda_m^{\infty}(HCl)+\Lambda_m^{\infty}(NaP)-\Lambda_m^{\infty}(NaCl)
\end{aligned}
$$

$$=4.262\times10^{-2}+7.35\times10^{-3}-1.265\times10^{-2}$$
$$=3.732\times10^{-2}(\text{S}\cdot\text{m}^2\cdot\text{mol}^{-1})$$

4.2.4　电导的测定及其应用

1. 电导的测定　电导是电阻的倒数，因此测定电解质溶液的电阻就可以换算出电导来。通常采用惠斯通（Wheatstone）电桥法测定溶液的电导。如图 4-9 所示，S 为高频交流电源，CD 段为均匀的滑线电阻，R_1 为可变电阻，K 为可变电容器，用以抵消电导池中的电容，R_x 为电导池中待测溶液的电阻，R_2、R_3 分别为 CA 段和 AD 段的电阻。测量时，接通电源，选择适当的电阻 R_1，调节滑线电阻接触点 A，使检流计的指示为零，电桥达到平衡，此时，被测溶液的电导与各电阻的关系为：

$$G=\frac{1}{R_x}=\frac{R_2}{R_1R_3}=\frac{\text{CA}}{\text{AD}}\times\frac{1}{R_1}$$

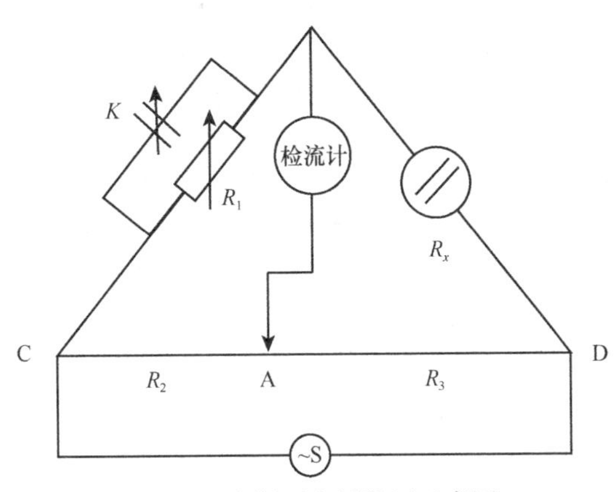

图 4-9　惠斯通电桥装置示意图

因为电极的面积 A 和电极间距离 l 难以直接测定，所以常通过测定已知电导率的溶液的电阻 R，换算成电导后代入式（4-7）中求得 l/A 比值。对于一个固定电导池而言，此比值被称为电导池常数或电池常数，单位为 m^{-1}。再将待测溶液置于该电导池中测其电阻 R'，即可根据式（4-11）计算待测溶液的电导率 κ'，再根据式（4-8）计算其摩尔电导率 Λ_m：

$$\kappa'=\frac{1}{R'}\cdot\frac{l}{A}=\frac{1}{R'}\cdot\kappa R \qquad (4\text{-}11)$$

计算电导率和摩尔电导率的步骤：

（1）将已知浓度的标准 KCl 溶液放入电导池测得电阻，由 $\dfrac{l}{A}=\dfrac{\kappa}{G}=\kappa R$ 计算出电导池常数。298.15 K 时，不同浓度 KCl 溶液的电导率见表 4-5。

（2）将待测溶液装入该电导池中，在与步骤（1）相同的条件下测定该待测溶液的电阻，由式（4-11）求出待测液的电导率 κ'。

（3）由待测溶液的浓度和电导率，据式（4-8）算出其摩尔电导率 Λ_m。

表 4-5　298.15 K 时，不同浓度 KCl 溶液的电导率

$c(\text{mol}\cdot\text{L}^{-1})$	1.0	0.1	0.01	0.001	0.0001
$\kappa(\text{S}\cdot\text{m}^{-1})$	11.17	1.289	0.1413	0.01469	0.001489

例 4-8　298.15 K 时，用同一个电导池测定标准 KCl 溶液（0.01 mol·L^{-1}）的电阻为 1064 Ω，HAc 溶液（0.01 mol·L^{-1}）的电阻为 9256 Ω，试求此 HAc 溶液的摩尔电导率。

解：查表 4-5，得知 KCl 溶液（0.01 mol·L^{-1}）的 $\kappa=0.1413\ \text{S}\cdot\text{m}^{-1}$，则该电导池常数为：

$$\frac{l}{A}=\kappa R=0.1413\times1064=150.3(\mathrm{m}^{-1})$$

HAc 溶液（0.01 $\mathrm{mol\cdot L^{-1}}$）的电导率为

$$\kappa'=\frac{l}{A}\cdot\frac{1}{R'}=150.3\times\frac{1}{9256}=0.0162(\mathrm{S\cdot m^{-1}})$$

摩尔电导率为：

$$\Lambda_{\mathrm{m}}(\mathrm{HAc})=\frac{\kappa'}{c}=\frac{0.0162}{0.01\times10^{3}}=0.00162(\mathrm{S\cdot m^{2}\cdot mol^{-1}})$$

2. 电导测定的应用

（1）水的纯度检验：电导率检验水的纯度是一种既方便又实用的方法。电导率越小，水中所含杂质离子越少，即水的纯度越高。一般的自来水电导率在 1.0×10^{-1} $\mathrm{S\cdot m^{-1}}$ 左右，普通蒸馏水的电导率在 1.0×10^{-3} $\mathrm{S\cdot m^{-1}}$ 左右，重蒸馏水和去离子水的电导率可小于 1.0×10^{-4} $\mathrm{S\cdot m^{-1}}$。

医药行业对水质的纯度有较高的要求，2020 版《中国药典》规定了“纯化水”和“注射用水”的电导率标准要求，“纯化水”的电导率限度值为≤5.1 $\mu\mathrm{S\cdot cm^{-1}}$（25℃），“注射用水”的电导率限度值为≤1.3 $\mu\mathrm{S\cdot cm^{-1}}$（25℃）。此外，电导法测定水质纯度还运用于环境监测等领域。

（2）弱电解质电离度和电离常数的测定：对于弱电解质，常用电离度来表示其电离程度。电离度是在达到电离平衡时，已电离的弱电解质浓度与弱电解质起始浓度之比，用 a 表示。

一般情况下，弱电解质的电离度较小，溶液中参与导电的离子浓度较低，离子间作用力可忽略。对 AB 型弱电解质而言，若溶液无限稀释时，弱电解质全部电离，此时的摩尔电导率为 $\Lambda_{\mathrm{m}}^{\infty}$。当溶液浓度为某浓度 c 时，电离度为 a，说明仅有部分正、负离子同时参与导电，这时的摩尔电导率为 Λ_{m}。显然此时的 Λ_{m} 与 $\Lambda_{\mathrm{m}}^{\infty}$ 的差别主要是由于 a 不同造成的，即：

$$a=\frac{\Lambda_{\mathrm{m}}}{\Lambda_{\mathrm{m}}^{\infty}} \tag{4-12}$$

由 a 还可进一步求弱电解质的电离常数 $K^{\ominus}$。

$$\mathrm{AB}\longrightarrow\mathrm{A^{+}+B^{-}}$$

起始时　　c　　0　　0

平衡时　　$c(1-a)$　　ca　　ca

$$K^{\ominus}=\frac{a^{2}\cdot\dfrac{c}{c^{\ominus}}}{1-a} \tag{4-13}$$

代入（4-12）得：

$$K^{\ominus}=\frac{\Lambda_{\mathrm{m}}^{2}\cdot\dfrac{c}{c^{\ominus}}}{\Lambda_{\mathrm{m}}^{\infty}-(\Lambda_{\mathrm{m}}^{\infty}-\Lambda_{\mathrm{m}})} \tag{4-14}$$

测定一系列浓度的 Λ_{m} 后，以 $\dfrac{1}{\Lambda_{\mathrm{m}}}$ 对 $c\Lambda_{\mathrm{m}}$ 作图，可由直线的斜率和截距分别求得 $K^{\ominus}$ 和 $\Lambda_{\mathrm{m}}^{\infty}$。式（4-13）和式（4-14）均称为奥斯特瓦尔德（Ostwald）稀释定律，它适用于 1-1 价型的弱电解质。

例 4-9　298.15 K 时，HAc 溶液（0.05 $\mathrm{mol\cdot L^{-1}}$）的电导率为 3.68×10^{-2} $\mathrm{S\cdot m^{-1}}$，试求此 HAc 溶液的 a 及 $K^{\ominus}$。

解：根据条件计算 $\Lambda_{\mathrm{m}}=\dfrac{\kappa}{c}=\dfrac{3.68\times10^{-2}}{0.05\times10^{3}}=7.36\times10^{-4}(\mathrm{S\cdot m^{2}\cdot mol^{-1}})$

$$\Lambda_{\mathrm{m}}^{\infty}(\mathrm{HAc})=\lambda_{\mathrm{m}}^{\infty}(\mathrm{H^{+}})+\lambda_{\mathrm{m}}^{\infty}(\mathrm{Ac^{-}})$$

$$=349.82\times10^{-4}+40.9\times10^{-4}$$

$$=390.72\times10^{-4}(\mathrm{S\cdot m^2\cdot mol^{-1}})$$

HAc 的电离度：
$$a=\frac{\Lambda_\mathrm{m}}{\Lambda_\mathrm{m}^\infty}=\frac{7.36\times10^{-4}}{390.72\times10^{-4}}=0.01884$$

电离平衡常数：
$$K^\ominus=\frac{a^2\cdot\dfrac{c}{c^\ominus}}{1-a}=\frac{0.01884^2\times0.05}{1-0.01884}=1.809\times10^{-5}$$

或
$$K^\ominus=\frac{\Lambda_\mathrm{m}^2\cdot\dfrac{c}{c^\ominus}}{\Lambda_\mathrm{m}^\infty-(\Lambda_\mathrm{m}^\infty-\Lambda_\mathrm{m})}=\frac{(7.36\times10^{-4})^2\times0.05}{390.72\times10^{-4}-(390.72-7.36)\times10^{-4}}=1.809\times10^{-5}$$

（3）难溶盐溶解度的测定：$BaSO_4$、AgCl 等难溶盐在水中的溶解度很小，很难用普通的滴定方法测定出来，但可以用电导测定的方法求得。难溶盐在水中溶解度太小，其饱和溶液可视为无限稀释，因此溶液的摩尔电导率可用极限摩尔电导率代替，即 $\Lambda_\mathrm{m}=\Lambda_\mathrm{m}^\infty$，而 $\Lambda_\mathrm{m}^\infty$ 则可由难溶盐其离子的极限摩尔电导率之和来计算。同样由于难溶盐在水中的浓度很低，难以忽略水对溶液电导率的贡献，计算中需扣除水的影响，即 $\kappa_{盐}=\kappa_{溶液}-\kappa_{水}$，以消除水对溶液电导率的贡献。式（4-15）可用于计算难溶盐饱和溶液的浓度。

$$c_{饱和}=\frac{\kappa_{溶液}-\kappa_{水}}{\Lambda_\mathrm{m}^\infty} \tag{4-15}$$

再进一步计算出难溶盐的溶解度 S 以及溶度积 K_{sp}。值得注意的是，当计算非 1-1 价型难溶电解质的溶解度时，Λ_m 和 c 所取的基本单元要一致。如 $BaSO_4$，可取 $\Lambda_\mathrm{m}(BaSO_4)$和 $c(BaSO_4)$，或者 $\Lambda_\mathrm{m}(\frac{1}{2}BaSO_4)$和 $c(\frac{1}{2}BaSO_4)$。

例 4-10　298.15 K 时，测得 $BaSO_4$ 饱和溶液及水的电导率分别为 $4.20\times10^{-4}\ \mathrm{S\cdot m^{-1}}$、$1.05\times10^{-4}\ \mathrm{S\cdot m^{-1}}$。试求该 $BaSO_4$ 溶液的 S 和 $K_{sp}^\ominus$。（已知 298.15 K 时，$\lambda_\mathrm{m}^\infty\left(\frac{1}{2}Ba^{2+}\right)=63.6\times10^{-4}\ \mathrm{S\cdot m^2\cdot mol^{-1}}$，$\lambda_\mathrm{m}^\infty\left(\frac{1}{2}SO_4^{2-}\right)=79.8\times10^{-4}\ \mathrm{S\cdot m^2\cdot mol^{-1}}$）

解：根据离子独立运动定律：

$$\Lambda_\mathrm{m}^\infty\left(\frac{1}{2}BaSO_4\right)=\lambda_\mathrm{m}^\infty\left(\frac{1}{2}Ba^{2+}\right)+\lambda_\mathrm{m}^\infty\left(\frac{1}{2}SO_4^{2-}\right)$$
$$=63.6\times10^{-4}+79.8\times10^{-4}$$
$$=143.4\times10^{-4}(\mathrm{S\cdot m^2\cdot mol^{-1}})$$

据公式（4-15）计算饱和溶液的浓度：

$$c(BaSO_4)=\frac{\kappa_{溶液}-\kappa_{水}}{\Lambda_\mathrm{m}^\infty(BaSO_4)}=\frac{\kappa_{溶液}-\kappa_{水}}{2\Lambda_\mathrm{m}^\infty\left(\frac{1}{2}BaSO_4\right)}$$

$$=\frac{(4.20-1.05)\times10^{-4}}{2\times143.4\times10^{-4}}$$
$$=1.10\times10^{-2}(\mathrm{mol\cdot m^{-3}})$$
$$=1.10\times10^{-5}(\mathrm{mol\cdot L^{-1}})$$

根据溶解度的定义：每千克溶液溶解的固体千克数。极稀溶液中，1 kg 溶液的体积约等于 1 L。所以 $S(BaSO_4)$为

$$S(BaSO_4)=c(BaSO_4)\times M(BaSO_4)$$
$$=1.10\times10^{-5}\times233\times10^{-3}$$
$$=2.56\times10^{-6}(kg)$$
$$K_{sp}^{\ominus}(BaSO_4)=\frac{c(Ba^{2+})}{c^{\ominus}}\cdot\frac{c(SO_4^{2-})}{c^{\ominus}}$$
$$=(1.10\times10^{-5})^2$$
$$=1.21\times10^{-10}$$

（4）电导滴定：对于某些有离子参加的滴定分析，通常是用被滴定溶液中的一种离子和滴入试剂中的一种离子相结合，生成解离度极小的弱电解质或沉淀。由于溶液中原有的一种离子被另一种离子代替，因此，溶液电导发生突变，就可以利用滴定终点前后溶液电导变化的转折来确定滴定终点。这种方法称为电导滴定（conductometric titration）。许多酸碱滴定、氧化还原滴定和沉淀滴定等均可用电导率法指示终点。尤其是当没有合适指示剂、溶液浑浊或颜色较深时，电导滴定更显出其特殊的意义。

例如中和反应，用 NaOH 滴定 HCl 时，溶液中电导率很大的 H^+被电导率较小的 Na^+代替，因此溶液的电导随着 NaOH 溶液的加入而减小。当 HCl 被中和后，再加入 NaOH，则等于单纯增加溶液中的 Na^+和 OH^-，且由于 OH^-的电导率也很大，所以溶液的电导骤增。如果以电导率为纵坐标，所加 NaOH 溶液的体积为横坐标作图（图 4-10），可得 AB 和 BC 两条直线，它们的交点就是滴定终点。再例如，沉淀滴定中，用 KCl 滴定 $AgNO_3$时，发生下列反应：

$$AgNO_3+KCl\longrightarrow AgCl\downarrow+KNO_3$$

溶液中的 Ag^+被 K^+代替，由于它们的电导率差别不大，因而溶液的电导仅有极小的变化。超过滴定终点后，再加 KCl 溶液时，由于溶液中有过量 KCl 的存在，溶液的电导开始增加，如图 4-11 中，DE 和 EF 两条线的交点就是滴定的终点。

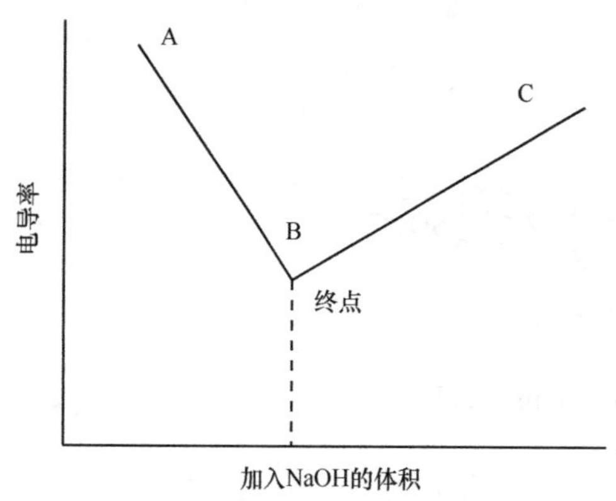

图 4-10　NaOH 滴定 HCl 的电导滴定

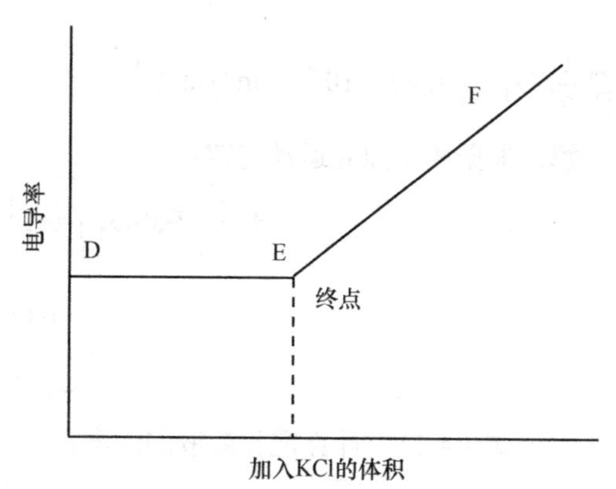

图 4-11　KCl 滴定 $AgNO_3$ 的电导滴定

思考题 4-1
参考答案

（5）电导测定在药学中的其他应用：电导测定在药学中应用较广，如电导法可用于测定药物的脂水分配系数、解离平衡常数，还可用于乳剂和微乳剂的类型鉴别等。

【思考题 4-1】　升高温度对强电解质溶液和弱电解质溶液的电导有着怎样的影响？

【知识拓展】　**电导法测定水的纯度**

电导法是以测量溶液的电导为基础的一种物理化学方法。具有取样少、操作简便迅速、灵敏度极高等特点，得到广泛的应用。测量溶液的电导时，因为当电流通过电极时会发生氧化或还原反应，电极附近溶液的组成随之发生变化，产生电化学中所称的“浓差极化”，从而造成电导测量的严重误差。采用频率在 1000～2500 周/s 的交流电可消除上述极化现象。测试所用的仪器就是电导率仪，随着科学技术的日益进步，测试仪器也在不断更新，更加准确和便携。

一般自来水中含有 Na^+、K^+、Mg^{2+}、Ca^{2+}等阳离子和 CO_3^{2-}，Cl^-，SO_4^{2-}等阴离子杂质，常温下其电导率为 $5.26\times10^{-4}\ \Omega^{-1}\cdot cm^{-1}$ 左右，经净化后电导率会显著降低。因此根据自来水净化前后电导率减少的程度可以推知水的纯度好坏。无论是何种药物制剂，在其制备过程中都要直接或间接地用到水。而无论是蒸馏水或去离子水，欲检测其纯度采用电导法是最好的囷。水的电导率越低，表示水的纯度越高。药厂在生产过程中，根据不同的药物剂型采用不同纯度的水，一般药用水可采用 1 次蒸馏水，电导率的值应控制在 $2\sim3\ \mu\Omega^{-1}\cdot cm^{-1}$ 以下，对注射用水则应用重蒸馏水，电导率数值应在 $1\sim2\ \mu\Omega^{-1}\cdot cm^{-1}$ 以下。必须指出的是非导电性的物质如水中的细菌、藻类、悬浮杂质等，用电导法较难检测。所以注射用水除满足纯度要求外，还须作热原检查。此外电导法还可用于药物及辅料水分含量测定。例如用该法测定湖北地产蜂蜜的含水量为 20%，该值与用《中国药典》水分含量测定项下的甲苯法测定结果一致。

知识梳理 4-2　电解质溶液的电导

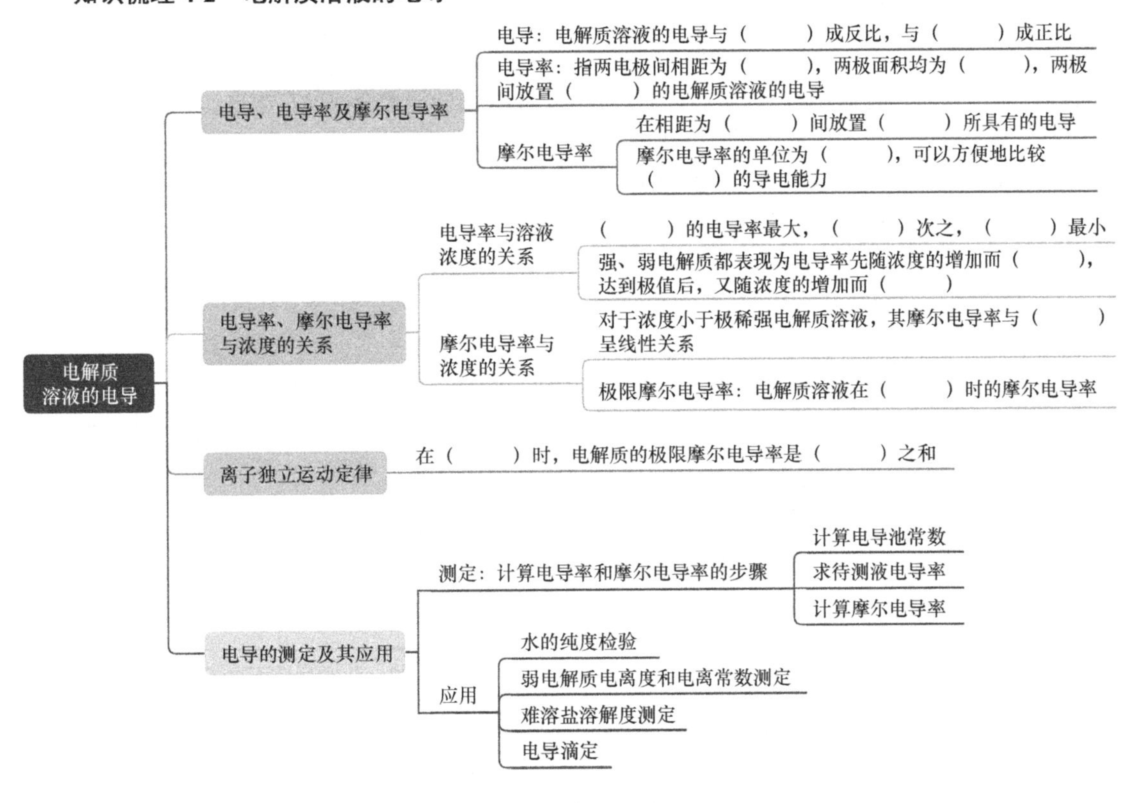

4.3　可逆电池的热力学

原电池是一种将化学能转化为电能的装置，简称电池，这种装置将氧化反应和还原反应分区进行。根据热力学关系式，在等温等压下，$\Delta_r G_{T,P} = W'_{max}$，即系统的吉布斯自由能的减少等于在等温等压条件下系统所做的最大非体积功，并与可逆电池的电动势 E 之间存在关系：

$$(\Delta_r G_m)_{T,p}=\frac{-nEF}{\Delta\xi}=-zEF \tag{4-16}$$

式（4-16）中，n 为电池输出电荷时的物质的量，单位为 mol；F 为法拉第常数；E 为可逆电池的电动势，单位伏特（V）；z 为电池反应中电子的计量系数。

研究电池的电动势具有重要意义，一是可以借助热力学的知识计算化学能转变为电能的理论转化量，从而为提高电池性能提供依据；二是为热力学问题的研究提供了电化学的方法和手段。

4.3.1 可逆电池与不可逆电池

热力学中的可逆电池（reversible cell）是指在化学能和电能相互转化时，始终处于热力学平衡状态的电池。热力学意义上的可逆是指当可逆过程进行后，若按原过程的反向进行能使系统复原，同时环境也复原，则原过程是可逆过程。

按照热力学上可逆过程的定义，可逆电池必须同时满足下列条件：

（1）电池的放电反应和充电反应互为可逆反应。若将电池与一个外加电动势 $E_{外}$并联，当电池电动势 E 稍大于外加电动势时，电池中将发生化学反应而放电；当外加电动势稍大于电池电动势时，电池将获得电能而被充电，这时电池中的化学反应将完全逆向进行，即可逆电池放电时的反应与充电时的反应必须互为逆反应。

（2）电池工作时能量的转移可逆。可逆电池在工作时，不论是充电或放电，所通过的电流必须十分微小，以使电池在接近平衡态下工作。此时，若作为原电池它能做出最大电功，若作为电解池它消耗的电能最小。换而言之，如果能把电池放电时所放出的能量全部储存起来，则用这些能量充电，就恰好可以使系统和环境均恢复原状。

（3）电池中所进行的其他过程（如离子迁移等）也必须可逆。

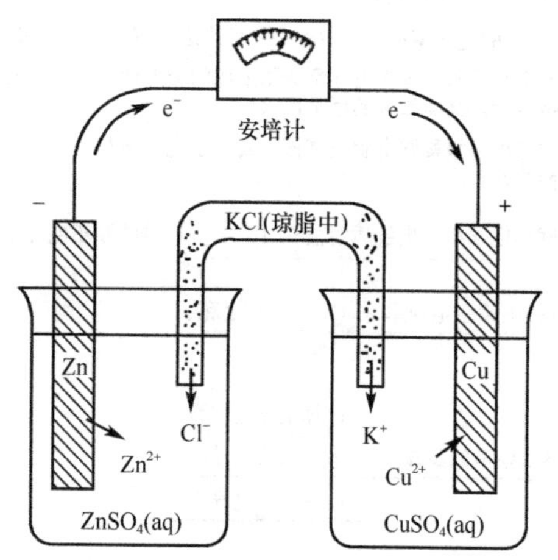

图 4-12 化学反应可逆电池

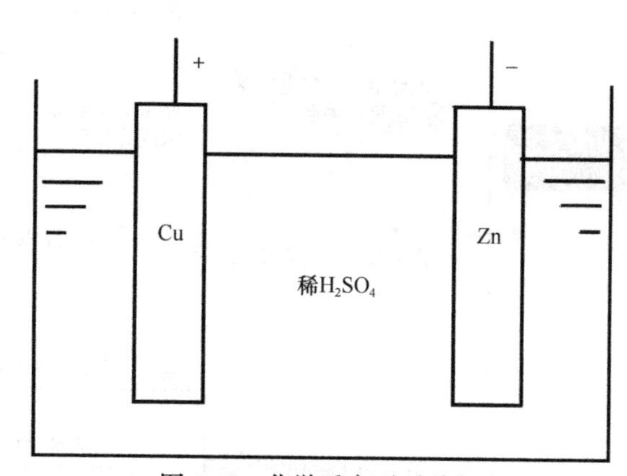

图 4-13 化学反应不可逆电池

在如图 4-12 的铜锌原电池中，将锌片和铜片分别插入 $ZnSO_4$ 和 $CuSO_4$ 溶液中，两个电解质溶液之间用盐桥连接（或用素烧瓷分开）。外电路接通后，则反应立即进行，同时电子沿着导线从锌电极流向铜电极，从而产生电流，这就是典型的铜锌原电池，该电池又称为丹聂尔（Daniell）电池。现设该电池的电动势为 E，如果将其与一电动势为 E'的外加电源并联，当 $E > E'$，电池将放电，电极反应和电池反应为：

负极（锌电极）：$Zn \longrightarrow Zn^{2+} + 2e^-$

正极（铜电极）：$Cu^{2+} + 2e^- \longrightarrow Cu$

电池反应：$Zn + Cu^{2+} \longrightarrow Zn^{2+} + Cu$

当 $E<E'$，电池将充电，电极反应和电池反应为：

阴极（锌电极）：$Zn^{2+} + 2e^- \longrightarrow Zn$

阳极（铜电极）：$Cu \longrightarrow Cu^{2+} + 2e^-$

电池反应 ：$Cu + Zn^{2+} \longrightarrow Cu^{2+} + Zn$

电池在充电时的反应是放电反应的逆反应。若满足通过的电流无限小，能量转换也可逆，就可认为这个电池是一个可逆电池。然而并非所有的电池都符合上述情况，有的电池在充、放电时的反应没有可逆关系（图 4-13），将铜片和锌片插入稀 H_2SO_4 溶液中构成的伏打（Volta）电池。

放电时电池反应：$Zn + 2H^+ \longrightarrow Zn^{2+} + H_2$

充电时电池反应：$Cu + 2H^+ \longrightarrow Cu^{2+} + H_2$

显然，充电反应并非放电反应的逆反应。这种电池不能通过充电、放电使系统复原，故本质上就不可逆。干电池不能充电就是这个道理。

总之，可逆电池必须同时具备物质可逆、能量可逆、其他过程可逆的条件，否则称为不可逆电池（irreversible cell）。

铜锌原电池虽然电极反应和电池反应都可以可逆进行，但液体接界处有不可逆的离子迁移，故电池应该是不可逆的。严格地说，凡是具有两个不同电解质溶液接界的电池都是热力学不可逆的。但是在两溶液中插入盐桥时，可以近似地当作可逆电池处理。

4.3.2　可逆电极的类型

构成可逆电池的电极必须是可逆电极。电化学中的电极，确切地说是一个由电子导体（如金属）和离子导体（如电解质溶液）组成的体系。电流通过时，两相间的电荷转移导致界面上发生净的电化学反应。可逆电极是指电极上没有电流流过，电极上正、反向的反应速率相等，不发生任何净的电化学反应，处于平衡状态的电极体系，它是构成可逆电池的基本组成部分。可逆电极种类较多，主要有三类：

1. 第一类电极　该类电极包括金属与其阳离子构成的金属电极以及气体电极。

（1）金属电极：由金属浸入含有该金属离子的盐溶液中所形成，例如将锌浸入硫酸锌溶液中就形成了锌电极。当金属电极作为正极时，电极表示和电极反应分别为：

$$M^{Z+}(c)\,|\,M(s)$$

$$M^{Z+}(c) + Ze^- \longrightarrow M(s)\ （还原反应）$$

当电极作为负极时，电极表示及电极反应分别为：

$$M(s)\,|\,M^{Z+}(c)$$

$$M(s) \longrightarrow M^{Z+}(c) + Ze^-\ （氧化反应）$$

显然，电极上的氧化反应和还原反应互为逆反应。

对于有些活泼金属，如碱金属 Na、K 等，遇水发生强烈作用，不能直接浸入其盐的水溶液中，需将其制成汞齐电极（amalgam electrode）使用，其中汞仅起传递电子的作用，不参与电极反应。由于活泼金属在汞齐中的浓度不同，其活度也不同，故需在电极表达式中标明金属在汞齐中的活度，如钠汞齐电极表示为 $Na^+(a_1)\,|\,Na(Hg)(a_2)$，相应的电极反应为

$$Na^+(a_1) + Hg(l) + e^- \longrightarrow Na(Hg)(a_2)$$

（2）气体电极：这类电极是将气体通入含有该气体相应离子的溶液中，并借助不参与电极反应的惰性电极（如铂或石墨）起导电作用而构成。常见的气体电极有氢电极、氧电极和氯电极等。

如氧电极不同环境中的电极表示及电极反应分别为：

酸性环境中　$H^+(a_1), H_2O\,|\,O_2(g)\,|\,Pt$　　$O_2(g) + 4H^+(a_1) + 4e^- \longrightarrow 2H_2O$

碱性环境中　$OH^-(a_2), H_2O\,|\,O_2(g)\,|\,Pt$　　$O_2(g) + 2H_2O + 4e^- \longrightarrow 4OH^-(a_2)$

2. 第二类电极　该类电极包括金属-难溶盐电极和金属-难溶氧化物电极。由于第二类电极制备方法简便，电极电势较稳定且使用方便，故常被用作标准电极或参比电极（reference electrode）。

（1）金属-金属难溶盐电极：在金属表面覆盖一层该金属的难溶盐，再将其浸入含有该难溶盐负离子的溶液中即形成金属-金属难溶盐电极，简称难溶盐电极。如氯化银电极，是在 Ag 丝表面电镀上一层薄的 AgCl，再将其浸入一定浓度的 Cl^- 溶液中形成，该电极表示及电极反应分别为：

$$Cl^-(a)|AgCl(s)|Ag(s) \qquad AgCl(s)+e^- \longrightarrow Ag(s)+Cl^-(a)$$

实验室常用的甘汞电极（calomel electrode）也属于这类电极。它的构造是在电极底部放少量汞，上面是汞和甘汞（Hg_2Cl_2）的糊状物，最上层是一定浓度的 KCl 溶液，并在玻璃管中置入插到底部的铂丝作为导线。其电极表示为：

$$Cl^-(a)\,|\,Hg_2Cl_2(s)\,|\,Hg(s)$$

电极反应为：$Hg_2Cl_2(s)+2e^- \longrightarrow 2Hg(l)+2Cl^-(a)$

（2）金属-金属难溶氧化物电极：在金属表面覆盖一层该金属的难溶氧化物，然后浸入含 H^+（或 OH^-）的溶液中即构成此类电极。如汞-氧化汞电极，若插入酸性溶液中，则电极表示及电极反应为：

$$H^+(a)\,|\,HgO(s),Hg(l) \qquad HgO(s)+2H^+(a)+2e^- \longrightarrow Hg(l)+H_2O$$

若浸入碱性溶液中，则电极表示及电极反应为：

$$OH^-(a)\,|\,HgO(s),Hg(l) \qquad HgO(s)+H_2O+2e^- \longrightarrow Hg(l)+2OH^-(a)$$

3. 第三类电极 这类电极是将惰性金属（如 Pt）浸入某种元素不同氧化值的两种离子共存的溶液中而构成。这类电极中的惰性金属只起导电作用，电极反应仅涉及溶液中两种离子间的氧化还原反应，故又称为离子氧化还原电极（oxidation-reduction electrode）。如将 Pt 浸入含有 Fe^{2+}、Fe^{3+} 的溶液就构成该类电极，其电极表示及电极反应为：

$$Fe^{3+}(a_1),Fe^{2+}(a_2)\,|\,Pt \qquad Fe^{3+}(a_1)+e^- \longrightarrow Fe^{2+}(a_2)$$

类似的还有 $Sn^{4+}(a_1),Sn^{2+}(a_2)\,|\,Pt$、$Fe(CN)_6^{4-}(a_1),Fe(CN)_6^{3-}(a_2)\,|\,Pt$ 等。醌-氢醌电极也属于这一类，它是一种对氢离子可逆的氧化还原电极，常被用来测定溶液的 pH。

4.3.3 可逆电池的书写方式

一个实际的原电池装置可用电池组成式（电池符号，cell diagram）来表示。电池符号的书写需符合国际纯粹和应用化学联合会（IUPAC）规定的书写要求：

（1）习惯上将负极写在左侧，正极写在右侧，负极发生氧化反应，正极发生还原反应。

（2）用单竖线“|”表示有相界面，将具有不同相界面的物质分开；同一相中的不同物质用“,”隔开。

（3）若两电极之间用盐桥来消除或降低接界电位（junction potential），则用双竖线“‖”表示盐桥。

（4）用化学式表示电池中各物质的组成，并注明物质的状态（g、l、s）；如果是溶液，要注明其浓度或活度；气体要注明分压（kPa）。应注明电池工作的外界温度和压力，若不写明，则通常为 298.15 K、101.325 kPa。

（5）电池符号中，电子导体写在外侧，固体、气体物质紧靠导体，溶液紧靠盐桥。对于某些电极电对本身不是金属导电体时（非金属或气体组成的电极电对），需要外加一个能导电而又不参与电极反应的惰性电极，通常用 Pt 或碳棒作惰性电极。

例如铜锌原电池（丹聂尔电池）可用下述电池符号表示：

$$Zn(s)\,|\,Zn^{2+}(c_1)\,\|\,Cu^{2+}(c_2)\,|\,Cu(s)$$

总之，书写电池符号时，除了要写出电池的组成外，还要标明各种影响电池的因素，书写电极和电池反应时必须遵循物料和电量平衡。

根据电池符号的书写规定，可以由电池符号写出相应的电池反应，也可把某些反应设计成电池，被称为电池符号和电池反应的“互译”。

例 4-11　写出下列电池的电极反应和电池反应。

（1）$Zn(s)|Zn^{2+}(a_1)||HCl(a_2)|Cl_2(p)|Pt$

（2）$Pt|H_2(p)|NaOH(a)|O_2(p)|Pt$

解：（1）负极反应：$Zn(s) \longrightarrow Zn^{2+}(a_1) + 2e^-$

正极反应：$Cl_2(p) + 2e^- \longrightarrow 2Cl^-(a_2)$

电池反应：$Zn(s) + Cl_2(p) \longrightarrow Zn^{2+}(a_1) + 2Cl^-(a_2)$

（2）负极反应：$H_2(p) + 2OH^-(a) \longrightarrow 2H_2O(l) + 2e^-$

正极反应：$\frac{1}{2}O_2(p) + H_2O(l) + 2e^- \longrightarrow 2OH^-(a)$

电池反应：$H_2(p) + \frac{1}{2}O_2(p) \longrightarrow H_2O(l)$

例 4-12　将下列反应设计为电池，并写出电池符号。

（1）$Zn(s) + Ni^{2+}(a_1) \longrightarrow Zn^{2+}(a_2) + Ni(s)$

（2）$Ag^+(a_1) + Cl^-(a_2) \longrightarrow AgCl(s)$

解：（1）该反应中 Zn 被氧化成 Zn^{2+}，Ni^{2+}被还原为 Ni，因此 Zn 极为负极，Ni 为正极，电极反应和电池反应分别为：

负极反应：$Zn(s) \longrightarrow Zn^{2+}(a_2) + 2e^-$

正极反应：$Ni^{2+}(a_2) + 2e^- \longrightarrow Ni(s)$

电池反应：$Zn(s) + Ni^{2+}(a_1) \longrightarrow Zn^{2+}(a_2) + Ni(s)$

正、负极均为金属电极，其负电极表示式为 $Zn(s)|Zn^{2+}(a_2)$；正电极表示式为 $Ni^{2+}(a_1)|Ni(s)$。由于两电极的电解质溶液不同，所以用盐桥隔开。设计的电池为：$Zn(s)|Zn^{2+}(a_2)||Ni^{2+}(a_1)|Ni(s)$。

电池设计完后，须按照例 4-11 的方法写出对应的电极反应和电池反应，以核对与题中所给反应是否一致。

（2）虽然该反应中有关元素的氧化态没有变化，但可根据产物及反应物确定其中一个电极的类型，再用总反应减去该电极反应来确定另一个电极。

由于反应物和产物中涉及 Cl^-和 AgCl，可判断其中一个电极为第二类电极的银-氯化银电极，而另一个电极的反应由题中所给方法确定为金属银电极。这样，各电极上的反应和电池反应分别为：

负极反应：$Cl^-(a_2) + Ag(s) \longrightarrow AgCl(s) + e^-$

正极反应：$Ag^+(a_1) + e^- \longrightarrow Ag(s)$

电池反应：$Cl^-(a_2) + Ag^+(a_1) \longrightarrow AgCl(s)$

设计的电池为　$Ag(s)|AgCl(s)|Cl^-(a_2)||Ag^+(a_1)|Ag(s)$

此处需注意，凡参加电池反应及电极反应的物质，有的自身虽无氧化还原反应发生，在原电池符号中仍需表示出来，如反应：

$$MnO_4^-(a_3) + 5Fe^{2+}(a_2) + 8H^+(a_5) = Mn^{2+}(a_4) + 5Fe^{3+}(a_1) + 4H_2O$$

用电池符号表示为：

$$(-)Pt(s)|Fe^{3+}(\alpha_1)Fe^{2+}(a_2)||MnO_4^-(a_3), Mn^{2+}(a_4), H^+(a_5)|Pt(s)(+)$$

H^+虽未发生氧化还原反应，但参与了电极反应，故应在电池符号中表示出来。

4.3.4　电池电动势及电极电势

微课 4-3

1. 电池电动势的产生机制　电池之所以有电动势是因为电池内化学反应有自发趋势所致，电池电动势（electromotive force of a cell）是组成电池的各相界面上所产生的电势差的代数和，主要包括以下电势差。

（1）电极-溶液界面电势差：是电池电动势产生的主要原因。通常认为金属晶体由金属原子、金属离子和自由电子组成。当把金属 M 浸入其相应的盐溶液中时，构成晶格的金属离子和溶液中极性大的水分子相互吸引，有一种使金属离子以水合离子 $M^{n+}(aq)$的形式进入溶液而留下自由电子的倾向。如果水化后的离子进入溶液则系统的吉布斯自由能降低，这些水化离子（如 M^{n+}）就会离开金属表面进入到水相，将自由电子留在金属表面，使得金属表面带有过剩的负电荷，等量正电荷的金属离子分布在溶液中，这一过程称为金属的溶解。若金属越活泼，溶液越稀，则这种倾向越大。同时，盐溶液中的金属离子又有从金属表面获取电子而沉积在金属表面上的倾向，称为金属离子的沉积。若金属越不活泼，溶液越浓，则这种倾向越大。当金属溶解的速率等于金属离子沉积的速率时，金属的溶解和沉积就达到动态平衡。

在给定浓度的溶液中，若金属溶解的趋势大于金属离子沉积的趋势，达到平衡时，金属极板表面上会带有过剩的负电荷，等量正电荷的金属离子分布在溶液中。于是，一方面溶液中带相反电荷的离子受到金属表面电荷的吸引，趋向于集中在金属表面附近；另一方面，由于热运动的影响，这些离子又趋向于远离金属表面向溶液中扩散。当静电引力和热扩散达到平衡时，在金属-溶液界面上形成由紧密层（contact double layer）和扩散层（diffusion layer）组成的双电层（electric double layer）结构（图 4-14）。如果金属离子的沉积倾向大于金属的溶解倾向，达到平衡时，金属表面因沉积了较多的金属离子而带正电，与溶液中带负电的离子也形成双电层结构。双电层中的紧密层和扩散层的厚度分别约为 10^{-10} m 和 10^{-10}～10^{-6} m。由于双电层的存在，阻止了金属离子进一步向溶液中的溶入或向电极表面的沉积，最终达成平衡，形成电势差，称为电极与溶液界面电势差，即电极电势（electrode potential）。

（2）接触电势：通常指两种金属接触时界面上产生的电势差。这是因为不同金属中电子的化学势不同，电子会自动从化学势较高的相向化学势较低的相转移，由于静电作用，进入较低化学势相中的电子紧密地分布在两相界面附近形成双电层，如图 4-15 所示，由此产生的电势差称为接触电势（contact potential）。接触电势一般较小，常忽略不计。

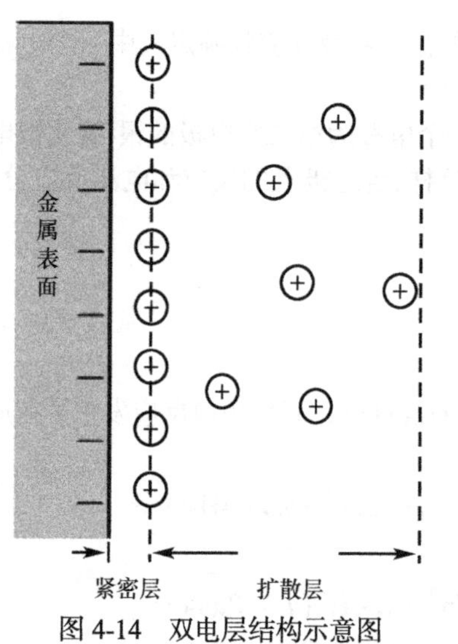

图 4-14　双电层结构示意图

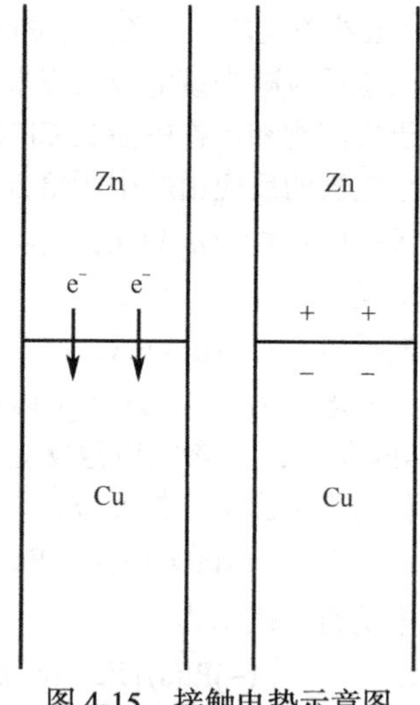

图 4-15　接触电势示意图

（3）液体接界电势和盐桥：在两种不同的电解质溶液或是电解质相同但浓度不同的溶液界面上也会形成双电层，产生微小的电势差，称为液体接界电势（liquid junction potential），亦称为扩散电势。液体接界电势的产生是由于溶液中各种离子的扩散速率不同引起的。例如，浓度不同的 HCl 溶液接界时，HCl 将会由浓的一侧向稀的一侧扩散（图 4-16）。由于 H^+的迁移速率大于 Cl^-的迁移速率，故在较稀溶液一侧出现过剩的 H^+而带正电，在较浓溶液一侧有过剩的 Cl^-而带负电，因此在溶液接界处形成双电层，产生电势差。此电势差使 H^+扩散速率减慢，Cl^-的扩散速率加快，最终达到动态平衡，形成稳定的双电层。再如，浓度相同的不同电解质溶液，KCl 和 HCl 溶液接界时，由于 K^+的迁移速率比 H^+慢，故造成 KCl 一侧有过剩 H^+而带正电，HCl 一侧则相应因负离子过剩而带负电，在液体接界处同样产生电势差。此双电层的电势差使 K^+迁移速率加快，H^+迁移速率减慢，最后以等速通过界面，达到一种动态平衡，在液体接界处形成稳定的电势差，即为液体接界电势。液体接界电势通常不超过 0.03 V。

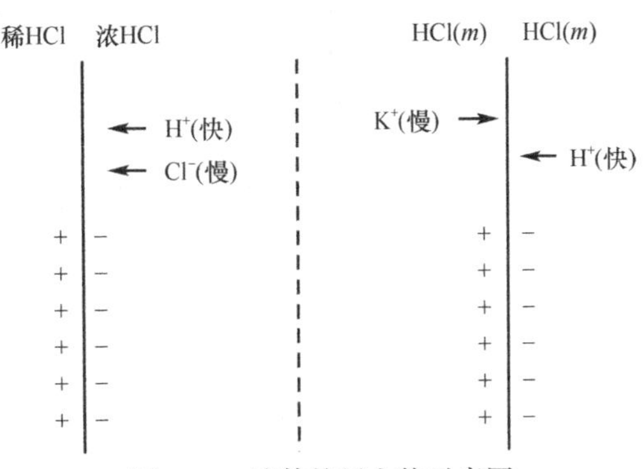

图 4-16　液体接界电势示意图

由于扩散为不可逆过程，因此液体接界电势的存在将破坏电池的可逆性。而且，液体接界电势也难以单独测量和准确计算，将会影响到测定电池电动势的稳定性，因此在工作中要设法消除液体接界电势。常用的方法是利用盐桥（salt bridge）尽量减小液体接界电势。盐桥一般是用饱和 KCl 的琼脂溶液装在倒置的 U 型管内构成（图 4-17）。当盐桥插入两电极溶液中，在两极上各自存在着盐桥与电极溶液的液接界面。因盐桥中 KCl 溶液的浓度较大，此时主要是盐桥中的 K^+和 Cl^-分别向两电极溶液中扩散，而 K^+和 Cl^-的迁移速率极为相近，因此在两个液体接界处产生的电势符号相反，其代数和比未加盐桥的液体接界电势要小得多，几乎可相互抵消。但是，在选择盐桥时需注意，如果组成电池的电解质溶液中含有 Ag^+、Hg^{2+}等易于与 Cl^-发生反应的离子，则需改用 NH_4NO_3 和 KNO_3 溶液，其中 NH_4^+、K^+ 与 NO_3^-的迁移速率也极为相近。虽然使用盐桥可使得液体接界电势尽可能减小，但仍不能完全消除，为 1～2 mV。

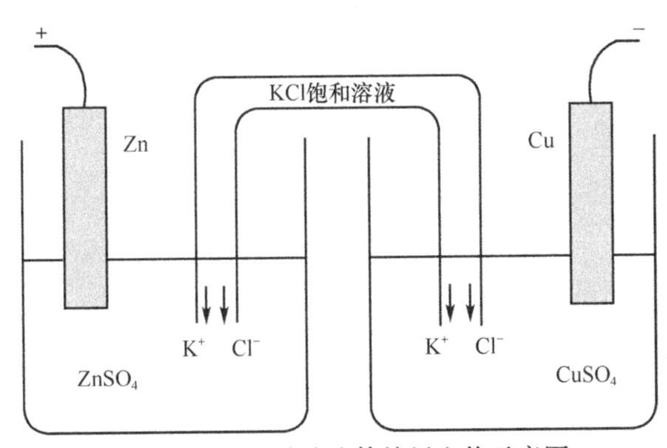

图 4-17　盐桥消除液体接界电势示意图

综上所述，可得出电池的电动势应为电池内各相界面上的电势差的代数和。如电池：

$$\mathrm{Zn(s)}\,|\,\mathrm{ZnSO_4}(m)\,||\,\mathrm{CuSO_4}(m)\,|\,\mathrm{Cu(s)}$$

$$\varphi_- \qquad\qquad \varphi_{液接} \qquad\qquad \varphi_+$$

电池电动势为 $E=\varphi_+ + \varphi_{液接} - \varphi_-$，$\varphi_{液接}$ 用盐桥基本消除，故整个电池电动势可写为：

$$E=\varphi_+ - \varphi_- \tag{4-17}$$

2. 电池电动势的测定

（1）对消法测定电池电动势：可逆电池的电动势是当电池中工作电流为零时，两电极间的电势差，但伏特计不能直接测量电池的电动势，因为：①伏特计和待测电池接通后，电池中将发生电解反应，溶液浓度不断变化，电动势也不断变化，已不是可逆电池；②由于电池有内阻，伏特计测量的只是两极间的电势差，不是电动势。所以测定可逆电池的电动势必须在通过电池的电流趋近于零的条件下进行。因此，可在待测电池的外电路中接一个方向相反，但绝对值相等的外加电动势，使电路中无电流通过，然后进行测定。这就是波根多夫（Poggendorff）对消法（compensation method，补偿法），其线路图如图 4-18 所示。

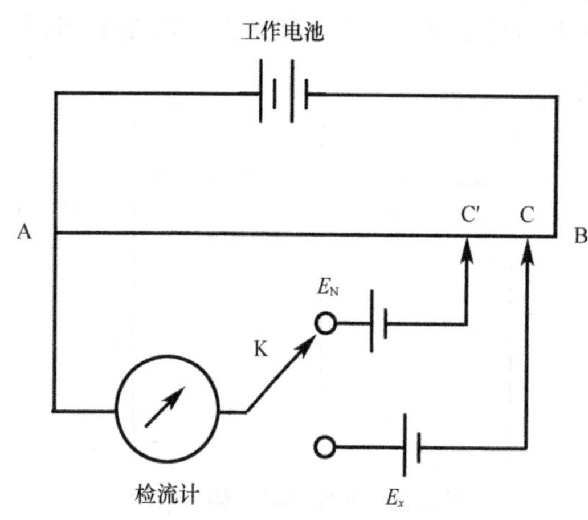

图 4-18 对消法测定电动势的原理图

工作电池 E_N 是比待测电池 E_x 电动势高的电池。测量时工作电池 E_N 经 AB 构成一个通路，在均匀滑线电阻 AB 上产生均匀电势降。待测电池 E_x 的正极连接电键 K，经过检流计和工作电池的正极相连；负极连接到一个滑动接触点 C′上，使检流计上没有电流通过，此时在 AC′段上的电势降数值与待测电池的电动势的数值完全相等，而方向相反。此时有：

$$\frac{E_x}{V_{AB}}=\frac{AC'}{AB} \tag{4-18}$$

式（4-18）中，V_{AB} 为 A、B 两点的电势差。同样，当电键 K 与 E_N 连接，找到某一点，使检流计无电流通过。此时有：

$$\frac{E_N}{V_{AB}}=\frac{AC}{AB}$$

上两式相除，得：

$$\frac{E_x}{E_N}=\frac{AC'}{AC} \tag{4-19}$$

式（4-19）中，E_N 为标准电池电动势，在一定温度下为已知值，AC 和 AC′为实验测定值，由该式可求得 E_x。

（2）标准电池（standard cell）：是作为电动势参考标准用的一种化学电池。它的电动势极其准确，重现性好，具有极小的温度系数，并能长时间稳定不变。它的主要用途是配合电位差计测定另一电池的电动势。目前实验常用的标准电池是韦斯顿（Weston）标准电池，其结构如图 4-19 所示。

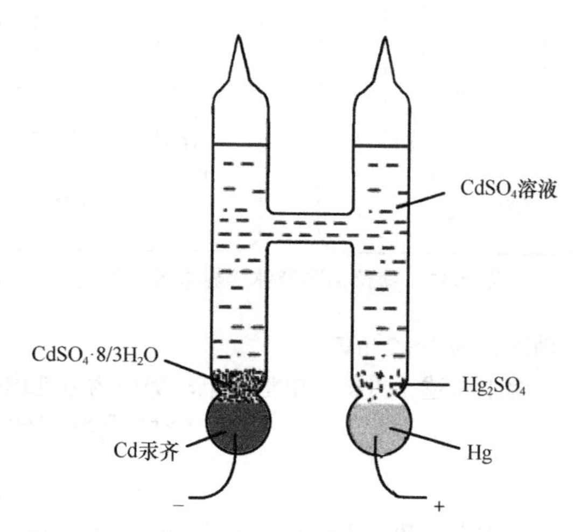

图 4-19 韦斯顿标准电池示意图

韦斯顿标准电池的负极是镉汞齐（含 Cd 12.5%），正极为 Hg 和 Hg_2SO_4 的糊状物，在糊状物下部有少许 Hg，使正极与导线接触紧密。糊状物和镉汞齐均插入含有 $CdSO_4\cdot\frac{8}{3}H_2O$ 晶体的饱和溶液中。韦斯顿标准电池书写为：

$$\text{Cd-Hg(12.5\%Cd)}\,|\,CdSO_4\cdot\frac{8}{3}H_2O(s)\,|\,CdSO_4(\text{饱和溶液})\,|\,Hg_2SO_4(s)\,|\,Hg(l)$$

负极反应：$Cd(\text{汞齐})+SO_4^{2-}(a)+\frac{8}{3}H_2O\longrightarrow CdSO_4\cdot\frac{8}{3}H_2O(s)+2e^-$

正极反应：$Hg_2SO_4(s)+2e^-\longrightarrow 2Hg(l)+SO_4^{2-}(a)$

电池反应：$Cd(\text{汞齐})+Hg_2SO_4(s)+\frac{8}{3}H_2O\longrightarrow 2Hg(l)+CdSO_4\cdot\frac{8}{3}H_2O(s)$

在 293.15 K 时，E_s = 1.01845 V；298.15 K 时，E_s = 1.01832 V。

电动势与温度的关系为：

$$E_s(T)=1.01845-4.05\times10^{-5}(T-293.15)-9.5\times10^{-7}(T-293.15)^2+1\times10^{-8}(T-293.15)^3$$

实验室有时还用一种不饱和的韦斯顿电池（其电解液只是在 4℃时饱和的 $CdSO_4$ 溶液），其特点是温度系数更小，一般情况可忽略。标准电池不可长时间通电，否则其平衡状态发生改变，不能维持其电动势的标准值。

3. 标准氢电极与标准电极电势

（1）标准氢电极：原电池由两个电极组成，电极也称为半电池（half cell）。由前述可知，在消除液体接界电势后，原电池的电动势等于组成原电池的两个电极之间的电极电势之差，如果能测得各种电极的电极电势，便可求得电池的电动势。但是目前，电极电势的绝对值无论从理论上计算或实验上测定都无法实现，而从实际需要来看，知道其相对值即可。1953 年国际纯粹和应用化学联合会（IUPAC）建议，采用标准氢电极（standard hydrogen electrode，SHE）作为参照标准，并规定标准氢电极的电极电势为 0.0000 V，即 $\varphi^{\ominus}_{SHE}=0.0000\text{ V}$。

标准氢电极的组成如图 4-20 所示，将镀有一层海绵状铂黑的铂片浸入含有氢离子浓度为 1 mol·L^{-1}（严格讲应为活度）的酸溶液中，在 298.15 K 时不断通入纯氢气流，保持氢气的压力为 100 kPa，使铂黑吸附氢气达到饱和。此时，吸附在铂黑上的氢气与溶液中的氢离子建立如下动态平衡：

$$2H^+(a)+2e^- \longrightarrow H_2(p)$$

（2）标准电极电势：如图 4-21 所示，将任意待测电极和标准氢电极组成如下的原电池：

Pt | H_2(100 kPa) |H^+(1 mol·L^{-1})||给定电极

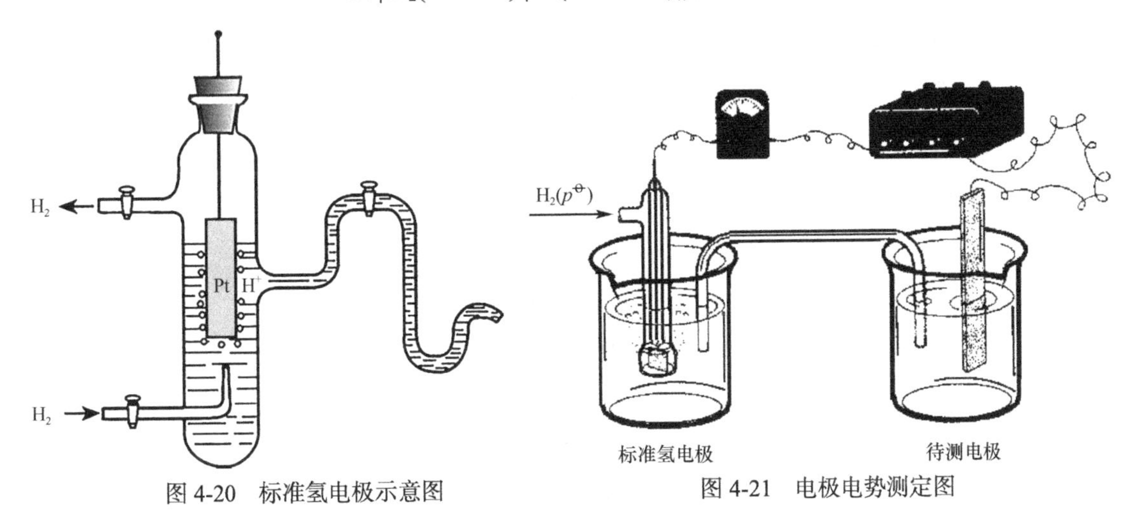

图 4-20　标准氢电极示意图

图 4-21　电极电势测定图

通过测定该电池的电动势，即可求出待测电极的电极电势相对值，用 φ 表示，单位为 V。由于待测电极是作为发生还原反应的正极，所以按此方法测得的电极电势又称还原电势（reduction potential）。当电极处于标准态下，即参加电极反应的各物质的活度为 1，此时的电极电势为标准电极电势（standard electrode potential）$\varphi^{\ominus}$。标准氢电极的电极电势规定为 0.0000V，测出的标准电池电动势就等于待测电极的标准电极电势，即：

$$E^{\ominus}=\varphi^{\ominus}_{待测}-\varphi^{\ominus}_{SHE}=\varphi^{\ominus}_{待测} \quad (4\text{-}20)$$

例如，298.15 K 时，标准氢电极与标准铜电极组成的原电池，由于 $Cu^{2+}(a_{Cu^{2+}}=1)$ 比 $H^+(a_{H^+}=1)$ 更易获得电子，铜电极为正极，氢电极为负极，实验测得的电池电动势为 0.337 V，则 $\varphi^{\ominus}_{Cu^{2+}/Cu}=$ 0.337 V。

可用同样方法测定 298.15 K 时标准锌电极的电极电势。由于 $Zn^{2+}(a_{Zn^{2+}}=1)$比 $H^{+}(a_{H^{+}}=1)$更易失去电子，作为正极的锌电极实际进行的是氧化反应，该电池的电动势应为负值，故 $\varphi^{\ominus}_{Zn^{2+}/Zn}=-0.763$ V。

用上述方法不仅可以测定金属电极的标准电极电势，也可测定非金属电极和气体电极的标准电极电势。对于某些与水剧烈反应而不能直接测定的电极，可以通过热力学数据用间接的方法计算得到。部分常见的氧化还原电对的标准电极电势见表 4-6，其他电极的标准电极电势数据见附录或相关物理化学手册。

标准电极电势是电化学中的重要数据，其大小反映了组成电极物质得失电子的趋向。数值越小者，电极中还原态物质的还原性越强，越易失去电子，与电极电势较大的电极组成原电池时总是发生氧化反应，反之亦然。因此，任意两个电极组成电池时，电极电势高的为正极，低的为负极。而且电极电势是强度性质，与物质的量无关，不具有加和性。另外，标准电极电势值与电极反应的写法无关，不论电极进行氧化反应还是还原反应，该电极的电极电势数值的符号不改变。表 4-6 为 298.15K 时的标准电极电势，由于在一定温度范围内，电极电势位随温度变化并不大，其他温度下的电极电势也可参照使用此表中的数据。

表 4-6 标准电极电势 $\varphi^{\ominus}$（298.15 K）

电极组成	电极反应式 氧化型 + ne⁻→还原型	$\varphi^{\ominus}$ (V)
K^{+} | K	$K^{+}+e^{-}\rightarrow K$	−2.924
Na^{+} | Na	$Na^{+}+e^{-}\rightarrow Na$	−2.71
Zn^{2+} | Zn	$Zn^{2+}+2e^{-}\rightarrow Zn$	−0.7618
Fe^{2+} | Fe	$Fe^{2+}+2e^{-}\rightarrow Fe$	−0.4402
Sn^{2+} | Sn	$Sn^{2+}+2e^{-}\rightarrow Sn$	−0.1364
Pb^{2+} | Pb	$Pb^{2+}+2e^{-}\rightarrow Pb$	−0.1262
H^{+}，H_2 | Pt	$2H^{+}+2e^{-}\rightarrow H_2$	0.0000
Sn^{4+}，Sn^{2+} | Pt	$Sn^{4+}+2e^{-}\rightarrow Sn^{2+}$	+0.15
Cl^{-}，AgCl|Ag	$AgCl+e^{-}\rightarrow Ag+Cl^{-}$	+0.2223
Cu^{2+} | Cu	$Cu^{2+}+2e^{-}\rightarrow Cu$	+0.3402
I^{-}，I_2 | Pt	$I_2+2e^{-}\rightarrow 2I^{-}$	+0.5355
Fe^{3+}，Fe^{2+} | Pt	$Fe^{3+}+e^{-}\rightarrow Fe^{2+}$	+0.771
Ag^{+} | Ag	$Ag^{+}+e^{-}\rightarrow Ag$	+0.7996
Hg^{2+} | Hg	$Hg^{2+}+2e^{-}\rightarrow Hg$	+0.851
Hg^{2+}，$Hg_2{}^{2+}$ | Pt	$2Hg^{2+}+2e^{-}\rightarrow Hg_2{}^{2+}$	+0.905
Br^{-}，Br_2 | Pt	$Br_2+2e^{-}\rightarrow 2Br^{-}$	+1.065
Cl^{-}，Cl_2 | Pt	$Cl_2+2e^{-}\rightarrow 2Cl^{-}$	+1.35827
$MnO_4{}^{-}$，Mn^{2+}，H^{+} | Pt	$MnO_4^{-}+8H^{+}+5e^{-}\rightarrow Mn^{2+}+4H_2O$	+1.507

4. 能斯特方程 标准电极电势一般只能在标准态下应用，而绝大多数电池反应都是在非标准态下进行的。研究表明，电极电势除了取决于电极物质的性质外，还与温度、溶液的浓度或气体的分压等因素有关，下面讨论这些因素对电极电势和电池电动势的影响。

（1）电池反应的能斯特方程：在等温等压下，对于任意一可逆的电池反应：

$$a\mathrm{A}+d\mathrm{D}\longrightarrow g\mathrm{G}+h\mathrm{H}$$

若各组分的活度分别为 a_A，a_D，a_G，a_H，根据化学反应等温式可知反应吉布斯自由能的变化值为：

$$\Delta_r G_m = \Delta_r G_m^{\ominus} + RT\ln\frac{a_G^g \cdot a_H^h}{a_A^a \cdot a_D^d} \quad (4\text{-}21)$$

由式（4-16）可得，

$$\Delta_r G_m^{\ominus} = -zE^{\ominus}F \quad (4\text{-}22)$$

再将式（4-16）和式（4-22）代入式（4-21）中得，

$$E = E^{\ominus} - \frac{RT}{zF}\ln\frac{a_G^g \cdot a_H^h}{a_A^a \cdot a_D^d} \quad (4\text{-}23)$$

上式称为电池反应的能斯特方程（Nernst equation），式中 $E^{\ominus}$ 为电池的标准电动势，z 是电池反应中电子的计量系数。电池反应的能斯特方程是可逆电池的基本关系式，表示在一定温度下可逆电池的电动势与参加反应的各组分活度间的关系（注：气体组分以逸度表示；纯液体或纯固体的活度为 1）。

例 4-13　已知 298.15 K 时下述电池的标准电动势为-0.337 V，计算其电动势。

$$Cu(s) | Cu^{2+}(a=0.10) \| H^+(a=0.01) | H_2(0.9\times10^5 Pa) | Pt$$

解： 负极　$Cu(s) \longrightarrow Cu^{2+}(a=0.10) + 2e^-$

正极　$2H^+(a=0.01) + 2e^- \longrightarrow H_2(p=0.9\times10^5 Pa)$

电池反应　$Cu(s) + 2H^+(a=0.01) \rightarrow Cu^{2+}(a=0.10) + H_2(p=0.9\times10^5 Pa)$

根据式（4-23）可得：

$$E = E^{\ominus} - \frac{RT}{zF}\ln\frac{a_{Cu^{2+}} \cdot [p_{H_2}/p^{\ominus}]}{a_{Cu} \cdot a_{H^+}^2}$$

Cu 为纯固体，其活度视为 1，$z=2$，$E^{\ominus} = -0.337\ V$，故上式可写为：

$$E = -0.337 - \frac{8.314\times298.15}{2\times96500}\ln\frac{0.10\times\left(\frac{0.9\times10^5}{1\times10^5}\right)}{1\times0.01^2} = -0.424(V)$$

（2）电极反应的能斯特方程：对于任意一个电池反应

$$a\text{氧化态}1 + b\text{还原态}2 \longrightarrow f\text{还原态}1 + g\text{氧化态}2$$

根据能斯特方程，其电池电动势为：

$$E = E^{\ominus} - \frac{RT}{zF}\ln\frac{a_{\text{还原态}1}^f \cdot a_{\text{氧化态}2}^g}{a_{\text{氧化态}1}^a \cdot a_{\text{还原态}2}^b}$$

将式（4-19）$E = \varphi_+ - \varphi_-$，代入上式可得：

$$\varphi_+ - \varphi_- = (\varphi_+^{\ominus} - \varphi_-^{\ominus}) - \frac{RT}{zF}\ln\frac{a_{\text{还原态}1}^f \cdot a_{\text{氧化态}2}^g}{a_{\text{氧化态}1}^a \cdot a_{\text{还原态}2}^b}$$

$$= \left(\varphi_+^{\ominus} - \frac{RT}{zF}\ln\frac{a_{\text{还原态}1}^f}{a_{\text{氧化态}1}^a}\right) - \left(\varphi_-^{\ominus} - \frac{RT}{zF}\ln\frac{a_{\text{还原态}2}^b}{a_{\text{氧化态}2}^g}\right)$$

导出，

$$\varphi_+ = \varphi_+^{\ominus} - \frac{RT}{zF}\ln\frac{a_{\text{还原态}1}^f}{a_{\text{氧化态}1}^a}$$

$$\varphi_- = \varphi_-^\ominus - \frac{RT}{zF}\ln\frac{a^b_{\text{还原态}2}}{a^g_{\text{氧化态}2}}$$

推广至任意一个电极反应：

$$m\text{氧化态} + ze^- \rightarrow n\text{还原态}$$

电极电势的计算公式为：

$$\varphi = \varphi^\ominus - \frac{RT}{zF}\ln\frac{a^n_{\text{还原态}}}{a^m_{\text{氧化态}}} \tag{4-24}$$

式（4-24）称为电极反应的能斯特方程，式中 z 是电极反应中电子的计量系数，m 和 n 分别代表已配平的电极反应中氧化态、还原态物质的化学计量系数。此外还要注意，参与电极反应的相关介质（如 H^+或 OH^-等），其浓度也应代入能斯特方程，且指数为它们在电极反应中的化学计量系数。纯液体、纯固体和溶剂不代入方程，若为气体则使用其相对分压。

例 4-14 计算 298.15 K 时在 Cu-Zn 电池中 $a_{Zn^{2+}}/a_{Cu^{2+}}$ 比值为多大时，电池才停止工作？已知：$\varphi^\ominus_{Zn^{2+}/Zn} = -0.7628\ \text{V}$，$\varphi^\ominus_{Cu^{2+}/Cu} = 0.337\ \text{V}$。

解： 负极 $Zn(s) \longrightarrow Zn^{2+}(a_{Zn^{2+}}) + 2e^-$

正极 $Cu^{2+}(a_{Cu^{2+}}) + 2e^- \longrightarrow Cu(s)$

电池反应 $Zn(s) + Cu^{2+}(a_{Cu^{2+}}) \longrightarrow Zn^{2+}(a_{Zn^{2+}}) + Cu(s)$

$$E = \varphi_+ - \varphi_- = [\varphi^\ominus_{Cu^{2+}/Cu} - \frac{RT}{2F}\ln\frac{a_{Cu}}{a_{Cu^{2+}}}] - [\varphi^\ominus_{Zn^{2+}/Zn} - \frac{RT}{2F}\ln\frac{a_{Zn}}{a_{Zn^{2+}}}]$$

当化学反应达到平衡时，电池停止工作，$E = 0\ \text{V}$

$$\varphi_+ = \varphi_-$$

$$\left[\varphi^\ominus_{Cu^{2+}/Cu} - \frac{RT}{2F}\ln\frac{a_{Cu}}{a_{Cu^{2+}}}\right] = \left[\varphi^\ominus_{Zn^{2+}/Zn} - \frac{RT}{2F}\ln\frac{a_{Zn}}{a_{Zn^{2+}}}\right]$$

$$0.337 - \frac{8.314\times 298.15}{2\times 96500}\ln\frac{a_{Cu}}{a_{Cu^{2+}}} = -0.7628 - \frac{8.314\times 298.15}{2\times 96500}\ln\frac{a_{Zn}}{a_{Zn^{2+}}}$$

$$\frac{a_{Zn^{2+}}}{a_{Cu^{2+}}} = 1.59\times 10^{37}$$

也可直接代电池反应的能斯特方程计算，得：

$$E = E^\ominus - \frac{RT}{2F}\ln\frac{a_{Zn^{2+}}}{a_{Cu^{2+}}}$$

当化学反应达到平衡时，电池停止工作，$E = 0\ \text{V}$

$$E^\ominus = \frac{RT}{2F}\ln\frac{a_{Zn^{2+}}}{a_{Cu^{2+}}}$$

$$0.337 - (-0.7628) = \frac{8.314\times 298.15}{2\times 96500}\ln\frac{a_{Zn^{2+}}}{a_{Cu^{2+}}}$$

$$\frac{a_{Zn^{2+}}}{a_{Cu^{2+}}} = 1.59\times 10^{37}$$

电极反应的能斯特方程是电化学中最重要的公式之一。由公式可见，电极电势不仅取决于电极的本性，还取决于反应时的温度和氧化剂、还原剂及其介质的活度（或分压），影响电极电势的主要因素是标准电极电势，其次才是活度，在一定的温度条件下，氧化剂、还原剂及其相关介质的活度改变，或者氧化型和还原型物质活度的比值发生变化，都将影响电极电势的大小。

5. 生物氧化还原系统的电极电势　在生物化学中，许多氧化还原反应过程同时伴随着 H^+的转移，但在生物体内的反应大部分都是在体温下和 pH = 7，即 $a_{H^+}=10^{-7}$ 的条件下进行的。于是，生物化学的标准态规定 H^+的标准态为 $a_{H^+}=10^{-7}$，而其他物质的标准态与物理化学中的规定相同。生物标准态的电极电势用 $\varphi^{\oplus}$ 表示，设有以下反应：

$$A + B + ze^- \longrightarrow C + H^+$$

标准态是指 $a_A = a_B = a_C = 1$，但 $a_{H^+}=10^{-7}$，其与物理化学标准态的电极电势之间有以下关系：

$$\varphi^{\oplus} = \varphi^{\ominus} - \frac{RT}{zF}\ln 10^{-7}$$

（1）H^+作为产物时，在 298.15 K 时，两者关系为：

$$\varphi^{\oplus} = \varphi^{\ominus} + 0.414/z \tag{4-25}$$

（2）H^+作为反应物时，在 298.15 K 时，两者关系为：

$$\varphi^{\oplus} = \varphi^{\ominus} - 0.414/z \tag{4-26}$$

凡是不涉及 H^+参与的反应，则 $\varphi^{\oplus} = \varphi^{\ominus}$。

部分生物体系在 298.15 K 时标准电极电势列于表 4-7 中。

表 4-7　部分生物体系的标准电极电势（298.15 K，pH=7.00）

氧化态	还原态	$\varphi^{\oplus}$ (V)
乙酸	乙醛	–0.581
Fe^{3+}血红蛋白	Fe^{2+}血红蛋白	+0.170
Fe^{3+}肌红蛋白	Fe^{2+}肌红蛋白	+0.046
延胡索酸盐	琥珀酸盐	+0.031
MB	MBH_2	+0.011
草酰乙酸盐	苹果酸盐	–0.166
丙酮酸盐	乳酸盐	–0.185
FAD	$FDAH_2$	–0.219
NAD^+	NADH	–0.320
$NADP^+$	NADPH	–0.324
H^+	H_2	–0.414
氧化细胞色素 Cyt c^{3+}	细胞色素 Cyt c^{2+}	+0.254

MB，亚甲蓝的氧化态；MBH_2，亚甲蓝的还原态；FAD，黄素腺嘌呤二核苷酸；$FADH_2$，还原型黄素腺嘌呤二核苷酸；NAD^+，烟酰胺腺嘌呤二核苷酸；NADH，还原型烟酰胺腺嘌呤二核苷酸；NADP，烟酰胺腺嘌呤二核苷酸磷酸；NADPH，还原型烟酰胺腺嘌呤二核苷酸磷酸

例 4-15　在 298.15 K，pH = 7 时，MB/MBH_2 系统的 $\varphi^{\oplus} = 0.011\,V$，MB 代表亚甲蓝的氧化态，$MBH_2$ 代表亚甲蓝的还原态。当亚甲蓝有 5%被氧化时，计算其电极电势。

解：电极反应：$2H^+ + MB + 2e^- \longrightarrow MBH_2$

$$\varphi = \varphi^{\ominus} - \frac{RT}{2F}\ln\frac{a_{MBH_2}}{a_{MB}a_{H^+}^2}$$

其中，pH=7，

$$\varphi=\varphi^{\ominus}-\frac{RT}{2F}\ln\frac{a_{MBH_2}}{a_{MB}}$$
$$=0.011-\frac{8.314\times298.15}{2\times96500}\ln\frac{1-0.05}{0.05}$$
$$=-0.027(\mathrm{V})$$

4.3.5 电池电动势与热力学函数的关系

可逆电池的电动势是原电池热力学的一个重要物理量，它是一个可以精确测定的量。通过测得不同温度下的可逆电动势，便可求得相应电池反应的热力学函数的变化值和过程热。

1. 由电池电动势及温度系数计算电池反应的 $\Delta_r S_m$ 和 $\Delta_r H_m$ 将 $(\Delta_r G_m)_{T,p}=\frac{-nEF}{\Delta\xi}=-zEF$ 代入吉布斯-赫姆霍兹公式，可得：

$$\Delta_r S_m=-\left[\frac{\partial(\Delta_r G_m)}{\partial T}\right]_p=zF\left(\frac{\partial E}{\partial T}\right)_p \tag{4-27}$$

式（4-27）中$\left(\frac{\partial E}{\partial T}\right)_p$称为电池电动势的温度系数，可由实验测定。若已知电池电动势的温度系数，即可根据式（4-27）求得电池反应的 $\Delta_r S_m$。

又已知在等温条件下有：

$$\Delta_r G_m=\Delta_r H_m-T\Delta_r S_m$$

$$\Delta_r H_m=\Delta_r G_m+T\Delta_r S_m=-zEF+zFT\left(\frac{\partial E}{\partial T}\right)_p \tag{4-28}$$

式（4-28）用于求电池反应的焓变，通过实验可很精确地测量电池电动势和温度系数，从而求出 $\Delta_r H_m$。故电化学方法测出的一些反应的热力学函数变化量往往比热力学方法测得的数据更精确一些。

例 4-16 已知 298.15 K 时电池 $Cd(s)|CdCl_2(a)|AgCl(s)|Ag(s)$ 的 $E=0.67533$ V，$\left(\frac{\partial E}{\partial T}\right)_p=-6.5\times10^{-4}$ V·K^{-1}，求该温度下反应的 $\Delta_r G_m$、$\Delta_r S_m$ 和 $\Delta_r H_m$。

解： 负极 $Cd(s)\longrightarrow Cd^{2+}(a)+2e^-$

正极 $2AgCl(s)+2e^-\longrightarrow Ag(s)+2Cl^-(a_1)$

电池反应 $2AgCl(s)+Cd(s)\longrightarrow 2Ag(s)+2Cl^-(a_2)+Cd^{2+}(a)$

$$\Delta_r G_m=-zEF=-2\times96500\times0.67533=-130.34(\mathrm{kJ\cdot mol^{-1}})$$

$$\Delta_r S_m=zF\left(\frac{\partial E}{\partial T}\right)_p=2\times96500\times(-6.5\times10^{-4})=-125.45(\mathrm{J\cdot K^{-1}\cdot mol^{-1}})$$

$$\Delta_r H_m=\Delta_r G_m+T\Delta_r S_m=-130.34-298.15\times125.45=167.74(\mathrm{kJ\cdot mol^{-1}})$$

注意：$\Delta_r G_m$、$\Delta_r S_m$ 和 $\Delta_r H_m$ 数值与电池反应的化学反应方程写法有关。例如 $z=1$，则上式 $\Delta_r G_m$、$\Delta_r S_m$ 和 $\Delta_r H_m$ 的数值要减半。

2. 计算电池可逆放电反应过程中的热效应 已知一定温度下，$Q_r=T\Delta_r S_m$，将式（4-27）代入得

$$Q_r=zFT\left(\frac{\partial E}{\partial T}\right)_p \tag{4-29}$$

由式（4-29）可知，电池电动势温度系数的正负号，可确定电池等温条件下可逆放电时是吸热

或放热。

$\left(\frac{\partial E}{\partial T}\right)_p<0$，则 $Q_r<0$，电池工作时向环境放热；

$\left(\frac{\partial E}{\partial T}\right)_p>0$，则 $Q_r>0$，电池工作时向环境吸热；

$\left(\frac{\partial E}{\partial T}\right)_p=0$，则 $Q_r=0$，电池工作时不放热也不吸热。

由式（4-28）和（4-29）可得：

$$\Delta_r H_m=\Delta_r G_m+Q_r=-zEF+Q_r \qquad (4\text{-}30)$$

由上式可知，电池反应的焓变 $\Delta_r H_m$ 由两部分组成：一部分是 $\Delta_r G_m$，即电池做的电功；另一部分是 Q_r，即电池的工作热效应。由于温度系数 $\left(\frac{\partial E}{\partial T}\right)_p$ 一般都很小，所以 $\Delta_r H_m$ 与 $\Delta_r G_m$ 相差很小，电池可将绝大部分的焓变转化为电功，而变成热的很少，因此电池的效率很高。

例 4-17　已知 298.15 K 时电池 $Ag(s)|AgCl(s)|HCl(a)|Cl_2(p^\ominus)|Pt$ 的 E=1.137 V，$\left(\frac{\partial E}{\partial T}\right)_p=-5.95\times10^{-4}\ V\cdot K^{-1}$。试写出该电池的反应，并求该温度下反应的 $\Delta_r G_m$、$\Delta_r S_m$、$\Delta_r H_m$ 和电池可逆放电时的工作热效应 Q_r。

解： 负极　$Ag(s)+Cl^-(a)\longrightarrow AgCl(s)+e^-$

正极　$\frac{1}{2}Cl_2(p^\ominus)+e^-\longrightarrow Cl^-(a)$

电池反应　$Ag(s)+\frac{1}{2}Cl_2(p^\ominus)\longrightarrow AgCl(s)$

$$\Delta_r G_m=-zEF=-1\times96500\times1.137=-109.7(kJ\cdot mol^{-1})$$

$$\Delta_r S_m=zF\left(\frac{\partial E}{\partial T}\right)_p=1\times96500\times(-5.95\times10^{-4})=-57.42(J\cdot K^{-1}\cdot mol^{-1})$$

$$\Delta_r H_m=\Delta_r G_m+T\Delta_r S_m=-126.82(kJ\cdot mol^{-1})$$

$$Q_r=T\Delta_r S_m=298.15\times(-57.42)=-171.20\,(kJ\cdot mol^{-1})$$

4.3.6　电池电动势的应用

根据可逆电池的电动势数据可以求出电池反应的多种热力学函数，如 $\Delta_r G_m$、$\Delta_r H_m$、$\Delta_r S_m$ 等，借助于能斯特方程和 $\varphi^\ominus$ 数据还可以判别化学反应的趋势。实际上，电动势的应用非常广泛，在此仅介绍以下几种。

1. 判断化学反应的方向　一个化学反应是否可以自发进行，从热力学上可利用等温、等压下化学反应的吉布斯自由能变化来判断。而等温等压下体系吉布斯自由能的减少等于体系所做的最大非体积功，如果将反应设计成电池，则等温、等压下体系吉布斯自由能的减少等于电池所做的最大电功，即 $\Delta_r G_m=-zFE$。由该式可转化为利用电池电动势判断化学反应自发进行的方向：

$E>0$，$\Delta_r G_m<0$　　反应正向自发进行；

$E<0$，$\Delta_r G_m>0$　　反应逆向自发进行；

$E=0$，$\Delta_r G_m=0$　　反应达到平衡。

例 4-18　试判断 298.15 K 时，下列反应能否自发进行。若要使反应不能自发进行，Sn^{2+} 与 Pb^{2+} 的活度应满足什么条件？

$$Pb(s) + Sn^{2+}(a=0.1) \longrightarrow Pb^{2+}(a=0.01) + Sn(s)$$

解： 将上述反应设计成电池反应

负极反应　　$Pb(s) \longrightarrow Pb^{2+}(a=0.01) + 2e^-$

正极反应　　$Sn^{2+}(a=0.1) + 2e^- \longrightarrow Sn(s)$

设计电池为　　$Pb(s)|Pb^{2+}(a=0.01)\|Sn^{2+}(a=0.1)|Sn(s)$

查表 4-6 知：$\varphi^{\ominus}_{Pb^{2+}/Pb} = -0.1262\text{ V}$，$\varphi^{\ominus}_{Sn^{2+}/Sn} = -0.1364\text{ V}$，则电池的标准电动势 $E^{\ominus} = -0.0102\text{ V}$。代入电池电动势能斯特方程：

$$E = E^{\ominus} - \frac{RT}{2F}\ln\frac{a_{Pb^{2+}}}{a_{Sn^{2+}}} = -0.0102 - \frac{8.314\times 298.15}{2\times 96500}\times\ln\frac{0.01}{0.1} = 0.01964(\text{V})$$

$E>0$，表明给定条件下的反应可以自发进行，即在此条件下 Pb 可以从溶液中将 Sn^{2+}置换出来。要使反应不能自发进行，$E<0$，所以

$E = E^{\ominus} - \frac{RT}{2F}\ln\frac{a_{Pb^{2+}}}{a_{Sn^{2+}}} < 0$，代入数据得 $a_{Sn^{2+}}/a_{Pb^{2+}} > 2.2$，即当满足条件 $a_{Sn^{2+}} > 2.2a_{Pb^{2+}}$ 时，Pb 不能将 Sn^{2+}从溶液中置换出来。

2. 计算化学反应的平衡常数　根据电池电动势 $E^{\ominus}$ 与 $\Delta_r G^{\ominus}_m$ 的关系可以得出 E 与反应的标准平衡常数 $K^{\ominus}_a$ 之间的关系：

$$\Delta_r G^{\ominus}_m = -zFE^{\ominus} = -RT\ln K^{\ominus}_a$$

$$\ln K^{\ominus}_a = \frac{zFE^{\ominus}}{RT}$$

$$K^{\ominus}_a = \exp\left(\frac{zFE^{\ominus}}{RT}\right) \tag{4-31}$$

通过实验测得各反应物均处于标准态时的电池电动势，或从手册中查出各个物质的标准电极电势数值就可计算化学反应的标准平衡常数。需要说明的是，对于同一电池反应，反应方程式的写法不同，所得平衡常数的值不同。

例 4-19　试计算 289.15 K 时，下列反应的标准平衡常数。

$$Ce^{4+} + Fe^{2+} \longrightarrow Ce^{3+} + Fe^{3+}$$

解： 把该反应设计成电池

$$Pt|Fe^{2+}(a=1), Fe^{3+}(a=1)\|Ce^{3+}(a=1), Ce^{4+}(a=1)|Pt$$

查表得：298.15 K 时，$\varphi^{\ominus}_{Fe^{3+}/Fe^{2+}} = 0.771\text{ V}$，$\varphi^{\ominus}_{Ce^{4+}/Ce^{3+}} = 1.61\text{ V}$

所以　　$E^{\ominus} = \varphi^{\ominus}_{Ce^{4+}/Ce^{3+}} - \varphi^{\ominus}_{Fe^{3+}/Fe^{2+}} = 1.61 - 0.771 = 0.839(\text{V})$

则由式（4-31）得：

$$K^{\ominus}_a = \exp\left(\frac{zFE^{\ominus}}{RT}\right) = \exp\left(\frac{1\times 96500\times 0.839}{8.314\times 298.15}\right) = 1.53\times 10^{14}$$

3. 计算难溶盐的活度积　难溶盐的活度积有时也称为溶度积，用 K_{sp} 表示，它实质上是难溶盐达到溶解沉淀平衡的平衡常数。如果将难溶盐形成离子的变化设计成电池，则可利用两极的 $\varphi^{\ominus}$ 求得 $E^{\ominus}$，从而计算出 K_{sp}。

例 4-20　用电动势法求 298.15 K 时 AgCl 的活度积。

解： AgCl 的活度积是如下溶解反应的平衡常数：

$$AgCl(s) \rightleftharpoons Ag^{+}(a_+) + Cl^{-}(a_-)$$

由于 $a_{AgCl}=1$，故 $K_{sp}=K_a^{\ominus}=\dfrac{a_{Ag^+}\cdot a_{Cl^-}}{a_{AgCl}}=a_{Ag^+}\cdot a_{Cl^-}$

将上述反应设计成如下电池：

$$Ag(s)|AgNO_3(a_+)\|KCl(a_-)|AgCl(s)|Ag(s)$$

负极：$Ag(s)\longrightarrow Ag^+(a_+)+e^-$

正极：$AgCl(s)+e^-\longrightarrow Ag(s)+Cl^-(a_-)$

电池反应：$AgCl(s)\longrightarrow Ag^+(a_+)+Cl^-(a_-)$

查表得：$E^{\ominus}=\varphi^{\ominus}_{AgCl/Ag}-\varphi^{\ominus}_{Ag^+/Ag}=0.2224-0.7991=-0.5767(V)$

将 $E^{\ominus}$ 代入，由式（4-31）得：

$$K_{sp}=K_a^{\ominus}=\exp\left(\frac{zFE^{\ominus}}{RT}\right)$$

$$=\exp\left(\frac{1\times96500\times(-0.5767)}{8.314\times298.15}\right)$$

$$=1.78\times10^{-10}$$

4. 测定溶液的 pH 由 $pH=-\lg a_{H^+}$ 知，pH 测定实际上是确定 a_{H^+} 的大小。用电动势法测定溶液的 pH 时，通常选用对氢离子可逆的电极和另一个电极电势已知的参比电极组成电池。最常用的参比电极是甘汞电极，H^+ 指示电极有氢电极、醌-氢醌电极和玻璃电极。由于氢电极在使用时有许多不便之处（如氢气要求很纯，要维持一定压力和较长稳定时间，溶液中不能有氧化剂、还原剂的干扰等，且极易中毒），因此实际测定时，常用醌-氢醌电极和玻璃电极。因醌-氢醌电极在使用时受到一定的 pH 范围限制，故目前广泛使用的是玻璃电极。

玻璃电极的主要构成部分如图 4-22 所示，由一个球形玻璃膜泡构成，膜的组成为 72%SiO_2、22%Na_2O 和 6%CaO，膜泡内装一定 pH 的缓冲溶液，并插入 Ag-AgCl 电极。玻璃电极不受溶液中氧化剂和还原剂的作用，适用较大的 pH 范围（一般 pH =1～9）。具体测量时，电池组成为：

$$Ag|AgCl(s)|KCl(0.1\ mol\cdot kg^{-1})|\text{玻璃膜}|\text{待测溶液}(pH_x)\|\text{甘汞电极}$$

298.15 K 时，电池电动势为：

$$E=\varphi_{甘汞}-\varphi_{玻璃}=\varphi_{甘汞}-(\varphi^{\ominus}_{玻璃}-0.05916pH) \tag{4-32}$$

在实际使用时，需要测已知 pH_s 的标准缓冲溶液的电动势 E_s。然后把同一玻璃电极插入待测 pH_x 的溶液中，与相同甘汞电极组成电池，测定电动势 E_x。根据下列公式计算：

$$pH_x=pH_s+\frac{(E_x-E_s)F}{2.303RT} \tag{4-33}$$

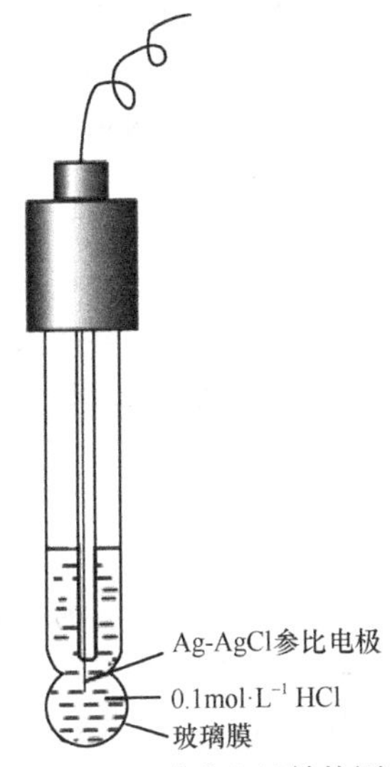

图 4-22 玻璃电极结构图

例 4-21 已知 298.15 K 时，用玻璃电极为指示电极，甘汞电极为参比电极，当溶液的 pH = 3.71 时，测得电池电动势为 0.2333 V。

（1）当测得电动势为 0.1000 V 时，酸性溶液的 pH 为多大？

（2）若溶液的 pH = 8.00，测得的电动势为多少？

解：（1）根据式（4-33）：

$$\mathrm{pH}_x = \mathrm{pH}_s + \frac{(E_x - E_s)F}{2.303RT}$$

$$= 3.71 + \frac{(0.1000 - 0.2333) \times 96500}{2.303 \times 8.314 \times 298.15}$$

$$= 1.46$$

（2）由式（4-33）可推出

$$E_x = \frac{2.303 \times (\mathrm{pH}_x - \mathrm{pH}_s)RT}{F} + E_s$$

$$= \frac{2.303 \times (8.00 - 3.71) \times 8.314 \times 298.15}{96500} + 0.2333$$

$$= 0.4871(\mathrm{V})$$

思考题 4-2
参考答案

【思考题 4-2】 参比电极应具备什么条件？有何作用？

【知识拓展】 **锂电池**

近年来，随着科技的发展，科学家们对电池领域的研究也日益深入，涌现出了很多性能独特的新型储能器件，例如，人们使用的手机和笔记本电脑等使用的锂离子电池，已经成为现代高性能电池的代表。2019 年的诺贝尔化学奖颁给了美国德克萨斯大学奥斯汀分校约翰·古迪纳夫、美国纽约州立大学宾汉姆分校斯坦利·威廷汉和日本旭化成株式会社吉野彰三人，以表彰他们对锂离子电池研发的卓越贡献。1985 年，日本科学家吉野彰采用石油焦替换金属锂作为负极，用钴酸锂作为正极，发明了首个可用于商业的锂离子电池。1991 年，日本索尼公司发布了首个商用锂离子电池。诺贝尔化学奖授予锂电池领域，是对这个行业巨大的肯定和激励。

负极：锂离子嵌入碳（石油焦炭和石墨）中形成（传统锂电池用锂或锂合金作负极，安全性差）。

正极：Li_xCoO_2（也用 Li_xNiO_2，和 Li_xMnO_4）。

电解液用 $LiPF_6$+二乙烯碳酸酯（EC）+二甲基碳酸酯（DMC）。

锂离子二次电池充、放电时的反应式：$Li_xCoO_2 + C = Li_{1-x}CoO_2 + Li_xC$

负极材料为石油焦炭和石墨，无毒，且资源充足，锂离子嵌入碳中，克服了金属锂的高活性，解决了传统锂电池存在的安全问题。正极 Li_xCoO_2 在充、放电性能和寿命上均能达到较高水平，成本降低，电池的综合性能提高。

经过三十多年的工业化发展，锂离子电池的能量密度、成本和安全性都取得了长足进步，已扩展到我们生活的诸多方面。但是，受制于锂离子电池原理的限制，现有体系的锂离子电池能量密度已经从每年 7%的增长速度下降到 2%，并正在逐渐逼近其理论极限。与之相反，随着社会进步，人们对便携、清洁生活的需求更加强烈。如何通过提出新原理、新体系、新方法，实现能量密度更高、更安全、充电更快的储能过程？这些都是锂电领域未来面临的挑战。世界各国都制定了各自的电池发展战略，以期推动电池原理的创新以及核心技术的开发，支撑当代社会的可持续发展。我国锂电研究者们在国家和社会的支持下，围绕高效能量存储这个不变的“初心”，持续开展科学研究。除了锂电池之外，采用钠、钾、铝、锌等离子并研发其能源化学新原理，也有望提出具有独特性质的新型储能器件。除电化学储能之外，采用其他能源存储和转化方式以及新型能源载体，有望构筑具有颠覆性的储能技术，满足未来社会对于储能设备的新需求。

知识梳理 4-3　可逆电池的热力学

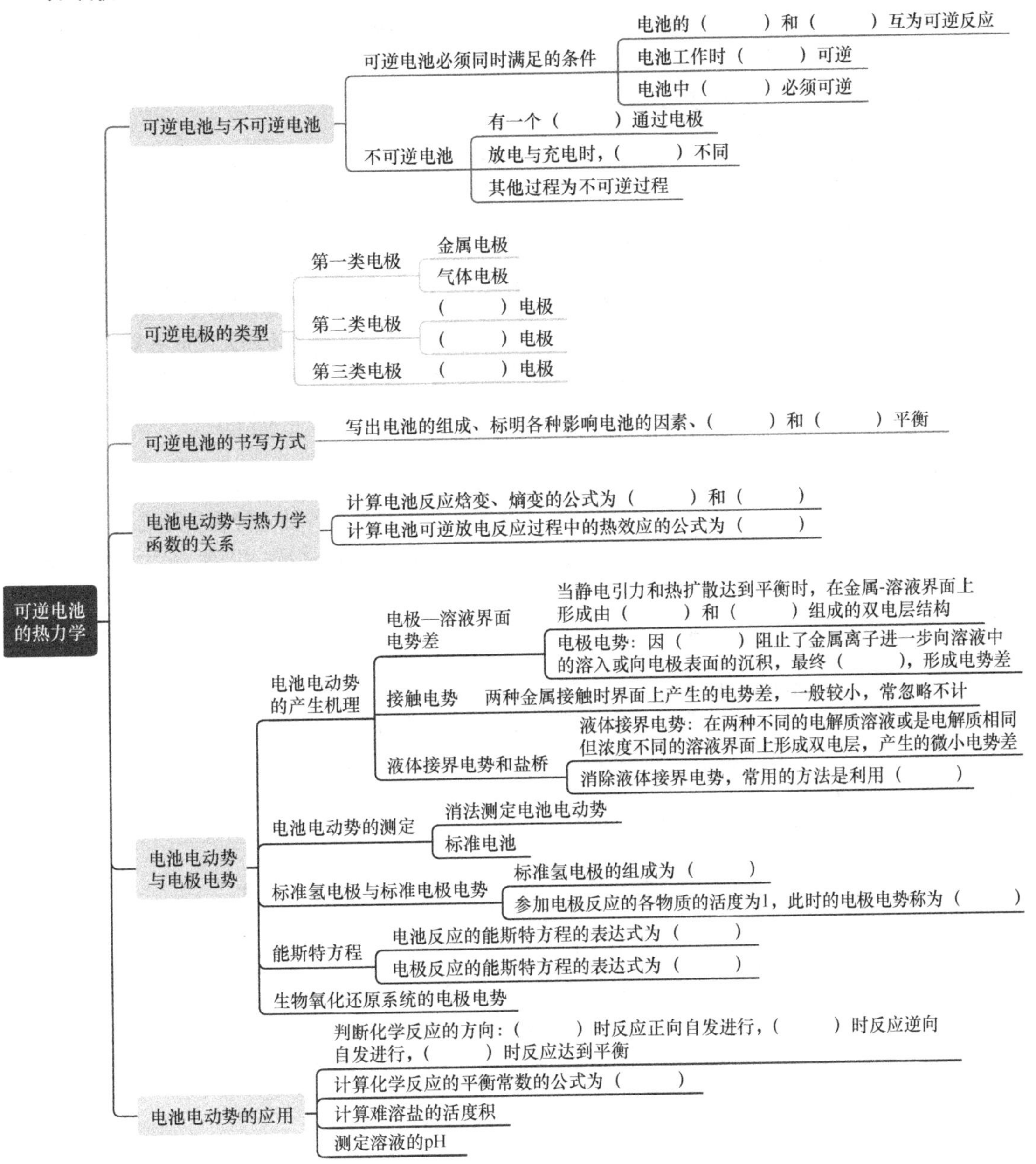

4.4　生物电化学

生物电化学（bioelectrochemistry）是利用电化学的基本原理和实验方法，研究生物体系和有机组织在分子和细胞两个不同水平上的电荷（包括电子、离子及其他电活性粒子）的分布、传输、转移及转化的化学本质和能量传输规律的一门新兴学科。生物电化学所涉及的内容较多，包括生物体内各种氧化还原反应（如为生命所需营养、组织生长、组织再生、废物排泄等而进行的新陈代谢）过程的热力学和动力学；生物膜及模拟生物膜上电荷与物质的分离和转移（细胞膜界面结构、膜电势等）；生物电现象及其电动力学科学实验；生物电化学的应用（如生物传感在活体和非活体中生物物质检测及医药分析)。仿生电化学(如仿生燃料电池、仿生计算机等)等方面的研究，对探讨生命过程的化学本质和解决医学难题具有重要意义。这里仅对生物分子的电化学、细胞膜电势及生物电化学传感器进行简单介绍，使读者对生物电化学有一个初步的认识。

4.4.1 生物分子的电化学研究

1791 年伽伐尼(Galvani)发现，在青蛙腿中插入两根不同的金属丝，然后连接两根金属丝，青蛙的肌肉发生收缩现象，这说明，动物的机体组织与电之间存在着相互作用。这种生物体存在的电现象，即为生物电现象(bioelectric phenomenon)。生物电现象的产生主要来自于活细胞的新陈代谢。了解生物电的基本原理，对于正确理解心电、脑电、肌电等基本原理都有重要的意义。利用器官生物电的综合测定来判断器官的功能，可为某些疾病的诊断和治疗提供科学依据。

生物电信号的测量是将很薄的 Ag/AgCl 电极放在某一个器官的人体表面或放在器官内，通过得到的电信号进行分析。为了安全起见，将人体得到的电信号先转变成光信号，然后再转换回电信号，采用一个光隔离器使人体与信号处理器隔开，以避免受信号处理的干扰。在此逻辑指导下，研究者先后设计出心、脑电检测仪。

人体是一个容积导体，心脏居人体之中，心脏产生的等效电偶，在人体各部分均有其电势分布。在心动周期中，心脏等效电偶的电流强度和方向在不断变化。身体各种电势也会随之而不断变动，从身体任意两点，通过仪器(心电监测仪)就可以将其描绘成曲线，这就是心电图(electrocardiogram, ECG)。

4.4.2 细胞膜和膜电势

1. 细胞膜(cell membrane) 是具有特殊结构的半透膜，由脂类、蛋白质和糖类组成，卵磷脂组成双分子层，蛋白质镶嵌、贯穿其中，其疏水链伸入膜的中间，亲水部分伸入膜的内、外两侧，糖类以共价键的形式和脂质或蛋白质结合形成糖脂和糖蛋白，糖链绝大多数裸露在细胞膜外侧。细胞膜有效控制物质进出，把细胞内容物和细胞外液隔开，使细胞能相对地独立于环境而存在，从而保证细胞内组成成分的动态稳定(图 4-23)。

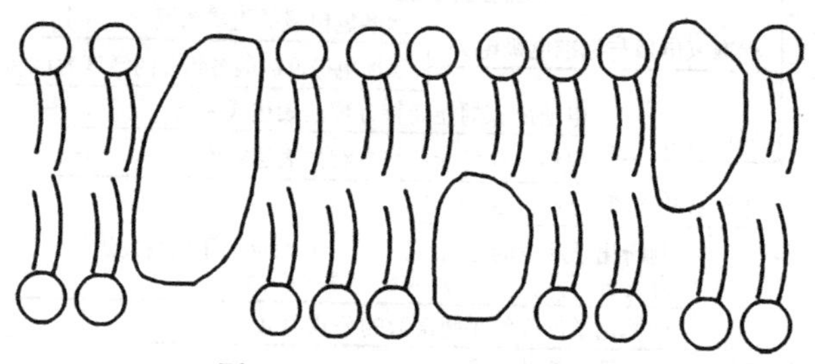

图 4-23 细胞膜模型示意图

细胞膜中的一些蛋白质具有酶的功能，如 Na^+-K^+ATP 酶，将 Na^+、K^+由化学势高的区域转运到化学势低的区域；有的蛋白质则由于结构排列疏密不同而形成孔穴，成为离子通道。细胞膜在生物体的细胞代谢和信息传递中起着关键的作用，在神经细胞中，细胞膜能传递神经脉冲。

2. 膜电势 生物体的心脏跳动、血液流动、肌肉收缩、神经传导、大脑思维等活动，均伴随着一定的生物电现象。而这些生物电现象主要来源于以细胞膜相隔的两溶液之间产生的电势差，即膜电势(membrane potential)，其数值一般为−100～−10 mV。

细胞膜电势的存在意味着细胞膜上有一双电层，相当于一些偶极分子分布在细胞表面。例如类似的肌动电流图能够监测肌肉电活性的情况，这对指导运动员训练有一定的帮助。脑电图通过监测头皮上两点之间的电势差随时间的变化从而了解大脑神经细胞的电活性情况。

实验证明，我们的思维以及通过视觉、动作、听觉和触觉器官接受外界的感觉，生物体所需的信息等过程几乎都是通过电信号方式发生的，所有这些过程都与细胞膜电势的变化有关，研究这些电势差的米阿奴按规律对进一步了解生命现象非常重要，该研究领域正越来越为人们所重视。

4.4.3　生物电化学传感器

生物感觉系统化学受体机制的阐明以及近代电子技术和生物工程的进展，促使生物传感器应运而生。生物传感器能代替传统的实验室技术提供有效而快速的分析手段，有可能触发分析技术的一场革命性变革。

利用生物体可以对特定物质进行选择性识别的化学传感器叫作生物传感器（biosensor）。生物传感器一般由两部分组成：其一是分子识别元件，又称感受器，由具有分子识别能力的生物活性物质（如酶、微生物、动植物组织切片、抗原或抗体等）构成；其二是信号转换器，称基础电极或内敏感器（如电流或电位测量电极、热敏电阻、压电晶体、场效应晶体管、光纤等），是一个电化学或光学检测元件。当分子识别元件与底物（待测物）特异结合后，所产生的复合物（或光、热等）通过信号转换器转变为可以输出的电信号、光信号，从而达到分析检测的目的。生物传感器可根据分子识别元件进行分类（图 4-24），下面简单介绍几种生物传感器。

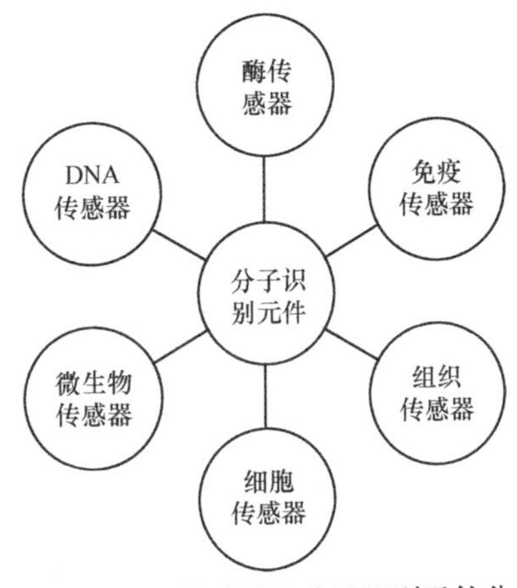

图 4-24　生物传感器按分子识别元件分类

1. 酶传感器　在生物传感器中，研究和应用最多的是酶传感器。这种将固定化酶膜与电化学电极结合的概念是在 1962 年由克拉克（Clark）等人建立的，他们提出，可以通过检测其酶催化反应所消耗的氧气来测定葡萄糖的含量。葡萄糖酶传感器是第一支酶传感器，其测定原理可表述为：①先将酶固定于电极表面，制得酶膜；②将酶膜浸入待测物的溶液中，催化待测物的氧化或还原反应；③通过检测电流或电势的方法确定反应过程某一反应物的消耗或生成物产生的量，从而求出待测物的浓度。例如葡萄糖氧化酶（GOD）传感器，先将载有葡萄糖氧化酶的膜浸入含有溶解氧的葡萄糖待测溶液，通过 GOD 催化葡萄糖氧化反应：

$$\text{葡萄糖} + O_2 + H_2O_2 \xrightarrow{\text{GOD}} \text{葡萄糖酸} + H_2O$$

溶液中的葡萄糖在酶膜的表面被氧化，生成的 H_2O_2 向膜中扩散，在基础电极（如 Pt 电极，O_2 电极）上发生氧化反应，根据氧化反应的电流与测定溶液中葡萄糖的浓度成正比，可以间接测定出葡萄糖的含量。

2. 微生物传感器　微生物传感器的识别部分是由固定化微生物构成的。设计这类传感器的原因在于：①微生物细胞内含有能使从外部摄取的物质进行代谢的酶系统，可避免使用价格较高的分离酶。况且，有些微生物酶体系的功能是单种酶所没有的。②微生物能够繁殖生长，或者可在营养液中再生，故能长时间保持生物催化剂的活性。微生物电极与酶电极结构很相似。但与酶电极相比，微生物细胞不需要纯化，把这种微生物传感器浸到微生物培养的中性溶液中就可以再生，不存在辅助物的再生，细胞可以全面催化新陈代谢的转化，这是单独一种酶所办不到的。但也存在较大缺陷，就是这种传感器响应时间长，选择性低。

微生物传感器已在很多方面得到应用，由于它的几何面积小，使这种电极有应用到生物体内的可能。虽然所用的物质都具有生物相容性，但是培植电极仍然需要在无菌条件下进行，引起免疫反应和形成血栓的危险是将其实际应用到生物体内的主要困难。

3. 组织传感器　是将哺乳动物或植物的组织切片作为感受器。由于组织是生物体的局部，组织细胞内的品种可能少于作为生命体的微生物细胞内的酶品种，因此组织传感器可望有较高的选择性。组织传感器的典型例子之一是 ATP 测定用的电极，它是用单丝尼龙网将 0.5 mm 厚的兔肌肉切片固定在氨气敏电极上而构成的。其选择性比纯酶制成的酶传感器好。用组织切片制作的传感器还有许多种，例如用猪肝切片和氨气敏电极构成谷酰胺传感器，用牛肝切片和O_2电极构成H_2O_2传感器，用玉米芯、刀豆肉、香蕉肉切片分别制作丙酮酸、尿素、多巴胺传感器。

有些组织传感器不是基于酶反应，而是基于膜传输性质。例如将蟾蜍囊状物贴在Na^+选择玻璃电极上，可用于测定抗利尿激素。其原理是该激素会打开组织材料的Na^+通道，以致Na^+能够穿过膜而达到玻璃电极表面，而Na^+的流量与激素的浓度有关。

4. 免疫传感器 是基于免疫化学反应的传感器。抗体对抗原的选择亲合性与酶对底物的选择亲合性有很大差别。酶与底物形成复合体的寿命很短，只存在于底物转变为产物的过渡状态中，但抗原抗体复合体非常稳定，难以分离。此外抗原-抗体反应不能直接提供电化学检测可利用的效应。

目前，免疫传感器可分为如下三类：①非标志电极：抗体（或抗原）被固定在膜或电极表面上，当发生免疫反应后，抗体与抗原形成的复合体改变了膜或电极的物理性质，从而引起膜电位或电极电势的变化。例如，梅毒检测用的免疫电极和血型检验的免疫传感器。②标志免疫电极：这是一种具有化学放大作用的传感器，通常以酶为标志物质，因而有时称为酶免疫电极。③基于脂质膜溶菌作用的免疫电极：这是另一种有化学放大作用的传感器。抗原固定在脂质膜表面上，季铵离子作为内部标记物。在补体蛋白存在下，抗体与抗原反应形成的复合物引起脂质膜的溶菌作用，于是标记物穿过脂质膜，并由离子选择电极检测。

目前免疫传感器运用在诊断早期妊娠的人绒毛膜促性腺激素（HCG）免疫传感器；诊断原发性肝癌的甲胎蛋白（AFP）免疫传感器；胰岛素免疫传感器等等。

生物传感器作为直接或间接检测生物分子、生理或升华过程相关参数的新方法，具有灵敏度高、选择性好、响应快、操作简便，样品需要量少、可微型化，价格低廉等特点，已在生物医学、环境监测、食品医药工业等领域展现出十分广阔的应用前景。

总之，生物电化学的研究领域远不止上面介绍的这些，特别是在医学科学问题和医疗技术研究上，如血栓和心血管疾病的电化学研究、骨骼的电生长、肿瘤的电化学治疗、活体（*in-vivo*）电化学分析、心脏起搏器用的高性能电池、牙科材料和植入性医用材料、人工肾中的电化学系统等。

【知识扩展】 人工肾脏中的电化学系统

治疗晚期慢性尿毒症患者的人工肾脏能对血液中存在的各种毒物，如尿素、肌酐和尿酸进行血液透析和血液滤过。清除这些有毒分子和维持透析液的电解平衡，这是人工肾脏的关键问题。排除毒物的方法之一是使有机毒物电化学降解或分解为非毒性产物。适当选择电化学条件，在缓冲溶液（如NaCl+HCl溶液）中，尿素可完全氧化为无毒产物，反应为：

$$(NH_2)_2CO + H_2O \rightarrow N_2 + CO_2 + 3H_2$$

此反应中用尿素的体外间接电氧化方法，可以实现血液滤过和过滤液的再生。当滤液流速一定时，随着电流密度上升，尿素的浓度下降。用这样的电解池以及几个电解池联合工作，能够以7.2 $g \cdot h^{-1}$的速度消除尿素。

关 键 词

标准电极电势 standard electrode potential	电极电势 electrode potential
标准氢电极 standard hydrogen electrode	电极反应 reaction of electrode
电池反应 reaction of cell	电解池 electrolytic cell
电导 conductance	电迁移现象 electromigration phenomena
电导率 conductivity	法拉第电解定律 Faraday's law of electrolysis
电化学 electrochemistry	极限摩尔电导率 limiting molar conductivity
电极 electrode	接触电势 contact potential

可逆电池　reversible cell
离子独立运动定律　law of independent migration of ions
膜电势　membrane potential
摩尔电导率　molar conductivity
能斯特方程　Nernst equation
迁移数　transference number
液体接界电势　liquid junction potential
原电池　primary cell

本章内容小结

电解质溶液之所以能导电，是因为溶液中含有能导电的阴、阳离子。若通电于电解质溶液，则溶液中的离子会发生定向移动，同时在阳极发生氧化反应，阴极发生还原反应。法拉第定律表明，电极上反应的物质的量与通入的电量成正比。

为了描述电解质溶液的导电行为，引入了离子迁移速率、离子电迁移率、离子迁移数、电导、电导率、摩尔电导率和离子摩尔电导率等概念。在无限稀释的电解质溶液中，离子的移动遵循离子独立运动定律，从而解决了无限稀释的电解质溶液的摩尔电导率的求算问题。

原电池是将化学能转变为电能的装置，两个电极和电解质是电池的重要组成部分。对于一个可逆电池而言，电池两极间的电势差称为电池的电动势，可用电池反应的能斯特方程计算。电极电势是相对于标准氢电极而言的电势，是一种相对值，即把一个电极与标准氢电极组成一个已消除了液接电势的原电池，其电动势就是给定电极的标准电极电势。非标准状态下的电极电势可通过电极反应的能斯特方程求算。

可逆电池必须满足两个条件：一是电极反应可逆；二是充放电时能量可逆。这种电池的工作相当于可逆过程。电池电动势测定有如下重要应用：①判别化学反应进行的方向；②求得相应电池反应的热力学函数（如 $\Delta_r G_m$、$\Delta_r H_m$、$\Delta_r S_m$ 等）和过程热；③计算化学反应的标准平衡常数；④计算难溶盐的活度积；⑤测定溶液的 pH。

生物电化学是电化学在生命科学领域的运用。

本 章 习 题

本章习题参考答案

一、选择题

1. 下列哪一种微粒的运动是电解质溶液的导电机制（　　）。

A. 电子　　B. 离子　　C. 原子　　D. 分子

2. 下列化合物中，其无限稀释摩尔电导率不能用摩尔电导率 Λ_m 与溶液浓度的平方根外推至浓度为零而求得的是（　　）。

A. NaCl　　B. HCl　　C. NaAc　　D. HAc

3. 下列 $MgSO_4$ 溶液中，电导率最大的是（　　）。

A. 0.001 $mol \cdot L^{-1}$　　B. 0.01 $mol \cdot L^{-1}$　　C. 0.1 $mol \cdot L^{-1}$　　D. 1 $mol \cdot L^{-1}$

4. 电解质溶液在稀释过程中（　　）。

A. 电导率增加　　B. 电导率不变

C. 摩尔电导率增加　　D. 摩尔电导率减少

5. 当电池的电动势 $E = 0$ 时（　　）。

A. 电池反应中，反应物的活度与产物的活度相等

B. 反应体系中各物质都处于标准态

C. 正、负极的电极电势相等

D. 正、负极的电极电势均为零

6. 铜锌原电池 $Zn(s)|ZnSO_4(a_1)\|CuSO_4(a_2)|Cu(s)$工作时，下列叙述正确的是（　　）。

A. 正极反应为：$Zn(s)-2e^- \longrightarrow Zn^{2+}(a_1)$

B. 电池反应为：$Zn(s)+Cu^{2+}(a_2) \longrightarrow Zn^{2+}(a_1)+Cu(s)$

C. 电池工作时，Zn 得到电子

D. 盐桥中的 K^+移向 $ZnSO_4$

7. 在 298 K 时，下列离子的无限稀释溶液中，离子的摩尔电导率最大的是（　　）。

A. H^+　　B. K^+　　C. Mg^{2+}　　D. Al^{3+}

8. $MgCl_2$ 的摩尔电导率与其离子的摩尔电导率的关系是（　　）。

A. $\Lambda_m^\infty(MgCl_2)=\lambda_m^\infty(Mg^{2+})+\lambda_m^\infty(Cl^-)$　　B. $\Lambda_m^\infty(MgCl_2)=\frac{1}{2}\lambda_m^\infty(Mg^{2+})+\lambda_m^\infty(Cl^-)$

C. $\Lambda_m^\infty(MgCl_2)=\lambda_m^\infty(Mg^{2+})+2\lambda_m^\infty(Cl^-)$　　D. $\Lambda_m^\infty(MgCl_2)=2[\lambda_m^\infty(Mg^{2+})+\lambda_m^\infty(Cl^-)]$

9. 金属与溶液间的电势差的大小和符号主要取决于（　　）。

A. 金属的表面性质

B. 溶液中金属离子的浓度

C. 金属的本性和溶液中原有的金属离子浓度

D. 金属与溶液的接触面积

10. 如果规定标准氢电极的电极电势为 1V，则可逆电极的电极电势 $\varphi^\ominus$ 和电池的电动势 $E^\ominus$ 的变化情况为（　　）。

A. $\varphi^\ominus$ 和 $E^\ominus$ 各增加 1V　　B. $\varphi^\ominus$ 和 $E^\ominus$ 各减小 1V

C. $E^\ominus$ 不变，$\varphi^\ominus$ 减小 1V　　D. $E^\ominus$ 不变，$\varphi^\ominus$ 增加 1V

二、填空题

1. 在实验中测定离子迁移数的常用方法有________、________和________。

2. 在 298 K 时，当 KCl 溶液的浓度从 0.01 $mol\cdot dm^{-3}$ 增加到 0.1 $mol\cdot dm^{-3}$ 时，其电导率 k 将________，摩尔电导率 Λ_m 将________。

3. 根据导电方式的不同，导体可分为________和________。

4. 描述通过电解质溶液的电量与参与电极反应物质的量之间的定量关系的是________定律。

5. 根据能斯特方程，反应式 $aA+dD \longrightarrow gG+hH$ 反应设计成电池的电动势表达式为________。

6. 某原电池的可逆电动势为 E_r，若该原电池以一定的电流放电，两电极的电势差为 E，则 E________E_r。

7. 将锌和铜插入硫酸铜溶液中，所构成的电池放电时________氧化，充电时________氧化，因此，此电池是________电池。

8. 将反应 $AgCl(s)+I^-(aq) \longrightarrow AgI(s)+Cl^-(aq)$，设计为原电池，其电池符号为________。

9. 电池 $Pt|H_2(g,100kPa)|HCl(b)|Cl_2(g,100\ kPa)|Pt$ 的电池反应为________。

10. 组成电池各相界面上产生的电势差主要包括有________、________和________。两电极之间用盐桥来消除或降低________。

三、判断题

1. 若某电池的标准电动势 $E^\ominus>0$，则该电池反应的 $\Delta_r G_m^\ominus<0, K^\ominus>0$（　　）。

2. 无限稀释电解质溶液的摩尔电导率可以看成是正、负离子无限稀释摩尔电导率之和，这一规律只适用于强电解质。（　　）

3. 如果一个反应的 $\Delta G^\ominus<0$，该反应也可能向逆反应方向进行。（　　）

4. 盐桥可以减小液体扩散的不可逆性，并起到导通电流的作用。（　　）

5. 在原电池中，电极电势较低的电对为原电池的正极。（　　）

6. 电解质溶液中各离子迁移数之和为 1。(　　)

7. 标准电极电势的数值就是每个电极双电层的真实电势差值。(　　)

8. 相同电池反应的两电池，它们的电池电动势相同。(　　)

9. 弱电解质稀溶液，其 Λ_m 与 $\sqrt{c}$ 不存在线性关系，无法用外推法确定其 Λ_m^∞，因此也无法适用离子独立运动定律。(　　)

10. 医药行业中，纯化水可作为注射用水。(　　)

四、简单题

1. 电池中正极、负极、阳极、阴极的定义分别是什么？为什么在原电池中负极是阳极而正极是阴极？

2. 怎样分别求强电解质和弱电解质的无限稀释摩尔电导率？为什么要用不同的方法？

3. 用 Pt 电极电解一定浓度的 $CuSO_4$ 溶液，试分析阴极部、中部和阳极部溶液的颜色在电解过程中有何变化？若都改用 Cu 电极，三部分溶液颜色将如何变化？

五、计算题

1. 当 $CuSO_4$ 溶液中通过 1930 C 电量后，在阴极上有 0.009 mol 的 Cu 沉积，试求阴极上还原析出 H_2 (g)的物质的量？

2. 298.15 K 时，0.010 $mol{\cdot}dm^{-3}$ KCl 溶液的电导率为 0.1413 $S{\cdot}m^{-1}$，将此溶液充满电导池，测得电阻为 112.3 Ω。若将该电导池改充以同浓度的某待测溶液，测得其电阻为 2184 Ω，试计算：

（1）该电导池的电导池常数。

（2）待测液的电导率。

（3）待测液的摩尔电导率。

3. 291.15 K 时，纯水的电导率为 3.8×10^{-6} $S{\cdot}m^{-1}$，当水解离为 H^+ 和 OH^- 并达到平衡时，此时水的密度为 998.6 $kg{\cdot}m^{-3}$，求该温度下水的摩尔电导率和解离度（已知 $\lambda_m^\infty(H^+)=3.498\times10^{-2}\ S\cdot m^2\cdot mol^{-1}$，$\lambda_m^\infty(OH^-)=1.980\times10^{-2}\ S\cdot m^2\cdot mol^{-1}$）。

4. 已知电池 Ag(s) | AgAc(s) | $Cu(Ac)_2(0.1mol\cdot kg^{-1})$ | Cu(s) 的 E(298.15 K)= –0.372 V，E(308.15 K)= –0.374 V，在该温度区间内，电动势 E 随温度 T 的变化均匀。计算该电池在 298.15 K 时的 $\Delta_r G_m$、$\Delta_r S_m$ 和 $\Delta_r H_m$。

5. 在 298.15 K 时，分别将金属 Fe 和 Cd 插入 Fe^{2+} 和 Cd^{2+} 浓度都是 0.1 $mol{\cdot}kg^{-1}$ 的溶液中，组成电池，试判断何种金属首先被氧化？已知 $\varphi^\ominus_{Fe^{2+}/Fe}=-0.4402\ V$，$\varphi^\ominus_{Cd^{2+}/Cd}=-0.4029\ V$，所有的活度系数均为 1。

（王海波　贺艳斌）

第4章能力提升练习题及其参考答案

第 5 章　化学动力学

学习基本要求

1. 掌握　反应速率的表示方法；反应速率常数、基元反应、反应分子数、反应级数等化学动力学基本概念；简单级数反应的速率方程与动力学特征；温度对反应速率的影响规律。

2. 熟悉　反应级数的确定方法；典型复杂反应的特点；预测药物贮存期的基本方法；光化学反应的特点；催化作用的基本原理和酸碱催化机制。

3. 了解　溶剂性质对反应速率的影响；酶催化反应的特点及作用机制；碰撞理论和过渡态理论的基本内容。

化学动力学（chemical kinetics）是研究化学反应的速率和机制的科学，是物理化学的重要组成部分。化学反应涉及两方面的基本问题：一是反应进行的方向和限度；二是反应进行的速率和机制。前者属于化学热力学的研究范畴，而后者属于化学动力学的研究内容。化学热力学研究反应的可能性问题，即在指定条件下反应能否自发进行，若能进行，其限度是多少，以及外界条件对反应方向和限度的影响。热力学的研究只考虑反应的始、终态，不考虑反应进行的速率和具体途径，故不能解决反应的现实性问题。化学动力学的基本任务是研究反应的速率及各种因素（如浓度、压力、温度、介质、催化剂、光等）对反应速率的影响，以及反应的具体过程，即反应机制。因此，解决化学反应的现实性问题，属于化学动力学的任务。

化学动力学在药物研发和生产过程中有着广泛和重要的应用。例如，药物合成路线的选择和工艺条件的优化；原料药及其制剂稳定性的研究，包括有效期的预测；药物在体内的动态变化规律，即药物动力学的研究等均需要用到化学动力学的相关理论。

5.1　化学动力学基本概念

5.1.1　反应速率

反应速率（reaction rate）有多种表示方法。在均相反应（homogeneous reaction）中，反应速率一般以在单位时间、单位体积内反应物的量的减少或产物的量的增加来表示。若反应系统的体积恒定，反应速率即可用单位时间内反应物或产物的浓度变化来表示。随着反应的进行，反应物浓度逐渐减小，而产物浓度逐渐增加（图 5-1）。大多数情况下，反应物或产物的浓度随时间的变化不呈线性关系，即反应速率为一变量，故需用微分形式表示。图 5-1 中曲线上各点的切线斜率的绝对值，即为反应速率 r。

在化学反应中，因任一反应物或产物的物质的量（或浓度）均严格按照各自的计量系数成比例地改变，所以不论用哪一种反应组分的量的变化来表示反应速率都是等效的。但是，当反应式中各反应组分的计量系数不同时，用不同组分表示的反应速率在数值上是不相等的。对于如下等容反应：

$$a\mathrm{A} + d\mathrm{D} \longrightarrow g\mathrm{G} + h\mathrm{H}$$

反应速率可分别表示为：

$$r_\mathrm{A} = -\frac{\mathrm{d}c_\mathrm{A}}{\mathrm{d}t} \quad r_\mathrm{D} = -\frac{\mathrm{d}c_\mathrm{D}}{\mathrm{d}t} \quad r_\mathrm{G} = \frac{\mathrm{d}c_\mathrm{G}}{\mathrm{d}t} \quad r_\mathrm{H} = \frac{\mathrm{d}c_\mathrm{H}}{\mathrm{d}t}$$

对于反应物，$\mathrm{d}c$ 为负值，为使反应速率为正值，微分式取负号。它们之间的关系如下：

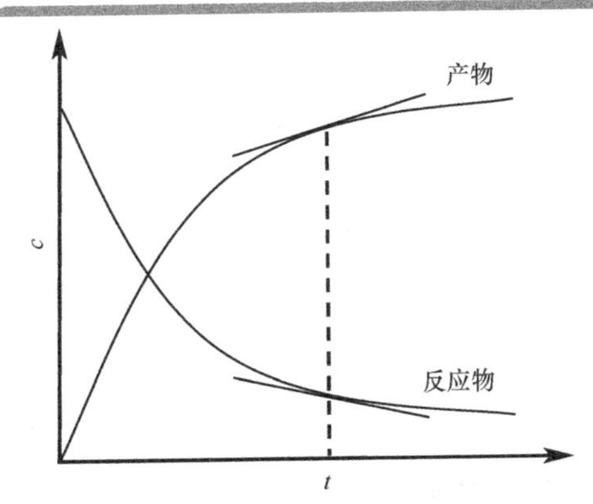

图 5-1　化学反应中各组分浓度与时间的关系

$$\frac{r_A}{a}=\frac{r_D}{d}=\frac{r_G}{g}=\frac{r_H}{h} \tag{5-1}$$

为克服采用不同组分表示同一反应的反应速率有不同数值的弊端，反应速率也可用单位时间、单位体积内反应进度的变化 $d\xi/(Vdt)$ 来表示。根据反应进度的定义，在等容条件下，反应速率 r 可表示为：

$$r=\frac{d\xi}{V\,dt}=\frac{1}{\nu_B}\frac{dc_B}{dt} \tag{5-2}$$

式中，ν_B 为计量方程式中各物质的计量系数，反应物取负值，产物取正值。对于前述反应，反应速率可表示为：

$$r=-\frac{dc_A}{adt}=-\frac{dc_D}{ddt}=\frac{dc_G}{gdt}=\frac{dc_H}{hdt}$$

可见，对于同一化学反应，用反应进度表示的反应速率与所选择的组分无关，即用任一反应组分表示的数值均相等，但其值与计量方程式的写法有关。反应速率 r 的单位形式为[浓度]·[时间]$^{-1}$，因此所采用的浓度和时间单位不同时，速率可以有不同的单位，如 $mol\cdot m^{-3}\cdot s^{-1}$ 或 $mol\cdot L^{-1}\cdot min^{-1}$ 等。

对于气相反应，反应速率也可以用参加反应的各组分的分压随时间的变化率 $dp_B/(\nu_B dt)$ 来表示，此时反应速率的单位形式为[压力]·[时间]$^{-1}$。

反应速率的测定是化学动力学研究的基本内容之一。由反应速率的定义可知，测定反应速率即是测定 dc/dt 值。测定一系列不同反应时刻反应物或产物之一的浓度，绘制出 c-t 曲线，曲线上某一点的切线斜率的绝对值即为该点所对应的 t 时刻的反应速率（图 5-1），其中浓度的测定可采用化学法或物理法。

化学法是用化学分析方法测定系统中某一反应物或产物在不同反应时刻的浓度。采用该方法时，在反应进行至某一时刻取出一定量的样品进行化学分析前，先要设法快速停止所取样品中的反应。为此常采用的方法有骤冷、冲稀、除去催化剂或加入阻化剂等。化学法可以直接得到不同反应时刻某一物质的浓度值，但实验操作较为烦琐。物理法是通过测定与反应系统中某一物质的浓度呈单值函数关系的物理量来得出该物质浓度值的方法。所测物理量最好与物质浓度的变化呈线性关系，常利用的物理量有吸光度、折射率、旋光度、电动势、电导、压力、体积、黏度、介电常数等。物理法通常可以对反应系统进行连续监测而不必停止反应，操作相对简便快速，但因该方法并非直接测定浓度，故必须先知道浓度与所测物理量之间的关系。

5.1.2　反应机制

在写化学反应方程时，一般只是根据反应的始态和终态写出反应的总结果，这样的方程仅表示反应前后的物料平衡关系，称为计量方程。例如，H_2 和 I_2 的气相反应

（1） $$H_2 + I_2 \longrightarrow 2HI$$

此为计量方程，表示参与反应各物质间的比例系数关系，该反应实际发生的过程为：

（2） $$I_2 + M_{高能} \rightleftharpoons 2I\cdot + M_{低能}$$

（3） $$H_2 + 2I\cdot \longrightarrow 2HI$$

反应方程中，M 表示不参与反应而只起能量传递作用的各种分子（包括反应器壁），I·表示有一个未配对价电子的自由碘原子。

表示实际反应过程的方程称为机制方程，如上例中的方程（2）和方程（3）。机制方程表明了从反应物到生成物所经历的实际反应途径，称为反应机理或反应历程（reaction mechanism）。

5.1.3 基元反应与反应分子数

由反应物微粒（分子、原子、离子、自由基等）一步直接生成产物的反应，称为基元反应（elementary reaction）。由多个基元反应组成的反应称为总反应（又称总包反应，overall reaction）或复杂反应（complex reaction）。例如前述 H_2 和 I_2 的气相反应中，反应（1）为总反应，它由基元反应（2）和（3）组成。

参加基元反应的反应物分子数目称为反应分子数（molecularity）。此处的"分子"是一个广义概念，应理解为分子、原子、离子或自由基的总称。目前已知的反应分子数只有 1、2 和 3。

大多数基元反应属于双分子反应，例如酯化反应：

$$CH_3COOH + C_2H_5OH \longrightarrow CH_3COOC_2H_5 + H_2O$$

单分子反应多见于异构化反应或分解反应。三分子反应较少，一般只出现在有自由原子或自由基参加的反应中，例如：

$$H_2 + 2I\cdot \longrightarrow 2HI$$

5.1.4 反应速率方程与反应级数

反应速率方程可分为微分形式和积分形式。前者表示的是反应速率 r 与各组分浓度间的函数关系式，即 $r = f(c)$，称为微分速率方程或速率方程（rate equation）；后者表示的是组分的浓度与反应时间的函数关系式，即 $c = f(t)$，称为积分速率方程或动力学方程（kinetic equation）。两种速率方程可通过积分或微分运算互相转换。

总反应的速率方程须由实验确定，其形式各不相同。有些具有浓度的幂次方的乘积形式，有些则不具有这种形式。例如，氢与三种卤素的气相反应具有如下相似的计量方程：

（1） $$H_2 + I_2 \longrightarrow 2HI$$

（2） $$H_2 + Cl_2 \longrightarrow 2HCl$$

（3） $$H_2 + Br_2 \longrightarrow 2HBr$$

但由实验得到的反应速率方程的形式却完全不同，分别如下：

$$r_1 = kc_{H_2}c_{I_2}\text{，}\quad r_2 = kc_{H_2}\sqrt{c_{Cl_2}}\text{，}\quad r_3 = \frac{kc_{H_2}\sqrt{c_{Br_2}}}{1+\dfrac{k'c_{HBr}}{c_{Br_2}}}$$

在具有浓度幂乘积形式的速率方程中，比例系数 k 称为反应速率常数（reaction rate constant），其值为各物质均处于单位浓度时的反应速率，因此与各物质的实际浓度值无关，但与反应的温度、介质（溶剂）、催化剂等有关。反应速率常数 k 反映了化学反应的快慢。

以不同物质的浓度随时间的变化率来表示反应的速率时，由于各物质计量系数不一样，得到的速率常数值也是不同的。例如下列反应：

$$aA + dD \longrightarrow gG + hH$$

由实验测得用参与反应的不同物质表示时的速率方程为：

$$r_A = -\frac{dc_A}{dt} = k_A c_A^{\alpha} c_D^{\delta}$$

$$r_D = -\frac{dc_D}{dt} = k_D c_A^{\alpha} c_D^{\delta}$$

$$r_G = \frac{dc_G}{dt} = k_G c_A^{\alpha} c_D^{\delta}$$

$$r_H = \frac{dc_H}{dt} = k_H c_A^{\alpha} c_D^{\delta}$$

不同物质表示的速率有下列关系

$$-\frac{1}{a}\frac{dc_A}{dt} = -\frac{1}{d}\frac{dc_D}{dt} = \frac{1}{g}\frac{dc_G}{dt} = \frac{1}{h}\frac{dc_H}{dt}$$

因此，不同物质表示的速率常数之间的关系为

$$\frac{1}{a}k_A = \frac{1}{d}k_D = \frac{1}{g}k_G = \frac{1}{h}k_H$$

在具有浓度幂乘积形式的速率方程中，各物质浓度项中的指数称为该物质的级数，所有物质的级数之和则称为该反应的总级数或反应级数（reaction order）。例如，上述氢与三种卤素的气相反应中，反应（1）和（2）的反应速率方程具有物质浓度幂乘积形式，其反应级数分别为 2 级和 1.5 级，而反应（3）的速率方程因不具有此种形式，所以无反应级数可言。

总反应中各物质的级数和反应总级数均须由实验确定，与计量方程中各物质的系数或系数之和并无关联。例如化学反应：

$$aA + dD \longrightarrow P$$

设其反应速率方程具有如下反应物浓度幂乘积形式

$$r_A = -\frac{dc_A}{dt} = k_A c_A^{\alpha} c_D^{\delta} \tag{5-3}$$

式中，α 和 δ 分别是反应物 A 和 D 的级数，其值由实验测得，与反应物的计量系数 a、d 无关。反应的总级数为 $\alpha + \delta$。反应级数可能是整数或分数，也可能是正数、负数或零。

同一化学反应在不同的反应条件下，可能表现出不同的反应级数。例如，在含有维生素 A、维生素 B_1、维生素 B_2、维生素 B_6、维生素 B_{12}、维生素 C 及叶酸、烟酰胺等成分的复合维生素制剂中，叶酸的热降解反应在 323 K 以下为零级反应，在 323 K 以上为一级反应。

5.1.5 质量作用定律

基元反应是机制最简单的反应，只有基元反应才具有普遍适用的反应速率方程表示法。在一定温度下，基元反应的速率正比于各反应物浓度幂的乘积，各浓度幂中的指数等于基元反应方程中各相应反应物的系数。此即质量作用定律（law of mass action）。

设反应 $A + 2D \longrightarrow P$ 为一基元反应，则根据质量作用定律可得其反应速率方程为：

$$r = kc_A c_D^2$$

对于总反应，须根据反应历程分解为若干个基元反应之后，才能逐个运用质量作用定律。

知识梳理 5-1　化学动力学基本概念

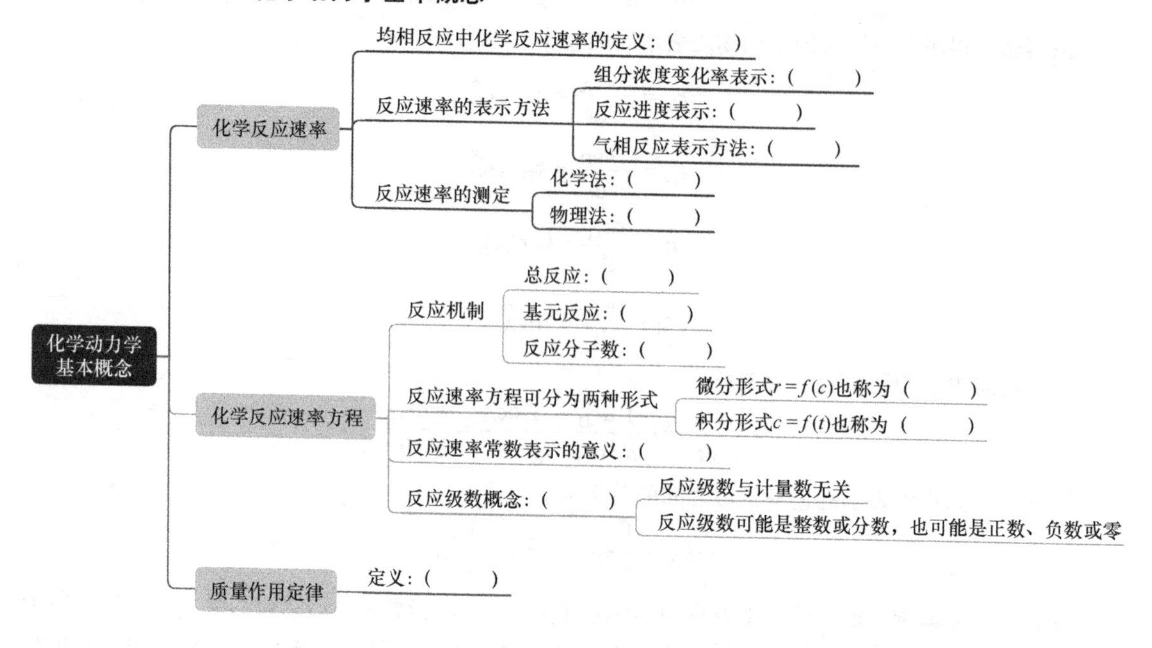

5.2　简单级数反应

微课 5-1

简单级数反应是指微分速率方程具有反应物浓度幂乘积形式，且各反应物的级数为正整数或零的反应。本节主要讨论简单一级、二级和零级反应。

5.2.1　一级反应

反应速率与反应物浓度的一次方成正比的反应即为一级反应（first order reaction）。设有如下一级反应：

$$\mathrm{A} \longrightarrow \mathrm{P}$$

其微分速率方程为：

$$r_{\mathrm{A}} = -\frac{\mathrm{d}c_{\mathrm{A}}}{\mathrm{d}t} = k_{\mathrm{A}} c_{\mathrm{A}} \tag{5-4}$$

式中，c_{A}为反应进行至t时刻时反应物的浓度。将上式移项后积分，即：

$$-\int_{c_{\mathrm{A},0}}^{c_{\mathrm{A}}} \frac{\mathrm{d}c_{\mathrm{A}}}{c_{\mathrm{A}}} = \int_0^t k_{\mathrm{A}} \mathrm{d}t \tag{5-5}$$

式中，$c_{\mathrm{A},0}$为反应物的初浓度。将上式积分得：

$$\ln\frac{c_{\mathrm{A},0}}{c_{\mathrm{A}}} = k_{\mathrm{A}} t \tag{5-6}$$

式（5-6）即为一级反应的动力学方程，该式也可表示为如下指数形式：

$$c_{\mathrm{A}} = c_{\mathrm{A},0} \mathrm{e}^{-k_{\mathrm{A}} t} \tag{5-7}$$

由式（5-7）可以看出，反应物浓度c_{A}随反应时间t的增加呈指数性下降，当$t\to\infty$时，$c_{\mathrm{A}}\to 0$，所以一级反应若要反应完全需要无限长的时间。

式（5-6）也常表示为如下形式：

$$\ln\frac{c_{\mathrm{A},0}}{c_{\mathrm{A},0} - x} = k_{\mathrm{A}} t \tag{5-8}$$

式中，x 表示反应进行至 t 时刻时反应物消耗掉的浓度。

若用 y 表示时间 t 时反应物的转化分数，即 $y = x/c_{A,0}$，则式（5-8）还可表示为：

$$\ln\frac{1}{1-y} = k_A t$$

一级反应具有下述特征：

（1）反应速率常数 k 的单位形式是[时间]$^{-1}$，常用单位有 s^{-1}、min^{-1}、h^{-1}、d^{-1} 等。因单位中不含浓度，故 k 的值与所采用的浓度单位无关。

（2）式（5-6）可改写为：

$$\ln c_A = \ln c_{A,0} - k_A t \tag{5-9}$$

可以看出，一级反应的 $\ln c_A$ 与 t 具有线性关系，直线的斜率为 $-k_A$，截距为 $\ln c_{A,0}$。

（3）反应物消耗一半所需的时间称为半衰期（half life），记作 $t_{1/2}$。将 $c_A = c_{A,0}/2$ 代入式（5-6），可得：

$$t_{1/2} = \frac{\ln 2}{k_A} \tag{5-10}$$

式（5-10）说明，一定温度下，一级反应的半衰期为常数，与反应物的初浓度无关。

反应物的消耗量也可用其他分数值表示。例如，在研究药物稳定性时，常采用分解 10%所需的时间，即十分之一衰期，记作 $t_{0.9}$，其表示式如下：

$$t_{0.9} = \frac{1}{k_A}\ln\frac{10}{9} \tag{5-11}$$

另外，由式（5-6）可知，一级反应在时间间隔为定值时，$c_{A,0}/c_A$ 亦为定值，说明在经历相同的时间间隔后，反应物浓度变化的分数相同。

一级反应很常见，许多热分解反应、分子重排反应及放射性元素的蜕变反应都符合一级反应规律。许多药物在生物体内的吸收、分布、代谢、排泄等动态变化过程也常近似地表现出一级速率过程的特点。

例 5-1 药物进入体内循环后，一方面在血液中与体液建立平衡，另一方面主要通过肾随尿排出。抗生素类药物四环素由血液移出的速率符合一级动力学过程。在人体内注射 500 mg 四环素后在不同时间点取血样测定其中的药物浓度（血药浓度），得如下数据。求：

（1）四环素在血液中的半衰期 $t_{1/2}$。

（2）血药浓度降至 3.70 μg·ml^{-1} 所需的时间。

t(h)	4	8	12	16
c(μg·ml^{-1})	4.80	3.11	2.40	1.53

解：（1）以 $\ln c$ 对 t 作线性回归，得直线方程：$\ln c = -0.0923t + 1.924$，如图 5-2 所示。由直线斜率可得：

$$k = -斜率 = 0.0923(h^{-1})$$

$$t_{1/2} = \frac{\ln 2}{k} = \frac{\ln 2}{0.0923} = 7.51(h)$$

（2）将 $c = 3.70$ μg·ml^{-1} 代入直线方程，可得血药浓度降至 3.70 μg·ml^{-1} 所需的时间，即

$$t = \frac{\ln 3.70 - 1.924}{-0.0923} = 6.67(h)$$

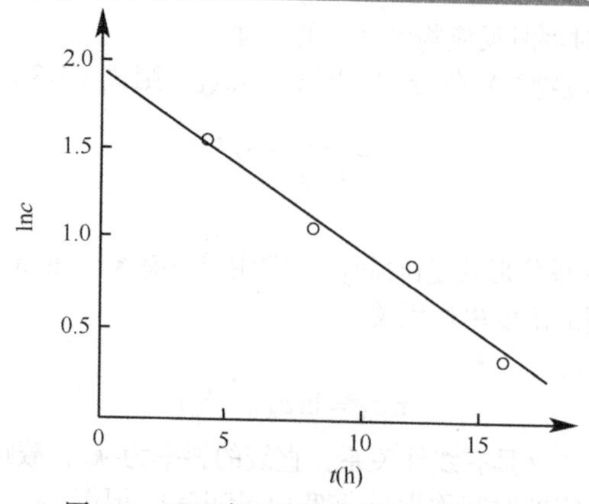

图 5-2　四环素血药浓度与时间的关系

或由直线截距求得初始血药浓度 $c_0 = 6.85\ \mu g \cdot ml^{-1}$，再根据一级动力学方程可求得：

$$t = \frac{1}{k}\ln\frac{c_0}{c} = \frac{1}{0.0923}\ln\frac{6.85}{3.70} = 6.67(\mathrm{h})$$

即给药 6.67 小时后血药浓度降至 $3.70\ \mu g \cdot ml^{-1}$。

例 5-2　大气层中的 CO_2 含 ^{14}C（碳的放射性同位素）的量为总碳量的 $1.10\times10^{-13}\%$。当大气中的 CO_2 经光合作用进入生物体后，^{14}C 的含量将按一级反应规律下降，其半衰期为 5770 年。现测得某古生物骸骨中 ^{14}C 的含量为总碳量的 $8.85\times10^{-14}\%$，求该古生物生活在距今约多少年前？

解：由一级反应的 $t_{1/2}$ 表示式可得：

$$k = \frac{\ln 2}{t_{1/2}} = \frac{\ln 2}{5770} = 1.20\times10^{-4}(\mathrm{y}^{-1})$$

由一级反应的积分速率方程可得

$$t = \frac{1}{k}\ln\frac{c_0}{c} = \frac{1}{1.20\times10^{-4}}\times\ln\frac{1.10\times10^{-15}}{8.85\times10^{-16}} \approx 1.8\times10^{3}(\mathrm{y})$$

即该古生物生活在距今约 1800 年前。

5.2.2　二级反应

反应速率与一种反应物浓度的平方成正比，或与两种反应物浓度的乘积成正比的反应均属二级反应（second order reaction）。

只有一种反应物的二级反应可表示如下：

$$a\mathrm{A} \longrightarrow \mathrm{P}$$

反应的微分速率方程为：

$$r_{\mathrm{A}} = -\frac{\mathrm{d}c_{\mathrm{A}}}{\mathrm{d}t} = k_{\mathrm{A}}c_{\mathrm{A}}^2 \tag{5-12}$$

将上式整理后对等式两端做定积分，即：

$$-\int_{c_{\mathrm{A},0}}^{c_{\mathrm{A}}}\frac{\mathrm{d}c_{\mathrm{A}}}{c_{\mathrm{A}}^2} = \int_0^t k_{\mathrm{A}}\mathrm{d}t$$

积分得：

$$\frac{1}{c_{\mathrm{A}}} - \frac{1}{c_{\mathrm{A},0}} = k_{\mathrm{A}}t \tag{5-13}$$

此式即为符合式（5-12）的二级反应的积分速率方程。

对于两种反应物的二级反应：

$$A+D \longrightarrow P$$

其微分速率方程为：

$$r_A = -\frac{dc_A}{dt} = k_A c_A c_D \quad (5\text{-}14)$$

式（5-14）的积分可分如下两种情况：

（1）两种反应物的初浓度相等，即 $c_{A,0}=c_{D,0}$，则反应进行至任一时刻两种反应物的浓度均保持相等，即 $c_A=c_D$，此时式（5-14）可转化为式（5-12），积分结果同式（5-13）。

（2）两种反应物的初浓度不相等，即 $c_{A,0}\neq c_{D,0}$，则反应进行到任一时刻 $c_A\neq c_D$。若用 x 表示经过 t 时间后反应物 A 和 D 消耗掉的浓度，则：

$$c_A = c_{A,0} - x\text{，}\quad c_D = c_{D,0} - x$$

$$dc_A = d(c_{A,0} - x) = -dx$$

将以上关系式代入式（5-14），得：

$$\frac{dx}{dt} = k_A (c_{A,0} - x)(c_{D,0} - x)$$

移项做定积分：

$$\int_0^x \frac{dx}{(c_{A,0} - x)(c_{D,0} - x)} = \int_0^t k_A dt$$

积分得：

$$\frac{1}{c_{A,0} - c_{D,0}} \ln \frac{c_{D,0}(c_{A,0} - x)}{c_{A,0}(c_{D,0} - x)} = k_A t \quad (5\text{-}15)$$

或

$$\frac{1}{c_{A,0} - c_{D,0}} \ln \frac{c_{D,0} c_A}{c_{A,0} c_D} = k_A t \quad (5\text{-}16)$$

以上两式即为符合式（5-14）的二级反应的积分速率方程。

二级反应具有下述特征：

（1）反应速率常数 k 的单位形式是[浓度]$^{-1}$·[时间]$^{-1}$，常用单位有 $mol^{-1}\cdot m^3\cdot s^{-1}$ 或 $mol^{-1}\cdot L\cdot h^{-1}$ 等。k 的数值与所采用的浓度和时间单位均有关。

（2）将式（5-13）改写为：

$$\frac{1}{c_A} = \frac{1}{c_{A,0}} + k_A t \quad (5\text{-}17)$$

由式（5-17）可以看出，$1/c_A$ 与 t 具有线性关系，直线的斜率为 k_A，截距为 $1/c_{A,0}$。

将式（5-16）改写为：

$$\ln \frac{c_{D,0} c_A}{c_{A,0} c_D} = (c_{A,0} - c_{D,0})\, k_A t \quad (5\text{-}18)$$

由式（5-18）可以看出，以 $\ln \frac{c_{D,0} c_A}{c_{A,0} c_D}$ 对 t 作图，可得过原点的直线，直线斜率为 $(c_{A,0}-c_{D,0})k_A$。

（3）将 $c_A=c_{A,0}/2$ 代入式（5-13），可得只有一种反应物或两种反应物初浓度相等条件下的二级反应半衰期表示式，其值与反应物的初浓度成反比。

$$t_{1/2} = \frac{1}{k_A c_{A,0}} \quad (5\text{-}19)$$

对于两种反应物初浓度不同的二级反应，A 和 D 的半衰期不相等，需分别将 $c_A=c_{A,0}/2$ 或 $c_D=c_{D,0}/2$ 代入式（5-18）进行计算。

二级反应为一类常见的反应，溶液中进行的许多有机反应都符合二级反应的规律，如加成和取代反应等。另外，碘化氢、甲醛的热分解亦属于二级反应。

例 5-3 乙酸甲酯的皂化为二级反应

$$CH_3COOCH_3 + NaOH \longrightarrow CH_3COONa + CH_3OH$$

两种反应物的初浓度相等，在 298.15 K 时用酸滴定反应系统中剩余的碱，得如下数据。求

（1）反应速率常数。

（2）反应物初浓度。

（3）反应完成 90%所需的时间。

t(min)	3	5	7	10	15	21	25
c(mol·L^{-1})	7.40	6.34	5.50	4.64	3.63	2.88	2.54

解：（1）以 $1/c$ 对 t 作线性回归，得直线方程

$$1/c = 0.0118t + 0.0991 \qquad （相关系数 r = 0.9999）$$

直线斜率为 0.0118，故可得 $k = 0.0118\ \text{mol}^{-1}\cdot\text{L}\cdot\text{min}^{-1}$。

（2）直线的截距为 0.0991，故可得

$$c_0 = \frac{1}{0.0991} = 10.1(\text{mol}\cdot\text{L}^{-1})$$

（3）反应完成 90%，即反应物剩余浓度 $c = (100\% - 90\%)c_0 = 0.1c_0$，代入式（5-13）得：

$$t = \frac{1}{k}\left(\frac{1}{c} - \frac{1}{c_0}\right) = \frac{1}{k}\left(\frac{1}{0.1c_0} - \frac{1}{c_0}\right) = \frac{1}{0.0118 \times 10.1}\left(\frac{1}{0.1} - 1\right) = 75.5(\text{min})$$

5.2.3 零级反应

反应速率与反应物浓度无关的反应称为零级反应（zero-order reaction）。零级反应的微分速率方程为：

$$r_A = -\frac{dc_A}{dt} = k_A \tag{5-20}$$

移项做定积分：

$$-\int_{c_{A,0}}^{c_A} dc_A = \int_0^t k_A dt$$

积分得：

$$c_{A,0} - c_A = k_A t \tag{5-21}$$

由式（5-21）可知，当 $c_A = 0$ 时，$t = c_{A,0}/k_A$，说明零级反应在有限时间内反应完全。

零级反应具有下述特征：

（1）反应速率常数 k 的单位形式是[浓度]·[时间]$^{-1}$，常用单位有 $\text{mol}\cdot\text{m}^{-3}\cdot\text{s}^{-1}$ 或 $\text{mol}\cdot\text{L}^{-1}\cdot\text{h}^{-1}$ 等。零级反应的反应速率是一常数，即等于速率常数。

（2）将式（5-21）改写为：

$$c_A = c_{A,0} - k_A t \tag{5-22}$$

可以看出，c_A 与 t 具有线性关系，直线的斜率为$-k_A$，截距为 $c_{A,0}$。

（3）将 $c_A = c_{A,0}/2$ 代入式（5-21），可得零级反应的半衰期表示式：

$$t_{1/2} = \frac{c_{A,0}}{2k_A} \tag{5-23}$$

上式表明，零级反应的半衰期与反应物的初浓度成正比。

某些表面催化反应、光化学反应、电解反应等符合零级反应规律。这些反应在一定条件下的反

应速率仅与催化剂的表面状态、光照强度或电流强度有关，而与反应物的浓度无关。混悬剂中的药物降解通常也可视为零级反应，因为混悬系统中的药物降解主要发生在液相中，而在一定温度下药物在液相中的浓度（即该温度下的溶解度）为一常数，因此不论药物的降解速率与浓度有无关系，都表现为零级反应。

5.2.4 准级反应与简单级数反应小结

设某反应的速率方程为：

$$r = kc_A^{\alpha}c_D^{\delta}$$

则该反应的级数为 $\alpha+\delta$。当大大增加其中一种反应物的浓度，例如 $c_D \gg c_A$，此时在反应过程中反应物 D 的浓度可以看作基本不变，故可把 c_D^{δ} 当作常数并入速率常数 k 中，得：

$$r = k'c_A^{\alpha}$$

于是该反应就变成 α 级反应，但由于该结论是在特殊条件下形成的，故称为准 α 级反应（pseudo α order reaction）。

例如，蔗糖的水解为二级反应，速率方程是 $r = kc_{H_2O}c_{蔗糖}$，当反应系统中的水大幅过量时，水的浓度可视为常数，故原速率方程可表示为 $r = k'c_{蔗糖}$，即准一级反应，也称伪一级反应。准一级反应具有一级反应的特点，但 k' 和 k 具有不同的量纲。

现将一些简单级数反应的速率方程及其特征列于表 5-1 中，以便于比较和查阅。表中 n 级反应只列出了微分速率方程与一种反应物浓度的 n 次方成正比的简单形式。

表 5-1 简单级数反应的速率方程及特征小结

级数	微分速率方程	积分速率方程	$t_{1/2}$	线性关系	k 的单位形式
0	$-\frac{dc_A}{dt} = k_A$	$c_{A,0} - c_A = k_A t$	$\frac{c_{A,0}}{2k_A}$	$c_A - t$	[浓度]·[时间]$^{-1}$
1	$-\frac{dc_A}{dt} = k_A c_A$	$\ln\frac{c_{A,0}}{c_A} = k_A t$	$\frac{\ln 2}{k_A}$	$\ln c_A - t$	[时间]$^{-1}$
2	$-\frac{dc_A}{dt} = k_A c_A^2$	$\frac{1}{c_A} - \frac{1}{c_{A,0}} = k_A t$	$\frac{1}{k_A c_{A,0}}$	$\frac{1}{c_A} - t$	[浓度]$^{-1}$·[时间]$^{-1}$
2	$-\frac{dc_A}{dt} = k_A c_A c_D$	$\frac{1}{c_{A,0} - c_{D,0}}\ln\frac{c_{D,0}c_A}{c_{A,0}c_D} = k_A t$	$t_{1/2(A)} \neq t_{1/2(D)}$	$\ln\frac{c_{D,0}c_A}{c_{A,0}c_D} - t$	[浓度]$^{-1}$·[时间]$^{-1}$
$n(n\neq1)$	$-\frac{dc_A}{dt} = k_A c_A^n$	$\frac{\left(1/c_A^{n-1} - 1/c_{A,0}^{n-1}\right)}{n-1} = k_A t$	$\frac{2^{n-1}-1}{(n-1)k_A c_{A,0}^{n-1}}$	$\frac{1}{c_A^{n-1}} - t$	[浓度]$^{1-n}$·[时间]$^{-1}$

5.2.5 反应级数的确定

反应级数是重要的动力学参数。反应级数不仅可以表明浓度对反应速率的影响，还对反应机制的确定起到至关重要的作用。确定反应级数的方法可分为积分法（integral method）和微分法（differential method）两大类。

积分法也称尝试法（trial-and-error method），是最为简单也是药物研究中较为常用的一种方法。将不同时刻的反应物浓度数据分别代入各级数反应的积分速率方程中，若所得结果与某级反应的特征相符，则此反应即为该级反应。例如，将各组数据代入一级反应的积分速率方程中所求得的 k 值为常数，或以 $\ln c$ 对 t 作图可得一直线，且线性关系比其他级数更好，则可认为该反应是一级反应。应用积分法时，实验数据的浓度范围应足够大，否则难以判明反应级数。积分法一般适用于简单级数的反应，当级数为分数时很难尝试成功，此时可用下述微分法。

设反应的微分速率方程具有如下形式：

$$r_A = -\frac{dc_A}{dt} = k_A c_A^n$$

等式两端取对数，可得 $\ln(-dc_A/dt)$ 对 $\ln c_A$ 的直线方程，即：

$$\ln\left(-\frac{dc_A}{dt}\right) = \ln k_A + n\ln c_A \tag{5-24}$$

直线的斜率为 n，截距为 $\ln k_A$。

测定不同时刻反应物的浓度 c_A，以 c_A 对 t 作图，如图 5-3（a）所示。在不同浓度处作曲线的切线，切线斜率的绝对值即为相应浓度时的反应速率 $-dc_A/dt$。再对浓度 c_A 及其对应的反应速率 $-dc_A/dt$ 分别取对数，以 $\ln(-dc_A/dt)$ 对 $\ln c_A$ 作图，如图 5-3（b）所示。由图中直线的斜率和截距可分别求得反应级数 n 和反应速率常数 k_A。

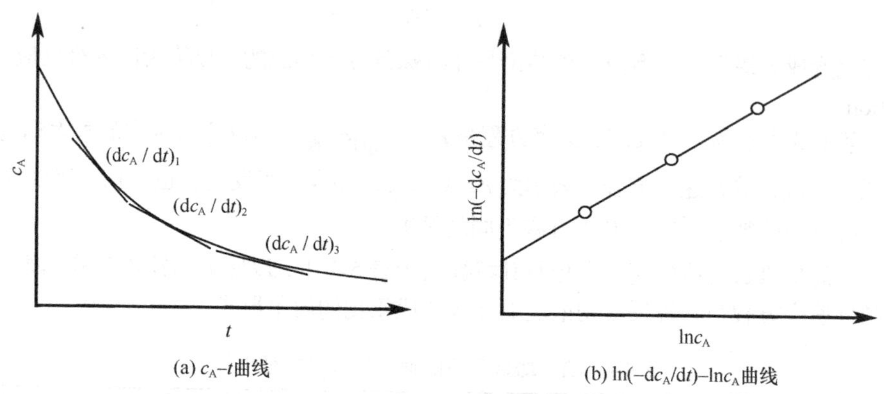

图 5-3 微分法确定反应级数

若对反应速率有影响的物质不止一种，设其微分速率方程符合下式

$$r_A = -\frac{dc_A}{dt} = k_A c_A^{\alpha} c_D^{\delta} c_E^{\varepsilon} \tag{5-25}$$

此时可采用孤立法确定各反应物的级数。孤立法是指除某一种反应物外，设法使其他反应物的浓度保持基本不变。例如，使反应物 D 和 E 的浓度远大于反应物 A 的浓度（一般相差 20 倍以上），则在整个反应过程中 c_D 和 c_E 可视为常数，因而式（5-25）可表示为 $r_A = k'_A c_A^{\alpha}$，此时可用积分法或微分法求得反应物 A 的级数 α。同法可分别求得反应物 D、E 的级数 δ、ε，最后得出反应的总级数 $n = \alpha+\delta+\varepsilon$。

【知识扩展】

多数药物在常用剂量时，其在体内的吸收（absorption）、分布（distribution）、代谢（metabolism）和排泄（excretion）动态变化过程（亦称 ADME 过程）往往呈现一级速率过程。一级速率过程亦称为一级动力学过程或线性速率过程，是指药物在体内某部位的转运速率与该部位的药量或浓度的一次方成正比。

生物半衰期（biological half life）是指药物在体内的量或血药浓度下降一半所需的时间，简称半衰期，以 $t_{1/2}$ 表示。生物半衰期是衡量药物从体内消除快慢的指标。通常情况下，代谢快、排泄快的药物半衰期短，而代谢慢、排泄慢的药物半衰期长。对具有线性动力学特征的药物，半衰期是其特征参数，不因药物剂型或给药途径而发生变化。药物从体内消除一定百分数所需的时间亦可描述为所需半衰期的个数，用下式计算：

$$t = \frac{\ln(c_0/c)}{k} = \frac{\ln(c_0/c)}{\ln 2/t_{1/2}} = \frac{\ln(c_0/c)}{\ln 2} t_{1/2}$$

例如，消除 90%（$c = c_0/10$）所需的时间为 $3.32t_{1/2}$。用上式也可计算经历若干个半衰期后药物从体内消除的百分数：

半衰期个数	药物剩余率（%）	药物消除率（%）
0	100	0
1	50	50
2	25	75
3	12.5	87.5
⋮	⋮	⋮
7	0.78	99.22

由以上数据可知，给药时间经过 $7t_{1/2}$ 后，体内药物消除率达到 99%以上，即基本消除完全。半衰期对于给药途径、剂型与给药方案的设计具有重要的指导作用。研究机体内不同部位药物浓度（数量）与给药时间之间关系的内容属于药物动力学的研究范畴。药物代谢动力学（pharmacokinetic）简称药动学，是应用动力学（kinetics）原理与数学处理方法研究药物在体内的 ADME 过程中的量变规律的科学，为新药研发和药物的临床合理应用提供重要的科学依据。

知识梳理 5-2　简单级数反应

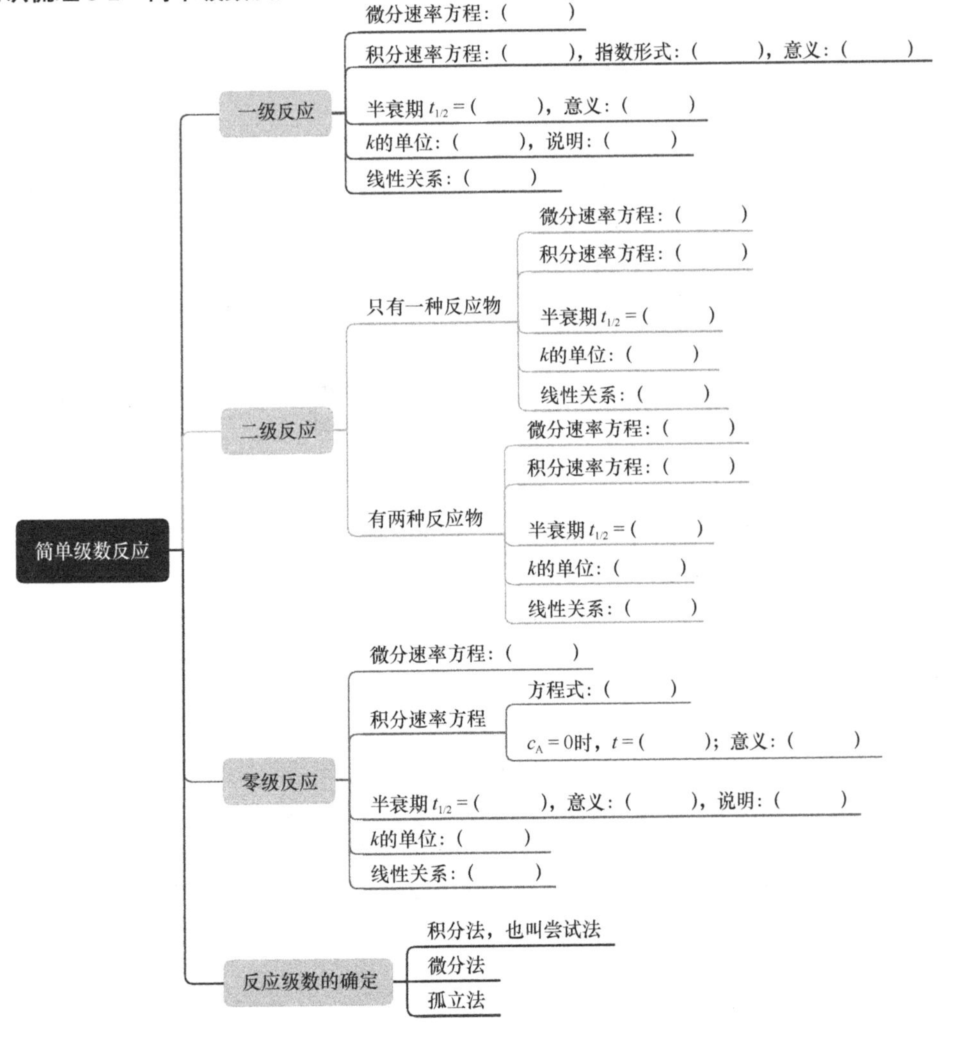

微课 5-2

5.3 温度对反应速率的影响

前面讨论了等温条件下反应物浓度对反应速率的影响，而对于大多数化学反应来说，温度对反应速率的影响更为显著。在讨论温度对反应速率的影响时，为了排除浓度的影响，通常讨论的是反应速率常数与温度之间的关系。

5.3.1 范托夫近似规则

温度升高时，化学反应速率通常会增大。范托夫根据实验结果总结出了温度对反应速率影响的近似规律，即温度每升高 10 K，反应速率增加 2～4 倍，可表示为：

$$\frac{k_{T+10\mathrm{K}}}{k_T}=2\sim4 \tag{5-26}$$

在不需要精确数据或掌握的数据不全时，可根据该规律大略估计温度对反应速率的影响，此规律即称为范托夫近似规则。

5.3.2 阿伦尼乌斯方程

阿伦尼乌斯（Arrhenius）根据大量实验研究结果，提出了反应速率常数与温度之间的关系式，即阿伦尼乌斯方程（Arrhenius equation），可表示为：

$$k=A\mathrm{e}^{-\frac{E_\mathrm{a}}{RT}} \tag{5-27}$$

式中，k 为温度 T 时的反应速率常数；A 称为指前因子（pre-exponential factor）或频率因子；E_a 称为表观活化能或阿伦尼乌斯活化能，简称活化能（activation energy），单位为 $\mathrm{J\cdot mol^{-1}}$；R 为摩尔气体常量。A 与 E_a 是通过实验得到的经验常数。

将式（5-27）表示为对数形式，得：

$$\ln k=-\frac{E_\mathrm{a}}{RT}+\ln A \tag{5-28}$$

上式表明，$\ln k$ 与 $1/T$ 具有线性关系，直线的斜率为 $-E_\mathrm{a}/R$，截距为 $\ln A$。

式（5-28）两边对 T 微分，可得阿伦尼乌斯方程的微分形式：

$$\frac{\mathrm{d}\ln k}{\mathrm{d}T}=\frac{E_\mathrm{a}}{RT^2} \tag{5-29}$$

该式表明，$\ln k$ 随 T 的变化率与活化能 E_a 成正比，即活化能越高，反应速率对温度越敏感。亦即，若某系统中有几个活化能不同的反应同时进行，当升高温度时，活化能大的反应速率增加的倍数比活化能小的反应速率增加的倍数大；当降低温度时，活化能大的反应速率比活化能小的反应速率减小得多。可以利用该性质选择合适的温度来提高主反应与副反应的速率比。

对式（5-29）积分，可得如下积分形式：

$$\ln\frac{k_2}{k_1}=-\frac{E_\mathrm{a}}{R}\left(\frac{1}{T_2}-\frac{1}{T_1}\right) \tag{5-30}$$

利用式（5-30），若已知两个温度 T_1 和 T_2 下的速率常数 k_1 和 k_2，则可求得活化能 E_a；若已知活化能 E_a 和某一温度下的速率常数，则可求得另一温度下的速率常数。

例 5-4 实验测得乙醛分解反应在 700 K 和 810 K 时的速率常数分别为 0.011 $\mathrm{mol^{-1}\cdot L\cdot s^{-1}}$ 和 0.789 $\mathrm{mol^{-1}\cdot L\cdot s^{-1}}$，根据实验数据求出该反应的活化能 E_a 和在 760 K 时的反应速率常数 $k_{760\mathrm{K}}$。

解： 由式（5-30）得：

$$E_a = \frac{R\ln(k_2/k_1)}{1/T_1 - 1/T_2} = \frac{8.314\times\ln(0.789/0.011)}{1/700 - 1/810} = 183(\text{kJ}\cdot\text{mol}^{-1})$$

$$k_{760\text{K}} = k_{700\text{K}}\cdot e^{-\frac{E_a}{R}\left(\frac{1}{760}-\frac{1}{700}\right)} = 0.132(\text{mol}^{-1}\cdot\text{L}\cdot\text{s}^{-1})$$

阿伦尼乌斯方程最初是由气相反应总结出来的，但后来发现它也适用于液相反应或复相催化反应。阿伦尼乌斯方程既适用于基元反应，也适用于一些具有反应物浓度幂乘积形式的总反应，而此时的 E_a、A 和 k 皆为对总反应而言的表观参数。

温度对化学反应速率的影响较为复杂，并非所有的化学反应都符合或近似符合阿伦尼乌斯方程。图 5-4（a）即为符合阿伦尼乌斯方程的 k-T 关系曲线，而（b）～（e）则为不符合阿伦尼乌斯方程的四类典型反应。其中（b）为爆炸反应；（c）为酶催化反应；（d）为受吸附速率控制的多相催化反应；（e）是一种反常的类型，随温度的升高反应速率反而下降，如一氧化氮氧化为二氧化氮的反应即属于这一类型。

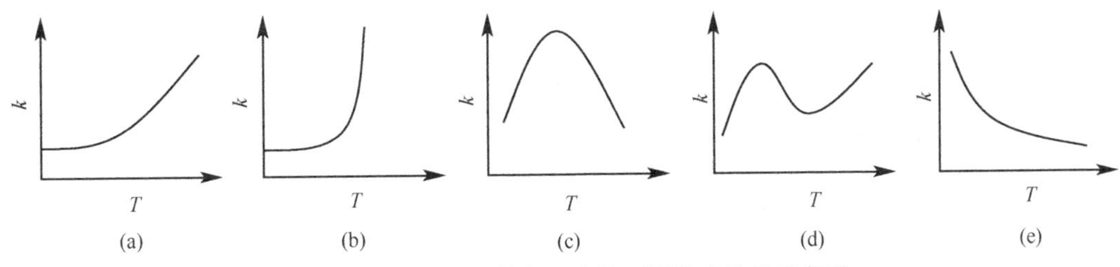

图 5-4　反应速率常数与温度的不同类型关系示意图

5.3.3　活化能和活化分子

阿伦尼乌斯方程中的常数 E_a 因位于指数项中，所以对反应速率的影响很大。阿伦尼乌斯在解释他的方程时，首次提出了活化能的概念。阿伦尼乌斯方程与活化能概念的提出，极大地促进了化学动力学的发展。

对于基元反应，活化能可被赋予较为明确的物理意义。发生化学反应的首要条件是反应物分子之间的相互碰撞，但并非每一次碰撞都能发生化学反应。只有少数能量足够高的分子碰撞后才能发生反应，这样的分子称为活化分子（activated molecule）。活化分子的平均能量与所有反应物分子的平均能量之差即为阿伦尼乌斯活化能（活化能）。活化分子的平均能量和所有反应物分子的平均能量均随温度的升高而增大，两者的差值即活化能近似为常数。

反应物分子若要发生反应，须克服分子间的斥力，还须破坏分子内原有的化学键，这些都需要足够的能量。对于某个特定的化学反应，反应物分子必须具有某一特定的最低能量才可能发生反应。超过这一特定能量的分子即为活化分子，活化分子可以跨过这一特定能垒发生反应。这一概念可由图 5-5 说明。

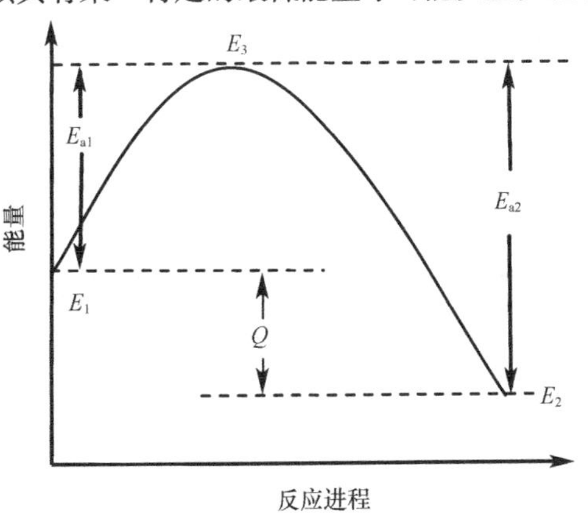

图 5-5　活化能示意图

图中，E_1 为基元反应中反应物分子的平均能量，E_2 为产物分子的平均能量，E_3 为活化分子的平均能量；E_{a1} 为正向反应的活化能，E_{a2} 为逆向反应的活化能，两者之差值即为反应热 Q，若为等容反应，此反应热即为 ΔU，若为等压反应，即为 ΔH。

阿伦尼乌斯曾将他的经验方程与范托夫等容方程进行了比较。对一等容条件下可逆进行的基元反应，分别用 k_1、k_2 表示正、逆反应的速率常数，则根据质量作用定律可得，平衡常数 $K_c = k_1/k_2$。另由

图 5-5 可知，$\Delta U = E_{a1} - E_{a2}$。

根据阿伦尼乌斯方程的微分形式可得

$$\frac{\mathrm{d}\ln k_1}{\mathrm{d}T} = \frac{E_{a1}}{RT^2}, \quad \frac{\mathrm{d}\ln k_2}{\mathrm{d}T} = \frac{E_{a2}}{RT^2}$$

两式相减，得：

$$\frac{\mathrm{d}\ln(k_1/k_2)}{\mathrm{d}T} = \frac{(E_{a1} - E_{a2})}{RT^2}$$

将 $K_c = k_1/k_2$ 和 $\Delta U = E_{a1} - E_{a2}$ 代入上式，即可得范托夫等容方程。

$$\frac{\mathrm{d}\ln K_c}{\mathrm{d}T} = \frac{\Delta U}{RT^2}$$

以上讨论并非很严密。在阿伦尼乌斯方程中，活化能 E_a 是与温度无关的常数，而 ΔU 和 ΔH 都与温度有关。更为精密的实验表明，活化能也受温度的影响，当温度变化范围较大时，下式更能符合实验事实，即：

$$k = A'T^m \mathrm{e}^{-\frac{E'_a}{RT}} \tag{5-31}$$

式中，A'、m 和 E'_a 都是经验常数，需要由实验确定。

对于非基元反应，E_a 只是一个表观参数，是构成总反应的各基元反应活化能的组合。例如，某一总反应的表观速率常数 $k=k_1k_2k_3^{-1}$，则其表观活化能 $E_a=E_{a1}+E_{a2}-E_{a3}$。表观活化能虽不具有明确的物理意义，但仍可以认为是阻碍反应进行的能量因素。大部分化学反应的活化能为 40～400 $\mathrm{kJ \cdot mol^{-1}}$。

5.3.4 药物贮存期预测

药物在贮存过程中常因水解、氧化等反应，导致含量逐渐降低直至失效。为了考察药物在室温下贮存时含量降至合格限的时间，即贮存期，通常采用留样观察法。留样观察法是将药物放置在室温条件下，定期测定含量来确定贮存期的方法。该法所得结果准确，但耗时长，尤其是对于化学性质稳定的药物，常需要数年的时间。因此在新药物、新处方的研究过程中常用加速试验法预测药物的贮存期。该方法是在较高温度下使药物降解反应加速进行，经过相关数学处理后得出药物在室温下的贮存期的方法。加速试验法可分为恒温法和变温法两大类。其中恒温法根据数据处理方法的不同，又可分为经典恒温法、温度指数法、温度系数法等不同方法，在此仅介绍经典恒温法。

经典恒温法，首先根据药物的稳定程度选取几个较高的试验温度，并测定在这些温度下药物浓度随时间的变化数据，再根据试验数据确定药物降解的反应级数和各试验温度下的反应速率常数 k，然后依据阿伦尼乌斯方程，以 $\ln k$ 对 $1/T$ 作图，外推求得药物在室温下的降解反应速率常数 $k_{298\mathrm{K}}$，或以 $\ln k$ 对 $1/T$ 作线性回归，由回归方程求得 $k_{298\mathrm{K}}$，并由此计算出室温下的药物贮存期。

例 5-5 为了预测雷公藤甲素注射液在室温下的贮存期，分别在 338.2 K、348.2 K、358.2 K、363.2 K 和 368.2 K 五个温度下进行了稳定性加速试验。通过数据处理确定该药物的降解为一级反应，并求出了各试验温度下的降解速率常数 k，数据列于下表中。若药物含量降至 90%即可视为失效，试求雷公藤甲素注射液在室温（298.2 K）下的贮存期。

T(K)	338.2	348.2	358.2	363.2	368.2
$10^3k(\mathrm{h^{-1}})$	1.723	4.077	8.714	13.25	18.79
$10^3(1/T)(\mathrm{K^{-1}})$	2.957	2.872	2.792	2.753	2.716

解：以 $\ln k$ 对 $1/T$ 作线性回归，得如下直线方程：

$$\ln k = -9908/T + 22.94 \text{（相关系数 } r = 0.9998\text{）}$$

当 $T = 298.2$ K 时，由直线方程可求得 $k_{298.2\text{K}} = 3.411\times10^{-5}\ \text{h}^{-1}$。

将 $k_{298.2\text{K}}$ 值代入一级反应的动力学方程可得：

$$t_{0.9} = \frac{1}{k}\ln\frac{10}{9} = \frac{1}{3.411\times10^{-5}}\ln\frac{10}{9} = 3089(\text{h}) \approx 129(\text{d})$$

即雷公藤甲素注射液在室温下的贮存期约为 129 天。

思考题 5-1 参考答案

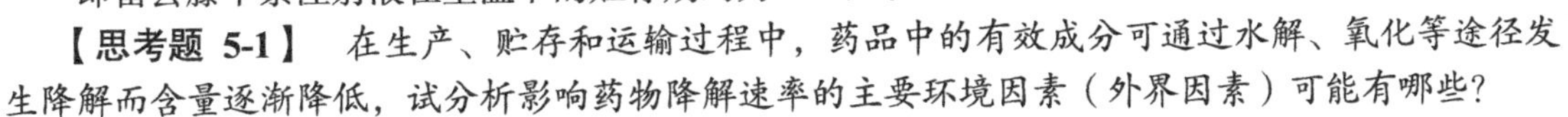

【思考题 5-1】 在生产、贮存和运输过程中，药品中的有效成分可通过水解、氧化等途径发生降解而含量逐渐降低，试分析影响药物降解速率的主要环境因素（外界因素）可能有哪些？

知识梳理 5-3　温度对反应速率的影响

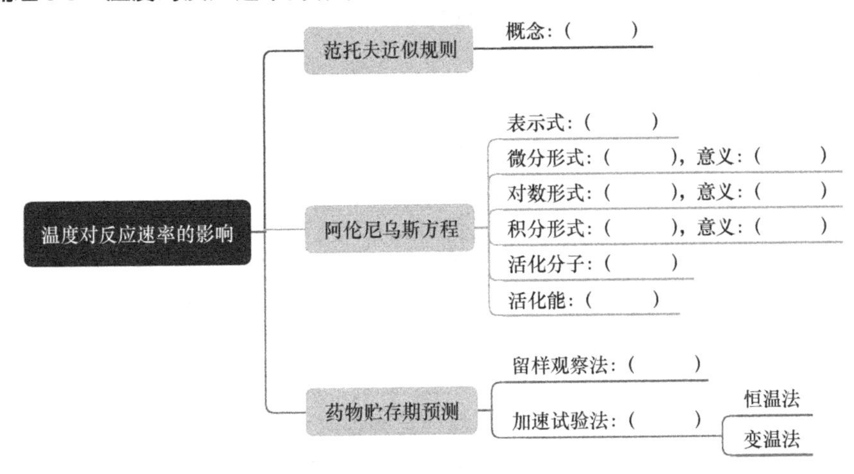

5.4　典型的复杂反应

复杂反应由两个或两个以上的基元反应组成，不同的组合方式可构成不同类型的复杂反应。典型的复杂反应包括对峙反应、平行反应、连续反应和链反应。

5.4.1　对峙反应

正、逆两个方向都能进行的反应称为对峙反应（opposing reaction），也称作可逆反应或对行反应。严格说来，任何化学反应都是对峙反应，只是当逆向反应速率远低于正向反应速率时，可将逆反应忽略，按单向反应处理。

最简单的对峙反应由两个一级反应组成，称为 1-1 级对峙反应。如：

$$\text{A} \underset{k_2}{\overset{k_1}{\rightleftharpoons}} \text{D}$$

正反应速率为：

$$r_{\text{正}} = k_1 c_{\text{A}}$$

逆反应速率为：

$$r_{\text{逆}} = k_2 c_{\text{D}}$$

A 消耗的总反应速率为两者之差，即：

$$-\frac{\text{d}c_{\text{A}}}{\text{d}t} = r_{\text{正}} - r_{\text{逆}} = k_1 c_{\text{A}} - k_2 c_{\text{D}} \tag{5-32}$$

以上各速率方程中 c_{A}、c_{D} 分别表示反应进行至 t 时刻时 A 和 D 的浓度。令 $c_{\text{A},0}$ 为反应物 A 的初浓度，则 $c_{\text{D}}=c_{\text{A},0}-c_{\text{A}}$，代入式（5-32），得：

$$-\frac{dc_A}{dt}=k_1c_A-k_2(c_{A,0}-c_A)=(k_1+k_2)c_A-k_2c_{A,0} \tag{5-33}$$

当反应达到平衡时，正、逆反应速率相等，反应物和产物浓度分别趋于平衡浓度 $c_{A,e}$ 和 $c_{D,e}$，此时：

$$k_1c_{A,e}=k_2c_{D,e}=k_2(c_{A,0}-c_{A,e})$$

或

$$(k_1+k_2)c_{A,e}=k_2c_{A,0}$$

代入式（5-33），得：

$$-\frac{dc_A}{dt}=(k_1+k_2)(c_A-c_{A,e}) \tag{5-34}$$

在 $c_{A,0}$ 一定时，$c_{A,e}$ 为常量，因此有 $dc_A/dt=d(c_A-c_{A,e})/dt$，代入式（5-34），整理后积分得：

$$\ln\frac{c_{A,0}-c_{A,e}}{c_A-c_{A,e}}=(k_1+k_2)t \tag{5-35}$$

或

$$\ln(c_A-c_{A,e})=-(k_1+k_2)t+\ln(c_{A,0}-c_{A,e}) \tag{5-36}$$

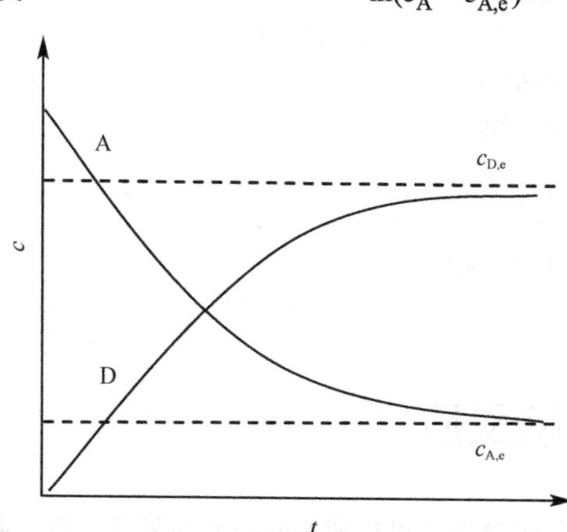

图 5-6　1-1 级对峙反应的 c-t 曲线

式（5-35）和（5-36）即为 1-1 级对峙反应的积分速率方程。

以 ln（$c_A-c_{A,e}$）对 t 作图可得一直线，由直线斜率可求得 k_1+k_2，再由平衡常数与速率常数之间的关系 $K_c=k_1/k_2$，联立后可求得 k_1 和 k_2。当 $k_1\gg k_2$，即正反应速率远大于逆反应速率时，$c_{A,e}\approx 0$，此时可按一级单向反应处理。

图 5-6 为 1-1 级对峙反应的 c-t 曲线。由图可知，1-1 级对峙反应的特征是经过足够长的时间后，反应物和产物的浓度都分别趋近于它们的平衡浓度 $c_{A,e}$ 和 $c_{D,e}$，反应物并不能完全转化为产物。

对峙反应很常见，如许多分子内的重排或异构化反应、醇与酸的酯化反应等。

例 5-6　某 1-1 级对峙反应 $A\underset{k_2}{\overset{k_1}{\rightleftharpoons}}D$，已知 $k_1=0.45\ h^{-1}$，$k_2=0.15\ h^{-1}$，反应开始时系统中只有反应物 A。求：

（1）A 和 D 的浓度达到相等所需的时间。

（2）当 A 的初浓度为 $1.0\ mol\cdot L^{-1}$ 时，反应经过 1 h 后 A 和 D 的浓度。

解：（1）先求出 $c_{A,e}$，再求反应至 $c_A=c_D=c_{A,0}/2$ 所需的时间 t。

当反应达平衡时：

$$\frac{k_1}{k_2}=\frac{c_{D,e}}{c_{A,e}}=\frac{c_{A,0}-c_{A,e}}{c_{A,e}}=\frac{0.45}{0.15}=3$$，由此可得 $c_{A,e}=c_{A,0}/4$

将 $c_{A,e}=c_{A,0}/4$ 与 $c_A=c_{A,0}/2$ 代入式（5-35），得：

$$\ln\frac{c_{A,0}-c_{A,0}/4}{c_{A,0}/2-c_{A,0}/4}=(0.45+0.15)t$$

解得

$$t=1.83\ h$$

（2）当 $c_{A,0}=1.0\ mol\cdot L^{-1}$ 时，$c_{A,e}=c_{A,0}/4=0.25\ mol\cdot L^{-1}$。将 $c_{A,e}$ 值与 $t=1$ h 代入式（5-35），得：

$$\ln\frac{1.0-0.25}{c_A-0.25}=(0.45+0.15)\times 1$$

解得　　$c_A=0.66\ mol\cdot L^{-1}$，$c_D=c_{A,0}-c_A=0.34\ mol\cdot L^{-1}$

5.4.2　平行反应

反应物同时进行几个不同的反应，称为平行反应（parallel reaction）。例如，甲苯的硝化反应可同时生成邻、间、对硝基甲苯就是一个平行反应。通常将生成目标产物的反应或速率较快的反应称为主反应，其余称为副反应。

组成平行反应的几个支反应的级数可能相同，也可能不同，前者数学处理相对简单。这里仅讨论由两个一级反应组成的平行反应

$$\mathrm{A}\begin{cases}\xrightarrow{k_1}\mathrm{D}\\ \xrightarrow{k_2}\mathrm{H}\end{cases}$$

令 $c_{\mathrm{A},0}$ 为反应物 A 的初浓度，c_{A} 为 t 时刻反应物 A 的浓度。以上两个一级反应的速率分别为

$$\frac{\mathrm{d}c_{\mathrm{D}}}{\mathrm{d}t}=k_1c_{\mathrm{A}} \tag{5-37}$$

$$\frac{\mathrm{d}c_{\mathrm{H}}}{\mathrm{d}t}=k_2c_{\mathrm{A}} \tag{5-38}$$

总反应速率为两者之和，即：

$$-\frac{\mathrm{d}c_{\mathrm{A}}}{\mathrm{d}t}=k_1c_{\mathrm{A}}+k_2c_{\mathrm{A}}=(k_1+k_2)c_{\mathrm{A}} \tag{5-39}$$

其积分速率方程为：

$$\ln c_{\mathrm{A}}=-(k_1+k_2)t+\ln c_{\mathrm{A},0} \tag{5-40}$$

或

$$c_{\mathrm{A}}=c_{\mathrm{A},0}\mathrm{e}^{-(k_1+k_2)t} \tag{5-41}$$

由式（5-40）可知，以 $\ln c_{\mathrm{A}}$ 对 t 作图可得一直线，由直线斜率可求得 k_1+k_2。

将式（5-41）分别代入式（5-37）和式（5-38），整理后进行定积分，得

$$c_{\mathrm{D}}=\frac{k_1}{k_1+k_2}c_{\mathrm{A},0}\left[1-\mathrm{e}^{-(k_1+k_2)t}\right] \tag{5-42}$$

$$c_{\mathrm{H}}=\frac{k_2}{k_1+k_2}c_{\mathrm{A},0}\left[1-\mathrm{e}^{-(k_1+k_2)t}\right] \tag{5-43}$$

将式（5-42）与式（5-43）相除，得：

$$\frac{c_{\mathrm{D}}}{c_{\mathrm{H}}}=\frac{k_1}{k_2} \tag{5-44}$$

式（5-44）表明，在任一时刻，各反应产物的浓度之比等于各相应支反应的速率常数之比。在同一时刻分别测定反应物和各产物的浓度，由式（5-40）和式（5-44）即可求得 k_1 和 k_2。一级平行反应中，各物质浓度随时间的变化关系如图 5-7 所示。

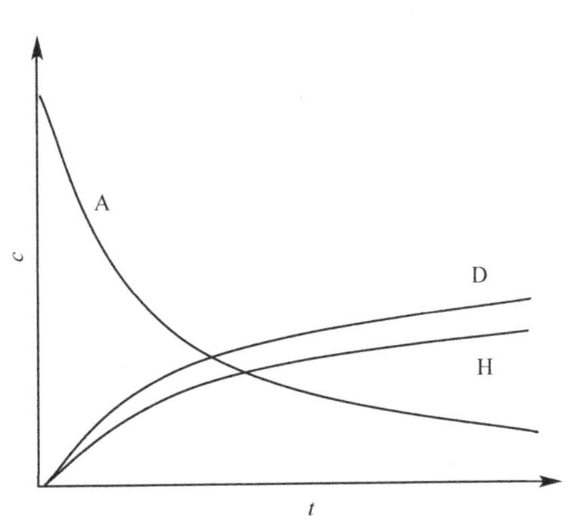

图 5-7　一级平行反应的 c-t 曲线

通常情况下平行反应中各支反应的活化能不同，所以改变温度可以改变各支反应的相对反应速率，从而可使目标产物增加。即倘若主反应的活化能高于副反应，则可考虑适当提高反应温度；相反若主反应的活化能低于副反应，则可考虑适当降低反应温度。

5.4.3　连续反应

一个反应经历几个连续的中间步骤方可生成最终产物，且前一步的产物为后一步的反应物，这

样的反应称为连续反应（successive reaction）。例如，放射性元素的逐级蜕变反应和多糖的水解反应都属于连续反应。

最简单的连续反应由两个连续的一级反应组成：

$$A \xrightarrow{k_1} D \xrightarrow{k_2} H$$

反应物 A 的消耗速率为：

$$-\frac{dc_A}{dt} = k_1 c_A \tag{5-45}$$

中间产物 D 由第一步反应生成，被第二步反应消耗：

$$\frac{dc_D}{dt} = k_1 c_A - k_2 c_D \tag{5-46}$$

最终产物 H 的生成速率为：

$$\frac{dc_H}{dt} = k_2 c_D \tag{5-47}$$

将式（5-45）积分，得：

$$c_A = c_{A,0} e^{-k_1 t} \tag{5-48}$$

将式（5-48）代入式（5-46），得：

$$\frac{dc_D}{dt} + k_2 c_D - k_1 c_{A,0} e^{-k_1 t} = 0$$

解此一阶常系数线性微分方程可得：

$$c_D = \frac{k_1}{k_2 - k_1} c_{A,0} (e^{-k_1 t} - e^{-k_2 t}) \tag{5-49}$$

由反应计量方程式可得：

$$c_H = c_{A,0} - c_A - c_D$$

将式（5-48）和式（5-49）代入可得

$$c_H = c_{A,0}\left[1 - \frac{1}{k_2 - k_1}\left(k_2 e^{-k_1 t} - k_1 e^{-k_2 t}\right)\right] \tag{5-50}$$

图 5-8 为 c_A、c_D 和 c_H 与反应时间 t 的关系曲线。由图可知，反应物的浓度 c_A 随时间增长而减小；最终产物的浓度 c_H 随时间增长而增大；中间产物的浓度 c_D 在开始时随时间增长而增大，经过某一极大值后则随时间增长而减小，这是连续反应的浓度变化特征。

令中间产物浓度的极大值为 $c_{D,m}$，相应的反应时间为 t_m，将式（5-49）对 t 求导并令其为零，即：

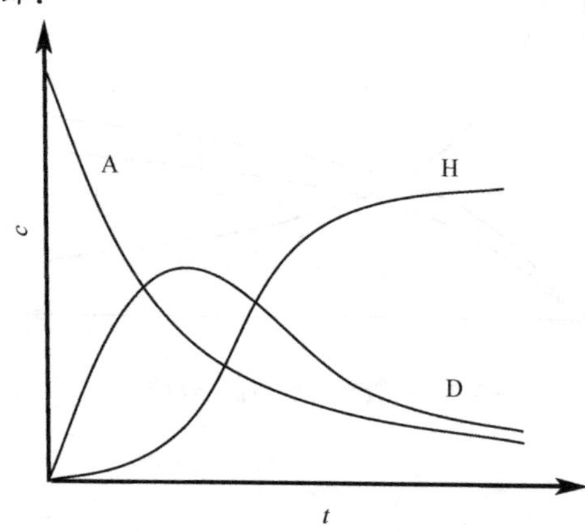

图 5-8　连续反应的 c-t 曲线

$$\frac{dc_D}{dt} = \frac{k_1}{k_2 - k_1} c_{A,0}\left(k_2 e^{-k_2 t} - k_1 e^{-k_1 t}\right) = 0$$

解得：

$$t_m = \frac{\ln(k_2/k_1)}{k_2 - k_1} \tag{5-51}$$

$$c_{D,m} = c_{A,0}\left(\frac{k_1}{k_2}\right)^{\frac{k_2}{k_2 - k_1}} \tag{5-52}$$

如果中间产物 D 是目的产物，则 t_m 为结束反应的最佳时间。式（5-51）和式（5-52）也可用于药物动力学的研究，即把药物在体内的吸收和消除两个过程近似地看作两个连续的一级反应，k_1 作为吸收速率常数，k_2 作为消除速率常数，从而可求得达到最大血药浓度所需的时间和相应的最大血药浓度。

例 5-7　某一级连续反应 $A \xrightarrow{k_1} D \xrightarrow{k_2} H$，在反应温度下 $k_1=6\times10^{-2}\ \text{min}^{-1}$，$k_2=9\times10^{-2}\ \text{min}^{-1}$，开始时反应物 A 的浓度为 $1.0\ \text{mol·L}^{-1}$，D 和 H 的浓度均为零。试求在该反应温度下中间产物 D 的浓度达极大值的时间和此时 A、D、H 的浓度。

解：由式（5-51）得：

$$t_\text{m}=\frac{\ln(k_2/k_1)}{k_2-k_1}=\frac{\ln(9\times10^{-2}/6\times10^{-2})}{9\times10^{-2}-6\times10^{-2}}=13.5(\text{min})$$

由式（5-48）和式（5-49）可求得：

$$c_\text{A}=c_{\text{A},0}\,\text{e}^{-k_1t}=1.0\times\text{e}^{-6\times10^{-2}\times13.5}=0.44(\text{mol}\cdot\text{L}^{-1})$$

$$c_\text{D}=\frac{k_1}{k_2-k_1}c_{\text{A},0}(\text{e}^{-k_1t}-\text{e}^{-k_2t})$$

$$=\frac{6\times10^{-2}}{9\times10^{-2}-6\times10^{-2}}\times1.0\times(\text{e}^{-6\times10^{-2}\times13.5}-\text{e}^{-9\times10^{-2}\times13.5})=0.30(\text{mol}\cdot\text{L}^{-1})$$

$$c_\text{H}=c_{\text{A},0}-c_\text{A}-c_\text{D}=1.0-0.44-0.30=0.26(\text{mol}\cdot\text{L}^{-1})$$

中间产物 D 的浓度也可用式（5-52）进行计算，所得结果与本例题求算结果相同。

以上讨论的是 k_1 和 k_2 相差不大的情况。现假设一级连续反应中第一步的反应速率远大于第二步反应，即 $k_1 \gg k_2$，此时式（5-50）可简化为 $c_\text{H}=c_{\text{A},0}(1-\text{e}^{-k_2t})$，这相当于在始终态之间进行一个一级反应，即生成最终产物 H 的速率仅取决于第二步反应。另一种极端情况是，第二步的反应速率远大于第一步反应，即 $k_1 \ll k_2$，此时式（5-50）可简化为 $c_\text{H}=c_{\text{A},0}(1-\text{e}^{-k_1t})$，即反应的总速率取决于第一步反应。连续反应不论分几步进行，一般都是最慢的一步控制着总速率，这一步骤即称为速率控制步骤，简称速控步（rate controlling step）。用速控步的速率代表整个反应的速率，这样的近似处理方法称为速控步近似法（rate controlling step approximate method）。

还有一种情况是，在连续反应 $A \xrightarrow{k_1} D \xrightarrow{k_2} H$ 中，若 $k_2 \gg k_1$，例如，在中间产物 D 为活泼的自由原子或自由基的反应中，可认为中间产物 D 一旦生成，就立即进行下一步反应转化为最终产物 H。此时，式（5-49）可简化为

$$c_\text{D}=\frac{k_1}{k_2}c_{\text{A},0}\,\text{e}^{-k_1t}=\frac{k_1}{k_2}c_\text{A}$$

代入式（5-46），可得：

$$\frac{\text{d}c_\text{D}}{\text{d}t}=0$$

以上分析表明，当 $k_2 \gg k_1$ 时，中间产物 D 的浓度在整个反应过程中都很小，且当反应稳定进行时近似地等于常数。这样的简化处理方法称为稳态近似法（steady state approximate method）。图 5-9 是当 $k_2 \gg k_1$ 时，连续反应中各组分浓度随时间的变化关系曲线。

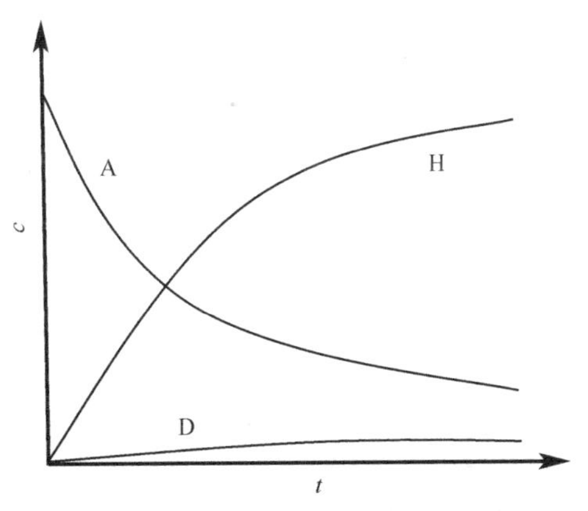

图 5-9　$k_2 \gg k_1$ 的连续反应 c-t 曲线

对于复杂的连续反应，若要从数学上严格求出许多联立微分方程的解，从而得出反应过程中出现的各种物质的浓度与时间的关系是极其困难的。因此在动力学研究中常采用一些近似的处理方法，如速控步近似法、稳态近似法、平衡态近似法（见 5.8 催化反应）等。

5.4.4　链反应

链反应（chain reaction）又称连锁反应，由反复循环的连续反应组成，通常有自由原子或自由

基参加。自由原子或自由基是指含有未成对电子的原子或基团，如H·、Cl·、OH·、CH_3·等，它们具有极高的化学活性，一旦生成就立刻与其他物质发生反应。工业上许多重要的工艺过程，如橡胶的合成、塑料的制备、石油的裂解、碳氢化合物的氧化等，都与链反应有关。

链反应的进行可分为三个阶段，即链引发（chain initiation）、链传递（chain propagation）和链终止（chain termination）。

1. 链引发 是产生自由基或自由原子的过程。这一过程所需的活化能较高，为200～400 kJ·mol^{-1}，是链反应中最难进行的阶段。通常采用的链引发方式有加热、光照或高能辐射（如α、β、γ射线等）。在反应系统中加入较易产生自由基或自由原子的物质，如碱金属、卤素或过氧化物等，可使链引发更容易进行，这样的物质称为化学引发剂。

H_2与Cl_2的气相反应即为一链反应，光照、加热（300℃）或加入钠蒸气（100℃）均可引发这一反应。

$$Cl_2 \xrightarrow{h\nu} 2Cl\cdot$$

$$Cl_2 + M_{(高能)} \longrightarrow 2Cl\cdot + M_{(低能)}$$

$$Cl_2 + Na\cdot \longrightarrow Cl\cdot + NaCl$$

反应式中，M为系统中存在的各种分子或器壁。因氯分子的解离能远小于氢分子，所以Cl·比H·更易于形成。

2. 链传递 自由基或自由原子极不稳定，一旦生成即立刻与其他物质发生反应，反应中又生成新的自由基或自由原子，如此循环，构成了链传递过程。链传递是链反应的主体，这一过程的活化能很小，一般小于40 kJ·mol^{-1}，因而进行得很快。根据链传递方式的不同，可将链反应分为直链反应（straight chain reaction）和支链反应（branched chain reaction）。

直链反应中，链传递的每个基元反应只产生一个新的自由基或自由原子。例如，H_2和Cl_2的气相反应即为直链反应，其链传递过程为：

$$Cl\cdot + H_2 \longrightarrow HCl + H\cdot \qquad E_a = 25\ kJ\cdot mol^{-1}$$

$$H\cdot + Cl_2 \longrightarrow HCl + Cl\cdot \qquad E_a = 12.6\ kJ\cdot mol^{-1}$$

支链反应中，链传递的每个基元反应可产生多个新的自由基或自由原子。例如，H_2的燃烧就是一个支链反应。

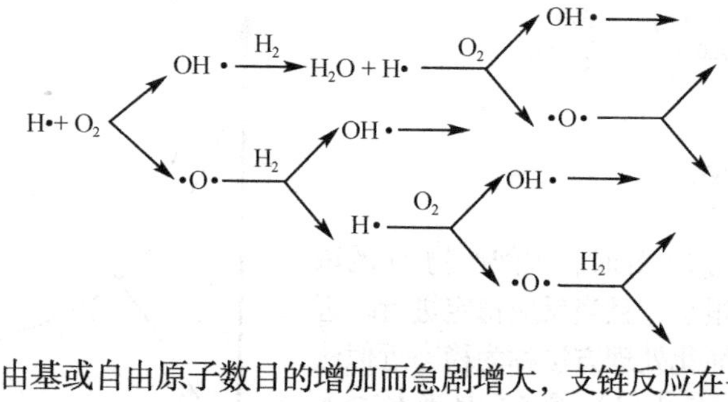

H•+ O_2 → OH • $\xrightarrow{H_2}$ H_2O + H• $\xrightarrow{O_2}$ OH • → ；•O• →

H•+ O_2 → •O• $\xrightarrow{H_2}$ OH • → ；H• $\xrightarrow{O_2}$ OH • → ；•O• $\xrightarrow{H_2}$

由于反应速率随自由基或自由原子数目的增加而急剧增大，支链反应在一定条件下可导致爆炸。

在链传递过程中，一个自由基或自由原子可使大量反应物分子发生反应。例如，在H_2和Cl_2的气相反应中，引发一个Cl·即可生成10^4～10^6个HCl分子，而在支链反应中这一数目就更大了。

自由基或自由原子因反应活性高，可自由存在的寿命很短，在系统中的数量也很少。在直链反应稳定进行时，可将自由基或自由原子的浓度近似看作常数，这样的处理方法即为前述的稳态近似法。但对于支链反应，因自由基或自由原子的数量成倍增长，系统不能建立稳态，故不能用稳态近似法处理。

3. 链终止 是自由基或自由原子销毁的过程，是链反应的最后一个阶段，这一过程反应的活化能很小或为零。自由基或自由原子可以相互结合变成稳定分子，并将能量传递给系统中的其他分子，也可以与器壁碰撞而失去活性。因此，改变反应容器的形状或表面状态等都可能影响链反应速率，这种器壁效应是链反应的特点之一。

在 H_2 和 Cl_2 的气相反应中，以下反应可使链传递终止。

$$2Cl\cdot + M_{(低能)} \longrightarrow Cl_2 + M_{(高能)} \qquad E_a = 0$$

【知识扩展】

拟定反应历程的一般方法　化学反应的反应机制不是凭空想象出来的。确定反应历程首先需要掌握足够的实验数据，之后根据这些实验事实拟定反应机制，而拟定的反应机制必须经过实验的检验，整个过程即为实践、认识、再实践、再认识的过程。一般说来，拟定反应机制需要经过下述几个步骤：

初步的观察和分析：根据观察到的反应现象，初步了解反应是否受光的影响，是复相还是均相反应，反应过程中有无颜色的变化，是吸热还是放热，有无副产物生成，以及其他可能观察到的现象。根据对实验现象的分析，再进行针对性的系统实验。

收集定量实验数据：①测定反应速率与各反应物浓度的关系，确定各反应物的级数及反应的总级数；②测定反应速率与温度的关系，确定反应的活化能；③测定有无逆反应或其他可能的复杂反应，确定主反应和副反应分别是什么；④测定中间产物。中间产物的寿命通常很短，数量也不多，因此对它们的检验常需使用一些特殊的测试方法，如淬冷法、闪光光解法、原位磁共振谱、色谱-质谱法等。NO、O_2、Cl_2O 等具有未成对电子，易于捕获自由基，将这些物质加入反应系统中，观察反应速率是否下降，由此可判断系统中是否有自由基存在，而自由基的存在常能导致链反应。中间产物的测定结果，对反应机制的确定起到极为重要的作用。

拟定反应机制：根据观察到的实验现象和收集到的数据，提出可能的反应机制，再根据各方面的实验事实加以修正。整个机制的速率方程应经过逐步检验，必须与观测到的所有实验事实一致。如能就机制中的中间步骤单独进行实验，则更为有效。若发现有新的实验事实，提出的反应机制必须能够解释这一事实，否则反应机制还须进行修正。

知识梳理 5-4　典型的复杂反应

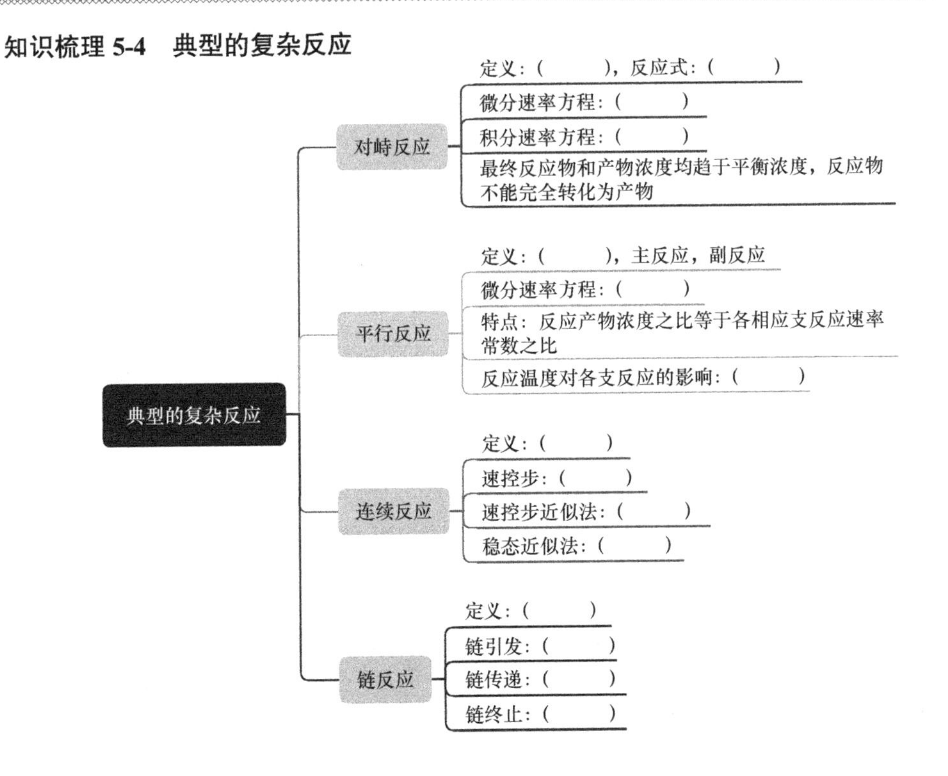

5.5 化学反应速率理论简介

从宏观上对化学反应速率的规律有了一定的认识之后，人们就希望能够从微观角度对这些规律作出解释，并希望能够从理论上预测反应速率。为此，人们先后建立了多种关于基元反应的速率理论，在这里简要介绍碰撞理论和过渡态理论。前者在气体分子运动论的基础上形成，而后者则在统计力学和量子力学的基础上形成。

5.5.1 碰撞理论

1918年，路易斯（W.C.M.Lewis）在阿伦尼乌斯活化能概念的基础上，结合气体分子运动论，建立了反应速率的碰撞理论（collision theory）。该理论认为分子必须经过碰撞才能发生反应，但并非每次碰撞都能发生反应；相互碰撞的一对分子所具有的平动能在分子连心线上的分量必须超过某一临界值才能使旧键破裂而发生化学反应，这样的分子称为活化分子，活化分子间的碰撞称为有效碰撞（effective collision）。在单位时间、单位体积内发生的有效碰撞次数即为化学反应的速率。

以气相双分子基元反应为例：

$$A+B \longrightarrow P$$

式中，A、B代表反应物分子，P代表产物分子。单位时间、单位体积内分子A和B的碰撞总次数Z_{AB}称为碰撞频率（collision frequency），其中有效碰撞次数所占比例称为有效碰撞分数（effective collision fraction）。有效碰撞分数等于活化分子数N_i占总分子数N的比值，即N_i/N，则反应速率可表示为：

$$-\frac{dN_A}{dt} = Z_{AB}\frac{N_i}{N} \tag{5-53}$$

式中，N_A为单位体积中反应物A的分子数。碰撞理论就是根据气体分子运动论得出Z_{AB}和N_i/N，从而求得反应速率和反应速率常数。

Z_{AB}和N_i/N与分子形状及分子间的相互作用情况有关，为了简化计算，碰撞理论作了如下假设：假设分子是无内部结构的简单刚性球体，分子间除碰撞外不存在其他相互作用。此种分子模型称为硬球分子模型（molecular model of hard sphere）。根据气体分子运动论，两种硬球分子A、B之间的碰撞频率为：

$$Z_{AB} = N_A N_B (r_A + r_B)^2 \sqrt{\frac{8\pi RT}{\mu}} \tag{5-54}$$

式中，N_A、N_B分别为单位体积中A、B分子的个数，r_A、r_B分别为A、B分子的半径，T为热力学温度，μ为A、B分子的折合摩尔质量，即$\mu=M_AM_B/(M_A+M_B)$，M_A、M_B分别为A、B分子的摩尔质量。

根据玻尔兹曼（Boltzmann）能量分布定律，气体中平动能超过某一临界值E_c的分子（即活化分子），在总分子中所占的比例为：

$$\frac{N_i}{N} = e^{-\frac{E_c}{RT}} \tag{5-55}$$

将式（5-54）和式（5-55）代入式（5-53），并将式中单位体积内的分子数均改用物质的量浓度，即$c=N/L$，L为阿伏伽德罗常数，得：

$$-\frac{dc_A}{dt} = Lc_A c_B (r_A + r_B)^2 \sqrt{\frac{8\pi RT}{\mu}} e^{-\frac{E_c}{RT}} \tag{5-56}$$

与质量作用定律所得双分子反应速率方程：

$$-\frac{\mathrm{d}c_{\mathrm{A}}}{\mathrm{d}t}=k_{\mathrm{A}}c_{\mathrm{A}}c_{\mathrm{B}}$$

相比较，可得双分子反应速率常数：

$$k_{\mathrm{A}}=L(r_{\mathrm{A}}+r_{\mathrm{B}})^2\sqrt{\frac{8\pi RT}{\mu}}\mathrm{e}^{-\frac{E_{\mathrm{c}}}{RT}} \quad (5\text{-}57)$$

对于特定的反应，r_{A}、r_{B}和μ均为常数，等温条件下$L(r_{\mathrm{A}}+r_{\mathrm{B}})^2\sqrt{8\pi RT/\mu}$也为常数，令其为$Z_{\mathrm{AB}}^{\ominus}$，与式（5-54）比较，得：

$$Z_{\mathrm{AB}}^{\ominus}=\frac{Z_{\mathrm{AB}}}{Lc_{\mathrm{A}}c_{\mathrm{B}}}$$

则式（5-57）可表示为：

$$k=k_{\mathrm{A}}=Z_{\mathrm{AB}}^{\ominus}\mathrm{e}^{-\frac{E_{\mathrm{c}}}{RT}} \quad (5\text{-}58)$$

$Z_{\mathrm{AB}}^{\ominus}$称为频率因子（frequency factor），其物理意义是当反应物为单位浓度时，在单位时间、单位体积内以物质的量表示的 A、B 分子的相互碰撞次数（摩尔次数），E_{c}为活化分子应具有的最低临界能。

式（5-58）与阿伦尼乌斯方程在形式上极为相似。临界能 E_{c} 相当于阿伦尼乌斯方程中的活化能 E_{a}，频率因子 $Z_{\mathrm{AB}}^{\ominus}$ 相当于阿伦尼乌斯方程中的指前因子 A，这样，阿伦尼乌斯方程中的经验常数 A 在这里找到了物理意义，而这也正是 A 亦被称作频率因子的原因所在。

需要注意的是，$Z_{\mathrm{AB}}^{\ominus}$ 和 E_{c} 虽然在形式上分别相当于 A 和 E_{a}，但物理意义并非严格一致。阿伦尼乌斯方程中的 A 是与温度无关的常数，而碰撞理论中的频率因子则正比于温度的平方根。将 $Z_{\mathrm{AB}}^{\ominus}$ 表示为 $Z_{\mathrm{AB}}^{\ominus}=Z'\sqrt{T}$，则式（5-58）可写作：

$$k=Z'\sqrt{T}\mathrm{e}^{-\frac{E_{\mathrm{c}}}{RT}} \quad (5\text{-}59)$$

等式两端取对数后，对 T 微分，可得：

$$\frac{\mathrm{d}\ln k}{\mathrm{d}T}=\frac{RT/2+E_{\mathrm{c}}}{RT^2}$$

与阿伦尼乌斯方程的微分形式：

$$\frac{\mathrm{d}\ln k}{\mathrm{d}T}=\frac{E_{\mathrm{a}}}{RT^2}$$

相比较，可得：

$$E_{\mathrm{a}}=E_{\mathrm{c}}+\frac{RT}{2}$$

通常因 E_{a} 或 E_{c} 均远大于 $RT/2$，故可认为 $E_{\mathrm{a}}\approx E_{\mathrm{c}}$。

碰撞理论不但解释了阿伦尼乌斯方程中 $\ln k$ 与 $1/T$ 之间的线性关系，而且根据式（5-59），若以 $\ln(k/\sqrt{T})$ 对 $1/T$ 作图，将得到更好的直线，尤其在温度较高时，实验结果也证实了这一点。但由于碰撞理论的假设是刚性硬球分子的碰撞，没有考虑碰撞时分子的内部结构及能量变化的细节，因此其定量结果往往与实验事实存在相当的差距，且碰撞理论本身并不能给出 E_{c} 值，这就失去了从理论上预示反应速率常数 k 的意义。

5.5.2 过渡态理论

在统计力学和量子力学发展的基础上，20 世纪 30 年代，艾林（Eyring）、波拉尼（Polanyi）等提出了反应速率的过渡态理论（transition state theory，TST）。该理论克服了碰撞理论的一些不足之处，只要知道分子的某些基本性质，如振动频率、质量、核间距等，即可计算出反应速率常数，因此该理论也称为绝对反应速率理论（absolute rate theory，ART）。

在过渡态理论形成的过程中也引入了一些基本假设，其具体内容为：反应系统的势能是原子间相对位置的函数；由反应物生成产物的过程中，分子需经历一个价键重排的过渡阶段，处于这一过渡阶段的分子称为活化络合物（activated complex），这个状态称为过渡态（transition state）。活化络合物的势能高于反应物或产物的势能，此势能是反应进行时必须克服的势垒，但它又低于其他任何可能的中间态的势能；活化络合物与反应物分子间建立平衡，总反应速率取决于活化络合物转化为产物的速率即活化络合物分解的速率。

两个原子或分子之间既存在引力，也存在斥力，两种力皆随原子间距离的增大而减弱，但斥力减弱得相对更快。当两个原子相距无穷远时，它们之间的引力和斥力均为零，系统的势能亦为零；当它们逐渐靠近时，势能逐渐减小；当两个原子间的距离为某一特定值时，系统的势能达一极小值；此后两原子若继续靠近，它们之间的斥力将迅速增大，势能也随之迅速增加。图 5-10 所示为系统势能 E 与两原子间距离 r 之间的关系，图中 r_0 即为双原子分子中的平衡核间距离。

设有如下双分子基元反应：

$$A + BC \longrightarrow AB + C$$

反应式中，A、B、C 均为原子。在单原子分子 A 与双原子分子 BC 作用生成产物的过程中，A、B、C 三个原子间相互作用形成的势能 E 与它们之间的距离 r_{AB}、r_{BC}、r_{AC}（或与 r_{AB}、r_{BC} 及其夹角 θ）有关，即

$$E = f(r_{AB}, r_{BC}, r_{AC}) \quad 或 \quad E = f(r_{AB}, r_{BC}, \theta)$$

若想用图形完整表达 E 与三个独立变量之间的关系，需要用四维图形。为此，可固定其中的一个变量，如 θ，则可用三维图形来表示。图 5-11 为 A 原子沿分子 B-C 连心线方向从 B 原子侧与 BC 分子碰撞，即 $\theta = \pi$ 时，系统的势能 E 与原子间距离 r_{AB}、r_{BC} 之间的关系。系统处于 r_{AB}，r_{BC} 平面上某一位置时所具有的势能由这一点的高度表示。r_{AB}，r_{BC} 平面上所有各点的高度汇集成一个马鞍形的曲面，称为势能面（potential energy surface）。图中势能面上的各条曲线是曲面上高度相等（即势能相等）的各点的连线，称为等势线。

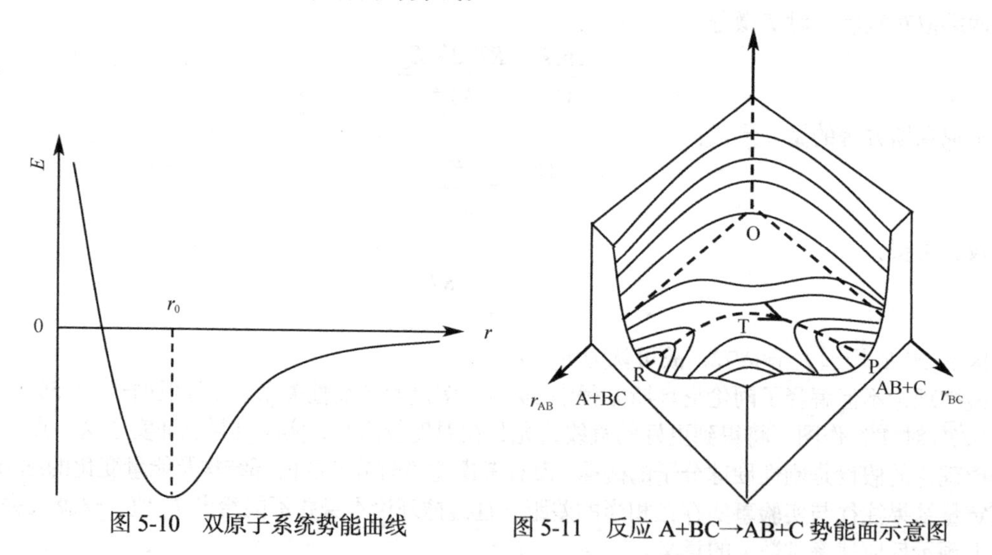

图 5-10　双原子系统势能曲线　　　　图 5-11　反应 A+BC→AB+C 势能面示意图

图 5-11 中的 R 点为反应的始态（A+BC），P 点为反应的终态（AB+C）。R 点和 P 点均处于势能面上的低谷。当 A 原子沿分子 B-C 连心线方向从 B 原子侧向 BC 分子靠近时，r_{AB} 逐渐减小而 r_{BC} 逐渐增大，系统的势能沿 RT 线逐渐升高，到 T 点时系统势能达一极大值，T 点称为鞍点（saddle point）。过了 T 点后，系统势能沿 TP 线下降到 P 点。此时 A、B 原子结合成分子而 C 原子离去。途径 RTP 称为反应坐标（reaction coordinate），与 T 点相应的状态即为过渡态。

图 5-11 中 T 点与 R 点的势能差是反应进行时必须克服的势垒，此势垒即为过渡态理论中反应

的活化能。由图 5-11 可看出，反应途径 *RTP* 是反应中所需势能最低的途径，即为反应最容易进行的途径，其他可能途径所需克服的势垒，均较这一途径高。

根据过渡态理论，上述双分子反应可表示为：

$$A+BC \rightleftharpoons [A\cdots B\cdots C]^{\neq} \longrightarrow AB+C$$

反应式中，$[A\cdots B\cdots C]^{\neq}$ 表示活化络合物。

过渡态理论认为，活化络合物很不稳定，它一方面与反应物快速建立热力学平衡，即：

$$K^{\neq}=\frac{c_{ABC^{\neq}}}{c_A c_{BC}} \tag{5-60}$$

另一方面又由于沿反应途径方向的振动而分解为产物，其分解速率即为总反应速率。该理论还认为，活化络合物通常只需沿反应途径方向振动一次即可分解为产物，若以 $\nu^{\neq}$ 表示这一振动的频率，则其分解速率为：

$$-\frac{\mathrm{d}c_{ABC^{\neq}}}{\mathrm{d}t}=\nu^{\neq}c_{ABC^{\neq}} \tag{5-61}$$

根据量子理论，$\nu^{\neq}=k_BT/h$，式中 k_B 为玻尔兹曼常量，h 为普朗克常量，T 为热力学温度。将 $\nu^{\neq}$ 表示式与式（5-60）代入式（5-61），得：

$$r=-\frac{\mathrm{d}c_{ABC^{\neq}}}{\mathrm{d}t}=\frac{k_BT}{h}K^{\neq}c_Ac_{BC}$$

每消耗一个活化络合物分子，也将消耗一个反应物 A，因此上式也可写作：

$$r=-\frac{\mathrm{d}c_A}{\mathrm{d}t}=\frac{k_BT}{h}K^{\neq}c_Ac_{BC} \tag{5-62}$$

将该式与双分子基元反应速率方程 $r=-\mathrm{d}c_A/\mathrm{d}t=kc_Ac_{BC}$ 比较，得：

$$k=\frac{k_BT}{h}K^{\neq}=\frac{RT}{Lh}K^{\neq} \tag{5-63}$$

式（5-63）即为由过渡态理论得出的计算反应速率常数的基本公式。式中除 $K^{\neq}$ 以外，其他各物理量在等温下皆为常数，与具体的反应无关。

将化学反应等温式：

$$-RT\ln K^{\neq}=\Delta G^{\neq}=\Delta H^{\neq}-T\Delta S^{\neq}$$

整理后代入式（5-63），可得：

$$k=\frac{RT}{Lh}e^{\frac{\Delta S^{\neq}}{R}}e^{\frac{-\Delta H^{\neq}}{RT}} \tag{5-64}$$

式中，$\Delta G^{\neq}$、$\Delta H^{\neq}$、$\Delta S^{\neq}$ 分别表示在标准状态下，由反应物生成活化络合物的过程中系统 G、H、S 的增量，分别称为活化吉布斯自由能、活化焓和活化熵。

原则上只要知道活化络合物的结构，就可利用热力学、量子力学和物质结构的数据计算出 $\Delta G^{\neq}$、$\Delta H^{\neq}$、$\Delta S^{\neq}$，进而可求出 $K^{\neq}$ 和 k。但因活化络合物的结构难以确定，这一理论的应用受到限制。

【知识扩展】

分子反应动力学（molecular reaction dynamics），又称化学动态学（chemical dynamics），是从微观角度研究分子在一次碰撞过程中的行为规律的科学，是随着微观化学反应研究技术的发展而形成的化学动力学的一个新的分支学科。

在宏观反应动力学的基元反应研究中，对反应物的区分只能到达物种这一层次，即参加反应的所有同种分子都具有同样的宏观性质，它们可以用同一个反应方程式来表示。然而进一步的研究表明，仅在分子或原子种类层次上研究基元反应的规律是远远不够的。因为这些具有相同分子式的分子或原子，它们的微观性质，如能量状态、空间位置、速度大小和方向等都有着相当大的差别，而这些因素可能对反应结果起着重要的作用，甚至会引起产物种类的变化，所以有必要对反应进行更为深层次的研究。态-态反应是指具有特定能量状态的反应物分子的单次碰撞反应。分子反应动力学即以态-态反应作为研究对象，重点在于考察反应概率、产物分子的能量状态和空间分布等。

近代统计力学和量子力学理论的发展，给这个领域的理论研究奠定了牢固基础，而激光、交叉分子束、超快光谱等实验技术的应用，使态—态反应的实验研究得以飞速发展。理论与实验的结合，极大地提升了人们在微观层面上对化学反应规律的认识。赫希巴赫（D. R. Herschbach）、李远哲、波拉尼（J. C. Polanyi）等科学家因在这一领域研究中做出的杰出贡献，共同获得了1986年诺贝尔化学奖。

微课 5-3

5.6 溶液中的反应

与气相反应相比，溶液中的反应更为常见。据粗略估计，有90%以上的均相反应是在溶液中进行的。由于溶剂分子的存在，溶液中的反应比气相反应复杂得多。最为简单的情况是溶剂对反应物分子是惰性的，即溶剂仅起到反应介质的作用，此时溶液反应的动力学规律与气相反应相近。但更多的情况是溶剂分子影响化学反应，即同一反应在气相中进行和在溶液中进行可能有不同的反应历程、不同的速率，甚至有可能生成不同的产物，这些都是由溶剂效应所引起的。溶剂效应可分为物理效应和化学效应。物理效应是指溶剂的解离作用、传能和传质作用以及介电性质等对反应的影响；化学效应则是指溶剂的催化作用以及溶剂分子直接参加化学反应的作用。研究溶液中的反应主要是研究溶剂效应，即溶剂性质对反应速率和反应机制等的影响。

5.6.1 笼效应

在溶液中，大量的溶剂分子环绕在反应物分子周围，好像一个“笼”（cage）把反应物分子围在中间。由于周围溶剂分子的阻碍，反应物分子与其他“笼”中反应物分子的碰撞受限，但当两个反应物分子进入同一“笼”中时，能够发生多次连续碰撞，这种现象称为“笼效应”（cage effect），如图5-12所示。由于笼效应的存在，虽然减少了不同“笼”中反应物分子之间的碰撞机会，但显著增加了同一“笼”中反应物分子间的碰撞频率。据估算，在水溶液中，一对无相互作用的分子被关在同一“笼”中的持续时间为10^{-12}～10^{-11} s，在此期间可进行100～1000次的碰撞。可见溶液中分子的碰撞与气相中分子的碰撞不同，后者是连续的，而前者是间断式的。就单位时间内的总碰撞次数而言，溶液中的反应与气相反应大致相同，并无数量级上的变化。

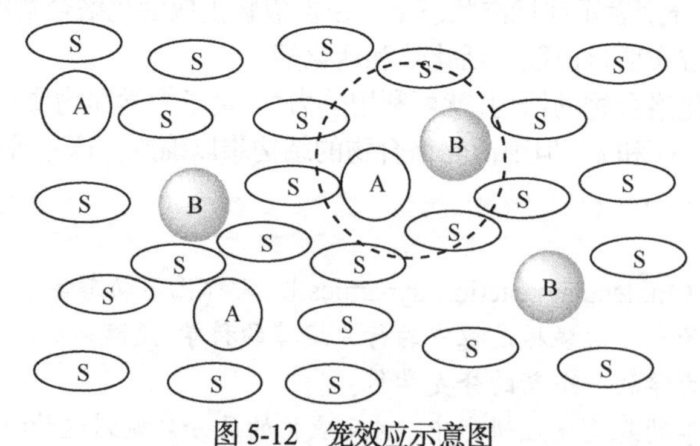

图5-12 笼效应示意图

A、B：不同的反应物分子；S：溶剂分子

通常情况下，溶剂分子与反应物分子之间存在着相互作用，这有可能对反应速率产生显著的影响，因此对于溶液中的反应，选择合适的溶剂非常重要。

5.6.2　溶剂性质对反应速率的影响

对于溶液中的化学反应，溶剂对反应速率的影响较为复杂，一般具有如下几方面的定性规律。

1. 溶剂极性的影响　溶剂的极性对反应速率有着较大影响。如果产物的极性大于反应物，则在极性溶剂中的反应速率相对较大；反之，如果产物的极性小于反应物，则在非极性溶剂中的反应速率相对较大。例如，反应：

$$C_2H_5Br + (C_2H_5)_3N \longrightarrow (C_2H_5)_4NBr$$

产物$(C_2H_5)_4NBr$是一种季铵盐，其极性远大于反应物，因此当该反应在一系列不同的溶剂中进行时，随着溶剂极性的增加，反应速率加快。

2. 溶剂介电常数的影响　对于离子或极性分子之间的反应，溶剂的介电常数（dielectric constant）将影响离子或极性分子之间的引力或斥力，从而影响其反应速率。溶剂的介电常数越大，离子之间的相互作用力就越小。因此，同种电荷离子间的反应，介电常数大的溶剂可加快反应速率；而对于异种电荷离子间的反应或离子与极性分子间的反应，介电常数小的溶剂可加快反应速率。

3. 溶剂化作用的影响　溶剂化作用可使分子的能量降低。根据过渡态理论，在反应物转化为产物的过程中需先形成活化络合物。反应物与活化络合物在溶液中均能形成溶剂化物，从而改变反应系统的活化能，进而影响反应速率。如果活化络合物的溶剂化作用比反应物大，则反应的活化能降低，从而使反应速率加快；反之，若反应物的溶剂化作用大于活化络合物，则反应的活化能升高，从而使反应速率减慢。

4. 离子强度的影响　在稀溶液中，如果作用物都是电解质，则反应的速率与溶液的离子强度有关，即第三种电解质的存在将对反应速率产生影响。稀溶液中，离子反应的速率与溶液离子强度之间存在如下关系：

$$\ln k = \ln k_0 + 2z_A z_B A\sqrt{I} \tag{5-65}$$

式中，z_A、z_B分别为反应物 A、B 离子的电荷数，I为离子强度，k_0为离子强度为零（无限稀释）时的速率常数，A为与溶剂的种类和温度有关的常数。

由式（5-65）可知，对同种电荷离子之间的反应，溶液的离子强度增加，反应速率加快；而对于异种电荷之间的反应，溶液的离子强度增加，反应速率降低。若作用物之一为非电解质，则z_A与z_B的乘积为零，此时反应速率与溶液的离子强度无关。

微课 5-4

5.7　光化学反应

在光的作用下才能进行的化学反应称为光化学反应（photochemical reaction），即分子吸收光能激发到高能态，再由激发态分子进行化学反应的过程。可被分子吸收的光辐射波长范围很宽，在光化学研究中主要关注的是 100～1000 nm 的光波，包括紫外线、可见光和部分近红外线。光化学反应现象早为人们所知，例如，植物进行的光合作用就是典型的光化学反应，合成葡萄糖的光合作用可以表示为：

$$6CO_2 + 6H_2O \xrightarrow[h\nu]{\text{叶绿素}} C_6H_{12}O_6 + 6O_2$$

光化学反应极为重要，它提供了人类全部的食物来源和大部分的能源。

5.7.1　光化学反应的特点

相对于光化学反应，通常的化学反应可称为热反应（thermal reaction）。热反应的活化能来源于热运动引起的分子间碰撞，而光化学反应是由反应物分子吸收光子而引起的。从电子能级角度看，热反应研究的是电子能量处于最低能级的基态化学反应；而光化学反应中，分子吸收光子后，一般发生电子能级或分子振动、转动能级的量子化跃迁而处于较高能量的激发态，此时分子比基态下更容易发生化学反应。光化学反应具有如下不同于热反应的特点：

（1）根据热力学第二定律，在等温、等压和非体积功为零的条件下，热反应总是向着系统吉布斯自由能降低的方向进行。而在光化学反应中，因环境以光的形式对系统做非体积功，所以系统吉布斯自由能的增减与反应方向不存在必然联系，即光化学反应既可以向着系统吉布斯自由能减小的方向进行，也可以向着系统吉布斯自由能增加的方向进行。例如，植物的光合作用就是吉布斯自由能增加的反应，而氢气与氯气在光照条件下进行的光化学链反应则是吉布斯自由能减小的反应。

$$H_2 + Cl_2 \xrightarrow{h\nu} 2HCl$$

（2）热反应所需的活化能来源于分子间的碰撞，因此其反应速率受温度影响较大。而光化学反应的活化能来源于光子的能量，所以其反应速率主要取决于照射光的强度，受温度影响较小。需要指出的是光化学反应的活化过程虽不依赖温度，但继活化过程之后进行的热反应仍受温度的影响。

（3）在对峙反应的正、逆两个方向反应中，只要有一个是在光照下进行，则反应达到平衡时即称为光化学平衡。光化学反应的平衡常数与照射光的强度有关，光的强度改变时平衡常数也随之改变。同一对峙反应，当既可按热反应方式进行，又可按光化学反应方式进行时，不能用热力学平衡常数衡量光化学反应的平衡组成，也不能用标准吉布斯自由能变来计算光化学反应的平衡常数。

（4）光化学反应与热反应相比具有更高的选择性。特定的物质只能吸收特定频率的光子变成激发态，故可以用不同频率的光选择性地引发不同的化学反应。激光具有高度的单色性，可以有选择地激发分子中特定的化学键，从而为人们实现“分子裁剪”指出了研究方向。

5.7.2 光化学定律

光是一种电磁辐射，具有波粒二重性。光化学反应既与电磁辐射有关，又与物质的相互作用有关，有着自身的特点和规律。光化学反应一般分为两个阶段进行，第一阶段即为初级过程（primary process），第二阶段为次级过程（secondary process）。初级过程在光照条件下才能进行，在该过程中反应物分子或原子吸收光子由低能级跃迁到高能级而成为活化分子，该过程往往伴随着自由基或自由原子的生成。继初级过程之后进行的一系列过程称为光化学反应的次级过程。在该过程中，被活化的分子或与其他分子发生化学反应，或以各种形式（如猝灭、荧光、磷光等）释放出能量重新回到基态。次级过程是反应系统在吸收光子后所进行的一系列过程，不再需要光的照射，属于一系列的热反应。光化学反应的初级过程和次级过程连续进行难以区分。

初级过程（光化学过程）：

$$R_1C(=O)R_2 \xrightarrow{h\nu} R_1C(=O)\cdot + \cdot R_2$$

次级过程（热过程）：

$$R_1C(=O)\cdot \xrightarrow{-CO} R_1\cdot$$

$$R_1\cdot + \cdot R_2 \longrightarrow R_1—R_2$$

总过程：

$$R_1C(=O)R_2 \xrightarrow[-CO]{h\nu} R_1—R_2$$

1. 光化学第一定律 早在19世纪格鲁西斯（Grothus）和特拉帕（Draper）总结出如下规律：只有被分子吸收的光才有可能引起光化学反应。此即光化学第一定律，又被称为格鲁西斯-特拉帕定律。

2. 光化学第二定律 在光化学反应的初级过程中，一个反应分子或原子吸收一个光子而被活化，即光化学第二定律，也称为光化学当量定律。该定律是 20 世纪初由斯塔克（Stark）和爱因斯坦（Einstein）提出的，故又称为斯塔克-爱因斯坦定律。后来的研究发现，当光强度很大，如用高强度的脉冲红外激光照射时，一个多原子分子（如 SF_6）可同时吸收多个光子而被活化，说明此时光化学第二定律是不适用的。

根据光化学第二定律，若要活化 1 mol 分子或原子需吸收 1 mol 光子，1 mol 光子所具有的能量称为摩尔光量子能量，用符号 E_m 表示，其值与光的频率或波长有关，即：

$$E_m = Lh\nu = \frac{Lhc}{\lambda} = \frac{6.022\times10^{23}\times6.626\times10^{-34}\times2.998\times10^{8}}{\lambda} \approx \frac{0.1196}{\lambda}\,\mathrm{J\cdot mol^{-1}} \quad (5\text{-}66)$$

式中，L 为阿伏伽德罗常数，λ 为真空中的波长，其单位为 m。

有些物质并不能直接吸收某种波长的光子而发生光化学反应，但向反应系统中加入另一种物质，它可吸收光子，并将光能传递给反应物，使反应物发生反应，而其本身在反应前后并不发生变化，这样的外加物质称为光敏剂（photosensitizer）或光活性物质。在光敏剂的作用下进行的光化学反应称为光致敏反应（photosensitivity reaction）或感光反应。例如，用波长为 254 nm 的紫外线照射氢气时，尽管该波长紫外线的爱因斯坦值（472 $\mathrm{kJ\cdot mol^{-1}}$）大于氢气分子的解离能（436 $\mathrm{kJ\cdot mol^{-1}}$），但氢气并不解离。在反应系统中加入少量汞蒸气即光敏剂后，氢气分子即快速分解。在光合作用中，CO_2 和 H_2O 分子本身都不能吸收可见光，需依赖于叶绿素这一光敏剂。

5.7.3 量子效率

光化学第二定律适用于反应的初级过程，该定律亦可用下式表示

$$A + h\nu \longrightarrow A^*$$

A^*为 A 的电子激发态，即活化分子。每个活化分子在次级过程中，有可能使一个或多个反应物分子发生反应，也可能不发生反应而以各种形式释放能量而失活。为了衡量光化学反应的效率，定义量子效率（quantum efficiency）的概念，即：

$$\Phi = \frac{\text{发生反应的分子数}}{\text{吸收的光子数}} \quad (5\text{-}67)$$

光化学反应初级过程的 $\Phi = 1$。但由于不同光化学反应次级过程的历程不同，故 Φ 值相差很大，可以小于 1，也可能大于 1。例如，HI 光化学分解反应中，一个光子可使两个 HI 分子分解，量子效率 $\Phi = 2$。若引发链反应，Φ 值可能很大，例如，氢气和氯气的光化学反应，其 Φ 值高达 10^6。

例 5-8 用波长为 313 nm 的单色光照射气态丙酮，发生下列分解反应：

$$\mathrm{H_3C{-}C({=}O){-}CH_3} + h\nu \longrightarrow \mathrm{CH_3CH_3} + \mathrm{CO}$$

已知反应池的容积为 0.059 L，反应温度为 840 K，入射光强度为 $4.81\times10^{-3}\ \mathrm{J\cdot s^{-1}}$，丙酮吸收入射光的分数为 0.915，光照时间为 7 h，系统的起始压力和终态压力分别为 102.16 kPa 和 104.42 kPa，求反应的量子效率。

解： 一个丙酮分子分解成两个分子，物质的量增加一倍，因此发生反应的丙酮的物质的量为：

$$n = n_{终} - n_{始} = \frac{p_{终}V}{RT} - \frac{p_{始}V}{RT} = \frac{(104.42-102.16)\times0.059}{8.314\times840} = 1.91\times10^{-5}\,(\mathrm{mol})$$

入射光的爱因斯坦值为：

$$E = \frac{0.1196}{\lambda} = \frac{0.1196}{313\times10^{-9}} = 3.82\times10^{5}\,(\mathrm{J\cdot mol})^{-1}$$

系统吸收的光子的物质的量为：

$$\frac{4.81\times10^{-3}\times7\times3600\times0.915}{3.82\times10^{5}}=2.90\times10^{-4}(\text{mol})$$

故反应的量子效率为：

$$\varPhi=\frac{1.91\times10^{-5}}{2.90\times10^{-4}}=0.066$$

5.7.4 光化学反应的动力学方程

光化学反应的速率方程较热反应复杂些，不仅与反应物的浓度有关，还受到入射光的频率和强度的影响。

以下列简单反应为例：

$$A_2\xrightarrow{h\nu}2A$$

设其反应历程为：

初级过程（活化过程）：

$$A_2+h\nu\xrightarrow{I_a}A_2^*$$

次级过程（离解和失活）：

$$A_2^*\xrightarrow{k_2}2A$$

$$A_2^*+A_2\xrightarrow{k_3}2A_2$$

产物 A 的生成速率为：

$$\frac{dc_A}{dt}=2k_2c_{A_2^*}$$

光化学反应初级过程的速率一般只与入射光的强度有关，而与反应物的浓度无关，所以光化学反应的初级过程为零级反应。根据光化学第二定律，初级过程的反应速率就等于系统吸收光子的速率 I_a，即单位时间、单位体积中吸收光子的数目。对 A_2^* 作稳态近似处理，即：

$$\frac{dc_{A_2^*}}{dt}=I_a-k_2c_{A_2^*}-k_3c_{A_2^*}c_{A_2}=0$$

整理得：

$$c_{A_2^*}=\frac{I_a}{k_2+k_3c_{A_2}}$$

代入产物 A 的生成速率方程，得

$$\frac{dc_A}{dt}=\frac{2k_2I_a}{k_2+k_3c_{A_2}}\tag{5-68}$$

5.7.5 光对药物稳定性的影响

有些药物对光不稳定，在光的作用下容易发生分解，即产生光降解反应，其速率与系统的温度无关。光降解的典型例子是硝普钠 $Na_2[Fe(CN)_5NO]\cdot2H_2O$，其溶液剂在避光放置时稳定性良好，至少可贮存 1 年，但在灯光下半衰期仅为 4 小时。光降解不仅使药物的有效成分含量降低，某些药物甚至还可能产生毒性物质。因此，在新药研究过程中必须进行光稳定性考察。

对光敏感的药物在光照条件下的贮存期主要取决于光照量。在光源一定时，药物含量下降的程度与累积光量（cumulative illuminance），即入射光的照度 E 和照射时间 t 的乘积 Et 有关。预测药物在光照下的贮存期，就是在较高的照度下测定药物含量随累积光量的变化关系，再由此计算出在自然贮存条件的较低照度下，药物含量下降至合格限所需的时间。

对于光敏药物，在原料药及其制剂的生产和贮存过程中，必须考虑光线的影响，避光操作。根据药物的性质，在处方中加入抗氧剂，包衣材料中加入遮光剂或包装采用避光材料等方法均可提高药物的光稳定性。

【知识扩展】

光敏药物是易发生光致敏反应的一类药物的总称。药物光致敏反应是指患者服用或局部使用某些药物后暴露于日光下时，皮肤对光线产生的不良反应。光致敏反应按照其发病机制可分为光毒性反应和光变态性反应。光毒性反应指的是对光反应性化学物质的急性光诱导组织反应，该反应无特异性、无潜伏期、发生时间短，一般用药后经日光及类似光源照射即可发病，导致皮肤损伤。光变态性反应则指的是在光化学反应后由产物的形成引发的对化学物质的免疫介导的反应，该反应具有迟发性、有潜伏期、发病时间长，属Ⅳ型超敏反应。根据国际人用药品注册技术协调会（ICH）的指导原则，在适当的光照条件下，药物制剂应不产生不可接受的变化。而对于目前所谓的光敏药物，为了减少或避免光照引起的不良反应，提高药物的光照防护能力是最为重要的。

5.8　催化反应

微课 5-5

若某种物质可以改变化学反应的速率，而其本身在反应前后的数量及化学性质保持不变，则该种物质称为催化剂（catalyst），在催化剂作用下进行的化学反应称为催化反应（catalytic reaction）。若催化剂的作用是加快反应速率，则称为正催化剂，在绝大多数催化反应中使用的都是该类催化剂，因此若不特别说明，即指正催化剂。相反，若催化剂的作用是减慢反应速率，则称为负催化剂。负催化作用有时会显现出积极的意义，如橡胶的防老化、金属的防腐蚀和燃烧过程中的防爆震等。

催化剂可以是人为加入的，也可以是在反应过程中自发产生的反应产物或中间产物，后一种现象称为自催化作用，起自催化作用的反应产物或中间产物称为自催化剂。例如，在 $KMnO_4$ 氧化 $H_2C_2O_4$ 的反应中，起始阶段反应进行得很慢，$KMnO_4$ 溶液不褪色，但在反应的中后期，$KMnO_4$ 溶液褪色很快，就是因为反应中生成的 Mn^{2+} 具有自催化作用，一旦有该离子生成会导致反应加速，$KMnO_4$ 分子被快速消耗。

催化反应按照反应系统相态的不同分为均相催化、多相催化和相转移催化反应。在均相催化反应中，催化剂和反应物同处一相中，如路易斯酸催化下芳烃的弗里德-克拉夫茨反应以及酸（或碱）催化的酯水解反应，均属于均相催化反应。多相催化反应指催化剂在反应系统中自成一相的催化反应，反应发生在两相的界面，多见于固相催化剂催化气相或液相的反应，如 V_2O_5 催化的 SO_2 氧化为 SO_3 的反应。在相转移催化反应中，催化剂通过将一种反应物转移到另一种反应物所在的相中发生作用，如季铵盐催化的水相/有机相中的某些有机反应。

催化作用与人类的生产和生活有着极为密切的关系。据估计，80%～90%的化工产品的生产过程与催化作用有关。近年来，在生命科学领域的催化作用研究得到迅猛发展。随着对酶催化研究的深入，人工合成蛋白质、人工模拟光合作用和仿照酶催化的人工固氮研究等取得了长足发展。

5.8.1　催化反应的基本特征

（1）催化剂参与化学反应，但在反应前后的数量及化学性质不发生变化。需要注意的是催化剂的物理性质，如外观、晶型等在反应前后有可能发生改变。

（2）催化剂只能缩短反应达到平衡的时间，但不改变平衡状态，即不改变反应的平衡常数。因此，对于一个对峙反应，催化剂在使正反应加速的同时，也使逆反应速率同倍数地增加。

（3）催化剂只能使热力学所允许的反应加速进行，热力学不允许的反应加入催化剂也不能够发生。

（4）催化剂具有选择性。通常，一种催化剂只能催化一种或少数几种反应，同样的反应物选择不同的催化剂可以得到不同的产物。例如，在 473～523 K 下，选用 Cu 作为催化剂时，乙醇被氧化成乙醛；在 623～663 K 下，选用 Al_2O_3 作催化剂时，乙醇被还原为乙烯。

各种催化剂都有选择性，只是强弱不同。一般来说，酶催化剂的选择性最强，络合物催化剂次之，金属催化剂和酸碱催化剂最弱。工业上常以下式来表示催化剂的选择性，即：

$$\text{催化剂的选择性}=\frac{\text{转化为目标产物的原料量}}{\text{原料消耗总量}}\times 100\%$$

（5）催化剂对系统中存在的某些杂质很敏感，有时少量的杂质就能显著影响催化剂的效能。在这些物质中，可以使催化剂的活性、选择性或稳定性增强的物质称为助催化剂或促进剂；反之，可以使催化剂的上述性质减弱的物质称为抑制剂。作用很强的抑制剂只要极少的量就能使催化剂的活性大大降低甚至丧失，这种物质称为催化剂的毒物，这样的现象称为催化剂中毒。例如，在合成氨的反应中，少量的 O_2、CO 或 S 即可使铁催化剂中毒，丧失催化活性。催化剂的中毒可以是永久性的，也可以是暂时性的。对于后一种情况，只要将毒物除去，催化剂的效力仍可以恢复。

催化作用的机制随不同的催化剂和催化反应而异。通常是催化剂与反应物分子形成不稳定的中间产物或络合物，或者是产生物理或化学的吸附作用，从而改变反应途径，大幅降低反应的活化能 E_a 或增大指前因子 A，最终使反应速率显著增大。

设有催化剂 C 参与的反应可表示如下

总反应：

$$\mathrm{A+B}\xrightarrow{k}\mathrm{AB}$$

催化机制：

（1）
$$\mathrm{A+C}\underset{k_2}{\overset{k_1}{\rightleftharpoons}}\mathrm{AC}\quad\text{（快反应）}$$

（2）
$$\mathrm{AC+B}\xrightarrow{k_3}\mathrm{AB+C}\quad\text{（慢反应）}$$

反应式中，AC 为反应物与催化剂生成的中间产物。

反应（1）为快速平衡步骤，反应（2）为速率控制步骤。当 $k_2 \gg k_3$ 时，可认为中间产物在反应（2）中消耗的速率很小，不至于破坏反应（1）的平衡。因此由第一步对峙反应的平衡常数可求得中间产物 AC 的浓度，即：

$$K_c=\frac{k_1}{k_2}=\frac{c_{\mathrm{AC}}}{c_{\mathrm{A}}c_{\mathrm{C}}}$$

整理得：

$$c_{\mathrm{AC}}=\frac{k_1}{k_2}c_{\mathrm{A}}c_{\mathrm{C}}$$

这样的简化处理方法称为平衡态近似法（equilibrium state approximate method）。产物 AB 的生成速率，即总反应速率为：

$$\frac{\mathrm{d}c_{\mathrm{AB}}}{\mathrm{d}t}=k_3c_{\mathrm{AC}}c_{\mathrm{B}}=\frac{k_1k_3}{k_2}c_{\mathrm{C}}c_{\mathrm{A}}c_{\mathrm{B}}=k'c_{\mathrm{A}}c_{\mathrm{B}}\qquad(5\text{-}69)$$

式中，k'为表观速率常数，即：

$$k'=\frac{k_1k_3}{k_2}c_{\mathrm{C}}=\left(\frac{A_1A_3}{A_2}c_{\mathrm{C}}\right)\cdot \mathrm{e}^{\frac{-(E_{\mathrm{a1}}+E_{\mathrm{a3}}-E_{\mathrm{a2}})}{RT}}$$

反应的表观活化能 E_a' 和表观指前因子 A' 分别为

$$E_{\mathrm{a}}'=E_{\mathrm{a1}}+E_{\mathrm{a3}}-E_{\mathrm{a2}}$$

$$A'=\frac{A_1A_3}{A_2}c_{\mathrm{C}}$$

图 5-13 为上述催化反应机制的活化能和反应途径示意图。图中 E_a 和 E_a' 分别表示非催化反应

和催化反应的活化能。各曲线上的峰值分别代表了活化分子的平均能量。由于催化剂的催化作用改变了原来的反应途径，反应的活化能显著降低。多数催化剂可以使反应的活化能降低 80 kJ·mol^{-1}以上。但也有些催化反应，虽然活化能降低得不多，但反应速率却显著增大，这是因为催化作用增加了指前因子 A。

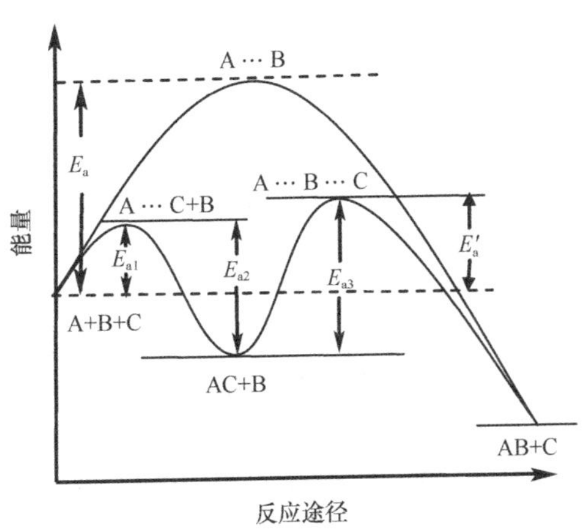

图 5-13 催化反应活化能和反应途径

5.8.2 酸碱催化

酸碱催化（acid-base catalysis）是液相催化中研究得最多、应用最为广泛的一类催化反应。酸碱催化反应通常为离子型反应，其本质是质子的转移。许多离子型反应，如脱水反应、成酯反应、贝克曼（Beckmann）重排反应、羟醛缩合反应、聚合反应等大多可以被酸或碱催化。

根据酸碱的类型，酸碱催化可分为专属酸碱催化和广义酸碱催化。前者特指以 H^+ 或 OH^- 为催化剂的反应，后者则指以广义酸碱为催化剂的催化反应。根据布朗斯特（Brönsted）广义酸碱的概念，凡是能给出质子的物质称为广义酸，凡是能接受质子的物质称为广义碱。

广义酸催化反应的作用机制通常可用以下通式表示：

$$S + HA \longrightarrow SH^+ + A^- \longrightarrow P + HA \tag{5-70}$$

式中，S 是反应物，为广义碱，接受质子；HA 是广义酸催化剂，给出质子；P 为产物。

广义碱催化反应的作用机制通式为：

$$HS + B \longrightarrow S^- + HB^+ \longrightarrow P + B \tag{5-71}$$

式中，HS 是反应物，为广义酸，给出质子；B 是广义碱催化剂，接受质子。

可以看出，酸碱催化剂在反应中通过提供或接受质子起到催化作用，而质子转移是一个非常快的过程。酸催化剂的催化能力取决于其给出质子的能力，即酸性越强，催化能力越强；而碱催化剂的催化能力则取决于其接受质子的能力，即碱性越强，催化能力越强。

许多药物制剂中需要加入缓冲剂。常用的缓冲剂，如磷酸盐、乙酸盐、枸橼酸盐等均为广义碱，有时会加速某些药物的水解。例如，乙酸盐和枸橼酸盐可催化氯霉素的水解，HPO_4^{2-} 可催化青霉素钾盐的水解等。为了减少这种催化作用的影响，在处方设计时应选用对药物水解没有催化作用的缓冲剂或降低缓冲剂的浓度。

许多药物的水解反应既可被酸催化，又可被碱催化，其反应速率可以表示为

$$-\frac{dc_S}{dt} = k_0 c_S + k_{H^+} c_{H^+} c_S + k_{OH^-} c_{OH^-} c_S \tag{5-72}$$

式中，k_0 表示在溶剂参与下反应自身的速率常数，k_{H^+}、k_{OH^-} 分别表示被酸和碱催化的速率常数，又称酸、碱催化系数，c_S 表示反应物的浓度，c_{H^+} 和 c_{OH^-} 分别表示 H^+ 和 OH^- 的浓度。令 k 为反应

的总速率常数，则：

$$k = k_0 + k_{H^+} c_{H^+} + k_{OH^-} c_{OH^-} \tag{5-73}$$

令 K_W 为水的离子积，则在水溶液中，式（5-73）可表示为：

$$k = k_0 + k_{H^+} c_{H^+} + k_{OH^-} \frac{K_W}{c_{H^+}} \tag{5-74}$$

在 pH 较低时，主要为酸催化作用，式（5-74）可表示为：

$$\lg k = \lg k_{H^+} - \text{pH}$$

以 lg$k$ 对 pH 作图可得一直线，直线斜率为–1。在 pH 较高时，主要为碱催化作用，则式（5-74）可表示为：

$$\lg k = \lg k_{OH^-} + \lg K_W + \text{pH}$$

以 lg$k$ 对 pH 作图可得一直线，直线斜率为+1，在此范围内主要由 OH^- 催化。根据上述动力学方程可以得出反应速率常数与 pH 的关系图（图 5-14）。图中，曲线的最低点所对应的横坐标，即为反应速率最慢（即药物最稳定）时的 pH，记为 pH_m。

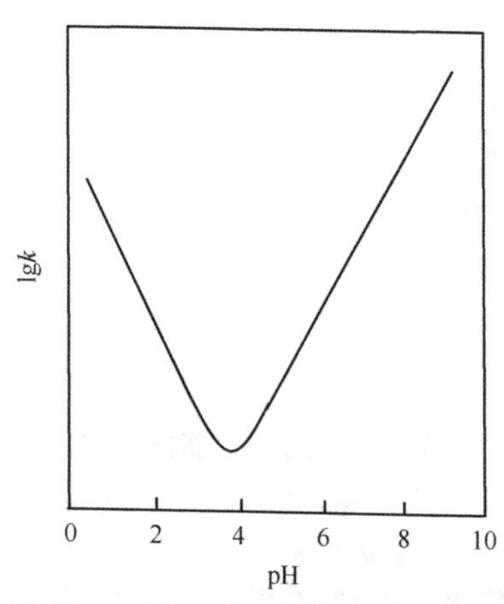

图 5-14　lg$k$ 与 pH 关系示意图

将式（5-74）两端对 c_{H^+} 微分，并令其为零，即：

$$\frac{dk}{dc_{H^+}} = k_{H^+} - \frac{k_{OH^-} - K_W}{c_{H^+}^2} = 0$$

整理后可得 pH_m 的计算式，即：

$$\text{pH}_m = \frac{1}{2}\left(\lg k_{H^+} - \lg k_{OH^-} - \lg K_W\right) \tag{5-75}$$

药物水解反应的速率常数与 pH 的关系也并非都呈图 5-14 中的曲线形状。通常非解离型药物的水解呈 V 形（图 5-14），含有一个解离基团的药物的水解呈 S 形。一般情况下，药物最稳定的 pH 最终还需通过实验确定。制剂 pH 的调节除了要考虑药物的稳定性外，还需同时考虑药物的溶解度、药效和生理适应性等因素。例如，大部分生物碱在偏酸性溶液中较为稳定，因此其注射剂常调节为偏酸性范围，但将它们制成滴眼剂时，为了减少刺激性和提高疗效，通常调节为偏中性范围。

5.8.3　酶催化

生物体内进行的化学反应基本都属于酶催化反应（enzyme catalysis）。酶（enzyme）是由生物或微生物产生的具有催化能力的蛋白质，有些酶还结合了金属离子，如过氧化氢分解酶含有铁离子。研究表明，酶催化反应的速率与酶、底物（酶催化反应中常将反应物称为底物）、温度和 pH 等有关。

与其他类型的催化反应相比，酶催化反应具有以下显著特点：

（1）高度的选择性：酶对所催化的底物和反应具有严格的选择性，一种酶通常只对一种反应有催化效果，这种选择性也称为酶的特异性（specificity）。例如，脲酶只催化尿素转化为氨和二氧化碳的反应，而对尿素的取代物，如甲脲则无作用；蛋白质代谢酶仅作用于 *L*-氨基酸，而对 *D*-氨基酸无作用；糖的代谢酶仅作用于 *D*-葡萄糖及其衍生物，而对 *L*-葡萄糖则无作用。

（2）高效的催化活性：酶的催化活性非常高，通常是普通催化剂的 10^8～10^{12} 倍。例如，α-胰凝乳蛋白酶对苯酰胺的水解速率是 H^+催化作用的 6×10^6 倍；1 个过氧化氢分解酶分子能在 1 s 内分解 10^5 个过氧化氢分子，而石油裂解使用的硅酸铝催化剂在 773 K 下约 4 s 才能分解一个烃分子。酶的催化效率可以用酶的转化数（turnover number）表示。酶的转化数是指在酶被底物饱和的条件下，每个酶分子在单位时间内将底物转化为产物的分子数。

（3）反应条件温和：由于酶是一种蛋白质，过高的温度会令其变性而失去活性。并且因蛋白质可形成两性离子，酶对溶液的 pH 很敏感，pH 过大或过小都会降低酶的催化能力。因此酶催化反应一般在常温常压下进行，介质也是呈中性或近中性。以合成氨为例，工业合成需要高温、高压，且需要特殊设备，而某些植物茎部的固氮酶在常温常压下即可固定空气中的氮，并将其还原成氨。

（4）反应机制复杂：酶催化反应的历程很复杂，且酶催化作用受温度、pH 及离子强度的影响较大，加之酶本身的结构也非常复杂，使酶催化反应的研究难度较大。

米夏埃利斯（Michaelis）和门藤（Menten）提出了简化的酶催化反应机制，即米夏埃利斯-门藤机制。该机制认为，在催化反应中，酶 E 首先与底物 S 结合形成不稳定的中间产物 ES，即酶-底物复合物，此为一步快速反应，之后酶-底物复合物再分解生成产物 P，并释放出酶，这是一步慢反应，亦即为反应的决速步。其过程可以表示如下：

（1）$$\mathrm{E+S} \underset{k_2}{\overset{k_1}{\rightleftharpoons}} \mathrm{ES} \quad (快反应)$$

（2）$$\mathrm{ES} \xrightarrow{k_3} \mathrm{P+E} \quad (慢反应)$$

通常在酶催化反应中，酶的浓度比底物小很多，即 $c_\mathrm{E} \ll c_\mathrm{S}$，因此有 $c_\mathrm{ES} \ll c_\mathrm{S}$，当反应稳定进行时，中间产物 ES 可用稳态近似法处理，即：

$$\frac{\mathrm{d}c_\mathrm{ES}}{\mathrm{d}t} = k_1 c_\mathrm{S} c_\mathrm{E} - k_2 c_\mathrm{ES} - k_3 c_\mathrm{ES} = 0$$

整理得：

$$c_\mathrm{ES} = \frac{k_1 c_\mathrm{E} c_\mathrm{S}}{k_2 + k_3} = \frac{c_\mathrm{E} c_\mathrm{S}}{K_\mathrm{M}} \tag{5-76}$$

式（5-76）称为米夏埃利斯-门藤公式，其中 K_M 称为米夏埃利斯常量（或米氏常量），即：

$$K_\mathrm{M} = \frac{k_2 + k_3}{k_1} = \frac{c_\mathrm{E} c_\mathrm{S}}{c_\mathrm{ES}}$$

K_M 可以看作是酶-底物复合物 ES 的不稳定常数。

酶催化的总反应速率，即产物 P 的生成速率为：

$$r = \frac{\mathrm{d}c_\mathrm{p}}{\mathrm{d}t} = k_3 c_\mathrm{ES} = \frac{k_3 c_\mathrm{E} c_\mathrm{S}}{K_\mathrm{M}} \tag{5-77}$$

令酶的初浓度为 $c_\mathrm{E,0}$，其为游离酶和中间产物 ES 的总浓度，即：

$$c_\mathrm{E,0} = c_\mathrm{E} + c_\mathrm{ES}$$

代入式（5-76），整理可得：

$$c_\mathrm{ES} = \frac{c_\mathrm{E,0} c_\mathrm{S}}{K_\mathrm{M} + c_\mathrm{S}}$$

代入式（5-77），得：

$$r = \frac{\mathrm{d}c_\mathrm{p}}{\mathrm{d}t} = k_3 c_\mathrm{ES} = \frac{k_3 c_\mathrm{E,0} c_\mathrm{S}}{K_\mathrm{M} + c_\mathrm{S}} \tag{5-78}$$

式（5-78）即为酶催化反应的速率方程。当底物浓度很小时，$c_\mathrm{S} \ll K_\mathrm{M}$，式（5-78）可简化为

$$r = \frac{\mathrm{d}c_\mathrm{p}}{\mathrm{d}t} = \frac{k_3}{K_\mathrm{M}} c_\mathrm{E,0} c_\mathrm{S}$$

即对底物呈一级反应。

当 $c_\mathrm{S} \to \infty$ 时，反应速率趋于最大值 $r_\mathrm{m} = k_3 c_\mathrm{E,0}$，代入式（5-78），得：

$$r = \frac{r_\mathrm{m} c_\mathrm{S}}{K_\mathrm{M} + c_\mathrm{S}} \quad 或 \quad \frac{r}{r_\mathrm{m}} = \frac{c_\mathrm{S}}{K_\mathrm{M} + c_\mathrm{S}} \tag{5-79}$$

由式（5-79）可知，当 $r=r_m/2$ 时，$K_M=c_S$，即当反应速率为最大速率的一半时，底物的浓度就等于米氏常数 K_M。图 5-15 为酶催化反应速率与底物浓度的关系曲线。

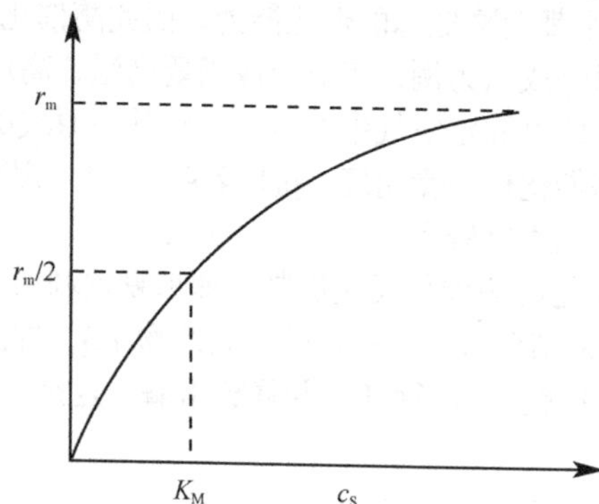

图 5-15　酶催化反应速率曲线

式（5-79）也可表示为：

$$\frac{1}{r}=\frac{K_M}{r_m c_S}+\frac{1}{r_m} \tag{5-80}$$

以 $1/r$ 对 $1/c_S$ 作图，可得一直线，直线的斜率为 K_M/r_m，截距为 $1/r_m$，由此可得 K_M 和 r_m。

K_M 是酶催化反应的特性常数，它反映了酶与底物的亲和力，其值越小，亲和力越大。不同的酶 K_M 不同，同一种酶在催化不同的反应时 K_M 也不同，其值与酶的浓度无关。

【知识扩展】

制药废水是新兴污染源，长期接触药物污染物会严重危害生命健康。近年来，未经处理或只经部分处理的制药废水排放所引发的生物累积及抗生素耐药性问题日益严峻。制药废水具有成分复杂、有机物含量高、生物毒性高、水质水量波动大、排放量大、可生化性差等特点，属于难处理的工业废水，有较大的环境污染隐患，但目前的处理技术尚无法达到废水零排放，亟须开发新的处理手段。纳米技术在 20 世纪 70 年代出现后，广泛应用于各个领域。在诸多纳米材料中，光催化纳米材料因其在处理废水时环保安全、重复利用性高、经济高效而被广泛关注。光催化技术是一项高效清洁、环保节能的污染处理技术，其基本原理是当用能量大于半导体光催化剂禁带宽度的光照射时，进入半导体氧化物层的光导致电子从价带向导带移动，电子跃迁至导带，形成导带电子，同时在价带产生空穴，在半导体氧化物的表面形成高活性的电子空穴对。激发电子与氧分子反应形成超氧阴离子，O^{2-} 与 H^+ 迅速反应，最终产生羟基自由基，空穴可以使附着在催化剂表面的氢氧根和水分生成高活性的羟基自由基。羟基自由基的氧化电位极高，因此氧化能力极强，与废水中的污染物快速发生链式化学反应，降解和转化污染物为无害物质。

关　键　词

阿伦尼乌斯公式　Arrhenius equation
半衰期　half life
催化反应　catalytic reaction
催化剂　catalyst
动力学方程（积分速率方程）　kinetic equation
对峙反应　opposing reaction
二级反应　second order reaction
反应分子数　molecularity
反应机制　reaction mechanism
反应级数　reaction order
反应速率　reaction rate
反应速率常数　reaction rate constant
光化学反应　photochemical reaction
过渡态理论　transition state theory
化学动力学　chemical kinetics
活化能　activation energy
基元反应　elementary reaction
介电常数　dielectric constant
连续反应　successive reaction
链反应　chain reaction
零级反应　zero-order reaction
酶催化反应　enzyme catalysis
碰撞理论　collision theory
平行反应　parallel reaction
速控步　rate controlling step
速率方程（微分速率方程）　rate equation
一级反应　first order reaction
质量作用定律　law of mass action
总反应　overall reaction（complex reaction）

本章内容小结

化学动力学是研究化学反应的速率和机制的科学，其基本任务是研究各种反应条件对反应速率的影响及反应的机制。

基元反应是机制最简单的反应，是构成总反应的基本单元，其速率方程可由质量作用定律直接获得。总反应的速率方程需通过实验确定。简单级数反应主要讨论了一级、二级和零级反应的速率方程及其动力学特征，其中一级反应在药物研究中最为常见。多个基元反应以不同方式组合，可构成不同类型的复杂反应。典型的复杂反应包括对峙反应、平行反应、连续反应和链反应。

化学反应的速率与温度的关系多符合阿伦尼乌斯方程，方程中的活化能是重要的动力学参数。利用阿伦尼乌斯方程可预测药物的贮存期。

碰撞理论和过渡态理论是用来研究基元反应速率的两个基本理论。溶液中的反应速率受溶剂性质的影响，研究溶剂效应对化学反应的影响是溶液反应动力学的主要研究内容。光化学反应的活化能来源于光子的能量，光化学反应遵循的规律与热反应有着显著区别。催化剂可通过改变反应途径，大幅降低反应的活化能或增大指前因子，从而使反应速率显著增大。酸碱催化的本质在于质子的转移，酶催化反应的机制可用米夏埃利斯-门藤的中间产物学说进行解释。

本章的重点内容包括化学动力学的基本概念、简单级数反应的速率方程与特征，以及温度对反应速率的影响等。

本 章 习 题

本章习题参考答案

一、选择题

1. 实验测得某化学反应 $A+2D \longrightarrow P$ 的速率方程为 $-\frac{dc_A}{dt}=kc_Ac_D$，由此可判断该反应(　　)。

A. 反应分子数为 2　　B. 反应分子数为 3

C. 反应级数为 2　　D. 反应级数为 3

2. 某反应的反应物浓度 c 与反应时间 t 之间呈线性关系，可判断该反应为(　　)。

A. 零级反应　B. 一级反应　C. 二级反应　D. 三级反应

3. 某反应 $A \longrightarrow P$，在反应物 A 的初浓度分别为 $0.5\ mol \cdot L^{-1}$ 和 $1.0\ mol \cdot L^{-1}$ 时测得的半衰期相等(其他反应条件不变)，说明该反应是(　　)。

A. 零级反应　B. 一级反应　C. 二级反应　D. 三级反应

4. 有一反应，当反应物的初始浓度为 $0.2\ mol \cdot L^{-1}$ 时反应的半衰期为 36 min，当反应物的初始浓度为 $0.12\ mol \cdot L^{-1}$ 时半衰期为 60 min，则此反应为(　　)。

A. 零级反应　B. 一级反应　C. 二级反应　D. 三级反应

5. 下列各因素中对反应速率常数没有影响的是(　　)。

A. 温度　B. 反应物浓度　C. 溶剂的种类　D. 催化剂

6. 关于阿伦尼乌斯方程，以下说法中错误的是(　　)。

A. 适用于基元反应，不适用于总反应

B. 既适用于气相反应，也适用于液相反应或复相催化反应

C. $\ln k$ 与 $1/T$ 之间具有线性关系

D. 并非所有的化学反应都符合阿伦尼乌斯方程

7. 对于一个连续反应，若中间产物是目的产物，则主要可通过控制以下何种条件提高得率（　　）。

A. 反应压力　　B. 反应物初浓度　　C. 反应温度　　D. 反应时间

8. 关于光化学反应，下列说法中错误的是（　　）。

A. 在等温、等压下可以进行 $\Delta_r G_m > 0$ 的反应

B. 反应速率受温度影响小

C. 反应的量子效率大于 1

D. 反应的初级过程一般呈零级反应

9. 关于催化剂的作用，以下说法中错误的是（　　）。

A. 催化剂改变了反应的历程　　B. 催化剂改变了反应的活化能

C. 催化剂改变了反应速率　　D. 催化剂改变了转化率

10. 反应 $A + D \longrightarrow P$ 在等温、等压下进行，当加入某种催化剂时该反应速率明显加快。设不存在催化剂时，反应的平衡常数为 K_1，活化能为 E_{a1}，存在催化剂时为 K_2 和 E_{a2}，则以下关系式中正确的是（　　）。

A. $K_1 = K_2$，$E_{a2} > E_{a1}$　　B. $K_2 > K_1$，$E_{a2} = E_{a1}$

C. $K_2 > K_1$，$E_{a2} < E_{a1}$　　D. $K_1 = K_2$，$E_{a2} < E_{a1}$

二、填空题

1. 基元反应 $2A \xrightarrow{k} P$ 的速率方程为____________。

2. 基元反应 $A + D \longrightarrow P$ 是______级反应，若 A 的浓度远大于 D 的浓度，则反应可按_____级反应处理，此时反应的分子数是______。

3. 在一定条件下某反应速率常数 $k = 0.045\ \text{min}^{-1}$，该反应的半衰期等于________。

4. 蔗糖的水解可视为一级反应，某温度下有一浓度为 $0.30\ \text{mol·L}^{-1}$ 的蔗糖溶液在酸催化下进行水解反应，测得经反应 30 min 后，有 38%的蔗糖发生了水解，则该反应的速率常数等于________，反应开始时的反应速率等于________。

5. 某物质 A 的分解为二级反应，等温下反应进行至 A 消耗掉初浓度的 1/3 所需的时间是 2 min，则 A 消耗掉初浓度的 2/3 所需的时间是________。

6. 反应的活化能越高，反应速率受温度的影响程度________。

7. 在化学动力学研究中，对复杂反应常采用的近似处理方法有速控步近似法、________和________。

8. 溶剂的介电常数越大，离子间的相互作用力就______。因此，同种电荷离子间的反应，介电常数______的溶剂可加快反应速率。

9. 肉桂酸在光照下与 Br_2 发生反应生成二溴肉桂酸。在 303.6 K，用波长为 435.8 nm，强度为 $1.4\times10^{-3}\ \text{J·s}^{-1}$ 的光照射 1105 s 后，有 7.5×10^{-5} mol 的 Br_2 发生了反应。已知溶液吸收了入射光的 80%，则该反应的量子效率等于________。

10. 米氏常量 K_M 是酶催化反应的特性常数，其值等于反应速率为最大速率________时底物的________。

三、判断题

1. 某化学反应的方程式为 $2A \longrightarrow P$，表明该反应是二级反应。（　　）

2. 实验测得某反应速率常数 $k = 0.015\ \text{mol·L}^{-1}\text{·s}^{-1}$，说明该反应是零级反应。（　　）

3. 对于同一反应系统，其反应速率不管用哪一种反应物或产物的浓度随时间的变化率来表示都是一样的。（　　）

4. 一个化学反应进行完全所需的时间是半衰期的 2 倍。（　　）

5. 某反应，反应物反应掉 5/9 所需的时间是它反应掉 1/3 所需时间的 2 倍，由此可判断该反应

为一级反应。(　　)

6. 应用尝试法确定反应级数时，实验数据的浓度范围应足够大，否则难以判断反应级数。(　　)

7. 光化学反应的次级过程需要光的照射方能进行。(　　)

8. 对于对峙反应，催化剂使正、逆反应加速的倍数相同。(　　)

9. 若产物的极性大于反应物的极性，则在极性溶剂中的反应速率相对较大。(　　)

10. 酸碱催化剂在反应中起到了提供或接受质子的作用。(　　)

四、简答题

1. 反应级数和反应分子数有何区别?

2. 合成氨的反应是放热反应，降低温度有利于提高平衡转化率，但实际生产中这一反应在较高的温度下进行，为什么?

3. 某两个化学反应，其活化能的关系为 $E_{a1}>E_{a2}$，温度变化对哪个反应的速率影响更大? 这一原理如何运用于平行反应?

4. 某反应在一定条件下的平衡转化率为 35%，在其他条件不变的情况下，加入某种催化剂后，反应速率增加了 15 倍，问此时的转化率是多少? 催化剂可加速反应的本质是什么?

五、计算题

1. 某一级反应 $A \longrightarrow P$，在某温度下的初速率为 $0.25\ mol \cdot L^{-1} \cdot h^{-1}$，2 h 后的速率为 $0.11\ mol \cdot L^{-1} \cdot h^{-1}$。求:

(1) 反应速率常数。

(2) 反应物的初浓度。

2. 反应 $A+B \longrightarrow P$，设 A 和 B 的初浓度相等，反应进行 1 h 后，A 消耗了 75%，当反应进行至 2 h 时，试分别求算在下列情况下，各剩余多少 A?

(1) 反应对 A 为一级，对 B 为零级。

(2) 反应对 A 和 B 均为一级。

(3) 反应对 A 和 B 均为零级。

3. 阿司匹林的水解为一级反应，373.15 K 下反应速率常数为 $7.92\ d^{-1}$，活化能为 $56.48\ kJ \cdot mol^{-1}$。试求阿司匹林在 298.15 K 下水解的十分之一衰期 $t_{0.9}$。

4. 青霉素 G 的分解为一级反应。已知该反应在 316.15 K 和 327.15 K 时的半衰期分别为 17.1 h 和 5.8 h，试求:

(1) 反应的活化能 E_a 和指前因子 A。

(2) 298.15 K 时的 $t_{0.9}$。

5. 在一定温度范围内某药物的分解速率常数与温度之间符合如下关系式

$$\ln k = -9020/T + 19.80$$

k 的单位是 h^{-1}，求:

(1) 若此药物分解 10%即失效，298.15 K 下的有效期是多少?

(2) 要使此药物的有效期达到 2 年，贮存温度应低于多少摄氏度?

6. 某对峙反应 $A \underset{k_2}{\overset{k_1}{\rightleftharpoons}} B$，在 298 K 时的 $k_1 = 0.08\ min^{-1}$，$k_2 = 0.02\ min^{-1}$。若反应开始时只有 A，浓度为 $1.0\ mol \cdot L^{-1}$，求:

(1) 反应达到平衡后 A 和 B 的浓度。

(2) 反应进行 20 min 后 A 和 B 的浓度。

第 5 章能力提升练习题及其参考答案

(成日青　梁旭华)

微课 6-1

第 6 章　表面现象

学习基本要求

1. 掌握　比表面、比表面吉布斯自由能、表面张力、表面吸附量等基本概念，以及表面吉布斯自由能与表面张力的相关计算；弯曲液面的特性以及杨-拉普拉斯公式、开尔文公式的计算和应用；溶液的表面吸附作用及吉布斯吸附公式。

2. 熟悉　表面活性剂的结构特征、性质及应用；固体表面吸附的基本理论。

3. 了解　表面膜、固体表面润湿的类型及判断；粉体的性质。

本章讨论的是多相系统中相界面物理化学，即表面物理化学（surface physical chemistry），是研究两相界面发生的物理化学过程的科学。两相界面指两相之间具有几个分子层厚度的过渡区。按两相物理性质的不同，可将两相界面分为五种类型：气-液、气-固、液-液、液-固、固-固界面。前两种界面都有气体参与，此类界面又称为表面（surface），其他称界面（interface），也可以统称为界面。通常肉眼看到的如山川、云雨、楼阁等都是宏观界面，而自然界还存在大量微观界面，如生物体内细胞膜、生物膜、生命现象等重要过程就是在界面上进行的。人们需要先研究宏观界面的规律，然后再把它应用到微观界面上。表面现象（surface phenomena）是自然界随处可见的现象，本章将利用物理化学的基本原理讨论表面现象的本质、规律及应用。

表面物理化学是物理化学的一个重要前沿分支学科。在理论上和实践上支撑了生命科学、材料科学、信息科学等许多重要科学技术领域的发展。表面现象广泛存在于日常生活、生命现象以及临床治疗的过程中，表面物理化学的原理在石油、化工、食品、医药、材料、农业、矿冶、环保等领域有着广泛的应用，如催化作用（多相催化、胶束催化、相转移催化等）、相变化（蒸馏、萃取、结晶、溶解等）、吸附（染色、脱色、除臭、浮选等）、表面膜[由磷脂等生物活性物质组成的双层膜、微电子集成块中的兰米尔-布芬杰特膜（LB 膜）等]、新相生成（过冷、过热、过饱和等）、表面活性剂的物理化学（润湿、乳化、消泡等）。对于药学及相关专业，从药物的合成、提取、分离、分析、制剂、保存直到药物在体内的作用、代谢等，也涉及不同层次的表面物理化学问题。

6.1　表面热力学性质

6.1.1　比表面

对于一定量的凝聚态物质，分散程度越高则表面积越大，其表面性质越显著。

为了便于比较不同物质的表面性质，引进了一个比表面（specific surface area）的概念，即单位质量或单位体积的物质具有的表面积，以字母 a 表示。

$$a_S = \frac{A}{m} = \frac{A}{\rho V} \quad 或 \quad a_V = \frac{A}{V} \tag{6-1}$$

式中，A 为物质的表面积，m 为物质的质量，ρ为物质的密度，V 为物质的体积，a_S 的单位为 $m^2 \cdot kg^{-1}$ 或 $m^2 \cdot g^{-1}$，a_V 的单位为 m^{-1}。

例 6-1　一个半径 r 的球形液滴，将其分散为半径 r'只有原来 1/5 的微小球形液滴，试计算分割后的液滴总表面积 A'是原液滴表面积 A 的多少倍?

解：假设分割后的液滴数目为 n，已知 $A=4\pi r^2$，　$V=\dfrac{4}{3}\pi r^3$

$$n=\frac{\frac{4}{3}\pi r^3}{\frac{4}{3}\pi r'^3}=\frac{\frac{4}{3}\pi r^3}{\frac{4}{3}\pi\left(\frac{r}{5}\right)^3}=5^3$$

$$\frac{A'}{A}=\frac{n\cdot 4\pi r'^2}{4\pi r^2}=\frac{5^3\times 4\pi\left(\frac{r}{5}\right)^2}{4\pi r^2}=5$$

可见，对一定量的物质，分散的颗粒越小，总表面积越大。在一般情况下，凝聚相物质处于表面层中的分子在整个系统所占比例很小，表面现象常常被忽略，但对一个高度分散的系统，其表面性质对整个系统性质的影响就不容忽视。

6.1.2　比表面吉布斯自由能和表面张力

1. 比表面吉布斯自由能　任何一个相，其表面层的分子和相内部的分子所受的分子之间的吸引力是不同的。以气-液两相所形成的表面为例，在液体内部的任何一个分子，其周围都是同类分子，所受周围分子的引力是球形对称的，合力为零。而表面层分子却不同，因表面层分子与气相分子间的引力相对较小，存在垂直于表面并指向液体内部的合力，如图 6-1 所示。当把一个分子从液体内部转移至表面层时（或者说增大表面积），必须克服系统内部分子对该分子的引力对系统做功，即表面功。克服这个力所做的表面功可转变为分子的势能。这样，位于表面层的每一个分子比内部的分子具有较大的势能。表面层中全部分子所具有的全部势能的总和称为表面能。

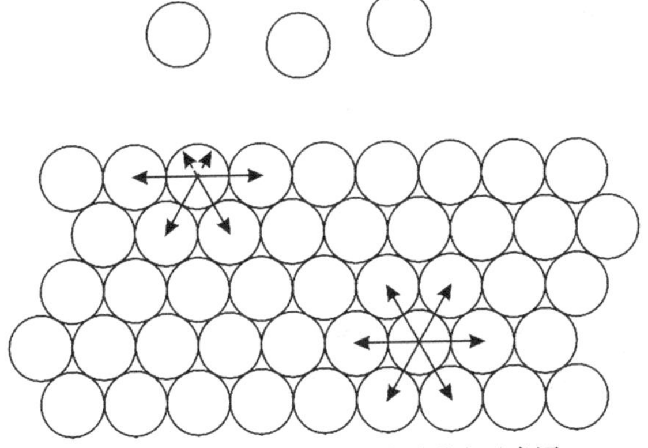

图 6-1　液体表面与体相分子受力示意图

对一定组成的液体，在温度和压力恒定的条件下，可逆地增加表面积 dA 时，环境对系统所做的表面功大小与 dA 成正比：

$$\delta W'=\sigma \mathrm{d}A \tag{6-2}$$

式中 σ 为比例系数，根据热力学第二定律，等温、等压可逆情况下：

$$\mathrm{d}G_{T,p,n_\mathrm{B}}=\delta W' \tag{6-3}$$

则有：

$$\mathrm{d}G_{T,p,n_\mathrm{B}}=\sigma \mathrm{d}A \tag{6-4}$$

$$或\ \sigma=\left(\frac{\partial G}{\partial A}\right)_{T,p,n_\mathrm{B}} \tag{6-5}$$

σ 称作比表面吉布斯自由能（specific surface Gibbs free energy）或比表面能，单位为 $\mathrm{J\cdot m^{-2}}$。σ 的

物理意义是：在温度、压力和组成不变的条件下，增加单位表面积时系统吉布斯自由能的增量。

2. 表面张力 从力学角度分析，液体表面层的分子由于受液体内部分子的拉力作用向内收缩。从能量的观点出发，表面层的分子比内部分子增加了表面吉布斯自由能，因此液体表面有收缩的趋势，以降低表面吉布斯自由能。如图 6-2（a）所示，将一个一边为活动边框（活动边 AB 可自由移动且忽略摩擦力）的金属框架放入肥皂液中，缓慢取出金属框架时会形成一层薄薄的液膜。取出后，若无其他外力作用时，液膜会自动收缩使 AB 边自动向左滑动。若要维持液膜大小不变，需要在 AB 边上施加一个向右的外力。这一现象表明，在液体表面存在一种使液面收缩的力，即表面张力（surface tension）或界面张力（interfacial tension）。日常生活中也有许多表面张力存在的例子，例如，肥皂泡要用力吹才能吹大，一放松就会自动缩小；从细口瓶中倒水很困难等。这些现象都是由于表面张力存在引起的。

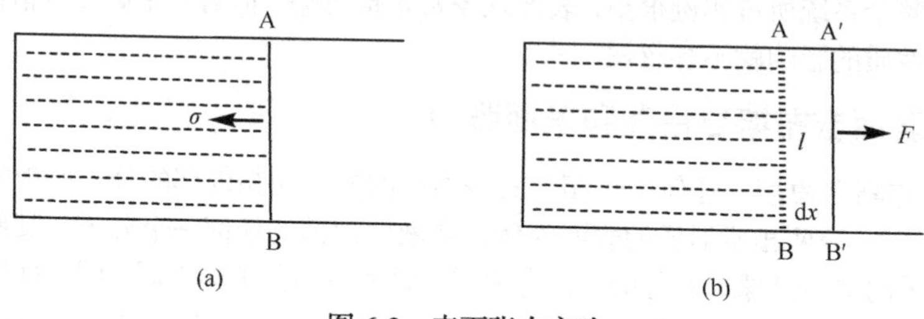

图 6-2　表面张力实验

如图 6-2（b）所示，在温度、压力恒定的条件下，于 AB 边施加向右的力 F，使 AB 边在可逆情况下向右移动 dx 至 A′B′位置，增加的表面积为 dA，设 AB 的长度为 l，则外力对液膜做的功为：

$$\delta W_r' = F\mathrm{d}x = \sigma \mathrm{d}A$$

因为液膜有正、反两个表面，所以：

$$F\mathrm{d}x = \sigma \mathrm{d}A = \sigma(2l\mathrm{d}x)$$

$$\sigma = \frac{F}{2l} \tag{6-6}$$

因此，σ 就是垂直作用于表面上单位长度线段上的表面收缩力，称为表面张力，单位是 $\mathrm{N \cdot m^{-1}}$。其方向对于平液面是沿着液面并与液面平行，如图 6-3（a）所示；对于弯曲液面则与液面相切，如图 6-3（b）所示。

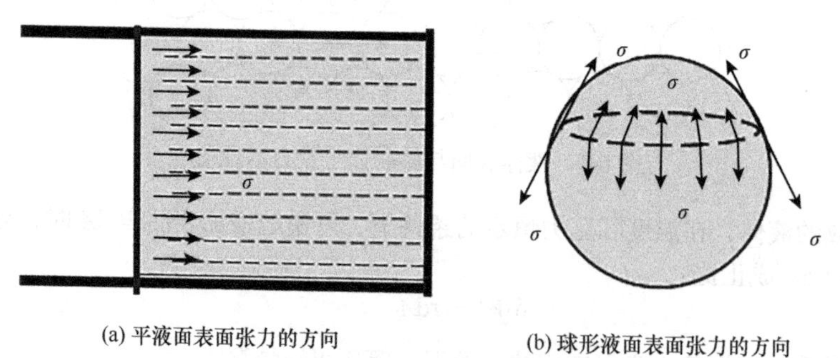

图 6-3　表面张力的方向

表面张力可以通过实验测定，液体表面张力的测定常用方法有毛细管上升法、最大气泡压力法、滴重（体积）法、吊片法等。

需要说明的是，σ 既是表面张力，也是比表面吉布斯自由能，这两个概念是分别从力学和热力学角度讨论同一个表面现象时采用的物理量。通常考虑界面相互作用时称为表面张力，而考虑界面性质的热力学问题时则说成比表面吉布斯自由能。虽然这两个概念物理意义不同，但它们是完全等价的，具有相同的量纲和数值，实际使用中这两个概念常常不加区分。

3. 表面张力的影响因素

（1）分子间作用力：表面张力的产生是物质内部分子间相互作用的结果，故分子间作用力越大，表面张力越大。例如，固体的表面张力大于液体的表面张力，极性液体的表面张力大于非极性液体的表面张力。

（2）接触相的性质：表面张力产生于两相的接触面，同一种物质与不同的物质接触时，由于接触相的性质不同，也会导致表面张力有明显差别。例如，水/空气的 $\sigma = 0.073\ \text{N·m}^{-1}$，乙醇/空气的 $\sigma = 0.022\ \text{N·m}^{-1}$。

（3）温度：温度升高使分子的热运动加剧，会导致分子间的相互作用力减弱；此外，温度升高还会导致两接触相之间的密度差减小。这两种作用共同的结果：温度升高使物质的表面张力下降。

（4）压力：与其他影响因素相比较，压力对表面张力的影响较小。压力增加，气相的密度增大，表面分子受力不均匀程度相应减小，同时气体溶解度和表面吸附增加，上述因素都使表面张力降低。总之，压力增大，表面张力下降。

（5）溶液组成：组成不同的系统，分子间力也不同，也会影响表面张力的大小，这部分内容将在 6.3 节讨论。

6.1.3 表面热力学的基本公式

对于高分散的多组分系统，根据热力学第一定律和热力学第二定律的联合公式，在考虑表面功对系统状态函数的贡献时，热力学函数基本关系式表示为：

$$\mathrm{d}U = T\mathrm{d}S - p\mathrm{d}V + \sigma\mathrm{d}A + \sum_{\mathrm{B}} \mu_{\mathrm{B}}\mathrm{d}n_{\mathrm{B}} \tag{6-7}$$

$$\mathrm{d}H = T\mathrm{d}S + V\mathrm{d}p + \sigma\mathrm{d}A + \sum_{\mathrm{B}} \mu_{\mathrm{B}}\mathrm{d}n_{\mathrm{B}} \tag{6-8}$$

$$\mathrm{d}F = -S\mathrm{d}T - p\mathrm{d}V + \sigma\mathrm{d}A + \sum_{\mathrm{B}} \mu_{\mathrm{B}}\mathrm{d}n_{\mathrm{B}} \tag{6-9}$$

$$\mathrm{d}G = -S\mathrm{d}T + V\mathrm{d}p + \sigma\mathrm{d}A + \sum_{\mathrm{B}} \mu_{\mathrm{B}}\mathrm{d}n_{\mathrm{B}} \tag{6-10}$$

$$\sigma = \left(\frac{\partial U}{\partial A}\right)_{S,V,n_{\mathrm{B}}} = \left(\frac{\partial H}{\partial A}\right)_{S,p,n_{\mathrm{B}}} = \left(\frac{\partial F}{\partial A}\right)_{T,V,n_{\mathrm{B}}} = \left(\frac{\partial G}{\partial A}\right)_{T,p,n_{\mathrm{B}}} \tag{6-11}$$

式（6-11）表明，σ 是在指定各相应变量不变时，每增加单位表面积，系统热力学能、焓、亥姆霍兹自由能和吉布斯自由能的增量。

在等容且系统组成恒定时，式（6-9）可写成

$$\mathrm{d}F_{V,n_{\mathrm{B}}} = -S\mathrm{d}T + \sigma\mathrm{d}A \tag{6-12}$$

应用全微分的性质，根据麦克斯韦（Maxwell）关系式

$$\left(\frac{\partial S}{\partial A}\right)_{T,V,n_{\mathrm{B}}} = -\left(\frac{\partial \sigma}{\partial T}\right)_{A,V,n_{\mathrm{B}}} \tag{6-13}$$

此条件下，式（6-7）可写成：

$$(\mathrm{d}U)_{V,n_{\mathrm{B}}} = T\mathrm{d}S + \sigma\mathrm{d}A$$

则

$$\left(\frac{\partial U}{\partial A}\right)_{T,V,n_{\mathrm{B}}} = T\left(\frac{\partial S}{\partial A}\right)_{T,V,n_{\mathrm{B}}} + \sigma$$

代入式（6-13）得：

$$\left(\frac{\partial U}{\partial A}\right)_{T,V,n_{\mathrm{B}}} = \sigma - T\left(\frac{\partial \sigma}{\partial T}\right)_{A,V,n_{\mathrm{B}}} \tag{6-14}$$

由于表面积增加表面熵也增加，即式（6-13）中的$\left(\frac{\partial S}{\partial A}\right)_{T,V,n_B}$为正，所以在等温等容条件下扩大表面积时，系统从环境吸热，即$\left(\frac{\partial \sigma}{\partial T}\right)_{A,V,n_B}$<0。由此得出表面张力随温度升高而降低，扩大表面积时，系统的热力学能增加，其增量可以通过表面张力及其随温度的变化率进行计算。

思考题 6-1
参考答案

【**思考题 6-1**】 *表面张力和比表面吉布斯自由能之间有何异同？*

6.2 弯曲表面的性质

微课 6-2

6.2.1 弯曲表面的附加压力

1. 弯曲液面的附加压力 由于表面张力的作用，在弯曲表面下的液体（或气体）与在水平液面时的情况不同。

如图 6-4 中，在液体的表面任取一块直径为 AB 的圆形小截面，表面张力作用在圆形环上，其方向与液面相切并且和 AB 环相垂直。如果液体表面是水平的，则作用在边界上的表面张力也是水平的，当平衡时，环上每点的两边都存在表面张力，其大小相等，方向相反，沿边界的表面张力相互抵消，合力为零，如图 6-4（a）所示。此时，液体表面层内外两侧的压力相等，即 $p(\mathrm{l}) = p(\mathrm{g}) = p_0$，其中 p_0 为大气压。如果液体表面是弯曲的，情况则不同。对于凸液面，环上每点两边的表面张力都与液面相切，大小相等，但由于不在同一平面上，会产生一个垂直于液体表面且方向指向凸面曲率中心的合力。沿边界的所有点最终产生的合力称为附加压力（excess pressure），用 Δp 表示，方向指向液体内部。此时，液体表面层内侧所受压力大于外侧大气压，$p(\mathrm{l}) = p(\mathrm{g}) + \Delta p$，如图 6-4（b）所示；对于凹液面，同理会产生一个指向液体外部的附加压力 Δp。此时，液体表面层内侧所受压力小于外侧大气压，$p(\mathrm{l}) = p(\mathrm{g}) - \Delta p$，如图 6-4（c）所示。

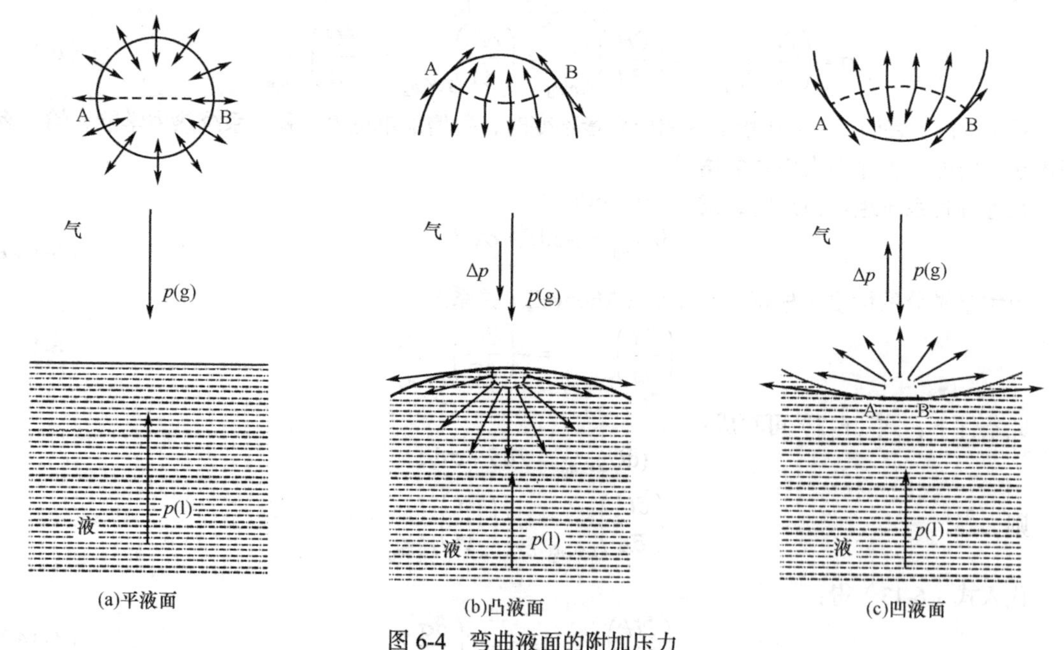

图 6-4 弯曲液面的附加压力

总之，由于表面张力的作用，弯曲液面存在附加压力，且有

$$\Delta p = p(\mathrm{l}) - p(\mathrm{g})$$

对于凸液面，Δp 为正值，对于凹液面，Δp 为负值。

2. 杨-拉普拉斯公式　若假设有一毛细管内充满液体，管端悬有一半径为 r 的球形液滴与管内液体呈平衡状态，如图 6-5 所示，此时液滴内的总压力 $p(\mathrm{l})$等于外压 $p(\mathrm{g})$与附加压力 Δp 之和。若对活塞施加压力，使毛细管中液体减少 $\mathrm{d}V$，则管端液滴的体积增加 $\mathrm{d}V$，相应的表面积增加 $\mathrm{d}A$。由于液体内外存在压力差，环境对系统所做的净功为克服附加压力而做的体积功 W，与液滴表面积增加而做的表面功（W'）相等，即：

$$\delta W = \delta W'$$

由于

$$\delta W = \Delta p \mathrm{d}V \qquad \delta W' = \sigma \mathrm{d}A$$

$$\Delta p \mathrm{d}V = \sigma \mathrm{d}A$$

由于是球形液滴：

$$A = 4\pi r^2 \qquad \mathrm{d}A = 8\pi r \mathrm{d}r$$

$$V = \frac{4}{3}\pi r^3 \qquad \mathrm{d}V = 4\pi r^2 \mathrm{d}r$$

因此

$$\Delta p = \frac{2\sigma}{r} \tag{6-15}$$

上式表明，附加压力的大小与液面的曲率半径及液体的表面张力有关。

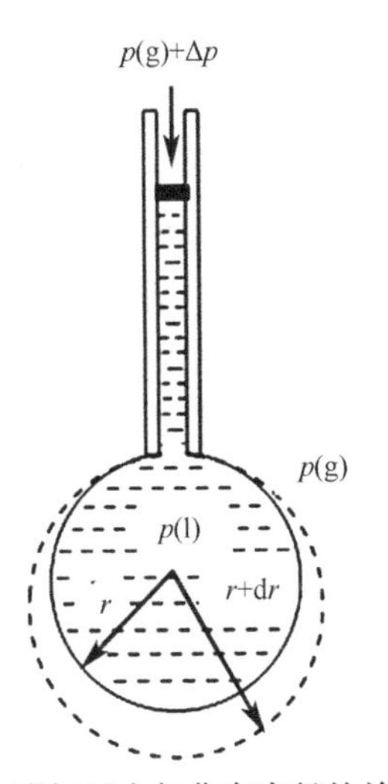

图 6-5　附加压力与曲率半径的关系

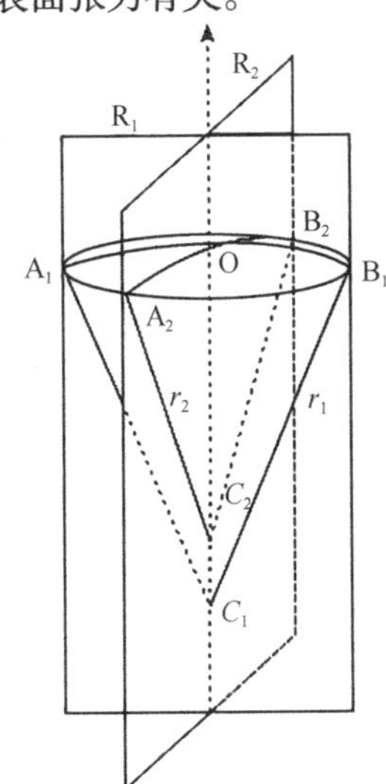

图 6-6　任意曲面的曲率半径

任意曲面上一点的曲率可通过一对相互垂直的平面所切割弧的曲率半径描述。如图 6-6 所示，通过曲面上任意一点 O 的法线上可做两个相互垂直的截面 R_1 和 R_2，R_1、R_2 分别在曲面上截出弧 A_1B_1 和弧 A_2B_2，这两条弧线的曲率半径 r_1 和 r_2 的倒数就是曲面在 O 点的曲率。通过热力学方法可以证明曲面在 O 点的附加压力 Δp 和表面张力 σ 及曲率半径 r 之间有如下关系：

$$\Delta p = \sigma\left(\frac{1}{r_1} + \frac{1}{r_2}\right) \tag{6-16}$$

此式称为杨-拉普拉斯公式（Yong-Laplace equation），是描述弯曲表面上附加压力的基本公式。根据该公式，对于下列不同类型的表面，其附加压力分别为：

球形表面：　$r_1 = r_2 = r$，$\Delta p = 2\sigma / r$　（6-17）

圆柱形曲面：　$r_1 = \infty$，则 $\Delta p = \dfrac{\sigma}{r}$　（6-18）

平液面：$r_1 = r_2 = \infty$，则 $\Delta p = 0$

由此可知：①附加压力和曲率半径的大小成反比，曲率半径越小，受到的附加压力越大。②若液面呈凸面，曲率半径为正值，附加压力也为正值，指向曲面圆心，与外压方向一致，所以凸面下液体所受压力比平面下要大。反之，若液面是凹面，则曲率半径为负值，附加压力也为负值，凹面下液体受到的压力比平面下的压力小。③附加压力的大小和表面张力有关，液体的表面张力大，产生的附加压力也较大。

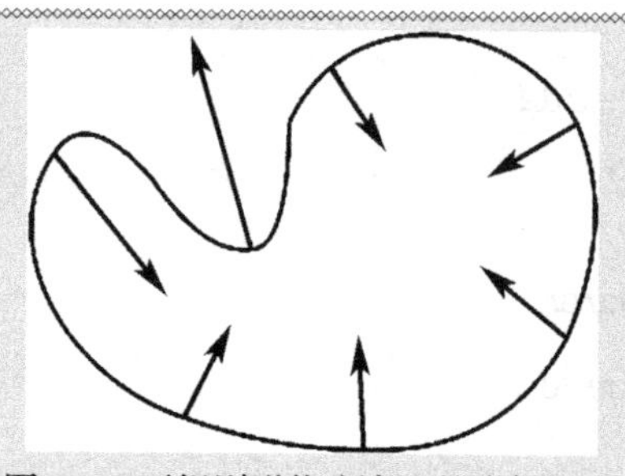
图 6-7 不规则形状液滴上的附加压力

【知识扩展】

自由液滴和气泡为何通常都呈球形？

用杨-拉普拉斯公式可解释其原因：若液滴为不规则形状，液体表面各点的曲率半径不同，所受到的附加压力大小和方向都不同（图 6-7）。这些力的共同作用最终会使液滴变成表面积最小的球形。

6.2.2 弯曲表面的饱和蒸气压

在一定温度与压力下，纯液体有一定的饱和蒸气压，但这只是针对平液面而言的，液体的分散度对饱和蒸气压也有影响。实验表明微小液滴的蒸气压不仅与物质本性、温度及外压有关，而且还与液滴的大小，即其曲率半径有关。微小液滴的饱和蒸气压高于平面液体的饱和蒸气压。

设在一定温度 T 时，任一纯液体与其饱和蒸气达平衡，此时，气体的压力 $p(\mathrm{g})$ 等于该温度下纯液体的饱和蒸气压 p^*，液体所受的压力为 $p(\mathrm{l})$，并有 $p(\mathrm{l})=p(\mathrm{g})=p^*$。根据热力学气、液平衡原理，则有：

$$\mu(\mathrm{l})=\mu(\mathrm{g}) \tag{6-19}$$

若把液体分散成半径为 r 的小液滴，则小液滴因弯曲液面将受到附加压力 Δp，此时小液滴所受到的压力变为 $p(\mathrm{l})+\Delta p$。相应的饱和蒸气压也变为 p_r^*，气体的压力 $p'(\mathrm{g})$ 为小液滴的饱和蒸气压，即 $p'(\mathrm{g})=p_\mathrm{r}^*=p(\mathrm{l})+\Delta p$。重建平衡后，气、液两相化学势仍相等。

$$\mu(\mathrm{l})+\mathrm{d}\mu(\mathrm{l})=\mu(\mathrm{g})+\mathrm{d}\mu(\mathrm{g}) \tag{6-20}$$

由于

$$\mu(\mathrm{l})=\mu(\mathrm{g})$$

所以

$$\mathrm{d}\mu(\mathrm{l})=\mathrm{d}\mu(\mathrm{g})$$

即

$$\left[\frac{\partial\mu(\mathrm{l})}{\partial p(\mathrm{l})}\right]_T\mathrm{d}p(\mathrm{l})=\left[\frac{\partial\mu(\mathrm{g})}{\partial p(\mathrm{g})}\right]_T\mathrm{d}p(\mathrm{g})$$

根据化学势与压力的关系式 $\left(\frac{\partial\mu}{\partial p}\right)_T=V_\mathrm{m}$，代入上式，可得：

$$V_\mathrm{m}(\mathrm{l})\mathrm{d}p(\mathrm{l})=V_\mathrm{m}(\mathrm{g})\mathrm{d}p(\mathrm{g})$$

设 $V_\mathrm{m}(\mathrm{l})$ 和压力无关，且蒸气为理想气体，积分上式，得：

$$V_\mathrm{m}(\mathrm{l})\int_{p(\mathrm{l})}^{p(\mathrm{l})+\Delta p}\mathrm{d}p(\mathrm{l})=RT\int_{p^*}^{p_\mathrm{r}^*}\frac{1}{p}\mathrm{d}p(\mathrm{g})$$

$$\frac{M}{\rho}\Delta p=RT\ln\frac{p_\mathrm{r}^*}{p^*}$$

式中，M 为液体的摩尔质量，ρ 为液体的密度。

设液滴为球形，将式（6-15）代入得：

$$\ln\frac{p_\mathrm{r}^*}{p^*}=\frac{2\sigma M}{\rho RTr} \tag{6-21}$$

此式称为开尔文公式（Kelvin equation），表明在指定温度下液体的蒸气压与曲率半径之间的关系。液面的曲率半径 r 越小，其蒸气压相对正常蒸气压变化越大。对于凸液面，曲率半径 r 为正值，则 $p_r^* > p^*$，曲率半径越小，蒸气压越大；对于凹液面，曲率半径 r 为负值，则 $p_r^* < p^*$，曲率半径的绝对值越小，蒸气压越小。

当液体在毛细管内形成凹液面时，液体的蒸气压小于平面液体的蒸气压，大于管内的平衡蒸气压，此时，蒸气分子就会自发地在这些毛细孔内凝结成液体，这种现象称为毛细管凝结（capillary condensation），这也是硅胶作为干燥剂的工作原理。空气中的水分子被硅胶内壁吸附，在孔内形成凹液面，当空气中的湿度较大时，水蒸气会在孔内凹液面上液化，实现干燥空气的作用。

例 6-2 在 298.15 K 时，水的饱和蒸气压为 2.3 kPa，密度为 $1.0\times10^3\ \text{kg}\cdot\text{m}^{-3}$，表面张力为 $7.3\times10^{-2}\ \text{N}\cdot\text{m}^{-1}$。请计算：

（1）曲率半径为 10^{-7} m 的气泡内的相对蒸气压 p_r^*/p^*。

（2）曲率半径为 10^{-7} m 的球形小水滴的相对蒸气压 p_r^*/p^*。

解： 根据开尔文公式 $\ln\dfrac{p_r^*}{p^*}=\dfrac{2\sigma M}{\rho RTr}$

（1）气泡内为凹形液面，曲率半径为负值，故 $r=-10^{-7}$ m。

$$\ln\frac{p_r^*}{p^*}=\frac{2\sigma M}{\rho RTr}=\frac{2\times7.3\times10^{-2}\times18.015\times10^{-3}}{8.314\times298.15\times1.0\times10^3\times(-10^{-7})}=-1.06\times10^{-2}$$

$$\frac{p_r^*}{p^*}=0.9897$$

（2）圆球形小水滴为凸形液面，曲率半径为正值，故 $r=10^{-7}$ m。

$$\ln\frac{p_r^*}{p^*}=\frac{2\sigma M}{\rho RTr}=\frac{2\times7.3\times10^{-2}\times18.015\times10^{-3}}{8.314\times298.15\times1.0\times10^3\times10^{-7}}=1.06\times10^{-2}$$

$$\frac{p_r^*}{p^*}=1.011$$

表 6-1 列出了 298.15 K 时，不同半径小水滴、小气泡的相对蒸气压 p_r^*/p^*。表中数据显示，当半径达到 10^{-9} m 时，弯曲液面的饱和蒸气压改变很大。

表 6-1 298.15 K 时，不同半径小水滴、小气泡的相对蒸气压 p_r^*/p^*

r(m)	10^{-5}	10^{-6}	10^{-7}	10^{-8}	10^{-9}
小水滴 p_r^*/p^*	1.0001	1.001	1.011	1.114	2.937
小气泡 p_r^*/p^*	0.9999	0.9989	0.9897	0.8977	0.3405

开尔文公式也适用于固体溶质的溶解度，只需把式中的蒸气压用溶质的饱和浓度（活度）替换即可：

$$\ln\frac{a_r}{a}=\frac{2\sigma_{s-l}M}{\rho RTr} \tag{6-22}$$

式（6-22）中 a_r 和 a 分别为微小晶体和普通晶体在饱和溶液中的活度，$\sigma_{s\text{-}l}$ 为晶体与溶剂的固-液界面张力，ρ 为晶体密度，M 为晶体的摩尔质量，r 为微小晶体的曲率半径，实际工作中通常直接用饱和浓度代入式中。

由式（6-22）可知，在一定温度下，晶体粒径越小，其溶解度越大。制备晶体时，若希望晶体颗粒大一些，可采用陈化的方法，即将新生成沉淀的饱和溶液长时间放置，使小晶粒逐渐溶解，而较大的晶体变得更大。

【知识扩展】

喷雾干燥法是药物干燥的一种重要方法，通过一个喷雾装置，把药物溶液雾化成很细的液滴，再使液滴与一定流速的热空气接触。由于液滴的分散度高，曲率半径小，饱和蒸气压大，液体蒸发速度非常快。通常只需要几十秒甚至几秒即可得到粉末状或颗粒状产品，干燥效率非常高。喷雾干燥法对一些受热不稳定的药物生产非常有用。

6.2.3 亚稳态与新相生成

通常液体或固体，表面层分子占的比例小，表面现象不显著，可以忽略。但是，当系统中有新相生成时，在初始阶段曲率半径很小，分散度大，致使新相粒子的蒸气压或溶解度等与正常状态有很大差异。此时，比表面和表面能大，系统处于不稳定状态，新相生成困难，从而产生过热液体、过饱和蒸气、过冷液体和过饱和溶液等亚稳定状态。

1. 过热液体 液体沸腾时，除了在其表面气化，同时还在内部自动生成微小的新相气泡，然后气泡逐渐长大上升至液面。沸腾时，平面液体的饱和蒸气压等于外压，而半径较小的小气泡内的饱和蒸气压小于外压，同时产生很大的附加压力，附加压力使气泡难以生成，只有继续加热液体，使其蒸气压等于或大于所承受的压力，液体才会沸腾。这种温度高于沸点但仍不沸腾的液体称作过热液体（superheated liquid）。

【知识扩展】

在加热蒸馏水或液体试剂等纯净液体时，为何在液体中加入沸石、毛细管或搅拌？

由于使用的容器表面比较光滑，液体比较纯净，会出现液体过热导致的暴沸现象。通常为了避免出现过热液体，加热前在液体中加入沸石或毛细管。当加热时，空气受热从沸石或毛细管中出来，在液体中生成小气泡，极大地降低了液面弯曲带来的阻碍，可有效地防止暴沸的发生。另外还可通过搅拌的方法，一方面搅拌可使液体受热均匀，另一方面搅拌还可导致气泡产生。

2. 过饱和蒸气 当蒸气凝结成液体时，新生成的凝聚相极其微小，微小颗粒的蒸气压远远大于该物质的正常蒸气压，如图 6-8（a）所示。因此，对于平面液体已经达到饱和的蒸气，对于小液滴却没有达到饱和，所以蒸气不能凝结成液体，这种应该凝结而未能凝结的蒸气称为过饱和蒸气（supersaturation vapor）。研究发现，当蒸气中存在灰尘颗粒时，这些灰尘颗粒可以作为蒸气凝结中心，使得蒸气在过饱和程度较小的情况下开始凝结在灰尘的表面。人工降雨即利用该原理，当云层中水蒸气达到饱和或过饱和时，用飞机向云层中喷洒干冰或碘化银等小颗粒，作为新相种子，使水蒸气分子以这些小颗粒为核心而凝结，从而使已经饱和的水蒸气凝结成雨水。

3. 过冷液体 开尔文公式同样也适用于计算微小晶体的饱和蒸气压。由式（6-21）可知，在一定温度下，微小晶体的饱和蒸气压大于普通晶体的饱和蒸气压，这是液体产生过冷现象的主要原因。通常将低于凝固点而不析出晶体的液体称作过冷液体（supercooled liquid）。从图 6-8（b）中可知，对于正常情况下的物质而言，OC 线是其液体蒸气压曲线，OA 线是其固体蒸气压曲线，O 点是该物质的凝固点。而微小晶体由于蒸气压比正常值高，蒸气压曲线 BD 在 OA 线上方，且和曲线 OC 线的延长线交于 D 点，故 D 点为微小晶体的凝固点。显然，对于微小晶体而言，处于正常情况下的物质凝固点 O，不可能有固体析出，因此形成了过冷液体。此时，若向液体中投入该物质的小晶体作为新相的种子，可使液体迅速凝固成晶体。

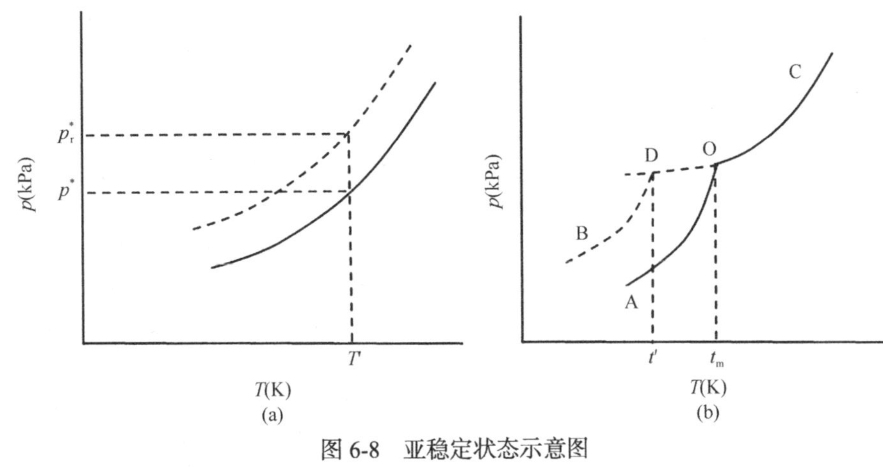

图 6-8 亚稳定状态示意图

（a）过饱和蒸气相图；（b）过冷液体相图

4. 过饱和溶液 在一定温度下，溶液浓度已超过饱和浓度，而仍未析出晶体的溶液称为过饱和溶液（super-saturated solution）。由式（6-22）可知，微小晶体与普通晶体相比，有较大的溶解度，已达到饱和浓度的溶液对于微小晶体来说并没有饱和。也就不可能有晶体析出，故形成了过饱和溶液。

过热、过冷、过饱和等现象都是热力学不稳定状态，但实际上在一定条件下又能较长时间稳定存在，这种状态称为亚稳态（metastable state）。亚稳定状态之所以存在，与新相种子生成困难有关。

【思考题 6-2】 结合开尔文公式分析，在重量分析中，形成沉淀后，为什么要将沉淀陈化一段时间后再过滤？

思考题 6-2 参考答案

知识梳理 6-1 弯曲表面的性质

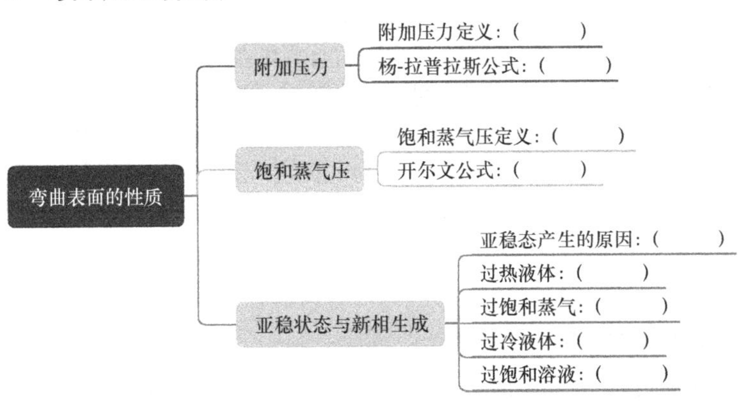

6.3 溶液的表面吸附

微课 6-3

6.3.1 溶液表面吸附现象

溶液属于多组分系统，其表面性质除了与温度、压力以及溶剂的性质有关外，还受到溶质的种类及浓度的影响。例如等温下，在纯水中分别加入不同种类的溶质，测出各种不同浓度溶液的表面张力数据并对浓度作图，得到三种不同类型的溶液表面张力等温线（surface tension isotherm curve）（图 6-9）。

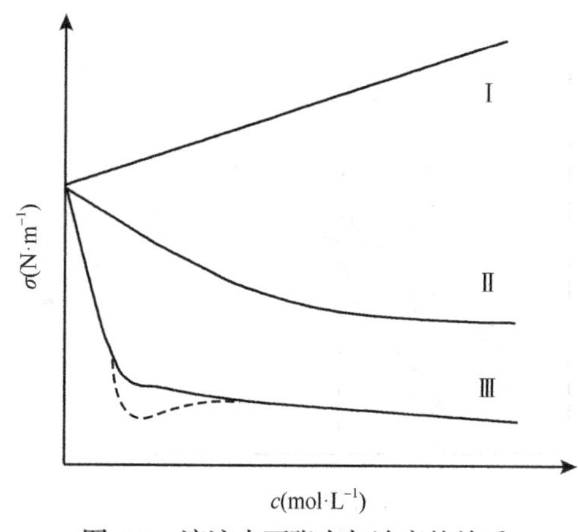

图 6-9 溶液表面张力与浓度的关系

（1）类型Ⅰ：表面张力 σ 随溶液浓度的增加而增大。此类溶质包括无机盐（如 NaCl）、不挥发性的无机酸和碱（如 H_2SO_4、KOH）以及多羟基有机化合物（如甘油、蔗糖）等。这类溶质分子与水分子之间的作用力较强，将其拉至溶液表面所需的功较大，导致表面张力升高。这些物质被称为非表面活性剂（surface inactive agent）。

（2）类型Ⅱ：表面张力 σ 随溶液浓度的增加而降低，如醛、醇、羧酸和酯等有机化合物的水溶液。

（3）类型Ⅲ：溶液浓度低时，表面张力 σ 随浓度增加急剧下降，当浓度达到一定值后，表面张力随浓度的变化不大。若溶液中有杂质时，会出现最低点（曲线Ⅲ中虚线所示）。具有这种性质的物质通常是一些相对分子质量较大，且同时含有较强的极性及非极性官能团的物质，如含 10 个以上碳原子的烷基羧酸盐、磺酸盐等。

能降低溶液表面张力的物质称为表面活性剂（surface active agent），例如曲线Ⅱ、Ⅲ中的溶质。需要注意的是，表面活性剂仅指类型Ⅲ的物质。

根据热力学第二定律，在等温等压条件下，液体总是自动地降低其表面吉布斯自由能以达到稳定状态，即自发过程的方向为 $\mathrm{d}G_{表面}<0$ 。

根据 $G_{表面}=\sigma A$，微分后则有：

$$\mathrm{d}G_{表面}=\sigma\mathrm{d}A+A\mathrm{d}\sigma \tag{6-23}$$

由上式可知，表面吉布斯自由能的降低主要是通过缩小表面积和降低表面张力两个途径。对于指定的某纯液体，指一定温度下 σ 为定值，只能通过缩小表面积 A 降低表面吉布斯自由能。而对于溶液，除通过缩小表面积 A 外，还可通过改变表面层的浓度减小表面张力 σ。

表面活性物质能够降低表面张力，因此该类溶质会富集在表面层，使表面层的浓度大于溶液体相内部的浓度。当然，溶液本体和表面层之间出现浓度差，该浓度差又引起溶质扩散，而使浓度趋向于均匀一致。这两种相反的作用达到平衡时，溶质在表面层与本体溶液中的浓度维持一个稳定的差值，这种现象称为溶液的表面吸附（surface absorption）。当溶质是表面活性物质时，溶质在表面层的浓度大于本体浓度，称为正吸附。非表面活性物质作为溶质时，使表面能增加，表面层的溶质分子自动向溶液本体转移降低其在表面层的浓度，最终导致溶质在表面层浓度小于本体浓度，称为负吸附。

6.3.2 吉布斯吸附公式

1. 吉布斯面 吉布斯于 1878 年用热力学的方法导出了在指定温度下溶液的浓度、表面张力和吸附量之间的关系，至今仍被广泛应用。推导过程如下：

在两相交界处是几个分子厚度的物理界面，即界面层。在界面层内的组成浓度是不均匀的，随着高度发生连续变化。如图 6-10 所示，假定两相 α、β 分别表示气相和液相，在两相之间取 AA′平面和 BB′平面，并设两相间组成的变化均发生在这两个平面之间的区域。AA′平面以上为组成均匀的 α 相，任一组分 B 的浓度为 c_B^α；BB′平面以下为组成均匀的 β 相，B 组分浓度为 c_B^β。吉布斯在 AA′和 BB′界面层内划定了一个理想的几何平面 SS′，并假定从 α 相（气相）至 β 相（液相）在

SS'平面上组成发生突变，由 c_B^α 变为 c_B^β，而从 SS'平面至 α 相以及 SS'平面至 β 相，内部组成都是均匀的。SS'平面被称为吉布斯面或 σ 相。

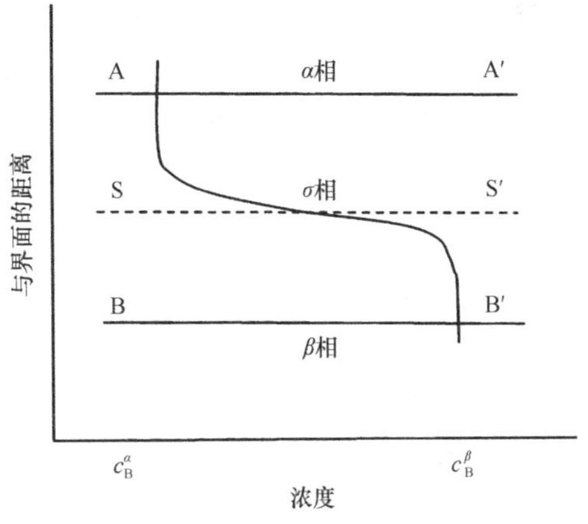

图 6-10　两相界面层结构示意图

根据吉布斯面计算系统内 B 组分的总物质的量 n'_B 为

$$n'_B = n_B^\alpha + n_B^\beta = c_B^\alpha V^\alpha + c_B^\beta V^\beta$$

式中，n_B^α、n_B^β 分别为 B 组分在 α 相和 β 相中物质的量，V^α、V^β 分别为两相的体积。

但实际上界面相浓度是不均匀的，吉布斯把 B 组分实际物质的量 n_B 和根据吉布斯面计算的物质的量 n'_B 之间的差值全部归结到 σ 相，称为 B 物质在吉布斯面的吸附量，用 n_B^σ 表示：

$$n_B^\sigma = n_B - n'_B = n_B - (c_B^\alpha V^\alpha + c_B^\beta V^\beta) \tag{6-24}$$

单位面积相界面上 B 组分的吸附量称表面吸附量（surface absorption quantity），单位是 $mol \cdot m^{-2}$，用符号 $\varGamma_B$ 表示：

$$\varGamma_B = \frac{n_B^\sigma}{A} \tag{6-25}$$

需要注意的是，对于同一个吉布斯面，不同组分的表面吸附量是不同的；对于同一组分，吉布斯面选择的位置不同，表面吸附量也不同。吉布斯将 SS′的位置选择在使溶剂的表面吸附量为零的位置，即 $\varGamma_{溶剂}^\sigma = 0$。

如图 6-11（a）表示表面层中溶剂的浓度变化示意图，当选择 SS′的位置使 ASD 和 B′S′D 的面积相等时，$\varGamma_{溶剂}^\sigma=0$。图 6-11（b）表示表面层中溶质 B 的浓度变化曲线，若 B 在溶液表面形成正吸附时，曲线所包围的面积（图中阴影部分）是溶质 B 在 $\sigma_{相}$ 的吸附量 n_B^σ。

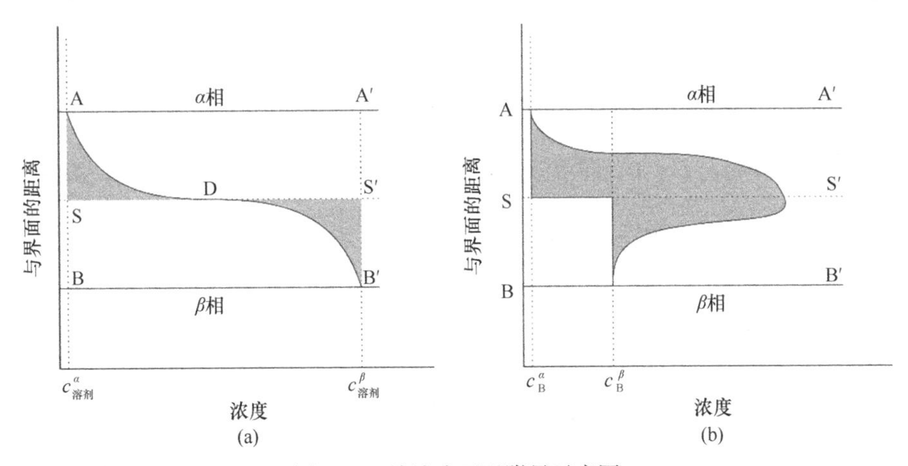

图 6-11　溶液表面吸附量示意图

2. 吉布斯吸附公式推导　根据表面热力学的基本公式，当系统发生微小变化时，系统吉布斯自由能的变化为：

$$dG = -SdT + Vdp + \sigma dA + \sum \mu_B dn_B$$

若为等温等压过程的二组分溶液，$\sigma_{相}$的吉布斯自由能变为：

$$dG^\sigma = \sigma dA + \mu_1^\sigma dn_1^\sigma + \mu_2^\sigma dn_2^\sigma \tag{6-26}$$

在等温等压和组成不变时，σ 和 μ_B 均为常数，对上式积分得：

$$G^{\sigma}=\sigma A+\mu_1^{\sigma}n_1^{\sigma}+\mu_2^{\sigma}n_2^{\sigma} \tag{6-27}$$

G 为状态函数，具有全微分的性质：

$$\mathrm{d}G^{\sigma}=\sigma\mathrm{d}A+A\mathrm{d}\sigma+\mu_1^{\sigma}\mathrm{d}n_1^{\sigma}+n_1^{\sigma}\mathrm{d}\mu_1^{\sigma}+\mu_2^{\sigma}\mathrm{d}n_2^{\sigma}+n_2^{\sigma}\mathrm{d}\mu_2^{\sigma} \tag{6-28}$$

比较式（6-28）和式（6-26），可得：

$$A\mathrm{d}\sigma+n_1^{\sigma}\mathrm{d}\mu_1^{\sigma}+n_2^{\sigma}\mathrm{d}\mu_2^{\sigma}=0 \tag{6-29}$$

该式称为表面相的吉布斯-杜亥姆公式，是讨论溶液表面吸附的基础。

假定 1 为溶剂，2 为溶质，则 $n_1^{\sigma}=0$，$\dfrac{n_2^{\sigma}}{A}=\Gamma_2$

达到平衡后，溶质 2 在表面层的化学势与溶液体相中的化学势相等，即

$$\mu_2^{\sigma}(\text{表面})=\mu_2(\text{体相})$$

由式（6-29）可得：

$$\mathrm{d}\sigma=-\Gamma_2\mathrm{d}\mu_2$$

或

$$\Gamma_2=-\left(\frac{\partial\sigma}{\partial\mu_2}\right)_T$$

由溶质的化学势 $\mu_2=\mu_2^*(T)+RT\ln a_2$，可得：

$$\mathrm{d}\mu_2=RT\mathrm{d}\ln a_2$$

代入上式，得：

$$\Gamma_2=-\frac{1}{RT}\left(\frac{\partial\sigma}{\partial\ln a_2}\right)_T \quad \text{或} \quad \Gamma_2=-\frac{a_2}{RT}\left(\frac{\partial\sigma}{\partial a_2}\right)_T \tag{6-30}$$

式（6-30）即表面物理化学的重要公式之一吉布斯吸附公式（Gibbs absorption equation，又称吉布斯等温式）。式中 $\left(\dfrac{\partial\sigma}{\partial a_2}\right)_T$ 称为表面活度（surface activity），即表面张力随活度的变化率。对于理想溶液或稀溶液，可以用浓度 c 代替活度 a_2，略去下标可得：

$$\Gamma=-\frac{1}{RT}\left(\frac{\partial\sigma}{\partial\ln c}\right)_T \quad \text{或} \quad \Gamma=-\frac{c}{RT}\left(\frac{\partial\sigma}{\partial c}\right)_T \tag{6-31}$$

根据吉布斯吸附公式可以得知：

（1）当 $\left(\dfrac{\partial\sigma}{\partial c}\right)_T>0$ 时，$\Gamma<0$，即溶液的表面张力随溶质的浓度增加而增大，溶液表面发生负吸附，溶质在表面层的浓度小于体相浓度。

（2）当 $\left(\dfrac{\partial\sigma}{\partial c}\right)_T<0$ 时，$\Gamma>0$，即溶液的表面张力随溶质的浓度增加而下降，溶液表面发生正吸附，溶质在表面层的浓度大于体相浓度。

（3）若 $\left(\dfrac{\partial\sigma}{\partial c}\right)_T=0$，$\Gamma=0$，说明没有溶液表面吸附现象。

3. 吉布斯吸附公式的应用 运用吉布斯吸附公式可计算溶质在溶液表面的吸附量，具体方法如下：

（1）测定不同浓度溶液的表面张力，以 σ 对 c 作图绘制表面张力等温线。

（2）在曲线上求出指定浓度点的切线斜率，即为该浓度下的 $\left(\dfrac{\partial\sigma}{\partial c}\right)_T$。

（3）将 $\left(\dfrac{\partial\sigma}{\partial c}\right)_T$ 及相应的浓度 c 代入吉布斯吸附公式，求出溶液在该浓度下的表面吸附量。

例 6-3　298.15 K 时，乙醇水溶液的表面张力 σ(mN·m^{-1})与溶液中乙醇的浓度 c(mol·L^{-1})的关系为 $\sigma = 72 - 0.5c + 0.2c^2$。试求：

（1）纯水的表面张力。

（2）$c = 0.5$ mol·L^{-1} 时，乙醇在液面的表面吸附量 Γ。

（3）乙醇的浓度应为多大时，乙醇在液面的吸附量 Γ 才达到最大值？

解：（1）纯水 $c = 0$，代入题目给出的关系式，可求得表面张力为：

$$\sigma = 72 - 0.5c + 0.2c^2 = 72(\text{mN}\cdot\text{m}^{-1})$$

（2）$c = 0.5$ mol·L^{-1} 时，根据吉布斯吸附公式，并对题目所给公式求导，得表面吸附量为：

$$\begin{aligned}\Gamma &= -\frac{c}{RT}\left(\frac{\partial\sigma}{\partial c}\right)_T \\ &= -\frac{c}{RT}(0.4c - 0.5) \\ &= -\frac{0.5}{8.314\times298.15}\times(0.4\times0.5-0.5) \\ &= 6.05\times10^{-5}(\text{mol}\cdot\text{m}^{-2})\end{aligned}$$

（3）若要 Γ 最大，则 $\frac{\mathrm{d}\Gamma}{\mathrm{d}c} = 0.5 - 0.8c = 0$，即 c =0.625(mol·L^{-1})。

根据吉布斯吸附公式的计算表明，在稀溶液中由于吸附，表面活性物质在表面层中的浓度比体相内增加一个数量级，特别是生物活性物质，如胆甾酸、蛋白质等。这在生物学中具有重要意义，因为根据动力学规律，可使界面上发生的生物学过程（如发酵）的速率大大增加。

【思考题 6-3】　将某药物溶于水中可以使水的表面张力降低，结合吉布斯吸附公式说明此时产生的是正吸附还是负吸附？

思考题 6-3 参考答案

知识梳理 6-2　溶液的表面吸附

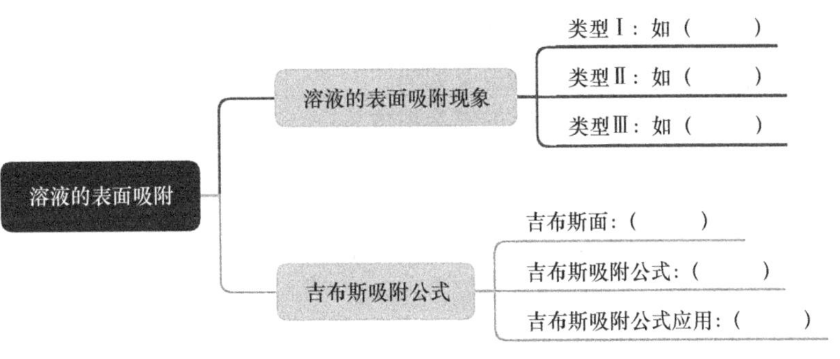

微课 6-4

6.4　表　面　膜

6.4.1　液体的铺展

设液体 A 与液体 B 不互溶，液体 A 在液体 B 表面自动展开成膜的过程称为铺展（spreading），如图 6-12 所示。

液体 A 在 B 表面铺展的过程中液体 B 的气-液表面消失，形成了液体 A、B 之间的新界面以及液体 A 的气-液表面，如图 6-12（c）所示。那么在一定的温度压力下，可逆铺展单位表面积时，系统表面吉布斯自由能的变化为：

$$\Delta G_{T,p} = \sigma_\text{A} + \sigma_\text{A,B} - \sigma_\text{B} \tag{6-32}$$

根据吉布斯自由能判据，当 $\Delta G_{T,p} \leqslant 0$ 时，液体 A 能够在液体 B 表面铺展。但通常使用铺展系数 S 作为液体能否铺展的判断标准。

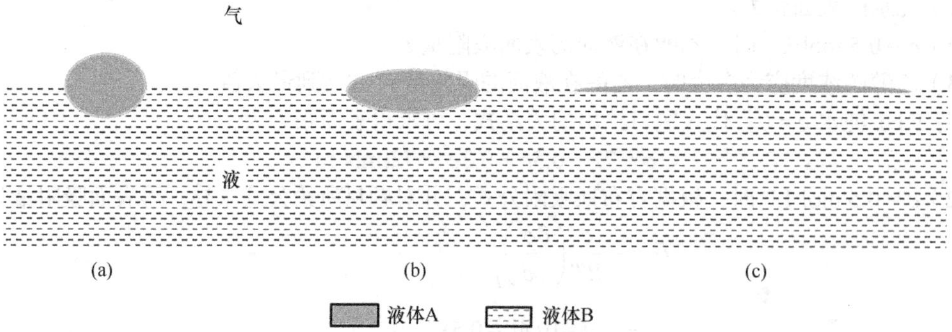

气

液

(a) (b) (c)

液体A 液体B

图 6-12 液-液界面示意图

（a）球形液滴；（b）透镜状液滴；（c）铺展

$$S = -\Delta G_{T,p} \quad 或 \quad S = \sigma_{\mathrm{B}} - \sigma_{\mathrm{A,B}} - \sigma_{\mathrm{A}} \tag{6-33}$$

当 $S \geqslant 0$ 时，液体 A 可以在液体 B 表面铺展。

上述讨论的是液体 A、B 开始接触时的情况。经过一段时间后，两种液体因相互作用，常常相互溶解达到饱和，引起表面张力的变化，表面张力数据应为溶解了少量 B 的液体 A 的表面张力和被 A 饱和了的液体 B 的表面张力，即 σ_{A}、σ_{B} 变成了 σ'_{A}、σ'_{B}，相应的铺展系数也随之发生改变，可能由刚开始时的铺展变为不铺展。

例 6-4 298.15 K 时，将一滴正庚醇滴在水面上，已知相关的表面张力数据为 $\sigma_{水}=72.8\times10^{-3}\ \mathrm{N\cdot m^{-1}}$，$\sigma_{正庚醇}=26.8\times10^{-3}\ \mathrm{N\cdot m^{-1}}$，$\sigma_{正庚醇,水}=7.9\times10^{-3}\ \mathrm{N\cdot m^{-1}}$；当正庚醇和水相互饱和后，$\sigma'_{水}=28.53\times10^{-3}\ \mathrm{N\cdot m^{-1}}$，$\sigma'_{正庚醇}=26.4\times10^{-3}\ \mathrm{N\cdot m^{-1}}$。试问：

（1）正庚醇在水面上开始和终止的形状。

（2）如果将水滴在正庚醇的表面上情况又如何？

解：（1）将正庚醇刚刚滴在水面上时的铺展系数为：

$$\begin{aligned} S_{正庚醇,水} &= \sigma_{水} - \sigma_{正庚醇} - \sigma_{正庚醇,水} \\ &= (72.8 - 26.8 - 7.9) \times 10^{-3} \\ &= 38.1 \times 10^{-3}\ (\mathrm{N\cdot m^{-1}}) > 0 \end{aligned}$$

相互饱和后，正庚醇在水面上的铺展系数为

$$\begin{aligned} S'_{正庚醇,水} &= \sigma'_{水} - \sigma'_{正庚醇} - \sigma_{正庚醇,水} \\ &= (28.53 - 26.4 - 7.9) \times 10^{-3} \\ &= -5.77 \times 10^{-3}\ (\mathrm{N\cdot m^{-1}}) < 0 \end{aligned}$$

上述计算表明，将正庚醇滴在水面上时，开始正庚醇能在水面上铺展，但很快因相互溶解饱和，正庚醇又在水面上缩成透镜状液滴。

（2）将水刚刚滴在正庚醇液面上时的铺展系数为：

$$\begin{aligned} S_{水,正庚醇} &= \sigma_{正庚醇} - \sigma_{水} - \sigma_{正庚醇,水} \\ &= (26.8 - 72.8 - 7.9) \times 10^{-3} \\ &= -53.9 \times 10^{-3}\ (\mathrm{N\cdot m^{-1}}) < 0 \end{aligned}$$

相互饱和后，水在正庚醇液面上的铺展系数为：

$$\begin{aligned} S'_{水,正庚醇} &= \sigma'_{正庚醇} - \sigma'_{水} - \sigma_{正庚醇,水} \\ &= (26.4 - 28.53 - 7.9) \times 10^{-3} \\ &= -10.03 \times 10^{-3}\ (\mathrm{N\cdot m^{-1}}) < 0 \end{aligned}$$

计算表明，把水滴在正庚醇的表面时，始终为液滴，不铺展。

6.4.2 不溶性表面膜

研究发现，有些表面活性物质，如油酸、橄榄油等能在水面上自动铺展成膜，称为表面膜(surface film)，在适当的条件下，可以形成一个分子厚度的稳定的单分子膜（monomolecular film）。但有些物质不能。一种液体能否在水面上自动形成单分子表面膜主要取决于其自身的铺展能力。19 世纪末 20 世纪初，富兰克林（Franklin）定量测定了平息池塘风浪所需的最少油量，朗缪尔（Langmuir）设计了膜天平，学者们从最初描述水表面的单分子膜的概念转化为对表面膜的系统研究。表面膜的性质主要包括表面压力、表面电势、表面黏度和表面光学性质等，这里仅简单介绍表面压力。

6.4.3 表面压力及测定

在洁净的水面上平行靠近放置两根火柴棒，在它们之间的水面上滴一滴油酸，两根火柴棒会立即被反向推开。该现象说明，展开的油膜对火柴棒有推动力。膜对单位长度浮物所施加的推力称表面压力（surface pressure），用 π 表示。

设油膜将长度为 l 的浮物推动的距离为 $\mathrm{d}x$，则油膜对浮物施加的力为 πl，对浮物所做的功为 $\pi l\mathrm{d}x$，同时，油膜的膜面积增加 $l\mathrm{d}x$。若水和油的表面张力分别为 σ_0 和 σ，则系统吉布斯自由能降低了 $(\sigma_0-\sigma)l\mathrm{d}x$。也就是表面膜所做的功等于纯水表面被表面膜覆盖后体系吉布斯自由能的改变，即：

$$\pi l\mathrm{d}x=(\sigma_0-\sigma)l\mathrm{d}x$$

$$\pi=\sigma_0-\sigma$$

由此可见，π 在数值上等于水和油的表面张力之差。由于水的表面张力较大，$(\sigma_0-\sigma)>0$，浮物被推向纯水一边。表面压力实际上是由于表面活性物质降低了水的表面张力引起的。由于表面活性物质的一侧表面张力小，纯水一侧表面张力大，致使浮物受到不平衡力的作用而移动。测定表面压力的膜天平就是根据这一原理设计的。

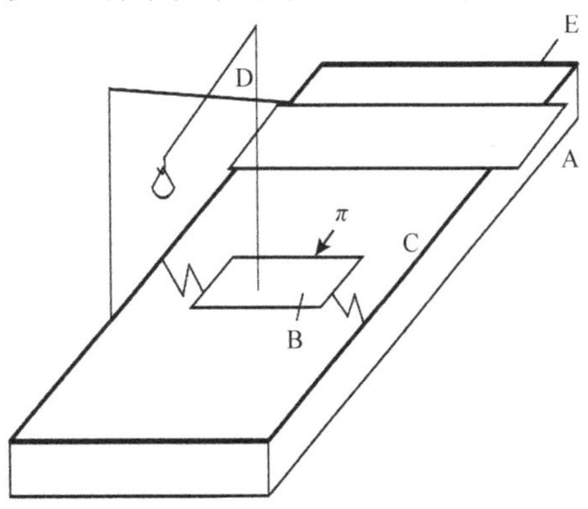

图 6-13 膜天平测表面压力示意图

膜天平（membrane balance）法是常用测定表面压力的方法。如图 6-13 所示，在涂有石蜡的浅槽 E 上装有一个连有扭力丝 D 的浮片 B，浮片 B 用细金属丝连在盘上。实验时在盘中盛满水，用滑尺 A 刮去水的表层至水面干净。把待测物溶液滴在水面上，形成单分子膜 C，膜对浮片的压力可通过扭力丝旋转的度数测得。移动滑尺改变膜面积，可测量相对应的表面压力数据，从而得到表面压力 π 和成膜分子占有的面积之间的关系。

6.4.4 不溶性表面膜的应用

1. 复杂分子结构的推测 表面膜测试技术可通过不同分子结构的物质形成膜的状态不同，来测定分子结构，是一种测定分子结构的辅助方法。如二元醇分子鳖肝醇和鲛肝醇，利用和已知结构的相应二元酸分子所形成的表面膜的 $\pi\sim a$ 数据，推测出它们的分子结构。

2. 蛋白质分子摩尔质量的测定 蛋白质分子中同时含有亲水基及亲油基，可以在水面上形成单分子膜。当表面压力很低时，成膜分子间的相互作用较小，面积大，其行为接近气体，可视为一种气态膜，其状态方程可表示为：

$$\pi(A-nA_\mathrm{m})=nRT=\frac{m}{M}RT \tag{6-34}$$

式中，A 为膜面积，A_m 为成膜蛋白质的摩尔面积，n 为蛋白质的物质的量，m 为蛋白质的质量，M 为蛋白质的摩尔质量。

根据式（6-34），用πA对π作图，外推至π=0处，截距为$\frac{m}{M}RT$，即：

$$\lim_{\pi \to 0} \pi A = \frac{m}{M}RT$$

据此可计算出蛋白质的摩尔质量。该方法用于测定摩尔质量小于 25000 的成膜物质的摩尔质量，其优点是所需样品量极少，简单快速。

3. 抑制水蒸发 在水面上铺上不溶物单分子膜就可抑制湖泊和水库中水分的蒸发，这是单分子膜的重要应用之一。如在水面上覆盖一层十六烷醇的单分子膜，可使水蒸发速度下降 40%，对于干旱缺水地区具有十分重要的意义。不溶性表面膜也可用于阻抑表面波浪的形成。

4. 表面膜中的化学反应 膜的化学反应是指成膜物质之间的化学反应。如油漆氧化、酯的水解。成膜物质分子的取向可通过调整表面压力来控制，反应过程中膜中分子数量的变化也会引起膜面积的改变。因此，可通过固定表面压力改变膜面积或固定膜面积改变表面压力的方法进行化学动力学的研究。

一个化学反应在不溶性膜上进行与在溶液体相中进行时往往存在较大差别，其反应速率、化学平衡的位置甚至反应产物都可能会发生变化。因此，人们将一些在溶液内部不能进行的反应在界面上完成。

6.4.5 生物膜

人体内所有的生理功能和生化反应都是通过细胞进行的。细胞是体现人以及其他动物的生命活动和各种功能的最基本单位，有一层很薄的细胞膜把细胞内的物质与周围的环境分隔开来，即生物膜。生物膜是一个具有特殊功能的半透膜，能进行能量传递、物质传递、信息识别与传递。

生物膜主要由脂质、蛋白质和糖类等物质组成。生物膜所具有的各种功能，决定于膜内所含的蛋白质。细胞膜蛋白质根据其功能分为以下几类：一类是能识别各种物质、在一定条件下有选择地使其通过细胞膜的蛋白质，如通道蛋白；一类是分布在细胞膜的表面，能“辨认”和接受细胞环境中特异的化学性刺激的蛋白质，统称为受体；还有一大类膜蛋白质属于膜内酶类，种类较多；此外，膜蛋白质可以是与免疫功能有关的物质。

生物膜的物质运送是生物膜的主要功能之一。物质运送可分为被动运送和主动运送两大类。被动运送是物质高浓度一侧，顺浓度梯度的方向，通过膜运送到低浓度一侧的过程，这是一个不需要外界供给能量的自发过程。而物质的主动运送，是指细胞膜通过特定的通道或运载体把某种特定的分子（或离子）转运到膜的另一侧去。这种转运有选择性，通道或运载体能识别所需分子或离子，能对抗浓度梯度，所以是一种耗能过程。在膜的主动运送中所需的能量由物质所通过的膜和膜所属的细胞来供给。在细胞膜的主动运送过程中，很重要且研究得很充分的是关于Na^+、K^+的主动运送，包括人体细胞在内的所有动物细胞，其细胞内液和细胞外液中的Na^+、K^+浓度有很大的不同。

生物膜有严密的结构，在生物体内起着分离、信息传递、蛋白质合成等功能。模拟生物膜就是利用高分子材料良好的力学性能，通过引入各种功能性基团模拟生物膜的功能。例如，利用高分子反应的方法，合成分子中带有部分酚酞基团的聚对羟基苯乙烯，然后将它与乙酸纤维素共混合成薄膜。这种仿生高分子膜在一定条件下能使 K^+和 Na^+有选择地从低浓度通过膜进入高浓度，显示出类似生物膜的活性迁移的特征。

许多生命过程中的重要反应都是在体内的各种膜上进行的，脱离了生物膜的特定环境，这些过程难以进行。人类至今还未能掌握生命的奥秘，其中必然包含着对膜反应的特性尚未完全了解。因此用各种方法制成人工模拟生物膜，研究其功能就成为化学家或生物化学家的重要任务之一。

思考题6-4
参考答案

【思考题 6-4】 水库为防止水分蒸发损失，采用石蜡作为水分蒸发抑制剂，其原理是什么？试用表面化学的知识进行解释。

6.5 表面活性剂

6.5.1 表面活性剂的结构特点及分类

表面活性剂是指溶解少量就能显著地降低溶液表面张力的物质，见图 6-9 类型Ⅲ物质。由于表面活性剂具有增溶、润湿、乳化、发泡、消泡、助磨、助悬、杀菌消毒等作用，在生产和生活中被广泛应用。

表面活性剂分子具有“双亲结构”的特点，为同时含有极性的亲水基和非极性的亲油基的有机化合物。如图 6-14 所示，通常亲水基和亲油基分别占据表面活性剂分子的两端，形成一种不对称的结构。因而，表面活性剂分子表现为既亲水又亲油的双亲分子。例如，肥皂 $C_{17}H_{35}COONa$（硬脂酸钠）是一个由十七个碳的长链亲油基和羧基的亲水基所构成的表面活性剂。

通常根据表面活性剂溶于水之后是否电离，可将表面活性剂分为离子型和非离子型两大类。凡是能在水中电离成电性相反，大小不同的两部分离子的表面活性剂称为离子型表面活性剂，不能电离的称非离子型表面活性剂。

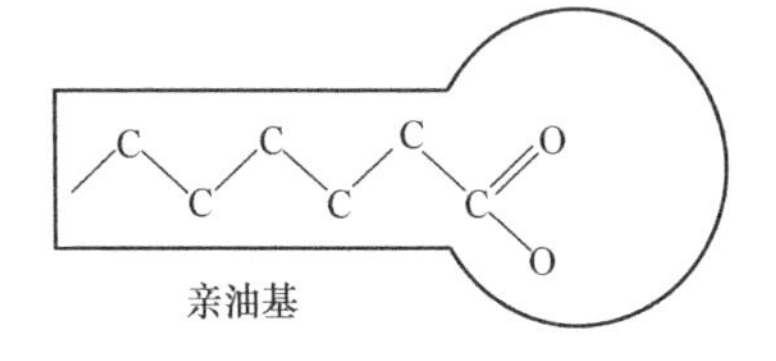

图 6-14 表面活性剂示意图

1. 离子型表面活性剂 根据电离后起表面活性作用的大离子所带电荷的不同，又可分为阴离子型、阳离子型和两性型。

（1）阴离子型：大离子中亲水基部分是阴离子。主要以羧酸盐、磺酸盐、硫酸酯盐、磷酸酯盐等为代表，如 $C_{17}H_{35}COO^-Na^+$（硬脂酸钠）、$C_{12}H_{25}SO_3^-Na$（十二烷基磺酸钠）等，常用作洗涤剂、润湿剂、乳化剂和增溶剂。

（2）阳离子型：大离子中亲水基部分是阳离子，以铵盐为代表。伯、仲、叔胺盐因溶解度太小，不适宜做表面活性剂，所以此类以季铵盐为主，如苯扎氯铵、新洁尔灭、杜米芬等。此类表面活性剂对细胞膜具有特殊的吸附能力，能杀菌，且不受 pH 的影响，常用作杀菌剂。由于能与阴离子型表面活性剂发生相互结合而失效，所以两者不能配合使用。

$$\left[C_6H_5—CH_2—\overset{CH_3}{\underset{CH_3}{N}}—C_{12}H_{25}\right]^+ Br^- \qquad \left[C_6H_5—OCH_2CH_2—\overset{CH_3}{\underset{CH_3}{N}}—C_{12}H_{25}\right]^+ Br^-$$

新洁尔灭 杜米芬

（3）两性型：亲水基由电性相反的两个基团构成，如氨基酸型 $R—NHCH_2—CH_2COOH$ 和甜菜碱型 $R—N^+(CH_3)_2—CH_2COO^-$ 表面活性剂。两性离子表面活性剂在不同 pH 介质中可分别表现出阳离子或阴离子表面活性剂的性质，如在酸性溶液中表现出阳离子的强杀菌能力，在碱性水溶液中又呈现出阴离子的起泡和去污作用。

2. 非离子型表面活性剂 非离子型表面活性剂因在水中不能电离成离子，在溶液中不呈离子状态，因此具有稳定性高，不怕硬水，不受 pH、无机盐、酸和碱影响的特质，能与离子型表面活性剂同时使用，一般也不易在固体上产生强烈的吸附作用，毒性和溶血性小，能与各种药物配合使用。非离子型表面活性剂比离子型表面活性剂在药剂学上获得更广泛应用。

非离子型表面活性剂的亲水基是由多个在水中不电离的羟基和醚键构成，按亲水基的种类不同，又可分为聚氧乙烯型和多元醇型。两者在性能及用途上均有较大的差异，如前者易溶于水，后者大多不溶于水。

（1）聚氧乙烯型非离子表面活性剂：这是一类以含活泼氢原子的亲油基与环氧乙烷进行加成反应得到的表面活性剂。含活泼氢原子的化合物，可以是含羟基、氨基、羧基和酰胺基等基团的化合物，这些基团中的氢原子有很高的化学活性，容易与环氧乙烷发生反应，生成易溶于水的聚氧乙烯基长链$\text{+}CH_2CH_2O\text{+}_n$，结构可参见后面的吐温类表面活性剂。例如：

高级脂肪醇（月桂醇、十六醇、油醇等）与环氧乙烷加成产物：

$$\mathrm{ROH} + n\ \underset{\mathrm{O}}{\bigtriangledown} \longrightarrow \mathrm{RO}\text{+}\mathrm{CH_2CH_2O}\text{+}_n\mathrm{H}$$

烷基酚（壬基酚、辛基酚和辛基甲酚等）与环氧乙烷加成产物：

$$\mathrm{R{-}C_6H_4{-}OH} + n\ \underset{\mathrm{O}}{\bigtriangledown} \longrightarrow \mathrm{R{-}C_6H_4{-}O}\text{+}\mathrm{CH_2CH_2O}\text{+}_n\mathrm{H}$$

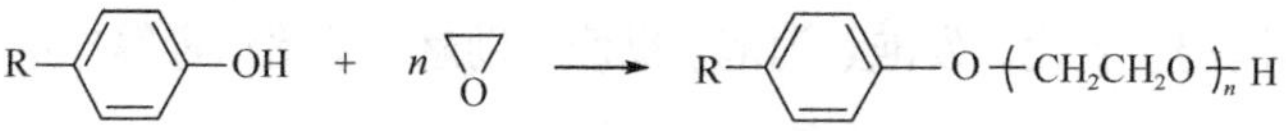

脂肪酸（硬脂酸、月桂酸、油酸等）与环氧乙烷加成产物：

$$\mathrm{RCOOH} + n\ \underset{\mathrm{O}}{\bigtriangledown} \longrightarrow \mathrm{RCOO}\text{+}\mathrm{CH_2CH_2O}\text{+}_n\mathrm{H}$$

高级脂肪胺和脂肪酰胺与环氧乙烷加成产物：

$$\mathrm{C_{12}H_{25}NH_2} + (m+n)\ \underset{\mathrm{O}}{\bigtriangledown} \longrightarrow \mathrm{C_{12}H_{25}N}\begin{cases}(\mathrm{CH_2CH_2O})_m\mathrm{H}\\(\mathrm{CH_2CH_2O})_n\mathrm{H}\end{cases}$$

$$\mathrm{C_{17}H_{33}CONH_2} + (m+n)\ \underset{\mathrm{O}}{\bigtriangledown} \longrightarrow \mathrm{C_{17}H_{33}CON}\begin{cases}(\mathrm{CH_2CH_2O})_m\mathrm{H}\\(\mathrm{CH_2CH_2O})_n\mathrm{H}\end{cases}$$

环氧丙烷和环氧乙烷一样也能通过加成反应形成聚氧丙烯链，但由于甲基的空间阻碍，不易形成氢键，因而水溶性很小，更适合做亲油基的原料。

（2）多元醇型非离子表面活性剂：主要是以多元醇类、氨基醇类、糖类等为亲水基。所用的亲油基原料主要是脂肪酸。

最常用的多元醇是甘油和季戊四醇，与脂肪酸和月桂酸或棕榈酸酯化之后可生成非离子表面活性剂，作为乳化剂或纤维油剂。因对人体无害，在食品和化妆品中广泛使用。

蔗糖具有八个羟基，是非常理想的亲水基原料。由于蔗糖和天然油脂中的脂肪酸是百分之百的天然产物，安全、无毒、无刺激、无污染，还可生物分解，二者反应生成的蔗糖脂肪酸酯（简称蔗糖酯）是非常理想的非离子型表面活性剂，在轻工、化工、食品、医药等领域中有广泛应用。

山梨醇是葡萄糖加氢制得的六元醇，具有六个羟基。在适宜的条件下，分子内脱去一分子水，得到失水山梨醇。失水山梨醇是各种异构体的混合物，失水山梨醇再脱一分子水就得到二失水山梨醇。

失水山梨醇与高级脂肪酸酯化（先1,5失水，再酯化）可得到商品名为“司盘”（Span）的非离子型表面活性剂。根据酯化所用脂肪酸的不同编号不同。

司盘类主要用作乳化剂，因自身不溶于水而很少单独使用。可与其他水溶性表面活性剂混合使用，发挥其良好的乳化能力。

吐温（Tween）类是司盘中的二级醇基通过醚键与亲水基——聚氧乙烯基$\text{+}CH_2CH_2O\text{+}_nCH_2CH_2OH$相连的一类化合物（司盘与环氧乙烷加成所得）。司盘类与吐温类的结构式见图6-15。

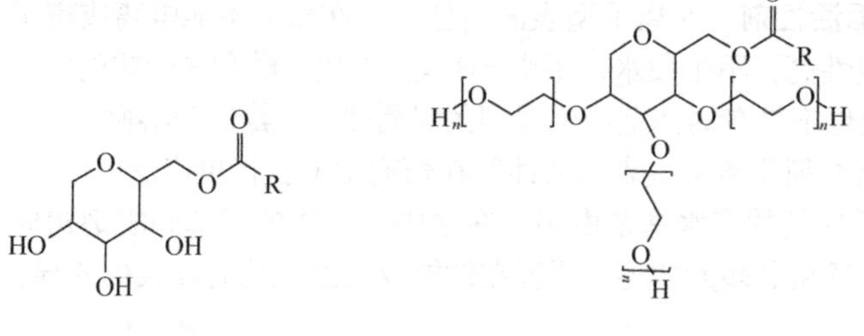

司盘类　　吐温类

图6-15　司盘类与吐温类的结构式

6.5.2 表面活性剂的亲水亲油平衡值

1. 亲水亲油平衡值 表面活性剂是双亲分子，其亲水、亲油性是由分子中的亲水基、亲油基的相对强弱决定的。亲水性太强，表面活性剂完全进入水相；亲油性太强，表面活性剂则完全进入油相。亲水性或亲油性太强的表面活性剂均会导致界面的正吸附量较少，降低表面张力的作用较弱。因此，亲水和亲油之间的平衡关系对表面活性剂的性能有很大的影响。格里芬（Griffn）提出用亲水亲油平衡值，又称 HLB 值（hydrophile lipophile balance value）来定量表示非离子型表面活性剂亲水性及亲油性的相对强弱，并规定：完全由疏水的碳氢基团组成的石蜡 HLB 值为 0，完全由亲水基组成的聚乙二醇 HLB 值为 20。因此，非离子型表面活性剂的 HLB 值可用 0～20 的数值来表示。HLB 值越大，表面活性剂的亲水性越强（或亲油性越弱）；HLB 值越小，亲水性越弱（或亲油性越强）。后来又将这一方法扩展至离子型表面活性剂，并增加了一个标准：完全亲水的十二烷基硫酸钠的 HLB 值为 40。一些常用表面活性剂的 HLB 值见表 6-2。

表 6-2 常用表面活性剂的 HLB 值

表面活性剂	HLB 值	表面活性剂	HLB 值
油酸	1	甲基纤维素	10.5
司盘 85（失水山梨醇三油酸酯）	1.8	卖泽 45	11.1
司盘 65（失水山梨醇三硬脂酸酯）	2.1	十四烷基苯磺酸酯	11.7
卵磷脂	3	油酸三乙醇胺	12
单硬脂酸丙二酯	3.4	聚氧乙烯烷基酚	12.8
单硬脂酸甘油酯	3.8	聚氧乙烯 400 单月桂酸酯	13.1
司盘 80（失水山梨醇单油酸酯）	4.3	吐温 60（聚氧乙烯失水山梨醇硬脂酸单酯）	14.9
司盘 60（失水山梨醇单硬脂酸酯）	4.7	吐温 80（聚氧乙烯失水山梨醇油酸单酯）	15.0
单油酸二甘酯	6.1	吐温 40（聚氧乙烯失水山梨醇棕榈酸单酯）	15.6
司盘 40（失水山梨醇单棕榈酸酯）	6.7	泊洛沙姆 188	16
阿拉伯胶	8	吐温 20（聚氧乙烯失水山梨醇月桂酸单酯）	16.7
司盘 20（失水山梨醇单月桂酸酯）	8.6	油酸钠	18
苄泽 30（聚氧乙烯月桂醇醚）	9.5	聚乙二醇	20
明胶	9.8	十二烷基硫酸钠	40

HLB 值是表面活性剂的一个重要参数，表 6-3 出了不同 HLB 值表面活性剂的应用。

表 6-3 不同 HLB 值表面活性剂的应用

HLB 值	应用	HLB 值	应用
1～3	消泡剂	8～18	O/ W 乳化剂
3～6	W/O 乳化剂	13～15	洗涤剂
7～9	润湿剂	15～18	增溶剂

2. HLB 值的计算 HLB 值的计算方法随表面活性剂的类型不同而不同。对于非离子型表面活性剂，亲油性强弱跟亲油基的摩尔质量有关，亲油基越长，摩尔质量越大，亲油性越强，例如含十八烷基的化合物比含十二烷基的同类化合物更难溶于水。同样，亲水性可用亲水基的摩尔质量来表示，亲水基的摩尔质量越大，亲水性也越强。非离子型表面活性剂的 HLB 值的计算方法如下：

$$\mathrm{HLB}=\frac{\text{亲水基摩尔质量}}{\text{亲水基摩尔质量}+\text{亲油基摩尔质量}}\times\frac{100}{5} \tag{6-35}$$

例如，聚氧乙烯十二醇醚-7 的分子式 $C_{12}H_{25}O(CH_2CH_2O)_7H$ 中，亲油基为脂肪长链—$C_{12}H_{25}$，

摩尔质量为 12×12+1×25=169；亲水基为—O(CH_2CH_2O)$_7$H，摩尔质量为 16+44×7+1=325，根据上式可计算其 HLB 值。

$$\mathrm{HLB}=\frac{325}{325+169}\times\frac{100}{5}=13.2$$

对于大多数多元醇脂肪酸酯的 HLB 值可按下式计算：

$$\mathrm{HLB}=20\times\left(1-\frac{S}{A}\right) \tag{6-36}$$

式（6-36）中，S 为酯的皂化值，是指 1 g 油脂完全皂化时所需 KOH 的毫克数；A 为脂肪酸的酸值，是指中和 1 g 有机物酸性成分所需 KOH 的毫克数。例如，单硬脂酸甘油酯，$S=161$，$A=198$，$\mathrm{HLB}=20\times\left(1-\frac{161}{198}\right)=3.74$。

由于单位质量的离子型表面活性剂亲水基的亲水性比非离子型表面活性剂的要大得多，而且还随着种类不同而不同，故离子型表面活性剂的 HLB 值不能用上述方法计算，要用戴维斯（Davies）提出的官能团 HLB 法来确定。该方法将表面活性剂分子分解成一些基团，这些基团对 HLB 值都有贡献，表面活性剂的 HLB 值是这些基团 HLB 值的总和。常见官能团的 HLB 值见表 6-4，负值表示为亲油基。将相关数据代入下式即可计算出离子型表面活性剂的 HLB 值：

$$\mathrm{HLB}=7+\sum(\text{各基团的HLB值}) \tag{6-37}$$

例如，十二烷基硫酸钠的 HLB 值为 7+38.7+12×(−0.475) = 40。

表 6-4 常见官能团的 HLB 值

亲水基	HLB 值	亲油基	HLB 值
—SO_4Na	38.7	苯环	−1.662
—SO_3Na	37.4	—CF_3	−0.870
—COOK	21.1	—CF_2—	−0.870
—COONa	19.1	—CH=	−0.476
—N（叔胺 R_3N）	9.4	—CH_3	−0.475
酯（失水山梨醇环）	6.8	—CH_2—	−0.475
酯（游离）	2.4	—CH—（带一个支链键）	−0.475
—COOH	2.1	—CH_2—CH(CH_3)—O—	−0.15
—OH（游离）	1.9	—CH(CH_3)—CH_2—O—	−0.15
—O—	1.3	—CH_2—CH_2—CH_2—O—	−0.15
—OH（山梨醇酐环）	0.5		
—(CH_2CH_2O)—	0.33		

当两种或两种以上表面活性剂混合使用时，HLB 值具有加和性，其 HLB 值可根据下式求得：

$$\mathrm{HLB}=\frac{[\mathrm{HLB}]_\mathrm{A}\times m_\mathrm{A}+[\mathrm{HLB}]_\mathrm{B}\times m_\mathrm{B}}{m_\mathrm{A}+m_\mathrm{B}} \tag{6-38}$$

其中$[\mathrm{HLB}]_\mathrm{A}$及$[\mathrm{HLB}]_\mathrm{B}$分别表示表面活性剂 A 和 B 的 HLB 值，$m_\mathrm{A}$及 m_B分别表示表面活性剂 A 和 B 的质量。例如，以 40%的司盘 20（HLB 值=8.6）和 60%的吐温 60（HLB 值=14.9）相混合，所得混合表面活性剂的 HLB 值=8.6×0.4+14.9×0.6=12.3。需要注意的是，并不是所有表面活性剂都能用此公式计算，必须经实验方法验证。

6.5.3 胶束

表面活性剂溶于水之后，在浓度很稀时，表面活性剂分子在表面层有较大的活动范围，所以此时的排列并不是很整齐，如图 6-16（a）所示。随着表面活性剂浓度的增加，一部分表面活性剂分子定向吸附在溶液表面以降低溶液的表面张力，一部分表面活性剂分子则分散在水中，有的以单分子的形式存在，有的则三三两两地相互靠近接触，亲油基靠拢在一起，形成简单的聚集体，如图 6-16（b）所示。当表面活性剂在水中的浓度足够大时，溶液表面达到饱和吸附，液面上恰好刚刚挤满一层定向排列的表面活性剂分子，形成薄薄的单分子膜。在溶液本体则形成亲油基向内、亲水基向外的多分子聚集体，叫作胶束（micelle），又称胶团，见图 6-16（c）。

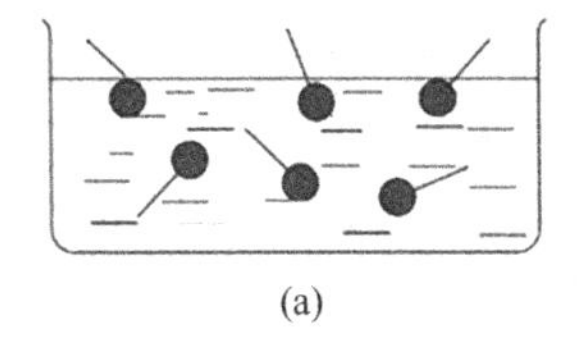
(a)
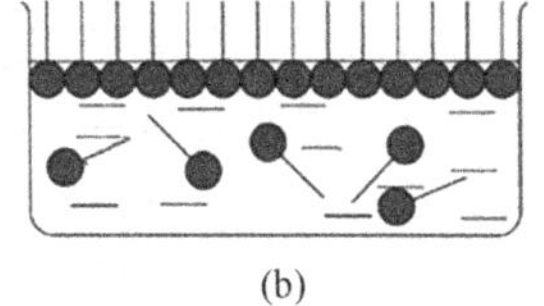
(b)
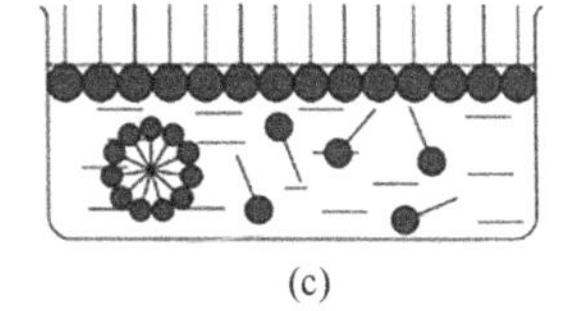
(c)
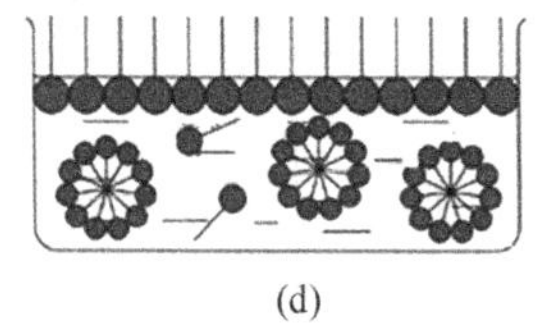
(d)

图 6-16 表面活性剂分子在溶液中的状态

（a）CMC 之前的极稀溶液；（b）CMC 之前的稀溶液；（c）达 CMC 时的溶液；（d）大于 CMC 时的溶液

形成胶束所需要的表面活性剂最低浓度称为临界胶束浓度（critical micelle concentration，CMC）。达到临界胶束浓度后，继续增大表面活性剂的浓度，只能使体相内部胶束增大或胶束的数目增加，溶液中单个的表面活性剂分子的数目不再增加，如图 6-16（d）所示。随着表面活性剂在水中的浓度增加，胶束可以形成图 6-17 所示球状、棒状、层状等形状。例如在低浓度肥皂溶液中形成球状，高浓度时可形成层状。一般胶束大约由几十个或几百个表面活性剂的分子组成，平均半径大约是几个纳米。

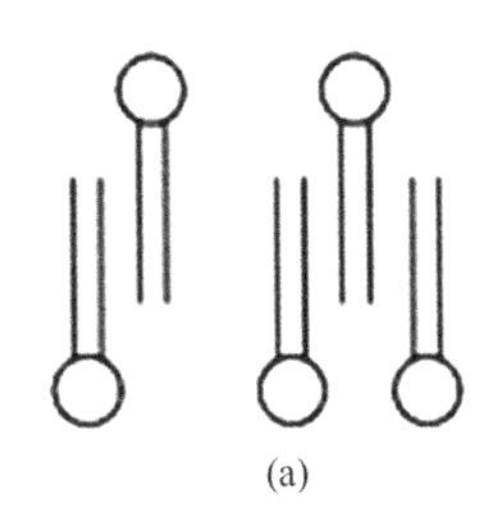
(a)
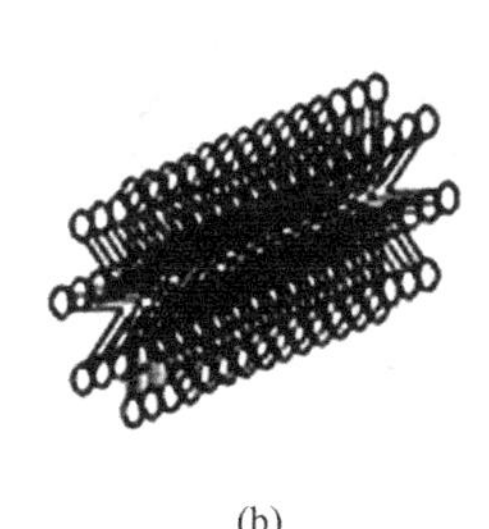
(b)
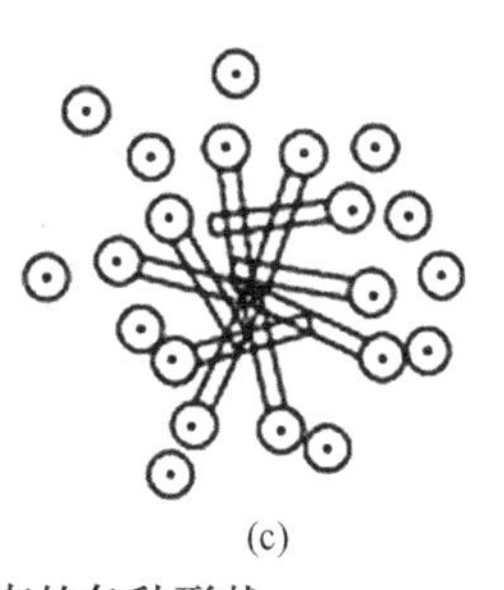
(c)
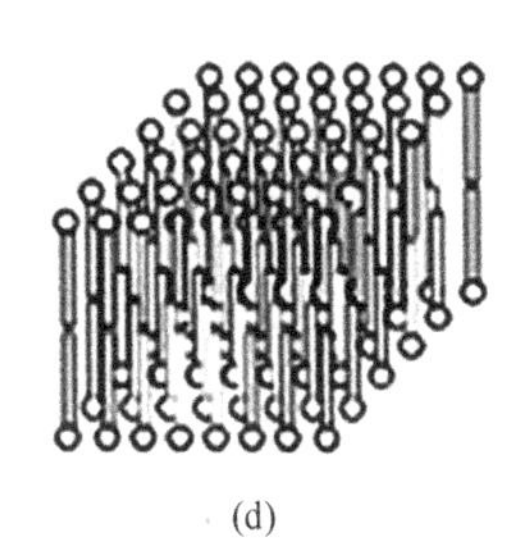
(d)

图 6-17 胶束的各种形状

（a）小型胶束；（b）棒状胶束；（c）球状胶束；（d）层状胶束

由于胶束的亲水性导致其不会聚集在水的表面上，所以它不具有表面活性，胶束数量的增加也不会使表面张力进一步降低。因此在临界胶束浓度时溶液界面的吸附达到饱和，界面张力达到一定值（图 6-18）。实验表明：在临界胶束浓度附近，由于胶束形成前后水中的双亲分子排列情况、总粒子数目都发生了剧烈变化，在宏观上就出现了表面活性剂溶液的理化性质如表面张力、溶解度、渗透压、电导率、去污能力等性质发生改变，利用表面活性剂溶液的某些理化性质突变，可测定临界胶束浓度。

实验表明 CMC 值并不是一个确定的数值，通常表现为一个很窄的浓度范围，例如离子型表面活性剂的 CMC 一般为 0.001～0.02 $mol \cdot L^{-1}$，相当于 0.02%～0.4%。由于亲油基的碳氢链长而直，分子间引力大，有利于胶束形成，使得临界胶束浓度较低；相反，如果碳氢链短而支链多，分子几何空间障碍大，不利于形成胶束，使得临界胶束浓度较高。

6.5.4 表面活性剂的作用

表面活性剂具有增溶、乳化、润湿、助磨、助悬（分散）、发泡和消泡，以及在匀染、防锈、

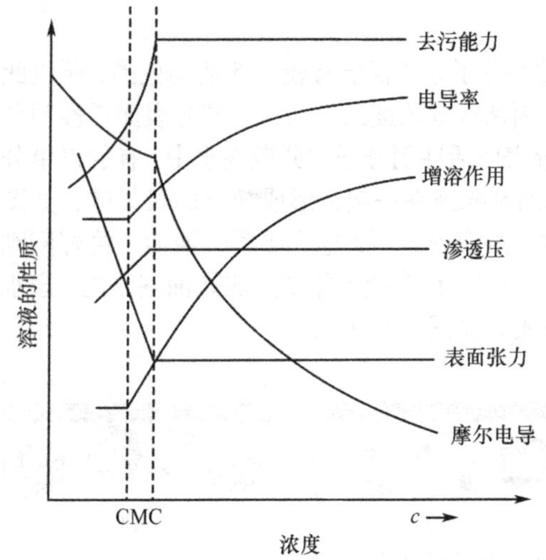

图 6-18 表面活性剂的浓度对系统性质的影响

杀菌、消除静电等方面的作用，在生产、科研和日常生活中被广泛使用。这里仅介绍与药物生产有关的一些知识。

1. 增溶作用（solubilization） 是指当溶解度很小的药物加入到形成胶束的表面活性剂溶液中，药物分子钻进胶束的中心和夹缝中，使药物本身的溶解度明显提高的现象。增溶作用要求表面活性剂首先在水中形成胶束，所以只有当表面活性剂溶液的浓度达到或超过 CMC 值，才具有增溶作用。

图 6-19 是以非离子型表面活性剂吐温类化合物为例，分类说明其对各种物质的增溶机理。吐温类化合物形成球状胶束，非极性溶质（如苯、甲苯等）会“溶解”在胶束的烃基中心区域[图 6-19（a）]；弱极性溶质（如水杨酸等）会“溶解”在胶束中定向排列[图 6-19（b）]；强极性溶质（如对羟基苯甲酸等）会“溶解”在栅栏层区域[图 6-19（c）]。由此可见，首先不溶物分子被吸附或“溶解”在胶束中，然后再分散到水中，从不溶解的聚集状态变为胶体分散状态，从而实现“溶解”的过程。

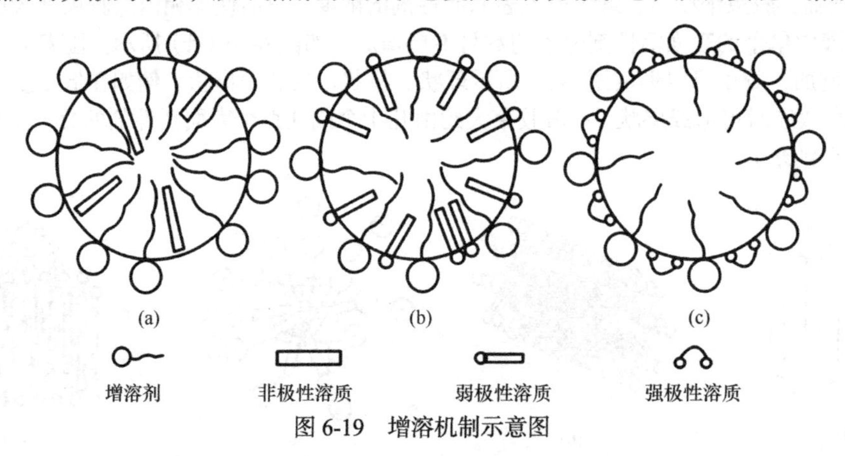

图 6-19 增溶机制示意图

综上所述，增溶和溶解有本质上的区别，真正的溶解是溶质以分子或离子状态分散在溶液中，溶解前后溶液的依数性（如沸点升高、渗透压等）有明显变化。在增溶过程中溶质并未分散成分子，而是多个溶质分子一起进入胶束之中成为分子聚集体，以胶束的形式达到“溶解”，因而溶质溶解前后溶液的依数性无明显变化。

增溶作用的应用十分广泛，许多药物的制备都需要加入增溶剂，如氯霉素在水中只能溶解 0.25%左右，加入 20%的吐温 80 后，溶解度可增大到 5%。中药注射剂的制备往往要加吐温 80 作为增溶剂。

2. 乳化作用（emulsification） 是指一种液体分散于另外一种不互溶（或部分互溶）的液体中形成高度分散系统的过程，得到的分散系统称为乳状液（emulsion），分散相液滴大小在 0.1～10 μm。乳状液是一种高度分散系统，其相界面很大，具有很高的表面吉布斯自由能，是热力学不稳定系统。因此，想要制得稳定的乳状液，必须加入少量表面活性剂作为乳化剂（emulsifying agent）。乳化剂可选阴离子型、阳离子型或非离子型表面活性剂，通常还使用复合乳化剂，用量一般为 1%～10%。

由于乳化剂分子能够在两相界面上定向排列，一方面降低了界面张力，另一方面还能在液滴周围形成一层保护膜，从而使乳状液稳定存在。此外，离子型表面活性剂还能够在液滴周围形成双电层结构，阻碍小液滴相互聚集，进一步提高了乳状液的稳定性。乳状液的相关知识见第 7 章。

3. 发泡与消泡泡沫（foam） 是不溶性气体高度分散在液体或熔融固体中所形成的分散系的统称。在发泡时，相界面增加，导致表面吉布斯自由能增加，形成了热力学不稳定系统，所以纯液体在没有发泡剂参与时不可能生成稳定的泡沫。当使用表面活性剂作为发泡剂时，泡沫才能相对稳定地存在。发泡剂分子定向地吸附于液膜表面，以降低表面张力，同时形成具有一定机械强度的膜，保护泡沫不因碰撞而迅速破裂。

但泡沫的形成也会给某些药物生产操作带来很多困难，故需要加入消泡剂破坏泡沫的形成，常用消泡剂有：

（1）天然油脂类：豆油、玉米油、米糠油、棉籽油等，因亲水性差，在水中难以铺展，消沫活性较低，但由于无毒性，至今仍广为应用。

（2）醇、醚、酯类：一般指含有 5～8 个碳原子碳链的醇、醚、酯类（如辛醇、磷酸三丁酯等），因其表面活性较大，能替代原起泡剂，但由于本身碳氢链较短，无法形成牢固的薄膜，而致使泡沫破裂，只适用于小规模快速破沫。

（3）聚醚类（泡敌）：如聚氧乙烯氧丙烯甘油醚，这类新型高效消泡剂的分子结构式为：

$$H—(OC_3H_6)_m—(OC_2H_4)_n—(C_3H_6O)_m—(C_2H_4O)_n—(C_3H_6O)_m—H$$

亲油基的聚氧丙烯链与亲水基的聚氧乙烯链间隔重复出现，消沫作用是靠分子中的疏水链，而亲水作用则是靠亲水链与水分子形成氢键。

4. 助磨作用 在固体物料的粉碎过程中，加入表面活性物质作助磨剂，可增加固体物料的粉碎程度，提高粉碎的效率。当磨细到颗粒度达几十微米以下时，由于比表面很大，系统具有极大的表面吉布斯自由能，处于高度的热力学不稳定状态。在没有表面活性物质参与的情况下，只能依靠自身表面积自动地缩小，即相互聚集使颗粒度变大，以降低系统的表面吉布斯自由能。因此，想提高粉碎效率，得到更细的颗粒，必须加入适量助磨剂。在粉碎固体的过程中，助磨剂能快速地、定向地排列在固体颗粒的表面，不仅使固体颗粒的表面张力明显降低，还可自动渗入到微细裂缝中去并向深处扩展，如同在裂缝中打入一个起劈裂作用的“楔子”，如图 6-20（a）所示，帮助在外力的作用下加大裂缝或分裂成更小的颗粒。多余的表面活性物质的分子很快地吸附在这些新产生的表面上，以防止新裂缝的愈合或颗粒间的相互黏聚。此外，由于表面活性物质定向排列在颗粒的表面上，非极性的碳氢基朝外，如图 6-20（b）所示，使颗粒不易相互接触、表面光滑、易于滚动，这些因素都有利于提高粉碎效率。

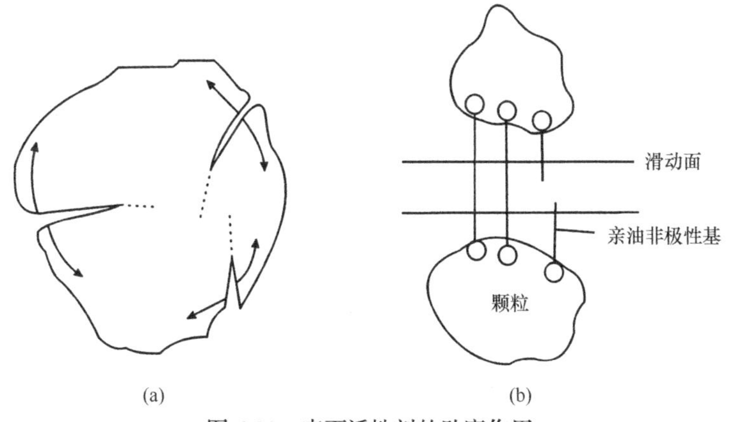

图 6-20 表面活性剂的助磨作用

5. 助悬作用 由不溶性的固体粒子（半径＞100 nm）分散在液体中所形成的系统称为混悬液。混悬液与乳状液一样，也是热力学不稳定系统。固体粒子有自动相互聚结及因粒子自身重力作用而迅速沉降的倾向，要得到较稳定的混悬液必须加入稳定剂。稳定剂主要是表面活性剂和大分子化合物。表面活性剂主要是通过降低界面张力形成水化膜，使混悬液稳定。一般硫粉、磺胺类药物等疏水性物质，接触角大于 90°，不易被水润湿，且接触角越大，疏水性越强。加入表面活性剂后，可使疏水性物质转变为亲水性物质，从而增加了混悬液的稳定性；大分子化合物（如琼脂、淀粉、蛋白质等）加入混悬液后，大分子粒子吸附在悬浮粒子周围，形成水化膜而阻碍它们相互聚结。

思考题 6-5
参考答案

【思考题 6-5】 为什么说氨基酸洁面产品性质更温和呢？

知识梳理 6-3 表面活性剂

- 表面活性剂
  - 结构特点及分类
    - 表面活性剂是指溶解少量就能（　　）地（　　）溶液表面张力的物质
    - 表面活性剂分子具有“双亲结构”的特点，即同时含有极性的（　　）基团和非极性的（　　）基团
    - 分类
      - 离子型表面活性剂
        - （　　）离子型：亲水基主要以羧酸盐、磺酸盐、硫酸酯盐、磷酸酯盐等为代表
        - （　　）离子型：亲水基主要以胺盐为代表
        - （　　）型：亲水基由电性相反的两个基团构成，如氨基酸型和甜菜碱型
      - 非离子型表面活性剂
        - （　　）型：亲水基含有聚氧乙烯基长链
        - （　　）型：亲水基为多元醇类、氨基醇类、糖类
  - 亲水亲油平衡值
    - HLB值表示表面活性剂（　　）性及（　　）性的相对强弱
    - HLB值越大，表面活性剂的（　　）性越强或（　　）性越弱
    - 亲油基越长，摩尔质量越大，（　　）性越强
    - HLB值的计算方法
      - 非离子型表面活性剂：（　　）
      - 大多数多元醇脂肪酸酯：（　　）
      - 离子型表面活性剂：（　　）
      - 混合：（　　）
  - 胶束
    - 又称（　　），指的是在溶液本体形成的憎水基向（　　）、亲水基向（　　）的多分子聚集体
    - 形成胶束所需要的表面活性剂（　　）浓度称为临界胶束浓度，缩写为（　　）
  - 作用
    - 增溶
      - 定义：（　　）
      - 只有当表面活性剂浓度（　　）CMC，才具有增溶作用
      - 增溶和溶解的区别：（　　）
    - 乳化
      - 乳化作用是指一种液体分散于另外一种不互溶/部分互溶的液体中形成高度分散系统的过程，得到的分散系统称为乳状液
      - W/O型乳状液和O/W型乳状液
      - 乳状液的鉴别
    - 发泡与消泡
      - 泡沫是不溶性气体高度分散在液体或熔融固体中所形成的分散系的统称
      - 消泡剂
        - 天然油脂类
        - 醇醚脂类
        - 聚醚类
    - 助磨
    - 助悬

6.6　固体表面的润湿

6.6.1　固体的润湿

固体表面的润湿（wetting）是指固体表面的气体（或液体）被液体（或另一种液体）取代的过程。润湿可分为三类：沾湿（adhesional wetting）、浸湿（immersional wetting）和铺展润湿（spreading wetting），如图 6-21 所示。

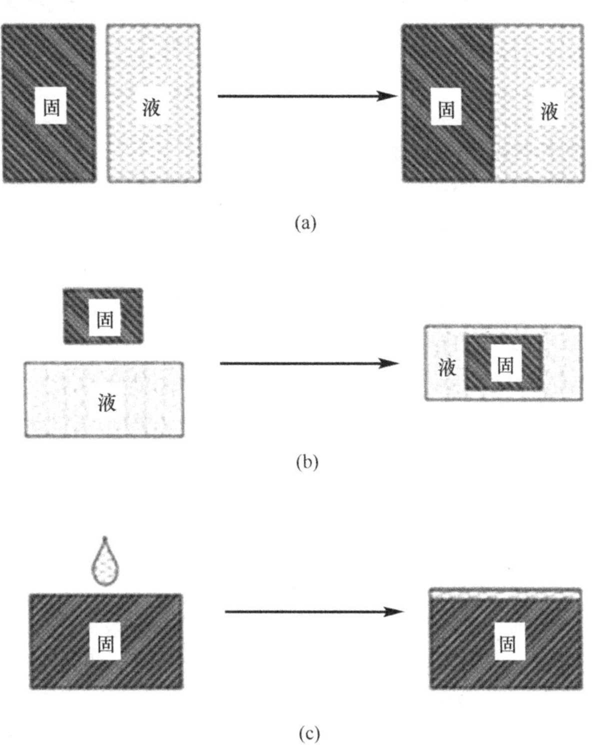

图 6-21　三类润湿类型示意图

（a）沾湿；（b）浸湿；（c）铺展润湿

在等温等压条件下，三类润湿的单位表面吉布斯自由能变化分别为：

$$\text{沾湿}\ \Delta G_a = \sigma_{s\text{-}l} - (\sigma_{s\text{-}g} + \sigma_{l\text{-}g}) \tag{6-39}$$

$$\text{浸湿}\ \Delta G_i = \sigma_{s\text{-}l} - \sigma_{s\text{-}g} \tag{6-40}$$

$$\text{铺展润湿}\ \Delta G_s = (\sigma_{s\text{-}l} + \sigma_{l\text{-}g}) - \sigma_{s\text{-}g} \tag{6-41}$$

式中，$\sigma_{s\text{-}g}$、$\sigma_{s\text{-}l}$和$\sigma_{l\text{-}g}$分别为固-气、固-液和液-气界面的表面张力。

当$\Delta G \leqslant 0$时，液体能够润湿固体表面。对于同一系统，$\Delta G_s > \Delta G_i > \Delta G_a$，若$\Delta G_s \leqslant 0$，即发生铺展润湿时，必有$\Delta G_i < 0$及$\Delta G_a < 0$，即必能进行浸湿，更易进行沾湿。

上述几个润湿判断公式只是理论分析，在实际应用中，由于$\sigma_{s\text{-}g}$、$\sigma_{s\text{-}l}$难以测定，故很少采用能量变化来判断固体表面润湿的难易程度，而是用接触角来判断润湿状态。

6.6.2　接触角

润湿程度可通过测定固体与液体的接触角来衡量。如图 6-22 所示，若一液滴落在固体表面上并达到平衡，于 O 点有一个气、液、固三相汇合点，过此汇合点作液面的切线，此切线和固液界面之间的夹角即为接触角（contact angle），用 θ 表示。

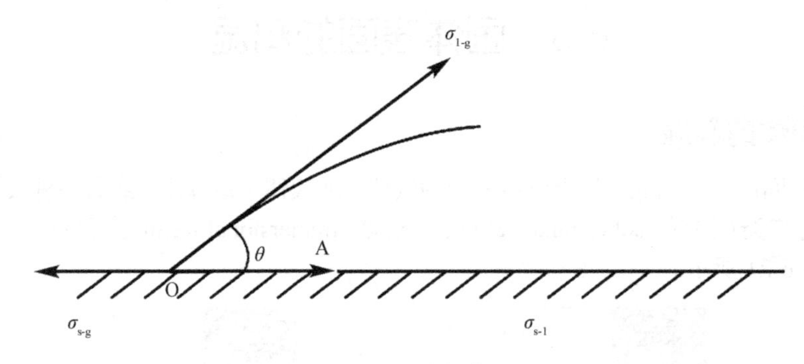

图 6-22　接触角

利用接触角判断液体在固体表面的润湿情况：

若 θ=0°，液滴倾向于铺展成薄膜，这种现象称为完全润湿。

若 θ=180°，液滴倾向于形成完整的球体，这种现象称为完全不润湿。

若 0°＜θ＜90°，液滴形成棱镜状，这种现象称为部分润湿（或润湿）。

若 90°＜θ＜180°，液滴呈平底球形，这种现象称为不润湿。

接触角 θ 的大小会受接触物质的表面张力的影响。如图 6-22 所示，$\sigma_{s\text{-}g}$、$\sigma_{l\text{-}g}$ 和 $\sigma_{s\text{-}l}$ 同时作用于 O 点：$\sigma_{s\text{-}g}$ 试图将 O 点的液体拉向左方，以覆盖固、气界面而使之扩大；$\sigma_{s\text{-}l}$ 则试图将 O 点的液体向右拉，以缩小固液界面；$\sigma_{l\text{-}g}$ 则试图将 O 点向切线方向拉，以缩小气液界面。要使 O 点保持平衡，必须符合：

$$\sigma_{s\text{-}g} = \sigma_{s\text{-}l} + \sigma_{l\text{-}g}\cos\theta \tag{6-42}$$

或

$$\cos\theta = \frac{\sigma_{s\text{-}g} - \sigma_{s\text{-}l}}{\sigma_{l\text{-}g}} \tag{6-43}$$

当 $\sigma_{s\text{-}g} - \sigma_{s\text{-}l}$ 为正，且等于 $\sigma_{l\text{-}g}$ 时，则 $\cos\theta = 1$，$\theta = 0$，此时完全润湿；

当 $\sigma_{s\text{-}g} - \sigma_{s\text{-}l}$ 为正，且小于 $\sigma_{l\text{-}g}$ 时，则 $0 < \cos\theta < 1$，$0° < \theta < 90°$，此时部分润湿；

当 $\sigma_{s\text{-}g} - \sigma_{s\text{-}l}$ 为负值，$\cos\theta < 0$，$\theta > 90°$，此时不润湿。

对粉末状物质，因不能直接测定其接触角，常采用毛细管上升法，通过表面张力的相互关系进行估算接触角。润湿在中药制剂中有广泛的应用，外用散剂一般需要良好的润湿性能才可发挥药效。片剂中的崩解剂要求对水有良好的润湿性。为使能较完全地抽取安瓿内的注射液到注射器中，安瓿内需要涂上一层防止润湿的高聚物。

6.6.3　毛细现象

将毛细管插入到液体中，会发生管内液面上升或下降的现象，称为毛细现象（capillarity），毛细现象是弯曲液面具有附加压力的必然结果。

如图 6-23 所示，若液体能润湿毛细管形成凹液面，假设毛细管的半径为 R，液体的表面张力为 σ，液面的曲率半径为 r。当毛细管中的液体上升达平衡时，管中液面上升高度为 h。此时使液体上升的附加压力 Δp 等于毛细管上升液柱的静压力 $p_{静}$。即：

$$p_{静} = \rho_{液} gh = \Delta p = \frac{2\sigma}{r}$$

$$h = \frac{2\sigma}{\rho_{液} gr}$$

如果液体与管壁的接触角为θ，即$r\cos\theta = R$，则：

$$h = \frac{2\sigma\cos\theta}{\rho_{液}gR} \tag{6-44}$$

由上式可知，当液体可润湿毛细管壁成凹液面时，$\theta<90°$，$h>0$，毛细管内液面上升；若液体不能润湿毛细管壁成凸液面时，$\theta>90°$，$h<0$，毛细管内液面下降，比正常液面低；若液体能完全润湿毛细管壁，$\theta=0°$，则：

$$h = \frac{2\sigma}{\rho_{液}gR} \tag{6-45}$$

毛细现象与日常生活和工农业生产有密切关系。例如，吸墨纸能吸起墨水；锄地保墒，农民锄地不但铲除杂草，同时也破坏土壤构成的毛细管，防止地下水分沿毛细管上升而被蒸发掉；玻璃液清除气泡的方式是依据小于临界泡半径的气泡内液面是凹形，附加压力方向指向气泡内，在此附加压力的作用下，气泡自动收缩，气泡内的气体将溶于玻璃中，使小气泡被吸收。

【思考题 6-6】 物体表面的润湿现象在日常生活中很多地方都会用到，你知道高防水性能的雨伞和杀虫剂的接触角有什么不同吗？

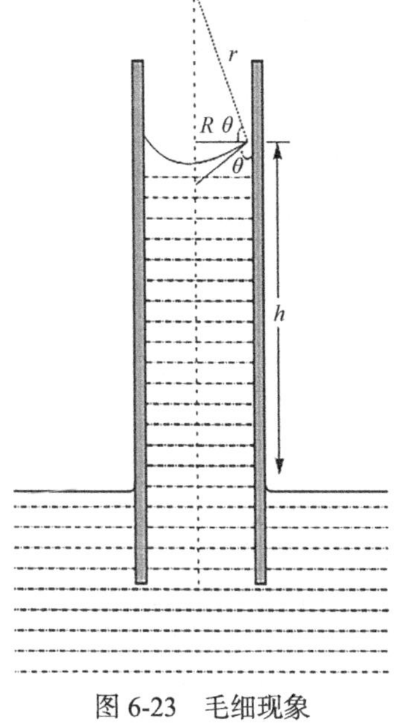

图 6-23　毛细现象

思考题 6-6 参考答案

6.7　固体的表面吸附

微课 6-7

人们很早就发现固体表面可以对气体或液体进行吸附，并在工业生产中加以应用。例如，在湖南长沙马王堆一号汉墓里就使用木炭作为防腐层和吸湿剂，说明我国早在 2000 多年前就对新烧木炭吸附现象的应用已达到相当高的水平；在制糖工业中，用活性炭来吸附糖液中的杂质，可以得到洁白的产品。近几十年来，吸附的应用范围越来越广，很多情况下利用吸附方法比其他方法更简便省事，而且常常得到的产品质量较好。

6.7.1　固-气表面吸附

气体分子在固体表面上相对聚集的现象称为气体在固体表面的吸附，简称“气-固吸附”。被吸附的气体是吸附质（absorbate），具有吸附作用的固体物质是吸附剂（absorbent）。如在充满溴蒸气的玻璃瓶中加入一些活性炭，可看到瓶中的红棕色气体逐渐消失，这就是溴的气体分子被活性炭吸附的结果。

因固体表面的分子处于力的不平衡状态，具有很大的表面吉布斯自由能，又因固体不具流动性，不能自动地减小表面积来降低系统的表面吉布斯自由能，因而只能通过吸附降低表面张力，从而降低表面吉布斯自由能，使系统变得较稳定。

显然，在一定的温度和压力下，当吸附剂和吸附质的种类固定后，被吸附气体的量将随着吸附剂表面积的增加而加大。因此，要提高吸附剂的吸附能力，必须尽可能增大吸附剂的表面积，良好的吸附剂都是比表面很大的物质。

1. 物理吸附和化学吸附　吸附按作用力的性质可分为物理吸附（physical absorption）和化学吸附（chemical absorption）两大类，二者具有不同的特点（表 6-5）。

物理吸附是由于分子间作用力引起的，作用力较弱，无选择性。在物理吸附中被吸附的分子可形成单分子层，也可形成多分子层，吸附速率和解吸速率都较快，易达平衡，在低温下进行的吸附多为物理吸附。一般来说，易液化的气体容易被吸附，如同气体被冷凝于固体表面一样，吸附放出的热与气体的液化热相近，为 20～40 $kJ \cdot mol^{-1}$。

表 6-5 物理吸附与化学吸附的比较

	吸附力	吸附热	选择性	稳定性	吸附分子层	吸附速率
物理吸附	范德瓦耳斯力	较小	无选择性吸附	不稳定 易解吸	单分子层或多分子层	较快，不受温度影响
化学吸附	化学键力	较大	选择性吸附	较稳定 不易解吸	单分子层	较慢，需要活化能，温度升高速率加快

化学吸附是靠化学键作用进行的，吸附剂和吸附质之间依靠电子的转移、原子的重排、化学键的破坏与形成等作用，因而有选择性，即某一吸附剂只对某些吸附质发生化学吸附，如氢能在钨或镍的表面上进行化学吸附，但与铝或铜就不能发生化学吸附。由于化学吸附生成化学键，所以只能是单分子层吸附，且不易吸附和解吸，平衡慢，如生成表面化合物，就不可能解吸。化学吸附常在较高温度下进行。化学吸附放出的热很大，为 40～400 $kJ \cdot mol^{-1}$，接近于化学反应热。

物理吸附和化学吸附并非不相容，在一定条件下两者可同时发生。例如 O_2 在金属钨上的吸附有三种情况：有些以原子状态被吸附，有些以分子状态被吸附，还有一些氧分子被吸附在已被金属钨吸附的氧原子上面，形成多分子层吸附。

2. 吸附等温线

（1）吸附平衡与吸附量：在一定温度和压力下，当吸附速率与解吸速率相等时即达到吸附平衡（absorption equilibrium）。此时，单位质量吸附剂所吸附气体的物质的量或这些气体在标准状态下所占的体积称为吸附量（absorption quantity），以 Γ 表示：

$$\Gamma = \frac{x}{m} \text{ 或 } \Gamma = \frac{V}{m} \tag{6-46}$$

式中，m 为吸附剂的质量（kg），x 为吸附气体的物质的量（mol），V 为吸附气体的体积（m^3）。

（2）吸附曲线：对一定量吸附剂，达到吸附平衡时，其吸附量与温度和气体的压力有关，即

$$\Gamma = f(T, p)$$

上式中含有三个变量，若将其中一个变量固定，得到其他两个变量之间的函数关系式，其对应的曲线称为吸附曲线。按固定变量不同，吸附曲线分为以下三种：

①吸附等压线：吸附质平衡分压一定时，测定不同温度下的吸附量，得到的曲线称为吸附等压线。吸附等压线的重要用途是用于判断吸附类型。等压下，物理吸附和化学吸附都是放热过程，故升高温度将使两种吸附的吸附量降低。物理吸附速率快，吸附量随温度升高而下降的规律明显[图 6-24（a）]。而化学吸附速率慢，低温时，在一定时间内难以达到平衡，随着温度升高，吸附速率加快，吸附量增加，达到平衡后吸附量又随温度升高而下降。故化学吸附的吸附等压线的特点是吸附量在较低温度范围内随着温度的升高先增加后减小，如图 6-24（b）所示。

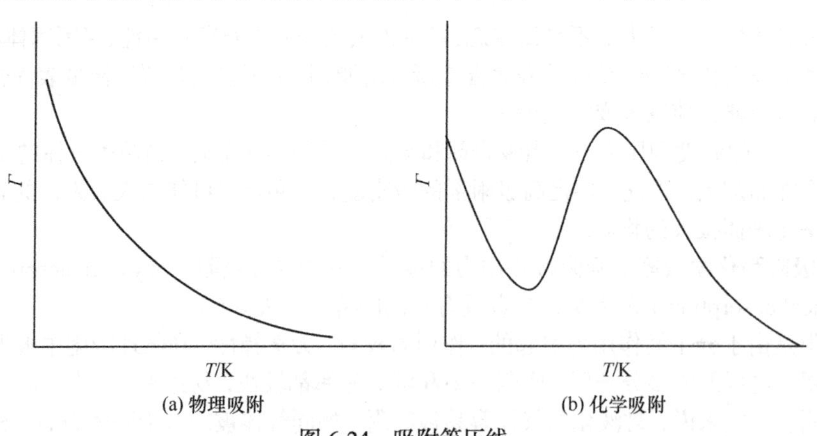

(a) 物理吸附　(b) 化学吸附

图 6-24 吸附等压线

②吸附等温线：等温下测定不同压力下的吸附量所得的曲线称为吸附等温线。图 6-25 为氨在木炭上的吸附等温线，由图可知，在低压部分，压力的影响十分显著，吸附量与气体压力呈直线关系；当压力继续升高时，吸附量的增加渐趋缓慢，当压力足够高时，曲线接近于一条平行于横轴的直线（–23.5℃的吸附等温线最为明显）。由图中还可看出，当压力一定时，温度升高吸附量会下降。

根据等温线的类型可以了解吸附剂的表面性质、孔的分布性质以及吸附剂与吸附质相互作用的相关信息。

③吸附等量线：吸附量一定时，描述吸附温度 T 与吸附质平衡分压 p 之间的关系曲线，称为吸附等量线。图 6-26 为氨在木炭上的吸附等量线，根据等量线的斜率可求得吸附热，由吸附热的数值大小可判断吸附作用的强弱。

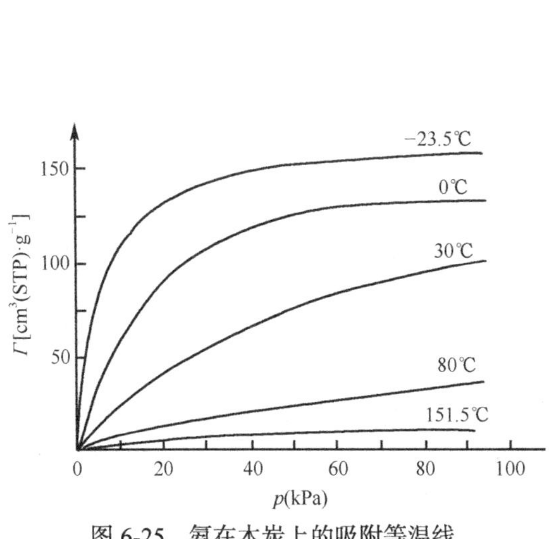

图 6-25　氨在木炭上的吸附等温线

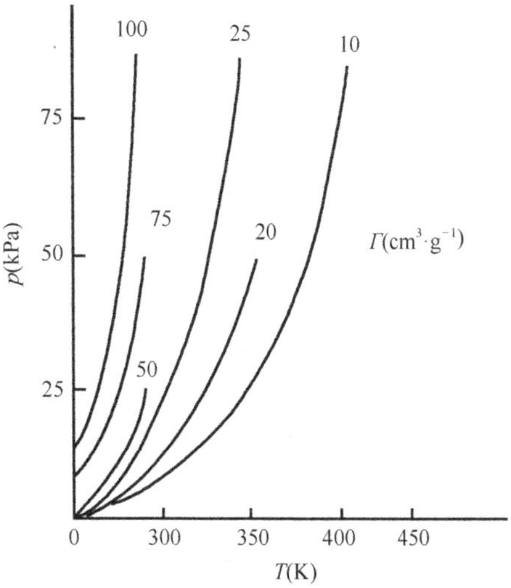

图 6-26　氨在木炭上的吸附等量线

3. 吸附等温式　在上述三种吸附曲线中，以吸附等温线最为常用，吸附等温线可以用不同的方程式来表示。

（1）弗罗因德利希方程：弗罗因德利希吸附等温式（Freundlich absorption isotherm）是根据实验结果归纳出来的经验公式。

$$\Gamma = \frac{x}{m} = kp^{1/n} \qquad (6\text{-}47)$$

式中，p 是吸附平衡时的气体压力（以 Pa 为单位），Γ 为平衡压力时的吸附量，k 和 n 是与吸附剂、吸附质种类以及温度等因素有关的经验常数，$1/n$ 的取值为 0～1。

将上式取对数：

$$\ln\frac{x}{m} = \ln k + \frac{1}{n}\ln p \qquad (6\text{-}48)$$

$\ln\frac{x}{m}$ 对 $\ln p$ 作图得到一条直线，由直线的截距与斜率可求出 k 和 n 的值。斜率 $\frac{1}{n}$ 的值为 0～1，其值越大，吸附量随压力变化也越大。

弗罗因德利希方程只适用于中等压力范围，应用到高压或低压范围会有较大的偏差。此外，它是经验式，不能从该式推测吸附机理。

（2）单分子层吸附理论——朗缪尔方程：1916 年，朗缪尔（Langmuir）根据低压下气体在金属上的吸附实验数据的规律，从动力学的观点提出了朗格缪尔单分子层吸附理论。这一理论假设气体在固体表面上的吸附是由于固体表面分子存在剩余力场而对气体进行的单分子层吸附，气体分子只有碰撞到空白的固体表面才能被吸附，碰到已被吸附质分子占据或覆盖的表面则不能产生吸附。

吸附是动态平衡，在一定温度下，吸附质在吸附剂表面上的解吸速率等于它吸附在空白处的速率。固体表面是均一的，且已被吸附的分子之间无相互作用力。设在某一瞬间，固体表面已被吸附分子占据的面积分数为θ，则未被吸附分子占据的面积分数应为 $1-\theta$。按气体分子运动论，每秒钟碰撞单位面积的气体分子的数目与气体压力 p 成正比，因此，气体在表面上的吸附速率 v_1 为：

$$v_1 = k_1 p(1-\theta) \quad (6\text{-}49)$$

式中，k_1 一方面为比例常数。另一方面，气体从吸附剂表面上解吸的速率 v_2 应为：

$$v_2 = k_2\theta \quad (6\text{-}50)$$

式中，k_2 为另一比例常数，当吸附达到动态平衡时，

$$k_1 p(1-\theta) = k_2\theta \quad (6\text{-}51)$$

$$\theta = \frac{k_1 p}{k_2 + k_1 p} \quad (6\text{-}52)$$

令 $a = \dfrac{k_1}{k_2}$，上式变为：

$$\theta = \frac{ap}{1+ap} \quad (6\text{-}53)$$

式（6-53）被称为朗缪尔吸附等温式（Langmuir absorption isotherm），是达到吸附平衡时固体表面覆盖率 θ 与气体平衡压力 p 之间的定量关系式。式中，a 为吸附系数，即吸附作用的平衡常数，其大小与吸附剂、吸附质的本性以及温度的高低有关，a 越大，表示吸附能力越强。一般高温不利于吸附，有利于解吸，所以 a 随温度的升高而变小。

若以Γ 表示压力 p 时，一定量吸附剂产生的吸附量。显然在较低的压力下，θ 应随平衡压力的上升而增加。在压力足够大后，θ 应趋近于 1。这时吸附量不再随压力的增加而增加，以Γ_∞ 表示最大吸附量，即当吸附剂表面全部被一层吸附质分子所覆盖时的饱和吸附量，对任意时刻固体表面覆盖率θ 应满足：

$$\theta = \frac{\Gamma}{\Gamma_\infty} \quad (6\text{-}54)$$

$$\frac{\Gamma}{\Gamma_\infty} = \frac{ap}{1+ap} \quad (6\text{-}55)$$

式（6-55）能够较好地说明图 6-27 的吸附等温线：在压力很低或吸附很弱的情况下，$ap \ll 1$，$1+ap \approx 1$，$\Gamma = \Gamma_\infty ap$，因$\Gamma_\infty a$ 为常数，故Γ与 p 成正比，即 $\theta = ap$，这与图 6-27 中的低压部分相符；在压力很高或吸附很强的情况下，$ap \gg 1$，$1+ap \approx ap$，则$\Gamma = \Gamma_\infty$，相当于吸附剂表面已全部被单分子层的吸附质分子所覆盖，所以压力增加，吸附量不再增加，即 $\theta = 1$，与图 6-27 中的高压部分相符；而在中压范围内则符合式（6-55），保持曲线形式。

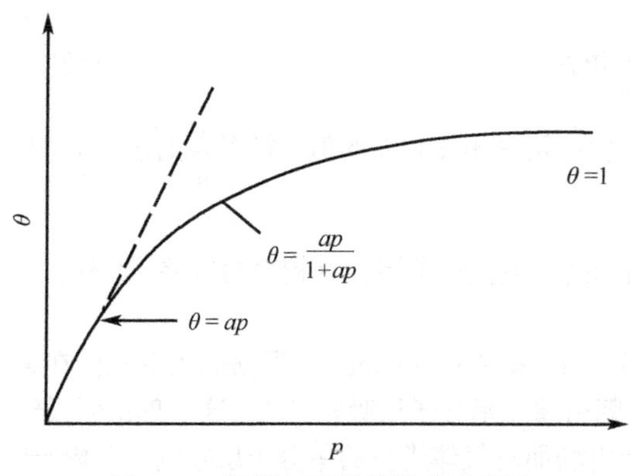

图 6-27 朗缪尔吸附等温式示意图

式（6-55）两边除以Γa，整理后可得：

$$\frac{p}{\Gamma} = \frac{1}{\Gamma_\infty a} + \frac{p}{\Gamma_\infty} \quad (6\text{-}56)$$

以 p/Γ 对 p 作图得一条直线，斜率为 $1/\Gamma_\infty$，截距为 $1/\Gamma_\infty a$，故可由斜率及截距求得饱和吸附量Γ_∞及吸附系数 a 的值。

朗缪尔吸附等温式能够较好地解释单分子层的吸附情况，但对多分子层吸附等温线不能提供解释，适用范围较窄。但它仍不失为吸附理论中一个重要的基本公式，朗缪尔第一次对固体吸附机制进行了描述，为此后其他吸附理论的建立奠定了基础。

（3）多分子层吸附理论——BET 吸附等温式：1938 年，布鲁诺尔（Brunauer）、埃梅特（Emmett）和泰勒（Teller）三人提出了多分子层吸附理论，该理论认为已经吸附了单分子层的表面还可以通过分子间力再吸附第二层、第三层……，即吸附是多分子层的。各相邻的吸附层之间存在着动态平衡，并不一定是等一层完全吸附满后才开始吸附下一层。吸附平衡在各层分别建立，第一层吸附是靠固体表面分子与吸附质分子之间的分子间引力进行，第二层及以上的吸附则是靠吸附质分子间的引力进行，由于两者作用力不同，所以吸附热也不尽相同。

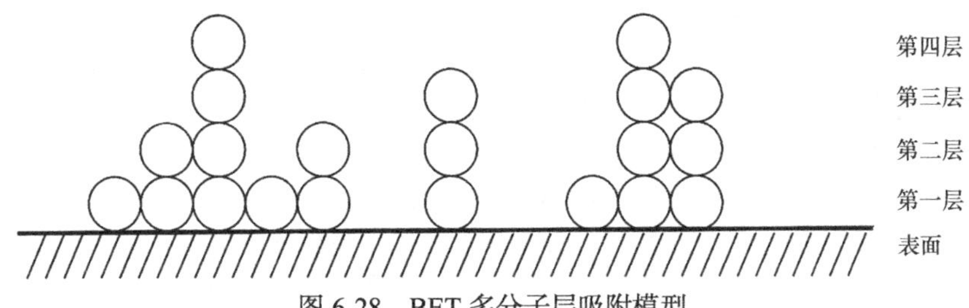

图 6-28　BET 多分子层吸附模型

如图 6-28 所示的 BET 多分子层吸附模型，设裸露的固体表面积为 S_0，吸附了单分子层的表面积为 S_1，第二层面积为 S_2，第三层面积为 S_3，以此类推。S_0 吸附了气体分子则变成单分子层 S_1，S_1 吸附的气体分子解吸则又变成裸露表面，裸露表面的吸附速率和单分子层的解吸速率相等时达到动态平衡。同样，单分子层再吸附气体分子可形成双分子层，双分子层解吸可形成单分子层，单分子层的吸附速率与双分子层的解吸速率相等时达到平衡，以此类推。假定吸附层为无限层，经数学处理后可得到等温条件下吸附量 Γ 与气相平衡分压 p 之间的关系式，即 BET 吸附等温式（BET absorption isotherm）：

$$\frac{p}{\Gamma(p_0-p)}=\frac{1}{\Gamma_\infty b}+\frac{b-1}{\Gamma_\infty b}\cdot\frac{p}{p_0} \qquad (6\text{-}57)$$

式中，p 表示被吸附气体的气相平衡分压；p_0 表示被吸附气体在该温度下的饱和蒸气压；Γ 表示平衡分压 p 时的吸附量；Γ_∞ 表示每千克固体吸附剂的表面全部被单分子层吸附质分子覆盖满时的吸附量；b 表示与温度及性质相关的常数。BET 吸附等温式适用于单分子层及多分子层吸附，主要用于测定固体吸附剂的比表面及解释各类吸附等温线。BET 理论是目前最成功的物理吸附理论。

6.7.2　固-液界面吸附

固体在溶液中的吸附是最常见的吸附现象之一。固-液界面上的吸附作用与固-气表面吸附不同，表现出以下特点：①吸附剂既可吸附溶质也可吸附溶剂，即在固体表面上的溶质分子与溶剂分子互相制约；②固体吸附剂大多数是多孔性物质，孔洞有大小，表面结构较复杂，溶质分子较难进入，速度慢，达到平衡所需时间较长；③由于被吸附的物质可以是中性分子，也可以是离子，所以固-液界面上的吸附，可以是分子吸附，也可以是离子吸附。

1. 分子吸附　分子吸附就是非电解质及弱电解质溶液中的吸附。将质量为 m(kg)的吸附剂与体积为 V(L)、浓度为 ρ_{B1}(kg·L^{-1})的溶液置于容器内充分振荡混匀，达到吸附平衡后过滤，分析滤液的浓度 ρ_{B2} 即可计算得到表观吸附量 $\Gamma_{表观}$（每千克吸附剂所吸附溶质 B 的质量）。

$$\Gamma_{表观}=V\frac{\rho_{B1}-\rho_{B2}}{m} \qquad (6\text{-}58)$$

实际上有一部分溶剂也被吸附，从而提高了平衡浓度，但在计算中未考虑此部分溶剂的吸附，故式（6-58）计算得到的吸附量低于实验值，所以被称为表观吸附量 $\Gamma_{表观}$。

只要将溶液的浓度 c 分别代替弗罗因德利希、朗缪尔吸附等温式中的 p，即可得到：

$$\Gamma=\frac{x}{m}=kc^{1/n} \qquad (6\text{-}59)$$

$$\Gamma = \Gamma_\infty \frac{ac}{1+ac} \tag{6-60}$$

但应指出，这是纯经验性的处理，式中各量并无明确的含义。

由于固–液吸附比较复杂，影响因素较多，其理论尚未能完全阐明，只能根据实践经验总结出一些规律：

（1）使固体表面吉布斯自由能降低最多的溶质的吸附量最大。

（2）溶解度越小的溶质愈易被吸附。极性吸附剂容易吸附极性溶质，非极性吸附剂容易吸附非极性溶质。例如，活性炭是非极性的，硅胶是极性的，前者吸水能力差，后者吸水能力强。故在水溶液中，活性炭是有机物的良好吸附剂，而硅胶适宜于吸附有机溶剂中的极性溶质。

（3）吸附为放热过程，故吸附量随着温度的升高而减小。

2. 离子吸附 是指强电解质溶液中的吸附，包含专属吸附和离子交换吸附。

（1）专属吸附：离子吸附具有选择性，吸附剂常常优先吸附其中某种正离子或负离子，被吸附的离子由于静电引力的作用，会再吸附一部分带相反电荷的离子，形成紧密层，这部分带相反电荷的离子再以扩散的形式包围在紧密层的周围，形成扩散层，这种吸附现象称为专属吸附。

（2）离子交换吸附：若吸附剂在吸附一种离子的同时，吸附剂本身又释放另一种带同种电荷的离子到溶液中，进行了同号离子的交换，这种现象被称为离子交换吸附。进行离子交换的吸附剂被称为离子交换剂，常用的离子交换剂是合成树脂，故又称为离子交换树脂。在合成树脂的母体中引进了—SO_3H、—COOH、—$CH_2N(CH_3)_2$、—$CH_2N(CH_3)_2OH$ 等极性基团，成为离子交换树脂结构的一部分，作为带极性基团的固体骨架（如 R—SO_3），另一部分是可活动的带有相反电荷的一般离子（如 H^+）。

一般来说，强碱性溶质应选用弱酸性树脂，若采用强酸性树脂，则解吸困难。弱碱性溶质应选用强酸性树脂，若采用弱酸性树脂，则不易吸附。

6.7.3 吸附剂及吸附分离技术

在药物制备和中药制剂的研究中，经常要用到吸附剂，下面简要介绍几种常用吸附剂及吸附分离技术。

1. 活性炭 是一种具有多孔结构并对气体等有很强吸附能力的物质。几乎所有含碳的物质都可制成活性炭，包括有植物炭、动物炭和矿物炭三类。药用以植物炭为主，一般以稻壳、木屑、竹屑等在 900 K 左右高温炭化制得。必要时可以在炭化之前加入少量氧化硅或氧化锌等无机物当作炭粉沉积的多孔骨架。但无论何种炭都须经过活化才能成为活性炭，活化的目的在于去除杂质，净化表面，保证孔隙畅通，增加比表面积，使固体表面晶格发生缺陷、错位，以增加晶格的不完整性。加热活化是最常用的活化方法，通常控制温度在 773～1273 K 活化。1 kg 木炭经活化后，在 298.15 K 时吸附 CCl_4 的量可从 0.011 kg 增加到 1.48 kg。

活性炭是非极性吸附剂，它能优先从水溶液中吸附非极性溶质，一般来说，溶解度小的溶质更容易被吸附。如果活性炭的含水量增加，则吸附能力下降。

在药物生产中，活性炭常用于脱色、精制、吸附、提取药理活性成分等，例如提取硫酸阿托品及辅酶 A 等。

2. 硅胶 是透明或乳白色固体。分子式为 $x SiO_2 \cdot y H_2O$，含水分量 3%～7%，吸湿量可达 40% 左右。硅胶是多孔的极性吸附剂，表面上有很多硅羟基。将适量硅酸钠（Na_2SiO_3）溶液与硫酸溶液混合，经喷嘴喷出呈小球状，凝固成型后进行老化（使网状结构坚固），并洗去吸附的离子，升温加热至 573 K，经 4 小时干燥，即可得小球状的硅胶。使用时，在 390 K 加热 24 小时进行活化。

硅胶的吸附能力会随含水量的增加而下降。按含水量的多少把硅胶分为五级，即不含水的为Ⅰ级，含水 5%的为Ⅱ级，15%的为Ⅲ级，25%的为Ⅳ级，35%的为Ⅴ级。

硅胶主要用于气体干燥、色层分析等。在中药研究中常用来提取甾体类、强心苷、生物碱等药物。

3. 氧化铝 是多孔性、吸附能力较强的吸附剂，分为碱性氧化铝、中性氧化铝和酸性氧化铝。制备时需先制得氢氧化铝，再将其直接加热至673 K脱水即可得到碱性氧化铝。用两倍量的5% HCl溶液处理碱性氧化铝，煮沸后，用水洗至中性，加热活化得到中性氧化铝。中性氧化铝用醋酸处理后，加热活化即为酸性氧化铝。

氧化铝和硅胶一样都是极性吸附剂，含水量增加会导致吸附活性不断下降。按含水量的不同可将氧化铝的活性分为Ⅰ～Ⅴ级。不含水的为Ⅰ级，含水3%为Ⅱ级，6%为Ⅲ级，10%为Ⅳ级，15%为Ⅴ级。在吸附饱和后，可经448～588 K加热去水复活。

氧化铝常用作干燥剂、催化剂、催化剂的载体、色谱分析中的吸附剂，也用于层析分离中药的某些有效成分。

4. 分子筛 是世界上最小的“筛子”，能对分子进行筛分。分子筛具有尺寸与被吸附分子直径大小差不多的微孔结构，用于筛分不同大小的分子，故称为“分子筛”。泡沸石、多孔玻璃等都属于这类吸附剂。泡沸石是铝硅酸盐的多水化合物，具有蜂窝状结构，孔穴占总体积的50%以上。与其他吸附剂比较，分子筛具有以下显著的优点：

（1）选择性好：分子筛能使比筛孔小的分子通过，吸附到空穴内部，同时把比筛孔大的物质分子排斥在外，从而把分子大小不同的混合物分开，起到筛分各种分子的作用。例如用型号5A的分子筛（孔径约0.5 nm）能够分离正丁烷、异丁烷和苯的混合液，其中正丁烷分子的直径小于0.5 nm，而异丁烷和苯分子的直径都大于0.5 nm，故用此分子筛只能吸附正丁烷而不能吸附异丁烷和苯。

（2）吸附性能好：在低浓度下仍然能保持较高的吸附能力。普通的吸附剂在吸附质浓度很低时，吸附能力会显著下降。而分子筛不同，只要吸附质分子的直径小于分子筛的孔径，就具有较高吸附能力。

（3）吸附性能稳定：普通吸附剂会随着温度的升高，吸附量迅速下降。而分子筛在较高温度下仍能保持较高的吸附能力，在1073 K高温下仍很稳定。

5. 大孔吸附树脂 是一类不含交换基团、具有大孔结构的高分子吸附剂。主要是以苯乙烯、二乙烯苯为原料，在0.5%的明胶水混悬液中，加入一定比例的致孔剂聚合而成。大孔吸附树脂一般为白色球形颗粒，粒度多为20～60目，孔径为5～300 nm，具有良好的网状结构和很大的比表面积，可以通过物理吸附从水溶液中选择性地吸附有机物，从而达到分离提纯的目的，是继离子交换树脂之后发展起来的一类新型的树脂类分离介质。大孔吸附树脂结构多为丙烯腈、二乙烯苯型、苯乙烯型、2-甲基丙烯醋酸型等。因其骨架的不同，有带功能基的，也有不带功能基的，可以分为非极性、弱极性与极性吸附树脂三大类。可在制备时根据需要加以控制其孔径大小。

大孔吸附树脂理化性质稳定，不溶于酸、碱及有机溶剂。其本身具有吸附性和筛选性，主要通过范德瓦耳斯力（范德华力）或形成氢键发挥吸附作用，筛选性则是由树脂本身具有多孔性的结构所决定的。大孔吸附树脂分离技术具有选择性好、快速、高效、方便、灵敏等优点。对于那些相对分子质量比较大的天然化合物，如不能使用经典方法进行分离，利用大孔吸附树脂的特性，可使这些有机化合物尤其是水溶性化合物的提纯得到极大的简化。近年来由于大孔吸附树脂新技术的引进，使中草药中有效单体成分或复方中某一单体成分的指标得到提升，因而发展迅速，应用面很广。

【思考题6-7】 大孔吸附树脂是中医药新药研发和生产中应用比较多的，主要起什么作用呢？

思考题6-7
参考答案

6.8 粉体的性质

微课6-8

粉体（powder）是指以粉末状微粒形式存在的物质。粉体中，微粒的形状和大小不一，常见的微粒形状有球形、立方形、粒状、块状、棒状、片状、针状、鳞状、纤维状等。微粒粒径可小到10^{-7} m，比表面很大，故有很大的表面吉布斯自由能，表现出很强的吸附作用。前面已详细介绍过固体的吸附作用，现在简要介绍粉体的一些重要特征，如粉体的比表面、密度、空隙率、流动性和吸湿性等。

6.8.1 粉体的比表面

粉体的比表面是指单位质量粉体具有的总的表面积，是表征粉体中粒子粗细的一种量度，也是表示固体吸附能力的重要参数。比表面不仅对粉体性质，而且对制剂性质和药理性质都有重要意义。由于粉体微粒表面粗糙且有许多缝隙和微孔，故有很大的比表面。粉体的比表面常用吸附法来测定，根据朗缪尔或BET吸附等温式，以粉体为吸附剂，先求出单分子层饱和吸附量，然后按下式算出粉体的比表面

$$a_s = \frac{\Gamma_\infty L}{22.4} \times S \tag{6-61}$$

式中，a_s为粉体比表面，S为每个吸附物分子的横切面积，L为阿伏伽德罗常数，Γ_∞为饱和吸附量。

6.8.2 粉体的微粒数

粉体的微粒数是指每千克粉体所含有的微粒数目。假设微粒是球形，其直径为d（单位 m），每个微粒的体积为$\frac{\pi d^3}{6}$（单位 m^3），粉体的密度为ρ（单位 $kg \cdot m^{-3}$），则每个微粒的质量为$\frac{\pi d^3 \rho}{6}$（单位 kg），每千克粉体所含有的微粒数n为：

$$n = \frac{6}{\pi d^3 \rho} \tag{6-62}$$

6.8.3 粉体的密度

粒子表面是粗糙的，在粒子与粒子之间必然存在着空隙。另外，粒子本身内部也有裂缝、空隙。因此，粉体的总体积是微粒本身的体积（V_t）、微粒本身内部的空隙体积（V_g）和微粒间空隙体积（V_e）三者的加和。根据这三种不同的体积可对应求得粉体的三种不同的密度，即真密度、粒密度和松密度。

真密度：粉体的质量（m）除以微粒本身体积V_t所得的密度：

$$\rho_t = \frac{m}{V_t} \tag{6-63}$$

粒密度：粉体的质量（m）除以粉体微粒本身体积V_t与微粒本身内部空隙体积V_g之和所得的密度：

$$\rho_g = \frac{m}{V_t + V_g} \tag{6-64}$$

松密度：粉体的质量（m）除以粉体的总体积所得的密度：

$$\rho_b = \frac{m}{V_t + V_g + V_e} \tag{6-65}$$

6.8.4 粉体的空隙率

粉体的总体积又称松容积（V_b）。微粒间空隙和微粒本身内部的空隙体积之和与松容积之比称为粉体的空隙率，用e表示，其计算公式如式（6-64）。e大表示粉体疏松多孔，为轻质粉末。

$$e = \frac{V_e + V_g}{V_b} = \frac{V_b + V_t}{V_b} = 1 - \frac{V_t}{V_b} = 1 - \frac{\rho_b}{\rho_t} \tag{6-66}$$

例 6-5 氧化钙粉体的样品重 0.6565 kg，真密度为 3203 $kg \cdot m^{-3}$，将它放在 500 ml 量筒中，测得其松容积为 410 ml，求其空隙率为多少？

解：根据 $e=1-\dfrac{V_t}{V_b}$ 计算

微粒本身的体积：$V_t=\dfrac{0.6565}{3203}=2.05\times10^{-4}(m^3)=205(ml)$

氧化钙粉体的空隙率：$e=1-\dfrac{V_t}{V_b}=1-\dfrac{205}{410}=0.5$

颗粒的形状和大小会影响粉体的空隙率，颗粒一致性较差的粉体空隙率较小。因此在压制粉体的过程中，为得到密实的整体，必须掺和一定比例、大小不同的颗粒。施加压力可促进不规则颗粒间的相互配合，例如可使一个颗粒的凸面嵌入另一颗粒的凹面；较小颗粒充填入较大颗粒间的空隙。实验证明，结晶性粉末经过 7038 kg· cm^{-2} 的压力压缩之后，其空隙率可能小于 1%。

6.8.5　粉体的吸湿性

粉体药物在保存过程中常因吸湿而使流动性下降，甚至使药物发生润湿、结块而变质。在一定温度下，药物表面吸收水分与水分蒸发达到平衡时称为吸湿平衡。若测定药物在不同湿度时吸收水分的增加量或减少量，将所得的实验数据作图，即可得到药物的吸湿平衡图。从图 6-29 可知，水溶性药物如葡萄糖，在某一相对湿度之前几乎不吸湿。而在此后，随即迅速吸收大量水分，使吸湿曲线笔直向上。这一开始吸湿时的相对湿度称为临界相对湿度（critical relative humidity，CRH）。CRH 值的大小可衡量药物吸水的难易程度。CRH 值高的药物表示在较高的湿度下才易大量吸水。

相互不起反应的粉体药物混合物，若其中含有非水溶性物质（例如，水溶性药品与不溶性防湿性药品的混合粉体），混合物的 CRH 值会增大，混合物吸湿性会降低。如果混合物中都是水溶性药品，则大多数的混合物 CRH 值低于其中各组成成分的 CRH 值，混合物的吸湿性增加。

6.8.6　粉体的流动性

粉体的流动性在药物制剂的质量控制过程中十分重要，对颗粒剂、胶囊剂、片剂等制剂的重量差异及正常的操作影响较大。一般以休止角或流速来衡量粉体的流动性。

休止角是指一堆粉体的表面与平面之间可能存在的最大角度，用 θ 表示（图 6-30）。θ 越小，流动性越好。休止角可通过图 6-30 所示的装置来测定，若在一堆粉体上施加更多的粉体，粉体将沿侧面滑落，直到粉体微粒间的相互摩擦力与所受重力达到平衡为止。测量出 h 和 r 值，根据 $\tan\theta=h/r$，即可求得休止角的数值。

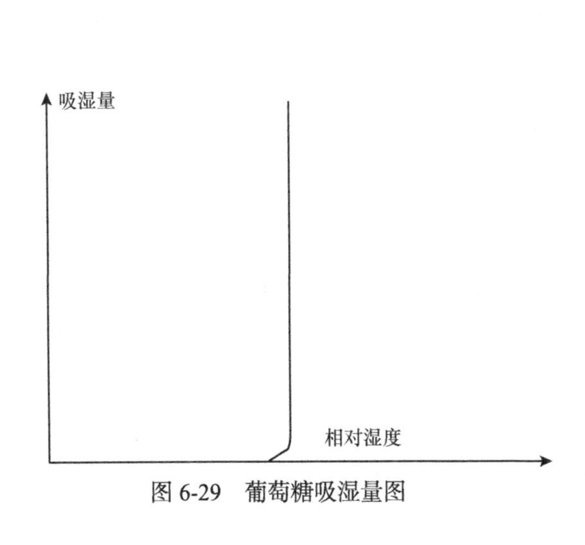

图 6-29　葡萄糖吸湿量图

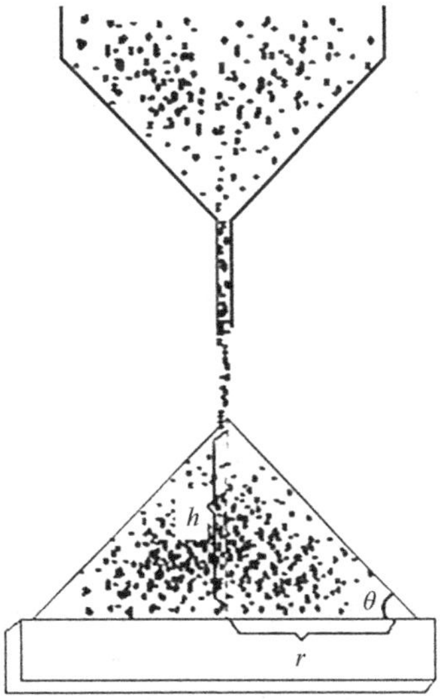

图 6-30　休止角及其测定装置

此外，还可用流速来衡量粉体的流动性。将物料加入漏斗中，记录全部物料流出所需的时间。所需时间越短，流动性越好。

粉体的流动性受粒子的大小、形状、密度、表面状态及空隙率等因素的影响。一般粒径小于 10 μm 的微粒，粒子间有较强黏着力，其流动性就较差。此时必须设法除去小颗粒。此外，水分会使粉体产生一种黏结力，导致流动性变差，常通过烘干粉末或空气除湿来增加流动性。加入微粉硅胶或滑石粉等助流剂也可增加粉体的流动性。

思考题 6-8
参考答案

【思考题 6-8】 通过哪些性质可以表征原料药的粉体性质?

关　键　词

BET 吸附等温式　BET absorption isotherm
比表面　specific surface area
比表面吉布斯自由能　specific surface Gibbs free energy
表面活性剂　surface active agent
表面膜　surface membrane
表面吸附　surface absorption
表面吸附量　surface absorption quantity
表面现象　surface phenomena
表面张力　surface tension
单分子膜　monomolecular film
粉体　powder
弗罗因德利希吸附等温式　Freundlish absorption isotherm
附加压力　excess pressure
化学吸附　chemical absorption
吉布斯吸附公式　Gibbs absorption equation
胶束　micelle
开尔文公式　Kelvin equation
朗缪尔吸附等温式　Langmuir absorption isotherm
临界胶束浓度　critical micelle concentration
毛细管凝结　capillary condensation
毛细现象　capillary phenomenon
铺展　spreading
亲水亲油平衡值（HLB 值）　hydrophile-lipophile balance value
润湿　wetting
物理吸附　physical absorption
亚稳态　metastable state
杨-拉普拉斯公式　Yong-Laplace equation

本章内容小结

表面现象是指发生在相界面上的各种物理、化学过程而引起的现象。表面现象往往发生在高度分散体系中，因此当物质处于高度分散状态时，表面积急骤增加，表面吉布斯自由能会发生较大改变，使系统处于高度不稳定状态。此时，液体表面有自动收缩的趋势，以降低表面能，这是表面现象产生的本质。从力学角度分析，处于表面层的分子由于受到来自两相不同分子的作用力，液体表面存在一种向内的收缩力，即表面张力 σ。比表面吉布斯自由能和表面张力是分别从不同角度探讨同一表面现象的两个完全等价的物理量。

当液面弯曲时，由于表面张力的存在，造成表面两个体相的压力不同，使弯曲液面内外产生附加压力，附加压力与表面张力及曲率半径之间的关系用杨-拉普拉斯公式表示。附加压力的存在使弯曲液面的蒸气压不同于正常液面的蒸气压；凸液面的蒸气压增大，凹液面的蒸气压降低，不同曲率液面的蒸气压由开尔文公式计算。开尔文公式可解释如过饱和蒸气、过热液体、过冷液体、过饱和溶液等亚稳态和毛细凝结现象等。

吸附现象是两相界面上存在的重要现象，目的是减小表面张力，降低表面能。吸附现象包括溶液的表面吸附、固体的表面吸附以及固-液界面吸附。溶液的表面吸附分为正吸附和负吸附，吉布斯吸附公式描述了溶液表面吸附量与溶液浓度及表面张力之间的关系，用于计算溶质在溶液表面的吸附量，并判断吸附类型。表面活性剂是一类能够降低溶液表面张力的物质，其分子具有“双亲结构”的特点。临界胶束浓度和亲水亲油平衡值是反映表面活性剂性质的重要参数。表面活性剂具有润湿、乳化、发泡、增溶及去污等独特作用，具有广泛的应用价值。固体的表面吸附可通过吸附曲线描述，其中以吸附等温线最常用。吸附等温线可以分别用弗罗因德利希、朗缪尔以及 BET 吸附等温式表示。固-液吸附比较复杂，影响因素较多，目前尚无完全成熟的理论，但固-液吸附的应用十分广泛。

铺展与润湿都是与表面张力有关的表面现象，沾湿、浸湿、铺展润湿是润湿的三种类型。铺展和润湿自动进行的条件取决于新生成的界面能否降低系统的吉布斯自由能。

本 章 习 题

本章习题
参考答案

一、选择题

1. 表面现象在自然界普遍存在，但有些自然现象与表面现象并不密切相关，例如（　　）

A. 气体在固体上的吸附　　B. 微小固体在溶剂中溶解

C. 微小液滴自动呈球形　　D. 不同浓度的蔗糖水溶液混合

2. 一定体积的水，当聚成一个大球，或分散成许多小水滴时，在相同温度下，这两种状态的性质保持不变的是（　　）。

A. 表面能　　B. 表面张力　　C. 比表面积　　D. 液面下的附加压力

3. 在等温下加入表面活性剂后，溶液的表面张力 σ 和活度 a 将（　　）

A. $\frac{d\sigma}{da}>0$　　B. $\frac{d\sigma}{da}<0$　　C. $\frac{d\sigma}{da}=0$　　D. $\frac{d\sigma}{da}\geqslant 0$

4. 涉及溶液表面吸附的下列说法中正确的是（　　）

A. 溶液表面发生吸附后表面吉布斯函数增加

B. 溶质的表面张力一定小于溶剂的表面张力

C. 定温下，表面张力不随溶液浓度变化时，浓度增大，吸附量不变

D. 溶液表面的吸附量与温度成反比是因为温度升高，溶液浓度变小

5. 表面活性剂在结构上的特征是（　　）

A. 一定具有磺酸基或高级脂肪烃基　　B. 一定具有亲水基

C. 一定具有亲油基　　D. 一定具有亲水基和亲油基

6. 当溶液中表面活性剂的浓度足够大时，表面活性剂分子便开始以不定的数目集结，形成所谓胶束，胶束的出现标志着（　　）

A. 表面活性剂的溶解度已达到饱和状态

B. 表面活性剂分子间的作用超过它与溶剂的作用

C. 表面活性剂降低表面张力的作用下降

D. 表面活性剂增加表面张力的作用下降

7. 对于理想的水平液面，其值为零的表面物理量是（　　）

A. 表面能　　B. 比表面吉布斯自由能

C. 表面张力　　D. 附加压力

8. 在相同温度和压力下，凹面液体的饱和蒸气压 p_r 与水平面同种液体的饱和蒸气压 p_0 相比，有（　　）

A. $p_r=p_0$　　B. $p_r<p_0$　　C. $p_r>p_0$　　D. 不能确定

9. 物理吸附与化学吸附的根本区别在于（　　）

A. 吸附力不同　　B. 吸附速度不同

C. 吸附热不同　　D. 吸附层不同

10. 朗缪尔吸附等温式 $\theta = \frac{ap}{1+ap}$，不适用以下什么情况（　　）

A. 化学吸附　　B. 物理吸附

C. 单分子吸附　　D. 多种分子同时被吸附

二、填空题

1. ____________是造成表面现象的根本原因；对二组分体系，表面变化过程总是自动的向着______减小和________减小的方向进行。

2. 表面吉布斯自由能与表面张力的________相同，___________不同。

3. 25℃，水-空气的表面张力 $\sigma = 7.17\times10^{-2}\ \mathrm{N\cdot m^{-1}}$，$\left(\frac{\partial\sigma}{\partial T}\right)_{p,A} = -1.57\times10^{-4}\ \mathrm{N\cdot m^{-1}\cdot K^{-1}}$，若 25℃、1 大气压下可逆地增加水的表面 2 $\mathrm{cm^2}$ 时，体系所做的功 W=________焦耳，熵变 ΔS=__________焦耳/开。

4. 为了提高农药杀虫效果，应选择润湿角____的溶剂(>90°，<90°)。

5. 配制农药时，为了提高农药的利用率，通常配成乳状液，越分散越好。根据学到的表面化学知识，该乳状液在作物表面上的润湿角 θ 应满足______，它与_________有关。

6. 表面活性剂是加入_______量就能显著_______溶液（或溶剂）表面张力的物质。

7. 产生液体过热、过饱和蒸气现象的根本原因是_________。

8. 溶液表面的吸附现象与固体表面吸附气体的明显区别之一是溶液表面可以产生______吸附，这是因为 $\sigma_{溶质}$______$\sigma_{溶剂}$（填“正”或“负”和“>”或“<”）。

9. 弗罗因德利希吸附等温式虽然对气体和溶液都适用，但有具体的条件限制，它适用于__________。

10. 朗缪尔推导等温吸附方程所依据的基本假设是________、_________、__________、________。

三、判断题

1. 体系的表面能是体系能量的构成部分，所以在温度压力不变的情况下，表面能只与体系的数量有关，与体系存在形式无关。（　　）

2. 比表面能与表面张力数值相等，所以二者的物理意义也相同。（　　）

3. 加浮石可以防止暴沸，原理是浮石多孔内有较大气泡，加热时不致形成过热液体。（　　）

4. 无论是物理吸附还是化学吸附，吸附过程中皆放出热量。（　　）

5. 同样大小的同种液滴和溢泡，所产生的附加压力相等。（　　）

6. 表面活性剂的水溶液在临界胶束浓度（CMC）时，其物理性质（表面张力、电导率、渗透压、去污能力、密度等）都将发生突变。（　　）

7. 由“性质相似易相溶”的原理知，表面活性物质的增溶作用即溶解作用。（　　）

8. 用最大气泡压力法测定溶液的表面张力时，若将毛细管插入溶液内，则测定出的表面张力值偏低。（　　）

9. 加浮石防止暴沸的原理是浮石多孔内有较大气泡，加热时不致形成过热液体。（　　）

10. 同样大小的同种液滴和液泡，所产生的附加压力相等。（　　）

四、简答题

1. 表面张力与比表面吉布斯自由能有何区别？

2. 有一杀虫剂粉末，欲分散在一适当的液体中以制成混悬喷洒剂型，今有三种液体（1，2，3），测得它们与药粉及虫体表皮之间的界面张力关系如下：

$$\sigma_{粉} > \sigma_{1\text{-}粉}\ ,\quad \sigma_{表皮} < \sigma_{表皮\text{-}1} + \sigma_1$$
$$\sigma_{粉} < \sigma_{2\text{-}粉}\ ,\quad \sigma_{表皮} > \sigma_{表皮\text{-}2} + \sigma_2$$
$$\sigma_{粉} > \sigma_{3\text{-}粉}\ ,\quad \sigma_{表皮} > \sigma_{表皮\text{-}3} + \sigma_3$$

试从润湿原理考虑选择何种液体最适宜？为什么？

3. 产生毛细现象的原因是什么？灌溉过的土地进行松土，为什么能保持土壤水分？

4. 人工增雨的基本原理是什么？

5. 化学吸附和物理吸附有何异同？

五、计算题

1. 在293.15 K时，把半径为10^{-3} m的水滴分散成半径为10^{-6} m的小水滴，问比表面增加了多少倍？表面吉布斯自由能增加了多少？完成这个变化环境至少需要做多少功？已知293.15 K时水的表面张力为0.07288 $N \cdot m^{-1}$。

2. 配制某表面活性剂的水溶液，其稀溶液的表面张力随溶液浓度的增加而线性下降，当表面活性剂的浓度为10^{-4} $mol \cdot L^{-1}$时，表面张力下降了3×10^{-3} $N \cdot m^{-1}$。请计算293.15 K下该浓度下溶液的表面吸附量和表面张力。已知293.15 K下纯水的表面张力为0.0728 $N \cdot m^{-1}$。

3. 在298.15 K、101.325 kPa下，将直径为1 μm的毛细管插入到水中，问需要在管内加多大压力才能防止水面上升？若不加额外的压力而让水面上升，达到平衡后水面能升多高？已知该温度下表面张力0.07275 $N \cdot m^{-1}$，水的密度为1000 $kg \cdot m^{-3}$，设接触角为0°，重力加速度为9.8 $m \cdot s^{-2}$。

4. 在101.325 kPa压力下，需要多高温度才能使水生成半径为10^{-8} m的小气泡？已知373.15 K时水的表面张力$\sigma = 58.85 \times 10^{-3}$ $N \cdot m^{-1}$，密度$\rho = 958.1$ $kg \cdot m^{-3}$，摩尔质量为18 $g \cdot mol^{-1}$，汽化热为40.64 $kJ \cdot mol^{-1}$。设水面至气泡之间液柱静压力及气泡内蒸气压下降均忽略不计。

5. 293.15 K时，一滴油酸滴到洁净的水面上，已知$\sigma_{水} = 75 \times 10^{-3}$ $N \cdot m^{-1}$，$\sigma_{油酸} = 32 \times 10^{-3}$ $N \cdot m^{-1}$，$\sigma_{油酸\text{-}水} = 12 \times 10^{-3}$ $N \cdot m^{-1}$。当油酸与水相互饱和后，$\sigma_{油酸} = \sigma'_{油酸}$，$\sigma'_{水} = 40 \times 10^{-3}$ $N \cdot m^{-1}$。油酸在水面上开始与最终呈何种形状？若把水滴在油酸表面上结果又如何？

6. 用活性炭吸附$CHCl_3$时，在273.15 K时的饱和吸附量为93.8×10^{-3} $m^3 \cdot kg^{-1}$。已知$CHCl_3$的分压为13374.9 Pa时的平衡吸附量为82.5×10^{-3} $m^3 \cdot kg^{-1}$。求

（1）朗缪尔公式中的b值。

（2）$CHCl_3$的分压为6667.2 Pa时的平衡吸附量为多少？

7. 298.15 K时，在下列各不同浓度的醋酸溶液中各取0.1 L，分别放入2.0×10^{-3} kg的活性炭，分别测得吸附达平衡前后醋酸溶液的浓度如下：

$c_{前}$（mol/L）	0.177	0.239	0.330	0.496	0.785	1.151
$c_{后}$（mol/L）	0.018	0.031	0.15069	0.062	0.268	0.471

根据上述数据绘制绘出吸附等温线，并分别以弗罗因德利希等温式和朗缪尔吸附等温式进行拟合，何者更合适？

（高　慧　张光辉）

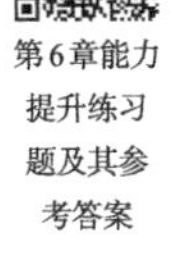

第6章能力提升练习题及其参考答案

第 7 章 胶体分散系统

学习基本要求

1. 掌握 溶胶的基本特征、动力学性质、光学性质和电学性质；胶团的结构，电解质对溶胶的聚沉作用及规律。

2. 熟悉 爱因斯坦-布朗运动公式、沉降平衡公式的计算及应用；斯特恩吸附扩散双电层模型；溶胶的稳定性原因。

3. 了解 分散系统的分类、溶胶的制备及纯化方法；乳状液及纳米粒子的基本特性及应用。

“胶体”的概念是 1861 年由英国科学家格雷姆（Graham）提出的。他在研究不同物质在水中的扩散速度时发现：有些物质如蔗糖、氯化钠、尿素等在水中扩散快、易透过半透膜，将水蒸发后易呈晶体析出；另有一些物质如明胶、氢氧化铁、硅酸等，在水中扩散慢、难以透过半透膜，将水蒸发后易形成胶状物而非晶体。于是，他将物质分为两大类，前者称为晶体（crystal），后者称为胶体（colloid）。1905 年，俄国化学家维伊曼在大量实验事实的基础上提出“任何物质既可以制成晶体状态，又可以制成胶体状态”。例如，氯化钠在水中具有晶体的特性，但将氯化钠分散于苯中，其粒子不能透过半透膜，蒸发溶剂苯后不再形成氯化钠结晶，而是胶状物。实际上，氯化钠是以分子聚集体的形式分散于苯中，这些分子聚集体的粒径为 1～100 nm。至此，人们认识到胶体只是物质以一定分散度存在的一种状态，而并不是一种特殊类型的物质。尽管“胶体”作为物质的分类方法并不科学，但具有上述特征的分散系统理解为“胶体”这一概念被延续下来。现代科学将分散相粒径在 1～100 nm 的分散系统统称为胶体分散系统（colloidal disperse system）。由于胶体分散系统特有的分散程度及其多相性，表现出与其他类型分散系统不同的动力学性质、光学性质、流变特性、电学性质和稳定性。胶体分散系统广泛地存在于生物和非生物界。目前胶体分散系统的基本原理广泛应用于食品、塑料、石油、冶金、化妆品等领域，与化学、医学、药学、环境、材料等学科相互渗透，已发展成为一门独立的学科。

7.1 分散系统

7.1.1 分散系统及其分类

一种或几种物质被分散在另一种物质中所形成的系统称为分散系统（disperse system），其中以非连续形式存在的被分散的物质称为分散相（disperse phase），容纳分散相的连续介质称为分散介质（disperse medium）。例如，消毒用的碘酒就是碘被分散在乙醇中形成的分散系统，其中碘是分散相，乙醇是分散介质。根据分散相粒子大小不同，可将分散系统分为粗分散系统、胶体分散系统和分子分散系统（表 7-1）。

胶体分散系统可理解为分散相粒子大小在 1～100 nm（至少在某一维度上）的分散系统。根据分散相粒子在分散介质中的溶解性及热力学稳定性不同，胶体分散系统可分为：①由难溶物分散在分散介质中所形成的疏液胶体（lyophobic colloid），简称溶胶（sol）；②由大分子物质溶解在适当的介质中形成的均相溶液，称为亲液胶体（lyophilic colloid），也称为大分子溶液；③由表面活性物质在一定浓度条件下缔合形成的胶束，分散于介质中所形成的胶束溶液称为缔合胶体（association colloid）。它们的性质见表 7-1。大分子溶液与溶胶虽有胶体的共性，但在性质上有较大的不同，现已形成独立的学科，有关其性质将在第 8 章介绍，本章重点学习溶胶。

表 7-1　分散系统分类

类型		分散相粒子	粒子大小	性质	举例
分子分散系统（溶液）		原子、离子、小分子	<1 nm	均相，热力学稳定系统，扩散快，能透过半透膜及滤纸，形成真溶液	氯化钠、蔗糖水溶液
胶体分散系统	溶胶	胶粒（原子或分子的聚集体）	1～100 nm	非均相，热力学不稳定系统，扩散慢，不能透过半透膜，能透过滤纸，形成胶体	金溶胶、氢氧化铁溶胶
	大分子溶液	大分子		均相，热力学稳定系统，扩散慢，不能透过半透膜，能透过滤纸，形成真溶液	蛋白质、明胶水溶液
	缔合胶体	胶束		均相，热力学稳定系统，扩散慢，不能透过半透膜，能透过滤纸，形成胶束溶液	超过一定浓度的十二烷基硫酸钠
粗分散系统（悬浮液、乳状液）		粗颗粒	>100 nm	非均相，热力学不稳定系统，扩散慢或不扩散，不能透过半透膜及滤纸，形成悬浮液或乳状液	泥浆、牛奶

7.1.2　溶胶的分类及基本特征

1. 溶胶的分类　按分散介质的聚集状态不同，溶胶可分为三大类：气溶胶、液溶胶和固溶胶，若再按分散相的聚集状态分类，可进一步分为八小类，具体见表 7-2。

表 7-2　不同种类的溶胶

类型	分散介质	分散相	实例
气溶胶	气态	—	—
		液态	雾
		固态	烟、霾
液溶胶	液态	气态	泡沫
		液态	乳状液（牛奶、石油）
		固态	油漆、泥浆
固溶胶	固态	气态	浮石、泡沫塑料
		液态	珍珠、宝石
		固态	合金、有色玻璃

注：以上实例中，若分散相的粒子>100 nm 时，属粗分散系统

2. 溶胶的基本特征　与小分子溶液、大分子溶液及粗分散系统比较，溶胶的基本特征可归纳为：特有的分散度、多相性（相不均匀性）和热力学不稳定性。

（1）特有的分散度：溶胶粒子以 1～100 nm 范围的粒径分散于介质中，这是溶胶的根本特征，溶胶的许多性质都与此有关。与粗分散系统相比，溶胶粒子粒径不算大，因此能在介质中保持动力学稳定性，不易发生沉降，而粗分散系统则很容易沉降。与小分子的粒径相比，溶胶粒子粒径大得多，因此表现出散射光强、渗透压小、扩散速度慢、不能透过半透膜等特征。小分子溶液的上述性质恰好相反，可以通过这些特征区分两者。因此，溶胶特有的分散度决定了溶胶具有独特的动力学、光学和电学性质，当然这些性质也与溶胶粒子构造的复杂性有关。

（2）多相性（相不均匀性）：形成溶胶的先决条件是分散相在分散介质中溶解度很小或不溶（憎液），当分散相粒子以 1～100 nm 粒径分散时，属于超细颗粒的多相系统。虽然肉眼观察不到溶胶的相界面，但在超显微镜下，可以看到溶胶粒子与分散介质之间存在明显的相界面，即存在相不均匀性。而小分子溶液及大分子溶液是以单个分子形式分散的，为无相界面的均相系统，虽然单个大分子的大小与溶胶相当，分散相与分散介质仍为均匀混合的状态。

（3）热力学不稳定性：特有的分散度决定了溶胶具有一定的动力学稳定性，但是溶胶又是高度

分散的超微多相系统，具有大的表面能，这使得胶粒在分散介质中处于热力学不稳定状态，它们有相互聚结形成较大粒子而聚沉的自发趋势，因而溶胶是热力学的不稳定系统。通常溶胶中除了分散相和分散介质以外，为了防止溶胶的聚结，还需要加入第三种物质即稳定剂（stabilizing agent），通常是少量的电解质。小分子溶液和大分子溶液由于不存在相界面，是热力学稳定的均相系统。

总之，溶胶是一超微多相介稳系统，许多性质都可由此得到解释。但分散相的结构与形状对溶胶的性质也有很大的影响，例如，胶粒的电荷及形状会直接影响溶胶的动力学性质、光学性质、电学性质和流变性质。

思考题 7-1
参考答案

【思考题 7-1】 为什么说溶胶具有热力学不稳定性和动力学稳定性？

知识梳理 7-1 分散系统

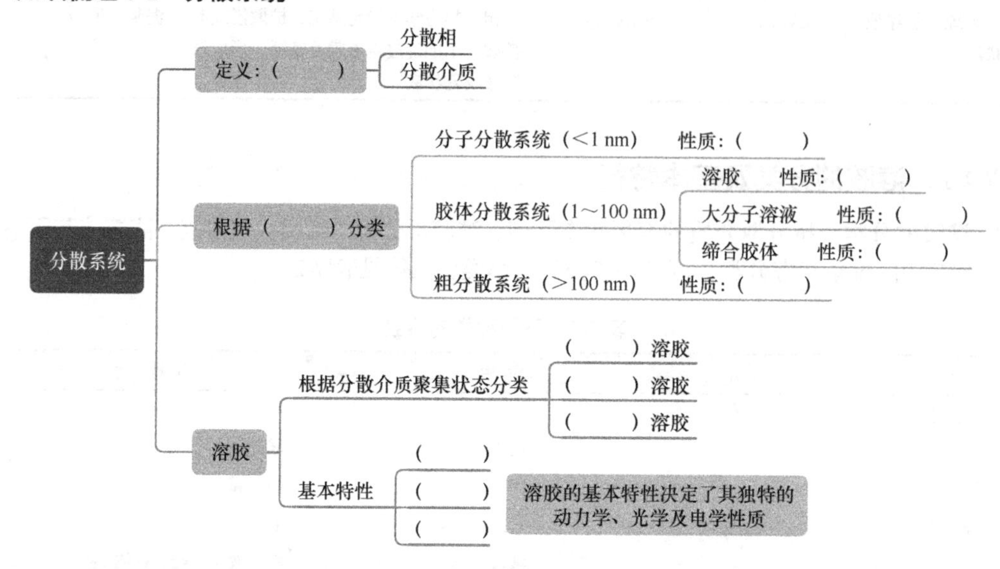

7.2 溶胶的制备与净化

7.2.1 溶胶的制备

制备理想的溶胶需要两个基本条件：①分散相在分散介质中的溶解度必须极小，这是形成溶胶的必要条件之一。当然，还需具备反应物浓度很稀、生成的难溶物晶粒很小而又无长大条件时才能得到溶胶。如果反应物浓度大，细小的难溶物颗粒突然生成很多，则可能生成凝胶。例如，三氯化铁在水中溶解度较大，形成真溶液，但水解后生成的氢氧化铁则不溶于水，在适当的条件下可使三氯化铁水解制得氢氧化铁溶胶。②必须有稳定剂存在。例如，在制备氢氧化铁溶胶时，需有三氯化铁作为稳定剂。

溶胶颗粒的大小为 1～100 nm，故可以采用物理或化学的办法使粗颗粒进一步分散或使分子或离子凝聚形成胶体，第一种制备溶胶的方法称为分散法（dispersion method），第二种称为凝聚法（coacervation method）。

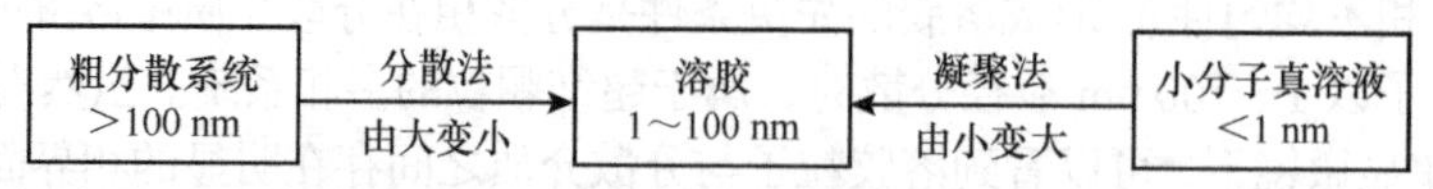

1. 分散法制备溶胶 分散法基本属于物理法，是用适当的手段将较大物质或粗分散的物质在有稳定剂存在的情况下分散成胶体粒子大小。常用的方法有以下几种：

（1）研磨法：即机械粉碎的方法，常用的粉碎设备有胶体磨、气流磨、冲击式粉碎机、搅拌磨、离心磨等，在粉碎过程中常需加入助磨剂（分散剂）以克服其颗粒聚结。图 7-1 是盘式胶体磨的示意图。

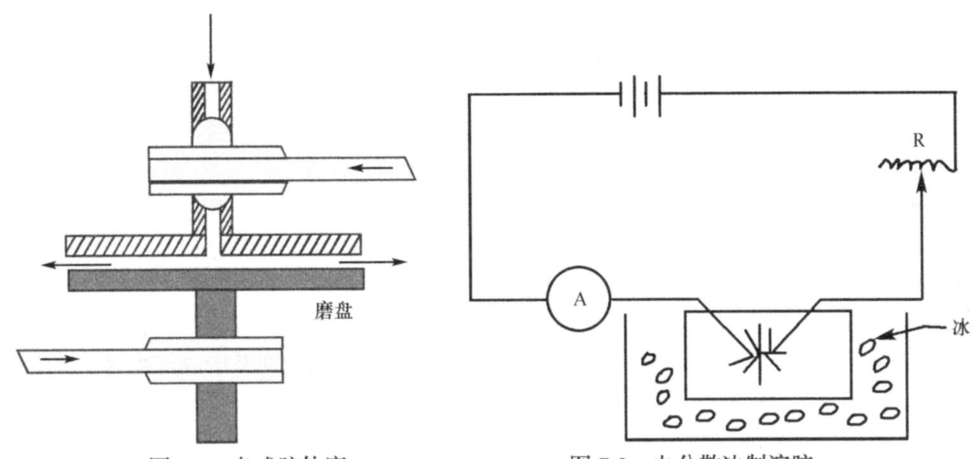

图 7-1　盘式胶体磨　　图 7-2　电分散法制溶胶

（2）电分散法：此法主要用于制备金属（如金、银、汞等）水溶胶。以金属为电极，通以直流电（电流 5～10 A、电压 40～60 V），两电极靠近时产生电弧（图 7-2）。在电弧作用下，电极表面的金属气化，遇水冷却而成胶粒，在水中加入少量碱可形成稳定的溶胶。

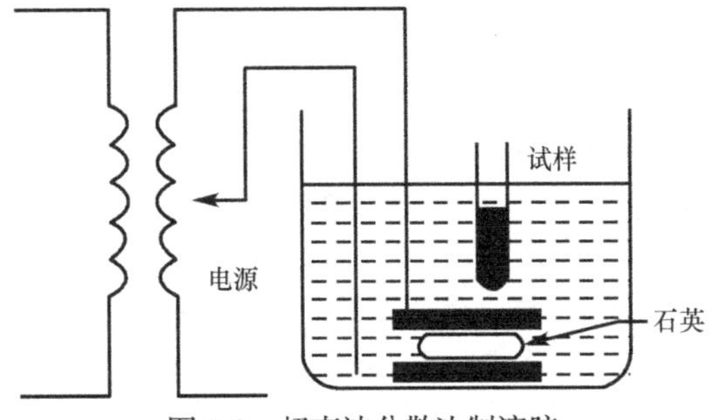

图 7-3　超声波分散法制溶胶

（3）超声波分散法：用超声波（频率大于 16000 Hz）所产生的能量来进行分散，目前多用于制备乳状液（图 7-3）。

（4）胶溶法：它不是将粗粒分散成溶胶，而是将暂时集聚起来的分散相又重新分散成溶胶。例如，将许多新鲜的沉淀经洗涤除去多余杂质后，加入少量稳定剂，在适当搅拌下，沉淀会被重新分散形成溶胶，这种作用称为胶溶作用（peptization）。例如，新生成的氢氧化铁沉淀经洗涤后加入适量稳定剂 $FeCl_3$ 溶液，搅拌下沉淀即转化为红棕色的氢氧化铁溶胶。一般情况下，若沉淀放置时间过长，因沉淀老化就不易发生胶溶作用。

2. 凝聚法制备溶胶　凝聚法是将难溶物由分子分散状态凝聚为胶体分散状态的一种方法。一般是先将难溶物制成过饱和溶液，再使之相互结合成胶体粒子，从而形成溶胶。通常分为以下两种：

（1）化学凝聚法：利用各种化学反应生成不溶性产物，使之呈过饱和状态，控制析晶过程，使粒子达到胶粒大小，从而得到溶胶。原则上，任何一种能生成新相的化学反应都可以制备溶胶。过饱和度大、操作温度低有利于得到理想的溶胶。下面是几个实例：

1）还原法：主要制备各种金属溶胶（如金、银和铂等）。如用甲醛还原氯金酸制备红色金溶胶。

$$HAuCl_4 + 5KOH \longrightarrow KAuO_2 + 4KCl + 3H_2O$$

$$2KAuO_2 + 3HCHO(\text{少量}) + KOH \longrightarrow 2Au(\text{溶胶}) + 3HCOOK + 2H_2O$$

2）氧化法：如用氧化剂氧化硫化氢等水溶液，可制得硫溶胶。

$$2H_2S + O_2 \longrightarrow 2S(\text{溶胶}) + 2H_2O$$

3）复分解法：如制备硫化砷溶胶就是一个典型的例子。将 H_2S 通入足够稀的 As_2O_3 溶液，通过复分解反应，生成高度分散的淡黄色硫化砷溶胶。

$$As_2O_3 + 3H_2S \longrightarrow As_2S_3(\text{溶胶}) + 3H_2O$$

4）水解法：铁、铝、钒、铬、铜等金属的氢氧化物溶胶，可以通过其盐类的水解制备。如在不断搅拌下，将 $FeCl_3$ 稀溶液滴加到沸腾的蒸馏水中，可产生棕红色的 $Fe(OH)_3$ 溶胶。

$$FeCl_3 + 3H_2O(热) \longrightarrow Fe(OH)_3(溶胶) + 3HCl$$

以上这些制备溶胶的例子中，都没有额外添加稳定剂。事实上，在反应过程中，胶粒的表面吸附了具有溶剂化层的反应物离子，使溶胶变得稳定了，或者说这些离子就是稳定剂。

（2）物理凝聚法：利用适当的物理过程将小分子聚集起来，如利用蒸气骤冷使某些物质凝聚成胶体粒子。例如，将汞的蒸气通入冷水中可以得到汞溶胶，而高温下汞蒸气与水接触时生成的少量氧化物对溶胶有稳定作用。

3. 单级分散溶胶的制备 通常方法制得的溶胶胶粒形状及大小都是不均匀的，尺寸分布范围较广，是多级分散系统。若经严格控制，则可能制备出粒子形状相同、尺寸相差不大的胶体，这样的胶体称为单级分散胶体（monodispersed colloid）。

如欲制备单级分散溶胶，必须控制溶质的过饱和程度，使之略高于成核浓度，于是在很短的时间内全部形成晶核，称为爆发式成核。晶核形成后，溶液浓度迅速降到低于成核浓度，于是不再生成新的晶核，但仍略高于饱和浓度，故已有的晶核能因扩散而以相同的速度慢慢长大，形成单级分散溶胶。除浓度控制外，pH、温度及外加特定的离子等条件均可影响溶胶的均匀度。

单级分散溶胶给研究及使用带来许多方便，如用于验证散射公式、扩散定律等基本原理；用于确定生物膜的孔径大小与分布，对于研究网状内皮组织系统及血清诊断研究都极为有效。

7.2.2 溶胶的净化

在制得的溶胶中常含有一些电解质，适量的电解质可作为稳定剂使溶胶稳定，而过多的电解质容易引起溶胶发生聚沉，破坏其稳定性。因此，欲制得纯净、稳定的溶胶，必须将溶胶净化。常用渗析或超滤法净化溶胶。此外，溶胶中的粗粒子可以通过过滤、沉降或离心等方法除去。

1. 渗析法 利用溶胶粒子不能通过半透膜，而多余的电解质及其他小分子杂质可以透过半透膜的性质来除去杂质，这种方法称为渗析法（dialysis method）。渗析时通常把要净化的溶胶放入半透膜容器内，溶剂放在膜外。利用膜内外浓度差，使溶胶中的小分子和电解质离子迁移到半透膜外。同时不断更换膜外溶剂，可逐渐去除溶胶中过多的电解质或其他杂质，达到净化的目的，如图 7-4（a）所示。目前，医院用于治疗肾衰竭患者的血液透析机就是利用这个原理工作的，通过透析可以清除血液中的小分子有害代谢物，如图 7-4（b）所示。

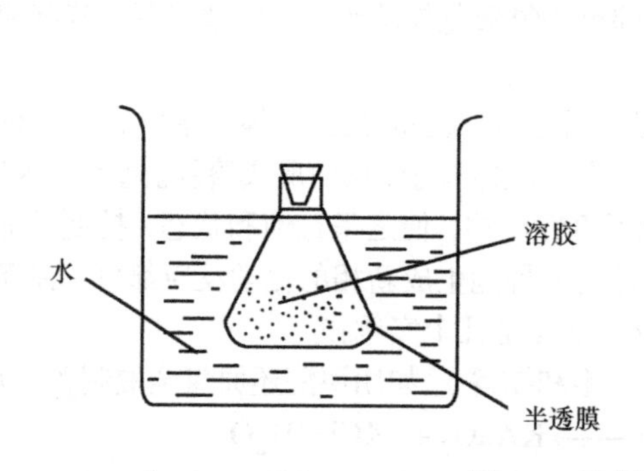

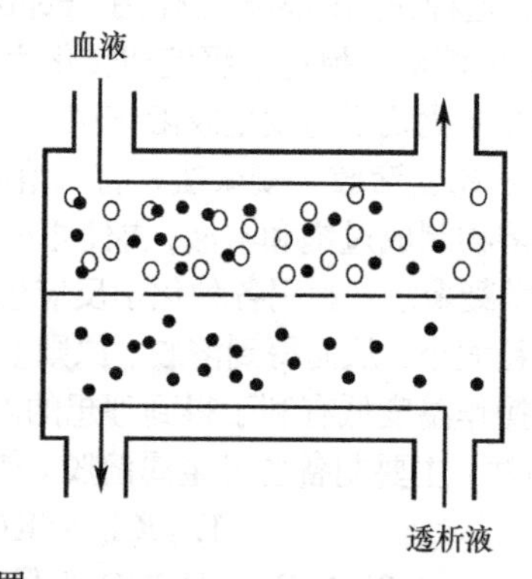

图 7-4 渗析装置

（a）普通透析；（b）血液透析

搅拌、增加半透膜的面积、加大膜两边的浓度梯度或适当升高渗析温度等措施可以提高渗析速率。在工业上及实验室中，为提高渗析的速率，普遍采用电渗析（electrodialysis）。电渗析的实验装置如图 7-5 所示。在外加电场中，带电荷的杂质发生定向移动，因此可以较快地除去溶胶中过多的电解质。除了净化溶胶外，电渗析还广泛用于污水处理、海水淡化、纯化水等。

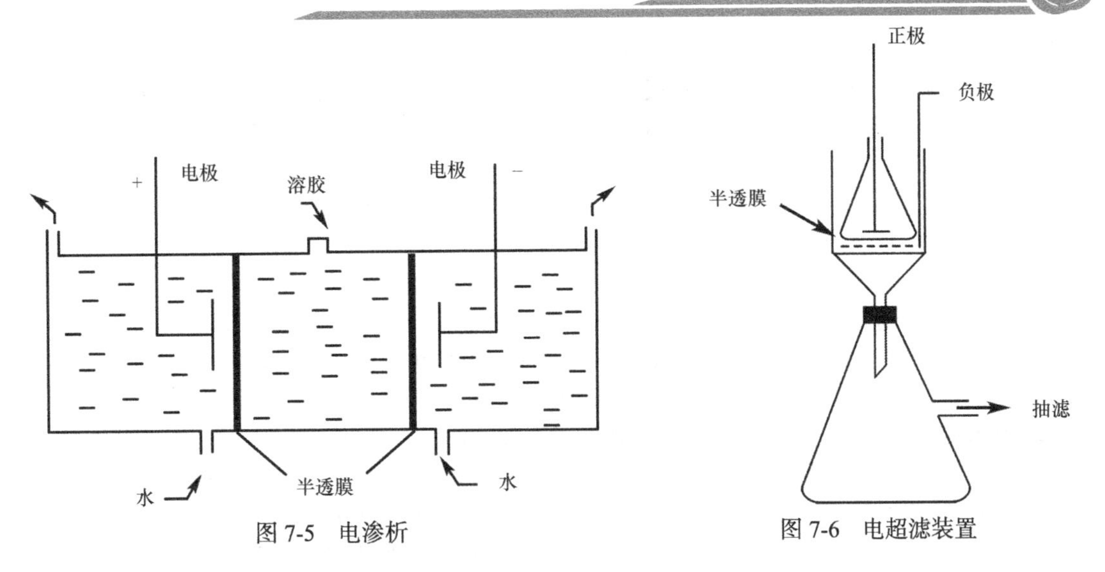

图 7-5　电渗析

图 7-6　电超滤装置

2. 超滤法　用孔径细小的半透膜在加压或吸滤的情况下将胶粒与介质分开，这种方法称为超滤法（ultrafiltration method），可溶性杂质能透过半透膜而被除去。有时可以将过滤得到的胶粒重新分散到介质中，再加压过滤，如此反复以净化溶胶。若在滤膜两侧施加一定的电压，则成为电超滤（图 7-6）。电超滤是电渗析和超滤的联合应用，其优点是降低过滤施加的压力，提高净化速率。超滤技术发展很快，除净化溶胶外，还广泛应用于浓缩、脱盐、除菌等方面。在中药针剂生产中，用于除去多聚糖等大分子杂质。

7.2.3　纳米粒子与纳米技术

纳米粒子是指粒径为 1～100 nm 的粒子，又称超微颗粒，属于胶体粒子大小的范畴。就其大小而论，处于原子簇和宏观物体之间，属于介观系统。它所具有的一系列新颖的物理化学性质，是体相材料所不具有的。对纳米粒子特性的研究与开发，促进了其在量子器件、功能材料、催化剂、制药、生物医学检验、分子识别以及航天工业等领域的广泛应用，随之诞生了一项高新技术——纳米技术（nanotechnology）。

1. 纳米粒子的结构和特性　纳米粒子是由为数不多的原子或分子组成，其大小介于原子簇与宏观物体之间。通过高分辨透射电镜（HRTEM）等可以观察到其外形有球形、板状、棒状或海绵状等。纳米粒子内部结构是由单晶或多晶组成。纳米粒子表面既无长程序也无短程序的非晶层，表面原子可认为是以气态形式存在。由于表面能较大，纳米粒子极易团聚成较大颗粒，从而对其性能产生不良影响，防止纳米粒子团聚是纳米科学的重要研究课题。

（1）小尺寸效应：当颗粒的尺寸与光波波长、德布罗意波长以及超导态的相干长度或透射深度等物理特征尺寸相当或更小时，晶体表面周期性的边界条件被破坏，非晶态纳米粒子的颗粒表面层附近的原子密度减小，使得材料的光、磁、热力学等性能发生改变。例如：当黄金被细分到小于光波波长的尺寸时，即失去原有的黄金色而呈黑色。事实上，所有的金属制备成纳米颗粒时，都呈现为黑色。尺寸越小，颜色越黑，银白色的铂变成铂黑，金属铬变成铬黑。银的常规熔点为 690℃，而纳米银熔点显著下降，小于 100℃。利用磁性超微（纳米级）颗粒具有高矫顽力的特性，已做成高储存密度的磁记录磁粉，大量应用于磁带、磁盘、磁卡以及磁性钥匙等。利用超顺磁性，人们已将磁性超微颗粒制成用途广泛的磁性液体。

（2）表面效应：纳米粒子是高度分散系统，随着微粒的粒径减小，比表面积急剧增大，导致位于表面的原子数目大大增加。例如，当粒径为 5 nm 时，表面原子的比例数达 50%；当粒径为 1 nm 时，表面原子比例数达到 99%，几乎所有原子都处于表面状态。纳米颗粒的表面吉布斯自由能巨大，剩余价和剩余键力（或称其为悬空键力）大增，导致许多活性中心出现。此外，表面台阶和粗糙度增加，表面出现非化学平衡、非整数配位的化学价，故表现出极高的化学活性。例如：木屑、面粉、纤维等颗粒小到纳米级别，遇火极易引起爆炸。制备好的纳米粒子若需保存，则须将其存于惰性气体中或其他稳定介质中以防其凝聚。利用独特的表面效应，金属超微颗粒有望成为新一代的高效催化剂。

（3）量子尺寸效应：当粒子尺寸下降到某一值时，金属费米能级附近的电子能级由准连续变为离散能级的现象，以及能隙变宽现象均称为量子尺寸效应。这一现象的出现，导致纳米银与普通银的性质完全不同。例如普通银为导体，而粒径小于 20 nm 的纳米银却是绝缘体。

（4）宏观量子隧道效应：微观粒子具有贯穿势垒的能力，称为隧道效应。现已发现微观粒子的一些宏观量（如磁化强度、磁通量等）也有隧道效应，它们可以穿越宏观系统的势垒而产生变化，故称为宏观量子隧道效应。例如，金属镍的超细微粒在低温下可以继续保持超顺磁性。

2. 纳米粒子的制备 纳米材料是由纳米粒子组成的材料，类型有纳米粉体、纳米膜材料、纳米晶体和纳米块、纳米微囊及纳米组装材料等。纳米粒子的制备方法与溶胶的制备方法相同，主要是物理和化学方法，技术关键是控制粒子的大小和获得狭窄的粒径分布。物理方法有球磨法、超声分散法、真空镀膜法、激光溅射法等。化学方法包括沉淀法、水热法、溶胶-凝胶法、还原法、电沉淀法、纳米粒子自组装法等。其中纳米自组装技术是仿生纳米合成方法，人们仿照生物合成蛋白质、DNA 的过程，凭借分子间弱作用力和协同作用，自动将分子组装成特定结构。现已利用纳米技术制备出仿人骨和人工皮肤，并可以用于临床。

3. 纳米技术在药学中的应用 纳米技术在药学研究中应用十分广泛。在药物制剂领域，利用纳米技术对传统药物进行超细开发，能够增加药物的溶解度，加快药物的吸收，提高药物的生物利用度。例如，纳米乳酸钙的口服吸收从普通制剂的 30%增加到 98%。另一个热点就是纳米药物载体的研究，以大分子物质为辅料，将药物溶解、吸收或包裹于其中制成纳米粒子或纳米胶囊，这种载药系统不仅具有载药量高的特点，还具有缓释性，能够延长药物的作用时间。例如，天冬酰胺酶纳米粒子在体内可持续释放活性酶达 20 天。

利用纳米反应器，反应物在分子水平上有一定的取向和进行有序排列，这种取向、排列和限制作用将影响和决定药物化学反应的取向和速度。在药理学研究中，可以利用纳米传感器获得活细胞内大量的动态信息，反映出机体的功能状态并深化对生理及疾病过程的理解。

思考题 7-2 参考答案

【思考题 7-2】 制备溶胶的一般条件是什么？制备溶胶的方法有哪些？

7.3 溶胶的动力学性质

溶胶中的粒子和溶液中的溶质分子一样，始终处在热运动之中。但由于其胶粒较一般分子大得多，因而运动强度较小。在无外力场作用时只有热运动，微观上表现为布朗运动，宏观上表现为扩散。在有外力场作用时做定向运动，如在重力场中的沉降现象，以及电场中的电动行为等。这些运动性质与胶粒的大小及形状有关，因而可以通过粒子的运动来推测其大小与形状。溶胶的动力学性质（dynamic property）主要包括胶粒的不规则热运动和由此产生的扩散和渗透现象，以及在重力、离心力等外力场中的沉降。

7.3.1 布朗运动

布朗运动（Brownian motion）是指悬浮于液体表面的微粒所做的一种不停息的无规则折线运动，如浮在水面上的花粉的不规则运动。人们使用超显微镜观察到溶胶粒子也在不断地做不规则“之”字形的连续运动，每隔一段时间观察并记录它的位置，可以得到如图 7-7 所示的完全不规则运动轨迹。

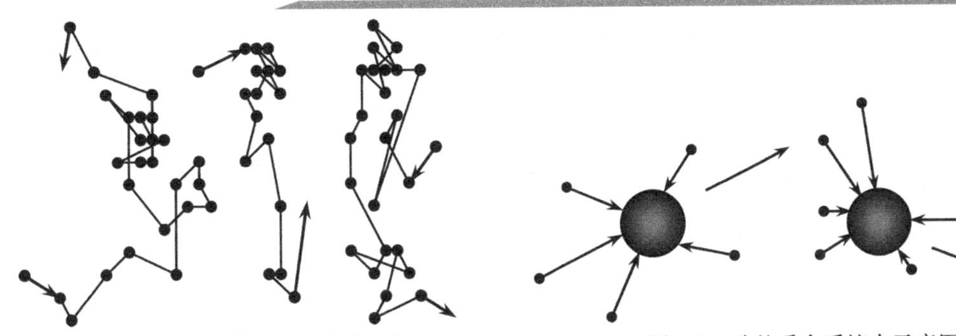

图 7-7 超显微镜下胶粒的布朗运动　　图 7-8 胶粒受介质撞击示意图

布朗运动是不断做热运动的分散介质分子对胶粒不均匀撞击的结果（图 7-8）。胶体粒子处在介质分子包围之中，而介质分子由于热运动不断地从各个方向撞击胶粒，由于胶粒很小，在某一瞬间，它所受到的撞击是不均衡的，不会互相抵消，加上胶粒自身的热运动，因而使它在不同时刻以不同速率向不同方向做不规则运动。实验结果表明：粒子越小，温度越高，介质的黏度越小，布朗运动越剧烈。尽管布朗运动看起来复杂而无规则，但在一定时间内粒子所移动的平均位移却具有一定的数值。1905 年，著名物理学家爱因斯坦（Einstein）按照分子运动理论，并以球形粒子为模型导出了布朗运动粒子的平均位移公式：

$$\bar{x}=\sqrt{\frac{RT}{L}\cdot\frac{t}{3\pi\eta r}} \tag{7-1}$$

式中，$\bar{x}$（m）是在观察时间 t（s）内粒子沿 x 轴方向的平均位移，T 为温度，r 为微粒的半径（m），η 为介质的黏度（Pa·s），L 为阿伏伽德罗常数。此式也称为爱因斯坦-布朗运动公式。该公式将粒子的位移与粒子的大小、介质的黏度、温度以及观察时间等联系起来。公式表明，在其他条件不变时，微粒的平均位移的平方 $\bar{x}^2$ 与时间 t 及温度 T 成正比，与黏度 η 及微粒半径 r 成反比。

例 7-1 波伦（Perrin）在温度 290.15 K 时，以粒子半径为 0.212 μm 的藤黄水溶液进行实验，观察 30s 后，测得粒子在 x 轴方向上的平均位移为 7.09 μm。已知水的黏度为 1.1 mPa·s，试计算阿伏伽德罗常数值。

解： 依据爱因斯坦-布朗运动公式有：

$$\begin{aligned}L&=\frac{RT}{\bar{x}^2}\cdot\frac{t}{3\pi\eta r}\\&=\frac{8.314\times290.15\times30}{(7.09\times10^{-6})^2\times3\times3.14\times1.1\times10^{-3}\times0.212\times10^{-6}}\\&=6.55\times10^{23}(\text{mol}^{-1})\end{aligned}$$

Perrin 和斯韦德贝里（Svedberg）等用大小不同的粒子，黏度不同的介质，取不同的观察时间间隔测定了 $\bar{x}$，然后依据式（7-1）计算阿伏伽德罗常数 L，所得结果与用其他方法求得的阿伏伽德罗常数相当一致，这表明式（7-1）的正确性，同时又反过来证明全部分子运动学说的正确性，使分子运动论从假说上升为理论，这是研究布朗运动的理论意义。

7.3.2 扩散与渗透

由于分子的热运动和胶粒的布朗运动，溶胶粒子在介质中由高浓度区向低浓度区定向迁移的现象称为溶胶的扩散（diffusion）。扩散过程中，物质由化学势大的区域向化学势小的区域转移，系统的吉布斯自由能降低。扩散的结果，系统趋于平衡态，无序度增加，熵值增大，因此扩散是自发进行的过程。但是由于溶胶粒子远较小分子大且不稳定，不能制成较高的浓度，因此其扩散和渗透现象表现得很不明显，较难观察到。溶胶粒子的扩散与稀溶液中粒子的扩散一样，遵守菲克（Fick）定律。

在图 7-9 中，设任一平行于 AB 面的截面上的浓度是均匀的，而沿垂直于 AB 面的轴（x 轴，由左向右）的方向上浓度有变化，浓度梯度为 $\frac{\mathrm{d}c}{\mathrm{d}x}$，设通过 AB 面的扩散量为 n，通过 AB 面的扩散速度则为 $\frac{\mathrm{d}n}{\mathrm{d}t}$，扩散速度与浓度梯度以及 AB 截面的面积 A 成正比，用公式表示为

$$\frac{\mathrm{d}n}{\mathrm{d}t}=-DA\frac{\mathrm{d}c}{\mathrm{d}x} \tag{7-2}$$

式（7-2）称为菲克第一定律（Fick first law）。式中负号表明扩散方向与浓度梯度的方向相反，即扩散朝着浓度降低的方向进行；$\frac{\mathrm{d}n}{\mathrm{d}t}$ 的单位为 $\mathrm{mol \cdot s^{-1}}$ 或 $\mathrm{kg \cdot s^{-1}}$（视浓度单位而定）；比例系数 D 称为扩散系数（diffusion coefficient），单位为 $\mathrm{m^2 \cdot s^{-1}}$，其物理意义是在单位浓度梯度 $\left(\frac{\mathrm{d}c}{\mathrm{d}x}=1\right)$ 下，单位时间内通过单位截面积的粒子的量，它的大小可以衡量粒子在介质中扩散能力的强弱。菲克第一定律表明，浓度梯度是扩散的驱动力，当浓度梯度为零时，扩散停止。

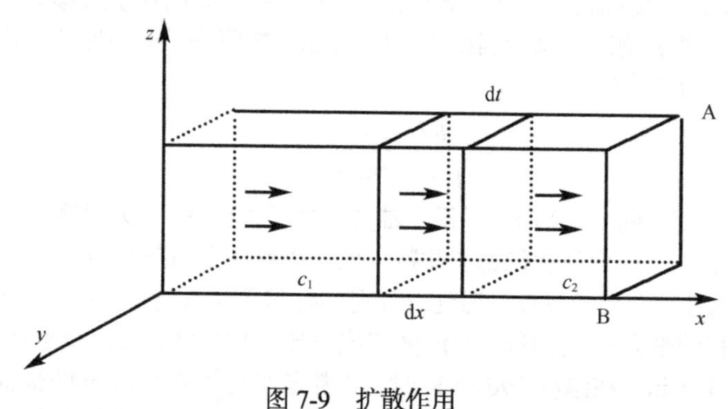

图 7-9 扩散作用

设在时间 t 内粒子的扩散距离为 $\bar{x}$，则根据菲克第一定律可以导出爱因斯坦-布朗运动位移方程：

$$\bar{x}^2=2Dt \tag{7-3}$$

将式（7-1）代入式（7-3）得：

$$D=\frac{RT}{L}\cdot\frac{1}{6\pi\eta r} \tag{7-4}$$

式（7-4）表明，粒子的扩散系数随温度升高而增大，在等温条件下，粒子半径越小、介质黏度越小，扩散系数就越大，粒子越容易扩散。粒子的布朗运动位移值可以通过实验测得，再由式(7-3)可求得溶胶粒子的扩散系数 D，再根据式（7-4）可以计算出溶胶粒子的半径 r，或从式（7-1）直接求出半径 r。此外，根据溶胶粒子的密度 ρ，按照式（7-5）还可以求出胶团的摩尔质量 M，这是测定溶胶扩散的意义之一。

$$M=\frac{4}{3}\pi r^3\rho L \tag{7-5}$$

实验表明，一般分子或离子的扩散系数 D 的数量级为 $10^{-9}\ \mathrm{m^2 \cdot s^{-1}}$，而溶胶粒子为 10^{-13}～$10^{-11}\ \mathrm{m^2 \cdot s^{-1}}$，相差 2～4 个数量级，故胶粒的扩散运动较小分子弱得多。

菲克第一定律只适用于浓度梯度不变的情况，此时的扩散称为稳态扩散。例如，某些控释制剂可以很好地维持浓度差恒定。随着扩散进行，浓度梯度随时间不断变化，成为非稳态扩散。此时单位体积内溶胶粒子的浓度随时间的变化为：

$$\frac{\mathrm{d}c}{\mathrm{d}t}=\frac{\mathrm{d}}{\mathrm{d}x}\left(D\frac{\mathrm{d}c}{\mathrm{d}x}\right) \tag{7-6}$$

式（7-6）称为菲克第二定律（Fick second law），式中 $\frac{\mathrm{d}c}{\mathrm{d}x}$ 是溶胶粒子浓度沿 x 轴方向的变化率。该式表明溶胶粒子扩散时，浓度随时间的变化与 $\frac{\mathrm{d}c}{\mathrm{d}x}$ 沿 x 轴的变化率及扩散系数 D 有关。

渗透与扩散相似，均源于存在浓度差。不过，扩散用于描述溶质的移动，而胶粒由于不能透过半透膜，因此溶胶的渗透用于描述介质分子及其他离子的移动。在半透膜两边，胶粒和离子浓度存在差异，从而产生渗透压。

溶胶的渗透压（Π）可以借用稀溶液的范托夫（van't Hoff）渗透压公式计算，即：

$$\Pi=\frac{n}{V}RT \tag{7-7}$$

式中，n 为体积等于 V 的溶液中所含溶胶粒子的物质的量。

例 7-2　273.15 K 时，质量分数 w 为 7.46×10^{-3} 的硫化砷溶胶，半径 r 为 10 nm（视溶胶粒子为球形），已知硫化砷粒子的密度 ρ 为 $2.8\times10^{3}\,\mathrm{kg\cdot m^{-3}}$，求该溶胶的渗透压。

解：设溶胶体积为 1 $\mathrm{dm^3}$，因溶胶浓度低，其质量近似等于纯水的质量（约 1 kg），则所含胶粒的物质的量 n 为：

$$n=\frac{m_{硫化砷}}{M_{硫化砷}}=\frac{m_{硫化砷}}{\frac{4}{3}\pi r^3\rho L}=\frac{m_{溶胶}\cdot w}{\frac{4}{3}\pi r^3\rho L}$$

$$=\frac{1\times7.46\times10^{-3}}{\frac{4}{3}\times3.14\times(10\times10^{-9})^3\times2.8\times10^3\times6.023\times10^{23}}$$

$$=1.06\times10^{-6}\ (\mathrm{mol})$$

$$\Pi=\frac{n}{V}RT$$

$$=\frac{1.06\times10^{-6}}{1\times10^{-3}}\times8.314\times273.15$$

$$=2.4(\mathrm{pa})$$

显然，溶胶粒子的渗透压是很小的，难以测量。同样溶胶的凝固点降低和沸点升高效应也是很难测出的。但是对于大分子溶液或胶体电解质溶液，由于溶解度大，可以配成较高浓度的溶液，因此稀溶液依数性的改变常用于大分子物质的摩尔质量测量。

7.3.3　沉降与沉降平衡

分散系统中的粒子在外力场作用下的定向移动称为沉降（sedimentation）。例如，火山喷发的烟尘、风扬起的土壤微粒、泥沙等在重力的作用下发生沉降现象。泥沙等悬浮液中的粒子由于重力作用最终会逐渐全部沉降下来。沉降是扩散的逆过程，扩散使粒子均匀分布，沉降则使粒子聚集。溶胶分散系统中，溶胶粒子一方面受到外力的沉降作用而聚集，另一方面扩散作用又促使其由高浓度区向低浓度区运动而分散，这两种相反的作用达到平衡时，粒子在空间的浓度分布稳定不变，这种状态称为沉降平衡（sedimentation equilibrium）。

1. 重力沉降　在沉降过程中，溶胶粒子同时受到地球重力 $F_{重}$、介质中的浮力 $F_{浮}$以及介质阻力 $F_{阻}$三种力的共同作用。沉降力 $F_{沉}$是粒子重力 $F_{重}$和它在介质中的浮力 $F_{浮}$之差，即：

$$F_{沉}=F_{重}-F_{浮}=\frac{4}{3}\pi r^3(\rho-\rho_0)g$$

式中，ρ 为溶胶粒子的密度，ρ_0 为分散介质的密度，r 为溶胶粒子（球形）的半径，g 为重力加速度。粒子在介质中只要移动，就会有阻力，介质黏度 η 越大、移动速度 v 越快，受到的阻力越大。根据斯托克斯定律（Stokes' law），对于球形粒子，其在介质中受到的阻力为：

$$F_{阻} = 6\pi\eta rv$$

当 $F_{沉}=F_{阻}$时，粒子匀速沉降，此时溶胶粒子重力沉降（gravity settling）的速度为：

$$v = \frac{2r^2(\rho - \rho_0)g}{9\eta} \tag{7-8}$$

沉降速度可以用沉降天平测定。从重力沉降速度公式（7-8）可知：①沉降速度 v 和粒径的平方 r^2 成正比，粒子的粒径越大，沉降速度越快，沉降速度对粒子的大小有显著的依赖关系，用沉降分析法测定粗分散系统的粒度分布即以此为依据；②沉降速度 v 与（$\rho-\rho_0$）成正比，即溶胶粒子与分散介质的密度差越大，沉降速度越快，可以通过选择不同的介质来调节密度差，适当控制沉降速度；③沉降速度 v 与介质黏度 η 成反比，因此增加介质黏度，可以使粗分散系统稳定性增加，如混悬液制剂中常加入增稠剂。另外，沉降公式中的物理量都可以测量，因此，若测出沉降速度等数据，即可求得溶胶粒子的半径。同样若粒径等数据已知，则可以测量介质的黏度，落球式黏度计就是根据此原理设计的。由于斯托克斯定律适用条件的限制，式（7-8）只适用于粒径小于 100 μm 以下的粗分散系统，对于小于 100 nm 的分散系统，必须考虑扩散的影响。

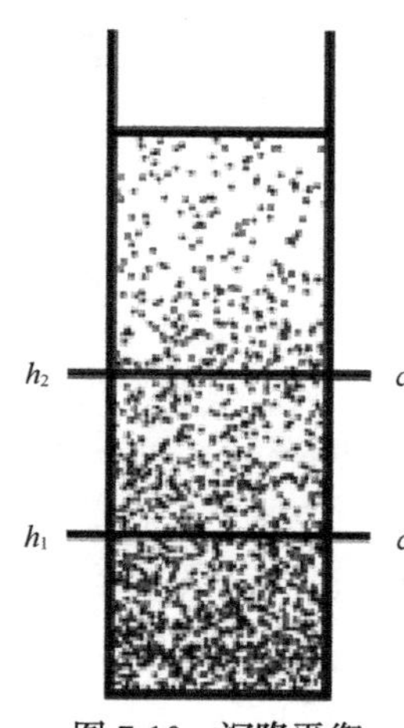

图 7-10　沉降平衡

2. 重力沉降平衡　在重力场中，对于粒径小于 100 nm 的溶胶，沉降作用已大大减弱，此时扩散作用不可忽略。沉降作用使系统下层粒子的浓度变大，它所产生的浓度梯度成为扩散作用的驱动力，阻止沉降进一步进行。当沉降力与扩散力相等时，粒子的分布达到平衡，形成一定的浓度梯度。根据沉降力与扩散力的平衡可以导出沉降平衡时粒子的分布规律。如图 7-10 所示，在容器的高度 h_1、h_2处粒子的浓度分别为 c_1、c_2，从范托夫渗透压公式可知产生的渗透压差为 $\mathrm{d}\Pi=RT\mathrm{d}c$。渗透压力与扩散力的大小相等，只是方向相反。设容器的截面积为 1 m²，则在高度差为 dh 的溶胶层中含有的粒子数为 $1\cdot \mathrm{d}h\cdot cL$，$L$ 为阿伏伽德罗常数。因此每个粒子受到的扩散力为：

$$F_{扩} = -\frac{RT}{cL}\cdot\frac{\mathrm{d}c}{\mathrm{d}h}$$

式中负号是因为浓度随高度增加而降低。当达到沉降平衡时，$F_{扩}=F_{沉}$，即：

$$-\frac{RT}{cL}\cdot\frac{\mathrm{d}c}{\mathrm{d}h} = \frac{4}{3}\pi r^3(\rho - \rho_0)g$$

$$RT\cdot\frac{\mathrm{d}c}{c} = -\frac{4}{3}\pi r^3(\rho - \rho_0)gL\mathrm{d}h$$

液层高度从 h_1 变化到 h_2 时，溶胶的浓度从 c_1 变化到 c_2，分别作浓度和高度的定积分，可得

$$RT\cdot\ln\frac{c_2}{c_1} = -\frac{4}{3}\pi r^3(\rho - \rho_0)gL(h_2 - h_1) \tag{7-9}$$

这是溶胶粒子在重力场中的高度分布公式，与气体分子高度分布公式完全相同，表明胶体粒子的布朗运动与气体分子的热运动本质上是相同的。

从式（7-9）可知：①溶胶粒子沿容器高度分布是不均匀的，容器底部的浓度最大，随高度 h_2 增大，浓度 c_2 呈指数逐渐减小；②粒子质量越大（$m = \frac{4}{3}\pi r^3\rho$，即 r 或 ρ 越大），其平衡浓度随高度下降越多。表 7-3 列出了一些分散系统粒子浓度降低一半时需要的高度。表中数据表明，粒径越

大，分布高度越低。对于粒径为同一数量级的金溶胶（186 nm）和藤黄溶胶（230 nm），分布高度相差可达 150 倍，是由于两者密度相差悬殊所致。此外，利用式（7-9）还可从平衡分布求粒径，进而求胶粒的摩尔质量，或用来验证阿伏伽德罗常数 L。

表 7-3　一些分散系统中高度分布规律的应用

分散系统	粒子直径 d（nm）	粒子浓度降低一半时的高度 x（m）
氧气	0.27	5000
高度分散的金溶胶	1.86	2.15
超微金溶胶	8.35	2.5×10^{-2}
粗分散金溶胶	186	2×10^{-7}
藤黄的悬浮体	230	3×10^{-5}

应该指出，式（7-9）所示的是分布已经达到平衡后的情况。就平衡所需时间，其与分散系统的粒径大小及温度变化、机械混合情况等都有密切关系。可以估计粒径为 1×10^{-6} m 的金溶胶，沉降 1×10^{-2} m 距离约需要 29 天。所以尽管表 7-3 所示，直径为 8.35×10^{-9} m 的金溶胶，在高度升高 2.5×10^{-2} m 后浓度降低一半，但实际上由于平衡时间较长，在相当高的一段容器中，也观察不到浓度的变化，因此许多溶胶在自然条件下可以维持几年仍然不会因为重力作用而沉降下来，所以可以认为溶胶具有动力学稳定性。

3. 离心场中的沉降和沉降平衡　胶体分散系统由于分散相的粒子很小，在重力场中沉降的速度极为缓慢，以致实际上无法测定其沉降速度。如果外加的力场很大，或者分散粒子本身比较大，以致布朗运动不足以克服重力的影响，则粒子就会以一定的速度沉降到容器底部，如水中泥沙的沉积。在足够强的超离心力场中，胶体分散系统也可完全沉降下来。1924 年，瑞典科学家斯韦德贝里（Svedberg）发明了超离心机，现在的新型超离心机的转速可达 10 万～16 万转每分钟，产生的离心力约是重力的 100 万倍。在这样大的离心场中，胶粒或大分子物质（如蛋白质）都可以较快地沉降。超离心技术在药学及生物学研究中有非常重要的应用。

7.4　溶胶的光学性质

溶胶的光学性质是其高度分散性和多相性（相不均匀性）的反映。通过溶胶光学性质的研究，不仅可以解释它的光学现象，还可以从它的光学行为了解胶粒的大小和形状。

7.4.1　溶胶的光散射现象——丁铎尔现象

当一束光线通过溶胶时，在入射光的垂直方向上可看到一浑浊发亮的光柱，这种现象是英国物理学家丁铎尔（Tyndall）于 1869 年首次发现的，称为丁铎尔现象（Tyndall phenomenon）。

入射光通过分散系统时，除了发生吸收外，还可能发生反射或折射以及散射。吸收与否取决于系统的化学组成，系统的颜色表现为被吸收光的补色。反射或折射、散射与粒子的大小有关。可见光的波长为 400～700 nm，当粒子的直径大于入射光波长时（粗分散系统，如悬浊液），入射光被反射或折射，粗分散系统因反射作用呈浑浊状。对溶胶分散系统，其粒子的直径小于入射光的波长，粒子中的电子受迫振动（振动频率与入射光的频率相同），使粒子成为二次光源，向各个方向发射电磁波（散射光波），故有较明显的丁铎尔现象。这种现象称为光散射（light scattering）作用，散射光也称为乳光。小分子分散系统的粒径太小，散射光不明显。因此丁铎尔现象是判别溶胶和真溶液的最简便方法。

7.4.2 瑞利散射公式

1871 年瑞利（Rayleigh）通过研究光的散射作用，得出对于不导电且不吸收光的球形粒子系统的散射光的强度计算公式：

$$I=\frac{24\pi^2 A^2 \nu V^2}{\lambda^4}\left(\frac{n_1^2-n_2^2}{n_1^2+2n_2^2}\right)^2 \tag{7-10}$$

式中，I 为散射光的强度，A 为入射光的振幅，λ 是入射光的波长，ν 是单位体积内粒子数（即粒子浓度），V 是单个粒子的体积，n_1 和 n_2 分别是分散相和分散介质的折射率。该公式称为瑞利散射公式或瑞利散射定律，适用于粒子半径远小于 $\frac{1}{20}\lambda$ 的情况。

由瑞利散射公式可以得出以下结论：

（1）$I\propto\frac{1}{\lambda^4}$，故入射光波长越短，散射光越强烈。例如，入射光为白光（复色光），则其中波长最短的蓝色与紫色光的散射作用最强，而波长最长的红色光散射最弱，有更强的透过性。因此，当白光照射溶胶时，从侧面（垂直于入射光方向）看，散射光呈蓝紫色，而透过光呈橙红色。同理，若要观察散射光，光源的波长以短波为宜；而要观察透过光时，则以长波为佳。例如测定多糖、蛋白质之类物质的旋光度时多采用黄色的钠光，警示信号灯采用红光，是因为它们处在可见光中的长波段，散射作用较弱而透射作用较强的缘故。晴朗的天空呈现蓝色是由于空气中的尘埃粒子和小水滴散射太阳光（白光）而引起的，而晨曦和晚霞呈现橙红色是由于透射光引起的。

（2）$I\propto\left(\frac{n_1^2-n_2^2}{n_1^2+2n_2^2}\right)^2$，即分散相与分散介质的折射率相差越大，粒子散射光越强。溶胶系统的分散相与分散介质间有明显相界面，两者折射率相差很大，因此有较强的散射光。而大分子溶液（如蛋白质溶液）为均相系统，溶质与溶剂间折射率差别小，光散射作用不明显。这也解释了大分子溶液丁铎尔现象不明显的原因。故可以用散射光的强弱来区分大分子溶液和溶胶。应该指出，折射率的差异是产生散射的必要条件，当均相系统由于浓度或密度的局部涨落而引起折射率的局部变化时，也会产生散射作用。天空和海洋都是蔚蓝色的，就是由于这种局部涨落引起的。

（3）$I\propto V^2$，即散射光强度与分散度有关。由于散射光强度与粒子体积有关，因此可以通过测定散射光强度计算粒子半径。小分子溶液的粒子太小，散射光很微弱，用肉眼分辨不出来，因此当光线通过小分子溶液时，无光柱可见。粗分散系统的粒径大于可见光波长，不产生散射光，只有反射光。因此，观测丁铎尔效应是鉴别溶胶、小分子溶液和粗分散系统的简便而有效的方法。

（4）$I\propto\nu$，即散射光强度与粒子浓度成正比。由此可通过散射光强度求算溶胶的浓度。

溶胶的外观颜色取决于其对光的吸收和散射两个因素。

当溶胶对光有吸收时，微弱的散射光被掩盖，表现出鲜亮的特定颜色，且与观测方向无关。粒子对光的吸收与其化学结构有关，当入射光光子的能量恰好等于粒子中元素电子从基态跃迁到某一激发态所需的能量时，光即被选择性吸收。大部分金属溶胶因对特定波长的光有吸收而显现特定颜色，例如，As_2S_3 溶胶为黄色，Sb_2S_3 溶胶为橘色，都是各自选择性吸收了一定波长的光而呈现其补色。

当溶胶对光的吸收很弱时，则呈现出散射光形成的颜色，且与观察方向有关，即从侧面看呈淡蓝色，对着光源看呈淡橙色。例如，AgCl、$BaSO_4$ 等溶胶在可见光区吸收很弱，只呈现其散射光。

此外，粒子的大小也会改变溶胶对光的吸收和散射强度比，我们可以观察到溶胶在放置过程中，颜色慢慢发生变化。例如，金溶胶因粒子大小不同可呈不同颜色。金溶胶在高度分散时，以吸收为主，对波长为 500～600 nm 的绿光有较强的选择性吸收，因此呈现其补色——红色。放置一段时间后，粒子变大，散射作用增强，则金溶胶颜色由红逐渐变蓝。

7.4.3 超显微镜与溶胶粒子大小的测定

人的肉眼分辨率约 0.2 mm，普通光学显微镜的分辨率为 200 nm，视野虽扩大了 1000 倍，但仍然观察不到小于 100 nm 的溶胶粒子，可应用超显微镜来观察。

超显微镜法是测定溶胶粒径大小的经典方法，其原理是用显微镜来观察丁铎尔现象。即用足够强的入射光从侧面照射溶胶，然后在黑暗的背景下进行观察，由于散射作用，可以清楚地观察到一个个闪动的光点在做布朗运动。图 7-11 为超显微镜的光路结构。

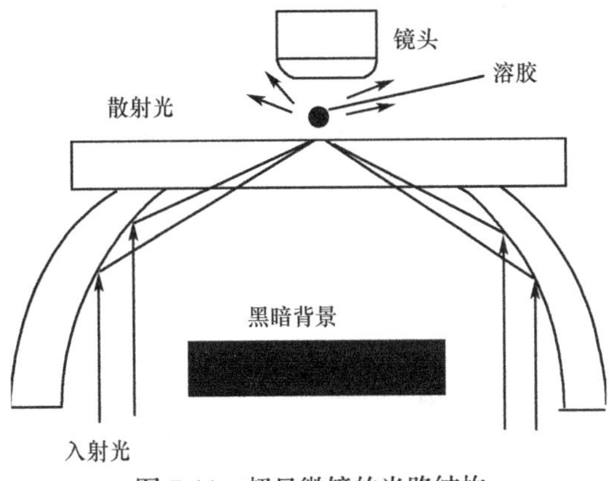

图 7-11 超显微镜的光路结构

超显微镜并没有提高显微镜的分辨率，但由于胶粒发出的散射光信号强，即使小至 5～10 nm 的胶粒也可观察到。并且观察到的不是粒子本身而是粒子对光散射后的发光点。通过对胶粒散射光形成的发光点信息的解读，结合其他数据可以计算出粒子的平均大小并推断胶粒的形状。

溶胶粒子的大小可以通过对发光点的计数来计算。设用超显微镜测出体积为 V 的溶胶中粒子数为 n，已知粒子的浓度为 c（单位为 $kg\cdot dm^{-3}$），粒子的密度为 ρ，则在所测体积 V 中，胶粒的总质量为 cV，每个胶粒的质量为 $\frac{cV}{n}$。设粒子呈球形，半径为 r，则可得：

$$\frac{cV}{n}=\frac{4}{3}\pi r^3\rho$$

$$r^3=\frac{3}{4}\cdot\frac{cV}{n\pi\rho}$$

溶胶粒子的形状可以通过发光点的不同表现来推测。例如，根据超显微镜视野中光点亮度的差别，可推测溶胶粒子的粒径是否均匀；根据光点闪烁的特点，可推测粒子的形状：如果粒子的结构是不对称的（棒状、片状等），当粒子大的一面向光时，光点很亮，而小的一面向光时，光点变暗，光点出现不停的明暗交替，这种现象称为闪光现象（flash phenomenon）；如果粒子结构是对称的（球形、正四面体等），闪光现象不明显，这样就能对胶粒形状做出合理推测。

此外，还可以使用电子显微镜法和激光散射法测定溶胶粒子的大小。

【思考题 7-3】 丁铎尔现象的实质是什么？为什么溶胶会产生丁铎尔现象？

思考题 7-3 参考答案

【知识扩展】

散射光又称为乳光，散射光强度或乳光强度又称为浊度（turbidity），用来测定乳光强度的仪器称为乳光计或浊度计，其原理类似于比色计，所不同的是乳光计中光源是从侧面照射过来的，观察的是散射光强度，而比色计观察的是透射光强度。通过与对照品的浊度比较，可以计算待测样品的粒子大小或浓度。

除了粒子浓度和体积外，其他条件均相同时，$\frac{c}{\rho}=\nu V$，（其中 c 为质量浓度，ρ 为胶粒密度），令 $K=\frac{24\pi^2A^2}{\lambda^4\rho}\left(\frac{n_1^2-n_2^2}{n_1^2+2n_2^2}\right)^2$，代入瑞利公式可得 $I=KcV$，K 为比例系数。

待测溶胶浊度 I，若与相同浓度的对照品浊度 I_0（粒径 r_0 已知）比较，可以获得待测胶粒

粒径 r。对于球形粒子，$V=\frac{4}{3}\pi r^3$，

$$\frac{I}{I_0}=\frac{r^3}{r_0^3}$$

同理，若与相同体积的对照品浊度 I_0（浓度 c_0 已知）比较，可以获得溶胶粒子的浓度 c。

$$\frac{I}{I_0}=\frac{c}{c_0}$$

瑞利公式对于非金属溶胶比较适用，由于金属溶胶对光有吸收作用，所以光散射强度与溶胶的光学性质较为复杂。

7.5 溶胶的电学性质

溶胶粒子在与极性介质（如水）接触的界面上，由于发生电离、离子吸附或离子溶解等作用，使得分散相粒子表面带上电荷。同时因为整个溶胶系统是电中性的，溶胶粒子表面带电，则分散介质必然带有数量相等而符号相反的电荷。胶粒表面所带电荷的种类与多少直接影响着溶胶的动力学性质和光学性质。因此，胶粒表面带电是溶胶最重要的性质，是保持溶胶稳定的最重要因素。

7.5.1 电动现象

电泳、电渗、流动电势和沉降电势统称为电动现象（electrokinetic phenomena）。

1. 电泳（electrophoresis） 在外加电场作用，带电微粒在分散介质中做定向移动的现象称为电泳。早在 19 世纪科学家就发现将两根玻璃管插到饱和了水的泥土团中，在玻璃管里加入水并插上电极，通电后泥土粒子会做定向运动（图 7-12）。

$Fe(OH)_3$、金、硫化砷等溶胶在外电场作用下也会发生电泳现象。溶胶电泳证明了胶粒是带电的。实验还证明，外加电解质的种类及多少直接影响着溶胶电泳的速率大小及胶粒带电的符号。此外，大分子蛋白质、多肽、病毒粒子，甚至细胞或小分子氨基酸、核苷等在电场中都可做定向泳动。

2. 电渗（electroosmosis） 为保持溶胶系统的电中性，分散介质也带电荷。如果设法固定胶粒，在外加电场作用下，分散介质也会通过多孔膜或极细的毛细管而移动。这种在电场作用下，液体介质做定向移动的现象称为电渗（图 7-13）。和电泳一样，电解质的加入也会影响电渗的速度甚至改变液体流动的方向。电泳和电渗都是由于分散相和分散介质做相对运动时产生的电动现象。

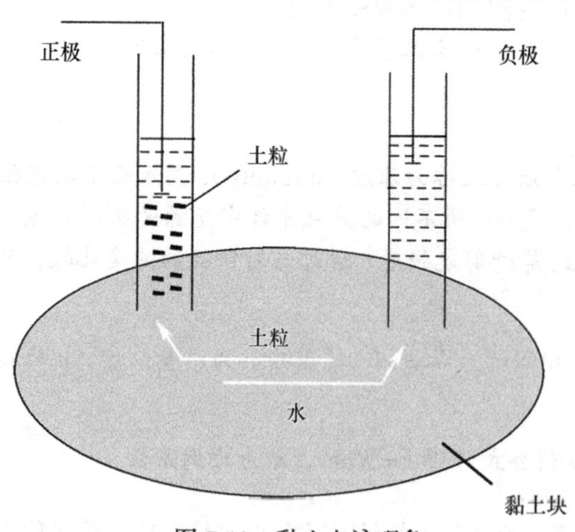

图 7-12 黏土电泳现象

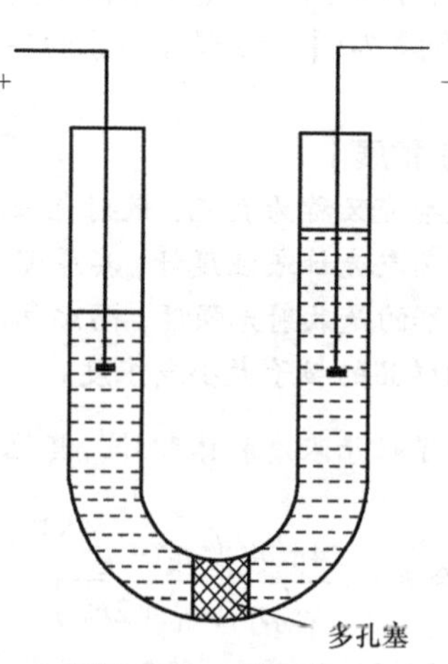

图 7-13 电渗现象

3. 流动电势（streaming potential） 是电渗的逆过程。如果不施加外加电场，而是对液体介质施加压力，迫使其流经毛细管网或粉末压成的多孔塞，由于分散介质带电荷，这种移动会导致多孔塞两侧产生电势差，称为流动电势。在用输油管道运送液体燃料时，燃料沿管壁流动会产生很大的流动电势，这常常是引起火灾或爆炸的原因，为此人们常将输油管线接地以减小流动电势。

4. 沉降电势（sedimentation potential） 是电泳的逆过程。在无外电场作用下，若使分散相粒子（如胶粒）在分散介质（如水）中迅速沉降，则在沉降管的两端会产生电势差，称为沉降电势。面粉厂、煤矿等的粉尘爆炸可能与沉降电势有关。

7.5.2 胶粒带电的原因

电动现象证明了溶胶粒子是带电的，通常有以下几种原因使溶胶表面带电。

1. 吸附 溶胶是高度分散的多相系统，溶胶粒子具有很大的比表面和表面能，极易吸附介质中的离子以降低表面能。吸附机制分为选择性吸附和非选择性吸附。若介质中存在与溶胶粒子组成相同或类似的离子，则这些离子优先被吸附，这一规律称为法扬斯规则（Fajans rule），这种吸附机制为选择性吸附。例如，用 $AgNO_3$ 和 KI 制备 AgI 溶胶时，若 $AgNO_3$ 微过量，则所得胶粒表面由于吸附分散介质中过量的 Ag^+ 而带正电荷；若 KI 微过量，则胶粒吸附过量的 I^- 而带负电荷。若介质中没有与溶胶粒子组成相同或类似的离子存在，则胶粒一般先吸附水化能力较弱的阴离子，而使水化能力较强的阳离子留在溶液中，此时的吸附为非选择性吸附。故以非选择性吸附机制带电的溶胶通常带负电。

2. 电离 当溶胶粒子本身带有可电离基团时，表面分子会发生电离而带电。例如，硅胶粒子表面的 SiO_2 分子水化后生成 H_2SiO_3，在酸性条件下可电离出 OH^- 使溶胶粒子带正电，在碱性条件下可电离出 H^+ 使溶胶粒子带负电。

$$H_2SiO_3 \xrightarrow{H^+} HSiO_2^+ + OH^- \xrightarrow{H^+} HSiO_2^+ + H_2O \quad \text{在酸性条件下带正电}$$

$$H_2SiO_3 \xrightarrow{OH^-} HSiO_3^- + H^+ \xrightarrow{OH^-} HSiO_3^- + H_2O \quad \text{在碱性条件下带负电}$$

对于大分子电解质（如蛋白质），当其羧基或氨基在水中离解成—COO^- 或—NH_3^+ 时，整个蛋白质就带电。当介质的 pH 较低时，蛋白质分子一般带正电，当 pH 较高时，则带负电荷。

此外，同晶置换和摩擦等方式也可以使溶胶粒子带上一定的电荷。例如，黏土颗粒带电主要是由黏土晶格中的不同价态离子置换造成的。

微课 7-1

7.5.3 双电层理论和动电电位

由于溶胶是电中性的，当胶粒表面带电荷时，介质必然带电性相反的电荷，从而在胶粒界面上形成了双电层（double electric layer）的结构。对于双电层结构的认识，曾提出过不少模型，以下分别作简要介绍。

1. 平板型双电层模型 亥姆霍兹于 1879 年提出了平板型模型，认为粒子表面所带电荷与介质中带有相反电荷的离子即反离子（counterion）构成平行的两层，称为双电层，如同一个平板电容器。两平板间的电势差称为表面电势 φ_0（即热力学电势），在双电层内表面电势呈直线下降至零（图 7-14）。这种模型虽然对电动现象给予了说明，但由于离子的热运动，不可能形成平板式电容器那样的双电层结构。

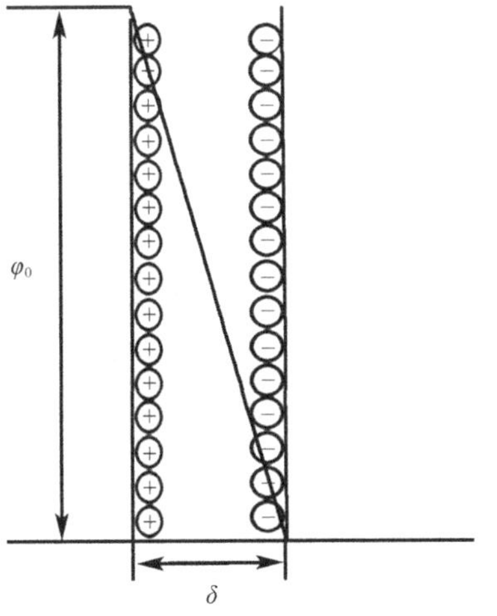

图 7-14 平板型双电层模型

2. 扩散型双电层模型 古依（Gouy）和查普曼（Chapman）修正了上述模型，提出了扩散双电层模型。该模型认为，介质中的反离子一方面受到静电引力作用，有向胶粒表面靠近的趋势；另一方面受分子热运动及扩散作用的影响，有在整个液体中均匀分布的趋势。这两种作用使反离子在胶粒表面区域的液相中形成一种扩散状分布，越靠近界面反离子浓度越高，越远离界面反离子浓度越低。反离子的排布分为两个部分：一部分反离子紧密地排列在粒子表面，1～2 个离子的厚度，称为吸附层（紧密层）；另一部分反离子可以从紧密层一直排布到本体溶液中，称为扩散层。当溶胶粒子移动时，吸附层的反离子跟随粒子一起移动，而扩散层的反离子滞留在原处，两者之间出现一个切动面，称为滑动面，如图 7-15 所示。滑动面与液体内部的电势差称为动电电位（electrokinetic potential）或 ζ 电势（zeta-potential）。显然 ζ 电势与表面电势不同，ζ 电势只是表面电势的一部分，当溶胶粒子处于静态时，不显现滑动面。当溶胶发生电动现象时，ζ 电势才表现出来。此外，表面电势往往为定值，与介质中电解质浓度无关，而 ζ 电势随电解质浓度增加而减小，使溶胶的稳定性降低。

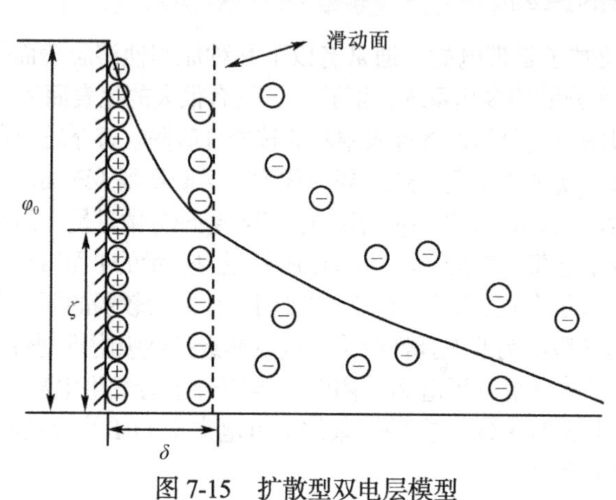

图 7-15 扩散型双电层模型

古依和查普曼的模型提出了扩散双电层的概念，提出了表面电势 φ_0 与 ζ 电势的不同，但对 ζ 电势并未赋予明确的物理意义。同时也无法解释有时 ζ 电势会随离子浓度的增加而增加，甚至出现 ζ 电势与表面电势相反的情况。

3. 吸附扩散双电层模型 斯特恩（Stern）作了进一步的修正，提出了吸附扩散双电层模型。他认为：紧密层（后来又称为 Stern 层）有 1～2 个分子层厚度，紧密吸附在粒子表面上，这种吸附称为特性吸附（specific absorption）。在紧密层中，反离子的电性中心构成了斯特恩平面，此处的电势称为斯特恩电势 φ_δ。在斯特恩层内电势的变化情形与亥姆霍兹的平板模型一样，表面电势 φ_0 直线降低至 φ_δ（图 7-16）。由于溶剂化作用，紧密层结合了一定数量的溶剂分子，在电场作用下，它们和粒子作为一个整体一起移动。因此滑动面内包含了这些溶剂分子，滑动面的位置在斯特恩层外侧。扩散层中的反离子排布随距离呈指数下降，符合玻尔兹曼（Boltzmann）公式。

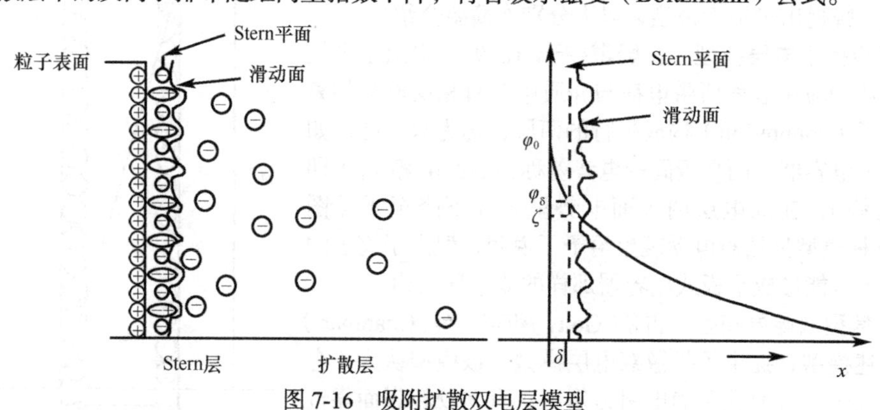

图 7-16 吸附扩散双电层模型

斯特恩吸附扩散双电层模型能较好地解释溶胶的电动现象：

（1）ζ 电势的物理意义：从粒子表面到本体溶液存在着三种电势，即表面电势 φ_0、斯特恩电势

φ_δ和ζ电势。斯特恩模型赋予ζ电势较明确的物理意义，即ζ电势是滑动面至本体溶液的电势差。由图 7-16 可知，ζ电势只是斯特恩电势φ_δ的一部分。对于足够稀的溶液，可以将ζ电势与斯特恩电势φ_δ等同看待。

（2）解释电解质对双电层电势的影响：随着电解质的加入，斯特恩层与扩散层中的离子重新移动平衡，有一部分反离子进入斯特恩层，从而使ζ电势与φ_δ发生变化。如果溶液中反离子浓度不断增加，则ζ电势就相应下降，扩散层厚度也变薄。当电解质增加到某一浓度时，ζ电势可降为零，这种情况称为等电点。这时观察不到电泳现象，溶胶稳定性最差。

（3）解释高价反离子或同号大离子对双电层的影响：某些高价反离子或大的反离子（如表面活性剂离子）由于较高的吸附性能而大量进入吸附层，可使斯特恩层的结构发生明显改变，甚至导致φ_δ与ζ电势反号；同样，某些同号大离子也会因其强烈的范德瓦耳斯力而进入吸附层，使φ_δ高于φ_0。

4. ζ电势的计算　溶胶的ζ电势可以通过测定溶胶粒子的电泳速率来求算。溶胶粒子在电场中受到两种作用力：电场力和泳动阻力。电场力与ζ电势（V）和电场强度E（$V\cdot m^{-1}$）有关，按照斯托克斯公式，泳动阻力与电泳速率v（$m\cdot s^{-1}$）和介质黏度η（$Pa\cdot s$）有关。当电场力与泳动阻力平衡时，粒子匀速泳动，则ζ电势为：

$$\zeta = \frac{K\eta v}{4\varepsilon_0 \varepsilon_r E} \tag{7-11}$$

式中，$\varepsilon_0=8.85\times10^{-12}\ F\cdot m^{-1}$（$1F=1C\cdot V^{-1}$），为真空中的介电常数，$\varepsilon_r$为相对介电常数，水的相对介电常数为$\varepsilon_r=81$。$K$为形状参数（球形粒子$K=6$，棒形粒子$K=4$）。实验测定表明，多数溶胶的$\zeta$电势为 30～60 mV。

7.5.4　胶团的结构

在真溶液中，分子或离子一般来说是比较简单的个体，而溶胶的结构则较为复杂，由胶核、吸附层和扩散层三部分组成。以 AgI 溶胶为例具体分析溶胶的结构（图 7-17）。胶核（colloidal nucleus）是溶胶粒子的中心，由许多原子或分子聚集而成，如 AgI 溶胶的胶核$(AgI)_m$。若溶胶制备时 KI 微过量，系统中存在少量的K^+和I^-。胶核会选择性吸附I^-（称为定位离子）使胶核表面带负电。同时，由于静电吸引作用，胶核还会吸引部分K^+（称为反离子）。胶核吸附的定位离子、部分反离子和溶剂分子组成了吸附层（又称紧密层），胶核和吸附层合称胶粒（colloidal particle）。吸附层以外的剩余反离子（如K^+）又组成扩散层，由于反离子自身的静电排斥作用以及扩散作用，扩散层较松散地分布在吸附层的外围。胶核、吸附层和扩散层构成了胶团（micelle）。

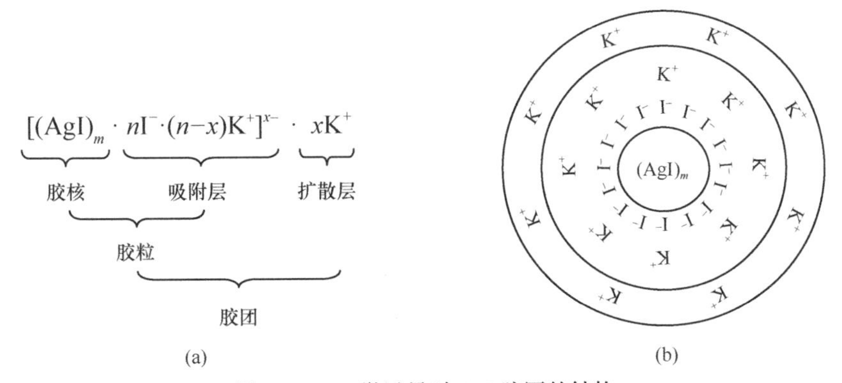

图 7-17　KI 微过量时 AgI 胶团的结构

（a）胶团结构表示式；（b）胶团结构示意图

胶团的结构可以用胶团结构式来表示，当定位离子与反离子为同价时，胶团结构式可表示为：

$$[(\text{胶核})_m \cdot n\ \text{定位离子} \cdot (n-x)\text{内层反离子}] \cdot x\ \text{外层反离子}$$

式中，m 为组成胶核的原子或分子数；n 为定位离子数；x 为外层反离子数。

从胶团的结构可以看出，胶粒是带电荷的，胶粒相对于本体溶液的电势差即为 ζ 电势。扩散层外缘的电势为零，整个胶团呈电中性。由于扩散层较松散地围绕在胶粒外围，故在外电场作用下，胶团在吸附层和扩散层之间的界面上发生分离，胶粒因带电荷而产生电泳现象，扩散层则带相反电荷向另一电极移动。如图 7-17 中的 AgI 溶胶因胶粒带负电荷向正极移动，扩散层带正电荷向负极移动。

若制备 AgI 溶胶时 $AgNO_3$ 微过量，则胶核吸附 Ag^+ 为定位离子，NO_3^- 为反离子，胶团的结构如下式所示，胶粒带正电，其电泳方向与图 7-17 所示胶粒的电泳方向正好相反。

$$\left[(AgI)_m \cdot nAg^+ \cdot (n-x)NO_3^-\right]^{x+} \cdot xNO_3^-$$

思考题 7-2
参考答案

【思考题 7-4】 *以双电层模型来解释为何加入电解质会改变电渗速度甚至液体流动方向？*

知识梳理 7-2　溶胶的性质

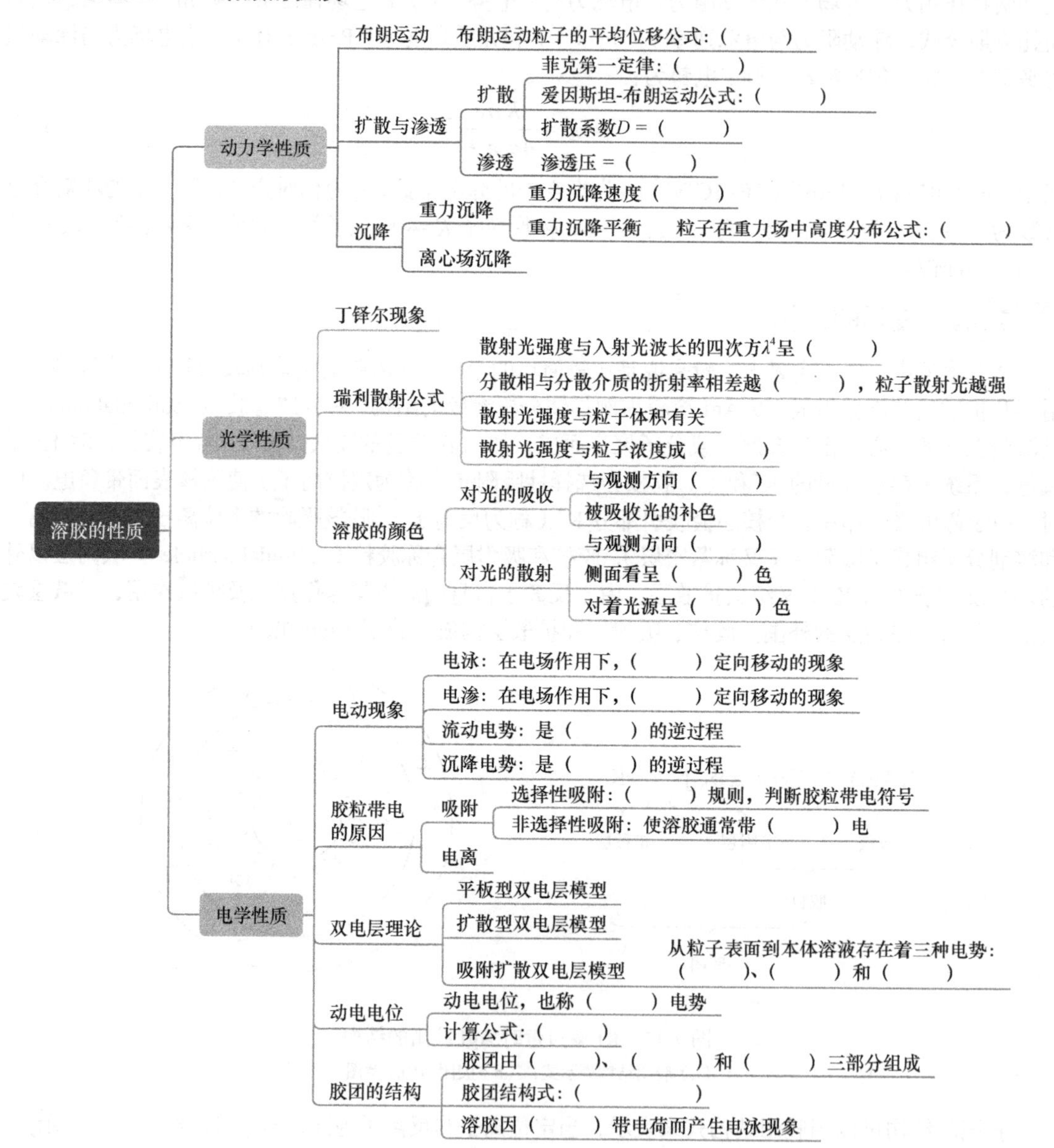

7.6 溶胶的稳定性及聚沉

溶胶的稳定性指其某些性质（如分散相浓度、颗粒大小、系统黏度和密度等）有一定程度的不变性。溶胶的稳定性可从热力学不稳定性、动力学稳定性和聚结不稳定性三个方面来讨论：①溶胶是多相分散系统，有巨大的表面能，故热力学上是不稳定的。但也不排斥在一定条件下制得热力学稳定的系统，如微乳液。②由于胶体系统是高度分散的系统，分散相颗粒小，有强烈的布朗运动，能阻止其在外力场（重力场）中沉降，故溶胶在动力学上是相对稳定的。在外力场中，胶粒从分散介质中析出的程度可表征其动力学稳定性。③溶胶的聚结稳定性指系统的分散度是否随时间变化。系统中的细小胶粒，由于某种原因团聚在一起形成较大粒子并不再散开，此时其分散程度降低，聚结稳定性变差；反之若细小胶粒长时间不团聚，则系统的聚结稳定性高。这方面人们积累了大量的实践经验，德加金（Derjaguin）、朗道（Landau）、维尔威（Verwey）和奥韦贝克（Overbeek）各自独立地提出溶胶稳定性理论，称为 DLVO 理论。

7.6.1 溶胶的稳定性

尽管溶胶是热力学不稳定系统，但许多溶胶能长期稳定存在，甚至稳定存在长达数十年之久。溶胶具有一定的稳定性，主要有以下几方面的原因：

1. 动力学稳定性 影响溶胶动力学稳定性的主要因素是自身的分散度。溶胶粒子的分散度越大（胶粒越小），扩散系数越大，扩散能力就越强，越有利于溶胶的稳定。此外，介质的黏度也影响溶胶的稳定性，介质黏度越大，溶胶越难沉降，越有利于溶胶的稳定。

2. 电学稳定作用 由溶胶的结构可知，在胶粒周围存在着反离子的扩散层，产生 ζ 电势。当胶粒互相靠近到一定程度时，致使双电层相互重叠，产生的静电斥力阻止粒子间的聚集，保持了溶胶的稳定性。ζ 电势越大，溶胶的稳定性越强。因此，胶粒具有足够大的 ζ 电势是溶胶稳定的主要原因。

3. 溶剂化作用 胶团中的离子都是溶剂化的，若溶剂为水，则称为水化，其结果是在胶粒周围形成了一层具有弹性的水化膜。当胶粒相互靠近时，水化膜的弹性阻止了胶粒因相互碰撞而聚结。另外，因溶剂化的水比“自由水”具有更大的黏性，也成为胶粒接近时的机械阻力。

由上述可知，溶胶的扩散力、静电排斥力及水化膜斥力是溶胶能稳定存在的原因，其中 ζ 电势是溶胶稳定的主要原因。

微课 7-2

7.6.2 溶胶的聚沉及影响因素

从本质上看，溶胶仍是热力学不稳定系统，其稳定性是相对的、有条件的，如果改变溶胶稳定的条件，就会引起胶粒相互聚结变大，分散度降低，分散相颗粒最终从介质中沉降下来，溶胶的这种聚结沉降现象称为聚沉（coagulation）。对溶胶聚沉影响最大、作用最敏感的是电解质。

1. 电解质的聚沉作用 电解质对溶胶稳定性的影响具有双重性。适量的电解质是溶胶稳定的必要条件，它是胶粒带电、形成 ζ 电势的物质基础。因此，制备溶胶时不宜净化过度，保持适量电解质存在有利于溶胶的稳定。但过量电解质会将扩散层中的反离子压缩至吸附层，导致双电层变薄，ζ 电势降低，溶胶稳定性变差。当 ζ 电势小于一定数值时，溶胶开始聚沉。通常用聚沉值（coagulation value）来衡量不同电解质对溶胶的聚沉能力，使一定量溶胶在一定时间内完全聚沉所需电解质的最低浓度称为聚沉值。聚沉值的倒数称为聚沉能力，电解质的聚沉值越小，其聚沉能力越大。不同电解质的聚沉值见表 7-4。

表 7-4 不同电解质的聚沉值（$mol \cdot m^{-3}$）

As_2S_3（负溶胶）		AgI（负溶胶）		Al_2O_3（正溶胶）	
电解质	聚沉值	电解质	聚沉值	电解质	聚沉值
LiCl	58	$LiNO_3$	165	NaCl	43.5
NaCl	51	$NaNO_3$	140	KCl	46
KCl	49.5	KNO_3	136	KNO_3	60
KNO_3	50	$RbNO_3$	126		
KAc	110	$AgNO_3$	0.01		
$CaCl_2$	0.65	$Ca(NO_3)_2$	2.4	K_2SO_4	0.30
$MgCl_2$	0.72	$Mg(NO_3)_2$	2.6	K_2CrO_7	0.63
$MgSO_4$	0.81	$Pb(NO_3)_2$	2.43	$K_2C_2O_4$	0.69
$AlCl_3$	0.093	$Al(NO_3)_3$	0.067	$K_3[Fe(CN)_6]$	0.08
$\frac{1}{2}Al_2(SO_4)_3$	0.096	$La(NO_3)_3$	0.069		
$Al(NO_3)_3$	0.095	$Ce(NO_3)_3$	0.069		

由于已知聚沉值的电解质种类有限，人们在大量实验结果的基础上总结出了下列规律，以比较不同电解质对溶胶的聚沉作用：

（1）使溶胶聚沉的主要是与溶胶电性相反的离子，聚沉能力主要取决于反离子的价数，价数越高，其聚沉值越小，聚沉能力越大。对于给定的溶胶，反离子为 1、2、3 价时，其聚沉值约与反离子价数的 6 次方成反比，这个规则称为舒尔策-哈代规则（Schulze-Hardy rule），即

$$M^{+}:M^{2+}:M^{3+}=(1/1)^6:(1/2)^6:(1/3)^6=100:1.6:0.14$$

由于反离子价数对聚沉影响远大于其他因素，因此在判断电解质聚沉能力时，反离子价数是首先考虑的因素。

（2）相同价数反离子的聚沉值虽然接近，但也存在差异，特别是一价离子表现得比较明显。例如，一价正离子对负电性溶胶的聚沉能力由大到小为：

$$H^+>Cs^+>Rb^+>NH_4^+>K^+>Na^+>Li^+$$

一价负离子对正电性溶胶的聚沉能力由大到小为：

$$F^->IO_3^->H_2PO_4^->BrO_3^->Cl^->ClO_3^->Br^->I^->CNS^-$$

同价离子聚沉能力的这种顺序称为感胶离子序（lyotropic series）。它与水化离子半径由小到大的次序大体一致，这可能是因为水化离子半径越小，离子越容易靠近胶体粒子。

（3）有机化合物的反离子表现出很强的聚沉能力，这可能与其具有很强的吸附能力有关。例如，对 As_2S_3 溶胶（负溶胶），KCl 的聚沉值为 49.5 $mol \cdot m^{-3}$，而氯化苯胺降低至 2.5 $mol \cdot m^{-3}$，吗啡盐酸盐则只有 0.4 $mol \cdot m^{-3}$。

（4）同号离子的稳定作用。电解质的聚沉作用是正负离子共同作用的结果，当电解质中反离子相同时，需比较同号离子（与胶粒具有相同电荷的离子）的影响。同号离子因吸附作用可进入吸附层，这有利于增加 ζ 电势，进而增加溶胶的稳定性。通常同号离子价数越高，聚沉能力越低。例如，对于 $Fe(OH)_3$ 溶胶（正溶胶），不同盐酸盐的聚沉能力为：$NaCl>MgCl_2>AlCl_3$。有机化合物的同号离子，因其有较强的吸附作用，对溶胶的稳定作用更强。如表 7-4 所示，对 As_2S_3 溶胶（负溶胶），KNO_3 的聚沉值为 50 $mol \cdot m^{-3}$，而 KAc 增大至 110 $mol \cdot m^{-3}$。

（5）不规则聚沉：当采用高价反离子或有机反离子为聚沉剂时，在逐渐增加电解质浓度的过程中，溶胶通常会发生聚沉、分散、再聚沉，这种现象称为不规则聚沉（irregular coagulation）。不规则聚沉主要是胶粒对高价反离子强烈吸附的结果。少量电解质使溶胶聚沉，但吸附过多高价反离子后，胶粒带相反电荷，形成电性相反的新双电层，溶胶重新分散。继续加入电解质，新的双电层又

被压缩，溶胶重新发生聚沉。

2. 电性相反溶胶的聚沉作用 将两种带相反电荷的溶胶相互混合，也会发生聚沉，这种现象称为相互聚沉。与电解质的聚沉作用不同，两种溶胶的用量恰能使所带电荷全部中和，才会完全聚沉，否则可能不完全聚沉，甚至不聚沉。

在水的净化处理中使用明矾就是利用溶胶相互聚沉的作用。水中的悬浮物往往带负电，而明矾的水解产物 $Al(OH)_3$ 溶胶则带正电，两种电性相反的溶胶混合后相互聚沉，达到净化水的目的。

3. 大分子化合物的作用 大分子化合物对溶胶的作用表现在两个方面：

（1）保护作用：实验发现，在溶胶中加入足量的动物胶、阿拉伯胶、单宁及其他大分子化合物，常可以增加溶胶的稳定性，这种作用称为大分子化合物对溶胶的保护作用。保护作用的机制较复杂，对可以电离的大分子化合物，可以认为其被溶胶吸附后，扩大了溶胶的双电层排斥范围，从而增强了溶胶的稳定性。对难以电离的保护剂，其作用可以认为是溶胶吸附大分子保护剂，形成水化外壳，对胶体起保护作用，如图 7-18（a）所示。这里大分子的作用是增加粒子对介质的亲和力，由憎液变成相对亲液，降低粒子的表面能，使得溶胶不易聚沉。

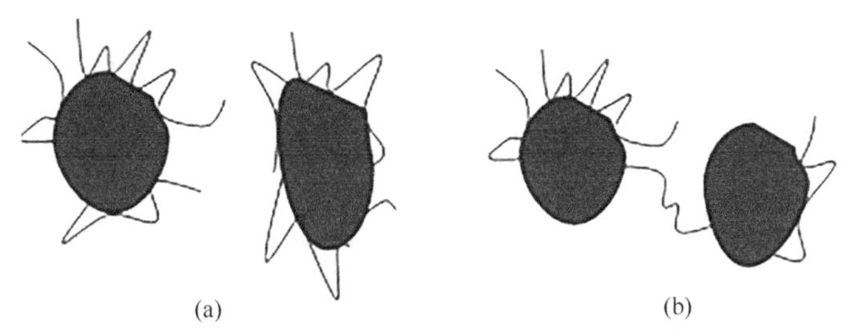

图 7-18 大分子化合物的保护作用和絮凝作用

大分子化合物对溶胶的保护作用在实际中有着重要的应用，例如，墨汁用动物胶保护，颜料用酪素保护，照相乳剂用明胶保护，杀菌剂蛋白银（银溶胶）用蛋白质保护等。

（2）絮凝作用：在溶胶中加入少量的可溶性大分子化合物，可以使溶胶迅速沉淀，沉淀呈疏松的棉絮状，称为絮凝物（flocculate），这种现象称为絮凝作用（flocculation）。絮凝作用与电解质对溶胶的聚沉作用完全不同。电解质所引起的聚沉作用，其过程比较缓慢，所得沉淀颗粒紧密，体积小。

絮凝作用的机制可从搭桥效应、脱水效应、电中和效应等方面解释。搭桥效应是絮凝的主要机制，即一个长链大分子化合物同时吸附在许多个分散的胶粒上，通过它的“搭桥”，把许多胶粒连接起来，通过本身的链段旋转和运动，将固体粒子聚集在一起而产生沉淀，如图 7-18（b）所示。脱水效应是因大分子化合物对水具有更强的亲和力，争夺胶体粒子水化层中的水分子，使胶粒失去水化膜而聚沉。电中和效应是指带有异性电荷的离子型大分子化合物的吸附，中和了溶胶粒子的表面电荷，使粒子失去电性而聚沉。

絮凝作用比聚沉作用有更大的实用价值。因为絮凝作用具有迅速、彻底、沉淀疏松、过滤快、絮凝剂用量少等优点，特别对于颗粒较大的悬浮体尤为有效。这对于污水处理、选择性选矿以及化工生产流程的沉淀、过滤、洗涤等操作都有极重要的作用。

【知识扩展】 **卤水“点”豆腐里的中国智慧**

豆腐的发明是中华民族祖先留下的宝贵遗产，为人类文明进步和世界饮食文化做出了不可磨灭的贡献。古人把黄豆中的蛋白质用水研磨的方法提取出来，然后加入卤水“点”出豆腐。这个过程就是物理化学的原理在实际生活中的精彩运用，即使是放到现在的食品加工业，也可谓是创举。

大豆蛋白是高分子，具有溶胶的性质，可以通过吸附或电离的作用使其表面带有负电荷。加入卤水（主要成分是 $MgCl_2$），Mg^{2+}中和蛋白质分子表面的负电荷而促使蛋白质分子聚沉，从而形成了豆腐。能否使用普通便宜的食盐（主要成分是 NaCl）代替卤水呢？以舒尔策-哈代规则来看，反离子的聚沉能力主要决定于反离子的价数，价数越高，其聚沉能力越大，其聚沉值与反离子价数的 6 次方成反比，由此可知 NaCl 的聚沉值约为 $MgCl_2$ 的 60 多倍。若用食盐代替卤水来“点”豆腐，使用的剂量会大大提高，制作出来的豆腐会因为盐分过高而使味道改变不能食用。

李时珍在《本草纲目》中说“豆腐之法，始于汉淮南王刘安”，中国人民制作豆腐已有几千年的历史。在用现代科学阐释其中的原理后，我们更应感叹华夏文明的博大精深、源远流长，值得每一个中国人去传颂、传承、传播、传扬。

知识梳理 7-3　溶胶的稳定性与聚沉

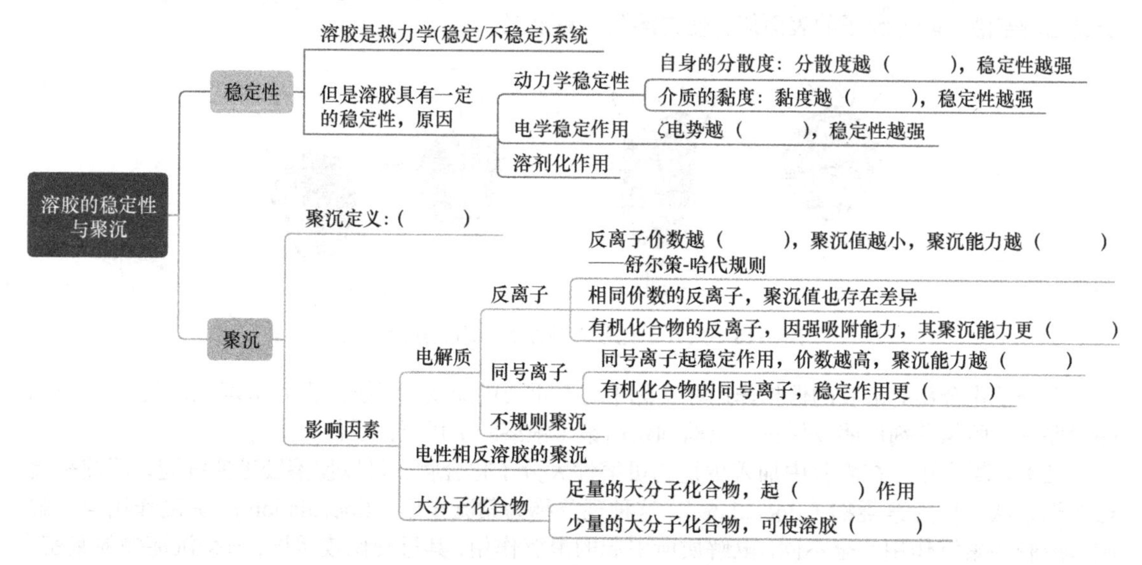

7.7　乳状液、泡沫和气溶胶

7.7.1　乳状液及微乳状液

1. 乳状液　一种或几种液体以极小的液滴形式分散在另一种与之不相溶的液体中，形成高度分散系统的过程称为乳化作用，得到的分散系统称为乳状液（emulsion）。乳状液的分散度比典型的溶胶要低得多，液滴的直径分布在 0.1～10 μm 范围，属于粗分散系统，但由于它具有多相和聚结不稳定性等特点，所以也是胶体化学研究的对象。

乳状液属于热力学不稳定系统。例如，将两种互不相溶的液体（如油和水）混合并剧烈振荡，油、水滴就会互相分散形成乳状液。但静置一段时间后，就自动分成两层，得不到稳定的乳状液。这是因为当液体分散成许多小液滴后，系统内两液体之间的界面变大，表面能增高，所以当小液滴相互碰撞时，会自动地聚结成为大液滴，使系统的表面能降低。要想得到稳定的乳状液，就必须有使乳状液稳定的第三种物质存在，这种物质称为乳化剂（emulsifying agent），乳化剂所起的作用称为乳化作用。例如，食物中的油脂进入人体后在体内经胆汁酸盐的乳化作用，分散成极小的乳滴，从而易被肠壁吸收，胆汁酸盐在此起乳化剂作用。

常用的乳化剂多为表面活性剂。乳化剂的作用是促进乳化状态的形成和提高乳状液的稳定性。

由于表面活性物质具有“两亲性”，表面活性剂分子的亲水基朝向水相，而疏水基朝向油相，在两相界面上作定向排列，其结果不仅降低了相界面的表面能，而且还在细小液滴周围形成一层保护膜，使乳状液得以稳定。

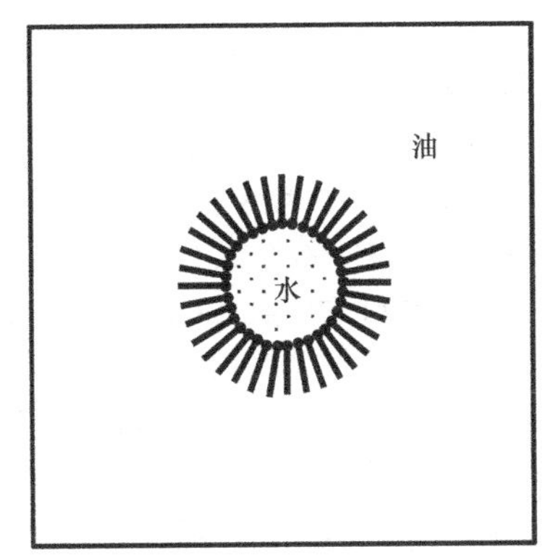

图 7-19　两种不同类型乳状液示意图

乳状液分为两种类型：一类是水包油型，即 O/W 型，如牛奶、各种杀虫乳剂；另一类是油包水型，即 W/O 型，如原油、人造黄油等。图 7-19 为两种不同类型乳状液示意图。两种液体究竟形成何种类型乳状液，与乳化剂的性质有关。若要制备 O/W 型乳状液，通常选用 HLB 值为 8～18 或亲水性较强的表面活性剂（如吐温类），而要制备 W/O 型乳状液则可选用 HLB 值为 3～8 或亲油性较强的表面活性剂（如司盘类）。因此，乳化剂也分成亲水性乳化剂和亲油性乳化剂两大类，亲水性乳化剂易溶于水而难溶于油，可使 O/W 型乳状液稳定，如水溶性皂类（一价皂，钠、钾、锂皂，银皂除外）、合成皂类（$ROSO_3Na$、RSO_3Na 等）、蛋黄、酪蛋白、植物胶、淀粉、硅胶、陶土、碱式碳酸镁等都能稳定 O/W 型乳状液。亲油性乳化剂易溶于油而难溶于水，可使 W/O 型乳状液稳定，如二、三价金属皂类（钙、铝皂）、高级醇、高级脂类、石墨、炭黑、松香、羊毛脂等均可稳定 W/O 型乳状液。因此，制备 O/W 型乳状液必须加入亲水性乳化剂，制备 W/O 型乳状液必须加入亲油性乳化剂。

那么，为什么加入亲水性乳化剂可制得 O/W 型乳状液，加入亲油性乳化剂却制得 W/O 型乳状液呢？这是因为一个界面膜有两个界面，存在$\sigma_{水}$和$\sigma_{油}$两个表面张力，这两个表面张力大小不同。而膜总是向表面张力大的那面弯曲，以达到减少这个面的面积，使系统趋于稳定的目的，最终使得在表面张力大的那一边的液体被包裹起来，成为分散相。亲水性乳化剂能较大地降低水的表面张力，使水相表面张力小于油相表面张力，界面膜向油这边弯曲，把油包裹起来，这样油相就成了分散相，因而形成 O/W 型乳状液。同理，亲油性乳化剂使油的表面张力降低更多，界面膜就向水这边弯曲，把水包围起来，成为 W/O 型乳状液。

乳化剂使乳状液稳定的主要原因如下：

（1）降低表面张力：乳化剂本身大多是表面活性物质，能吸附在两相的界面上，降低分散相和分散介质的表面张力，减少相互聚结倾向而使系统达到稳定。然而只是降低表面张力还不足以使乳状液保持长期稳定，也不能解释为何一些非表面活性的物质，如固体粉末等也能使乳状液保持稳定。

（2）生成坚固的保护膜：保护膜能阻碍液滴的聚集，大大提高了乳状液的稳定性，这是使乳状液稳定的最重要原因。

一般采用机械分散法制备乳状液，如机械搅拌、超声波分散等方法。制备乳状液时先将适量乳化剂加入分散介质中，然后将分散相少量而缓慢地加入其中，同时持续地强烈搅拌，即可得到稳定的乳状液。

制得的乳状液属何种类型，可用以下三种方法鉴别：

（1）稀释法：该法是根据乳状液易被分散介质稀释的道理来鉴别的。在乳状液中加入水，如不分层，说明该乳状液可被水稀释，为O/W型乳状液；如分层，说明该乳状液不能被水稀释，则为W/O型乳状液。

（2）染色法：在乳状液中加入少量溶于“油”而不溶于水的染料轻轻摇动，若整个乳状液呈现染料的颜色，则说明分散介质为“油”，即为W/O型；若只有分散的液滴呈染料的颜色，则说明分散相为“油”，即为O/W型。

（3）电导法：利用“油”和水的电导不同，多数“油”为电的不良导体。在乳状液中插入两根电极，导电性大的为O/W型，导电性小的为W/O型。

在药物实际生产过程中，若形成不必要的乳状液往往会引发操作困难，所以必须将这种乳状液破坏，破坏乳状液的过程称为破乳（emulsion breaking）或者去乳化。破乳的方法主要是消除或减弱乳化剂的保护能力，最终使油水两相分离。常用的方法有加温、加压、离心、电破乳等物理法；或者是加入破坏乳化剂的试剂，或加入起相反作用的乳化剂破乳等化学法。

2. 微乳状液 一般乳状液液滴粒径为0.1～10 μm，在普通光学显微镜下可观察到。从外观上看，一般都是乳白色、不透明的，是热力学不稳定系统。若液滴粒径小于100 nm，称为微乳状液，简称微乳。微乳一般是透明或半透明的，是热力学稳定系统。制备微乳时，乳化剂用量特别大，占到总体积的20%～30%（通常乳状液为1%～10%）。

除此之外，常需要加入助表面活性剂（如醇类），在微乳形成过程中，助表面活性剂的作用可能有以下三方面：

（1）降低表面张力：对单一表面活性剂而言，当其浓度增大至临界胶束浓度后，其表面张力不再降低，而加入一定浓度的助表面活性剂后（通常是中等长度的醇），则能使表面张力进一步降低，甚至为负值。热力学稳定的乳状液，通常是在表面张力小于10^{-2} mN．m^{-1}时自动生成的。

（2）增加界面膜流动性：加入助表面活性剂可增加界面膜的柔性，使界面膜更易流动，减少微乳生成时所需弯曲能，使微乳更易生成。

（3）调节表面活性剂HLB值的作用。

微乳作为新型给药系统，近年来被用于多种药物制剂的开发，其突出的优点包括增溶、促进吸收，提高生物利用度，减少过敏反应等。例如，抗肿瘤药喜树碱微乳化后溶解度提高23倍。透皮给药可降低药物的毒副作用和代谢损耗，给药量和时间可调，是药剂学的研究热点之一，微乳的疏水部分和亲水部分共同作用使药物在皮肤中的渗透幅度提高，利于药物的吸收。微乳胶囊制剂可调节改变药物在体内的溶出时间，提高药物的生物利用度，现已将胰岛素制成口服微乳，避免了注射给药的疼痛和不便。微乳制剂还是一种良好的药物靶向释放载体，利用微乳具有乳剂的淋巴吸收特性，可将药物微乳制剂用于治疗淋巴系统疾病。总之，微乳制剂以其稳定、改善吸收、提高药效和靶向给药等特点体现出广阔的应用前景。

7.7.2 泡沫

泡沫（foam）是气体分散于液体中形成的胶体分散系统。气体是分散相，液体是分散介质。与形成乳状液一样，为了得到稳定的泡沫，需要加入表面活性剂——发泡剂（foaming agent）。肥皂就是一种常见的发泡剂。例如，搅动一杯水所生成的泡沫寿命很短暂，但搅动肥皂水所生成的泡沫却可以维持很长时间。

发泡剂大多数是表面活性物质，如合成洗涤剂、皂素类、蛋白质类、固体粉末（石墨）等。发泡剂分子定向地吸附于液膜表面，以降低表面张力，同时形成具有一定机械强度的膜，保护泡沫不因碰撞而迅速破裂。使泡沫稳定的另一因素是液膜要有适当的黏度，否则，将因为泡与泡之间的液体流失太快而使液壁迅速变薄，导致气泡最终破裂。通常，加入少量添加剂（如甘油）即可达到调节液膜黏度的目的。发泡剂的分子链越长，其分子间引力也越大，膜的机械强度越高，泡沫越稳定。固体粉末能稳定泡沫的原因与其稳定乳状液的原因相同。

在食品工业、医药工业以及微生物发酵、中草药提取等方面，会产生大量泡沫，给工艺设计和生产操作带来很大麻烦。因此，需要将生产过程中产生的泡沫迅速有效地消除掉。经常采用的消泡方法包括物理消泡法、机械消泡法和化学消泡法，其中化学消泡法常使用化学消泡剂进行消泡。化学消泡剂是一类铺展系数大、溶解度小，具有化学惰性的表面活性物质。消泡剂的针对性很强，往往在一种泡沫系统中效果好的消泡剂，在另一系统中却效果很差或无效，甚至能稳泡。因此，就品种而言，消泡剂从天然产品到合成产品是多种多样的，用途也各有差异。工业及实验室中常用的消泡剂有矿物油类、有机硅类、聚醚类等。矿物油类消泡剂因安全无毒，是医药工业和食品工业常用的消泡剂。聚醚类和有机硅类消泡剂是性能优良的非离子型消泡剂，广泛用于石油化工、医药制剂等领域。

7.7.3 气溶胶

分散介质是空气或其他气体的胶体分散系统称为气溶胶。气溶胶的分散相可以是液体，也可以是固体。天空中的云、雾、尘埃，各种发动机里未燃尽的燃料所形成的烟，采矿、采石场磨材和粮食加工时所形成的固体粉尘，人造的掩蔽烟幕和毒烟等都是气溶胶的具体实例，其中雾和烟分别是液体和固体分散于气体中形成的气溶胶。霾是大量极细微的干尘粒等均匀地浮游在空中形成气溶胶，使水平能见度小于 10 公里的空气普遍混浊的现象。

当气溶胶的浓度达到足够高时，将对人类健康造成威胁，尤其是对哮喘患者及其他有呼吸道疾病的人群。长期吸入粉尘气溶胶会引起以心肺组织纤维化为主的全身性疾病（尘肺）。空气中的气溶胶还能传播真菌和病毒，这可能会导致一些地区疾病的流行和暴发。

由于气溶胶的分散介质是气体，气体的黏度小，分散相与分散介质的密度差很大，胶粒质点相碰时极易黏结，加之液体质点的挥发，气溶胶有其独特的规律性。气溶胶质点能发生光的散射，这也是天空晴朗时呈蓝色，太阳落山时呈红色的原因。在电学性质方面，气溶胶粒子没有扩散双电层存在，但可以带电，其电荷来源于与气体中气态离子的碰撞或与介质的摩擦，所带电荷量不等，且随时间变化。气溶胶质点既可带正电也可带负电，其电性和带电量是由外界条件决定的。气溶胶粒子的运动和沉降是造成雷电现象的原因，也是无线电操纵和跟踪装置在工作时受到强烈干扰的原因。

气溶胶在工业、农业、国防和其他领域都已得到广泛的应用。例如，将液体燃料喷成雾状可加快燃烧速率并提高燃料的利用率。喷雾干燥可提高产品质量，已广泛应用于医药、食品及化工生成。农业上，将农药制成气溶胶进行喷洒可提高药效、降低药品的消耗；利用气溶胶进行人工降雨，可帮助人们战胜旱情灾害。

【知识扩展】

传播新冠病毒的气溶胶是如何形成的？传播能力受什么影响？

人在咳嗽、打喷嚏、说话乃至正常呼吸时都会释放气溶胶。研究人员通过对新冠疫情流行期间超级传播事件和其他类型呼吸道疾病的研究发现，气溶胶才是大多数呼吸道疾病最有可能的主要传播途径。呼吸道产生气溶胶的两种机制包括：①上呼吸道内壁上黏液在呼吸气湍流剪切作用和呼吸道机械振动作用下形成液滴；②下呼吸道狭窄气道开合时形成液膜并在气流的冲击作用下破碎形成液滴。由于新冠病毒感染者的呼吸道分泌液中含有大量病毒，这些病毒会伴随呼吸道内产生的气溶胶排出体外。大多数由呼吸道产生的气溶胶尺寸都小于 5 μm，这使得它们能够深入细支气管和肺泡区并在此沉积。研究也发现病毒在 5 μm 以下的气溶胶中更易富集。因为气溶胶的传播能力受到气流和通风的影响，所以确保足够的通风率、过滤和避免再循环有助于减少传染性气溶胶中的新冠病毒在空气中传播。

关 键 词

布朗运动	Brownian motion	胶核	colloidal nucleus
沉降电势	sedimentation potential	胶粒	colloidal particle
沉降平衡	sedimentation equilibrium	胶体	colloid
动电电位（ζ电势）	electrokinetic potential（zeta-potential）	胶团	colloidal micelle
电动现象	electrokinetic phenomena	扩散	diffusion
丁铎尔现象	Tyndall phenomenon	流动电势	streaming potential
缔合胶体	association colloid	泡沫	foam
电渗	electroosmosis	气溶胶	aerosol
电泳	electrophoresis	亲液胶体	lyophilic colloid
法扬斯规则	Fajans rule	溶胶	sol
分散介质	disperse medium	乳化剂	emulsifying agent
分散相	disperse phase	乳状液	emulsion
分散系统	disperse system	双电层	double electric layer
聚沉	coagulation	絮凝作用	flocculation
聚沉值	coagulation value	疏液胶体	lyophobic colloid

本章内容小结

胶体分散系统是指分散相粒径为1～100 nm的分散系统，分为疏液胶体（溶胶）、亲液胶体（大分子溶液）以及缔合胶体，其中溶胶是一类非常重要的胶体分散系统。与其他分散系统相比，溶胶具有三个基本特征：特有的分散度、多相性（相不均匀性）和热力学不稳定性，这些性质决定了溶胶特殊的动力学性质、光学性质和电学性质。

溶胶的动力学性质包括溶胶中粒子的布朗运动，以及由此而产生的扩散、渗透以及在外力场中的沉降平衡等性质。

溶胶的光学性质与其对光的散射和吸收有关，也是溶胶特殊的分散度和相不均匀性在宏观上的反映，表现为溶胶具有独特的丁铎尔现象，可用以区分溶胶与其他分散系统。

溶胶的电学性质是溶胶的重要性质，也是溶胶具有相对稳定性的主要原因，包括电泳、电渗、流动电势以及沉降电势，统称为电动现象。溶胶之所以产生电动现象，与其特殊的结构有关。溶胶的结构由三部分组成：胶核、吸附层和扩散层，由于吸附层与扩散层带相反电荷，在胶粒界面上形成了双电层结构，产生了ζ电势，ζ电势是溶胶稳定的主要因素。

决定溶胶稳定性的因素除了电学稳定作用外，还有动力学稳定性和溶剂化稳定作用。但溶胶的稳定性是相对的，许多因素会导致溶胶聚沉。例如，加入电解质或电性相反的溶胶都会破坏溶胶的稳定性。此外，大分子化合物也会使溶胶因絮凝作用而发生聚沉。

本章习题
参考答案

本章习题

一、选择题

1. 在新生成的$Fe(OH)_3$沉淀中，加入少量的稀$FeCl_3$溶液，可使沉淀溶解，这种现象是（　　）。

A. 敏化作用　　B. 乳化作用　　C. 加溶作用　　D. 胶溶作用

2. 新鲜制备的溶胶需要净化，其目的是（　　）。

A. 去除杂质，提高溶胶的纯度　　B. 去除过多的电解质，保持溶胶稳定性

C. 去除过多的溶剂，增加溶胶的浓度　　D. 去除过小的胶粒，保持粒子大小的一致性

3. 丁铎尔现象的本质是胶体粒子对光的______作用，此时粒子的直径______入射光的波长（　　）。

A. 散射、小于　　B. 散射、大于　　C. 反射、小于　　D. 反射、大于

4. 溶胶的电动现象主要取决于（　　）。

A. 热力学电势　　B. ζ电势　　C. 扩散层电势　　D. 紧密层电势

5. 区别溶胶与真溶液及悬浮液最简单而灵敏的方法是（　　）。

A. 超显微镜测定粒子大小　　B. 乳光计测定粒子浓度

C. 观察丁铎尔现象　　D. 测定电泳速率

6. 电渗现象表明（　　）。

A. 胶体粒子是电中性的　　B. 分散介质是电中性的

C. 分散介质是带电的　　D. 胶体粒子是带电的

7. 明矾净水的主要原理是（　　）。

A. 电解质对溶胶的稳定作用　　B. 溶胶的相互聚沉作用

C. 对电解质的敏化作用　　D. 电解质的对抗作用

8. 对于带正电的 $Fe(OH)_3$ 和带负电的 Sb_2S_3 溶胶系统的相互作用，下列说法正确的是（　　）。

A. 混合后一定发生聚沉

B. 混合后不可能聚沉

C. 聚沉与否取决于 Fe 和 Sb 结构是否相似

D. 聚沉与否取决于正、负电荷量是否接近或相等

9. 将 0.012 L 浓度为 0.02 $mol \cdot L^{-1}$ 的 KCl 溶液和 100 L 浓度为 0.005 $mol \cdot L^{-1}$ 的 $AgNO_3$ 溶液混合制备的溶胶，其胶粒在外电场的作用下电泳的方向是（　　）。

A. 向正极移动　　B. 向负极移动　　C. 不规则运动　　D. 静止不动

10. 在 H_3AsO_3 的稀溶液中，通入过量的 H_2S 气体，生成 As_2S_3 溶胶。用下列物质聚沉，其聚沉值大小顺序是（　　）。

A. $Al(NO_3)_3 > MgSO_4 > K_3Fe(CN)_6$　　B. $MgSO_4 > K_3Fe(CN)_6 > Al(NO_3)_3$

C. $MgSO_4 > Al(NO_3)_3 > K_3Fe(CN)_6$　　D. $K_3Fe(CN)_6 > MgSO_4 > Al(NO_3)_3$

二、填空题

1. 根据分散相粒子大小分类，分散系统可分为__________、__________和__________。胶体分散系统可分为__________、__________和__________。

2. 溶胶的基本特征是__________、__________和__________。

3. 胶体分散系统的分散相粒子大小为__________。

4. 泡沫是以________为分散相，__________为分散介质的分散系统。

5. 在空气、大分子溶液、蔗糖水溶液和硅胶溶胶四种分散系统中，丁铎尔效应最强的是__________，其次是__________。

6. 在外加电场作用下，胶粒在分散介质中的移动称为__________。

7. 用 $AgNO_3$ 和 KI 反应制备 AgI 溶胶，当 KI 过量时，胶团结构式为__________。当 $AgNO_3$ 过量时，胶团结构式为__________，在电泳实验中该溶胶的胶粒向______移动（填“正极”或“负极”）。

8. 向 $Al(OH)_3$ 溶胶中加入 KCl，当 KCl 浓度为 0.08　$mol \cdot L^{-1}$ 时恰好完全聚沉，若加入 $K_2C_2O_4$，其浓度为 0.004　$mol \cdot L^{-1}$ 时恰好完全聚沉，$Al(OH)_3$ 溶胶所带电荷符号为__________（填“正”或“负”）。

9. 在溶胶中加入足够数量的大分子化合物，对溶胶起________作用，若加入极少量的大分子化合物，对溶胶具有________作用。

10. 将 5 ml 10% $FeCl_3$溶液慢慢加入沸水中，煮沸 2 min，则制得__________溶胶，其溶胶带电符号为____________。

三、判断题

1. 胶体分散系统不一定都是多相系统。(　　)
2. 大分子溶液和溶胶都是热力学稳定系统。(　　)
3. 溶胶是热力学不稳定系统，但具有动力学稳定性。(　　)
4. 超显微镜观察到的粒子仅是粒子对光散射闪烁的光点。(　　)
5. 大分子溶液的光散射现象弱，是因为粒子的直径远大于入射光波长。(　　)
6. 溶胶渗析得越干净越好。(　　)
7. 电解质对溶胶的聚沉作用主要取决于反离子的价数。(　　)
8. 制备溶胶的必要条件是分散相的溶解度大，且必须有稳定剂存在。(　　)
9. 电解质对溶胶的聚沉能力常用聚沉值表示。若某电解质的聚沉值越大，对溶胶的聚沉能力越强。(　　)
10. 加入电解质可以使溶胶稳定，也可以使溶胶聚沉，两者是矛盾的。(　　)

四、简答题

1. 为什么明矾能使浑浊的水澄清？
2. 江河入海处，为什么会形成三角洲？
3. 在 NaOH 溶液中用 HCHO 还原 $HAuCl_4$可制得金溶胶，其中 $NaAuO_2$为金溶胶的稳定剂，试写出该金溶胶的胶团结构式。

$$HAuCl_4 + 5NaOH \longrightarrow NaAuO_2 + 4NaCl + 3H_2O$$

$$2NaAuO_2 + 3HCHO + NaOH \longrightarrow 2Au(\text{溶胶}) + 3HCOONa + 2H_2O$$

4. 将过量的 H_2S 通入足够稀的 As_2O_3溶液中制备硫化砷（As_2S_3）溶胶。写出该胶团结构式，并指明胶粒的电泳方向，比较电解质 NaCl、$MgCl_2$、$MgSO_4$对该溶胶聚沉能力的大小。

五、计算题

1. 斯韦德贝里用超显微镜将半径为 52 nm 的金溶胶粒摄影在感光片上，在时间间隔为 9 s 时，测定$\bar{x}$为 8.2 μm，若溶胶的黏度近似为 1.1 mPa·s，实验温度为 298.15 K，据此计算阿伏伽德罗常数。

2. 293 K 时，试计算粒子半径分别为$r_1 = 10^{-4}$ m，$r_2 = 10^{-7}$ m，$r_3 = 10^{-9}$ m 的某溶胶粒子下沉 0.1 m 所需的时间和粒子浓度降低一半的高度。已知分散介质的密度$\rho_0 = 10^3\ kg \cdot m^{-3}$，粒子的密度$\rho = 2 \times 10^3\ kg \cdot m^{-3}$，介质的黏度为$\eta = 0.001\ Pa \cdot s$。

3. 在实验室用相同的方法制备两份浓度不同的硫溶胶，测得两份硫溶胶的散射光强度比为$\frac{I_1}{I_2} = 10$。已知第一份溶胶的浓度$c_1 = 0.1 mol \cdot L^{-1}$，设入射光的频率和强度等实验条件都相同，试求第二份溶胶的浓度 c_2。

4. 在 $AgNO_3$溶液（浓度为 0.015 mol·L^{-1}，体积为 50 ml）中，缓慢滴加 0.01 mol·L^{-1}的 KCl 溶液 20 ml，制备 AgCl 溶胶。

（1）判断溶胶胶粒的带电符号，为什么？

（2）写出溶胶的胶团结构式，标明胶核、胶粒。

5. 由电泳实验测得 Sb_2S_3溶胶（近似为球形）在电压为 32 V（两电极相距 40 cm），通电时间为 60 min 时，引起溶胶界面向正极移动 0.7 cm，该溶胶分散介质的相对介电常数为$\varepsilon_r = 81$，真空介电常数$\varepsilon_0 = 8.85 \times 10^{-12} F \cdot m^{-1}$，黏度为$1.1 \times 10^{-3}$ Pa·s，试根据实验数据计算此 Sb_2S_3溶胶的ζ电势。

第7章能力提升练习题及其参考答案

（张占欣　刘熙秋）

第 8 章 大分子溶液

学习基本要求

1. 掌握 大分子化合物的结构特点、溶解特性及平均摩尔质量的四种表示方法；大分子电解质溶液的唐南平衡及渗透压。

2. 熟悉 大分子溶液的性质及黏度；大分子电解质溶液的特性。

3. 了解 牛顿流体和非牛顿流体的流变曲线；凝胶的结构及性质。

8.1 大分子化合物

大分子（macromolecule）化合物一般是指平均摩尔质量大于 10 $kg\cdot mol^{-1}$、分子大小为 1～100 nm 的化合物。大分子化合物包括天然大分子化合物（如蛋白质、核酸、淀粉等）和人工合成大分子化合物（如塑料、合成橡胶、黏合剂等）。大分子化合物在人类的生命活动、生产生活中发挥着十分重要的作用，在医药领域的应用也非常广泛。大分子化合物既可直接作为药物使用，也可用作小分子药物的载体材料来改善药物的疗效，此外，药物制剂中常用的辅料、赋形剂、囊材料、包衣材料等也是大分子化合物。

8.1.1 大分子化合物的结构特点

大分子化合物因具有较大的相对分子质量及特殊的结构，使其具备了小分子化合物所欠缺的一系列独特的性质。

大分子是由成百上千个相同或不同的小分子（单体）通过化学键连接而成的具有许多重复结构单元的分子，这些重复的结构单元称为链节（chain unit），链节重复的数目称为聚合度（degree of polymerization）。例如，淀粉$(C_6H_{10}O_5)_n$ 是由许多葡萄糖分子通过糖苷键连接而成，分子中的结构单元$(C_6H_{10}O_5)$为链节，n 为聚合度。大分子化合物的分子形状可分为线型和体型两种。如图 8-1 所示，线型大分子的结构特征是分子中的原子以共价键互相连接成一条长链，若长链上不含支链，则为直链型；若长链上含有支链，则为支链型。体型大分子是线型大分子链上存在的可相互作用的官能团在一定条件下交联成三维空间的网状结构，故又称网状大分子。

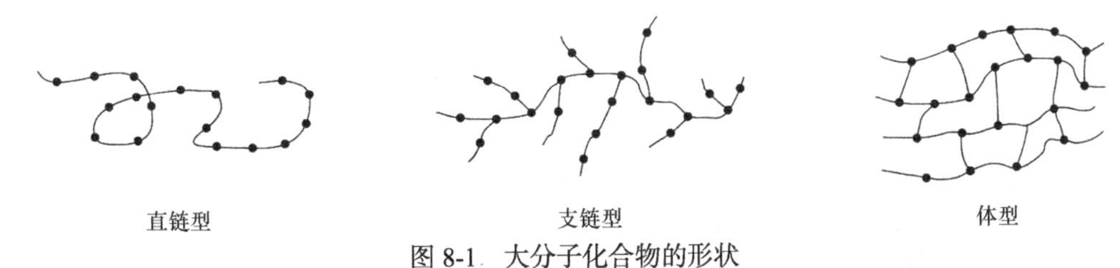

图 8-1 大分子化合物的形状

与小分子化合物相比，大分子化合物的结构要复杂得多，包括大分子链结构和大分子聚集态结构两部分。链结构是指单个分子的结构和形态，聚集态结构是指大分子链间的排列和堆砌结构，在此仅介绍大分子的链结构。大分子链结构即分子内结构，指大分子的化学组成、立体结构以及分子的大小和形态，包含近程结构和远程结构。

微课 8-1

1. 近程结构 又称一级结构，是指分子链中与结构单元直接相关的结构信息，涉及大分子的组成和构型。组成包括大分子结构单元的化学组成、键接顺序、链的交联和支化等。构型主要研究分子中由化学键所固定的原子在空间的排布规律。大分子的近程结构能直接影响大分子的某些理化性质，如熔点、密度、黏度、溶解度等。

微课 8-2

2. 远程结构 又称二级结构，研究的是整个大分子链的结构状态，包括链的长短及形态。链的长短决定了大分子化合物摩尔质量的大小及分布。链的形态则是由大分子主链的构象决定的。大分子链中含有许多单键，这些单键可围绕键轴旋转，称为内旋转（internal rotation）。内旋转使得大分子长链在每时每刻都具有不同的构象，由于分子热运动，各种构象之间快速转换，达到平衡时呈现无规则线团、螺旋链、折叠链等。在溶液中，大分子化合物最常见的链形态是无规则线团。

3. 大分子的柔顺性 由于分子内单键的内旋转使大分子链表现出不同程度卷曲的特性称为大分子的柔顺性（flexibility）。大分子中的C—C单键为σ键，键角109°28′。如图8-2所示，当C_1—C_2单键以自身为轴进行内旋转时，与之相邻的C_2—C_3单键在固定的键角下绕C_1—C_2单键旋转，其轨迹是一个圆锥面；同样，C_3—C_4单键在固定的键角下绕C_2—C_3单键旋转，以此类推。大分子链是由许多个C—C单键组成，任何一个C—C单键的内旋转必然引起周围C—C单键的旋转。这些相互影响的若干链节的集合体，可看作是主链上能独立运动的小单元，称为链段（chain segment），而大分子链就是由很多链段组成的活动整体（图8-3）。链段的长度可以用来衡量大分子的柔顺性，大分子所含的链段越短越多，大分子的柔顺性越好；反之，柔顺性就越差。

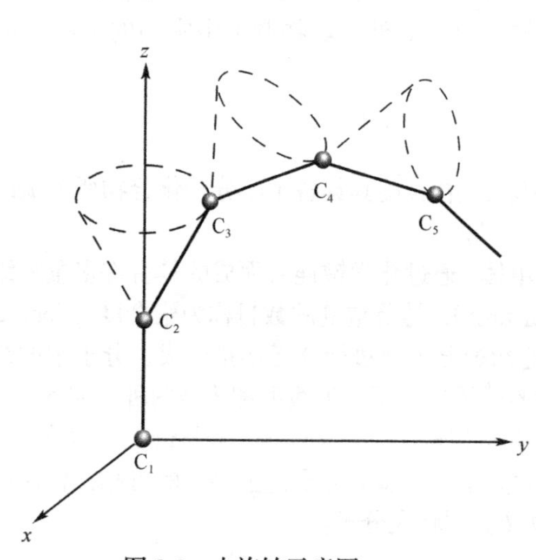

图8-2 内旋转示意图

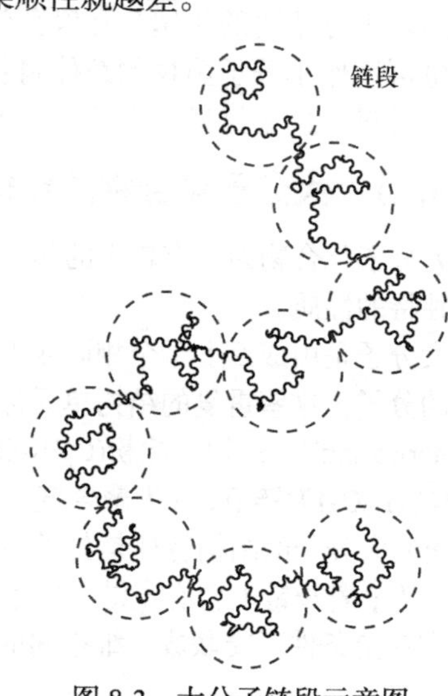

图8-3 大分子链段示意图

影响大分子柔顺性的因素很多，主要包括：

（1）主链结构：若主链的主要结构为C—C单键，大分子的柔顺性较好；若主链含有较多的碳碳双键、三键或芳香环结构，这些键内旋转不容易，则整个分子刚性变强，柔顺性变差。

（2）取代基：若大分子链上连有极性较大的基团，相互作用力增大，分子的内旋转受阻，柔顺性变差。此外，取代基的对称性及体积对柔顺性也有一定的影响。

（3）分子交联：大分子间相互交联成空间网状结构使内旋转能力变弱，柔顺性降低。交联度越高，柔顺性越差。

（4）氢键：分子内和分子间形成的氢键削弱大分子的内旋转能力，导致柔顺性降低。例如，互补的单链DNA通过氢键形成的双链DNA具有更强的刚性。

（5）温度：温度越高，分子热运动能量越大，大分子的内旋转越自由，构象数越多，柔顺性越大。

（6）溶剂：若溶剂与大分子间的相互作用力大于链间内聚力，大分子的无规则线团会舒展，柔顺性增强，该类溶剂称为良溶剂。反之，溶剂与大分子间的相互作用力小于链间内聚力，大分子线团会紧缩，柔顺性减弱，该类溶剂为不良溶剂。

8.1.2 大分子化合物的平均摩尔质量

无论天然还是合成大分子，都是具有不同聚合度的大分子混合物，其摩尔质量具有一定的分布范围，故用平均摩尔质量表示。使用不同测定方法获得的平均摩尔质量具有不同的统计学意义。

1. 数均摩尔质量 假设某大分子化合物中含有多种聚合度不同的同系大分子，其数目用物质的量表示分别为 n_1、n_2、…、n_i，相应的摩尔质量分别为 M_1、M_2、…、M_i，按照分子数目进行统计平均得到的平均摩尔质量称为数均摩尔质量（number-average molecular weight），用 M_n 表示。用依数性测定法和端基分析法测得的通常为数均摩尔质量。

$$M_n = \frac{n_1M_1 + n_2M_2 + \cdots + n_iM_i}{n_1 + n_2 + \cdots + n_i} = \frac{\sum_i n_iM_i}{\sum_i n_i} \tag{8-1}$$

2. 质均摩尔质量 设某大分子化合物含有摩尔质量为 M_1、M_2、…、M_i 的大分子，其相应的质量分别为 m_1、m_2、…、m_i，按照分子质量进行统计平均，即为质均摩尔质量（mass-average molecular weight），用 M_m 表示，可由光散射法测得。

$$M_m = \frac{m_1M_1 + m_2M_2 + \cdots + m_iM_i}{m_1 + m_2 + \cdots + m_i} = \frac{\sum_i m_iM_i}{\sum_i m_i} = \frac{\sum_i n_iM_i^2}{\sum_i n_iM_i} \tag{8-2}$$

3. *z* 均摩尔质量 z 值的定义为 $z_\mathrm{i} = m_\mathrm{i}M_\mathrm{i}$。按照 z 值进行统计平均得到的平均摩尔质量称为 z 均摩尔质量（*z*-average molecular weight），用 M_z 表示，可用超离心沉降法测得。

$$M_z = \frac{z_1M_1 + z_2M_2 + \cdots + z_iM_i}{z_1 + z_2 + \cdots + z_i} = \frac{\sum_i z_iM_i}{\sum_i z_i} = \frac{\sum_i n_iM_i^3}{\sum_i n_iM_i^2} \tag{8-3}$$

4. 黏均摩尔质量 用黏度法测得的平均摩尔质量称为黏均摩尔质量（viscosity-average molecular weight），用 M_η 表示。

$$M_\eta = \left(\frac{\sum_i m_iM_i^\alpha}{\sum_i m_i}\right)^{\frac{1}{\alpha}} = \left(\frac{\sum_i n_iM_i^{(\alpha+1)}}{\sum_i n_iM_i}\right)^{\frac{1}{\alpha}} \tag{8-4}$$

式（8-4）中，α 为常数，是公式 $[\eta] = KM_\eta^\alpha$ 中的指数，其值通常为 0.5～1.0。黏均摩尔质量没有明确的统计学意义，但是黏度法在测定大分子的平均摩尔质量方面应用范围广，方法简便，有实用价值。

由于大分子化合物分子大小的不均一性，仅用平均摩尔质量不足以表现大分子化合物的分子质量特征，还需要明确其摩尔质量分布。通常以 M_m/M_n 比值来表示摩尔质量的分布情况：M_m/M_n 比值为 1 时，是单级分散系统；M_m/M_n 比值偏离 1 越多，多级分散性越明显。对于单级分散系统，$M_m = M_n = M_z$。而多级分散系统，$M_z > M_m > M_n$。

平均摩尔质量是大分子化合物的重要参数，它不仅能影响其溶液的理化性质，而且还影响到某些药用大分子在体内的代谢及排泄。如药用右旋糖酐，若平均摩尔质量大于 70 $kg \cdot mol^{-1}$ 则不易从体内排出。

例 8-1 某大分子化合物中含有摩尔质量为 20 $kg \cdot mol^{-1}$ 的分子 10 mol，摩尔质量为 50 $kg \cdot mol^{-1}$ 的分子 7 mol，摩尔质量为 100 $kg \cdot mol^{-1}$ 的分子 3 mol。设 $\alpha = 0.8$，试计算该大分子化合物的平均摩尔质量 M_n、M_m、M_z 和 M_η。

解：

$$M_n = \frac{\sum_i n_i M_i}{\sum_i N_i} = \frac{10 \times 20 + 7 \times 50 + 3 \times 100}{10 + 7 + 3} = 42.5(\text{kg} \cdot \text{mol}^{-1})$$

$$M_m = \frac{\sum_i n_i M_i^2}{\sum_i n_i M_i} = \frac{10 \times 20^2 + 7 \times 50^2 + 3 \times 100^2}{10 \times 20 + 7 \times 50 + 3 \times 100} = 60.6(\text{kg} \cdot \text{mol}^{-1})$$

$$M_z = \frac{\sum_i n_i M_i^3}{\sum_i n_i M_i^2} = \frac{10 \times 20^3 + 7 \times 50^3 + 3 \times 100^3}{10 \times 20^2 + 7 \times 50^2 + 3 \times 100^2} = 76.8(\text{kg} \cdot \text{mol}^{-1})$$

$$M_\eta = \left(\frac{\sum_i n_i M_i^{(\alpha+1)}}{\sum_i n_i M_i} \right)^{\frac{1}{\alpha}} = \left(\frac{10 \times 20^{1.8} + 7 \times 50^{1.8} + 3 \times 100^{1.8}}{10 \times 20 + 7 \times 50 + 3 \times 100} \right)^{\frac{1}{0.8}} = 58.9(\text{kg} \cdot \text{mol}^{-1})$$

8.1.3 大分子化合物的溶解特性

小分子化合物的溶解是小分子与溶剂相互渗透扩散的过程，该过程比较迅速。大分子化合物由于分子大、结构复杂，溶解过程要比小分子复杂得多。

大分子溶液的形成要经过溶胀和溶解两个阶段（图 8-4）。首先，大分子化合物与溶剂发生溶剂化作用，溶剂分子慢慢进入到大分子内部，使大分子卷曲的线链状结构舒张，体积膨胀，该过程称为溶胀（swelling）。溶胀后的大分子链间相互作用力减弱，大分子在溶剂中充分舒张并能自由运动，即形成大分子溶液，该过程为大分子化合物的溶解。由于大分子化合物的溶解要先经过溶胀过程，故一般需要较长的时间，通常可通过加热、搅拌或超声等方式加快大分子的溶解。

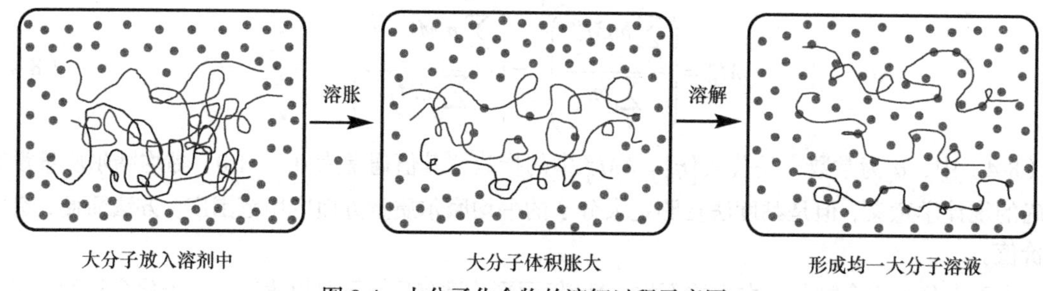

图 8-4 大分子化合物的溶解过程示意图

大分子化合物在溶剂中先溶胀后溶解的特性是由其结构决定的，与大分子化合物的分子大小及结构有密切的关系。一般情况下，大分子化合物的摩尔质量越大，溶解度就越小。其原因是，大分子之间的内聚力随着摩尔质量的增加而增大。对于线型大分子，在良溶剂中能无限吸收溶剂使大分子最终溶解形成均匀的溶液，该过程可看作是大分子化合物“无限溶胀”的结果。而对于交联的具有三维网状结构的体型大分子化合物，吸收一定量的溶剂后便不再吸收溶剂，系统始终保持两相平衡状态，该过程称为“有限溶胀”。

大分子溶液的形成过程除了与大分子本身的结构有关，溶剂的选择也非常关键。在选择溶剂时，通常可参考以下原则：

（1）极性相似原则：根据“相似相溶”原理，选择极性大小与大分子极性相近的溶剂更有利于溶解，即选择极性溶剂溶解极性大分子，非极性溶剂溶解非极性大分子。

（2）溶度参数相近原则：溶度参数 δ 为内聚能密度的平方根，是分子间相互作用的量度，可作为溶剂选择的重要依据。通常大分子与溶剂的溶度参数越接近，大分子越容易溶解。一些大分子化合物和溶剂的溶度参数见表 8-1。

（3）溶剂化原则：溶质与溶剂混合产生的相互作用力大于溶质之间的内聚力时，溶质分子彼此分离与溶剂分子结合的作用称为溶剂化作用。溶剂化原则的实质是溶质和溶剂之间的广义酸碱作用，若大分子含有较多亲电基团，则易溶于含有亲核基团的溶剂中；若大分子中含有较多的亲核基团，则易溶于含有亲电基团的溶剂中。

表 8-1　一些大分子化合物和溶剂的溶度参数

大分子化合物	$\delta_m\left(J^{1/2}\cdot cm^{-3/2}\right)$	溶剂	$\delta_m\left(J^{1/2}\cdot cm^{-3/2}\right)$
聚乙烯	16.2	乙醚	15.7
聚丙烯	16.6	环己烷	16.8
聚碳酸酯	19.4	苯	18.7
聚醋酸乙烯酯	19.6	氯仿	19.0
聚氯乙烯	19.8	二氯甲烷	19.8
纤维素	32.1	乙二醇	32.1
聚乙烯醇	47.8	水	47.3

思考题 8-1
参考答案

【思考题 8-1】　请从结构及性质两个方面对比分析大分子与小分子化合物的差别。

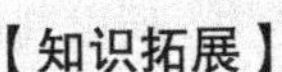

【知识拓展】　淀粉的溶解特性

淀粉粒在水中加热（一般 60～80℃），会逐渐溶胀、开裂，最后形成均匀的糊状，称为糊化。糊化过程中淀粉粒吸水膨胀，可以达到原始体积的 50～100 倍。利用该特性，可以将淀粉作为崩解剂，在制作药物片剂时加入。当淀粉在胃肠液中溶胀，就会使片剂碎裂成细小颗粒，使其中的药物得以迅速吸收。淀粉属于多糖，在水中不能形成真溶液，只能形成胶体。直链淀粉可溶于热水，支链淀粉不溶于热水，但更容易糊化，而且糊化形成的胶体黏度更高。糊化后的淀粉胶体溶液如果逐渐降温，淀粉分子会重新排列成更紧密的晶体结构而发生沉淀，称为老化或回生。直链淀粉线性区域长，更容易整齐排列，所以容易老化，而且老化后难以再次溶解。支链淀粉不易老化，所以烹饪上用淀粉糊勾芡时一般会选择支链淀粉含量较高的淀粉，如马铃薯淀粉；而制作粉丝、粉皮时就要选择直链淀粉含量高的豆类淀粉。

知识梳理 8-1 大分子化合物

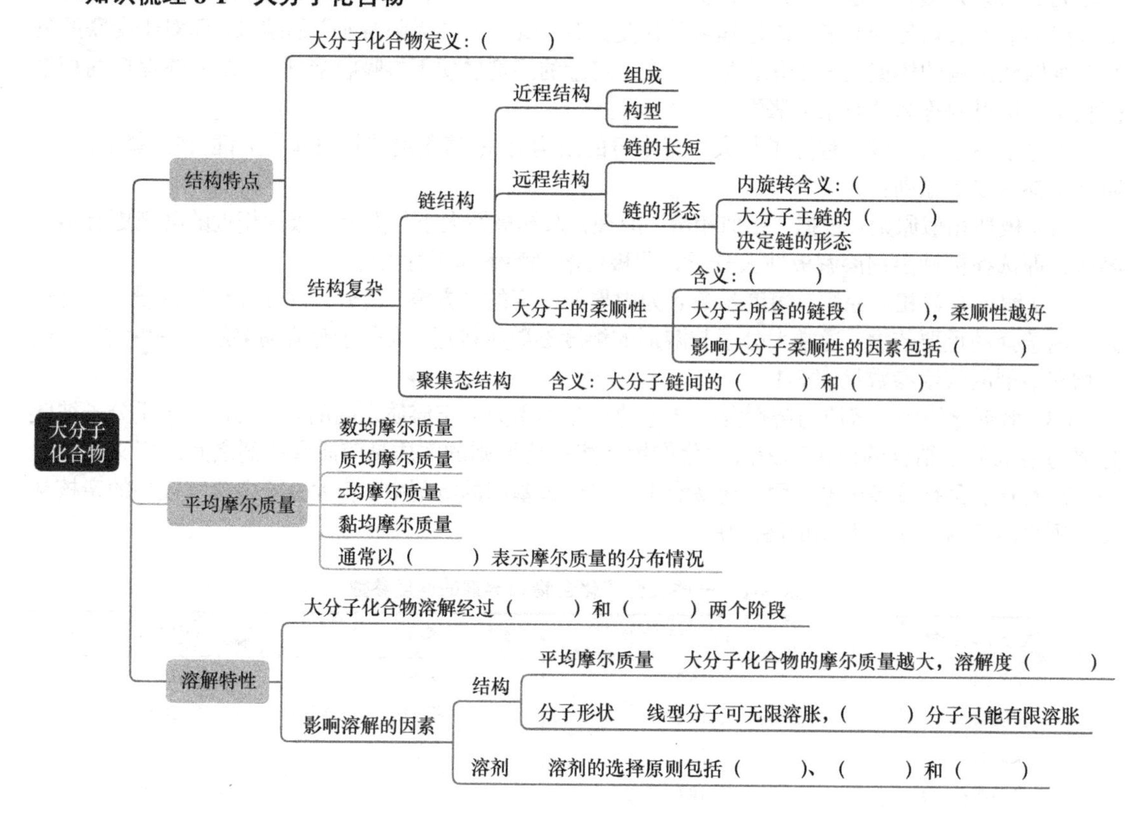

8.2 大分子溶液

8.2.1 大分子溶液的基本性质

大分子溶液是由大分子化合物和溶剂混合形成的分散系统，是大分子与溶剂分子均匀混合的状态，没有相界面，是热力学稳定系统，属于真溶液。但由于大分子较大且呈线链状结构，所以其性质有别于小分子溶液，如不能透过半透膜、扩散速度慢、溶液黏度较大等。单个大分子的大小达到胶体颗粒大小的范围，因此大分子溶液也表现出一些类似溶胶的性质，但是，大分子溶液与溶胶也有区别。大分子溶液无明显的相界面，呈现出不同于溶胶的丁铎尔效应。另外，大分子溶液是热力学稳定系统，而溶胶是热力学不稳定系统，这也是两者之间最主要的区别。大分子溶液与小分子溶液以及溶胶的性质比较见表 8-2。

表 8-2 小分子溶液、溶胶及大分子溶液性质比较

性质	小分子溶液	溶胶	大分子溶液
分散相大小	<1 nm	1～100 nm	1～100 nm
相界面	无相界面	有相界面	无相界面
丁铎尔效应	无	强	弱
能否通过半透膜	能	不能	不能
扩散速率	快	慢	慢
黏度	小	小	大
渗透压	小	小	大（与相同浓度的小分子溶液比较）
电解质敏感程度	不敏感	很敏感	不太敏感（大分子电解质溶液除外）

8.2.2　大分子溶液的渗透压

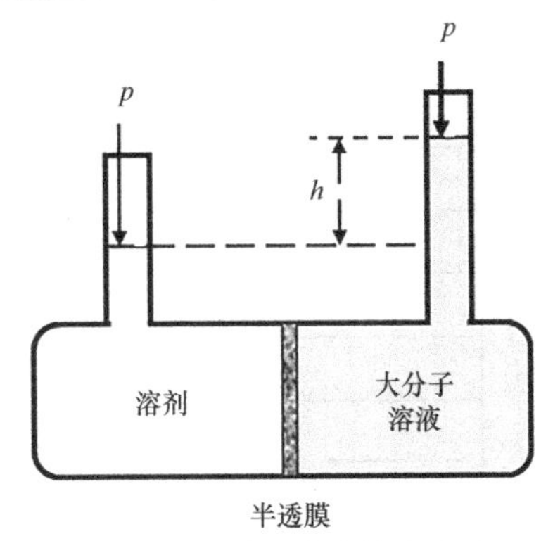

图 8-5　大分子溶液的渗透压

如图 8-5 所示，用半透膜将纯溶剂与大分子溶液隔开，大分子不能通过半透膜，溶剂能透过半透膜。由于溶剂在膜两边的化学势不相等，会透过半透膜自左向右扩散，直至两侧溶剂的化学势相等。达到平衡后，右侧液面高于左侧液面，高出的液柱所施加的压力就是大分子溶液的渗透压。

大分子溶液一般浓度较低，含有溶质的分子数相对较少，但大分子的柔顺性和溶剂化，使大分子溶液的渗透压比相同浓度的小分子溶液大得多。故可利用渗透压法测定大分子化合物的数均摩尔质量，测定范围一般为 10～1000 $\mathrm{kg \cdot mol^{-1}}$。

对于理想的非电解质大分子稀溶液，渗透压的计算公式为：

$$\Pi = RTc \tag{8-5}$$

但在实际大分子溶液中，大分子与溶剂之间有明显的溶剂化效应，使得真实的渗透压值偏离理想溶液渗透压。在这种情况下，大分子溶液的渗透压公式可用维利公式校正：

$$\Pi = RT\left(\frac{c}{M_n} + A_2c^2 + A_3c^3 + \cdots\right) \tag{8-6}$$

A_2、A_3 为维利系数。式（8-6）中浓度 c 的单位为 $\mathrm{kg \cdot m^{-3}}$。

当大分子溶液浓度较低时，A_3c^3 项之后可忽略不计，则式（8-6）简化为：

$$\Pi = RT\left(\frac{c}{M_n} + A_2c^2\right) \tag{8-7}$$

将式（8-7）做进一步处理，得：

$$\frac{\Pi}{c} = \frac{RT}{M_n} + A_2RTc \tag{8-8}$$

以 Π/c 对 c 作图，得一条直线，该直线的截距为 RT/M_n，由此可计算出大分子的数均摩尔质量 M_n。

大分子溶液的渗透压在临床检验中具有十分重要的应用，测定血或尿液的渗透压有助于一些疾病的诊断。例如，血浆渗透压增高多见于高血糖、高钠血症、尿毒症等，尿液的渗透压增高则多见于脱水、充血性心力衰竭、高钾血症和休克等。

8.2.3　大分子溶液的流变性

微课 8-3

流变性（rheological property）是指物质在外力作用下发生变形或流动的性质。研究大分子溶液的流变现象并掌握相关的流变规律具有十分重要的意义。例如，人体正常的血液循环要求血液黏度保持在一定范围内，而血液流变性的改变可能是由冠心病、血栓、白血病等引起的，因此测定血液的黏度和流变性有助于疾病的诊断和预防。在药物制剂的处方设计、制备工艺、质量控制等方面也需要考虑流变性的相关内容，在乳剂、糊剂、栓剂、混悬剂、凝胶剂、软膏剂等剂型的生产过程中，液体及半固体的流动速度、稳定性、涂展性、灌装难易度等也与流变性相关。

1. 大分子溶液的黏度　流体的流动可以看作是无数个平行移动的液层，假设每个液层都以一定的速度向前流动，那么以不同速度流动的相邻两个液层之间会产生内摩擦力，使液体具有一定的黏滞性，内摩擦力越大，液体的黏性越大。黏度（viscosity）是衡量液体黏性或内摩擦力的定量指标，也是反映液体流变性的重要物理量。

如图 8-6 所示，在两个近距离平行放置且面积很大的平板间盛满液体，将下平板固定，在上平板上施加外力 F（切力）使平板以速度 v 向 x 方向匀速移动。此时，平板间的液体分成无数平行的液层并以不同的速度向前移动，以不同长短的箭头表示移动速度的大小。相邻液层间因速度不同产

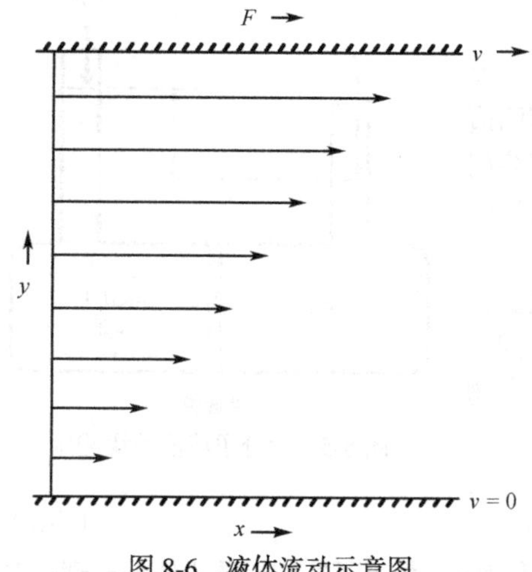

图 8-6 液体流动示意图

生内摩擦力，速度慢的液层阻滞速度快的液层移动，形成速度梯度 dv/dy（切速率）。实验证明，切力 F 与两液层的接触面积 A 及切速率 dv/dy 成正比，即：

$$F = \eta A \frac{dv}{dy} \tag{8-9}$$

如果用 τ（切应力）表示单位面积上的切力，则有：

$$\tau = \frac{F}{A} = \eta \frac{dv}{dy} \tag{8-10}$$

式（8-9）和式（8-10）称作牛顿（Newton）黏度公式。其中，比例系数 η 为溶液的黏度，单位是 $Pa \cdot s$ 或 $N \cdot m^{-2} \cdot s$，其物理意义是：使单位面积的液层保持速度梯度为 1 时所加的切力。

在大分子溶液中，常使用几种黏度的定义和名称见表 8-3。

表 8-3 大分子溶液黏度的几种表示方法*

名称	定义式	含义	单位
相对黏度 η_r（relative viscosity）	$\eta_r = \frac{\eta}{\eta_0}$	表示大分子溶液黏度对纯溶剂黏度的倍数	1
增比黏度 η_{sp}（specific viscosity）	$\eta_{sp} = \frac{\eta - \eta_0}{\eta_0} = \eta_r - 1$	表示大分子溶液黏度比纯溶剂黏度增加的相对值	1
比浓黏度 η_c（reduced viscosity）	$\eta_c = \frac{\eta_{sp}}{c}$	表示单位质量浓度的增比黏度	$m^3 \cdot kg$
特性黏度 $[\eta]$（intrinsic viscosity）	$[\eta] = \lim_{c \to 0} \frac{\eta_{sp}}{c} = \lim_{c \to 0} \frac{\ln \eta_r}{c}$	是溶液无限稀释时的比浓黏度，反映单个大分子对溶液黏度的贡献	$m^3 \cdot kg$

*η_0 纯溶剂黏度，η 溶液黏度，c 大分子溶液的质量浓度

相对黏度 η_r、增比黏度 η_{sp} 和比浓黏度 η_c 表示溶质对溶液黏度的影响，其数值大小与分散相粒子的大小、形状、浓度等因素有关。而特性黏度反映的是单个大分子对溶液黏度的贡献，其数值与溶液的浓度无关，只与大分子的结构、形态及分子大小有关。

通常情况下，大分子溶液的黏度比小分子溶液的黏度大得多，而且黏度随大分子溶液浓度的增加迅速增加，这是大分子溶液的重要特征之一。利用黏度法可测定大分子化合物的黏均摩尔质量。大分子溶液的增比黏度 η_{sp} 和特性黏度$[\eta]$与溶液浓度之间有如下关系：

$$\frac{\eta_{sp}}{c} = [\eta] + k_1 [\eta]^2 c \tag{8-11}$$

$$\frac{\ln \eta_r}{c} = [\eta] - k_2 [\eta]^2 c \tag{8-12}$$

测定不同浓度大分子溶液的黏度，以 η_{sp}/c、$\ln\eta_r/c$ 对浓度 c 作图（图 8-7），用外推法可得两条直线的截距均为$[\eta]$。在一定温度下，大分子溶液的平均摩尔质量与特性黏度$[\eta]$之间存在如下关系：

$$[\eta] = KM_\eta^\alpha \tag{8-13}$$

式中，K 和 α 是经验常数，与大分子和溶剂的性质有关，通常为 0.5～1。在 K 和 α 已知的情况下，只要测出溶液的特性黏度$[\eta]$，即可求得大分子化

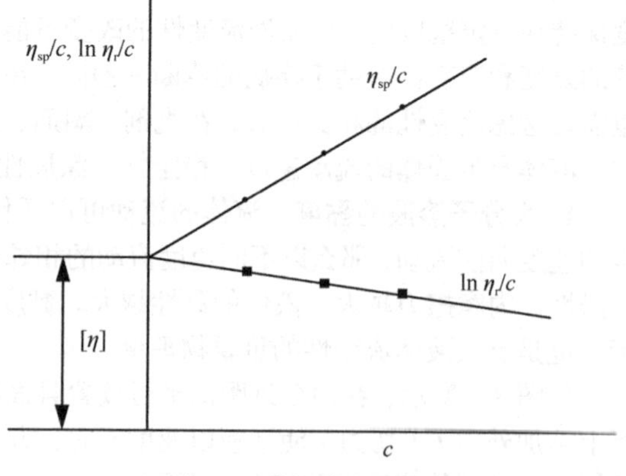

图 8-7 外推求$[\eta]$示意图

合物的黏均摩尔质量 M_η。

2. 流变曲线与流型 在流变学中，通常使用流变曲线研究流体的流变性。流变曲线是以切速率 d*v*/d*y* 为横坐标，切应力 τ 为纵坐标作图得到的曲线。根据流变曲线的不同，可以将流体分为以下几种：

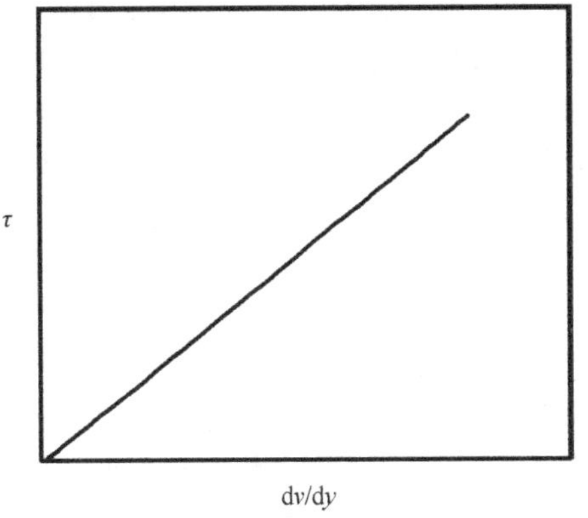

图 8-8 牛顿流体的流变曲线

（1）牛顿流体：符合牛顿黏度公式的流体称为牛顿流体，其他的流体都称为非牛顿流体。牛顿流体的流变曲线是一条通过原点的直线，直线的斜率即为流体的黏度（图 8-8）。牛顿流体的黏度是一个常数，与切应力及切速率无关，只与流体的温度有关，随着温度的升高，流体的黏度变小。大多数纯溶剂、小分子溶液、大分子稀溶液以及正常人的血清和血浆等属于牛顿流体。

（2）塑性流体：该类流体存在一个屈服值 τ_0，切应力未达到 τ_0 值时，流体只发生弹性形变而不流动。当切应力超过 τ_0 值后流体才开始流动，之后 τ 与 d*v*/d*y* 之间呈线性关系，表现出牛顿流体的性质。其流变曲线为一条不通过原点的曲线[图 8-9（a）]。塑性流体存在屈服值的原因是溶质离子之间因范德瓦耳斯力或氢键作用形成立体网络结构，该网络结构具有一定的强度，当切应力大到足以破坏网络结构时，流体才开始流动。药物制剂中，浓度较大的乳剂、混悬剂、单糖浆、涂剂等属于塑性流体。

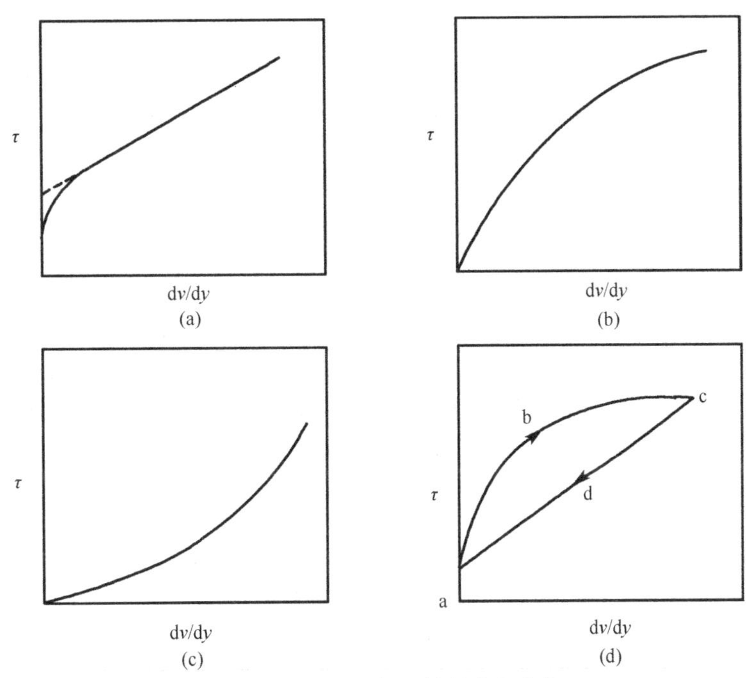

图 8-9 四种非牛顿流体的流变曲线

（a）塑性流体；（b）假塑性流体；（c）胀性流体；（d）触变性流体

（3）假塑性流体：该类流体的流变曲线是一条通过原点的凸形曲线[图 8-9（b）]。假塑性流体没有屈服值，黏度随切速率的增大而减小，即流体流动越快显得越稀，这种现象称为切稀现象。很多大分子溶液、乳液、混悬液都属于假塑性流体，如甲基纤维素、明胶、西黄蓍胶、淀粉溶液等。产生切稀现象的原因是大分子多为不对称粒子，静止时有各种取向，当切速率增加时，粒子的长轴转向流动方向，切速率越大转向越彻底，流动阻力随之下降。

（4）胀性流体：胀性流体的流变曲线与假塑性流体相反，是一条通过原点的凹形曲线[图 8-9（c）]。该类流体同样没有屈服值，黏度随切速率的增加而增大，即流体流动越快显得越黏稠，这个现象称为切稠现象。而且，流体的体积也会随着切速率的增加而增大，故称为胀性流体。胀性流体在静止时，分散相粒子排列紧密而有序，粒子间被溶剂占据的空隙体积极小。随着切速率的增加，有序的离子排列被打乱，粒子间相互挤压、碰撞甚至成团，形成多空隙的疏松排列，导致黏度增加，体积增大，有时甚至失去流动性。药物制剂中的胀性流体通常为含有大量固体微粒的糊剂、混悬液、栓剂等。

（5）触变性流体：该类流体的特点是静置时呈半固态状，搅拌或振摇时成为流体，其流变曲线是一条不过原点的封闭弓形曲线[图 8-9（d）]，开始类似于假塑性流体，随着切速率的增大，切应力由 a 经过 b 变为 c，溶液的黏度逐渐变小；在 c 点时逐渐降低切速率，切应力的变化并不会重复原来的路径，而是经 d 恢复到原来的状态。产生触变性的原因是流体静止时，流体中的质点相互形成空间网状结构，系统呈半固态状；在外力的作用下，空间网状结构被破坏，流体开始流动；消除外力时，停止流动，流体中的质点通过布朗运动相互碰撞，重新搭建网状结构。但网状结构恢复需要一定的时间，即存在时间的滞后，故流变曲线呈现弓形的封闭状。

思考题 8-2
参考答案

【思考题 8-2】 为什么大分子溶液的黏度比一般小分子溶液大得多？

【知识拓展】 流变学在药物制剂中的应用

药物制剂的许多性质都与流变特性密切相关。如乳剂和混悬剂，可通过增加连续相的黏度使系统具有一定的屈服值，以提高制剂的稳定性。对于软膏、凝胶等半固体制剂，除了具有适宜的黏度外，还应具有热敏性和触变性，以保证生产制剂过程中，通过升温或振动等方式提高系统的流动性，便于传输和灌装。而在使用过程中，外力涂抹时，因切稀作用使黏度降低，易于涂布。当外力停止后，黏度恢复，又可长时间黏附于用药部位发挥作用。因此，流变学理论在药剂学中发挥着十分重要的作用。

8.3 大分子电解质溶液

大分子电解质（macromolecular electrolyte）是指大分子链上带有可解离的基团，在溶液中能够解离成带电离子的大分子化合物。根据解离形成的大分子离子的带电情况，大分子电解质可分为：①阳离子型电解质：解离后大分子离子带正电荷；②阴离子型电解质：解离后大分子离子带负电荷；③两性型电解质：解离后的大分子链上同时带有正电荷和负电荷。常见的大分子电解质见表 8-4。

表 8-4 常见的大分子电解质

阴离子型	阳离子型	两性型
核酸	血红素	明胶
肝素	壳聚糖	卵清蛋白
果胶	聚赖氨酸	乳清蛋白
阿拉伯胶	聚乙烯亚胺	胃蛋白酶
西黄蓍胶	聚乙烯吡咯	γ-球蛋白
海藻酸钠	聚氨烷基丙烯酸甲酯	鱼精蛋白
羧甲基纤维素钠	聚乙烯-*N*-溴丁基吡啶	牛血清白蛋白

8.3.1 大分子电解质溶液的特性

大分子电解质溶液除了具有一般大分子溶液的性质外，因大分子链上连有带电基团，使其具有一些特殊的理化性质。

1. 高电荷密度和高度水化　在水溶液中，大分子电解质长链上带有许多含相同电荷的基团，使大分子链上具有很高的电荷密度。同时，大分子链上带电荷的极性基团通过静电作用吸引水分子，使水分子紧密排列在大分子链的周围。除了极性基团之外，部分被极化的疏水链周围也能形成水化层，这使得大分子电解质具有高度水化的特性。大分子电解质的高电荷密度使大分子链间通过静电作用相互排斥，另外水化膜具有弹性使大分子间不易靠近，大分子的这两种特性都对大分子电解质溶液起稳定作用。

2. 电黏性效应　大分子电解质具有高电荷密度和高度水化的性质，大分子链在溶液中由于静电排斥及水化膜的弹性作用使分子链扩展舒张，溶液的黏度迅速增大，这种现象称为电黏性效应（electroviscous effect）。由于电黏性效应与所带电荷密度有关，一些大分子电解质的电黏性效应具有很强的 pH 依赖性。两性大分子电解质，如蛋白质的带电性质与溶液的 pH 有关，在等电点时，大分子所带的净电荷为零，分子卷曲程度最大，黏度最小；当溶液 pH 偏离等电点时，大分子所带静电荷数增多，静电斥力增大，使大分子链扩张，黏度增大。另外，电黏性效应的存在使得大分子电解质溶液的 η_{sp}/c 对浓度 c 作图得不到直线，无法用外推法求得$[\eta]$。向溶液中加入中性盐可减弱大分子链的相互作用，以此削弱电黏性效应。

电黏性效应在药物制剂中应用广泛。卡波姆是丙烯酸与烯丙基蔗糖或丙烯基季戊四醇交联的大分子聚合物，是药物制剂中常用的流变改性增稠剂。卡波姆水溶液的 pH 为 2.5～3.5，但使用时需用碱液将 pH 调至 6～12 才能达到最大黏度。其原因是，当系统的 pH 为 2.5～3.5 时，卡波姆结构中所含的游离羧基几乎不发生电离，大分子链仅通过水合作用产生一定程度的伸展而溶胀，故黏度很低。碱的加入使羧基电离，大分子链上产生大量负电荷，静电斥力使大分子链迅速扩张，分子体积增大 1000 倍以上，黏度迅速增加。当解离完全时，黏度最大。

3. 电泳　由于具有高电荷密度，大分子电解质溶液在外加电场的作用下也会像溶胶粒子一样产生电泳现象。不同大分子电解质电泳的速率不相同，影响电泳速率的因素有很多，除了大分子本身所带的电荷多少、分子的大小和结构外，还与溶液的 pH、离子强度等有很大的关系。根据所用支持介质的不同，电泳可分为很多种类，如凝胶电泳、毛细管电泳等。电泳技术目前已被广泛应用于分离、鉴定或制备蛋白质、核酸、氨基酸、病毒颗粒以及活细胞等活性物质，成为分子生物学研究中不可缺少的重要分析手段，在基础理论研究、农业科学、医药卫生、工业生产、国防科研、法医学和商检等许多领域发挥重要作用。

8.3.2　大分子电解质溶液的稳定性

大分子电解质在溶液中的稳定性是有条件的、相对的。当大分子电解质电荷密度发生改变或者水化膜被破坏后，大分子电解质的稳定性也遭到破坏。常见的影响大分子电解质溶液稳定性的因素包括：

（1）无机盐：向大分子电解质溶液中加入无机盐类会使大分子电解质溶解度降低而析出，该现象称为盐析。例如，向蛋白质水溶液中加入高浓度的硫酸铵、硫酸钠等中性盐，会使蛋白质发生聚沉（絮凝）。加入的无机盐兼具中和电荷及破坏水化膜两种作用，故需使用大量的无机盐。向多种蛋白质的混合溶液中加入不同浓度的无机盐，可将蛋白质按摩尔质量大小不同盐析分开，摩尔质量较大的蛋白质分子先析出，继续加入盐，摩尔质量较小的蛋白质分子后析出，这种分离蛋白质的操作称为分段盐析。盐析一般不会引起大分子电解质性质的改变，除去加入的盐以后，大分子电解质又可恢复溶解。

（2）酸碱试剂：向大分子电解质溶液中加入酸或碱调节大分子电解质溶液的 pH 会使大分子链上所带净电荷减少，电荷密度降低，大分子链间静电排斥作用减弱，大分子聚集沉淀。

（3）重金属盐：带负电荷的大分子电解质容易与重金属离子，如 Hg^{2+}、Pb^{2+}、Cu^{2+}、Ag^{+}等结合形成不溶性盐而沉淀。利用该原理，临床上重金属离子中毒的病人可口服大量的蛋白质类溶液，如牛奶、豆浆等进行解救。

（4）有机溶剂：向大分子电解质溶液中加入一定量的极性有机溶剂，如无水乙醇、丙酮等可使大分子电解质脱去水化膜并引起介电常数改变而增加带电单分子质点之间的相互作用，最终使得大分子电解质相互聚集产生沉淀。

微课 8-4

（5）加热：部分大分子电解质在高温条件下发生变性。例如，蛋白质在高温下其天然结构解体，疏水基团外露，水化层被破坏引起凝固沉淀。

8.3.3 大分子电解质溶液的唐南效应和渗透压

1. 唐南效应 大分子电解质溶液中既有不能通过半透膜的大分子离子，又有能够通过半透膜的小分子离子。由于大分子离子的存在导致渗透平衡时小分子离子在膜两侧分布不均匀的现象称为唐南效应（Donnan effect）或唐南平衡（Donnan equilibrium）。

如图 8-10（a）所示，在半透膜内侧放置浓度为 c_1 的大分子电解质 Na_zR 溶液，外侧放置等体积浓度为 c_2 的 NaCl 溶液。假设 Na_zR 在水溶液中完全解离：

$$Na_zR \longrightarrow zNa^+ + R^{z-}$$

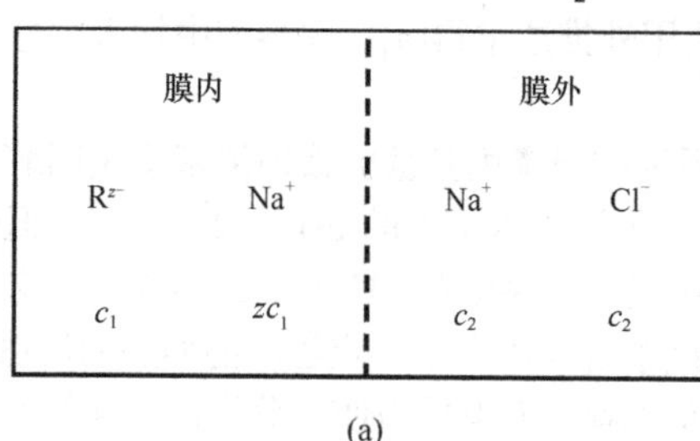

(a)

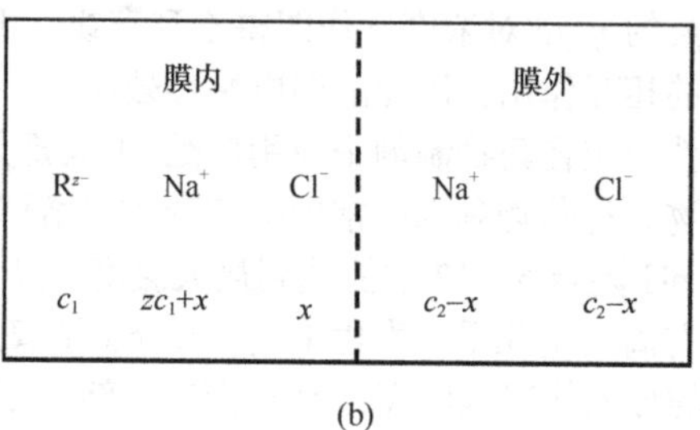

(b)

图 8-10 唐南平衡前后离子分布示意图

（a）平衡前；（b）平衡后

由于膜内没有 Cl^-，膜外 Cl^- 向膜内扩散，为了保持溶液的电中性，同时会有等量的 Na^+ 也向膜内扩散。达到渗透平衡后，NaCl 在膜两边的化学势相等，假设进入膜内的 NaCl 浓度为 x，则平衡后各离子的分布如图 8-10（b）所示。

因
$$\mu(\text{NaCl},内) = \mu(\text{NaCl},外)$$
即
$$RT\ln a(\text{NaCl},内) = RT\ln a(\text{NaCl},外)$$
则有
$$a(\text{Na}^+,内)\cdot a(\text{Cl}^-,内) = a(\text{Na}^+,外)\cdot a(\text{Cl}^-,外)$$
在稀溶液中，用浓度代替活度，则有：
$$(zc_1 + x)x = (c_2 - x)^2 \tag{8-14}$$
解之得：
$$x = \frac{c_2^2}{zc_1 + 2c_2} \tag{8-15}$$
平衡后，膜内外 NaCl 的浓度之比为：
$$\frac{c(\text{NaCl},外)}{c(\text{NaCl},内)} = \frac{c_2 - x}{x} = 1 + \frac{zc_1}{c_2} \tag{8-16}$$

由式（8-16）可知，达到平衡后，膜两侧小分子电解质 NaCl 的浓度不相等。而小分子在膜两侧的不均匀分布会产生额外的渗透压，因此，唐南效应的存在对大分子电解质溶液渗透压的测定有直接影响，通常使测定值偏高。

式（8-16）表明，若 $c_1 \gg c_2$，则 $c(\text{NaCl},外) \gg c(\text{NaCl},内)$，表明平衡时 NaCl 几乎全部分布在膜外；当 $c_1 \ll c_2$ 时，那么 $c(\text{NaCl},外) \approx c(\text{NaCl},内)$，表明平衡时 NaCl 在膜内外浓度相近。因此，若要消除唐南效应的影响，使小分子电解质在膜内外均匀分布，应使小分子电解质的起始浓度远远大于大分子电解质的起始浓度。

唐南效应对于生物体内的离子分布发挥着重要作用。细胞膜相当于半透膜，细胞外的体液与细胞内的大分子电解质处于平衡状态，一些有重要生理功能的金属离子在细胞膜内外保持一定的浓度。当细胞膜外的小分子浓度发生变化时，唐南效应能控制细胞膜内的组成相对不变，这对维持机体正常的生理功能是非常重要的。

2. 大分子电解质溶液的渗透压 系统的渗透压是由于半透膜内外质点数不同而产生的。达到唐南平衡后，膜内外所有质点产生的渗透压分别为：

$$\Pi(内) = RT\left[(z+1)c_1 + 2x\right]$$

$$\Pi(外) = 2RT(c_2 - x)$$

膜内外渗透压作用方向相反，溶液总的渗透压为：

$$\Pi = \Pi(内) - \Pi(外) = RT\left[(z+1)c_1 - 2c_2 + 4x\right] \tag{8-17}$$

将式（8-15）代入，得：

$$\Pi = c_1 RT \frac{z^2 c_1 + z c_1 + 2c_2}{z c_1 + 2c_2} \tag{8-18}$$

式（8-18）是适用于大分子电解质溶液的渗透压计算公式。

例 8-2 298.15 K 时，在半透膜内放置浓度为 0.005 $mol \cdot L^{-1}$ 的 Na_2P 大分子电解质水溶液，膜外放置等体积的 0.02 $mol \cdot L^{-1}$ 的 NaCl 水溶液。达到渗透平衡时，试计算：

（1）膜内外各离子的浓度。

（2）溶液的渗透压。

解：（1）设达到渗透平衡时，向膜内扩散的 NaCl 浓度为 x $mol \cdot L^{-1}$，则平衡时膜内的 Na^+和 Cl^-浓度分别为（$2\times0.005+x$）$mol \cdot L^{-1}$ 和 x $mol \cdot L^{-1}$，膜外的 Na^+和 Cl^-浓度均为（$0.02-x$）$mol \cdot L^{-1}$，根据式（8-15）计算：

$$x = \frac{0.02^2}{2\times0.005 + 2\times0.02} = 0.008\ (mol \cdot L^{-1})$$

那么，达到平衡时，膜内外各离子的浓度分别为：

$$c(P^{2-},内) = 0.005(mol \cdot L^{-1})$$

$$c(Na^+,内) = 0.01 + x = 0.018(mol \cdot L^{-1})$$

$$c(Cl^-,内) = x = 0.008(mol \cdot L^{-1})$$

$$c(Na^+,外) = c(Cl^-,外) = 0.02 - x = 0.012(mol \cdot L^{-1})$$

（2）代入式（8-18）计算溶液渗透压：

$$\begin{aligned}\Pi &= c_1 RT \frac{z^2 c_1 + z c_1 + 2c_2}{z c_1 + 2c_2} \\ &= 0.005\times8.314\times298.15\times\frac{4\times0.005 + 2\times0.005 + 2\times0.02}{2\times0.005 + 2\times0.02} \\ &= 17.35(kPa)\end{aligned}$$

3. 唐南效应的消除 根据式(8-18)，当膜外侧放置的小分子电解质溶液浓度很低时，即 $c_2 \ll z c_1$，达到平衡后，Na_2P 溶液产生的渗透压为：

$$\Pi = c_1 RT \frac{z^2 c_1 + z c_1 + 2c_2}{z c_1 + 2c_2} \approx (1+z) c_1 RT \tag{8-19}$$

式（8-19）表明，溶液的渗透压是由膜内的大分子离子和小分子离子共同贡献。此时，利用渗透压法测定得到的大分子电解质的数均摩尔质量误差大。

而当 $z c_1 \ll c_2$ 时，溶液的渗透压为：

$$\Pi = c_1 RT \frac{z^2 c_1 + z c_1 + 2c_2}{z c_1 + 2c_2} \approx c_1 RT \tag{8-20}$$

表明溶液的渗透压接近于大分子电解质未解离时的渗透压值。故当 $zc_1 \ll c_2$ 时，利用渗透压法测定大分子电解质的数均摩尔质量较为准确。

因此，利用渗透压法测定大分子电解质的数均摩尔质量时，为了保证测定结果的准确性，要尽量消除唐南效应，常用的方法有：

（1）降低大分子电解质的解离度。唐南效应是由大分子离子存在引起的，所以降低大分子电解质的解离度是削弱唐南效应的有效方法。例如，调节溶液 pH 在蛋白质的等电点附近，可减弱蛋白质分子的电离。

（2）膜外放置一定浓度的小分子电解质溶液。目的是使小分子离子在膜两侧的分布基本均匀，削弱小分子离子引起的渗透压。例如，大分子电解质溶液的浓度在 0.02 $kg \cdot L^{-1}$ 时，0.1 $mol \cdot L^{-1}$ 的 NaCl 溶液就可以将唐南效应引起的渗透压降低到允许的测量误差范围内。

思考题 8-3
参考答案

（3）降低膜内所测定的大分子电解质溶液的浓度，一般以稀溶液为宜。

【思考题 8-3】 测定大分子电解质溶液渗透压时，能否用纯水代替半透膜外侧的氯化钠溶液？

【知识拓展】 **电泳技术**

电泳技术就是利用电泳现象对一些化学或生物物质进行分离、鉴定或提纯的技术，是分子生物学、制药、医学检验、工业分析、商品检验中必不可少的分析手段。根据分离原理不同，电泳技术可分为移界电泳、区带电泳、等速电泳和聚焦电泳，其中，区带电泳应用比较广泛。例如，凝胶电泳（gel electrophoresis）就是以凝胶为支持介质的区带电泳技术，凝胶具有三维网状结构，大分子通过凝胶时会受到阻力，凝胶电泳的原理就是利用大分子在电泳时的电荷效应和分子筛效应将大分子混合物中的各成分进行分离。

近年来，电泳技术向快速化、微量化、自动化及高分辨率发展，如毛细管电泳（capillary electrophoresis，CE），是一类以毛细管为分离通道、以高压直流电场为驱动力，依据样品中各组分之间淌度和分配行为的差异而实现分离的新型液相分离分析技术。它综合了电泳及色谱分离原理，具有快速、微量、经济、分辨率高等特点，迅速成为能够与高效液相色谱法（HPLC）和气相色谱法（GC）相媲美的分离分析技术。毛细管电泳使分析科学从微升水平进入纳升水平，并使单细胞及单分子分析成为可能。

知识梳理 8-2　大分子电解质溶液

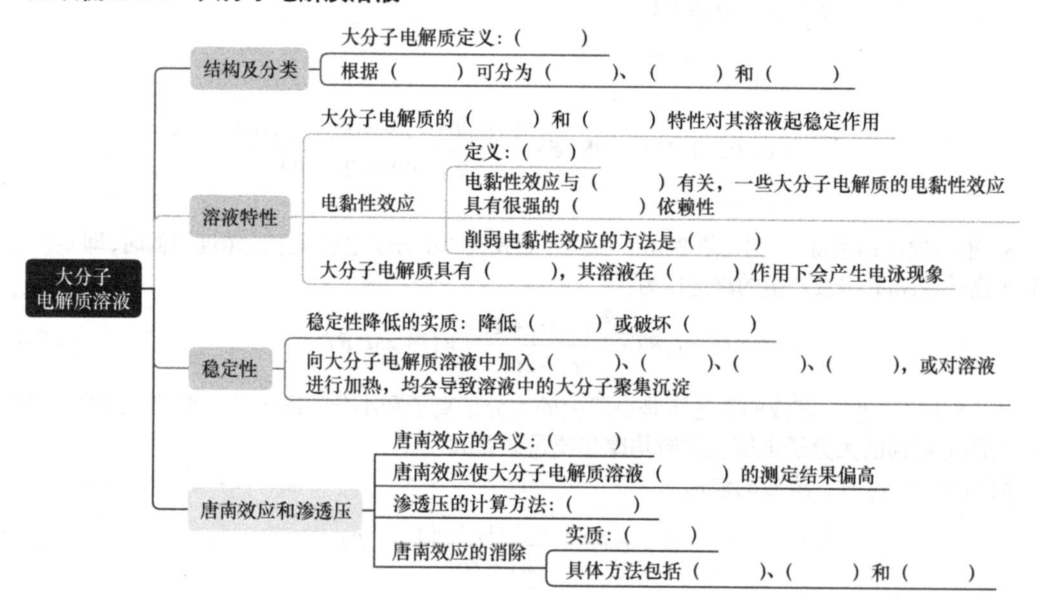

8.4 凝　　胶

在适当条件下，大分子或溶胶质点相互交联成空间网状结构，分散介质填充于网状结构空隙，形成没有流动性的半固态冻胶，称为凝胶（gel）。若分散介质为水，则称为水凝胶（hydrogel）。许多生理过程，如皮肤衰老、血液凝结都与凝胶的性质相关。凝胶作为一类重要的药物载体，在药剂学中也具有广泛应用。

8.4.1 凝胶的基本特征

凝胶通常是由固-液或固-气两相组成的特殊的分散系统，是介于固态和液态之间的一种特殊状态。一方面，凝胶的分散相质点相互连接，在整个系统内形成网状结构，液体包含于其中，使其外观上具有一定的几何形状，没有流动性，表现出部分固体的性质，如强度、弹性、屈服值等。但凝胶又和真正的固体有很大区别，交联形成的网状结构强度有限，如温度、介质、pH 发生变化或施加外力时，会导致网状结构发生变形甚至被破坏，系统发生流动。另一方面，凝胶又具备了一些液体的特点，其分散相和分散介质都是连续的，例如，离子在水凝胶中的扩散速度接近于在水中的扩散速度。由此可见，凝胶是介于液体和固体之间的一种特殊的分散系统。

8.4.2 凝胶的结构与分类

凝胶的三维网状结构可分为四种类型。第一种为球形分散质点间先相互连接成长链，长链之间再形成网状结构[图 8-11（a）]，如 SiO_2、TiO_2 凝胶。第二种是棒状或片状分散质点以顶点-顶点相互作用方式连接成三维网状结构[图 8-11（b）]，如 V_2O_5、白土凝胶。第三种是线性大分子构成局部区域有序排列的微晶区，微晶区与无定形区相互间隔排列组成三维网状结构[图 8-11（c）]，如明胶、纤维素凝胶。第四种是大分子化合物通过化学交联的方式形成网状结构[图 8-11（d）]，如聚丙烯酰胺凝胶、聚苯乙烯凝胶。

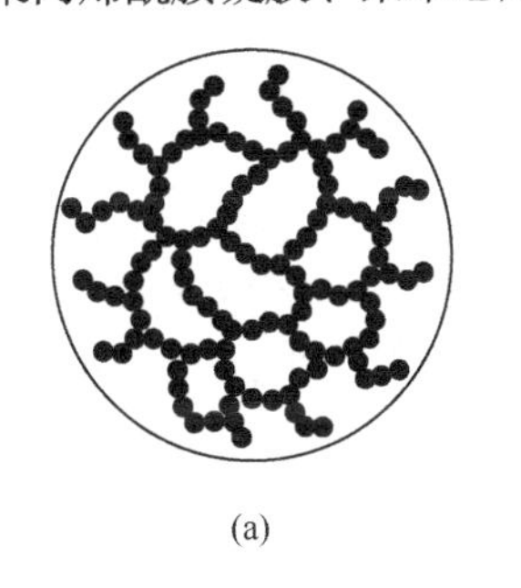
(a)
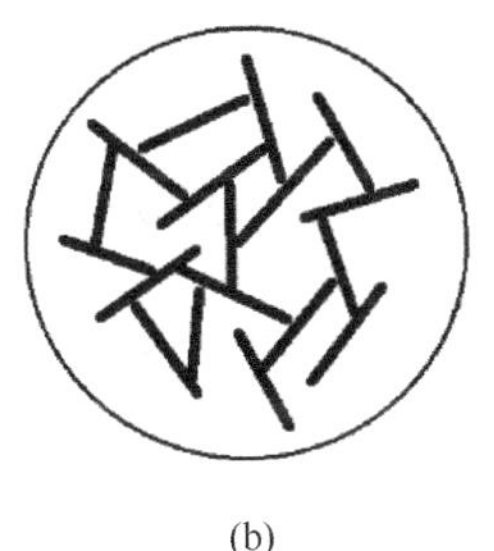
(b)
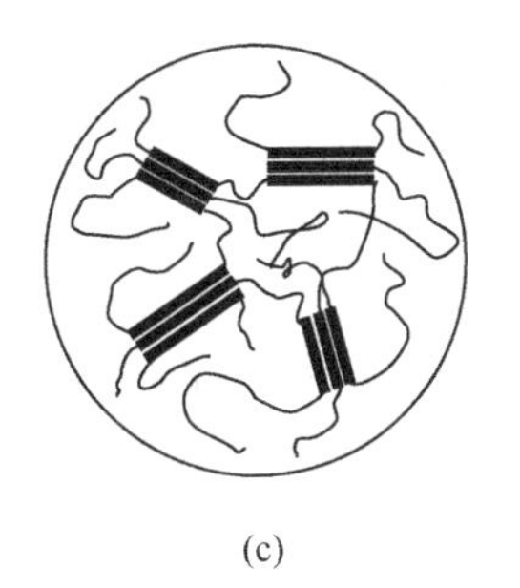
(c)

(d)

图 8-11　凝胶结构示意图

根据分散相质点是柔性还是刚性以及形成网状结构的强度，把凝胶分为弹性凝胶和刚性凝胶两大类。

（1）弹性凝胶：由柔顺性好的线型大分子交联形成的凝胶为弹性凝胶（elastic gel），如橡胶、明胶、琼脂糖凝胶及聚丙烯酰胺凝胶等。由于分散相质点柔顺性好，故该类凝胶具有弹性，变形后能恢复原状。弹性凝胶在脱除和吸收分散介质时表现出可逆特性，故也称为可逆凝胶。脱除溶剂后，弹性凝胶体积缩小，形成干凝胶。干凝胶对溶剂的吸收具有选择性，如明胶吸水膨胀，但在乙醇中不膨胀。

（2）刚性凝胶：由刚性的分散质点交联成网状结构的凝胶为刚性凝胶（rigid gel）。刚性凝胶的分散质点通常为无机物颗粒，如 SiO_2、TiO_2、Al_2O_3、V_2O_5 等。由于网状结构具有刚性，在脱除分散介质后刚性凝胶的骨架基本不变，体积也无明显变化。与弹性凝胶不同，刚性凝胶在脱除分散介质后一般很难再吸收溶剂重新变为凝胶，故刚性凝胶也称为不可逆凝胶。通常刚性凝胶具有多孔性，只要能润湿凝胶骨架的溶剂都能吸收，故该类凝胶对溶剂的吸收一般没有选择性。

凝胶的制备方法主要包括两种：一种是分散法，干凝胶（如干明胶）吸收适宜的分散介质膨胀成凝胶；另一种是凝聚法，在适当条件下，大分子溶液或溶胶质点相互交联成网状结构形成凝胶。

8.4.3 凝胶的性质

1. 溶胀作用 又称膨胀作用，是指凝胶吸收分散介质后自身体积明显增大的现象。溶胀作用是弹性凝胶特有的性质，刚性凝胶不具有该性质。

凝胶的溶胀作用分为无限溶胀和有限溶胀。无限溶胀是指凝胶吸收分散介质体积增大后，继续吸收可使凝胶网状结构破坏，最终溶解形成溶液的过程。而有限溶胀是指凝胶只吸收一定量的分散介质使凝胶体积增大，但网状结构不受破坏的过程。凝胶溶胀程度与凝胶结构、分散介质及外界环境等因素有关。例如，室温下，明胶在水中发生有限溶胀，而水温升高至 40℃以上则会发生无限溶胀。

2. 离浆作用 凝胶在放置过程中有液体自动析出，凝胶体积缩小，但仍保持最初形状的现象称为离浆。产生离浆的原因是组成凝胶网状骨架的质点之间的距离尚未达到最小，由于热运动和分子间的吸引作用，质点间相互靠近或继续交织，使网状结构收缩，排挤出部分分散介质。

弹性凝胶和刚性凝胶都有离浆作用，但两者有区别。弹性凝胶的离浆是可逆的，离浆后的弹性凝胶可吸收溶剂恢复原状，但刚性凝胶发生离浆后则不能吸收溶剂恢复原状。此外，凝胶的离浆与物质的干燥失水不同，干燥失水除去的仅仅是水，而离浆出来的液体除了溶剂分子之外还有部分溶质。离浆现象非常普遍，它是凝胶老化的表现。例如，细胞老化失水、皮肤随年龄增大变皱等都属于离浆现象，了解与人体有关的离浆现象有助于研究人体的衰老过程。

3. 触变作用 触变和离浆都是凝胶不稳定性的表现。在外力的作用下，凝胶的空间网状结构发生解体，线状分子相互离散，由半固态状变为流体，而当外力消除后，线状粒子又重新交联，恢复为半固态状凝胶，这种现象称为触变作用。触变现象的特点是凝胶结构的拆散与恢复是等温过程，具有可逆性。由形状不对称的分散相粒子之间靠范德瓦耳斯力作用而形成的具有疏松结构的凝胶一般都具有触变性。如果凝胶所含的粒子接近球形或立方形，或者粒子间是通过共价键结合的，这样的凝胶就不具有触变性。

凝胶的触变性被广泛应用于药物制剂，具有触变性的凝胶药物，在使用时通过振摇或涂抹等外力作用，立即由凝胶变成液体，方便使用。如一些滴眼液、抗生素油注射液、氢氧化铝凝胶等。

4. 扩散作用 凝胶中分散相和分散介质都是连续的，当凝胶的浓度较低时，小分子在凝胶中的扩散速率与溶液中的相近。但大分子化合物则不同，在凝胶中的扩散速率要比溶液慢得多。这主要是由于凝胶的网状空间结构发挥了分子筛作用，大分子体积越大，在凝胶中的扩散速率越慢。利用凝胶的分子筛性质，可对不同大小的大分子进行分离纯化。另外，在电场的作用下，一些较大的带电大分子可挤过凝胶的网状结构，因而凝胶电泳的分离效果更佳。基于上述原理发展起来的凝胶电泳和凝胶色谱在分离纯化方面已得到广泛的应用。

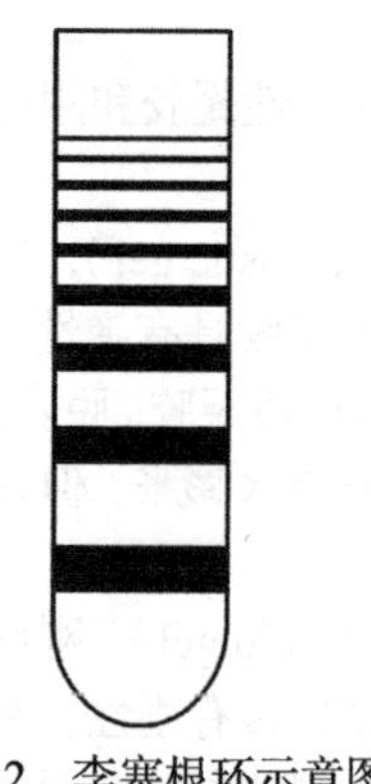
图 8-12 李塞根环示意图

5. 化学反应 由于凝胶的半固态性质，在凝胶中没有明显的对流和混合作用，因此在凝胶中发生的化学反应与溶液中明显不同。例如，在凝胶中发生化学反应生成的沉淀呈现周期性分布。如图 8-12 所示，将含有 0.1% $K_2Cr_2O_7$ 的明胶溶液置于试管中，冷却形成凝胶后在试管上端加入一层浓度为 0.5%的 $AgNO_3$ 溶液，静置几天后可以看到凝胶中出现间歇分布的砖红色 $Ag_2Cr_2O_7$ 沉淀环。这个现象是由德国化学家拉斐尔·李塞根（Raphael Liesegang）于 1896 年发现的，故称为李塞根环。高浓度的 $AgNO_3$ 从上向下扩散，遇到 $K_2Cr_2O_7$ 反应生成

$Ag_2Cr_2O_7$沉淀环，此时周围区域的$K_2Cr_2O_7$浓度降低，不足以再生成沉淀，因而出现无沉淀的空白区域。当$AgNO_3$继续往下扩散时，再次遇到高浓度的$K_2Cr_2O_7$又生成$Ag_2Cr_2O_7$沉淀环。此过程重复出现，但随着反应物的消耗，从上到下沉淀环间距逐渐变大、沉淀环逐渐变宽、颜色变浅。

李塞根环现象并不限于凝胶中，在多孔介质、毛细管或其他无对流的环境中均可形成。如雨花石、玛瑙等中的环状花纹、树木的年轮、动物体内的胆石等都与李塞根环现象类似。

思考题 8-4
参考答案

【思考题 8-4】　试说明楔入石缝的干木楔能吸水破石的原因。

【知识拓展】　**水　凝　胶**

水凝胶（hydrogel）是由一些天然或合成的亲水性大分子通过化学或物理交联形成具有三维网状结构的亲水性凝胶。具有吸水能力强、水中膨胀迅速、对环境变化敏感、生物相容性及生物降解性良好等特点，广泛应用于生物医药领域，在分子检测与分离、生物传感、药物递送、伤口敷料及人工器官等领域展示出独特优势。

由于水凝胶具备传递药物分子的孔道，可将药物封装在水凝胶基质中，依靠药物本身的扩散或材料自身的降解，实现药物的缓释和控释。近年来发展迅速的智能水凝胶能够根据外界环境如温度、pH、光强度、磁场、电场、离子强度、压力等刺激做出响应，通过凝胶结构的构象改变，将药物释放到病变部位，实现药物在体内的定点、定时、定量释放，为重大疾病提供了新的治疗策略。

水凝胶医用敷料在吸收创面渗出物的同时，还能够提供利于组织再生的湿润环境。其表面光滑且高弹性，可有效避免与伤口黏连造成的二次创伤，是一种理想的创面敷料。还可利用水凝胶自身的抗菌作用，或通过可控负载及智能释放生长因子、细胞因子以及抗生素、抗炎药等小分子药物，赋予水凝胶辅料抗菌、抗炎、促进组织再生等功能。目前我国自主研发的可吸收止血凝胶正处于临床试验阶段，该类产品利用凝胶材料的切稀性和自修复功能，可通过腹腔镜手术导管注射于腹腔内脏器创口处，能够在数秒内自主恢复其结构和力学强度，无须通过化学交联即可固化成胶，对出血创面实施快速封堵和压迫止血。此外，该类止血凝胶还具有优异的可注射、可塑形和可降解吸收性能，为国内高端止血耗材市场带来颠覆性革新。

8.5　大分子化合物在药学中的应用

大分子化合物在药学领域发挥着十分重要的作用。在药物制剂的生产过程中，大分子化合物可用作各种药物制剂中的辅料，发挥稀释、赋型、稳定、增稠等作用，药物制剂中常见的大分子化合物及其用途见表 8-5。另外，大分子化合物既可直接作为药物使用，也可用于小分子药物的载体材料以改善药物的疗效，而且大分子化合物在制备新型给药系统方面具有令人瞩目的应用前景。

表 8-5　药物制剂中常见的大分子化合物及用途

大分子化合物	用途
淀粉	稀释剂、崩解剂、黏合剂、助流剂
微晶纤维素	赋形剂、黏合剂、填充剂、稀释剂、崩解剂
羧甲基纤维素钠	助悬剂、稳定剂、增稠剂、崩解剂、黏合剂
阿拉伯胶	乳化剂、增稠剂、助悬剂、黏合剂、保护胶体
明胶	囊材料、包衣材料、栓剂基质、黏合剂
聚丙烯酸（钠）	基质、分散剂、增稠剂、增黏剂
丙烯酸-丙烯基蔗糖共聚物	凝胶剂基质、助悬剂、辅助乳化剂、增黏剂
丙烯酸树脂	包衣材料、膜材料、黏合剂

续表

大分子化合物	用途
聚乙烯聚吡咯烷酮	助悬剂、增稠剂、黏合剂、涂膜剂材料
聚乙二醇	栓剂和软膏剂基质、助悬剂、增稠剂、增溶剂
泊洛沙姆	基质材料、分散剂、助悬剂、增黏剂

8.5.1 具有药理活性的大分子化合物

具有药理活性的大分子化合物可直接用作药物，是真正意义上的大分子药物，如酶制剂、多糖、激素等天然药理活性大分子，以及一些具有药理活性的化学合成大分子。这些大分子药物可与人体生理组织进行化学或物理反应，或通过刺激机体免疫系统产生免疫应答，发挥治疗疾病的作用，是药物研发的热点之一。

1. 天然大分子药物 常见的天然大分子药物有多糖、多肽、蛋白质等。研究表明，多糖在抗肿瘤和降血脂方面具有良好的效果。例如，灵芝多糖可以激活机体的免疫系统，提高细胞中白介素、干扰素和肿瘤坏死因子的水平；壳寡糖可抑制肿瘤组织内新生血管的生长，切断肿瘤营养来源和转移途径，并可能对乙酰肝素酶具有抑制作用；真菌壳聚糖可抑制某些炎症性疾病，降低脂肪细胞因子分泌和异位脂肪在肝中的沉积，具有一定的降脂作用。

蛋白质药物具有高活性、特异性强、低毒性、生物功能明确、有利于临床应用等特点。由于其成功率高、安全可靠，已成为医药产品中的重要组成部分，用于治疗心血管疾病、恶性肿瘤、免疫疾病和传染病等类型重大疾病。例如，普通胰岛素是一种天然的人类治疗性蛋白质，在调节血糖方面起着关键作用。1965 年，我国科技工作者完成结晶牛胰岛素的人工全合成，这也是世界首次合成具有活性的天然蛋白质，极大地促进了人类在糖尿病治疗上的突破性进展。1982 年重组胰岛素投放市场，标志着第一个重组蛋白质药物的诞生。蛋白质药物还有很多，如红细胞生成素、人生长激素、干扰素、白细胞介素、粒细胞集落刺激因子、粒细胞-巨噬细胞集落刺激因子等，在抗肿瘤、疫苗、抗菌等方面显示出诱人的前景。随着基因工程技术的发展，利用重组技术合成的人体蛋白质类药物的数量和种类正在不断地增加。

2. 合成大分子药物 明胶、葡萄糖聚合物、羟乙基淀粉等大分子溶液可作为血浆代用品来维持血管内胶体的渗透压及血容量。聚二甲基硅氧烷具有低的表面张力、物理化学性质稳定，可用作医用消泡剂，用于急性肺水肿和胃胀气的治疗。聚乙烯 *N*-氧吡啶用于治疗因吸入含游离二氧化硅的粉尘所引起的急性和慢性矽肺病有较好的效果，并有较好的预防作用。这是由于聚乙烯 *N*-氧吡啶更容易吸附进入人体的二氧化硅粉尘，避免二氧化硅与细胞成分直接接触，从而起到治疗和预防矽肺病的作用。肝素是生物体中的一种多糖，与血液有良好的相容性，具有有效的抗凝血功能。阴离子聚合物二乙烯基醚与顺丁烯二酸酐的吡喃共聚物是一种干扰素诱发剂，具有广泛的生物活性，不仅能够抑制各种病毒的繁殖，具有持久的抗肿瘤活性，而且还有良好的抗凝血活性。具有药理活性的大分子药物还有多胺类、聚氨基酸类聚合物抗癌剂，顺丁烯二酸酐共聚物抗病毒药物，具有乙烯基咪唑结构聚合物的合成酶及治疗腹泻便秘的肠道药、镇痛药和抗辐射药物等。

8.5.2 大分子化合物作为药物载体

大分子药物载体是指本身没有药理作用，也不与药物发生化学反应的药物负载媒体，载体材料与药物分子通过微弱的物理或化学作用结合在一起。虽然起治疗作用的仍然是小分子药物，但大分子化合物作为药物载体可以有效地改善药物性能，如延长药物的作用时间、提高药物的选择性、降低药物的毒性、克服药剂构型中所遇到的困难、将药物输送到特定的作用位点等。例如，将阿司匹林与聚乙烯醇进行熔融酯化，形成大分子化合物，比游离的阿司匹林有更长的药效，因而可减少用量或减少用药次数来降低对胃的刺激。又如，通过大分子化合物将青霉素键合到乙烯醇和乙烯胺共聚物骨架上，得到的水溶性大分子抗生素的药效保持时间比同类小分子青霉素延长 30～40 倍。

用作药物载体的大分子材料可分为天然大分子材料、半合成大分子材料、合成大分子材料。天然大分子材料稳定、无毒，是最常用的载体材料，如胶原、阿拉伯树胶、海藻酸盐、蛋白类、淀粉衍生物。半合成大分子有羧甲基纤维素、邻苯二甲酸纤维素、甲基纤维素、乙基纤维素、羟丙甲纤维素、丁酸醋酸纤维素、琥珀酸醋酸纤维素等。合成大分子有聚碳酯、聚氨基酸、聚乳酸、聚丙烯酸树脂、聚甲基丙烯酸甲酯、聚甲基丙烯酸羟乙酯、乙交酯-丙交酯共聚物、聚合酸酐及羧甲基葡萄糖等。

8.5.3 缓控释制剂中常用的大分子化合物

近年来，为了提高药物的使用效率，降低毒副作用，减少给药次数，增加患者用药的顺应性，缓控释制剂的发展较为迅速。缓控释制剂中起缓释和控释作用的辅料多为大分子化合物。利用大分子聚集态结构特点和溶胀、溶解及降解性质，通过溶出、扩散、溶蚀、降解、渗透、离子交换作用等达到药物的缓释及控释目的。缓控释制剂的载体材料，除赋形剂、附加剂外，主要包括阻滞剂、骨架材料、包衣材料和增黏剂等。

（1）阻滞剂：是一大类疏水性强的脂肪、蜡类材料，常用的有动物脂肪、蜂蜡、巴西棕榈蜡、氢化植物油、硬脂酸、硬脂醇、单硬脂酸甘油酯等。常用的肠溶包衣阻滞材料有醋酸纤维素酞酸酯、羟丙甲纤维素琥珀酸酯及丙烯酸树脂 L/R 型等。

（2）骨架材料：是采用骨架技术制备缓控释制剂的载体材料，主要包括溶蚀性骨架材料（脂肪、蜡类）、不溶性骨架材料（乙基纤维素、聚甲基丙烯酸酯、乙烯-醋酸乙烯共聚物等）和亲水凝胶骨架材料（西黄蓍胶、羧甲基纤维素钠、卡波姆、聚维酮等）三大类。

（3）包衣材料：是一些大分子聚合物，大多难溶或不溶于水，不受胃肠道内液体干扰，成膜性和机械性能良好。常用的不溶性包衣材料有乙基纤维素、聚丙烯酸树脂、醋酸纤维素、硅酮弹性体及交联海藻酸盐等；肠溶包衣材料有醋酸纤维素酞酸酯、羟丙甲纤维素酞酸酯、丙烯酸树脂 L/R 型等。

（4）增黏剂：是指一类水溶性大分子材料，溶于水后，使溶液黏度随浓度增大而增大，使口服液体制剂的药效延长。常用的有明胶、羧甲基纤维素、聚维酮、聚乙烯醇、右旋糖酐等。

关 键 词

大分子化合物 macromolecule
电黏性效应 electroviscous effect
聚合度 degree of polymerization
链段 chain segment
链节 chain unit
流变性 rheological property
内旋转 internal rotation
黏度 viscosity
黏均摩尔质量 viscosity-average molecular weight
凝胶 gel
溶胀 swelling
柔顺性 flexibility
数均摩尔质量 number-average molecular weight
唐南平衡 Donnan equilibrium
z 均摩尔质量 z-average molecular weight
质均摩尔质量 mass-average molecular weight

本章内容小结

大分子化合物是由一种或多种单体通过化学反应聚合成的平均摩尔质量大于 10 $kg \cdot mol^{-1}$ 的化合物，分子本身大小为 1～100 nm。大分子化合物具有特殊的线链状分子结构，结构复杂多样。由于分子大小的多级分散性，大分子化合物的摩尔质量只能用平均摩尔质量表示，常用的表示方法有数均摩尔质量、质均摩尔质量、z 均摩尔质量及黏均摩尔质量。

大分子溶液的形成要经过溶胀和溶解两个阶段，形成的溶液是均相的热力学稳定系统，但又不同于小分子溶液，表现出溶胶的某些特性，如扩散速度慢，不能透过半透膜等。但大分子溶液又不同于溶胶，无明显的丁铎尔现象，具有渗透压和流变性，研究大分子溶液的流变性对药物制剂的处方设计和生产具有重要的指导意义。

大分子电解质由于带电性质，表现出有别于常见的大分子化合物的理化特性，如高电荷密度、高水化度以及电泳性质。由于大分子离子的存在，使得大分子电解质溶液在达到渗透平衡时会产生唐南效应，本章阐述了大分子电解质溶液达到唐南平衡时小分子离子的分布情况及渗透压的计算，并提出唐南效应消除的方法。本章还介绍了凝胶的结构及性质。

本章习题
参考答案

本章习题

一、选择题

1. 大分子化合物结构复杂，包括（　　）。

A. 链结构和聚集态结构　　B. 近程结构和远程结构
C. 一级结构和二级结构　　D. 化学组成和立体结构

2. 影响大分子柔顺性的因素不包括（　　）。

A. 主链结构　　B. 取代基　　C. 色散力　　D. 氢键

3. 用渗透压法测得的平均摩尔质量为（　　）。

A. M_n　　B. M_m　　C. M_z　　D. M_η

4. 下列分散系统中丁铎尔效应最强的是（　　）。

A. 纯净空气　　B. 葡萄糖溶液　　C. 葡聚糖溶液　　D. 氢氧化铁溶胶

5. 当液体的流变曲线为一不通过原点的封闭弓形曲线时，该流体为（　　）。

A. 塑性流体　　B. 假塑性流体　　C. 胀性流体　　D. 触变性流体

6. 大分子电解质溶液区别于小分子电解质溶液的性质是（　　）。

A. 丁铎尔效应　　B. 电黏性效应　　C. 溶剂化效应　　D. 电泳

7. 向大分子电解质溶液中加入下列哪一类物质不会导致大分子聚沉（　　）。

A. 高浓度的无机盐　　B. 重金属盐
C. 有机螯合剂　　D. 极性有机溶剂

8. 产生唐南效应的根本原因是（　　）。

A. 大分子离子扩散速度慢
B. 大分子离子的表面吸附作用影响小分子离子通过半透膜
C. 小分子离子的存在影响大分子离子通过半透膜
D. 大分子离子不能透过半透膜，静电作用导致小分子离子在膜两边浓度不均

9. 下列关于凝胶的描述不正确的是（　　）。

A. 凝胶是介于固体和液体之间的分散系统
B. 凝胶的分散相和分散介质都是连续的
C. 凝胶脱除溶剂后变为干凝胶
D. 凝胶分为弹性凝胶和刚性凝胶两大类

10. 弹性凝胶和刚性凝胶在下列性质上存在差别的是（　　）。

A. 溶胀作用　　B. 离浆作用　　C. 扩散作用　　D. 可降解性

二、填空题

1. 大分子化合物一般是指平均摩尔质量________________、分子大小在____________范围的化合物。

2. 大分子的链结构包括____________和____________。

3. 大分子化合物的平均摩尔质量通常使用____________、______________、______________、____________来表示。

4. 大分子溶液的溶质和溶剂之间无明显的相界面，是热力学___________系统。

5. 流变性是指物质在外力作用下发生_____________的性质。

6. 大分子电解质可分为_________、_________和_____________。

7. 降低大分子电解质溶液稳定性的关键在于______________和_____________。

8. 消除唐南效应的方法主要包括_________、_________以及_____________。

9. 由____________的线型大分子交联形成的凝胶为弹性凝胶。

10. ____________凝胶的分散质点通常为无机物颗粒。

三、判断题

1. 大分子链具有柔顺性的本质原因是大分子内单键的内旋转和链段的热运动。(　　)

2. 内旋转使得大分子长链在每时每刻都具有不同的构型，分子热运动使各种构型之间转换。(　　)

3. 大分子化合物实际上是由具有不同聚合度的大分子组成的混合物，其摩尔质量具有一定的分布范围，故使用平均摩尔质量。(　　)

4. 大分子化合物均可在溶剂中先溶胀后溶解得到大分子溶液。(　　)

5. 实际大分子溶液的渗透压需用维利公式校正。(　　)

6. 大分子溶液的黏度随浓度的增加迅速增加。(　　)

7. 大分子溶液在外加电场作用下可发生电泳。(　　)

8. 盐析一般不会引起大分子电解质性质的改变，除去加入的盐后，大分子电解质又可恢复溶解。(　　)

9. 用半透膜把两种大分子溶液隔开时，渗透结果是溶质由高浓度向低浓度方向渗透。(　　)

10. 刚性凝胶在脱除分散介质后一般很难再吸收溶剂重新变为凝胶，故又称为不可逆凝胶。(　　)

四、简答题

1. 大分子化合物的结构具有什么特点？

2. 大分子的溶解特征是什么？如何选择溶剂？

3. 大分子电解质有哪些特性？影响大分子电解质稳定性的因素有哪些？

4. 唐南效应对测定大分子电解质溶液的渗透压有何影响？产生唐南效应的原因是什么？

五、计算题

1. 某样品中含有三种不同聚合度的大分子化合物，它们的摩尔质量分别为 15 $kg \cdot mol^{-1}$、40 $kg \cdot mol^{-1}$ 和 75 $kg \cdot mol^{-1}$，相应的摩尔数分别为 5、2 和 3 mol。试计算该大分子化合物样品的数均摩尔质量、质均摩尔质量和 z 均摩尔质量，并比较它们的大小。

2. 298.15 K 时，在半透膜内放置浓度为 0.005 $mol \cdot L^{-1}$ 的 NaP 大分子电解质水溶液，膜外放置 0.01 $mol \cdot L^{-1}$ 的 NaCl 溶液。达到唐南平衡时，试计算：

（1）膜内外各离子的浓度。

（2）溶液的渗透压。

第8章能力提升练习题及其参考答案

（姜　茹　王海波）

参 考 文 献

方亮, 2016. 药剂学. 8 版. 北京: 人民卫生出版社
傅献彩, 沈文霞, 姚天扬, 等, 2006. 物理化学. 5 版. 北京: 高等教育出版社
高静, 马丽英, 2021. 物理化学. 2 版. 北京: 中国医药科技出版社
李三鸣, 2016. 物理化学. 8 版. 北京: 人民卫生出版社
刘建平, 2016. 生物药剂学与药物动力学. 5 版. 北京: 人民卫生出版社
刘雄, 王颖莉, 2021. 物理化学. 北京: 中国中医药出版社
邵江娟, 2021. 物理化学. 北京: 中国医药科技出版社
魏泽英,姚惠琴, 2020. 物理化学. 武汉: 华中科技大学出版社
徐开俊, 2019. 物理化学. 3 版. 北京: 中国医药科技出版社
周四元, 韩丽, 2017. 药剂学. 北京: 科学出版社

附　　录

附录 1　常用物质的摩尔等压热容与温度的关系

（$p^{\ominus}$=100 kPa，$C_{p,\mathrm{m}}=a+bT+cT^2$ 或 $C_{p,\mathrm{m}}=a+bT+c'/T^2$）

物质	a（$\mathrm{J\cdot K^{-1}\cdot mol^{-1}}$）	$10^3\,b$（$\mathrm{J\cdot K^{-2}\cdot mol^{-1}}$）	$10^6\,c$（$\mathrm{J\cdot K^{-3}\cdot mol^{-1}}$）	$10^{-5}\,c'$（$\mathrm{J\cdot K\cdot mol^{-1}}$）	温度范围（K）
单质					
Ag(s)	23.98	5.284		−0.251	273～1234
Br_2(g)	35.24	4.074	−1.487		300～1500
C（金刚石）	9.12	13.22		−6.19	298～1200
C（石墨）	17.15	4.27		−8.79	298～2300
Cl_2(g)	31.396	10.144	−4.038	−2.845	298～3000
Cu(s)	24.56	4.184		−1.20	273～1357
F_2(g)	34.69	1.84		−3.35	273～2000
H_2(g)	29.07	0.8364	2.012		300～1500
N_2(g)	27.87	6.226	−0.9502		298～2500
O_2(g)	29.96	4.18		−1.67	298～1500
O_3(g)	41.25	10.29		5.52	298～2000
无机物					
AgCl(s)	62.26	4.18		−11.3	298～728
CO(g)	26.54	7.683		−0.46	290～2500
CO_2(g)	26.75	42.258	−14.25		300～2000
$CaCl_2$(s)	71.88	12.72		−2.51	298～1055
$CaCO_3$（方解石）	104.5	21.92		−25.94	298～1200
CaO(s)	48.83	4.52		6.53	298～1800
HBr(g)	26.15	5.86		1.09	298～1600
HCl(g)	26.03	4.6		1.09	298～2000
HI(g)	26.32	5.94		0.92	298～2000
H_2O(g)	30	10.71		0.33	298～2500
H_2O(l)	75.29	0		0	273～373
KCl(s)	41.38	21.76		3.22	298～1043
NH_3(g)	25.9	33.00	−3.046		291～1000
SO_2(g)	43.43	10.63		−5.49	298～1800
SO_3(g)	57.32	26.86		−13.05	298～1200
有机物					
CH_4(g)甲烷	14.32	74.66	−117.43		291～1500
C_2H_6(g)乙烷	5.753	175.1	−137.85		291～1000
C_3H_8(g)丙烷	1.715	270.8	−194.48		298～1500
C_4H_{10}(g)正丁烷	18.23	303.6	−192.65		298～1500

续表

物质	a（$J \cdot K^{-1} \cdot mol^{-1}$）	$10^3 b$（$J \cdot K^{-2} \cdot mol^{-1}$）	$10^6 c$（$J \cdot K^{-3} \cdot mol^{-1}$）	$10^{-5} c'$（$J \cdot K \cdot mol^{-1}$）	温度范围（K）
C_6H_{12}(g)环己烷	–32.22	528.8	–174		298～1500
C_2H_4(g)乙烯	11.32	122	–137.90		291～1500
C_3H_6(g)丙烯	12.44	188.38	–147.6		270～510
C_4H_6(g)1,3-丁二烯	9.67	243.84	87.65		
C_2H_2(g)乙炔	50.75	16.07		–110.29	298～2000
C_6H_6(g)苯	–21.09	400.12	–1169.9		
C_7H_8(g)甲苯	19.83	474.7	–1195.4		
C_8H_{10}(g)苯乙烯	13.1	545.6	–1121.3		
$CHCl_3$(g)三氯甲烷	29.51	148.9	90.73		273～773
CH_3OH(g)甲醇	20.42	103.7	–124.64		300～700
C_2H_5OH(g)乙醇	14.97	208.56	71.09		300～1000
C_3H_7OH(g)正丙醇	–12.59	312.4	105.5		
HCHO(g)甲醛	18.82	58.38	–115.61		291～1500
CH_3CHO(g)乙醛	31.05	121.5	–136.58		298～1500
$(CH_3)_2CO$(g)丙酮	22.47	201.8	–163.52		298～1500
HCOOH(g)甲酸	30.67	89.2	–134.54		300～700
CH_3COOH(g)乙酸	21.76	193.1	–176.78		300～700

附录 2　常用单质及无机物的热力学数据

（$p^{\ominus} = 100$ kPa，$T = 298.15$ K）

物质	$\Delta_f H_m^{\ominus}$（$kJ \cdot mol^{-1}$）	$S_m^{\ominus}$（$J \cdot mol^{-1} \cdot K^{-1}$）	$\Delta_f G_m^{\ominus}$（$kJ \cdot mol^{-1}$）	$C_{p,m}^{\ominus}$（$J \cdot mol^{-1} \cdot K^{-1}$）
单质				
Ag(s)	0	42.55	0	25.351
Al(s)	0	28.33	0	24.35
Al(l)	10.56	39.55	7.2	24.21
Ar(g)	0	154.84	0	20.786
As(s,α)	0	35.1	0	24.64
Au(s)	0	47.4	0	25.23
Ba(s)	0	62.8	0	28.07
Be(s)	0	9.5	0	16.44
Bi(s)	0	56.74	0	25.52
Br_2(l)	0	152.23	0	75.689
Br_2(g)	30.907	245.46	3.11	36.02
C(s)金刚石	1.895	2.377	2.9	6.113
C(s)石墨	0	5.74	0	8.527
Ca(s)	0	41.42	0	25.31
Cd(s, γ)	0	51.76	0	25.98
Cl_2(g)	0	223.07	0	33.91
Cr(s)	0	23.77	0	23.35
Cs(s)	0	85.23	0	32.17

续表

物质	$\Delta_f H_m^\circ$（$kJ\cdot mol^{-1}$）	S_m°（$J\cdot mol^{-1}\cdot K^{-1}$）	$\Delta_f G_m^\circ$（$kJ\cdot mol^{-1}$）	$C_{p,m}^\circ$（$J\cdot mol^{-1}\cdot K^{-1}$）
Cu(s)	0	33.15	0	24.44
D_2(g)	0	144.96	0	29.2
F_2(g)	0	202.78	0	31.3
Fe(s)	0	27.28	0	25.1
H_2(g)	0	130.684	0	28.824
He(g)	0	126.15	0	20.786
Hg(l)	0	76.02	0	27.983
I_2(g)	62.44	260.69	19.33	36.9
I_2(s)	0	116.135	0	54.44
K(s)	0	64.18	0	29.58
Li(s)	0	29.12	0	24.77
Mg(s)	0	32.68	0	24.89
N_2(g)	0	191.61	0	29.125
Na(s)	0	51.21	0	28.24
Ne(g)	0	146.33	0	20.786
O_2(g)	0	205.18	0	29.355
O_3(g)	142.7	238.93	163.2	39.2
P(s)黄磷	0	44.4	0	23.22
P(s)赤磷	−18.4	63.2	8.37	23.22
Pb(s)	0	64.81	0	26.44
S(s)单斜	0.33	32.6	0.1	23.6
S(s)正交	0	31.80	0	22.64
Si(s)	0	18.83	0	20
Xe(g)	0	169.68	0	20.786
Zn(s)	0	41.63	0	25.4
无机物				
AgBr(s)	−100.37	107.1	−96.9	52.38
AgCl(s)	−127.07	96.2	−109.79	50.79
AgI(s)	−62.4	114.2	−66.3	54.43
$AgNO_3$(s)	−129.39	140.92	−33.41	93.05
$AlCl_3$(s)	−704.2	110.67	−628.8	91.84
Al_2O_3(s, α)刚玉	−1675.7	50.92	−1582.3	79.04
$BaCl_2$(s)	−858.6	123.68	−810.4	75.14
$BaSO_4$(s)	−1465.2	132.2	−1353.1	101.75
CO(g)	−110.525	197.674	−137.17	29.14
CO_2(g)	−393.509	213.74	−394.36	37.11
CS_2(g)	115.3	237.8	65.1	45.65
$CaCl_2$(s)	−795.8	104.6	−748.1	72.59
$CaCO_3$(s)方解石	−1206.92	92.9	−1128.8	81.88
CaO(s)	−635.09	39.75	−604.03	42.8
CuO(s)	−157.3	42.63	−129.7	42.3
$CuSO_4$(s)	−771.36	109	−661.8	100

续表

物质	$\Delta_f H_m^\ominus$（kJ·mol⁻¹）	$S_m^\ominus$（J·mol⁻¹·K⁻¹）	$\Delta_f G_m^\ominus$（kJ·mol⁻¹）	$C_{p,m}^\ominus$（J·mol⁻¹·K⁻¹）
Fe_2O_3(s)赤铁矿	–824.2	87.4	–742.2	103.85
Fe_3O_4(s)磁铁矿	–1118.4	146.4	–1015.4	143.43
HBr(g)	–36.40	198.7	–53.45	29.142
HCl(g)	–92.31	186.91	–95.3	29.12
HI(g)	26.48	206.59	1.7	29.158
HNO_3(l)	–174.1	155.6	–80.71	109.87
H_2O(g)	–241.818	188.825	–228.57	33.58
H_2O(l)	–285.83	69.91	–237.13	75.291
H_2O_2(l)	–187.78	109.6	–120.35	89.1
H_2S(g)	–20.63	205.79	–33.56	34.23
H_2SO_4(l)	–813.99	156.9	–690	138.9
Hg_2Cl_2(s)	–265.22	192.5	–210.75	102
HgO(s)	–90.83	70.29	–58.54	44.06
HgS(s)	–58.2	82.4	–50.6	50.2
$HgSO_4$(s)	–743.1	200.7	–625.8	132.01
KCl(s)	–436.75	82.59	–406.14	51.30
KI(s)	–327.90	106.32	–324.89	52.93
$MgCl_2$(s)	–641.32	89.62	–591.79	71.38
$MgCO_3$(s)	–1095.8	65.7	–1012.1	75.52
MgO(s)	–601.7	26.94	–569.43	37.15
NH_3(g)	–46.11	192.45	–16.45	35.06
NH_4Cl(s)	–314.43	94.6	–202.87	84.1
NH_4NO_3(s)	–365.56	151.08	–183.87	84.1
$(NH_4)_2SO_4$(s)	–1191.9	220.3	–900.4	187.49
NO(g)	90.25	210.76	86.55	29.844
NO_2(g)	33.18	240.06	51.31	37.2
NaCl(s)	–411.15	72.13	–384.14	50.5
$NaNO_3$(s)	–466.7	116.3	–365.9	93.05
NaOH(s)	–425.61	64.46	–379.49	59.54
PCl_3(g)	–287.0	311.78	–267.8	71.84
PCl_5(g)	–374.9	364.6	–305.0	112.8
SO_2(g)	–296.83	248.22	–300.19	39.87
SO_3(g)	–395.72	256.76	–371.06	50.67
SiO_2(s,α)石英	–910.94	41.84	–856.64	44.43
ZnO(s)	–348.28	43.64	–318.3	40.25
$ZnSO_4$(s)	–978.6	124,7	–871.6	117

附录 3 常用有机物的热力学数据

($p^\ominus = 100$ kPa, $T = 298.15$ K)

物质	$\Delta_f H_m^\ominus$ (kJ·mol^{-1})	$\Delta_c H_m^\ominus$ (kJ·mol^{-1})	$S_m^\ominus$ (J·mol^{-1}·K^{-1})	$\Delta_f G_m^\ominus$ (kJ·mol^{-1})	$C_{p,m}^\ominus$ (J·mol^{-1}·K^{-1})
CH_4(g)甲烷	−74.81	−890	186.26	−50.72	35.31
C_2H_6(g)乙烷	−84.68	−1560	229.6	−32.82	52.63
C_3H_8(g)丙烷	−103.85	−2220	269.91	−23.49	73.5
C_4H_{10}(g)正丁烷	−126.15	−2878	310.23	−17.03	97.45
C_6H_{12}(g)环己烷	−123.1		298.4	31.9	106.3
C_6H_{12}(l)环己烷	−156	−3920	204.4	26.8	156.5
C_2H_4(g)乙烯	52.26	−1411	219.56	68.15	43.56
C_3H_6(g)丙烯	20.42	−2058	267.05	62.78	63.89
C_4H_6(g)1,3-丁二烯	110.2		278.8	150.7	79.83
C_2H_2(g)乙炔	226.73	−1300	200.94	209.20	43.93
C_6H_6(g)苯	82.93	−3302	269.31	129.72	81.67
C_6H_6(l)苯	49	−3268	173.3	124.3	136.1
C_7H_8(g)甲苯	50	−3953	320.7	122	103.6
C_7H_8(l)甲苯	12	−3909.9	219.2	114.3	157.11
C_8H_{10}(g)苯乙烯	146.9		345.1	213.8	122.09
C_8H_{10}(g)乙苯	−12.5		255.0	119.8	186.44
$C_{10}H_8$(s)萘	75.4	5153.9	167.0	198.7	165.3
$CHCl_3$(g)三氯甲烷	−100.4	−373.2	295.5	−67	65.40
CH_3Cl(g)氯甲烷	−82	−689.1	234.6	−58.6	40.79
C_2H_5Cl(g)氯乙烷	−105.0		275.7	−53.1	62.76
CH_3OH(g)甲醇	−200.66	−764	239.81	−161.96	43.89
CH_3OH(l)甲醇	−238.66	−726	126.8	−166.27	81.6
C_2H_5OH(g)乙醇	−235.1	−1409	282.70	−168.49	65.44
C_2H_5OH(l)乙醇	−277.69	−1368	160.7	−174.78	111.46
$C_2H_6O_2$(l)乙二醇	−388.3	−1192.9	323.6	−299.2	78.7
C_3H_7OH(l)正丙醇	−257.53	−2019.8	324.91	−162.86	146.0
C_3H_7OH(l)异丙醇	−319.7		179.9	−184.1	163.2
C_6H_5OH(s)苯酚	−165	−3054	146.0	−50.9	134.7
$C_4H_{10}O$(l)乙醚	−272.5	−2730.9	253.1	−118.4	168.2
HCHO(g)甲醛	−108.57	−571	218.77	−102.53	35.4
CH_3CHO(g)乙醛	−166.19	−1192	250.3	−128.86	57.3
C_6H_5CHO(l)苯甲醛	−82		206.7		169.5
$(CH_3)_2CO$(l)丙酮	−248.1	−1790	200.4	−155.4	124.7
HCOOH(g)甲酸	−362.6		246.1	−335.7	54.22
HCOOH(l)甲酸	−409.2	−269.9	129.0	−346	99.04

续表

物质	$\Delta_f H_m^\ominus$ ($kJ\cdot mol^{-1}$)	$\Delta_c H_m^\ominus$ ($kJ\cdot mol^{-1}$)	$S_m^\ominus$ ($J\cdot mol^{-1}\cdot K^{-1}$)	$\Delta_f G_m^\ominus$ ($kJ\cdot mol^{-1}$)	$C_{p,m}^\ominus$ ($J\cdot mol^{-1}\cdot K^{-1}$)
$CH_3COOH(g)$乙酸	−436.4		282.5	−381.6	72.4
$CH_3COOH(l)$乙酸	−487	−871.5	159.8	−392.5	123.4
$C_6H_5COOH(s)$苯甲酸	−384.6	−3227.5	170.7	−245.6	145.2
$CH_3COOC_2H_5(l)$乙酸乙酯	−479	−2231	259.4	−332.7	170.1
$C_6H_5NH_2(l)$苯胺	35.3	−3397	191.2	153.2	
$CH_4ON_2(s)$尿素	−333.51	−632	104.6	−197.33	93.14
$CH_3CH(OH)COOH(s)$乳酸	−694.0	−1344			
$CH_2(NH_2)COOH(s)$甘氨酸	−532.9	−969	103.5	−373.4	99.2